普通高等教育“十一五”国家级规划教材

全国电力行业“十四五”规划教材

工程热力学

（第三版）

编著　严家騄　张亚宁　王永青
主审　吴存真　童钧耕

中国电力出版社
CHINA ELECTRIC POWER PRESS

内 容 提 要

本书主要讲述热力学的基本概念、基本定律、气体和蒸气的热力性质以及各种热力过程和热力循环，对化学热力学和新能源也作了扼要的介绍。书中附有例题、思考题和习题以及必要的热工图表。全书采用我国法定计量单位，但考虑到当前工程实际，对某些工程单位也作了必要的说明。

本书可作为普通高等教育本科能源动力类、航空航天类、土木类、矿业类相关专业的工程热力学教材，亦可供有关工程技术人员参考。

图书在版编目（CIP）数据

工程热力学/严家騄，张亚宁，王永青编著．—3版．—北京：中国电力出版社，2023.5

ISBN 978-7-5198-7307-3

Ⅰ.①工…　Ⅱ.①严…②张…③王…　Ⅲ.①工程热力学　Ⅳ.①TK123

中国版本图书馆 CIP 数据核字（2022）第 233237 号

出版发行：中国电力出版社
地　　址：北京市东城区北京站西街 19 号（邮政编码 100005）
网　　址：http://www.cepp.sgcc.com.cn
责任编辑：吴玉贤（010-63412540）
责任校对：黄　蓓　常燕昆
装帧设计：张俊霞
责任印制：吴　迪

印　　刷：三河市航远印刷有限公司
版　　次：2004 年 6 月第一版　2014 年 8 月第二版　2023 年 5 月第三版
印　　次：2023 年 5 月北京第十次印刷
开　　本：787 毫米×1092 毫米　16 开本
印　　张：21　插页 1
字　　数：523 千字
定　　价：68.00 元

数字资源

前　言

本书的编写参考了国家教育委员会制订的多学时“工程热力学教学基本要求”，结合作者编著和主审多本工程热力学教材的体会，同时也适当反映科学技术的新进展。

本书除包括工程热力学的传统内容（如热力学基本定律、工质的热力性质、热力过程及热力循环等）外，增加了工程实用过程、新型动力循环、新能源等方面的内容。基本理论部分有一定的深度和广度，力图使学生能较好地掌握热力学基本概念和基本定律的实质，并能运用它们来分析各种热力过程和循环，以便在能源科学方面打下良好的基础。应用部分旨在帮助学生更好地掌握理论知识，同时也是进一步联系工程实际的桥梁。教材内容注意反映热工科技的现状和发展趋势，也考虑到了电力和热能工程类专业的特点。在例题、习题、思考题的选择及其与教材内容的配合方面注重实用性和启发性。

作者结合本人的长期教学经验和研究成果，在理论体系上做了新的安排。如对状态参数熵采用了新的论证方法，以避免克劳修斯论证方法中的逻辑缺陷。又如，对能量方程、熵方程和㶲方程均采用演绎法，在讲清热力学第一、第二定律实质的基础上，直接对代表普遍情况的虚拟热力系（包括开口系和闭口系）导出方程的一般形式，然后再演绎出针对各种情况的具体形式，以便凸显出不同方程形式的来龙去脉和它们之间的本质联系。

本书由严家騄、张亚宁、王永青三位教授编著，全书由严家騄统稿。对书中打 * 号的章节，使用者可根据学时数和教学具体情况部分或全部予以删减。由于这部分内容相对独立，删减后不会影响全课程的完整性和系统性。

全书采用我国法定计量单位。考虑到当前工程实际，对某些工程单位也作了必要的说明。

本书配套多媒体电子课件、附各章习题答案、思考题及习题详解等，请扫描二维码获取。

书稿承浙江大学吴存真教授和上海交通大学童钧耕教授主审。作者感谢主审人的仔细审阅和提出的宝贵意见，并希望本书出版后得到读者的批评和指正。

哈尔滨工业大学　严家騄

2023 年 3 月

符　号　说　明

拉丁字母

A　面积；功的热当量
C　常数
C_{m}　摩尔热容
c　比热容；流速
c_{s}　声速
D　过热度
d　含湿量
d　微增量
E　总能量
E_{L}　不可逆损失；㶲损
E_{x}　㶲
$E_{\mathrm{x},Q}$　热量㶲
$E_{\mathrm{x},U}$　工质㶲
e　比总能量
e_{L}　比㶲损
e_{x}　比㶲
F　力；自由能
f　比自由能
G　自由焓
g　重力加速度；比自由焓
H　焓
h　比焓
K　平衡常数
k　玻尔兹曼常量
M　摩尔质量
Ma　马赫数
m　质量；（压气机）级数
N　分子数
n　物质的量（摩尔数）；分子浓度；多变指数
P　功率
p　压力
p_{b}　大气压力
Q　热量；反应热
q　每千克物质的热量
q_m　质量流量
q_V　体积流量
R　摩尔气体常数（通用气体常数）
R_{g}　气体常数
r　汽化潜热
S　熵
s　比熵
T　热力学温度
t　摄氏温度
U　热力学能
u　比热力学能
V　体积
v　比体积
W　功；膨胀功
w　每千克物质的功，比功；每千克物质的膨胀功；质量分数
x　干度；摩尔分数
y　湿度
Z　压缩因子
z　高度

希腊字母

α　抽汽率；过量空气系数
α_p　热膨胀系数
β　膨胀压力比；离解度
γ　热容比；化学计量系数
γ_V　弹性系数
Δ　增量

δ	微小量
ε	压缩比；制冷系数
ζ	供热系数
η	效率
κ	定熵指数
κ_s	定熵压缩系数
κ_T	定温压缩系数
λ	压升比
μ	化学势
μ_J	焦耳—汤姆逊系数
ξ	能量利用率；热利用系数
π	增压比
ρ	密度；预胀比
τ	时间；升温比
φ	相对湿度；体积分数
ψ	比相对湿度

顶标

·	单位时间的
——	平均

上角标

*	滞止
′	饱和液体
″	饱和蒸汽
0	化学标准状况

下角标

A	三相点
a	空气
act	实际
amb	环境，大气
av	可用
B	锅炉
C	卡诺循环；逆向卡诺循环；压气机、冷却器；凝汽器、冷凝器
c	临界
DA	干空气
d	露点
ej	引射器
f	摩擦；(熵) 流；生成；燃料
g	表 (压力)；(热、熵) 产
H	供热
h	热源
he	热机
hr	回热
i	内部
in	进气；进口 (参数)
iso	孤立系
k	动能
L	(功) 损
m	每摩尔的；平均
ma	补充水
max	最大
min	最小
mix	混合
n	多变过程
o	循环的 (功、热量)
opt	最佳
out	排气；出口 (参数)
P	泵
Pr	生成物
p	位能
p	定压
R	冷库
Re	反应物
ref	制冷机
r	相对；回热；对比；余 (函数)
rev	可逆

rh	再热
s	定熵
s	饱和
st	蒸汽（水蒸气）
sh	轴（功）
std	标准状况
T	定温
T	透平（燃气轮机；蒸汽轮机；膨胀机）
t	热（效率）；技术（功）；理论
th	喉部
tot	总的
V	定容
v	真空（度）；水蒸气、蒸汽
w	水；湿球（温度）
x	湿蒸汽
0	理想气体状态
1	初态；进口
2	终态；出口

目　录

绪　论

1. 热能的利用

现代化的国民经济和人民生活，要求充足而经济的动力和能源供应。自然界中的主要能源有风能、水能、太阳能、地热能、燃料化学能、原子能等。目前利用得最多的仍然是矿物燃料（石油、煤、天然气等）的化学能。但是，日益减少的地下燃料资源势必不能满足飞速发展的生产力对能源的需求。同时也由于化石燃料燃烧产生的烟气的问题必须解决，因此，目前世界各国对清洁能源如原子能、风能、太阳能、地热能，乃至海洋能、生物质能等各种新能源正大力开展多方面的研究工作，以期找到新的能源出路。

在上述各种能源中，除风能（空气的动能）和水能（水的位能）可以向人们直接提供机械能以外，其他各种能源往往只能直接或间接地（通过燃烧、核反应）提供热能。人们可以直接利用热能为生产和生活服务，例如用于冶炼、分馏、加热、蒸煮、烘干、采暖等方面，但更大量的还是通过热机（如蒸汽轮机、内燃机、燃气轮机、喷气发动机等）使这些热能部分地（只能是部分地）转变为机械能，或进一步转变为电能，以供生产和生活中的大量需求。因此，对热能性质及其转换规律的研究，显然有着十分重要的意义。

2. 热力学发展简史

热现象是人们最常接触到的自然现象之一。人类最早利用热现象为自己服务，虽可追溯到钻木取火，但研究热现象并使之成为一门科学，则直到 19 世纪中叶才得以完成。

18 世纪中叶瓦特发明蒸汽机，实现了大规模的热能到机械能的转换，推动了欧洲的工业革命，也激发了人们研究热现象的兴趣。但是，直到 18 世纪末，一种错误的热素说仍广为流传。热素说认为：热是一种没有质量的、不生不灭的物质，称作“热素”，它可以透入一切物体，物体的热和冷取决于所含热素的多少。由于热素说无法解释诸如摩擦生热等现象，人们开始认为热应该是和物质运动相关联的。伦福德于 1798 年首先指出，制造大炮时炮筒和切屑都产生高温，但并没有热素流入，因此热必定与切削时的运动有关。

1842 年迈耶首先提出热是一种能量形式，它可以和机械能相互转换，但总的能量保持不变。到 1850 年，焦耳以多种实验方法测定了热和功的当量关系。至此，关于能量守恒与转换的原理，即热力学第一定律，终于取代热素说而得以确认。

关于热力学第二定律，卡诺于 1824 年在研究提高蒸汽机效率的基础上最先指出，热机必须在不同温度的热源之间工作（凡有温差之处，就能产生动力），而热机的工作效率取决于高温热源和低温热源的温度，就像水轮机的工作效率取决于高、低水位的落差一样。卡诺的研究涉及热能转变为机械能的条件和效率（即热力学第二定律的内容），但卡诺所处的时代，热素说还占统治地位，卡诺也不例外，他的结论虽然是正确的，但他对热能本质的理解却是错误的，他只是猜到了热力学第二定律。

热力学第二定律的确立应归功于克劳修斯。他于 1850 年提出了热力学第二定律的如下表述：“不可能将热量由低温物体传送到高温物体而不引起其他变化”，并以这一表述为前提正确论证了卡诺定理。

热力学两个基本定律的建立构成了热力学理论的框架，指导了热机的发展和不断完善，并被推广应用于其他科技领域。

此后，能斯特于1912年在研究低温现象的基础上提出了绝对零度不可能达到的原理，也被称作热力学第三定律。基南于1942年提出可用能的概念，并在热能工程中得到广泛应用和发展。

如上所述，热力学理论在生产实践和科学实验中建立并充实，反过来，它又推动了生产和科学技术的发展。这正是一切科学理论和科技、生产互动发展的普遍规律。

3. 工程热力学的研究对象和研究方法

热力学是研究能量（特别是热能）性质及其转换规律的科学。

热力学是在研究热机效率的基础上，于19世纪中叶由于建立了热力学第一定律和第二定律而形成的。在初期，它所涉及的主要是热能和机械能的转换。以后，由于热力学在化工、冶金、制冷、空调以及低温、超导、反应堆以至气象、生物等各个方面获得了越来越广泛的应用，因而它的研究范围已扩大到了化学、物理化学、电、磁、辐射等领域。

工程热力学着重研究热能和机械能的转换规律。从理论上阐明提高热机效率（使热能以更大的百分率转变为机械能）的途径仍然是工程热力学的一项主要任务。

热能转变为机械能必须借助一套设备和某种载能物质。这种设备就是通常所说的热机，而载能物质便是工质。热机对外做功时，要求工质有良好的膨胀性，这样才能更有效地做功；而要热机不断地做功，则必须不断地将新鲜工质引入气缸，并将工作完了的工质排出，这就要求工质有良好的流动性，同时具备良好膨胀性和流动性的，不是固体，也不是液体，而是气体（如空气、水蒸气等）。因此，热机中的工质一般都是气态物质。但在应用蒸气作为工质时也会涉及液体。

因此，工程热力学的主要内容包括下列三部分：

（1）介绍构成工程热力学理论基础的两个基本定律——热力学第一定律和热力学第二定律。

（2）介绍常用工质的热力性质。

（3）根据热力学基本定律，结合工质的热力性质，分析计算实现热能和机械能相互转换的各种热力过程和热力循环，阐明提高转换效率的正确途径。

工程热力学的研究方法也就是热力学的宏观研究方法。这种宏观研究方法的特点是：根据热力学的两个基本定律，运用严密的逻辑推理，对物体的宏观性质和宏观现象进行分析研究，而不涉及物质的微观结构和微观粒子的运动情况。所以，热力学是热学的宏观理论。与此对照，热学的微观理论是统计物理学。统计物理学从物质的微观结构出发，依据微观粒子的力学规律，应用概率理论和统计平均的方法，研究大量微观粒子（它们构成宏观物体）的运动表现出来的宏观性质。

热力学和统计物理学在对热现象的研究上相辅相成，热力学经常利用从微观理论得到的知识（例如对工质热物理性质的研究成果，以及对一些热现象和经验定律的微观实质的解释）。由于热力学研究方法所依据的两个基本定律不需要任何假设，因而能给出普遍而可靠的结果，可以用来检验微观理论的正确性。但是，由于热力学不涉及物质的微观结构，因而用热力学方法无法获得物质的具体性质。统计物理学则由于深入热现象的本质，可使热力学理论获得微观机理上的说明，并可揭示宏观性质的微观决定因素，从而在理论上起到指导作用。统计物理学还能通过计算求得物质的性质，但推导和计算都比较复杂，而且由于不可避免地要对物质结构模型作一些简化或假设，因此所得结果和实际情况往往有差异。

像其他学科一样，在工程热力学中也普遍采用抽象、概括、理想化和简化的方法。这种略去细节、抽出共性、抓主要矛盾的处理问题的方法，在进行理论分析时特别有用。这种科学的抽象，不但不脱离实际，而且总是更深刻地反映了事物的本质。

4. 工程热力学常用的计量单位

在工程热力学中涉及比较多的物理量，这就有一个对这些物理量采用什么单位的问题。近年来，世界各国逐步采用统一的国际单位制（简称 SI），以避免由于单位制不同而引起的混乱现象和烦琐的换算。我国也以国际单位制为基础制定了“中华人民共和国法定计量单位”，于 1984 年颁布执行。因此，本教材采用我国法定计量单位。考虑到目前的实际情况，对工程单位制也作了适当的介绍。

国家法定计量单位中给出了长度、质量、时间、电流、热力学温度、物质的量和光强度共七个基本单位。工程热力学中各常用物理量牵涉到的基本单位有五个，即长度、质量、时间、热力学温度和物质的量。

国家法定计量单位比较科学合理，各导出单位和基本单位的关系式中的系数都等于 1，因此换算简单。表 0-1 和表 0-2 分别给出了工程热力学中常用的国家法定计量单位的基本单位和导出单位。

表 0-1　　国家法定计量单位的基本单位（部分）

量	单位名称	单位符号	量	单位名称	单位符号
长　度	米	m	热力学温度	开［尔文］②	K
质　量	千克（公斤）①	kg	物质的量	摩［尔］	mol
时　间	秒	s			

① 圆括号中的名称与它前面的名称是同义词。

② 去掉方括号时为单位名称的全称；去掉方括号中的字时，即成为单位名称的简称，下同。

表 0-2　　国家法定计量单位的导出单位（部分）

量	单位名称	单位符号	其他 SI 单位的表示式
力	牛［顿］	N	$kg \cdot m/s^2$
功、热量、能［量］	焦［耳］	J	$N \cdot m$
压　力	帕［斯卡］	Pa	N/m^2
功　率	瓦［特］	W	J/s
比热力学能、比焓	焦［耳］每千克		J/kg
比热容、比熵	焦［耳］每千克开［尔文］		J/（kg·K）

在工程单位制的基本单位中，长度用米（m）；时间用秒或小时（s 或 h）；力用千克力（kgf）；质量则是导出单位。根据牛顿第二定律（$m=F/a$），质量单位为 $kgf \cdot s^2/m$（也可用 kg）。

工程单位制中的千克力（kgf）和国际单位制中的牛顿（N）之间的关系如下（$F=ma$）：

$$1kgf=1kg\times 9.806\,65m/s^2=9.806\,65N$$

$9.806\,65m/s^2$ 是标准重力加速度。因此，在标准重力场中，重量为 1kgf 的物质，其质量正好是 1kg。

关于压力、能量和功率的各种单位之间的换算关系可查阅本书附表 12、附表 13 和附表 14。

第1章 基 本 概 念

[**本章导读**] 本章介绍的热力系、状态参数、状态方程、过程、功和热量等都是分析能量传递和转换过程时必定会涉及的最基本的概念，务求掌握这些概念的实质，并在以后各章的学习中进一步加深理解并灵活运用。

1-1 热 力 系

作任何分析研究，首先必须明确研究对象。热力系就是具体指定的热力学研究对象。与热力系有相互作用的周围物体统称为外界。为了避免把热力系和外界混淆起来，设想有界面将它们分开。这界面可以是真实的（如图1-1和图1-2中取气体工质为热力系时，气缸内壁和活塞内壁可以认为是真实存在的界面），也可以是假想的（如图1-2中进口截面和出口截面便是假想的界面）；可以是固定的，也可以是变动的（如图1-1中当活塞移动时界面发生变化）。不管界面是真实的还是假想的，是固定的还是变动的，它一旦被确定了，对界面内的热力系和界面外的外界就要做到泾渭分明、内外有别，而不能随意混淆，以免在分析问题时造成混乱和错误。

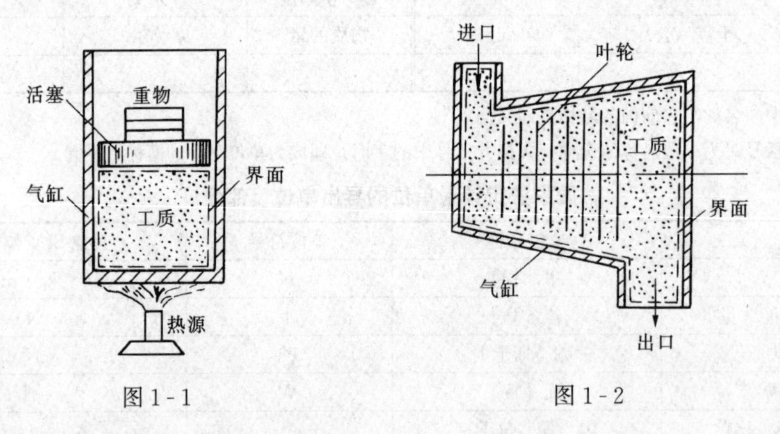

图1-1　　　　图1-2

热力系的选取主要决定于所提出的研究任务（即所要解决的问题），也和所采用的分析方法有关。例如，如果要计算某蒸汽轮机的功率，那么将蒸汽轮机或流过蒸汽轮机的蒸汽作为热力系就可以了；如果要研究如何提高火力发电厂的热效率，那就应该将与之相关的蒸汽锅炉、蒸汽轮机、水泵、凝汽器、回热加热器等都包括进热力系才能进行分析；如果要研究该电厂对环境的污染，那么整个电厂，包括它的煤场、水源以及周围的大气都应该包括在热力系中。所以说热力系的选取主要决定于所需解决的问题。但是有时，对同一个问题，由于采用的分析方法不同，热力系的选取也会有所不同。例如，若要分析图1-1中气缸内气体工质吸热膨胀后的状态变化，既可以取封闭在气缸内的全部气体为热力系，这时气缸和活塞内壁构成的真实界面是变动的；也可以取该图中虚线所示的固定空间内的气体（即包围在气缸内壁和上方那个假想界面内的气体）为热力系，那么这个界面是固定的，但热力系的质量随着气体的膨胀而减少，因膨胀而“溢出”界面的那部分气体应视为这固定空间热力系的外界。

如上所述，热力系可以是一群物体、一个物体或物体的某一部分。它可以很大，也可以很小，但是不能小到只包含少量的分子，以致不能遵守统计平均规律，因为热力学理论的正确性有赖于分子运动的统计平均规律，而这一规律只存在于大量现象。

用界面将热力系和外界分开，并不是要断绝热力系和外界的联系，而是要控制好这个界面，对热力系和外界进行的任何形式的联系都做到心中有数。在作热力学分析时，既要考虑热力系内部的变化，也要考虑热力系通过界面和外界发生的能量交换和物质交换。对外界的变化，一般不予考虑。

根据热力系内部情况的不同，热力系可以分为：

单元系——由单一的化学成分组成；

多元系——由多种化学成分组成；

单相系——由单一的相（如气相或液相）组成；

复相系——由多种相（如气—液两相或气—液—固三相等）组成；

均匀系——各部分性质均匀一致；

非均匀系——各部分性质不均匀。

根据热力系和外界相互作用情况的不同，热力系又可以分为：

闭口系——和外界无物质交换；

开口系——和外界有物质交换；

绝热系——和外界无热量交换；

孤立系——和外界无任何相互作用。

例如，取图 1-1 所示变动界面内的气体工质（比如说氮气）为热力系，那么它是单元、单相、均匀的闭口系；如果取该图虚线所示的固定空间中的气体为热力系，那它就是单元、单相、均匀的开口系。如果取图 1-2 中所示界面内的气体为热力系并忽略它和外界的热量交换，那么它是单元、单相、非均匀的绝热开口系。

1-2 状态和状态参数

要研究热力系，必须知道热力系所处状况及其变化，并通过一些物理参数来表达，因此有必要对状态参数作一简单介绍。

状态是热力系在指定瞬间所呈现的全部宏观性质的总称。从不同方面描述这种宏观状态的物理量便是各个状态参数。

在工程热力学中常用的状态参数有 6 个，即压力、比体积、温度、热力学能、焓和熵。其中压力、比体积和温度可以直接测量，也比较直观，称为基本状态参数。下面逐一介绍这 6 个状态参数。

1. 压力

压力是指单位面积上承受的垂直作用力：

$$p = \frac{F}{A} \tag{1-1}$$

式中　p——压力；

F——垂直作用力；

A——面积。

气体的压力是组成气体的大量分子在紊乱的热运动中对容器壁频繁碰撞的结果。根据式（1-1）计算的压力是气体的真正压力，称为绝对压力。由于测量压力的仪表通常总是处于大气环境中，因此不能直接测得绝对压力，而只能测出绝对压力和当时当地的大气压力的差值（参看图1-3，该图表示了风机进风和排风的压力状况）。当气体的绝对压力高于大气压力时（图中出口处），压力计所指示的是绝对压力超出大气压力的部分，称为表压力或表压（p_g）。

$$p_g = p - p_b \tag{1-2}$$

式中　p_b——大气压力，可用气压计测定。

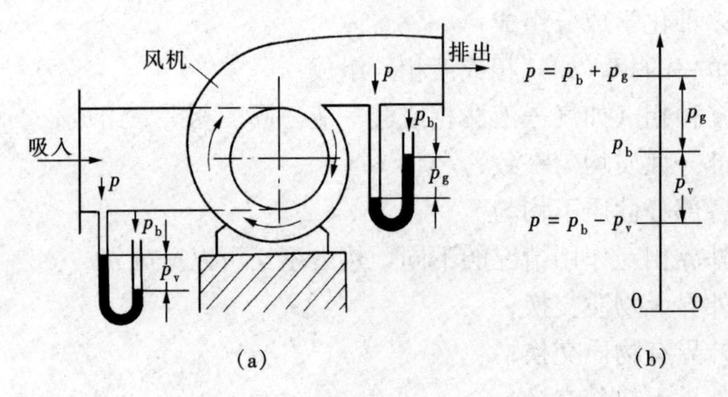

图1-3

当气体的绝对压力低于大气压力时（图中入口处），真空计所指示的是绝对压力低于大气压力的部分，称为真空度（p_v）。

$$p_v = p_b - p \tag{1-3}$$

因此，如果需要知道气体的绝对压力，仅仅知道压力计或真空计的读数是不够的，还必须知道当时当地气压计的读数，然后通过下列关系式将绝对压力计算出来：

$$p = p_b + p_g \tag{1-4}$$

$$p = p_b - p_v \tag{1-5}$$

显然，如果大气压力发生变化，即使气体的绝对压力保持不变，压力计和真空计的读数也是会发生变化的。

用U形管压力计（或真空计）通过液柱高度差测定表压力（或真空度）时，其换算关系如下：

$$p_g(\text{或 } p_v) = \rho g \Delta z \tag{1-6}$$

式中　ρ——液体的密度；

g——重力加速度；

Δz——液柱高度差。

国际单位制中压力的单位是Pa（帕），并有

$$1\text{Pa} = 1\text{N/m}^2$$

由于“Pa（帕）”这个单位过小，工程中也常用MPa作为压力单位。

$$1\text{MPa} = 10^6\text{Pa}$$

表1-1列出了某些压力单位的换算关系。其中标准大气压和工程大气压与其他压力单位的换算关系可以表示为

$$1\text{atm}=760\text{mmHg}=1.033\,23\text{at}=1.013\,25\text{bar}=0.101\,325\text{MPa}$$

$$1\text{at}=735.559\text{mmHg}=0.967\,841\text{atm}=0.980\,665\text{bar}=0.098\,066\,5\text{MPa}$$

表1-1　某些其他压力单位与SI压力单位的换算关系

单位名称	单位符号	换算关系
SI压力单位	MPa	$1\text{MPa}=10^6\text{Pa}$
标准大气压	atm	1atm=101 325Pa
工程大气压（千克力每平方厘米）	at（kgf/cm^2）	$1\text{at}=1\text{kgf/cm}^2=98\,066.5\text{Pa}$
毫米汞柱（0℃）	mmHg	1mmHg=133.322 4Pa
毫米水柱（4℃）	mmH_2O	$1\text{mmH}_2\text{O}=9.806\,65\text{Pa}$

更详细的压力单位换算关系可查阅附表12。

2. 比体积❶

比体积就是单位质量的物质所占有的体积：

$$v=\frac{V}{m},\quad V=mv \tag{1-7}$$

式中 v——比体积；

V——体积；

m——质量。

比体积的倒数称为密度（ρ）。密度是单位体积的物质所具有的质量：

$$\rho=\frac{m}{V}=\frac{1}{v} \tag{1-8}$$

比体积的单位为 m^3/kg；密度的单位为 kg/m^3。

3. 温度

温度表示物体的冷热程度。对于气体，温度可以用分子平均移动能的大小来表示，即

$$\frac{\overline{m}\,\overline{c}^2}{2}=\frac{3}{2}kT \tag{1-9}$$

式中 $\overline{m}$——分子的平均质量；

$\overline{c}$——分子的均方根移动速度❷；

$\frac{\overline{m}\overline{c}^2}{2}$——分子平均移动能；

k——玻尔兹曼常量，$k=1.380\,658\times10^{-23}\text{J/K}$；

T——热力学温度。

---

❶ 比体积以前称为比容。

❷ $\overline{c}=\sqrt{\left(\sum_{i=1}^{N}c_i^2\right)/N}$，$N$为分子数。

国际单位制中采用热力学温标，也叫开尔文温标或绝对温标，用 T 表示，单位为 K（开）。摄氏温标用 t 表示，单位为℃（摄氏度）。它们之间的换算关系如下：

$$t = T - T_0 \tag{1-10}$$

式中，$T_0 = 273.15\text{K}$。

显然，摄氏温标的每 1℃和开尔文温标的每 1K 是相等的，只是摄氏温标的零点比开尔文温标的零点高出 273.15K。

4. 热力学能[1]

热力学能是指组成热力系的大量微观粒子本身具有的能量（不包括热力系宏观运动的能量和外场作用的能量）。所以，热力学能应该包括分子的动能、分子力所形成的位能、构成分子的化学能和构成原子的原子能等。由于在热能和机械能的转换过程中，一般不涉及化学变化和核反应，从而后两者的能量不发生变化，因此在工程热力学中通常只考虑前两者，即

$$\text{热力学能}(U)\begin{cases}\text{分子的动能}(U_k)\\\text{分子力所形成的位能}(U_p)\end{cases}$$

对于气体，分子动能包括分子的移动能、转动能和分子内部的振动能。

单位质量物质的热力学能称为比热力学能（有时也将比热力学能简称为热力学能）：

$$u = \frac{U}{m}, \quad U = mu \tag{1-11}$$

式中 u——比热力学能；

U——热力学能；

m——质量。

在国际单位制中，热力学能的单位为 J，比热力学能的单位为 J/kg。在工程单位制中，热力学能的单位为 kcal，比热力学能的单位为 kcal/kg。

$$1\text{kcal} = 4186.8\text{J} = 4.1868\text{kJ}$$

更详细的能量换算关系见附表 13。

5. 焓

焓是一个组合的状态参数：

$$H = U + pV \tag{1-12}$$

式中 H——焓；

U——热力学能；

p——压力；

V——体积。

单位质量物质的焓称为比焓（有时也将比焓简称为焓）：

$$h = \frac{H}{m} = u + pv, \quad H = mh \tag{1-13}$$

式中 h——比焓；

m——质量。

---

[1] 热力学能以前称为内能。

焓的单位与热力学能一样，在国际单位制中是J，比焓的单位是J/kg。在工程单位制中，焓的单位是kcal，比焓的单位是kcal/kg。由于在工程单位制中pV乘积的单位是功kgf·m，它和热量单位kcal之间的换算关系为

$$1\text{kgf}\cdot\text{m}=\frac{1}{426.936}\text{kcal}$$

所以，如果应用工程单位制，焓和比焓的定义式应写为

$$H=U+ApV,\quad h=u+Apv$$

式中 A——功和热量的换算常数$\left[A=\frac{1}{426.936}\text{kcal}/(\text{kgf}\cdot\text{m})\right]$，称为功的热当量。

6. 熵

熵是一个导出的状态参数。对简单可压缩均匀系（即只有两个独立变量或自由度的均匀的热力系），它可以由其他状态参数按下列关系式导出：

$$S=\int\frac{\mathrm{d}U+p\mathrm{d}V}{T}+S_0,\quad \mathrm{d}S=\frac{\mathrm{d}U+p\mathrm{d}V}{T} \tag{1-14}$$

单位质量的物质的熵称为比熵（有时也将比熵简称为熵）：

$$s=\frac{S}{m}=\int\frac{\mathrm{d}u+p\mathrm{d}v}{T}+s_0,\quad \mathrm{d}s=\frac{\mathrm{d}S}{m}=\frac{\mathrm{d}u+p\mathrm{d}v}{T} \tag{1-15}$$

上两式中 S、s——熵、比熵；

S_0、s_0——熵常数、比熵常数。

在国际单位制中，熵的单位为J/K，比熵的单位为J/(kg·K)。在工程单位制中，熵的单位为kcal/K，比熵的单位为kcal/(kg·K)。考虑到工程单位制中功和热量的换算关系，式（1-14）和式（1-15）应写为

$$S=\int\frac{\mathrm{d}U+Ap\mathrm{d}V}{T}+S_0,\quad \mathrm{d}S=\frac{\mathrm{d}U+Ap\mathrm{d}V}{T}$$

$$s=\int\frac{\mathrm{d}u+Ap\mathrm{d}v}{T}+s_0,\quad \mathrm{d}s=\frac{\mathrm{d}u+Ap\mathrm{d}v}{T}$$

应该指出，式（1-7）、式（1-11）、式（1-13）、式（1-15）中各个参数和相应的比参数之间的关系（$x=X/m$；$X=mx$）只对均匀系才成立。

状态参数是热力系状态的单值函数。状态参数的值仅取决于给定的状态，而与达到这一状态的途径无关。状态参数的这一特性在数学上的表现是：它是点函数，它的微分是全微分，而全微分的循环积分等于零，例如

$$\oint\mathrm{d}p=0,\quad \oint\mathrm{d}v=0,\quad \oint\mathrm{d}T=0$$

$$\oint\mathrm{d}u=0,\quad \oint\mathrm{d}h=\oint\mathrm{d}(u+pv)=0$$

$$\oint\mathrm{d}s=\oint\frac{\mathrm{d}u+p\mathrm{d}v}{T}=0$$ [1]

除上述六个常用的状态参数外，还有如㶲、自由能、自由焓等其他状态参数将在后面相

[1] 是否$\oint\frac{\mathrm{d}u+p\mathrm{d}v}{T}=0$，即式(1-14)、式(1-15)所定义的熵是否为一状态参数，还有待证明，参见4-3节。

应的章节中陆续介绍。

【例 1-1】 某热电厂测得新蒸汽的表压力为100at，凝汽器的真空度（p_v/p_b）为 94%，送风机表压为 145mmHg，当时气压计读数为 755mmHg。试将它们换算成以 Pa 和 MPa 为单位的绝对压力。

解 大气压力

$$p_b=755\text{mmHg}\times133.3224\text{Pa/mmHg}=100\,658\text{Pa}=0.100\,658\text{MPa}$$

新蒸汽绝对压力为

$$p_1=p_{g1}+p_b=100\text{at}\times98\,066.5\text{Pa/at}+100\,658\text{Pa}=9\,907\,308\text{Pa}=9.907\,308\text{MPa}$$

凝汽器中蒸汽绝对压力为

$$p_2=p_b-p_{v2}=p_b\left(1-\frac{p_{v2}}{p_b}\right)=100\,658\text{Pa}\times(1-0.94)$$

$$=6039.5\text{Pa}=0.006\,039\,5\text{MPa}$$

送风机送出的空气的绝对压力为

$$p=p_g+p_b=145\text{mmHg}\times133.3224\text{Pa/mmHg}+100\,658\text{Pa}$$

$$=119\,990\text{Pa}=0.119\,99\text{MPa}$$

【例 1-2】 从工程单位制水蒸气热力性质表中查得水蒸气在 450℃、30at 时的比体积、比焓和比熵为

$$v=0.109\,98\text{m}^3/\text{kg}$$

$$h=799.0\text{kcal/kg}$$

$$s=1.694\,6\text{kcal/(kg·K)}$$

在国际单位制中，上述参数各为多少？

解 在国际单位制中，

温度为 $$T=t+273.15\text{K}=450℃+273.15\text{K}=723.15\text{K}$$

压力为 $$p=30\text{at}\times98\,066.5\text{Pa/at}=2\,942\,000\text{Pa}=2.942\text{MPa}$$

比体积为 $$v=0.109\,98\text{m}^3/\text{kg}$$

比焓为 $$h=799.0\text{kcal/kg}\times4186.8\text{J/kcal}=3\,345\,300\text{J/kg}=3345.3\text{kJ/kg}$$

比熵为 $$s=1.694\,6\text{kcal/(kg·K)}\times4186.8\text{J/kcal}=7095\text{J/(kg·K)}$$

$$=7.095\text{kJ/(kg·K)}$$

1-3 平衡状态

平衡状态是指热力系在没有外界作用[1]的情况下宏观性质不随时间变化的状态。平衡状态是宏观状态中一种重要的特殊情况。

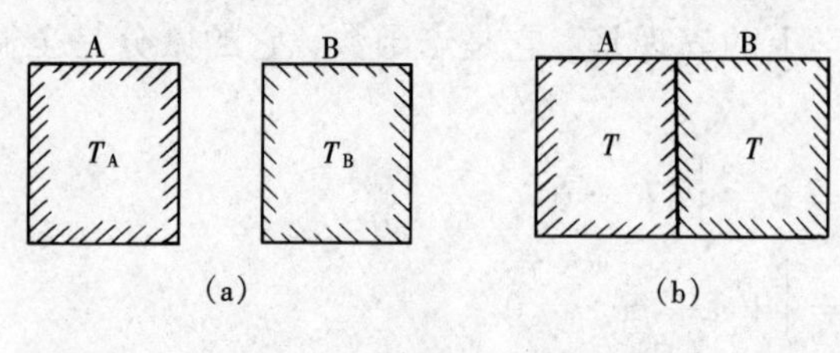

图 1-4

例如，设 A、B 两个物体（图 1-4）具有不同的温度 T_A 和 T_B（$T_A>T_B$）。当它们相互接触后，由于 A 物体的温度比 B 物体高（热不平衡），就会有热量由 A 物体传向 B 物体，而使 A 物体的温度逐渐降低，B 物体的温度逐渐升高。经过一段时间，当 A、B 二物体的温度趋于一致（达到热平衡）以后，如果没有外界的作用（比如说不向它们加热或不使它们冷却），那么 A、B 二物体将一直保持这种平衡状态。

[1] 这里的外界作用是指热力系与外界的能量交换和物质交换，而不是指恒定的外场（如重力场）的作用。

又例如，设有一封闭容器，有隔板将它分成A、B两部分。A部分装有气体，B部分抽成真空［见图1-5（a)］。当把隔板抽开以后，由于A、B两部分压力不平衡，A部分的气体会向B部分转移。在这个过程中，气体的状态是随时间变化的。过了一段时间，当容器中气体的压力和温度趋于一致后，如果没有外界的作用，容器中气体的状态将不再发生变化而一直保持这种平衡状态［见图1-5（b)］。

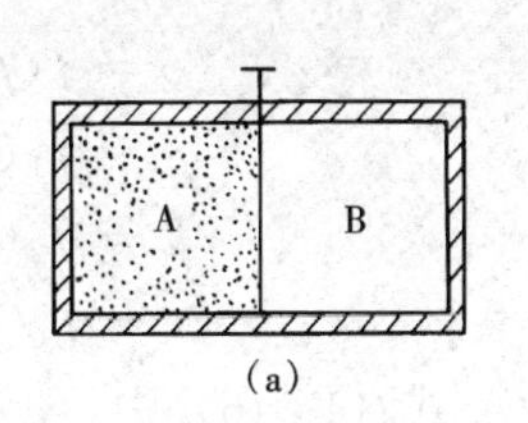

(a)

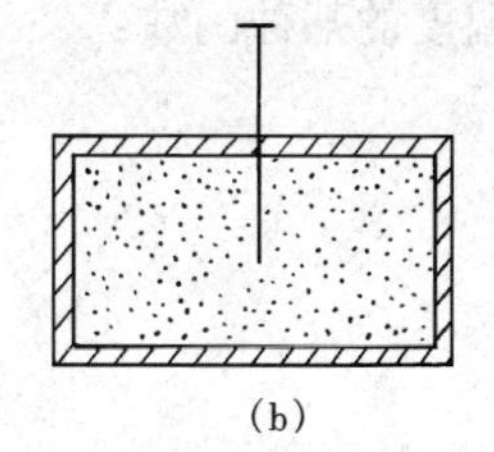
(b)

图1-5

再例如，设在一容器中装进水（不装满)，并设法将容器中的空气抽去后将容器封闭。由于水的蒸发，容器中水面上方将充满水蒸气（见图1-6)。如果没有外界的作用（比如说不向容器中加热，也不从容器中放掉水或水蒸气)，那么容器中的水必将逐渐停止蒸发，水和水蒸气不再发生变化而保持一定状态。这也是一种平衡状态。

图1-6

事实上，任何热力系，如果它原来已经处于平衡状态，而又没有外界的作用，那么它将一直保持这种平衡状态；如果原来处于非平衡状态（内部存在不平衡势：温差、压差等)，那么它的内部必然会自发地进行一个变化过程。经过一段时间，当不平衡势逐渐消失而内部不再发生变化时，热力系也就达到了平衡状态。如果没有外界作用，它将一直保持这种平衡状态。

处于平衡状态的单相流体（气体或液体)，如果忽略重力的影响❶，又没有其他外场作用，那么它内部各处的各种性质都是均匀一致的。不仅流体内部的压力均匀一致（这是建立力平衡的必要条件)、温度均匀一致（这是建立热平衡的必要条件)，而且所有其他宏观性质（如比体积、比热力学能、比焓、比熵等）也都是均匀一致的。热力系各部分的性质均匀一致，这给热力学分析带来很大方便。热力学主要研究的正是这种均匀的平衡状态。

处于气—液两相平衡的流体（见图1-6)，流体内部的压力和温度均匀一致（即建立了力平衡和热平衡)，但气相和液相的比体积、比热力学能、比焓、比熵等则是不同的。

1-4　状态方程和状态参数坐标图

虽然处于一定的平衡（均匀）状态的热力系，其各个状态参数都有确定的值，但是要规定这样的平衡状态却并不要求给出全部状态参数的值。事实上，对于一个和外界只有热能和机械能交换的（即两个自由度的）简单热力系，只要给出两个相互独立的状态参数就可以规定它的平衡状态了。两个相互独立的状态参数是指其中一个不能仅仅是另一个的函数。例如比体积和密度就不是两个相互独立的状态参数［$v=1/\rho=f(\rho)$］，给出比体积值也就意味着给出密度值。

既然给出两个相互独立的状态参数就能完全确定简单热力系的一个平衡状态，那么其他

❶ 如果考虑重力的影响，那么液体的压力以及气体的密度和压力沿高度将有所差别。但是，如果上下高度相差不很大，这种差别便可以忽略，特别对于气体更是如此。

状态参数也就必然随之而定，也相应地有完全确定的值。这就表明，在其他状态参数和这两个相互独立的状态参数之间必定存在某种单值的函数关系。例如，以压力和温度为独立变化的状态参数时，比体积、比热力学能、比焓、比熵等其他状态参数就一定可以表达为压力和温度的某种函数：

$$\left.\begin{aligned} v &= f(p,T) \\ u &= f_1(p,T) \\ h &= f_2(p,T) \\ s &= f_3(p,T) \end{aligned}\right\} \tag{1-16}$$

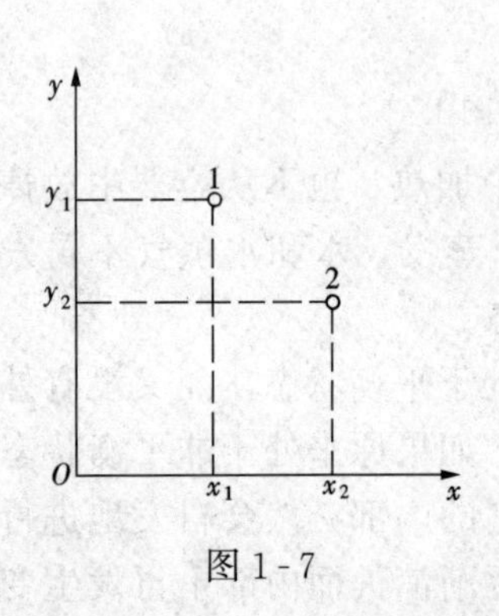

图 1-7

式（1-16）中，$v=f(p,T)$ 建立了压力、温度、比体积这三个可以直接测量的基本状态参数之间的关系。这一函数关系称为状态方程。状态方程也可以写为如下隐函数的形式：

$$F(p,v,T) = 0 \tag{1-17}$$

既然简单热力系的平衡（均匀）状态可以用两个相互独立的状态参数来确定，那么由任意两个相互独立的状态参数（x，y）所构成的平面坐标系中的任意一点就相应于热力系的某一平衡（均匀）状态（图 1-7 中状态 1、2）。至于热力系的不平衡（不均匀）状态，由于热力系各部分状态参数不一致，是无法表示在这样的坐标系中的。但是，如果热力系各部分性质的差异不很悬殊，那么用各部分状态参数的平均值来近似地表示热力系的状态也是可以的。当然，用平均状态参数值表示不平衡状态，不能反映实际状态的不平衡程度和分布状况。

1-5 过程和循环

过程是指热力系从一个状态向另一个状态变化时所经历的全部状态的总和。

热力系从一个平衡（均匀）状态连续经历一系列（无数个）平衡的中间状态过渡到另一个平衡状态，这样的过程称为内平衡过程（意指过程进行时热力系内部一直保持平衡，而不强调热力系和外界是否保持平衡）；否则便是内不平衡过程。内平衡过程在状态参数坐标图中表示为一条连续的曲线（图 1-8）。内不平衡过程严格说来不能表示在状态坐标图中，但是如果过程的初终两状态是平衡的，而中间各状态的不平衡（不均匀）程度相对较小，那么也可以如图 1-9 那样用虚线来近似地表示。

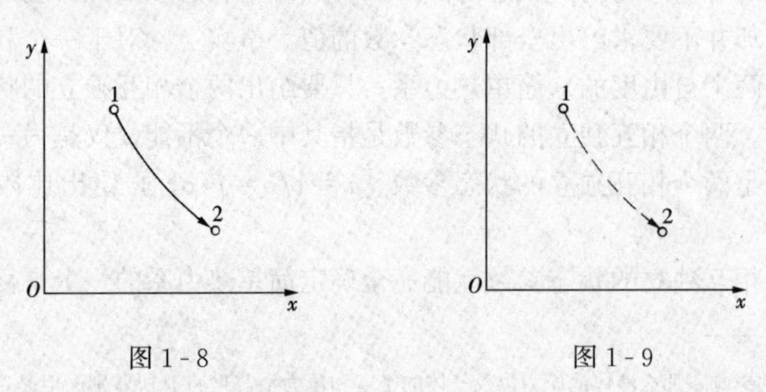

图 1-8　　图 1-9

就热力系本身而言，“平衡”意味着宏观静止；而“过程”则意味着变化，意味着平衡被破坏。内平衡过程把“平衡”和“过程”这两个矛盾的概念在一定的条件下统一了起来。这条件就是：要求外界对热力系的作用必须缓慢到足以使热力系内部能及时恢复被不断破坏的平衡。因此，内平衡过程也称作准静态过程，意即非常接近静态的过程。

循环就是封闭的过程，也就是说，循环是这样的过程：热力系从某一状态开始，经过一系列中间状态后，又回到原来状态。作为过程的一种特例，循环也有内平衡循环（图1-10）和内不平衡循环（图1-11）的区分。

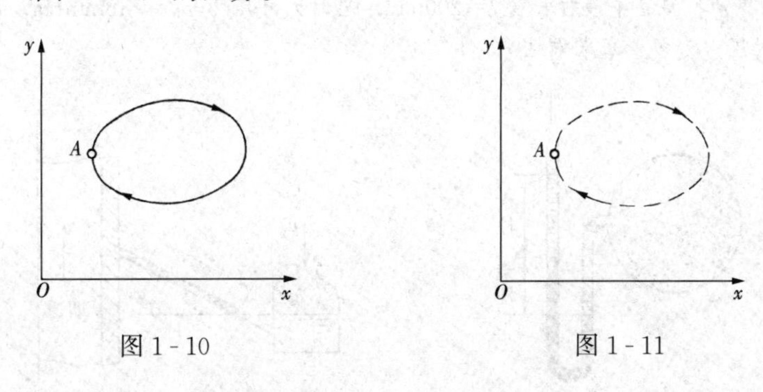

图1-10　　图1-11

1-6　功　和　热　量

热力系通过界面和外界进行的机械能的交换量称为做功量，简称功（机械功）；它们之间的热能的交换量称为传热量，简称热量。

显然，功和热量是和热力系的状态变化（即过程）联系在一起的。它们不是状态量而是过程量。不能说热力系在某一状态下有多少功、多少热量，而只能说热力系在某一过程中对外界做出了或从外界获得了多少功，从外界吸收了或向外界放出了多少热量。

功的符号是W，热量的符号是Q；对单位质量的热力系而言，功用w表示，热量用q表示。热力学中通常规定：热力系对外界做功为正（$W>0$），外界对热力系做功为负（$W<0$）；热力系从外界吸热为正（$Q>0$），热力系向外界放热为负（$Q<0$）。

在国际单位制中，W和Q的单位为J或kJ；w和q的单位为J/kg或kJ/kg。在工程单位制中，W的单位为kgf·m，Q的单位为kcal；w的单位为kgf·m/kg，q的单位为kcal/kg。

功、热量和能量的各种单位之间的换算关系见附表13。

思考题

1. 如果容器中气体的压力保持不变，那么压力表的读数一定也保持不变，对吗？
2. “平衡”和“均匀”有什么区别和联系？
3. “平衡”和“过程”是矛盾的还是统一的？
4. “过程量”和“状态量”有什么不同？

习　题

1-1　一立方形刚性容器，每边长1m，将其中气体的压力抽至1000Pa，问其真空度为多少毫米汞柱？

容器每面受力多少牛顿？已知大气压力为 0.1MPa。

1-2 试确定表压力为 0.01MPa 时 U 形管压力计中液柱的高度差。(1) U 形管中装水，其密度为 $1000kg/m^3$；(2) U 形管中装酒精，其密度为 $789kg/m^3$。

1-3 用 U 形管测量容器中气体的压力。在水银柱上加一段水柱（见图 1-12）。已测得水柱高 850mm，汞柱高 520mm。当时大气压力为 755mmHg。问容器中气体的绝对压力为多少兆帕？

1-4 用斜管压力计测量锅炉烟道中烟气的真空度（见图 1-13）。管子的倾角 $\alpha=30°$；压力计中使用密度为 $800kg/m^3$ 的煤油；斜管中液柱长度 $l=200mm$。当时大气压力 $p_b=745mmHg$。问烟气的真空度为多少毫米水柱？绝对压力为多少毫米汞柱？

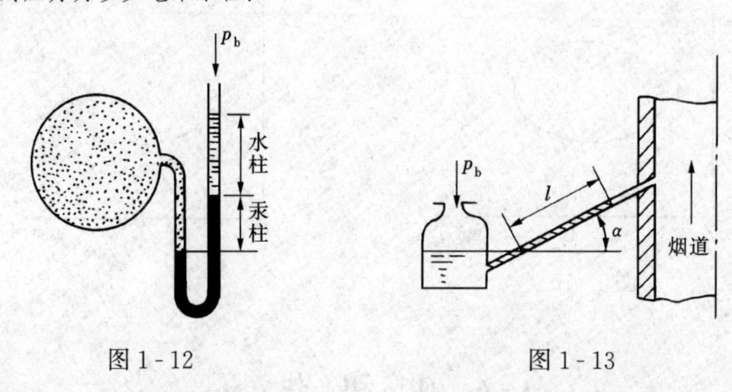

图 1-12　　　　图 1-13

1-5 气象报告中说：某高压中心气压是 102.5kPa。它相当于多少毫米汞柱？它比标准大气压力高多少千帕？

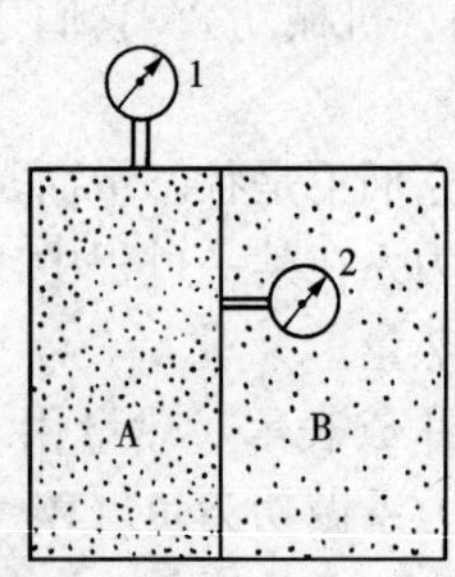

图 1-14

1-6 有一容器，内装隔板，将容器分成 A、B 两部分（见图1-14）。容器两部分中装有不同压力的气体，并在 A 的不同部位安装了两个刻度为不同压力单位的压力表。已测得 1、2 两个压力表的表压依次为 9.82at 和 4.24atm。当时大气压力为 745mmHg。试求 A、B 两部分中气体的绝对压力（单位用 MPa）。

1-7 从工程单位制热力性质表中查得水蒸气在 500℃、100at 时的比体积和比焓分别为 $v=0.033\,47m^3/kg$，$h=806.6kcal/kg$。在国际单位制中，这时水蒸气的压力和比热力学能各为多少？

1-8 摄氏温标取水在标准大气压下的冰点和沸点分别为 0℃和 100℃，而华氏温标则相应地取为 32℉和 212℉。试导出华氏温度和摄氏温度之间的换算关系，并求出绝对零度（0K 或 −273.15℃）所对应的华氏温度。

第2章　热力学第一定律

［本章导读］热力学第一定律就是不同形式的能量在传递与转换过程中守恒的原理。要弄清各种能量存在形式（状态量）和传递形式（过程量）之间的区别和联系，以便正确建立起能量守恒的表达式。

本章一开始就对代表普遍情况的虚拟热力系（包括开口系和闭口系）建立起能量方程的基本表达式，然后再针对各种情况，从基本表达式演绎出不同的具体表达式，借此凸显出不同能量方程形式之间的本质联系。

2-1　热力学第一定律的实质及表达式

人们从无数的实践经验中总结出了这样一条规律：各种不同形式的能量都可以转移（从一个物体传递到另一个物体），也可以相互转换（从一种能量形式转变为另一种能量形式），但在转移和转换过程中，它们的总量保持不变。这一规律称为能量守恒与转换定律。能量守恒与转换定律应用在热力学中，或者说应用在伴有热效应的各种过程中，便是热力学第一定律。在工程热力学中，热力学第一定律主要说明热能和机械能在转移和转换时，能量的总量必定守恒。

我们来考察一种普遍情况。设想有一热力系如图2-1中虚线（界面）所包围的体积所示。其总能量为 E ［见图2-1（a）］。所谓总能量是指热力学能（U）、宏观动能（E_k）和重力位能（E_p）的总和：

$$E = U + E_k + E_p \qquad (2-1)$$

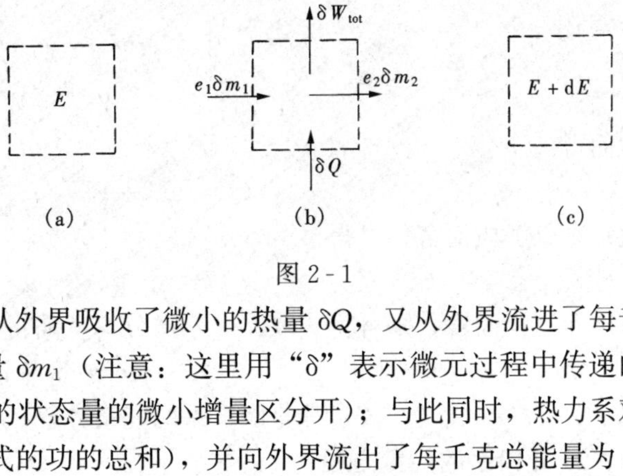

图2-1

假定这一热力系在一段极短的时间 $d\tau$ 内从外界吸收了微小的热量 δQ，又从外界流进了每千克总能量为 e_1（$e_1 = u_1 + e_{k1} + e_{p1}$）的质量 δm_1（注意：这里用“δ”表示微元过程中传递的微小量，以便和用全微分符号“d”表示的状态量的微小增量区分开）；与此同时，热力系对外界做出了微小的总功 δW_{tot}（即各种形式的功的总和），并向外界流出了每千克总能量为 e_2（$e_2 = u_2 + e_{k2} + e_{p2}$）的质量 δm_2 ［见图2-1（b）］。经过这段时间（$d\tau$）后，热力系的总能量变成了 $E + dE$ ［见图2-1（c）］。

根据质量守恒定律可知，热力系质量的变化等于流进和流出质量的差：

$$dm = \delta m_1 - \delta m_2 \qquad (2-2)$$

式中　dm——热力系在 $d\tau$ 时间内质量的增量，它是热力系状态量的变化；

δm_1、δm_2——热力系在 $d\tau$ 时间内和外界交换的质量，它们是过程量。

根据热力学第一定律可知

加入热力系的能量的总和－热力系输出的能量的总和＝热力系总能量的增量

即 $$(\delta Q+e_1\delta m_1)-(\delta W_{tot}+e_2\delta m_2)=(E+dE)-E$$

或 $$\delta Q=dE+(e_2\delta m_2-e_1\delta m_1)+\delta W_{tot} \tag{2-3}$$

对有限长的时间 τ，可将式（2-3）积分，从而得

$$Q=\Delta E+\int_{(\tau)}(e_2\delta m_2-e_1\delta m_1)+W_{tot} \tag{2-4}$$

式（2-3）和式（2-4）是热力学第一定律的最基本的表达式，适用于任何工质进行的任何无摩擦或有摩擦的过程。

下面以工程中常见的三种情况（闭口系、开口系、稳定流动）为例，进一步把热力学第一定律的上述表达式具体化。

1. 闭口系的能量方程

设有一带活塞的气缸，内装气体（图 2-2），气体在初始状态下热力学能为 U_1，吸热（Q）膨胀并对外界做功（W）后达到终状态，热力学能变为 U_2。下面根据式（2-4）来分析这一过程的能量平衡关系。

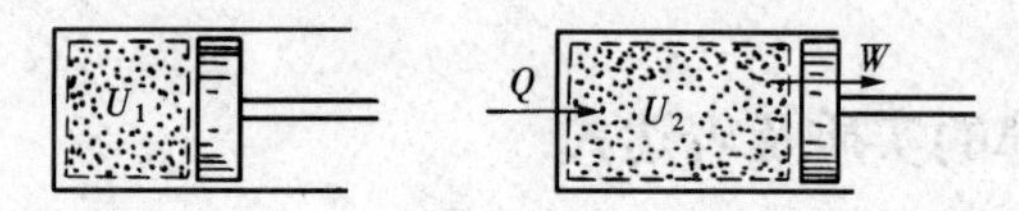

图 2-2

取封闭在活塞气缸中的工质为研究对象，即图 2-2 中虚线（界面）所包围的闭口系。该热力系的宏观动能和重力位能均无变化（$\Delta E_k=\Delta E_p=0$，$\Delta E=\Delta U$），而且与外界无物质交换（$\delta m_1=\delta m_2=0$），同时在 W_{tot} 中只有由于热力系的体积变化而和外界交换的功 W（称为膨胀功）。因此，可按式（2-4）中的各项列出：

$$Q=Q$$

$$\Delta E=\Delta U+\Delta E_k+\Delta E_p=\Delta U$$

$$\int_{(\tau)}(e_2\delta m_2-e_1\delta m_1)=0$$

$$W_{tot}=W$$

从而得

$$Q=\Delta U+W=U_2-U_1+W \tag{2-5}$$

对每千克工质而言，可得

$$q=\Delta u+w=u_2-u_1+w \tag{2-6}$$

对微元过程而言，则可将式（2-6）微分，从而得

$$\delta q=du+\delta w \tag{2-7}$$

式（2-5）～式（2-7）都是闭口系的能量方程（热力学第一定律表达式）。

2. 开口系的能量方程

活塞式动力机械在工作时，工质并不一直封闭在气缸中，而总是伴有进气、排气过程交替进行着（图 2-3）。如果考虑到工质的流进、流出，那么界面为气缸内壁和活塞顶面的热力系在整个工作周期中就不再是闭口系——在进气、排气期间，它和外界有质量交换，因而是开口系。

在开始进气前，活塞位于气缸顶端，如图 2-3（a）所示。这时气缸中没有气体，热力系的质量为零，总能量也为零。进气过程中［见图 2-3（b）］，进入气缸的气体给热力系带进热力学能 U_1［宏观动能忽略或并入滞止参数（见第 5-3 节）］；进出口气体的重力位能基本不变，因而在计算能量变化时可以不必考虑；同时，外界对体积 V_1 的气体做了推动功

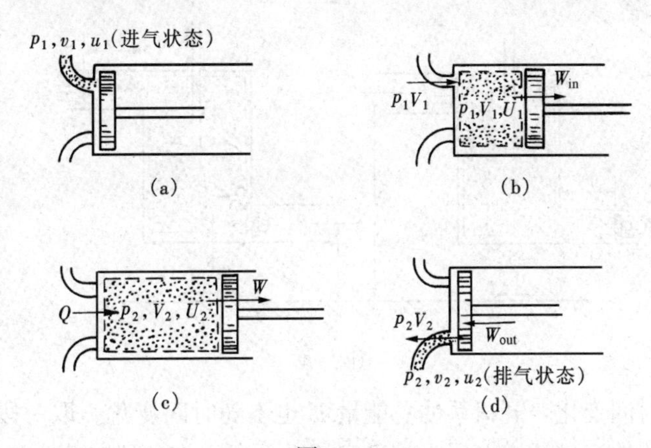

图 2-3

p_1V_1，使它通过进气口进入热力系，这部分推动功通过活塞传递给动力机械（飞轮），这样动力机械就获得了进气功（W_{in}）。进气完毕后，气体工质被封闭在气缸中。从这时开始，外界向气体供给热量Q，气体膨胀并通过活塞向动力机械做出膨胀功W，同时气体由状态1变化到状态2，如图2-3（c）所示。然后开始排气。动力机械通过活塞向气体输送排气功（W_{out}）；而热力系又通过排气口将这部分功以推动功的形式传递给外界（p_2V_2）[见图2-3（d）]。排气完毕后，活塞又回到气缸的顶端。动力机械完成了一个工作周期。这时气缸中没有气体，热力系的总能量回到零。

我们来分析这个开口系在一个工作周期中的能量进出情况。按式（2-4）中的每一项列出：

$$Q = Q$$

$$\Delta E = 0\text{（工作周期始末，气缸中均无气体）}$$

$$\int_{(\tau)}(e_2\delta m_2 - e_1\delta m_1) = U_2 - U_1\text{（忽略宏观动能和重力位能的变化）}$$

$$W_{tot} = -p_1V_1 + W_{in} + W - W_{out} + p_2V_2$$

（热力系对外界做功为正，从外界获得功为负）

所以，根据式（2-4）可得

$$Q = U_2 - U_1 + p_2V_2 - p_1V_1 + W_{in} + W - W_{out} \tag{2-8}$$

式中 $(W_{in}+W-W_{out})$——动力机械在一个工作周期中获得的功，称为技术功，用W_t表示。

技术功的定义式为

$$W_t = W_{in} + W - W_{out} \tag{2-9}$$

将它代入式（2-8）可得

$$Q = H_2 - H_1 + W_t \tag{2-10}$$

对每千克工质而言，则得

$$q = h_2 - h_1 + w_t \tag{2-11}$$

对微元过程，可将式（2-11）微分，从而得

$$\delta q = \mathrm{d}h + \delta w_t \tag{2-12}$$

式（2-10）～式（2-12）都是开口系的能量方程（热力学第一定律表达式）。

3. 稳定流动的能量方程

稳定流动是指流道中任何位置上流体的流速及其他状态参数（温度、压力、比体积、比热力学能等）都不随时间而变化的流动。各种工业设备处于正常运行状态时，流动工质所经历的过程都接近于稳定流动。设有流体流过一复杂通道（见图2-4），取通道进出口之间的

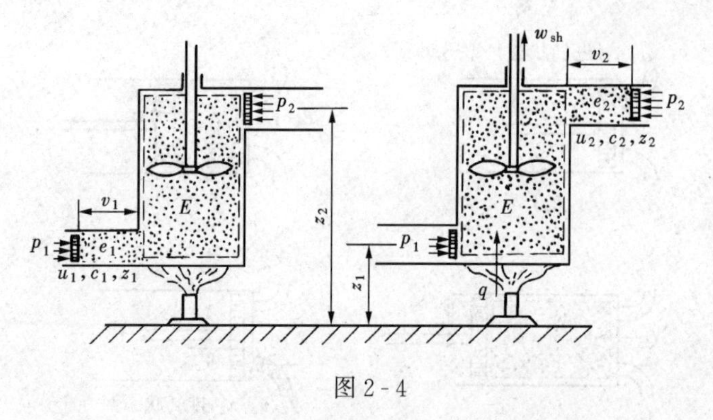

图 2-4

流体为研究对象，即图 2-4 中虚线（界面）所包围的开口系。假定进出口截面上流体的各个参数均匀一致（如果不均匀则取平均值），压力、比体积、比热力学能、流速、高度、比总能量依次为

$p_1, v_1, u_1, c_1, z_1, e_1$（进口截面）

$p_2, v_2, u_2, c_2, z_2, e_2$（出口截面）

显然，对于稳定流动，这些参数不随时间变化，开口系的总能量 E 也不随时间变化。取一段时间 τ，设在这段时间内恰好有 1kg 流体流过通道（因为是稳定流动，所以在这段时间内流过进出口截面以及流过任意截面的流体都是 1kg），同时有热量 q 从外界通过界面传入该热力系，又有轴功 w_{sh} 由热力系通过叶轮的轴向外界做出。对这样一个稳定流动的开口系，式（2-4）中各项为

$$Q = q$$

$$\Delta E = 0(E = 定值)$$

$$\int_{(\tau)}(e_2\delta m_2 - e_1\delta m_1) = (e_2 - e_1)\int_{(\tau)}\delta m = e_2 - e_1$$

$$W_{tot} = w_{sh} - p_1v_1 + p_2v_2$$

W_{tot} 中除叶轮的轴功 w_{sh} 外，还包括在进口处外界对热力系做推动功 p_1v_1（负值），在出口处热力系对外界做推动功 p_2v_2（正值）。所以，根据式（2-4）可得

$$q = e_2 - e_1 + w_{sh} - p_1v_1 + p_2v_2 = (e_2 + p_2v_2) - (e_1 + p_1v_1) + w_{sh}$$

式中

$$e_2 + p_2v_2 = u_2 + e_{k2} + e_{p2} + p_2v_2 = h_2 + \frac{c_2^2}{2} + gz_2$$

$$e_1 + p_1v_1 = u_1 + e_{k1} + e_{p1} + p_1v_1 = h_1 + \frac{c_1^2}{2} + gz_1$$

最后得

$$q = (h_2 - h_1) + \frac{1}{2}(c_2^2 - c_1^2) + g(z_2 - z_1) + w_{sh} \tag{2-13}$$

从式（2-11）和式（2-13）的推导过程中可以看出：对流动工质，焓可以理解为流体向下游传送的热力学能和推动功之和（$h_1 = u_1 + p_1v_1$；$h_2 = u_2 + p_2v_2$）。

式（2-13）也可以换一种方式推得。如果取图 2-4 中两个假想的活塞之间的流体为热力系，那么这就是一个闭口系。对这一闭口系，根据式（2-4）：

$$Q = q$$

$$\Delta E = (E + e_2) - (E + e_1) = e_2 - e_1$$

$$\int_{(\tau)}(e_2\delta m_2 - e_1\delta m_1) = 0(对闭口系\ \delta m_2 = \delta m_1 = 0)$$

$$W_{tot} = w_{sh} - p_1v_1 + p_2v_2$$

结果同样可得

$$q = e_2 - e_1 + w_{sh} - p_1v_1 + p_2v_2 = (h_2 - h_1) + \frac{1}{2}(c_2^2 - c_1^2) + g(z_2 - z_1) + w_{sh}$$

式（2-13）即稳定流动的能量方程（热力学第一定律表达式）。

上述两种推导稳定流动能量方程的方法和相应的两种热力系的选取方法可谓是异曲同

工、殊途同归。

应该指出，式（2-13）中下角标1、2指的是流道进出口“两个截面”，而不是像式（2-6）和式（2-11）那样指过程始末“两个瞬时”。事实上，对稳定流动而言，整个流道空间（包括进出口截面）的状况是不随时间变化的。但是，如果设想取一流体微团为热力系，考察这微团从流道进口到出口的变化过程，则“两个截面”和“两个瞬时”将是一致的。

式（2-6）、式（2-11）、式（2-13）三个能量方程有各自适用的场合，但也有着基本的共性。事实上，如果把稳定流动能量方程中流体动能的增量和重力位能的增量看作是暂存于流体（热力系）本身而尚未对外界做出的功，并把它们和轴功合并在一起，那么合并以后的功也就相当于开口系能量方程中的技术功。这样，式（2-13）和式（2-11）也就完全一样了，即

$$q = h_2 - h_1 + \left[\frac{1}{2}(c_2^2 - c_1^2) + g(z_2 - z_1) + w_{sh}\right] = h_2 - h_1 + w_t \tag{2-14}$$

如果再把式（2-11）中的焓写为热力学能和推动功之和，把技术功写为进气功、膨胀功及排气功的代数和，消去一些项后，便可得到式（2-6）。

$$q = (u_2 + p_2v_2) - (u_1 + p_1v_1) + w_{in} + w - w_{out}$$

因为

$$w_{in} = p_1v_1, \quad w_{out} = p_2v_2$$

所以

$$q = u_2 - u_1 + w$$

这就是说，归根结底，反映热能和机械能转换的是式（2-6）。可以将式（2-6）改写为

$$w = (u_1 - u_2) + q$$

它说明：在任何情况下，膨胀功都只能从热力系本身的热力学能储备或从外界供给的热量转变而来。所不同的只是，在闭口系中，膨胀功（w）全部向外界输出；在开口系中，膨胀功中有一部分要用来弥补排气推动功和进气推动功的差值（$p_2v_2 - p_1v_1$），剩下的部分（即为技术功）可供输出。所以

$$w = (p_2v_2 - p_1v_1) + w_t \tag{2-15}$$

而在稳定流动中，膨胀功除用于弥补排气推动功和进气推动功的差值外，还要用于增加流体的动能$\left[\frac{1}{2}(c_2^2 - c_1^2)\right]$和位能$[g(z_2 - z_1)]$，剩下的部分（即为轴功）才供输出。所以

$$w = (p_2v_2 - p_1v_1) + \frac{1}{2}(c_2^2 - c_1^2) + g(z_2 - z_1) + w_{sh} \tag{2-16}$$

将式（2-15）和式（2-16）分别代入式（2-6），即可得出式（2-11）和式（2-13）。

从以上的推导和讨论中可以清楚地看到总功（W_{tot}）、膨胀功（W）、技术功（W_t）和轴功（W_{sh}）之间的区别和内在联系，但不应得出膨胀功大于技术功、技术功大于轴功的结论，因为（$p_2v_2 - p_1v_1$）、$\frac{1}{2}(c_2^2 - c_1^2)$、$g(z_2 - z_1)$都是可正可负的。

2-2 功和热量的计算及其在压容图和温熵图中的表示

设有一截面积为A的带活塞的气缸，里面装有1kg气体（见图2-5），气体处于平衡状态，压力、比体积、热力学能、温度、熵顺次为p、v、u、T、s。气体对活塞的作用力由外力F和活塞与气缸壁之间的摩擦力F_f加以平衡，即

$$pA = F + F_f$$

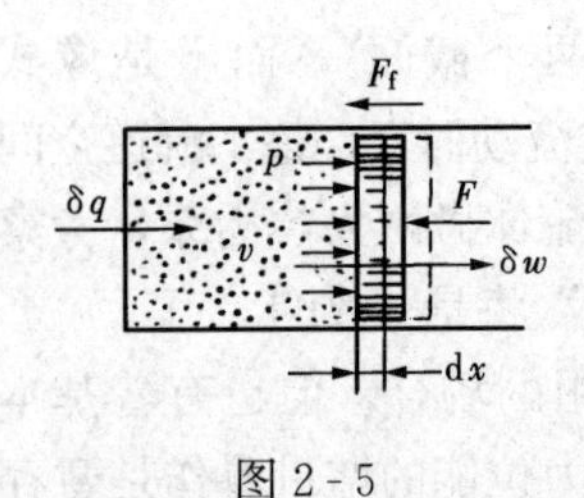

图 2-5

如果像通常那样取气缸中的气体为热力系，那么活塞气缸便是外界，它们之间的摩擦便是外摩擦。现在，为了直观地分析热力系内摩擦的影响，仍旧利用图 2-5，但取气缸内的气体连同活塞和气缸一并作为热力系。这样，活塞与气缸壁之间的摩擦便是内摩擦了。当然，这个热力系也就不是一个简单的均匀系了。但是，如果我们假定活塞与气缸壁之间由于摩擦生成的热全部由气缸中的气体吸收，而活塞和气缸的热力状态无改变，那么在分析过程时，对活塞和气缸就可以不予考虑了。下面我们来分析摩擦❶对过程的影响。

当外界向气体加入热量 δq 以后，气体膨胀，并在平衡状态下使活塞移动了 dx 距离，气体对外界做出了（外界获得了）δw 的功。

$$\delta w = F\mathrm{d}x = (pA - F_f)\mathrm{d}x = p\mathrm{d}v - F_f\mathrm{d}x = p\mathrm{d}v - \delta w_L < p\mathrm{d}v \qquad (2-17)$$

式中 δw_L——由于存在摩擦而损失的功，称为功损。

由功损产生的热称为热产，用 q_g 表示。显然

$$q_g = w_L \qquad (2-18)$$

应该指出，不等式（2-17）对压缩过程同样是适用的。在压缩过程中，如果存在摩擦（这时摩擦力反向），由于有功损，外界将消耗比 $p\mathrm{d}v$ 计算值较多的功 $|\delta w| > |p\mathrm{d}v|$，但由于这时 δw 和 $p\mathrm{d}v$ 均为负值，所以不等式（2-17）（$\delta w < p\mathrm{d}v$）仍然成立。

如果不存在摩擦（$\delta w_L = 0$），则无论对膨胀过程或是压缩过程，均可得

$$\delta w = p\mathrm{d}v \qquad (2-19)$$

对式（2-19）积分，可得膨胀功的计算式（对无摩擦的内平衡过程而言）：

$$w = \int_1^2 p\mathrm{d}v \qquad (2-20)$$

根据式（2-15）和式（2-20），可得技术功的计算式（对无摩擦的内平衡过程而言）：

$$w_t = w - p_2v_2 + p_1v_1 = \int_1^2 p\mathrm{d}v - \int_1^2 \mathrm{d}(pv) = -\int_1^2 v\mathrm{d}p \qquad (2-21)$$

根据熵的定义式（式 1-15）：

$$\mathrm{d}s = \frac{\mathrm{d}u + p\mathrm{d}v}{T}, \quad \mathrm{d}u + p\mathrm{d}v = T\mathrm{d}s$$

在无摩擦内平衡的情况下，式（2-7）可写为

$$\delta q = \mathrm{d}u + p\mathrm{d}v$$

所以，对无摩擦的内平衡过程可得

$$\delta q = T\mathrm{d}s$$

积分后得

$$q = \int_1^2 T\mathrm{d}s \qquad (2-22)$$

式（2-20）～式（2-22）表明：一个无摩擦的内平衡过程，其膨胀功和技术功可以用压容图（$p-v$ 坐标系）中过程曲线下边和左边相应的面积表示出来（见图 2-6）；而热量则可以用温熵图（$T-s$ 坐标系）中过程曲线下边相应的面积表示出来（见图 2-7）。

❶ 本章以及以后各章中，凡摩擦均指热力系的内摩擦。

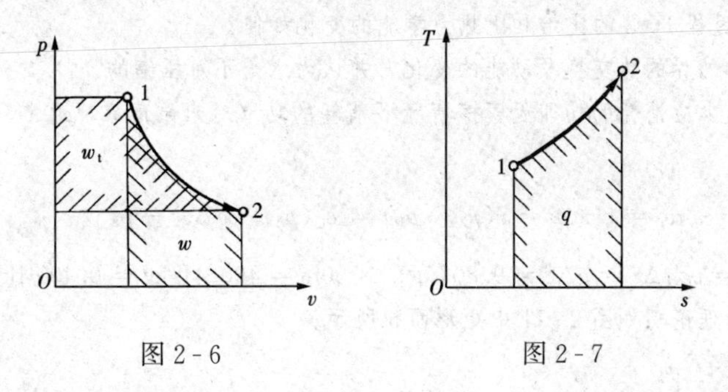

图 2-6　　图 2-7

对一个无摩擦的内平衡的循环而言，其膨胀功与技术功相等（证明见下面），用循环的功 w_0 表示。在压容图中 w_0 可用包围在循环曲线内部的面积 $abcda$ 表示（见图 2-8）。

$$w_0 = \oint p\mathrm{d}v = \int_{abc} p\mathrm{d}v + \int_{cda} p\mathrm{d}v = \text{面积}\, abcefa - \text{面积}\, cdafec = \text{面积}\, abcda$$

$$w_0 = -\oint v\mathrm{d}p = -\int_{bcd} v\mathrm{d}p - \int_{dab} v\mathrm{d}p = \text{面积}\, bcdghb - \text{面积}\, dabhgd = \text{面积}\, abcda$$

循环的热量 q_0 则可用温熵图中循环曲线包围的面积 $ABCDA$ 表示（见图 2-9）。

$$q_0 = \oint T\mathrm{d}s = \int_{ABC} T\mathrm{d}s + \int_{CDA} T\mathrm{d}s = \text{面积}\, ABCEFA - \text{面积}\, CDAFEC = \text{面积}\, ABCDA$$

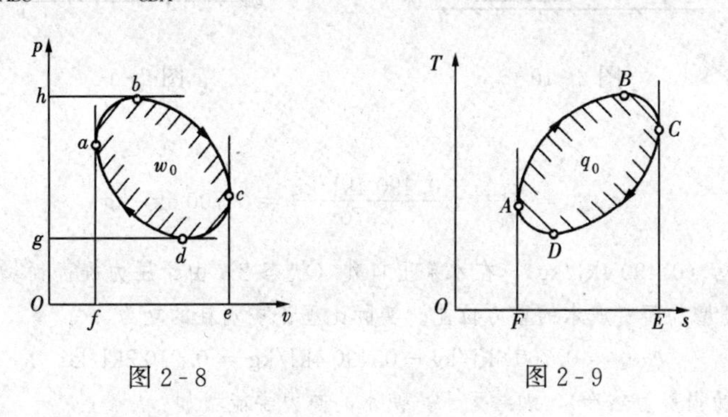

图 2-8　　图 2-9

对能量方程式（2-7）循环积分，可得

$$\oint \delta q = \oint \mathrm{d}u + \oint \delta w = \oint \delta w$$

即

$$q_0 = w_0 \tag{2-23}$$

式（2-23）表明：循环的净热量等于循环的净功。这是很容易理解的，因为工质完成一个循环后回到了原状态，工质的热力学能未变，所以循环对外界做出的净功，只能由从外界获得的净热量转变而来。正因为如此，对有摩擦的内不平衡循环，虽然 w_0 和 q_0 不能用压容图和温熵图中包围在循环曲线内部的面积表示，但是由于 $\oint \mathrm{d}u = 0$，根据能量守恒与转换定律，纵然有摩擦、不平衡，$q_0 = w_0$ 的结论仍然成立。

【例 2-1】 水泵向 50m 高的水塔送水（见图 2-10）。试问：

（1）每输送 1kg 水理论上最少应消耗多少功？

（2）如果水泵的效率 $\eta_P = \dfrac{w_{P,t}}{w_{P,act}} = 70\%$，那么实际消耗多少功？

（3）理论消耗的功变成了什么？实际比理论多消耗的功到哪里去了？

（4）过程 1→2 和过程 1→3 的比焓和比热力学能的变化如何？

计算时可以忽略和外界的热交换及动能的变化，并认为水是不可压缩的。

解 （1）理论上最少应消耗的功即无摩擦情况下消耗的功（对水泵而言，通常取消耗功为正）。因此，由式（2-21）可得

$$w_{P,t} = -w_t = \int_1^2 v\mathrm{d}p = v(p_2 - p_1) = v[(p_b + \rho g\Delta z) - p_b]$$

$$= v\rho g\Delta z = g\Delta z = 9.807\mathrm{m/s^2} \times 50\mathrm{m} = 490.4\mathrm{J/kg} = 0.4904\mathrm{kJ/kg}$$

在压容图中这部分理论功如图 2-11 中矩形面积所示。

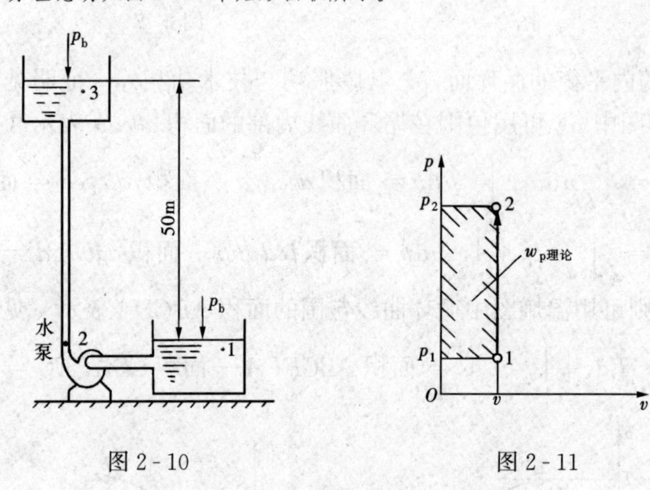

图 2-10　　　图 2-11

（2）实际消耗的功

$$w_{P,act} = \frac{w_{P,t}}{\eta_P} = \frac{0.4904\mathrm{kJ/kg}}{0.70} = 0.7006\mathrm{kJ/kg}$$

（3）理论消耗的功（0.4904kJ/kg），在水泵出口处（状态 2）由于压力提高而增加了水的焓；在水塔里（状态 3）由于高度增加而变成水的重力位能。实际比理论多消耗的功为

$$\Delta w_p = 0.7006\mathrm{kJ/kg} - 0.4904\mathrm{kJ/kg} = 0.2102\mathrm{kJ/kg}$$

这部分功变成了热（功损变为热产），加给了水，使水的热力学能增加。

（4）稳定流动的能量方程为

$$q = \Delta h + \frac{\Delta c^2}{2} + g\Delta z + w_{sh}$$

在过程 1→2 中

$$q = 0,\quad \frac{\Delta c^2}{2} = 0,\quad \Delta z = 0$$

从而得

$$-w_{sh} = w_{P,act} = \Delta h = \Delta u + \Delta(pv) = \Delta u + v\Delta p$$

所以，焓的变化为

$$h_2 - h_1 = w_{P,act} = 0.7006\mathrm{kJ/kg}$$

热力学能的变化为

$$u_2 - u_1 = (h_2 - h_1) - (p_2v_2 - p_1v_1) = w_{P,act} - v(p_2 - p_1) = \Delta w_p = 0.2102\mathrm{kJ/kg}$$

在过程 1→3 中

$$q = 0,\quad \frac{\Delta c^2}{2} = 0,\quad \Delta p = 0$$

从而得

$$-w_{sh} = w_{P,act} = \Delta h + g\Delta z = \Delta u + v\Delta p + g\Delta z = \Delta u + g\Delta z$$

所以，焓的变化为

$$h_3 - h_1 = w_{P,act} - g(z_3 - z_1)$$

$$=0.7005\text{kJ/kg}-9.807\text{m/s}^2\times 50\text{m}\times 10^{-3}\text{kJ/J}=0.2102\text{kJ/kg}$$

热力学能的变化为

$$u_3-u_1=(h_3-h_1)-(p_3v_3-p_1v_1)=h_3-h_1=0.2102\text{kJ/kg}$$

【例 2-2】 某燃气轮机装置如图 2-12 所示。空气流量 $q_m=10\text{kg/s}$；在压气机进口处空气的焓 $h_1=290\text{kJ/kg}$；经过压气机压缩后，空气的焓升为 580kJ/kg；在燃烧室中喷油燃烧生成高温燃气，其焓为 $h_3=1250\text{kJ/kg}$；在燃气轮机中膨胀做功后，焓降低为 $h_4=780\text{kJ/kg}$，然后排向大气。试求：

(1) 压气机消耗的功率；

(2) 燃料消耗量（已知燃料发热量 $H_v=43\,960\text{kJ/kg}$）；

(3) 燃气轮机发出的功率；

(4) 燃气轮机装置输出的功率。

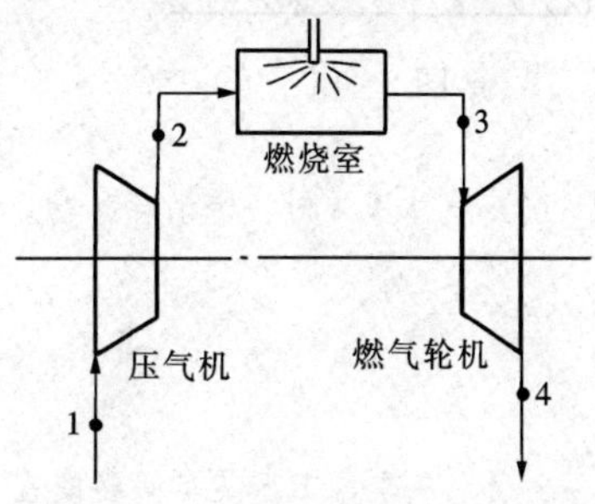

图 2-12

解 稳定流动的能量方程为

$$q=\Delta h+\frac{\Delta c^2}{2}+g\Delta z+w_{sh}$$

(1) 对压气机

$$q=0,\quad \frac{\Delta c^2}{2}=0,\quad g\Delta z=0$$

因而得 $$-w_{sh}=w_C=\Delta h=h_2-h_1=580\text{kJ/kg}-290\text{kJ/kg}=290\text{kJ/kg}$$

所以压气机消耗的功率为

$$P_C=q_mw_C=10\text{kg/s}\times 290\text{kJ/kg}=2900\text{kW}$$

(2) 对燃烧室

$$\frac{\Delta c^2}{2}=0,\quad g\Delta z=0,\quad w_{sh}=0$$

因而得 $$q=\Delta h=h_3-h_2=1250\text{kJ/kg}-580\text{kJ/kg}=670\text{kJ/kg}$$

所以，燃料消耗量为

$$q_{mf}=\frac{q_mq}{H_v}=\frac{10\text{kg/s}\times 670\text{kJ/kg}}{43\,960\text{kJ/kg}}=0.1524\text{kg/s}$$

(3) 对燃气轮机

$$q=0,\quad \frac{\Delta c^2}{2}=0,\quad g\Delta z=0$$

因而得 $$w_{sh}=w_t=-\Delta h=h_3-h_4=1250\text{kJ/kg}-780\text{kJ/kg}=470\text{kJ/kg}$$

所以，燃气轮机发出的功率为

$$P_T=q_mw_t=10\text{kg/s}\times 470\text{kJ/kg}=4700\text{kW}$$

(4) 燃气轮机装置输出的功率为

$$P=P_T-P_C=4700\text{kW}-2900\text{kW}=1800\text{kW}$$

思考题

1. 热量和热力学能有什么区别？有什么联系？

2. 如果将能量方程写为

$$\delta q=\mathrm{d}u+p\mathrm{d}v$$

或 $$\delta q=\mathrm{d}h-v\mathrm{d}p$$

那么它们的适用范围如何？

3. 能量方程 $\delta q=\mathrm{d}u+p\mathrm{d}v$ 与焓的微分式 $\mathrm{d}h=\mathrm{d}u+\mathrm{d}(pv)$ 很相像，为什么热量 q 不是状态参数，而焓

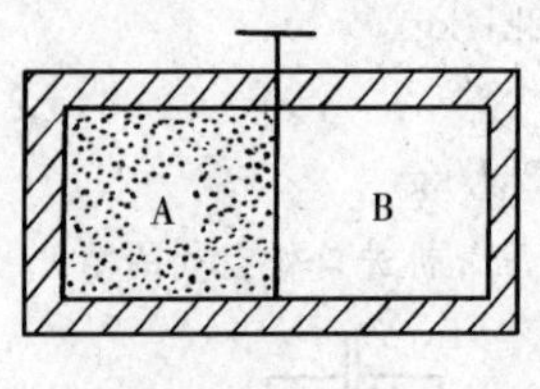

图 2-13

h 是状态参数？

4. 用隔板将绝热刚性容器分成 A、B 两部分（图 2-13），A 部分装有 1kg 气体，B 部分为高度真空。将隔板抽去后，气体热力学能是否会发生变化？能不能用 $\delta q = \mathrm{d}u + p\mathrm{d}v$ 来分析这一过程？

5. 说明下列论断是否正确：

(1) 气体吸热后一定膨胀，热力学能一定增加；

(2) 气体膨胀时一定对外做功；

(3) 气体压缩时一定消耗外功。

2-1 冬季，工厂某车间要使室内维持一适宜温度。在这一温度下，透过墙壁和玻璃窗等处，室内向室外每小时传出 0.7×10^6 kcal 的热量。车间各工作机器消耗的动力为 500PS[1]（认为机器工作时将全部动力转变为热能）。另外，室内经常点着 50 盏 100W 的电灯。要使这个车间的温度维持不变，问每小时需供给多少 kJ 的热量（单位换算关系可查阅附表 13 和附表 14）？

2-2 某机器运转时，由于润滑不良产生摩擦热，使质量为 150kg 的钢制机体在 30min 内温度升高 50℃。试计算摩擦引起的功率损失（已知每千克钢每升高 1℃ 需热量 0.461kJ）。

2-3 气体在某一过程中吸入热量 12kJ，同时热力学能增加 20kJ。问此过程是膨胀过程还是压缩过程？对外所做的功是多少（不考虑摩擦）？

2-4 有一闭口系，从状态 1 经过 a 变化到状态 2（见图 2-14）；又从状态 2 经过 b 回到状态 1；再从状态 1 经过 c 变化到状态 2。在这三个过程中，热量和功的某些值已知（如右表中所列数值），某些值未知（表中空白）。试确定这些未知值。

过　程	热量 Q (kJ)	膨胀功 W (kJ)
1—a—2	10	
2—b—1	−7	−4
1—c—2		8

2-5 绝热封闭的气缸中贮有不可压缩的液体 0.002m^3，通过活塞使液体的压力从 0.2MPa 提高到 4MPa（见图 2-15）。试求：

(1) 外界对液体所做的功；

(2) 液体热力学能的变化；

(3) 液体焓的变化。

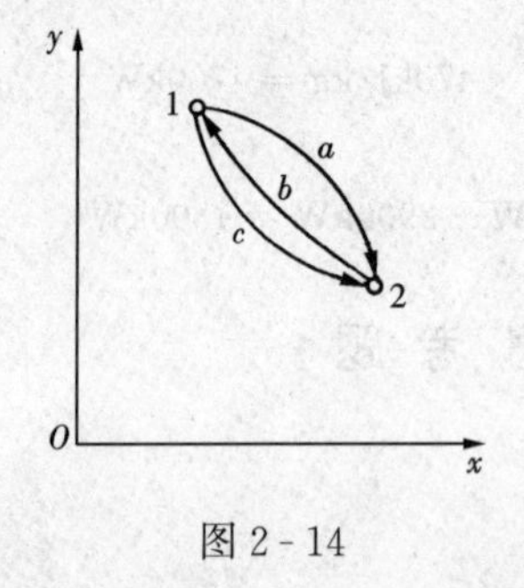

图 2-14

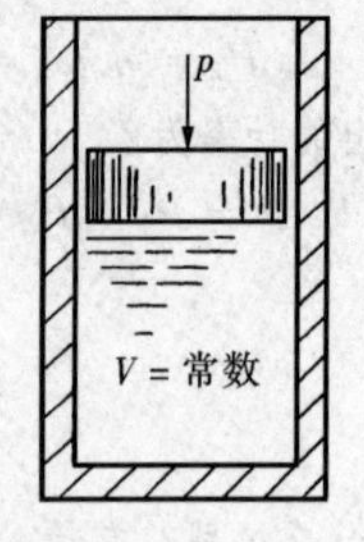

图 2-15

2-6 同上题，如果认为液体是从压力为 0.2MPa 的低压管道进入气缸，经提高压力后排向 4MPa 的高压管道，这时外界消耗的功以及液体的热力学能和焓的变化如何？

---

[1] PS 为公制马力的符号，1PS＝75kgf·m/s。

2-7 已知汽轮机中蒸汽的流量 $q_m=40t/h$；汽轮机进口蒸汽焓 $h_1=3442kJ/kg$；出口蒸汽焓 $h_2=2448kJ/kg$，试计算汽轮机的功率（不考虑汽轮机的散热以及进、出口气流的动能差和位能差）。

如果考虑到汽轮机每小时散失热量 0.5×10^6kJ，进口流速为 70m/s，出口流速为120m/s，进口比出口高 1.6m，那么汽轮机的功率又是多少？

2-8 一汽车以 45km/h 的速度行驶，每小时耗油 $34.1\times10^{-3}m^3$。已知汽油的密度为 $0.75g/cm^3$，汽油的发热量为44 000kJ/kg，通过车轮输出的功率为 87PS（马力）。试求每小时通过排气及水箱散出的总热量。

2-9 有一热机循环，在吸热过程中工质从外界获得热量 1800J，在放热过程中向外界放出热量 1080J，在压缩过程中外界消耗功 700J。试求膨胀过程中工质对外界所做的功。

2-10 某蒸汽循环 12341，各过程中的热量、技术功及焓的变化有的已知（如下表中所列数值），有的未知（表中空白）。试确定这些未知值，并计算循环的净功 w_0 和净热量 q_0。

过 程	q (kJ/kg)	w_t (kJ/kg)	Δh (kJ/kg)
1—2	0		18
2—3		0	
3—4	0		−1142
4—1		0	−2094

第3章　气体的热力性质和热力过程

［**本章导读**］本章先介绍最简单的工作流体—理想气体的各种特性，进而对以理想气体为工质的各种热力过程进行状态变化规律的分析以及功和热量计算式的推导。这些内容构成了本课程的计算基础，应通过例题、习题熟练掌握。

本章中的大部分计算式都是工质特性和能量方程结合各种过程的具体特征得出的结果，应注意各计算式的适用条件，避免在计算时因盲目套用公式而造成错误。

3-1　实际气体和理想气体

正如绪论中已经提到的，热机中的工质都采用气体。气体与液体及固体一样，都是由大量分子组成的。这些分子处于永不停息的紊乱运动状态。这种被称为“热运动”的分子无序运动，正是热的本质。

气体通常具有较大的比体积，也就是说，气体分子之间的平均距离通常要比液体和固体的大得多。因此，气体分子本身的体积通常比气体的体积（即气体分子运动所占的空间）小得多，气体分子之间的作用力（分子力）也较小，分子运动所受到的约束较弱，因而分子运动很自由。

如上所述，气体分子是有体积的（尽管通常比气体的体积小得多）；气体分子之间是有作用力的（尽管比液体和固体的小得多）。当气体的比体积不是很大，在工程计算中必须考虑分子本身体积和分子间作用力的影响时，人们把它称为实际气体。实际气体的性质是比较复杂的。

为了使问题简化，可以想象有一类气体，它们的分子本身不具有体积，分子之间也没有作用力，这样的气体称为理想气体。所以，理想气体是由大量相互之间没有作用力的质点组成的可压缩流体。实际气体当比体积趋于无穷大时也就成了理想气体，因为这时分子间的作用力随着距离的无限增大而消失了，分子本身的体积比起气体的极大体积来也完全可以忽略了。至于气体在什么情况下才能按理想气体处理，什么情况下必须按实际气体对待，这主要取决于气体所处的状态以及计算所要求的精确度。在热力工程中经常遇到的很多气体（如空气、燃气、烟气等），如果压力不很高，一般都可以按理想气体进行分析和计算，并能保证满意的精确度。所以，关于理想气体的讨论，无论在理论上或者在实用上都有很重要的意义。工程中常用的蒸气（如水蒸气及很多制冷剂的蒸气），如果压力不很低，则需按实际气体对待。

3-2　理想气体状态方程和摩尔气体常数

根据分子运动理论和理想气体的假定（分子本身不具有体积，分子之间无作用力），可以得出如下的基本方程（参看分子物理学）：

$$p=\frac{2}{3}n\frac{\overline{mc^2}}{2}\quad（\overline{m}\text{ 为分子平均质量}）\tag{3-1}$$

式中　n——分子浓度，即单位体积包含的分子数（$n=N/V$）；

$\overline{mc^2}/2$——分子平均移动能。

式（3-1）可用文字表述如下：理想气体的压力等于单位体积中全部分子移动能总和的三分之二。

根据式（1-9）有

$$\frac{\overline{mc^2}}{2}=\frac{3}{2}kT$$

代入式（3-1）后得

$$p=\frac{2}{3}n\frac{\overline{mc^2}}{2}=\frac{2}{3}\frac{N}{V}\frac{3}{2}kT=\frac{N}{mv}kT \quad (m\text{ 为气体质量})$$

所以

$$\frac{pv}{T}=k\frac{N}{m}=kN_{(1kg)}$$

令

$$kN_{(1kg)}=R_g \tag{3-2}$$

则得

$$\frac{pv}{T}=R_g \text{ 或 } pv=R_gT \tag{3-3}$$

式（3-3）即理想气体的状态方程。R_g 称为气体常数，它等于玻尔兹曼常量 k 与每千克气体所包含的分子数 $N_{(1kg)}$ 的乘积。气体常数的单位在我国法定计量单位中是J/（kg·K），在工程单位制中是kgf·m/（kg·K）。

对于同一种气体，$N_{(1kg)}$ 是一定的，所以 R_g 是一个不变的常数；对于不同的气体，由于分子质量不同，$N_{(1kg)}$ 的数值是不同的，所以各种气体具有不同的气体常数。

如果对不同气体都取1mol，那么式（3-3）变为

$$Mpv=MR_gT \text{ 或 } pV_m=RT \tag{3-4}$$

式中　M——摩尔质量，g/mol或kg/mol；

V_m——1mol气体的体积，称为摩尔体积；

R——1mol气体的气体常数，称为摩尔气体常数或通用气体常数。

对不同气体，R 是同一数量。这可证明如下：

式（3-2）乘以 M 得

$$kMN_{(1kg)}=MR_g$$

即

$$kN_{(1mol)}=kN_A=R \tag{3-5}$$

N_A 为阿伏加德罗常数，对任何物质

$$N_A=6.022\,136\,7\times10^{23}\text{mol}^{-1} \tag{3-6}$$

所以，对任何气体，摩尔（通用）气体常数是相同的。

$$\begin{aligned}R=kN_A&=1.380\,658\times10^{-23}\text{J/K}\times6.022\,136\,7\times10^{23}\text{mol}^{-1}\\&=8.314\,51\text{J/(mol·K)}\end{aligned} \tag{3-7}$$

在工程单位制中

$$R=0.847\,844\text{kgf·m/(mol·K)} \tag{3-8}$$

若已知气体的摩尔质量，则可以很方便地由摩尔气体常数计算出气体常数。

$$R_g=\frac{R}{M} \tag{3-9}$$

例如，已知氮气的摩尔质量是0.028 016kg/mol，所以氮气的气体常数为

$$R_{g,N_2} = \frac{8.314\,51\text{J/(mol} \cdot \text{K)}}{0.028\,016\text{kg/mol}} = 296.777\text{J/(kg} \cdot \text{K)} = 0.296\,777\text{kJ/(kg} \cdot \text{K)}$$

$$= \frac{0.847\,844\text{kgf} \cdot \text{m/(mol} \cdot \text{K)}}{0.028\,016\text{kg/mol}} = 30.262\,8\text{kgf} \cdot \text{m/(kg} \cdot \text{K)}$$

根据摩尔气体常数也可以很容易地计算出标准摩尔体积，即1mol理想气体在标准状况（1atm，0℃）下的体积为

$$V_{m,std} = \frac{RT_{std}}{p_{std}} = \frac{8.314\,51\text{J/(mol} \cdot \text{K)} \times 273.15\text{K}}{101\,325\text{Pa}}$$

$$= 0.022\,414\,1\text{m}^3\text{/mol} \tag{3-10}$$

式中下角标std表示标准状况。

3-3 理想混合气体

1. 混合气体的成分

在热力工程中经常遇到混合气体，如空气、燃气、烟气、湿空气等。要确定混合气体的性质，首先要知道混合气体的成分。混合气体的成分可以用质量（m）标出，也可以用物质的量（n）或体积（V）标出。如果用体积标出，应该指明是什么状况下的体积。通常都用标准状况下的体积标出。例如某混合气体的成分为

$$m_{O_2} = 8\text{kg}, \quad m_{N_2} = 14\text{kg}, \quad m_{H_2} = 2\text{kg}, \cdots$$

$$n_{O_2} = 0.25\text{kmol}, \quad n_{N_2} = 0.5\text{kmol}, \quad n_{H_2} = 1\text{kmol}, \cdots$$

$$V_{O_2,std} = 5.6\text{m}^3, \quad V_{N_2,std} = 11.2\text{m}^3, \quad V_{H_2,std} = 22.4\text{m}^3, \cdots$$

这些用绝对量标出的成分都是所谓绝对成分。更常用的还是相对成分。相对成分就是各分量和总量的比值。例如，已知某混合气体由n种气体组成，其中第i种气体的质量为m_i、物质的量为n_i、标准状况下的体积为$V_{i,std}$，那么第i种气体的相对质量成分，即质量分数为

$$w_i = \frac{m_i}{\sum_{i=1}^{n} m_i} = \frac{m_i}{m_{mix}} \tag{3-11}$$

式中下角标mix表示混合气体。显然

$$\sum_{i=1}^{n} w_i = 100\% = 1 \tag{3-12}$$

第i种气体的相对摩尔成分，即摩尔分数为

$$x_i = \frac{n_i}{\sum_{i=1}^{n} n_i} = \frac{n_i}{n_{mix}} \tag{3-13}$$

第i种气体的相对体积成分，即体积分数为

$$\varphi_i = \frac{V_i}{\sum_{i=1}^{n} V_i} = \frac{V_{i,std}}{n_{mix,std}} \tag{3-14}$$

对理想混合气体来说，摩尔分数在数值上等于其体积分数：

$$x_i = \frac{n_i}{n_{mix}} = \frac{V_{i,std}/(0.002\,241\,41\text{m}^3\text{/mol})}{V_{mix,std}/(0.002\,241\,41\text{m}^3\text{/mol})} = \frac{V_{i,std}}{V_{mix,std}} = \varphi_i \tag{3-15}$$

显然
$$\sum_{i=1}^{n} x_i = \sum_{i=1}^{n} \varphi_i = 100\% = 1 \tag{3-16}$$

质量分数和摩尔分数（或体积分数）之间的换算关系如下：

$$w_i = \frac{m_i}{\sum_{i=1}^{n} m_i} = \frac{M_i n_i}{\sum_{i=1}^{n} M_i n_i} = \frac{M_i n_i / n_{\text{mix}}}{\sum_{i=1}^{n} M_i n_i / n_{\text{mix}}}$$

因此
$$w_i = \frac{M_i x_i}{\sum_{i=1}^{n} M_i x_i} \tag{3-17}$$

另外

$$x_i = \frac{n_i}{\sum_{i=1}^{n} n_i} = \frac{m_i / M_i}{\sum_{i=1}^{n} m_i / M_i} = \frac{m_i / (M_i m_{\text{mix}})}{\sum_{i=1}^{n} m_i / (M_i m_{\text{mix}})}$$

因此
$$x_i = \frac{w_i / M_i}{\sum_{i=1}^{n} w_i / M_i} \tag{3-18}$$

2. 混合气体的平均摩尔质量和气体常数

混合气体的平均摩尔质量可以根据各组成气体的摩尔质量和各相对成分来计算。

任何物质的摩尔质量都等于质量（以 kg 为单位）除以物质的量（摩尔数）。据此可求得混合气体的平均摩尔质量：

$$M_{\text{mix}} = \frac{m_{\text{mix}}}{n_{\text{mix}}} = \frac{\sum_{i=1}^{n} m_i}{n_{\text{mix}}} = \frac{\sum_{i=1}^{n} M_i n_i}{n_{\text{mix}}}$$

即
$$M_{\text{mix}} = \sum_{i=1}^{n} M_i x_i \tag{3-19}$$

因此，混合气体的平均摩尔质量等于各组成气体的摩尔质量与摩尔分数乘积的总和。与此相仿

$$M_{\text{mix}} = \frac{m_{\text{mix}}}{n_{\text{mix}}} = \frac{\sum_{i=1}^{n} m_i}{\sum_{i=1}^{n} n_i} = \frac{\sum_{i=1}^{n} m_i}{\sum_{i=1}^{n} \frac{m_i}{M_i}} = \frac{\sum_{i=1}^{n} \frac{m_i}{m_{\text{mix}}}}{\sum_{i=1}^{n} \frac{m_i}{M_i m_{\text{mix}}}} = \frac{\sum_{i=1}^{n} w_i}{\sum_{i=1}^{n} \frac{w_i}{M_i}}$$

即
$$M_{\text{mix}} = \frac{1}{\sum_{i=1}^{n} \frac{w_i}{M_i}} \tag{3-20}$$

因此，混合气体的平均摩尔质量也等于各组成气体的质量分数与其摩尔质量比值总和的倒数。

知道了混合气体的平均摩尔质量后，就可以用摩尔气体常数除以平均摩尔质量而得出混合气体的气体常数。

$$R_{\text{g,mix}} = \frac{R}{M_{\text{mix}}} \tag{3-21}$$

3. 道尔顿定律

道尔顿定律指出，理想混合气体的压力（p_{mix}）等于各组成气体的分压力（p_i）的总和。

$$p_{\text{mix}} = \sum_{i=1}^{n} p_i \tag{3-22}$$

所谓分压力，就是假定混合气体中各组成气体单独存在，并具有与混合气体相同的温度和体积时给予容器壁的压力。

道尔顿定律的正确性是显而易见的。既然是理想气体，各组成气体混合在一起并不互相影响，因此混合气体全部分子碰撞容器壁的效果，必定等于各组成气体各自碰撞容器壁效果的总和，也就是总压力等于分压力的总和。

理想混合气体中各组成气体的分压力与总压力之比等于各组成气体的摩尔分数（或体积分数）之比。这可证明如下：

$$\frac{p_i}{p_{\text{mix}}} = \frac{m_i R_{g,i} T_i / V_i}{m_{\text{mix}} R_{g,\text{mix}} T_{\text{mix}} / V_{\text{mix}}} = \frac{m_i R T_i / (M_i V_i)}{m_{\text{mix}} R T_{\text{mix}} / (M_{\text{mix}} V_{\text{mix}})} = \frac{n_i T_i / V_i}{n_{\text{mix}} T_{\text{mix}} / V_{\text{mix}}}$$

因为 $$T_i = T_{\text{mix}},\quad V_i = V_{\text{mix}}$$

所以 $$\frac{p_i}{P_{\text{mix}}} = \frac{n_i}{n_{\text{mix}}} = x_i \tag{3-23}$$

因此，只要知道混合气体的总压力以及各组成气体的摩尔分数（或体积分数），即可方便地求得各组成气体的分压力：

$$p_i = p_{\text{mix}} x_i \tag{3-24}$$

【例 3-1】 已知空气的体积分数为 $\varphi_{N_2}=78.026\%$、$\varphi_{O_2}=21.000\%$、$\varphi_{CO_2}=0.030\%$、$\varphi_{H_2}=0.014\%$、$\varphi_{Ar}=0.930\%$。试计算其平均摩尔质量、气体常数和各组成气体的分压力（设总压力为 1atm）。

解

$$\begin{aligned}
M_a &= \sum_{i=1}^{n} M_i\ \varphi_i \\
&= 0.028\,016\text{kg/mol} \times 0.780\,26 + 0.032\text{kg/mol} \times 0.210\,00 \\
&\quad + 0.044\,011\text{kg/mol} \times 0.000\,3 + 0.002\,016\text{kg/mol} \times 0.000\,14 \\
&\quad + 0.039\,948\text{kg/mol} \times 0.009\,30 \\
&= 0.028\,965\text{kg/mol}
\end{aligned}$$

$$\begin{aligned}
R_{g,a} &= \frac{R}{M_a} = \frac{8.314\,51\text{J/(mol·K)}}{0.028\,965\text{kg/mol}} = 287.05\text{J/(kg·K)} \\
&= \frac{0.847\,844\text{kgf·m/(mol·K)}}{0.028\,965\text{kg/mol}} = 29.271\text{kgf·m/(kg·K)}
\end{aligned}$$

在这里 $p_{\text{mix}}=1\text{atm}$，根据式（3-24）可知各组成气体的分压力为 $p_{N_2}=0.780\,26\text{atm}$、$p_{O_2}=0.210\,00\text{atm}$、$p_{CO_2}=0.000\,30\text{atm}$、$p_{H_2}=0.000\,14\text{atm}$、$p_{Ar}=0.009\,30\text{atm}$。

3-4 气体的热力性质

1. 气体的比热容

比热容是物质的重要热力性质之一。它定义为单位质量的物质在无摩擦内平衡的特定过程（x）中，单位温度变化时所吸收或放出的热量：

$$c_x = \left(\frac{\delta q}{\partial T}\right)_x \tag{3-25}$$

比热容的单位在国际单位制中是 J/（kg·K），在工程单位制中是 kcal/（kg·K）。

比热容不仅因不同物质和不同过程而异，而且还和物质所处的状态有关

$$c_x = f(T, p) \tag{3-26}$$

如果已知某种物质在某过程中比热容随状态的变化规律，即已知式（3-26）所表达函数的具体形式，则可根据下列积分式求出该过程的热量

$$q_x = \int_{T_1}^{T_2} c_x \mathrm{d}T \tag{3-27}$$

式中　T_1、T_2——过程开始和终了时的温度。

气体的比热容，常用的有比定容热容（c_V）和比定压热容（c_p）：

$$c_V = \left(\frac{\delta q}{\partial T}\right)_v = \frac{\delta q_V}{\mathrm{d}T} \tag{3-28}$$

$$c_p = \left(\frac{\delta q}{\partial T}\right)_p = \frac{\delta q_p}{\mathrm{d}T} \tag{3-29}$$

它们对应的特定过程分别是定容过程（过程进行时保持比体积不变）和定压过程（过程进行时保持压力不变）。

对无摩擦的内平衡过程，热力学第一定律的表达式可写为

$$\delta q = \mathrm{d}u + p\mathrm{d}v$$

$$\delta q = \mathrm{d}h - v\mathrm{d}p$$

因而得

$$c_V = \left(\frac{\delta q}{\partial T}\right)_v = \left(\frac{\partial u}{\partial T}\right)_v \tag{3-30}$$

$$c_p = \left(\frac{\delta q}{\partial T}\right)_p = \left(\frac{\partial h}{\partial T}\right)_p \tag{3-31}$$

式（3-30）和式（3-31）可用文字表述为：比定容热容是单位质量的物质，在体积不变的条件下，作单位温度变化时相应的热力学能变化；比定压热容是单位质量的物质，在压力不变的条件下，作单位温度变化时相应的焓变化。

气体的比定容热容和比定压热容在计算热力学能、焓、熵及过程的热量等方面很有用。

2. 理想气体的比热容、热力学能和焓

理想气体的热力学能中只有分子的动能，而没有分子力形成的位能。因为分子的动能仅仅取决于温度，所以理想气体的热力学能仅仅是温度的函数：

$$u = u(T) \tag{3-32}$$

另外，对于理想气体

$$h = u + pv = u(T) + R_g T = h(T) \tag{3-33}$$

所以，理想气体的焓也仅仅是温度的函数。

因此，对于理想气体

$$c_{V0} = \frac{\mathrm{d}u}{\mathrm{d}T},\quad \mathrm{d}u = c_{V0}\mathrm{d}T \tag{3-34}$$

$$c_{p0} = \frac{\mathrm{d}h}{\mathrm{d}T},\quad \mathrm{d}h = c_{p0}\mathrm{d}T \tag{3-35}$$

式中　c_{V0}、c_{p0}——理想气体的比定容热容和比定压热容，以区别于实际气体的 c_V 和 c_p。

由于理想气体的热力学能和焓仅仅是温度的函数，所以对于理想气体，式（3-34）和式（3-35）对任何过程都是成立的，而不局限于定容或定压的条件。也就是说，理想气体

进行的任何过程，其热力学能的微元变化均为 $c_{V0}\mathrm{d}T$，其焓的微元变化均为 $c_{p0}\mathrm{d}T$。

根据焓的定义式

$$h = u + pv$$

微分后可得

$$\mathrm{d}h = \mathrm{d}u + \mathrm{d}(pv)$$

对理想气体又可写为

$$c_{p0}\mathrm{d}T = c_{V0}\mathrm{d}T + R_{\mathrm{g}}\mathrm{d}T$$

所以

$$c_{p0} = c_{V0} + R_{\mathrm{g}} \tag{3-36}$$

式（3-36）称为迈耶公式。它建立了理想气体比定容热容和比定压热容之间的关系。无论比热容是定值或是变量（随温度变化），只要是理想气体，该式都成立。

如果将式（3-36）乘以摩尔质量，则得

$$Mc_{p0} = Mc_{V0} + MR_{\mathrm{g}}$$

或写为

$$C_{p0,\mathrm{m}} = C_{V0,\mathrm{m}} + R \tag{3-37}$$

式中 $C_{p0,\mathrm{m}}$、$C_{V0,\mathrm{m}}$——理想气体的摩尔定压热容和摩尔定容热容。

式（3-37）说明，对任何理想气体，摩尔定压热容恰好比摩尔定容热容大一个摩尔气体常数的值。

$$\begin{aligned}C_{p0,\mathrm{m}} - C_{V0,\mathrm{m}} = R &= 8.314\,51\mathrm{J/(mol\cdot K)}\\ &= 1.985\,88\ \mathrm{cal/(mol\cdot K)}\end{aligned} \tag{3-38}$$

因为理想气体的热力学能和焓都只是温度的函数，所以根据式（3-34）和式（3-35）可知，理想气体的比定容热容和比定压热容也都只是温度的函数。这一函数，通常可以表示为温度的三次多项式（经验式）：

$$c_{p0} = a_0 + a_1T + a_2T^2 + a_3T^3 \tag{3-39}$$

$$c_{V0} = (a_0 - R_{\mathrm{g}}) + a_1T + a_2T^2 + a_3T^3 \tag{3-40}$$

对不同气体，a_0、a_1、a_2、a_3 各有一套不同的经验数值，可查阅本书附表 2。

利用式（3-39）和式（3-40）计算定压过程和定容过程的热量时需要积分：

$$\begin{aligned}q_p &= \int_{T_1}^{T_2} c_{p0}\mathrm{d}T = \int_{T_1}^{T_2}(a_0 + a_1T + a_2T^2 + a_3T^3)\mathrm{d}T\\ &= a_0(T_2 - T_1) + \frac{a_1}{2}(T_2^2 - T_1^2) + \frac{a_2}{3}(T_2^3 - T_1^3) + \frac{a_3}{4}(T_2^4 - T_1^4)\end{aligned} \tag{3-41}$$

$$\begin{aligned}q_V &= \int_{T_1}^{T_2} c_{V0}\mathrm{d}T = \int_{T_1}^{T_2}[(a_0 - R_{\mathrm{g}}) + a_1T + a_2T^2 + a_3T^3]\mathrm{d}T\\ &= (a_0 - R_{\mathrm{g}})(T_2 - T_1) + \frac{a_1}{2}(T_2^2 - T_1^2) + \frac{a_2}{3}(T_2^3 - T_1^3)\\ &\quad + \frac{a_3}{4}(T_2^4 - T_1^4)\end{aligned} \tag{3-42}$$

为了避免积分的麻烦，可利用平均比热容表（附表 3 和附表 4）来计算热量。这种平均比热容表中的数据通常均指 0 ℃到 t 之间的平均比热容：

$$\bar{c}_{p0}\Big|_0^t = \frac{\int_0^t c_{p0}\mathrm{d}t}{t - 0} = \frac{q_p\big|_0^t}{t} \tag{3-43}$$

$$\bar{c}_{V0}\Big|_0^t = \frac{\int_0^t c_{V0}\,\mathrm{d}t}{t-0} = \frac{q_V\big|_0^t}{t} \tag{3-44}$$

所以，利用平均比热容表中的数据求 0℃到 t 之间的热量（$q_p\big|_0^t$ 或 $q_V\big|_0^t$）非常方便，只要查出温度为 t 时的平均比热容 $\bar{c}_{p0}\big|_0^t$ 或 $\bar{c}_{V0}\big|_0^t$，再乘以 t 即可直接计算出热量：

$$q_p = \bar{c}_{p0}\big|_0^t\ t \tag{3-45}$$

$$q_V = \bar{c}_{V0}\big|_0^t\ t \tag{3-46}$$

利用平均比热容表中的数据求 t_1 到 t_2 之间的热量（$q_p\big|_{t_1}^{t_2}$ 或 $q_V\big|_{t_1}^{t_2}$）也很方便，只需将 0℃到 t_2 之间的热量减去 0℃到 t_1 之间的热量即可：

$$q_p\big|_{t_1}^{t_2} = q_p\big|_0^{t_2} - q_p\big|_0^{t_1} = \bar{c}_{p0}\big|_0^{t_2}\ t_2 - \bar{c}_{p0}\big|_0^{t_1}\ t_1 \tag{3-47}$$

$$q_V\big|_{t_1}^{t_2} = q_V\big|_0^{t_2} - q_V\big|_0^{t_1} = \bar{c}_{V0}\big|_0^{t_2}\ t_2 - \bar{c}_{V0}\big|_0^{t_1}\ t_1 \tag{3-48}$$

具体算例参看本节末例 3-3。

应该指出，单原子气体的比定容热容和比定压热容基本上是定值，可以认为与温度无关。对双原子气体和多原子气体，如果温度接近常温，为了简化计算，亦可将比热容看作定值。通常取 298K（25℃）时气体比热容的值为定比热容的值。某些常用气体在理想气体状态下的定比热容值可查阅附表 1。

定压热容和定容热容的比值称为热容比，用 γ 表示：

$$\gamma = \frac{c_p}{c_V} = \frac{C_{pm}}{C_{Vm}} \tag{3-49}$$

对理想气体，结合式（3-49）和迈耶公式可得

$$\gamma_0 = \frac{c_{p0}}{c_{V0}} = 1 + \frac{R_g}{c_{V0}} \tag{3-50}$$

$$R_g = c_{V0}(\gamma_0 - 1) \tag{3-51}$$

$$c_{V0} = \frac{R_g}{\gamma_0 - 1} \tag{3-52}$$

$$c_{p0} = \frac{\gamma_0 R_g}{\gamma_0 - 1} \tag{3-53}$$

理想气体的热力学能和焓可以根据式（3-34）和式（3-35）积分而得：

$$u = \int_0^T c_{V0}\,\mathrm{d}T = u(T) \tag{3-54}$$

$$h = \int_0^T c_{p0}\,\mathrm{d}T = h(T) \tag{3-55}$$

如果将式（3-40）和式（3-39）分别代入式（3-54）和式（3-55）进行积分，则得

$$u = (a_0 - R_g)T + \frac{a_1}{2}T^2 + \frac{a_2}{3}T^3 + \frac{a_3}{4}T^4 + C \tag{3-56}$$

$$h = a_0 T + \frac{a_1}{2}T^2 + \frac{a_2}{3}T^3 + \frac{a_3}{4}T^4 + C \tag{3-57}$$

式中　C——积分常数。

$$h - u = R_g T = pv\ （对理想气体） \tag{3-58}$$

空气在理想气体状态下的热力学能和焓的精确值可查阅附表 5。

3. 理想气体的熵

熵的定义式为［见式（1-15）］

$$\mathrm{d}s=\frac{\mathrm{d}u+p\mathrm{d}v}{T}$$

对理想气体

$$\mathrm{d}u=c_{V0}\mathrm{d}T,\quad \frac{p}{T}=\frac{R_g}{v}$$

所以

$$\mathrm{d}s=\frac{c_{V0}}{T}\mathrm{d}T+\frac{R_g}{v}\mathrm{d}v$$

积分后得

$$s=\int\frac{c_{V0}}{T}\mathrm{d}T+R_g\ln v+C_1=f_1(T,v) \tag{3-59}$$

式中 C_1——积分常数。

如果利用式（3-40）表示的比定容热容的经验式，则积分后可得

$$s=(a_0-R_g)\ln T+a_1T+\frac{a_2}{2}T^2+\frac{a_3}{3}T^3+R_g\ln v+C_1=f_2(T,v) \tag{3-60}$$

如果认为理想气体的比定容热容是定值，则得

$$s=c_{V0}\ln T+R_g\ln v+C_1=f_3(T,v) \tag{3-61}$$

式（1-15）可写为

$$\mathrm{d}s=\frac{\mathrm{d}h-v\mathrm{d}p}{T}$$

对理想气体

$$\mathrm{d}h=c_{p0}\mathrm{d}T,\quad \frac{v}{T}=\frac{R_g}{p}$$

所以

$$\mathrm{d}s=\frac{c_{p0}}{T}\mathrm{d}T-\frac{R_g}{p}\mathrm{d}p$$

积分后得

$$s=\int\frac{c_{p0}}{T}\mathrm{d}T-R_g\ln p+C_2=f_1(T,p) \tag{3-62}$$

式中 C_2——积分常数。

如果利用式（3-39）表示的比定压热容的经验式，则积分后可得

$$s=a_0\ln T+a_1T+\frac{a_2}{2}T^2+\frac{a_3}{3}T^3-R_g\ln p+C_2=f_2(T,p) \tag{3-63}$$

如果认为理想气体的比热容是定值，则得

$$s=c_{p0}\ln T-R_g\ln p+C_2=f_3(T,p) \tag{3-64}$$

式（3-60）和式（3-63）是理想气体的熵的计算式；式（3-61）和式（3-64）是定比热容理想气体的熵的计算式。从这些式子可以得出结论：对理想气体来说，熵确实是一个状态参数（无论比热容是定值或随温度而变）。另外，应该注意：如果说理想气体的热力学能和焓都只是温度的函数，那么理想气体的熵则不仅仅是温度的函数，它还和压力或比体积有关。

【例 3-2】 有低压混合气体，其体积分数为 $\varphi_{CO_2}=7\%$、$\varphi_{O_2}=15\%$、$\varphi_{N_2}=78\%$，试利用比热容的经验公式计算它在 1000K 时的焓值。

解 查附表 2 得各组成气体的比定压热容经验公式为

$$CO_2 \quad \{c_{p0}\}_{kJ/(kg\cdot K)} = 0.5058 + 1.3590\times10^{-3}\{T\}_K - 0.7955\times10^{-6}\{T\}_K^2 + 0.1697\times10^{-9}\{T\}_K^3$$

$$O_2 \quad \{c_{p0}\}_{kJ/(kg\cdot K)} = 0.8056 + 0.4341\times10^{-3}\{T\}_K - 0.1810\times10^{-6}\{T\}_K^2 + 0.02748\times10^{-9}\{T\}_K^3$$

$$N_2 \quad \{c_{p0}\}_{kJ/(kg\cdot K)} = 1.0316 - 0.05608\times10^{-3}\{T\}_K + 0.2884\times10^{-6}\{T\}_K^2 - 0.1025\times10^{-9}\{T\}_K^3$$

根据式（3-17）将体积分数换算成质量分数：

$$w_{CO_2} = \frac{M_i\varphi_i}{\sum_{i=1}^{n}M_i\varphi_i} = \frac{44.011\text{g/mol}\times0.07}{44.011\text{g/mol}\times0.07+32.000\text{g/mol}\times0.15+28.016\text{g/mol}\times0.78} = \frac{3.0808\text{g/mol}}{29.733\text{g/mol}} = 0.1036$$

$$w_{O_2} = \frac{32.000\text{g/mol}\times0.15}{29.733\text{g/mol}} = 0.1614$$

$$w_{N_2} = \frac{28.016\text{g/mol}\times0.78}{29.733\text{g/mol}} = 0.7350$$

混合气体在 1000K 时的焓［式（3-57），式中积分常数 C 取为零］为

$$\begin{aligned}
h_{mix} &= \sum_{i=1}^{n}\int_0^{1000} w_i c_{p0,i}\,dT \\
&= 0.1036\times\left(0.5058\times1000+\frac{1.3590}{2}\times10^{-3}\times1000^2 - \frac{0.7955}{3}\times10^{-6}\times1000^3+\frac{0.1697}{4}\times10^{-9}\times1000^4\right)\text{kJ/kg} \\
&\quad + 0.1614\times\left(0.8056\times1000+\frac{0.4341}{2}\times10^{-3}\times1000^2 - \frac{0.1810}{3}\times10^{-6}\times1000^3+\frac{0.02748}{4}\times10^{-9}\times1000^4\right)\text{kJ/kg} \\
&\quad + 0.7350\times\left(1.0316\times1000-\frac{0.05608}{2}\times10^{-3}\times1000^2 + \frac{0.2884}{3}\times10^{-6}\times1000^3-\frac{0.1025}{4}\times10^{-9}\times1000^4\right)\text{kJ/kg} \\
&= 99.7\text{kJ/kg}+156.4\text{kJ/kg}+800.5\text{kJ/kg} = 1056.6\text{kJ/kg}
\end{aligned}$$

【例 3-3】 利用比热容与温度的关系式及平均比热容表，计算每千克低压氮气从 500℃定压加热到 1000℃所需要的热量。

解 从附表 2 得到氮气在低压下（理想气体状态下）比定压热容随温度的变化关系为

$$\{c_{p0}\}_{kJ/(kg\cdot K)} = 1.0316 - 0.05608\times10^{-3}\{T\}_K + 0.2884\times10^{-6}\{T\}_K^2 - 0.1025\times10^{-9}\{T\}_K^3$$

所以

$$\begin{aligned}
q_p\Big|_{500℃}^{1000℃} &= \int_{773.15\text{K}}^{1273.15\text{K}} c_{p0}\,dT \\
&= \Big[1.0316\times(1273.15-773.15)-\frac{0.05608}{2}\times10^{-3}\times(1273.15^2-773.15^2) \\
&\quad +\frac{0.2884}{3}\times10^{-6}\times(1273.15^3-773.15^3)
\end{aligned}$$

$$-\frac{0.1025}{4}\times10^{-9}(1273.15^4-773.15^4)\Big]\text{kJ/kg}$$

$$=583\text{kJ/kg}$$

利用平均比热容表进行计算，则更为简便。由附表3查得，氮气在理想气体状态下500℃和1000℃的平均比热容分别为

$$\bar{c}_{p0}\Big|_{0℃}^{500℃}=1.066\text{kJ/(kg}\cdot\text{K)}$$

$$\bar{c}_{p0}\Big|_{0℃}^{1000℃}=1.118\text{kJ/(kg}\cdot\text{K)}$$

所以

$$q_p\Big|_{500℃}^{1000℃}=1.118\text{kJ/(kg}\cdot℃)\times1000℃-1.066\text{kJ/(kg}\cdot℃)\times500℃=585\text{kJ/kg}$$

【例3-4】 空气初态为 $p_1=0.1\text{MPa}$、$T_1=300\text{K}$，经压缩后变为 $p_2=1\text{MPa}$、$T_2=600\text{K}$。试求该压缩过程中热力学能、焓和熵的变化。

(1) 按定比热容理想气体计算；

(2) 按理想气体比热容经验公式计算。

解 (1) 按附表1取空气的定值比热容为

$$c_{p0}=1.005\text{kJ/(kg}\cdot\text{K)}$$

$$c_{V0}=0.718\text{kJ/(kg}\cdot\text{K)}$$

气体常数 $R_g=0.2871\text{kJ/(kg}\cdot\text{K)}$

根据式(3-54)和式(3-55)可知

$$\Delta u=u_2-u_1=c_{V0}(T_2-T_1)=0.718\text{kJ/(kg}\cdot\text{K)}\times(600-300)\text{K}=215.4\text{kJ/kg}$$

$$\Delta h=h_2-h_1=c_{p0}(T_2-T_1)=1.005\text{kJ/(kg}\cdot\text{K)}\times(600-300)\text{K}=301.5\text{kJ/kg}$$

根据式(3-64)可知

$$\Delta s=s_2-s_1=c_{p0}\ln\frac{T_2}{T_1}-R_g\ln\frac{p_2}{p_1}$$

$$=1.005\text{kJ/(kg}\cdot\text{K)}\times\ln\frac{600\text{K}}{300\text{K}}-0.2871\text{kJ/(kg}\cdot\text{K)}\times\ln\frac{1\text{MPa}}{0.1\text{MPa}}$$

$$=0.0355\text{kJ/(kg}\cdot\text{K)}$$

(2) 从附表2查得空气比定压热容各项系数的数值为

$$a_0=0.9705,\ a_1=0.06791\times10^{-3},\ a_2=0.1658\times10^{-6},\ a_3=-0.06788\times10^{-9}$$

根据式(3-57)可得

$$\Delta h=h_2-h_1=a_0(T_2-T_1)+\frac{a_1}{2}(T_2^2-T_1^2)+\frac{a_2}{3}(T_2^3-T_1^3)+\frac{a_3}{4}(T_2^4-T_1^4)$$

$$=\Big[0.9705\times(600-300)+\frac{0.06791\times10^{-3}}{2}\times(600^2-300^2)$$

$$+\frac{0.1658\times10^{-6}}{3}\times(600^3-300^3)+\frac{-0.06788\times10^{-9}}{4}\times(600^4-300^4)\Big]\text{kJ/kg}$$

$$=308.7\text{kJ/kg}$$

根据式(3-58)可得

$$\Delta u=u_2-u_1=(h_2-h_1)-(p_2v_2-p_1v_1)=(h_2-h_1)-R_g(T_2-T_1)$$

$$=308.7\text{kJ/kg}-0.2871\text{kJ/(kg}\cdot\text{K)}\times(600-300)\text{K}=222.6\text{kJ/kg}$$

根据式(3-63)可得

$$\Delta s=s_2-s_1=a_0\ln\frac{T_2}{T_1}+a_1(T_2-T_1)+\frac{a_2}{2}(T_2^2-T_1^2)+\frac{a_3}{3}(T_2^3-T_1^3)-R_g\ln\frac{p_2}{p_1}$$

$$=\Big[0.9705\times\ln\frac{600}{300}+0.06791\times10^{-3}\times(600-300)+\frac{0.1658\times10^{-6}}{2}\times(600^2-300^2)$$

$$+\frac{-0.06788\times10^{-9}}{3}\times(600^3-300^3)-0.2871\times\ln\frac{1}{0.1}\Big]\text{kJ/(kg·K)}$$

$$=0.0501\text{kJ/(kg·K)}$$

在这里应该认为，按比热容公式积分计算的结果比按定比热容计算的结果精确。

3-5　定容过程、定压过程、定温过程和定熵过程

本节所讨论的过程均指内平衡过程。

气体进行热力过程时，一般说来，所有状态参数都可能发生变化，但也可以使气体的某个状态参数保持不变，而让其他状态参数发生变化。定容过程、定压过程、定温过程和定熵过程正是这样的过程，它们在进行时分别保持比体积、压力、温度和比熵为定值。

1. 定容过程

定容过程是热力系在保持比体积不变的情况下进行的吸热或放热过程。在压容图中，定容过程是一条垂直线［见图 3-1（a)]。

理想气体在进行定容过程时，压力和温度的变化保持正比关系：

$$\frac{p}{T}=\frac{R_g}{v}=\text{常数} \tag{3-65}$$

定比热容理想气体进行定容过程时，根据式（3-61）可知，温度和熵的变化将保持如下关系：

$$s=c_{V0}\ln T+C_1' \tag{3-66}$$

或

$$T=\exp\frac{s-C_1'}{c_{V0}} \tag{3-67}$$

式中　C_1'——常数，$C_1'=R_g\ln v+C_1$。

式（3-67）表明，定比热容理想气体进行的定容过程在温熵图中是一条指数曲线［见图 3-1（b)]，它的斜率是

$$\left(\frac{\partial T}{\partial s}\right)_v=\frac{\exp\dfrac{s-C_1'}{c_{V0}}}{c_{V0}}=\frac{T}{c_{V0}} \tag{3-68}$$

显然，温度越高，定容线的斜率就越大。

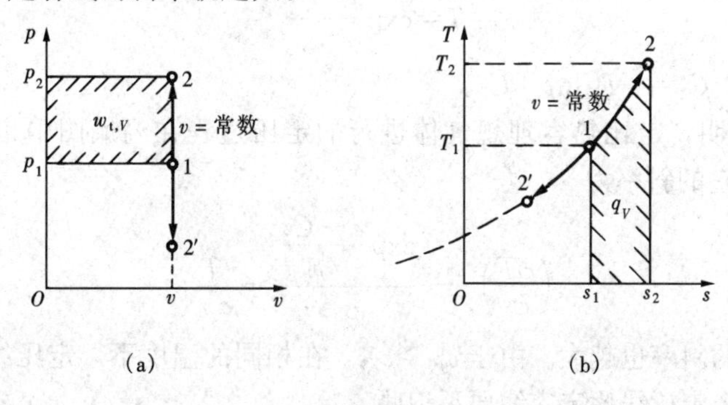

图 3-1
1→2 为定容吸热过程；1→2′为定容放热过程

在没有摩擦的情况下，定容过程的膨胀功、技术功和热量可分别计算如下：

$$w_V = \int_1^2 p\mathrm{d}v = 0 \tag{3-69}$$

$$w_{t,V} = -\int_1^2 v\mathrm{d}p = v(p_1 - p_2) \tag{3-70}$$

$$q_V = \int_1^2 T\mathrm{d}s = \int_1^2 c_V \mathrm{d}T = \bar{c}_V\Big|_0^{t_2} t_2 - \bar{c}_V\Big|_0^{t_1} t_1 \tag{3-71}$$

或
$$q_V = u_2 - u_1 + w_V = u_2 - u_1 \tag{3-72}$$

热力学能的值可在气体热力性质表（附表5）中查到。

2. 定压过程

定压过程是指热力系在保持压力不变的情况下进行的吸热或放热过程。在压容图中，定压线是一条水平线［见图3-2（a）］。

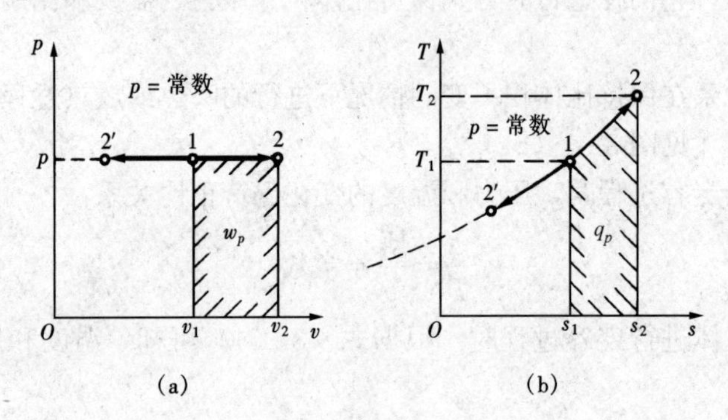

图3-2

1→2为定压吸热过程；1→2′为定压放热过程

理想气体在进行定压过程时，比体积和温度的变化保持正比关系。

$$\frac{v}{T} = \frac{R_g}{p} = 常数 \tag{3-73}$$

定比热容理想气体在进行定压过程时，根据式（3-64）可知，温度和熵的变化将保持如下关系：

$$s = c_{p0}\ln T + C_2' \tag{3-74}$$

或
$$T = \exp\frac{s - C_2'}{c_{p0}} \tag{3-75}$$

式中　C_2'——常数，$C_2' = -R_g\ln p + C_2$。

式（3-75）说明，定比热容理想气体进行的定压过程在温熵图中也是一条指数曲线［见图3-2（b）］，它的斜率为

$$\left(\frac{\partial T}{\partial s}\right)_p = \frac{\exp\dfrac{s - C_2'}{c_{p0}}}{c_{p0}} = \frac{T}{c_{p0}} \tag{3-76}$$

温度越高，定压线的斜率也越大。由于 $c_{p0} > c_{V0}$，在相同的温度下，定压线的斜率小于定容线的斜率，因而整个定压线比定容线要平坦些。

在没有摩擦的情况下，定压过程的膨胀功、技术功和热量可分别计算如下：

$$w_p = \int_1^2 p\mathrm{d}v = p(v_2 - v_1) \tag{3-77}$$

$$w_{t,p} = -\int_1^2 v\mathrm{d}p = 0 \tag{3-78}$$

$$q_p = \int_1^2 T\mathrm{d}s = \int_1^2 c_p \mathrm{d}T = \bar{c}_p \Big|_0^{t_2} t_2 - \bar{c}_p \Big|_0^{t_1} t_1 \tag{3-79}$$

或

$$q_p = h_2 - h_1 + w_{t,p} = h_2 - h_1 \tag{3-80}$$

空气的焓值可在附表 5 中查到。

3. 定温过程

定温过程是指热力系在温度保持不变的情况下进行的膨胀（吸热）或压缩（放热）过程。理想气体在进行定温过程时，压力和比体积保持反比关系。

$$pv = R_g T = 常数 \tag{3-81}$$

所以，理想气体进行的定温过程在压容图中是一条等边双曲线［见图 3-3(a)］。定温过程在温熵图中是一条水平线［见图 3-3 (b)］。

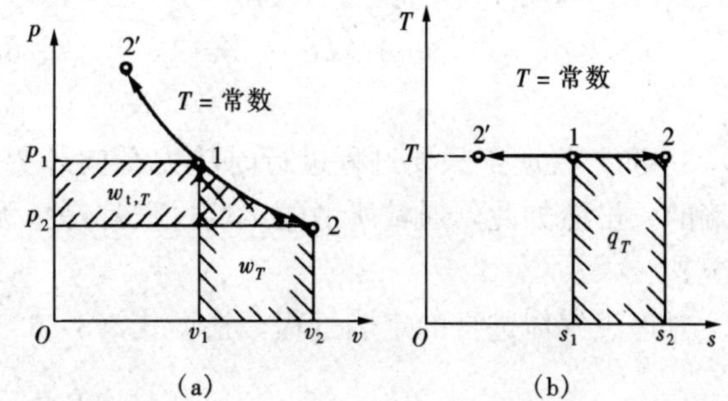

图 3-3
1→2 为定温膨胀（吸热）过程；1→2′为定温压缩（放热）过程

在没有摩擦的情况下，理想气体进行的定温过程，其膨胀功和技术功可分别计算如下：

$$w_T = \int_1^2 p\mathrm{d}v = \int_1^2 \frac{R_g T}{v}\mathrm{d}v = R_g T \ln\frac{v_2}{v_1} \tag{3-82}$$

$$w_{t,T} = -\int_1^2 v\mathrm{d}p = -\int_1^2 \frac{R_g T}{p}\mathrm{d}p = R_g T \ln\frac{p_1}{p_2} \tag{3-83}$$

由于定温过程中

$$\frac{v_2}{v_1} = \frac{p_1}{p_2}$$

因此

$$w_T = R_g T \ln\frac{v_2}{v_1} = R_g T \ln\frac{p_1}{p_2} = w_{t,T} \tag{3-84}$$

这就是说，理想气体进行定温过程时，由于进气功和排气功正好抵消，因此技术功和膨胀功相等。

在无摩擦的情况下，定温过程的热量为

$$q_T = \int_1^2 T\mathrm{d}s = T(s_2 - s_1) \tag{3-85}$$

根据式（3-59）和式（3-62）可知，对理想气体所进行的定温过程，熵的变化为

$$s_2 - s_1 = R_g \ln\frac{v_2}{v_1} = R_g \ln\frac{p_1}{p_2} \tag{3-86}$$

另外，根据热力学第一定律表达式（它们适用于任何工质进行的任何无摩擦或有摩擦的过程），对定温过程可得如下关系：

$$q_T = u_2 - u_1 + w_T = h_2 - h_1 + w_{t,T}$$

对理想气体进行的定温过程，由于 $u_2 = u_1$、$h_2 = h_1$，因此无论有无摩擦，下列关系始终成立：

$$q_T = w_T = w_{t,T} \tag{3-87}$$

4. 定熵过程

定熵过程是指热力系在保持比熵不变的条件下进行的膨胀或压缩过程。根据式（1-15）可得定熵过程的条件是

$$ds = \frac{du + pdv}{T} = 0$$

即
$$du + pdv = 0 \tag{3-88}$$

从式(2-7)得
$$du = \delta q_s - \delta w_s$$

代入式（3-88）并参考式（2-17）、式（2-18），可得

$$\delta q_s + (pdv - \delta w_s) = \delta q_s + \delta w_{L,s} = \delta q_s + \delta q_{g,s} = 0$$

即
$$\delta q_s = -\delta q_{g,s} \tag{3-89}$$

式（3-89）说明：只要过程进行时热力系向外界放出的热量始终等于热产，那么过程就是定熵的。虽然如此，通常所说的定熵过程都是指无摩擦的绝热过程（即 $\delta q_s = -\delta q_{g,s} = 0$ 的情况）。

对理想气体进行的定熵过程，根据式（3-62）和式（3-59）可得

$$ds = \frac{c_{p0}}{T}dT - \frac{R_g}{p}dp = 0$$

$$ds = \frac{c_{V0}}{T}dT + \frac{R_g}{v}dv = 0$$

即
$$\frac{c_{p0}}{T}dT = \frac{R_g}{p}dp$$

$$\frac{c_{V0}}{T}dT = -\frac{R_g}{v}dv$$

二式相除得

$$\frac{c_{p0}}{c_{V0}} = \gamma_0 = -\frac{v}{p}\left(\frac{\partial p}{\partial v}\right)_s \tag{3-90}$$

将上式积分
$$\int \gamma_0 \frac{dv}{v} + \int \frac{dp}{p} = 常数$$

如果比热容（c_{p0} 和 c_{V0}）是定值，那么热容比（γ_0）也是定值。所以，对定比热容理想气体可得

$$\ln pv^{\gamma_0} = 常数$$

或
$$pv^{\gamma_0} = 常数 \tag{3-91}$$

γ_0 是理想气体的热容比，在这里也称为定熵指数。式（3-91）表明：定比热容理想气体的定熵过程在压容图中是一条高次双曲线（$\gamma_0 > 1$），它比定温线陡些［见图3-4（a）］。定熵过程在温熵图中是一条垂直线［见图3-4（b）］。

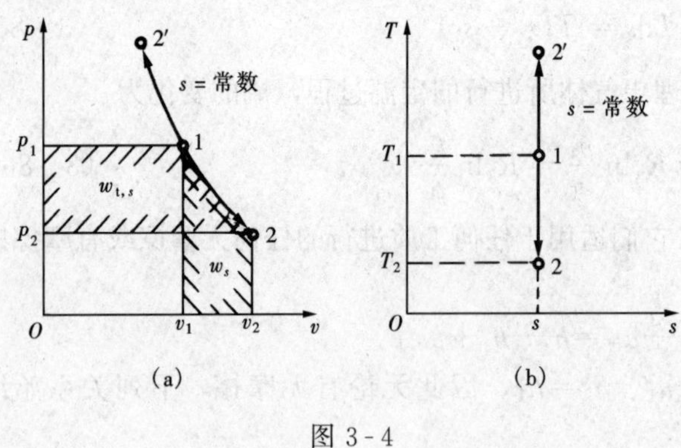

图 3-4
1→2 为定熵膨胀过程；1→2′为定熵压缩过程

式（3-91）结合理想气体状态方

程可得

$$pv^{\gamma_0}=pvv^{\gamma_0-1}=R_g Tv^{\gamma_0-1}=\text{常数}$$

即

$$Tv^{\gamma_0-1}=\text{常数} \tag{3-92}$$

$$pv^{\gamma_0}=\frac{p^{\gamma_0}v^{\gamma_0}}{p^{\gamma_0-1}}=\frac{R_g^{\gamma_0}T^{\gamma_0}}{p^{\gamma_0-1}}=\text{常数}$$

即

$$\frac{T}{p^{(\gamma_0-1)/\gamma_0}}=\text{常数} \tag{3-93}$$

式（3-91）～式（3-93）都是定比热容理想气体的定熵过程方程。它们建立了 p、v、T 三者中两两之间的变化关系。

在无摩擦的情况下，定比热容理想气体定熵过程的膨胀功和技术功可以根据式（3-91）通过积分计算：

$$\begin{aligned}w_s&=\int_1^2 p\mathrm{d}v=\int_1^2\frac{p_1v_1^{\gamma_0}}{v^{\gamma_0}}\mathrm{d}v=p_1v_1^{\gamma_0}\int_1^2\frac{\mathrm{d}v}{v^{\gamma_0}}\\&=\frac{p_1v_1^{\gamma_0}}{\gamma_0-1}\left(\frac{1}{v_1^{\gamma_0-1}}-\frac{1}{v_2^{\gamma_0-1}}\right)=\frac{1}{\gamma_0-1}R_gT_1\left[1-\left(\frac{v_1}{v_2}\right)^{\gamma_0-1}\right]\\&=\frac{1}{\gamma_0-1}R_gT_1\left[1-\left(\frac{p_2}{p_1}\right)^{(\gamma_0-1)/\gamma_0}\right]\end{aligned} \tag{3-94}$$

从式（3-90）可得

$$-v\mathrm{d}p=\gamma_0 p\mathrm{d}v$$

所以

$$\begin{aligned}w_{t,s}&=-\int_1^2 v\mathrm{d}p=\gamma_0\int_1^2 p\mathrm{d}v=\gamma_0 w_s=\frac{\gamma_0}{\gamma_0-1}R_gT_1\left[1-\left(\frac{v_1}{v_2}\right)^{\gamma_0-1}\right]\\&=\frac{\gamma_0}{\gamma_0-1}R_gT_1\left[1-\left(\frac{p_2}{p_1}\right)^{(\gamma_0-1)/\gamma_0}\right]\end{aligned} \tag{3-95}$$

对定比热容理想气体而言，定熵过程的技术功是膨胀功的 γ_0 倍（$w_{t,s}=\gamma_0 w_s$）。例如，空气的热容比 $\gamma_0=1.4$，因此空气在定熵膨胀（或定熵压缩）过程中对外界做出（或外界消耗）的技术功是膨胀功的 1.4 倍。

如果考虑到理想气体的比热容随温度的变化，那么定熵过程的状态变化规律将变得很复杂，从而利用过程方程进行状态参数和功的计算将非常麻烦。虽然可以利用平均定熵指数 $\left[\text{即认为 } p_1v_1^{\bar\kappa}=p_2v_2^{\bar\kappa},\ \bar\kappa=\dfrac{\ln(p_1/p_2)}{\ln(v_2/v_1)}\right]$，仍按 $pv^{\bar\gamma}=\text{常数}$ 的过程方程进行分析和计算，但当过程参数变化范围较大时，这样处理会引起明显的误差。一种简便而精确的计算方法是查现成的表。对变比热容理想气体，这种表的编制原理如下：

根据式（3-62）

$$s=\int\frac{c_{p0}}{T}\mathrm{d}T-R_g\ln p+C_2$$

对定熵过程 1→2 可得

$$s_2-s_1=\int_{T_1}^{T_2}\frac{c_{p0}}{T}\mathrm{d}T-R_g\ln\frac{p_2}{p_1}=0$$

取一参考温度 T_0，将上式变换为

$$\int_{T_0}^{T_2}\frac{c_{p0}}{T}\mathrm{d}T-\int_{T_0}^{T_1}\frac{c_{p0}}{T}\mathrm{d}T=R_g\ln\frac{p_2}{p_1}$$

令

$$\int_{T_0}^{T}\frac{c_{p0}}{T}\mathrm{d}T=s_T^0\text{（其含义是温度对熵的贡献）}\tag{3-96}$$

则得

$$s_{T_2}^0-s_{T_1}^0=R_g\ln\frac{p_2}{p_1}\tag{3-97}$$

再令

或

$$\left.\begin{aligned}s_T^0&=R_g\ln p_r+C\\p_r&=\exp\frac{s_T^0-C}{R_g}\end{aligned}\right\}\text{（}C\text{ 为常数）}\tag{3-98}$$

则得

$$(R_g\ln p_{r2}+C)-(R_g\ln p_{r1}+C)=R_g\ln\frac{p_2}{p_1}$$

即

$$R_g\ln\frac{p_{r2}}{p_{r1}}=R_g\ln\frac{p_2}{p_1}$$

所以

$$\frac{p_{r2}}{p_{r1}}=\frac{p_2}{p_1}\tag{3-99}$$

p_r 称为相对压力。式（3-99）表明：对理想气体进行的定熵过程，相对压力之比等于压力之比。

与上面的推导相仿，根据式（3-59）

$$s=\int\frac{c_{V0}}{T}\mathrm{d}T+R_g\ln v+C_1$$

对定熵过程 1→2 可得

$$s_2-s_1=\int_{T_1}^{T_2}\frac{c_{V0}}{T}\mathrm{d}T+R_g\ln\frac{v_2}{v_1}=0$$

代入迈耶公式

$$\int_{T_1}^{T_2}\frac{c_{p0}-R_g}{T}\mathrm{d}T+R_g\ln\frac{v_2}{v_1}=0$$

即

$$\int_{T_1}^{T_2}\frac{c_{p0}}{T}\mathrm{d}T-R_g\ln\frac{T_2}{T_1}+R_g\ln\frac{v_2}{v_1}=0$$

将式(3-96)代入，得

$$s_{T_2}^0-s_{T_1}^0=R_g\ln\frac{T_2}{T_1}-R_g\ln\frac{v_2}{v_1}$$

令

或

$$\left.\begin{aligned}s_T^0&=R_g\ln\frac{T}{v_r}+C'\\v_r&=\frac{T}{\exp\dfrac{s_T^0-C'}{R_g}}\end{aligned}\right\}\text{（}C'\text{ 为常数）}\tag{3-100}$$

则得

$$\left(R_g\ln\frac{T_2}{v_{r2}}+C'\right)-\left(R_g\ln\frac{T_1}{v_{r1}}+C'\right)=R_g\ln\frac{T_2}{T_1}-R_g\ln\frac{v_2}{v_1}$$

即

$$R_g\ln\frac{T_2}{T_1}-R_g\ln\frac{v_{r2}}{v_{r1}}=R_g\ln\frac{T_2}{T_1}-R_g\ln\frac{v_2}{v_1}$$

所以

$$\frac{v_{r2}}{v_{r1}}=\frac{v_2}{v_1} \tag{3-101}$$

v_r 称为相对比体积。式（3-101）表明：对理想气体所进行的定熵过程，相对比体积之比等于比体积之比。

由于理想气体的 c_{p0} 只是温度的函数，所以从式（3-96）、式（3-98）和式（3-100）可知，s_T^0 以及 p_r 和 v_r 也都只是温度的函数。在附表5中列出了空气在不同温度下的 s_T^0、p_r 和 v_r 值，以便对变比热容理想气体定熵过程进行计算时查用。表中还列出了不同温度下的热力学能（u）和焓（h）。这给定熵过程功的计算带来很大方便。因为根据能量方程

$$q_s=u_2-u_1+w_s=0$$

$$q_s=h_2-h_1+w_{t,s}=0$$

所以定熵过程的膨胀功和技术功分别等于过程中热力学能的减少和焓的减少：

$$w_s=u_1-u_2 \tag{3-102}$$

$$w_{t,s}=h_1-h_2 \tag{3-103}$$

【例3-5】 试利用空气热力性质表计算例3-4中的热力学能、焓和熵的变化。

解 查附表5中300K和600K两栏得

$$u_1=214.07\text{kJ/kg},\ h_1=300.19\text{kJ/kg},\ s_{T_1}^0=1.70203\text{kJ/(kg·K)}$$

$$u_2=434.78\text{kJ/kg},\ h_2=607.02\text{kJ/kg},\ s_{T_2}^0=2.40902\text{kJ/(kg·K)}$$

所以

$$u_2-u_1=434.78\text{kJ/kg}-214.07\text{kJ/kg}=220.71\text{kJ/kg}$$

$$h_2-h_1=607.02\text{kJ/kg}-300.19\text{kJ/kg}=306.83\text{kJ/kg}$$

根据式（3-62）可得

$$\begin{aligned}s_2-s_1&=\int_{T_1}^{T_2}\frac{c_{p0}}{T}\mathrm{d}T-R_g\ln\frac{p_2}{p_1}=\int_{T_0}^{T_2}\frac{c_{p0}}{T}\mathrm{d}T-\int_{T_0}^{T_1}\frac{c_{p0}}{T}\mathrm{d}T-R_g\ln\frac{p_2}{p_1}\\&=s_{T_2}^0-s_{T_1}^0-R_g\ln\frac{p_2}{p_1}\\&=2.40902\text{kJ/(kg·K)}-1.70203\text{kJ/(kg·K)}-0.2871\text{kJ/(kg·K)}\times\ln\frac{1\text{MPa}}{0.1\text{MPa}}\\&=0.04592\text{kJ/(kg·K)}\end{aligned}$$

本例通过查表进行计算的结果要比例3-4中（1）、（2）两种计算方法所得结果都更精确，计算也更简捷。

【例3-6】 已知空气的初参数为 $T_1=600\text{K}$、$p_1=0.62\text{MPa}$，定熵膨胀到 $p_2=0.1\text{MPa}$。求终参数 T_2、v_2 及膨胀功和技术功。

解 从空气的热力性质表（附表5）查得

当 $T_1=600\text{K}$ 时

$$p_{r1}=16.28,\ v_{r1}=105.8,\ u_1=434.78\text{kJ/kg},\ h_1=607.02\text{kJ/kg}$$

根据式（3-99）

$$p_{r2}=p_{r1}\frac{p_2}{p_1}=16.28\times\frac{0.1\text{MPa}}{0.62\text{MPa}}=2.626$$

当 $p_{r2}=2.626$ 时，查表得

$$T_2=360\text{K},\ v_{r2}=393.4,\ u_2=257.24\text{kJ/kg},\ h_2=360.67\text{kJ/kg}$$

根据式（3-101）

$$v_2=v_1\frac{v_{r2}}{v_{r1}}=\frac{R_gT_1}{p_1}\frac{v_{r2}}{v_{r1}}=\frac{287.1\text{J}/(\text{kg}\cdot\text{K})\times600\text{K}}{(0.62\times10^6)\text{Pa}}\times\frac{393.4}{105.8}$$

$$=1.033\text{m}^3/\text{kg}(\text{亦可根据 } v_2=R_gT_2/p_2 \text{ 计算})$$

根据式（3-102）

$$w_s=u_1-u_2=434.78\text{kJ/kg}-257.24\text{kJ/kg}=177.54\text{kJ/kg}$$

根据式（3-103）

$$w_{t,s}=h_1-h_2=607.02\text{kJ/kg}-360.67\text{kJ/kg}=246.35\text{kJ/kg}$$

如果按定比热容计算（根据附表1，取 $\gamma_0=1.4$），则根据式（3-93）可得

$$T_2=T_1\left(\frac{p_2}{p_1}\right)^{\frac{\gamma_0-1}{\gamma_0}}=600\text{K}\times\left(\frac{0.1\text{MPa}}{0.62\text{MPa}}\right)^{\frac{1.4-1}{1.4}}=356.2\text{K}$$

根据式（3-91）

$$v_2=v_1\left(\frac{p_1}{p_2}\right)^{\frac{1}{\gamma_0}}=\frac{R_gT_1}{p_1}\left(\frac{p_1}{p_2}\right)^{\frac{1}{\gamma_0}}=\frac{287.1\text{J}/(\text{kg}\cdot\text{K})\times600\text{K}}{(0.62\times10^6)\text{Pa}}\times\left(\frac{0.62\text{MPa}}{0.1\text{MPa}}\right)^{\frac{1}{1.4}}$$

$$=1.023\text{m}^3/\text{kg}\ (\text{或根据 } v_2=R_gT_2/p_2 \text{ 计算})$$

根据式（3-94）

$$w_s=\frac{1}{\gamma_0-1}R_gT_1\left[1-\left(\frac{p_2}{p_1}\right)^{\frac{\gamma_0-1}{\gamma_0}}\right]$$

$$=\frac{1}{1.4-1}\times287.1\text{J}/(\text{kg}\cdot\text{K})\times600\text{K}\times\left[1-\left(\frac{0.1\text{MPa}}{0.62\text{MPa}}\right)^{\frac{1.4-1}{1.4}}\right]$$

$$=174.95\times10^3\text{J/kg}=174.95\text{kJ/kg}$$

根据式（3-95）

$$w_{t,s}=\gamma_0w_s=1.4\times174.95\text{kJ/kg}=244.93\text{kJ/kg}$$

应该认为，根据空气热力性质表（考虑到比热容随温度的变化）计算的结果比按定比热容计算的结果精确。

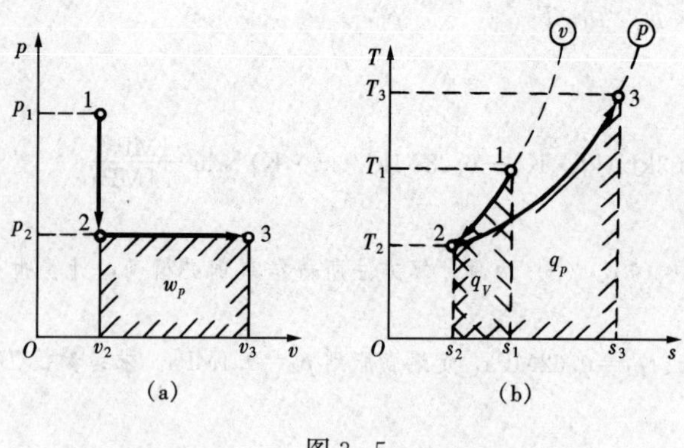

图3-5

【例3-7】 空气从 $T_1=720\text{K}$、$p_1=0.2\text{MPa}$ 先定容冷却，压力降到 $p_2=0.1\text{MPa}$；然后定压加热，使比体积增加3倍（即 $v_3=4v_2$）。求过程1→2和过程2→3中的热量以及过程2→3中的膨胀功（不考虑摩擦），并计算最后的温度（T_3）、比体积（v_3）以及整个过程熵的变化（s_3-s_1）。

解 在压容图和温熵图中，过程1→2和2→3如图3-5所示。

根据式（3-65）

$$T_2=T_1\frac{p_2}{p_1}=720\text{K}\times\frac{0.1\text{MPa}}{0.2\text{MPa}}=360\text{K}$$

从附表5查得：

当 $T_1=720\text{K}$ 时，$u_1=528.14\text{kJ/kg}$

当 $T_2=360\text{K}$ 时，$u_2=257.24\text{kJ/kg}$

根据式（3-72）可得过程1→2的热量为

$$q_V=u_2-u_1=257.24\text{kJ/kg}-528.14\text{kJ/kg}=-270.90\text{kJ/kg}\ (\text{负值表示放出热量})$$

从附表1查得空气的气体常数为

$$R_g=0.2871\text{kJ}/(\text{kg}\cdot\text{K})=287.1\text{J}/(\text{kg}\cdot\text{K})$$

$$v_2 = v_1 = \frac{R_g T_1}{p_1} = \frac{287.1\text{J/(kg·K)} \times 720\text{K}}{(0.2\times10^6)\text{Pa}} = 1.033\,6\text{m}^3/\text{kg}$$

$$v_3 = 4v_2 = 4\times 1.033\,6\text{m}^3/\text{kg} = 4.134\,4\text{m}^3/\text{kg}$$

根据式（3-73）

$$T_3 = T_2\frac{v_3}{v_2} = 360\text{K}\times4 = 1440\text{K}$$

查表得

$$h_3 = 1563.51\text{kJ/kg}$$

$$h_2 = 360.67\text{kJ/kg}$$

根据式（3-80）可得过程 2→3 的热量为

$$q_p = h_3 - h_2 = 1563.51\text{kJ/kg} - 360.67\text{kJ/kg} = 1202.84\text{kJ/kg}$$

根据式（3-77）可得过程 2→3 的膨胀功为

$$w_p = p_2(v_3 - v_2) = (0.1\times10^6)\text{Pa}\times(4.134\,4 - 1.033\,6)\text{m}^3/\text{kg}$$
$$= 310\,080\text{J/kg} = 310.08\text{kJ/kg}$$

根据式（3-62）

$$s_3 - s_1 = \int_{T_1}^{T_3}\frac{c_{p0}}{T}\text{d}T - R_g\ln\frac{p_3}{p_1} = s^0_{T_3} - s^0_{T_1} - R_g\ln\frac{p_3}{p_1}$$

查表得

$$s^0_{T_3} = 3.395\,86\text{kJ/(kg·K)}$$

$$s^0_{T_1} = 2.603\,19\text{kJ/(kg·K)}$$

所以

$$s_3 - s_1 = 3.395\,86\text{kJ/(kg·K)} - 2.603\,19\text{kJ/(kg·K)} - 0.287\,1\text{kJ/(kg·K)}\times\ln\frac{0.1\text{MPa}}{0.2\text{MPa}}$$
$$= 0.991\,67\text{kJ/(kg·K)}$$

若按定比热容计算热量和熵的变化，则可查附表 1，得

$$c_{V0} = 0.718\text{kJ/(kg·K)}$$

$$c_{p0} = 1.005\text{kJ/(kg·K)}$$

$$q_V = u_2 - u_1 = c_{V0}\ (T_2 - T_1) = 0.718\text{kJ/(kg·K)}\ \times\ (360 - 720)\ \text{K} = -258.5\text{kJ/kg}$$

相对误差

$$\frac{\Delta q_V}{q_V} = \frac{|-258.5|\ \text{kJ/kg} - |-270.90|\ \text{kJ/kg}}{|-270.90|\ \text{kJ/kg}} = -4.6\%$$

$$q_p = h_3 - h_2 = c_{p0}(T_3 - T_2) = 1.005\text{kJ/(kg·K)}\times(1440 - 360)\text{K} = 1085.4\text{kJ/kg}$$

相对误差

$$\frac{\Delta q_p}{q_p} = \frac{1085.4\text{kJ/kg} - 1202.84\text{kJ/kg}}{1202.84\text{kJ/kg}} = -9.8\%\text{（温度越高，误差就越大）}$$

根据式（3-64）

$$s_3 - s_1 = c_{p0}\ln\frac{T_3}{T_1} - R_g\ln\frac{p_3}{p_1}$$
$$= 1.005\text{kJ/(kg·K)}\times\ln\frac{1440\text{K}}{720\text{K}} - 0.287\,1\text{kJ/(kg·K)}\times\ln\frac{0.1\text{MPa}}{0.2\text{MPa}}$$
$$= 0.895\,6\text{kJ/(kg·K)}$$

相对误差

$$\frac{\Delta(s_3 - s_1)}{(s_3 - s_1)} = \frac{0.895\,6\text{kJ/(kg·K)} - 0.991\,67\text{kJ/(kg·K)}}{0.991\,67\text{kJ/(kg·K)}} = -9.7\%$$

【例 3-8】　空气在压气机中从 $p_1 = 0.1\text{MPa}$、$T_1 = 300\text{K}$ 定熵压缩到 0.5MPa。试求压缩终了的温度及压气机消耗的功（技术功）。

解 先按定比热容理想气体计算。查附表1得空气的热容比 $\gamma_0=1.400$，气体常数 $R_g=0.287\,1\text{kJ/(kg}\cdot\text{K)}$。根据式（3-93）

$$T_2=T_1\left(\frac{P_2}{P_1}\right)^{\frac{\gamma_0-1}{\gamma_0}}=300\text{K}\times\left(\frac{0.5\text{MPa}}{0.1\text{MPa}}\right)^{\frac{1.4-1}{1.4}}=475.15\text{K}$$

根据式（3-95）可得压气机的功为

$$\begin{aligned}w_{t,s}&=\frac{\gamma_0}{\gamma_0-1}R_gT_1\left[1-\left(\frac{p_2}{p_1}\right)^{\frac{\gamma_0-1}{\gamma_0}}\right]\\&=\frac{1.4}{1.4-1}\times0.287\,1\text{kJ/(kg}\cdot\text{K)}\times300\text{K}\times\left[1-\left(\frac{0.5\text{MPa}}{0.1\text{MPa}}\right)^{\frac{1.4-1}{1.4}}\right]\\&=-176.0\text{kJ/kg}\ (\text{负值表示消耗外功})\end{aligned}$$

如果考虑比热容随温度的变化，则可利用空气的热力性质表（附表5）进行计算。

当 $T_1=300\text{K}$ 时，查表得

$$h_1=300.19\text{kJ/kg},\ s^0_{T_1}=1.702\,03\text{kJ/(kg}\cdot\text{K)}$$

根据式（3-97）

$$\begin{aligned}s^0_{T_2}&=s^0_{T_1}+R_g\ln\frac{p_2}{p_1}=1.702\,03\text{kJ/(kg}\cdot\text{K)}+0.287\,1\text{kJ/(kg}\cdot\text{K)}\times\ln\frac{0.5\text{MPa}}{0.1\text{MPa}}\\&=2.164\,1\text{kJ/(kg}\cdot\text{K)}\end{aligned}$$

从表中查得

470K 时 $s^0_T=2.156\,04\text{kJ/(kg}\cdot\text{K)},\ h=472.24\text{kJ/kg}$

480K 时 $s^0_T=2.177\,60\text{kJ/(kg}\cdot\text{K)},\ h=482.49\text{kJ/kg}$

根据直线插入原理，可得

$$T_2=470\text{K}+(480-470)\text{K}\times\frac{(2.164\,1-2.156\,04)\text{kJ/(kg}\cdot\text{K)}}{(2.177\,60-2.156\,04)\text{kJ/(kg}\cdot\text{K)}}=473.7\text{K}$$

$$\begin{aligned}h_2&=472.24\text{kJ/kg}+(482.49-472.24)\text{kJ/kg}\times\frac{(2.164\,1-2.156\,04)\text{kJ/(kg}\cdot\text{K)}}{(2.177\,60-2.156\,04)\text{kJ/(kg}\cdot\text{K)}}\\&=476.07\text{kJ/kg}\end{aligned}$$

根据式（3-103）

$$w_{t,s}=h_1-h_2=300.19\text{kJ/kg}-476.07\text{kJ/kg}=-175.88\text{kJ/kg}$$

3-6 多变过程

上节讨论的四种过程（定容过程、定压过程、定温过程和定熵过程）只是千变万化的热力过程中的四种特殊情况。要找出一个普遍的过程方程来描述气体在一切可能的热力过程中的状态变化规律是不可能的。下面我们来分析这样一类内平衡过程，它们具有如下的状态变化规律：

$$pv^n=\text{常数} \tag{3-104}$$

式中 n 可以是任何实数（$-\infty$到$+\infty$之间的任意一个指定值）。不同的 n 值决定了不同的状态变化规律，描述了不同的热力过程，因此式（3-104）代表了无数个热力过程的状态变化规律。

凡是状态变化规律符合式（3-104）的过程都称为多变过程。每一个特定的多变过程具有一个不变的指数 n，n 称为多变指数。不同的多变过程具有不同的多变指数。

事实上，多变过程已经包括了定容过程、定压过程、理想气体的定温过程和定比热容理

想气体的定熵过程。

式（3-104）可以改写为

$$p^{1/n}v=\text{常数}$$

当 $n=\pm\infty$ 时，可得

$$p^{1/\pm\infty}v=p^{0}v=v=\text{常数}$$

所以，定容过程是 $n=\pm\infty$ 的特殊的多变过程。

当 $n=0$ 时，式（3-104）变为

$$pv^{0}=p=\text{常数}$$

所以，定压过程是 $n=0$ 的特殊的多变过程。

当 $n=1$ 时，式（3-104）变为

$$pv=\text{常数}$$

对理想气体 $$pv=R_{g}T=\text{常数}$$

即 $$T=\text{常数}$$

所以，理想气体的定温过程是 $n=1$ 的特殊的多变过程。

当 $n=\gamma_0$ 时，式（3-104）变为

$$pv^{\gamma_0}=\text{常数}$$

此式为定比热容理想气体定熵过程方程。所以，定比热容理想气体的定熵过程是 $n=\gamma_0$ 的特殊的多变过程。

气体从某个状态 A 开始，可以进行各种各样的多变过程。这些过程曲线在压容图中的形状如图 3-6 所示：

当 $n=0$、$\pm\infty$、-1 时为直线；

当 $0<n<+\infty$ 时为不同方次的双曲线；

当 $-\infty<n<-1$ 和 $-1<n<0$ 时为不同方次的抛物线。

对式（3-104）取对数，则得

$$\lg p+n\lg v=\text{常数}$$

移项后得

$$\lg p=-n\lg v+\text{常数} \tag{3-105}$$

式（3-105）表明：如果将多变过程画在以 $\lg p$ 为纵轴、$\lg v$ 为横轴的对数平面坐标系中，那么所有的多变过程都是直线（见图 3-7），而每条直线的斜率正好等于多变指数的负值。

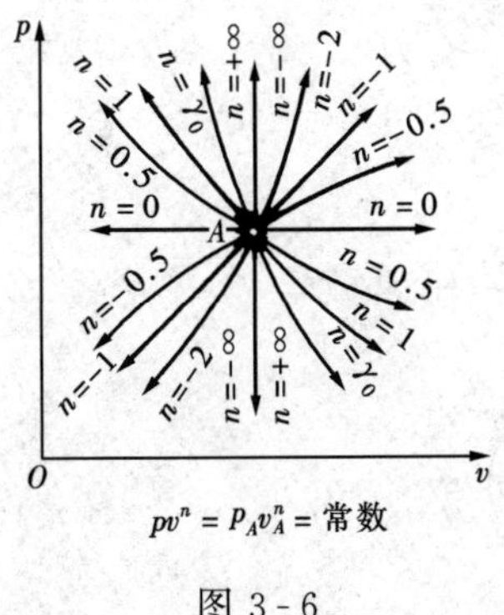

$pv^{n}=p_{A}v_{A}^{n}=$常数

图 3-6

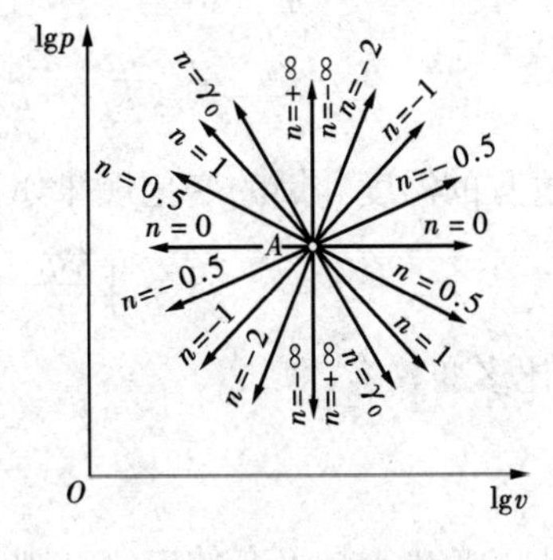

$\lg p=-n\lg v+$常数

图 3-7

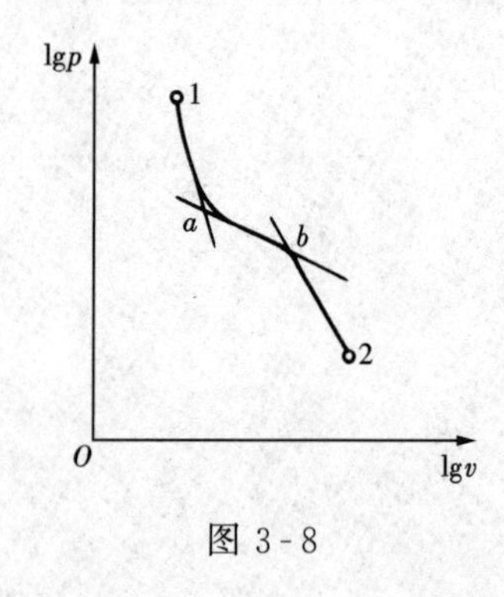

图 3-8

$$\frac{\mathrm{dlg}p}{\mathrm{dlg}v}=-n \tag{3-106}$$

这就提供了一种分析任意过程的方法：将任意过程画到 lg$p$—lg$v$ 对数坐标系中（图 3-8），不管它是一条如何不规则的曲线，它总可以近似地用几条相互衔接的直线段来替代。这就是说，不管某一过程在进行时压力和比体积的变化如何复杂，总可以用几个相互衔接的多变过程近似地描述这一过程。

在无摩擦的条件下，知道了多变指数，要计算多变过程的功是很方便的。

$$w_n=\int_1^2 p\mathrm{d}v$$

$$w_{\mathrm{t},n}=-\int_1^2 v\mathrm{d}p$$

与推导式（3-94）和式（3-95）的步骤完全一样，结果得到无摩擦的多变过程的膨胀功和技术功的计算式如下：

$$w_n=\frac{1}{n-1}p_1v_1\left[1-\left(\frac{v_1}{v_2}\right)^{n-1}\right]=\frac{1}{n-1}p_1v_1\left[1-\left(\frac{p_2}{p_1}\right)^{\frac{n-1}{n}}\right] \tag{3-107}$$

$$w_{\mathrm{t},n}=\frac{n}{n-1}p_1v_1\left[1-\left(\frac{v_1}{v_2}\right)^{n-1}\right]=\frac{n}{n-1}p_1v_1\left[1-\left(\frac{p_2}{p_1}\right)^{\frac{n-1}{n}}\right] \tag{3-108}$$

对于理想气体进行的多变过程，根据式（3-104）、式（3-107）和式（3-108），结合理想气体的状态方程，可进一步得出下列各式［见式（3-92）～式（3-95）的推导过程］：

$$Tv^{n-1}=\text{常数} \tag{3-109}$$

$$\frac{T}{p^{\frac{n-1}{n}}}=\text{常数} \tag{3-110}$$

$$w_n=\frac{1}{n-1}R_{\mathrm{g}}T_1\left[1-\left(\frac{v_1}{v_2}\right)^{n-1}\right]=\frac{1}{n-1}R_{\mathrm{g}}T_1\left[1-\left(\frac{p_2}{p_1}\right)^{\frac{n-1}{n}}\right]$$
$$=\frac{1}{n-1}R_{\mathrm{g}}(T_1-T_2) \tag{3-111}$$

$$w_{\mathrm{t},n}=\frac{n}{n-1}R_{\mathrm{g}}T_1\left[1-\left(\frac{v_1}{v_2}\right)^{n-1}\right]=\frac{n}{n-1}R_{\mathrm{g}}T_1\left[1-\left(\frac{p_2}{p_1}\right)^{\frac{n-1}{n}}\right]$$
$$=\frac{n}{n-1}R_{\mathrm{g}}(T_1-T_2) \tag{3-112}$$

多变过程的温度和熵的变化规律如下：

$$s=\int\frac{\delta q_n}{T}+\text{常数}=\int\frac{c_n\mathrm{d}T}{T}+\text{常数} \tag{3-113}$$

式中 c_n 为比多变热容，即

$$c_n=\frac{\delta q_n}{\mathrm{d}T}=T\left(\frac{\partial s}{\partial T}\right)_n$$

如果比多变热容是不变的定值，则得

$$s=c_n\ln T+\text{常数} \tag{3-114}$$

或
$$T = \exp\frac{s - 常数}{c_n}$$

式（3 - 114）表明，如果比多变热容是定值，那么多变过程在温熵图中是一簇指数曲线。只有当 $c_n = c_T = \pm\infty$ 以及 $c_n = c_s = 0$ 时，指数曲线才退化为直线，因而定温过程和定熵过程在温熵图中是直线（见图 3 - 9）。

对于理想气体，比多变热容和多变指数之间有如下关系：

$$c_n = \frac{nc_{V0} - c_{p0}}{n - 1} \tag{3-115}$$

$$n = \frac{c_n - c_{p0}}{c_n - c_{V0}} \tag{3-116}$$

式（3 - 115）和式（3 - 116）可证明如下：

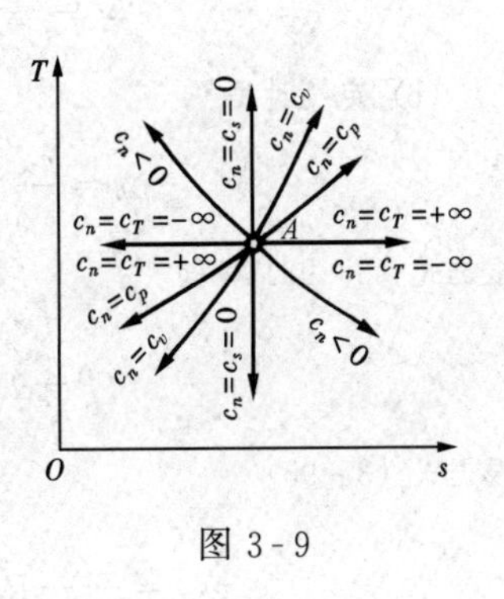

图 3 - 9

根据热力学第一定律

$$\delta q_n = c_n \mathrm{d}T = \mathrm{d}u + \delta w_n \tag{a}$$

对理想气体
$$\mathrm{d}u = c_{V0}\mathrm{d}T \tag{b}$$

从式(3 - 111)得
$$\delta w_n = \frac{1}{n-1}R_g(-\mathrm{d}T) \tag{c}$$

将式（b）、（c）代入式（a）

$$c_n \mathrm{d}T = c_{V0}\mathrm{d}T - \frac{R_g}{n-1}\mathrm{d}T$$

所以
$$c_n = c_{V0} - \frac{R_g}{n-1} = c_{V0} - \frac{c_{p0} - c_{V0}}{n-1}$$

即
$$c_n = \frac{nc_{V0} - c_{p0}}{n-1} \tag{d}$$

变化式(d) 即可得

$$n = \frac{c_n - c_{p0}}{c_n - c_{V0}} \tag{e}$$

多变过程的热量可根据比多变热容计算：

$$q_n = \int_1^2 c_n \mathrm{d}T \tag{3-117}$$

如果比多变热容是定值，则

$$q_n = c_n(T_2 - T_1) \tag{3-118}$$

如果工质是理想气体，则

$$q_n = \int_1^2 \frac{nc_{V0} - c_{p0}}{n-1}\mathrm{d}T \tag{3-119}$$

如果工质是定比热容理想气体，则

$$q_n = \frac{nc_{V0} - c_{p0}}{n-1}(T_2 - T_1) \tag{3-120}$$

【例 3 - 9】　某气体可作定比热容理想气体处理。其摩尔质量 $M = 0.028\text{kg/mol}$，摩尔定压热容 $C_{p0,\mathrm{m}} = 29.10\text{J/(mol·K)}$ ＝定值。气体从初态 $p_1 = 0.4\text{MPa}$、$T_1 = 400\text{K}$，在无摩擦的情况下，经过（a）定温过程、（b）定熵过程、（c）$n = 1.25$ 的多变过程，膨胀到 $p_2 = 0.1\text{MPa}$。试求终态温度、每千克气体所做的技术功、所吸收的热量及熵的变化。

解 (a) 定温过程

$$T_2 = T_1 = 400\text{K}$$

$$R_g = \frac{R}{M} = \frac{8.314\ 51\text{J/(mol·K)}}{0.028\text{kg/mol}} = 296.95\text{J/(kg·K)}$$

根据式(3-83)

$$w_{t,T} = R_g T \ln\frac{p_1}{p_2} = 0.296\ 95\text{kJ/(kg·K)} \times 400\text{K} \times \ln\frac{0.4\text{MPa}}{0.1\text{Ma}} = 164.66\text{kJ/kg}$$

根据式(3-87)

$$q_T = w_{t,T} = 164.66\text{kJ/kg}$$

根据式（3-85）可得

$$\Delta s = s_2 - s_1 = \frac{q_T}{T} = \frac{164.66\text{kJ/kg}}{400\text{K}} = 0.411\ 65\text{kJ/(kg·K)}$$

(b) 定熵过程

$$\gamma_0 = \frac{c_{p0}}{c_{V0}} = \frac{C_{p0,m}}{C_{p0,m} - R} = \frac{29.10\text{J(mol·K)}}{29.10\text{J/(mol·K)} - 8.314\ 51\text{J/(mol·K)}} = 1.400$$

根据式（3-93）可知

$$T_2 = T_1\left(\frac{p_2}{p_1}\right)^{\frac{\gamma_0-1}{\gamma_0}} = 400\text{K} \times \left(\frac{0.1\text{MPa}}{0.4\text{MPa}}\right)^{\frac{1.4-1}{1.4}} = 269.18\text{K}$$

根据式（3-95）

$$\begin{aligned} w_{t,s} &= \frac{\gamma_0}{\gamma_0 - 1} R_g T_1 \left[1 - \left(\frac{p_2}{p_1}\right)^{\frac{\gamma_0-1}{\gamma_0}}\right] \\ &= \frac{1.4}{1.4-1} \times 0.296\ 95\text{kJ/(kg·K)} \times 400\text{K} \times \left[1 - \left(\frac{0.1\text{MPa}}{0.4\text{MPa}}\right)^{\frac{1.4-1}{1.4}}\right] \\ &= 135.96\text{kJ/kg} \end{aligned}$$

$$q_s = 0$$

$$\Delta s = s_2 - s_1 = 0$$

(c) 多变过程（n=1.25）

根据式（3-110）可知

$$T_2 = T_1\left(\frac{p_2}{p_1}\right)^{\frac{n-1}{n}} = 400\text{K} \times \left(\frac{0.1\text{MPa}}{0.4\text{MPa}}\right)^{\frac{1.25-1}{1.25}} = 303.14\text{K}$$

根据式（3-112）

$$\begin{aligned} w_{t,n} &= \frac{n}{n-1} R_g T_1 \left[1 - \left(\frac{p_2}{p_1}\right)^{\frac{n-1}{n}}\right] \\ &= \frac{1.25}{1.25-1} \times 0.296\ 95\text{kJ/(kg·K)} \times 400\text{K} \times \left[1 - \left(\frac{0.1\text{MPa}}{0.4\text{MPa}}\right)^{\frac{1.25-1}{1.25}}\right] \\ &= 143.81\text{kJ/kg} \end{aligned}$$

根据式（3-115）

$$\begin{aligned} c_n &= \frac{nc_{V0} - c_{p0}}{n-1} = \frac{n(C_{p0,m} - R) - C_{p0,m}}{M(n-1)} \\ &= \frac{1.25 \times (29.10 - 8.314\ 51)\text{J/(mol·K)} - 29.10\text{J/(mol·K)}}{0.028\text{kg/mol} \times (1.25-1)} \\ &= -445.45\text{J/(kg·K)} = -0.445\ 45\text{kJ/(kg·K)} \end{aligned}$$

根据式（3-118）

$$q_n = c_n(T_2 - T_1) = -0.44545\text{kJ/(kg·K)} \times (303.14 - 400)\text{K} = 43.15\text{kJ/kg}$$

根据式（3-64）可得

$$\begin{aligned}\Delta s &= s_2 - s_1 = c_{p0}\ln\frac{T_2}{T_1} - R_g\ln\frac{p_2}{p_1}\\ &= \frac{29.10\text{J/(mol·K)}}{0.028\text{kg/mol}} \times \ln\frac{303.14\text{K}}{400\text{K}} - 296.95\text{J/(kg·K)} \times \ln\frac{0.1\text{MPa}}{0.4\text{MPa}}\\ &= 123.50\text{J/(kg·K)} = 0.12350\text{kJ/(kg·K)}\end{aligned}$$

3-7 无功过程和绝热过程

前两节讨论的各种过程（定容过程、定压过程、定温过程、定熵过程以及多变过程）都是用热力系内部特征来定义的，但热力过程也可以用热力系和外界的能量交换情况来定义，无功过程和绝热过程正是这样的过程。无功过程分为两种：一种是不做膨胀功的过程，另一种是不做技术功的过程。事实上，绝大多数的热工设备的传热过程和做功过程都是分开完成的。各种换热设备（如锅炉、冷凝器、加热器以及其他各种换热器）只完成传热过程而不同时作功（技术功）。流体在这些设备中进行的是不做技术功的（传热）过程。另外，各种动力机械（如涡轮机、压气机、液体泵以及各种活塞式动力机械）在完成做功过程时，和外界基本上没有热量交换，工质进行的是绝热的（做功）过程。所以，分析讨论这些无功过程和绝热过程是十分必要的，而这种"传热过程不做功（$w_t=0$）"和"做功过程传热难（$q\approx 0$）"的特点也给热力学分析和能量计算带来很大方便。下面分别加以讨论。

1. 不做膨胀功的过程

不做膨胀功的过程是指闭口热力系在经历状态变化时，不对外界做出膨胀功，也不消耗外功，即

$$\delta w = 0 \tag{3-121}$$

如果不存在摩擦，那么不做膨胀功的过程也是定容过程：

$$\delta w = p\mathrm{d}v = 0$$

因为 $p > 0$

所以 $\mathrm{d}v = 0$（定容过程） (3-122)

如果存在摩擦（包括流体的黏性摩擦），那么不做膨胀功的过程必定是一个比体积增大的过程。

$$p\mathrm{d}v = \delta w + \delta w_L > \delta w = 0$$

即 $p\mathrm{d}v > 0$

因为 $p > 0$

所以 $\mathrm{d}v > 0$（比体积增大） (3-123)

例如，气体向真空自由膨胀就是这种比体积增大而又不做膨胀功的过程（图3-10）。

根据热力学第一定律式（2-7）可知：热力系进行不做膨胀功的过程时，它和外界交换的热量必定等于热力学能的变化。

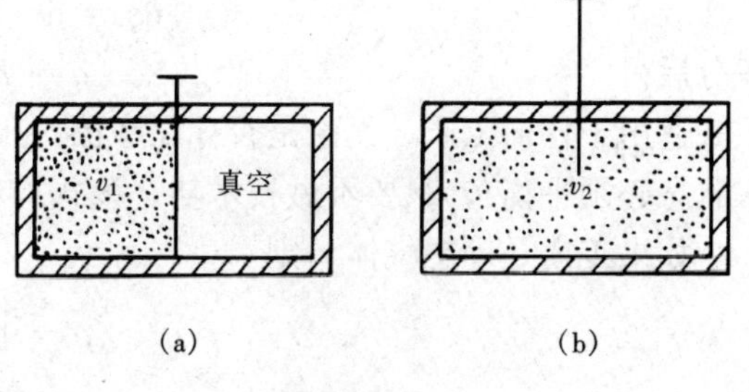

图3-10

$$\delta q = \mathrm{d}u + \delta w = \mathrm{d}u \tag{3-124}$$

积分后得

$$q = u_2 - u_1 \tag{3-125}$$

该式适用于任何工质，无论是否存在摩擦，也无论内部是否平衡（但过程始末状态必须平衡），只要不做膨胀功，该式均成立。

如果是理想气体，则得

$$q = \int_1^2 c_{V0}\,\mathrm{d}T \tag{3-126}$$

如果是定比热容理想气体，则得

$$q = c_{V0}(T_2 - T_1) \tag{3-127}$$

应该指出：不做膨胀功的过程和定容过程并不一样。它们只是在无摩擦的情况下才是一致的——不做膨胀功的过程只是在无摩擦的情况下比体积才不变（在有摩擦的情况下比体积一定增大），而定容过程也只是在无摩擦的情况下才不消耗外功（在有摩擦的情况下一定消耗外功）。另外，不做膨胀功的过程，无论有无摩擦，其热量必定等于热力学能的变化[式(3-125)]，而定容过程只有在无摩擦的情况下，其热量才等于热力学能的变化[式(3-72)]。

2. 不做技术功的过程

不做技术功的过程是指热力系（工质）在稳定流动过程中或者一个工作周期中（指活塞式动力机械），不对外界做出技术功，也不消耗外功，即

$$\delta w_{\mathrm{t}} = 0 \tag{3-128}$$

如果不存在摩擦，那么不做技术功的过程也是定压过程：

$$\delta w_{\mathrm{t}} = -v\mathrm{d}p = 0$$

因为 $v > 0$

所以 $\mathrm{d}p = 0$（定压过程） (3-129)

如果存在摩擦，那么不做技术功的过程必定引起压力降落：

$$-v\mathrm{d}p = \delta w_{\mathrm{t}} + \delta w_{\mathrm{L}} > \delta w_{\mathrm{t}} = 0$$

即 $-v\mathrm{d}p > 0$

因为 $v > 0$

所以 $\mathrm{d}p < 0$（压力降落） (3-130)

例如，流体在各种换热设备及输送管道中的流动就是这种压力不断降低而又不做技术功的过程。

根据热力学第一定律式（2-12）可知，热力系进行不做技术功的过程时，它和外界交换的热量必定等于焓的变化：

$$\delta q = \mathrm{d}h + \delta w_{\mathrm{t}} = \mathrm{d}h \tag{3-131}$$

积分后得

$$q = h_2 - h_1 \tag{3-132}$$

该式适用于任何工质，无论是否存在摩擦，压力是否降落，也无论内部是否平衡（但过程始末状态必须平衡），只要不做技术功，该式均成立。

如果工质是理想气体，则

$$q = \int_1^2 c_{p0}\,\mathrm{d}T \tag{3-133}$$

如果工质是定比热容理想气体，则

$$q = c_{p0}(T_2 - T_1) \tag{3-134}$$

不做技术功的过程和定压过程也不一样。只是在无摩擦的情况下它们才是一致的——不做技术功的过程只是在无摩擦的情况下压力才不变（如果存在摩擦，那么压力一定下降），而定压过程也只是在无摩擦的情况下才不消耗技术功（如果存在摩擦，那么一定消耗技术功）。另外，不做技术功的过程，无论有无摩擦，其热量一定等于焓的变化[式(3-132)]，而定压过程只是在无摩擦的情况下，其热量才等于焓的变化[式(3-80)]。

在各种换热设备中，尽管存在着或大或小的摩擦阻力，因而有不同程度的压力降落，但与外界交换的热量均可用流体的焓的变化进行计算。这是由于流体进行的是不做技术功的过程，本该这样计算，而并非是近似认为定压过程后的简化计算方法。

3. 绝热过程

绝热过程是指热力系在和外界无热量交换的情况下进行的过程，即

$$\delta q = 0 \tag{3-135}$$

如果不存在摩擦，而过程是内平衡的，那么绝热过程也是定熵过程：

$$\delta q = \mathrm{d}u + p\mathrm{d}v = T\mathrm{d}s = 0$$

因为
$$T > 0$$
所以
$$\mathrm{d}s = 0\ （定熵过程） \tag{3-136}$$

如果存在摩擦，那么绝热过程必定引起熵的增加。

$$T\mathrm{d}s = \mathrm{d}u + p\mathrm{d}v = \mathrm{d}u + \delta w + \delta w_{\mathrm{L}} = \delta q + \delta q_{\mathrm{g}} > \delta q = 0$$

即
$$T\mathrm{d}s > 0$$
因为
$$T > 0$$
所以
$$\mathrm{d}s > 0\ （熵增加） \tag{3-137}$$

例如，气体在各种叶轮式动力机械中以及在高速活塞式机械中进行的膨胀或压缩过程都是这种绝热而又增熵的过程。

根据热力学第一定律可知，热力系进行绝热过程时，无论有无摩擦，它对外界做出的膨胀功和技术功分别等于过程前后热力学能的减少和焓的减少（焓降）：

$$\delta q = \mathrm{d}u + \delta w = \mathrm{d}h + \delta w_{\mathrm{t}} = 0$$

所以
$$\delta w = -\mathrm{d}u \tag{3-138}$$
$$\delta w_{\mathrm{t}} = -\mathrm{d}h \tag{3-139}$$
积分后得
$$w = u_1 - u_2 \tag{3-140}$$
$$w_{\mathrm{t}} = h_1 - h_2 \tag{3-141}$$

式（3-140）和式（3-141）适用于任何工质。无论是否存在摩擦，熵是否增加，也无论内部是否平衡（但过程始末状态必须平衡），只要是绝热过程，它们都是成立的。

如果工质是理想气体，则

$$w = -\int_1^2 c_{V0}\,\mathrm{d}T \tag{3-142}$$

$$w_{\mathrm{t}} = -\int_1^2 c_{p0}\,\mathrm{d}T \tag{3-143}$$

如果工质是定比热容理想气体，则

$$w = c_{V0}(T_1 - T_2) \tag{3-144}$$

$$w_{\mathrm{t}} = c_{p0}(T_1 - T_2) \tag{3-145}$$

对无摩擦的绝热过程（定熵过程），可以从式（3-144）和式（3-145）推导出式（3-94）和式（3-95）。

$$w=c_{V0}(T_1-T_2)=\frac{c_{V0}}{R_g}R_gT_1\left(1-\frac{T_2}{T_1}\right)$$

式中

$$\frac{c_{V0}}{R_g}=\frac{c_{V0}}{c_{p0}-c_{V0}}=\frac{1}{\gamma_0-1}$$

$$\frac{T_2}{T_1}=\left(\frac{p_2}{p_1}\right)^{\frac{\gamma_0-1}{\gamma_0}}\ [\text{见式}(3-93)]$$

所以

$$w=\frac{1}{\gamma_0-1}R_gT_1\left[1-\left(\frac{p_2}{p_1}\right)^{\frac{\gamma_0-1}{\gamma_0}}\right][\text{此即式}(3-94)]$$

$$w_t=c_{p0}(T_1-T_2)=\frac{c_{p0}}{R_g}R_gT_1\left(1-\frac{T_2}{T_1}\right)$$

式中

$$\frac{c_{p0}}{R_g}=\frac{c_{p0}}{c_{p0}-c_{V0}}=\frac{\gamma_0}{\gamma_0-1},\quad \frac{T_2}{T_1}=\left(\frac{p_2}{p_1}\right)^{\frac{\gamma_0-1}{\gamma_0}}$$

所以

$$w_t=\frac{\gamma_0}{\gamma_0-1}R_gT_1\left[1-\left(\frac{p_2}{p_1}\right)^{\frac{\gamma_0-1}{\gamma_0}}\right][\text{即式}(3-95)]$$

对有摩擦的绝热过程，可以从式（3-144）、式（3-145）推导出另外的计算式。虽然有摩擦的绝热过程的状态变化不遵守 $pv^{\gamma_0}=$常数的规律，但也并非无规律可循。事实上，动力机械中所进行的有摩擦的绝热膨胀或压缩过程的状态变化都近似遵守多变过程 $pv^n=$常数的规律。这里的多变指数 n 当然已经偏离 γ_0。在绝热膨胀时 $n<\gamma_0$，在绝热压缩时 $n>\gamma_0$（图 3-11 和图 3-12）。n 偏离 γ_0 的程度恰恰反映了膨胀或压缩过程中摩擦的大小。这时

$$\frac{T_2}{T_1}=\left(\frac{p_2}{p_1}\right)^{\frac{n-1}{n}}\ [\text{见式（3-110）}]$$

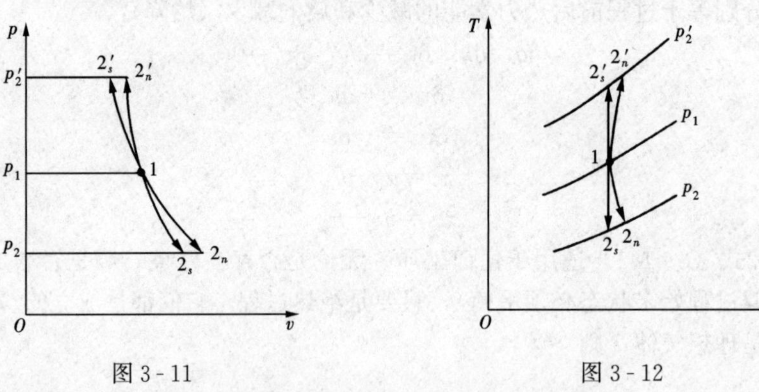

图 3-11　　　　图 3-12

因此，经类似于上面的对无摩擦绝热过程的推导后可得

$$w=\frac{1}{\gamma_0-1}R_gT_1\left[1-\left(\frac{p_2}{p_1}\right)^{\frac{n-1}{n}}\right]\tag{3-146}$$

$$w_t=\frac{\gamma_0}{\gamma_0-1}R_gT_1\left[1-\left(\frac{p_2}{p_1}\right)^{\frac{n-1}{n}}\right]\tag{3-147}$$

注意该二式系数中出现 γ_0，而在指数中出现 n，不同于无摩擦的绝热过程［式（3-94）、式（3-95）］，也不同于无摩擦的多变过程［式（3-111）、式（3-112）］。该二式［式（3-146）、（3-147）］的适用条件是：定比热容理想气体按多变过程状态变化规律进行的有摩擦的绝热过程。

【例 3-10】　空气（按定比热容理想气体考虑）从 20℃、0.1MPa 在压气机中绝热压缩至 1MPa。由于存在摩擦，压缩过程偏离 $pv^{\gamma_0}=$常数的变化规律而近似地符合 $pv^{1.5}=$常数的规律。试计算压缩终了时空气的温度、生产 1 kg 压缩空气消耗的功及压气机的绝热效率。

解　根据式（3-110）可知，压缩终了时空气的温度为

$$T_2=T_1\left(\frac{p_2}{p_1}\right)^{\frac{n-1}{n}}=(20+273.15)\text{K}\times\left(\frac{1\text{MPa}}{0.1\text{MPa}}\right)^{\frac{1.5-1}{1.5}}=631.57\text{K}$$

压气机绝热压缩实际消耗的功可根据式（3-145）计算：

$$\begin{aligned}w_{\text{C,act}}&=-w_{\text{t}}=c_{p0}(T_2-T_1)\\&=1.005\text{kJ/(kg}\cdot\text{K)}\times(631.57-293.15)\text{K}=340.11\text{kJ/kg}\end{aligned}$$

也可以通过式（3-147）直接计算出压气机实际消耗的功：

$$\begin{aligned}w_{\text{C,act}}&=-w_{\text{t}}=\frac{\gamma_0}{\gamma_0-1}R_{\text{g}}T_1\left[\left(\frac{p_2}{p_1}\right)^{\frac{n-1}{n}}-1\right]\\&=\frac{1.4}{1.4-1}\times0.287\,1\text{kJ/(kg}\cdot\text{K)}\times293.15\text{K}\times\left[\left(\frac{1\text{MPa}}{0.1\text{MPa}}\right)^{\frac{1.5-1}{1.5}}-1\right]\\&=340.06\text{kJ/kg}\end{aligned}$$

压气机绝热（定熵）压缩消耗的理论功可根据式（3-95）计算：

$$\begin{aligned}w_{\text{C,t}}&=-w_{\text{t},s}=\frac{\gamma_0}{\gamma_0-1}R_{\text{g}}T_1\left[\left(\frac{p_2}{p_1}\right)^{\frac{\gamma_0-1}{\gamma_0}}-1\right]\\&=\frac{1.4}{1.4-1}\times0.287\,1\text{kJ/(kg}\cdot\text{K)}\times293.15\text{K}\times\left[\left(\frac{1\text{MPa}}{0.1\text{MPa}}\right)^{\frac{1.4-1}{1.4}}-1\right]\\&=274.16\text{kJ/kg}\end{aligned}$$

压气机的绝热效率

$$\eta_{\text{C},s}=\frac{w_{\text{C,t}}}{w_{\text{C,act}}}=\frac{274.16\text{kJ/kg}}{340.11\text{kJ/kg}}=0.806\,1=80.61\%$$

【例 3-11】　天然气（CH_4，按定比热容理想气体处理）从输气管道进入气体透平（膨胀机）膨胀做功，再进入制冷换热器升温，然后送往炉中燃烧。已知透平入口处的压力和温度分别为 $p_1=2\text{MPa}$、$t_1=20℃$；透平排气（即换热器入口）压力为 $p_2=0.15\text{MPa}$；换热器出口压力和温度分别为 $p_3=0.12\text{MPa}$、$t_3=0℃$；透平的相对内效率为 $\eta_{\text{ri}}=\dfrac{w_{\text{T,act}}}{w_{\text{T,t}}}=0.85$，流量为 $q_m=3\text{kg/s}$。试求：

（1）透平发出的功率；

（2）认为透平中的绝热膨胀近似遵守多变过程的规律，试求该过程的多变指数；

（3）换热器中单位时间的换热量（制冷率）。

解　查附表 1 可得 CH_4 的气体常数、比定压热容、比热容比依次为：$R_{\text{g}}=0.518\,3\text{kJ/(kg}\cdot\text{K)}$；$c_{p0}=2.227\text{kJ/(kg}\cdot\text{K)}$；$\gamma_0=1.303$。

（1）透平在无摩擦的情况下的理论功为［见式（3-95）］

$$\begin{aligned}w_{\text{T,t}}&=w_{\text{t},s}=\frac{\gamma_0}{\gamma_0-1}R_{\text{g}}T_1\left[1-\left(\frac{p_2}{p_1}\right)^{\frac{\gamma_0-1}{\gamma_0}}\right]\\&=\frac{1.303}{1.303-1}\times0.518\,3\text{kJ/(kg}\cdot\text{K)}\times293.15\text{K}\times\left[1-\left(\frac{0.15\text{MPa}}{2\text{MPa}}\right)^{\frac{1.303-1}{1.303}}\right]\end{aligned}$$

$$=295.64\text{kJ/kg}$$

透平的实际功为

$$w_{\text{T,act}}=w_{\text{T,t}}\cdot\eta_{\text{ri}}=295.64\text{kJ/kg}\times0.85=251.29\text{kJ/kg}$$

透平实际发出的功率为

$$P_{\text{T}}=q_m\cdot w_{\text{T,act}}=3\text{kg/s}\times251.29\text{kJ/kg}=753.87\text{kJ/s}=753.87\text{kW}$$

（2）先由式（3-145）求出透平的排气温度

$$T_2=T_1-\frac{w_{\text{t}}}{c_{p0}}=T_1-\frac{w_{\text{T,act}}}{c_{p0}}=293.15\text{K}-\frac{251.29\text{kJ/kg}}{2.227\text{kJ/(kg}\cdot\text{K)}}=180.31\text{K}\ (-92.84^\circ\text{C})$$

再根据式（3-110）计算多变指数

$$\frac{T_2}{T_1}=\left(\frac{p_2}{p_1}\right)^{\frac{n-1}{n}},\quad \frac{n-1}{n}=\frac{\ln(T_2/T_1)}{\ln(p_2/p_1)},\quad n=\left[1-\frac{\ln(T_2/T_1)}{\ln(p_2/p_1)}\right]^{-1}$$

所以，气体在透平中膨胀时的多变指数为

$$n=\left[1-\frac{\ln(180.31\text{K}/293.15\text{K})}{\ln(0.15\text{MPa}/2\text{MPa})}\right]^{-1}=1.231(\text{小于定熵指数 }1.303)$$

可以反过来利用多变指数由式（3-147）核算透平实际功：

$$w_{\text{T,act}}=w_{\text{t}}=\frac{\gamma_0}{\gamma_0-1}R_{\text{g}}T_1\left[1-\left(\frac{p_2}{p_1}\right)^{\frac{n-1}{n}}\right]$$

$$=\frac{1.303}{1.303-1}\times0.5183\text{kJ/(kg}\cdot\text{K)}\times293.15\text{K}\times\left[1-\left(\frac{0.15\text{MPa}}{2\text{MPa}}\right)^{\frac{1.231-1}{1.231}}\right]$$

$$=251.53\text{kJ/kg}(\text{与上面的计算结果相同})$$

（3）透平排气在换热器中吸热，这是一个不做技术功的过程，虽因存在流动阻力而压力有所下降，但同样可应用式（3-134）进行热量计算：

$$q=c_{p0}(T_3-T_2)=2.227\text{kJ/(kg}\cdot\text{K)}\times(273.15\text{K}-180.31\text{K})=206.75\text{kJ/kg}$$

所以，换热器的制冷率为

$$\dot{Q}=q_m\cdot q=3\text{kg/s}\times206.75\text{kJ/kg}=620.25\text{kJ/s}=2232.9\text{MJ/h}$$

3-8 绝热自由膨胀过程和绝热节流过程

1. 绝热自由膨胀过程

绝热自由膨胀过程是指气体在与外界绝热的条件下向真空进行的不做膨胀功的膨胀过程（见图 3-10）。气体最初处于平衡状态［见图 3-10（a）］，抽开隔板后，由于容器两边的显著压差，使气体迅速从左侧冲向右侧，经过一段时间的混乱扰动后静止下来，达到平衡的终态［见图 3-10（b）］。在这一过程中，气体的体积虽然增大了，但未对外界做膨胀功，同时这一过程又是在绝热的条件下进行的，因此

$$w=0$$
$$q=0$$

根据热力学第一定律式（2-6），可知

$$\left.\begin{aligned}\Delta u&=0\\u_2&=u_1\end{aligned}\right\}\qquad(3-148)$$

所以，绝热自由膨胀后，气体的热力学能保持不变。如果是理想气体，由于热力学能只是温度的函数，热力学能不变，温度也不变。

$$\left.\begin{array}{l}\Delta T=0\\ T_2=T_1\end{array}\right\}\text{（理想气体）} \tag{3-149}$$

如果是实际气体，由于自由膨胀后比体积增大，热力学能中分子力所形成的位能有所增加，因此热力学能中分子动能部分就会减小（总的热力学能保持不变），从而使气体的温度有所降低（这就是所谓“焦耳效应”）。

$$\left.\begin{array}{l}\Delta T<0\\ T_2<T_1\end{array}\right\} \tag{3-150}$$

绝热自由膨胀是典型的存在内摩擦的绝热过程。由式（3-137）可知，它必然引起气体熵的增加。

$$\left.\begin{array}{l}\Delta s>0\\ s_2>s_1\end{array}\right\} \tag{3-151}$$

2. 绝热节流过程

节流是工程中常见的流动过程。流体在管道中流动时，中途遇到阀门、孔板等物，流体将从突然缩小的通流截面流过，由于局部阻力较大，流体压力会有显著的降落（图3-13），这种流动称为节流。节流过程是有内摩擦的不做技术功的过程。由式（3-130）可知，流体节流后的压力一定低于节流前的压力。

$$p_2<p_1 \tag{3-152}$$

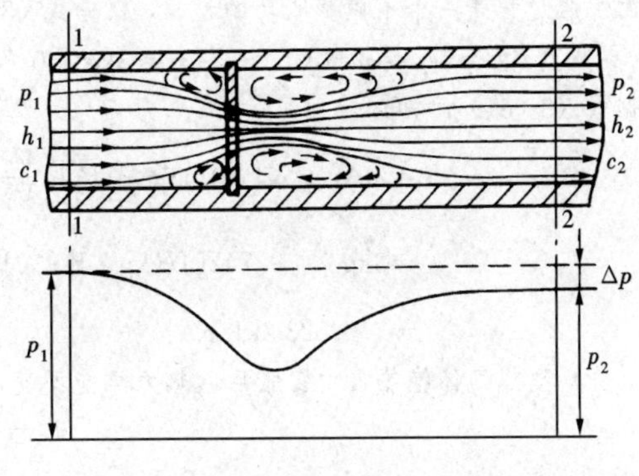

图3-13

通常的节流可以认为是绝热的，因为流体很快通过节流孔，在节流孔前后不长的管段中，流体和外界交换的热量通常都很少，可以忽略不计（$q\approx 0$）。在节流孔附近，涡流、扰动（流体的内摩擦）是不可避免的。所以节流过程是典型的存在内摩擦的绝热流动过程。由式（3-137）可知，节流后流体的熵一定增加。

$$s_2>s_1 \tag{3-153}$$

既然绝热节流是一个不做技术功的绝热的稳定流动过程（$w_t=0$，$q=0$），节流过程前后流体重力位能和动能的变化都可以忽略不计$\left[g(z_2-z_1)\approx 0,\ \dfrac{1}{2}(c_2^2-c_1^2)\approx 0\right]$，因此根据热力学第一定律［式（2-14）］可知，绝热节流后流体的焓不变：

$$h_2=h_1 \tag{3-154}$$

如果流体是理想气体，由于节流后焓不变，因而温度也不变（理想气体的焓只是温度的函数）：

$$T_2=T_1 \tag{3-155}$$

如果流体是实际气体，那么节流后温度可能降低，可能不变，也可能升高。

绝热节流引起的流体的温度变化叫做绝热节流的温度效应，也叫焦耳—汤姆逊效应（简称焦—汤效应）。

节流过程存在内摩擦。从减少可用能损失的角度，应该避免节流过程。但是，由于节流过程有降低压力、减少流量、降低温度（节流的冷效应 $\Delta T<0$）等作用，而且又很容易实现（比如说，只需在管道上安上一个阀门即可实现节流过程），因此在工程中经常利用节流

过程来调节压力和流量，以及利用节流的冷效应达到制冷目的。另外，还经常利用节流孔板前后的压差测量流量，利用多次节流的显著压降减少气缸体和转动轴之间的泄漏（轴封），以及通过节流过程的温度效应研究实际气体的性质等。

【例 3-12】 设在图 3-10（a）所示的容器左侧装有 3kg 氮气，压力为 0.2 MPa，温度为 400K，右侧为真空。左右两侧容积相同。抽掉隔板后气体进行自由膨胀。

（1）由于向外界放热，温度降至 300K；

（2）过程在与外界绝热的条件下进行。

求过程的终态压力、热量及熵的变化。

解 按定比热容理想气体计算。由附表 1 查得氮气的气体常数和比定容热容为

$$R_g = 0.296\,8\text{kJ/(kg}\cdot\text{K)},\ c_{V0} = 0.742\text{kJ/(kg}\cdot\text{K)}$$

$$(1)\ p_2 = \frac{mR_gT_2}{V_2} = \frac{mR_gT_2}{2V_1} = \frac{mR_gT_2}{2mR_gT_1/p_1} = \frac{p_1}{2}\frac{T_2}{T_1} = \frac{0.2\text{MPa}}{2}\times\frac{300\text{K}}{400\text{K}} = 0.075\text{MPa}$$

自由膨胀过程是一个不做膨胀功的过程，根据式（3-127）可知

$$Q = mq = mc_{V0}(T_2 - T_1) = 3\text{kg}\times 0.742\text{kJ/(kg}\cdot\text{K)}\times(300-400)\text{K} = -222.6\text{kJ}$$

根据式（3-61）可知

$$\begin{aligned}\Delta S &= m\Delta s = m\left(c_{V0}\ln\frac{T_2}{T_1} + R_g\ln\frac{V_2}{V_1}\right)\\ &= 3\text{kg}\times\left[0.742\text{kJ/(kg}\cdot\text{K)}\times\ln\frac{300\text{K}}{400\text{K}} + 0.296\,8\text{kJ/(kg}\cdot\text{K)}\times\ln\frac{2V_1}{V_1}\right]\\ &= -0.023\,2\text{kJ/K}\end{aligned}$$

（2）理想气体绝热自由膨胀后，热力学能不变，温度也不变［见式（3-149）］：

$$T_2 = T_1 = 400\text{K}$$

所以

$$p_2 = p_1\frac{T_2}{T_1}\frac{V_1}{V_2} = 0.2\text{MPa}\times\frac{400\text{K}}{400\text{K}}\times\frac{V_1}{2V_1} = 0.1\text{MPa}$$

根据式（3-61）计算熵的变化：

$$\begin{aligned}\Delta S &= m\Delta s = m\left(c_{V0}\ln\frac{T_2}{T_1} + R_g\ln\frac{V_2}{V_1}\right)\\ &= mR_g\ln\frac{V_2}{V_1} = 3\text{kg}\times 0.296\,8\text{kJ/(kg}\cdot\text{K)}\times\ln 2 = 0.617\,2\text{kJ/K}\end{aligned}$$

［正如式（3-151）所示，绝热自由膨胀一定引起熵增。］

3-9 定容混合过程和流动混合过程

1. 定容混合过程

设有一刚性容器，内置隔板将它分隔成 n 个空间，n 种气体分别装于其间，如图 3-14 所示。现将隔板全部抽掉，使它们充分混合，我们来分析混合后的情况。

显然，混合后的质量等于各气体质量的总和：

$$m = \sum_{i=1}^{n} m_i \tag{3-156}$$

混合后的体积等于原来各体积的总和：

$$V = \sum_{i=1}^{n} V_i \tag{3-157}$$

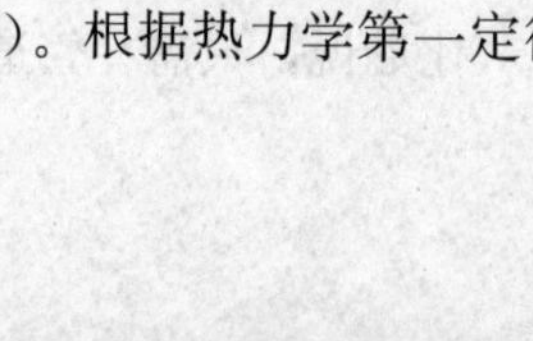

图 3-14

这一混合过程是在密闭容器中进行的不做膨胀功的过程（$W=0$）。根据热力学第一定律

可知

$$Q=\Delta U$$

如果认为和外界没有热量交换（对短暂的混合过程常常可以认为是绝热的，$Q=0$），那么混合后的热力学能将不发生变化：

$$\left.\begin{aligned}\Delta U = U - \sum_{i=1}^{n} U_i = 0 \\ \text{或} \quad U = \sum_{i=1}^{n} U_i\end{aligned}\right\} \tag{3-158}$$

为便于分析，假定 n 种气体都是定比热容理想气体。这时，式（3-158）可写为

$$mc_{V0}T = \sum_{i=1}^{n} m_i c_{V0,i} T_i \tag{3-158a}$$

另外，理想混合气体的热力学能应该等于各组成气体在混合状态下的热力学能的总和：

$$mc_{V0}T = \sum_{i=1}^{n} m_i c_{V0,i} T \tag{3-159}$$

消去 T，得

$$mc_{V0} = \sum_{i=1}^{n} m_i c_{V0,i} \tag{3-160}$$

式（3-160）表明，混合气体的热容等于各组成气体的热容的总和。将该式代入式（3-158a）后即可得混合气体温度的计算式：

$$T = \frac{\sum_{i=1}^{n} m_i c_{V0,i} T_i}{\sum_{i=1}^{n} m_i c_{V0,i}} \tag{3-161}$$

混合后的压力则可根据理想气体的状态方程计算：

$$p = \frac{mR_g T}{V} = \frac{mRT}{VM}$$

式中混合气体的平均摩尔质量 M 可根据式（3-20）计算：

$$M = 1 \Big/ \sum_{i=1}^{n} \frac{w_i}{M_i}$$

所以

$$p = \frac{mRT}{V} \sum_{i=1}^{n} \frac{w_i}{M_i} \tag{3-162}$$

混合过程的熵增等于每一种气体由混合前的状态变到混合后的状态（具有混合气体的温度并占有整个体积）的熵增的总和［见式（3-61）］。

$$\Delta S = \sum_{i=1}^{n} \Delta S_i = \sum_{i=1}^{n} m_i \left(c_{V0,i} \ln \frac{T}{T_i} + R_{g,i} \ln \frac{V}{V_i} \right) \tag{3-163}$$

如果进行混合的是同一种理想气体（$c_{V0,i}=c_{V0}$，$M_i=M$），则式（3-161）和式（3-162）变为

$$T = \frac{\sum_{i=1}^{n} m_i T_i}{m} \tag{3-164}$$

$$p=\frac{mRT}{VM} \tag{3-165}$$

但是，由于同一种气体的分子混合后无法区分，熵增的计算式不能根据式（3-163）进行，而应根据混合后全部气体的熵与混合前各部分气体的熵的差值来计算：

$$\begin{aligned}\Delta S&=S-\sum_{i=1}^{n}S_i\\&=m\left(c_{V0}\ln T+R_{\mathrm{g}}\ln\frac{V}{m}+C_1\right)-\sum_{i=1}^{n}m_i\left(c_{V0}\ln T_i+R_{\mathrm{g}}\ln\frac{V_i}{m_i}+C_1\right)\end{aligned}$$

常数 C_1 可消去，从而得

$$\Delta S=m\left(c_{V0}\ln T+R_{\mathrm{g}}\ln\frac{V}{m}\right)-\sum_{i=1}^{n}m_i\left(c_{V0}\ln T_i+R_{\mathrm{g}}\ln\frac{V_i}{m_i}\right) \tag{3-166}$$

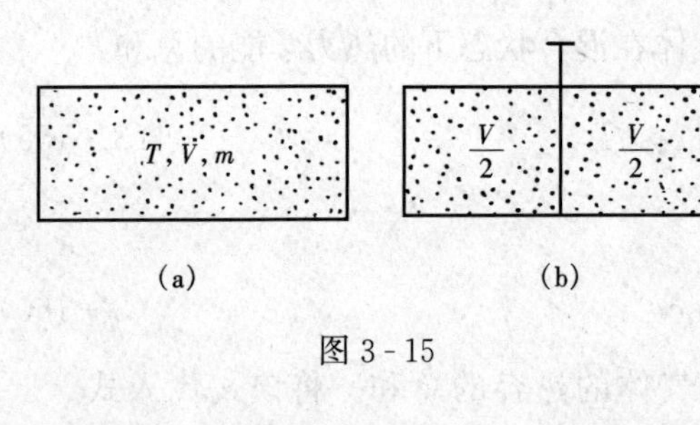

图 3-15

如按式（3-163）计算同种气体混合后的熵增将会引起谬误（即吉布斯佯谬）。为了说明佯谬的产生，举一个最简单的例子。设容器中装有某种定比热容理想气体。它处于平衡状态，温度为 T，体积为 V，质量为 m［见图 3-15（a）］。根据式（3-61）可知，它的熵为

$$S=m\left(c_{V0}\ln T+R_{\mathrm{g}}\ln\frac{V}{m}+C_1\right)$$

用一块很薄的隔板将它一分为二，两部分温度仍为 T，每部分容积为 $V/2$，质量为 $m/2$［见图 3-15（b）］。这两部分的熵的总和仍为 S。

$$\begin{aligned}S_1+S_2&=\frac{m}{2}\left(c_{V0}\ln T+R_{\mathrm{g}}\ln\frac{V/2}{m/2}+C_1\right)+\frac{m}{2}\left(c_{V0}\ln T+R_{\mathrm{g}}\ln\frac{V/2}{m/2}+C_1\right)\\&=m\left(c_{V0}\ln T+R_{\mathrm{g}}\ln\frac{V}{m}+C_1\right)=S\end{aligned}$$

$S_1+S_2=S$，这是很容易理解的。现在再将隔板抽开，两部分进行“混合”，“混合”后的温度仍为 T，容积仍为 V，质量仍为 m。如果按式（3-163）来计算“混合”过程的熵增，则得

$$\begin{aligned}\Delta S&=\Delta S_1+\Delta S_2\\&=\frac{m}{2}\left(c_{V0}\ln\frac{T}{T}+R_{\mathrm{g}}\ln\frac{V}{V/2}\right)+\frac{m}{2}\left(c_{V0}\ln\frac{T}{T}+R_{\mathrm{g}}\ln\frac{V}{V/2}\right)\\&=mR_{\mathrm{g}}\ln 2>0\end{aligned}$$

如果按式（3-166）计算，则得

$$\begin{aligned}\Delta S&=S-(S_1+S_2)\\&=m\left(c_{V0}\ln T+R_{\mathrm{g}}\ln\frac{V}{m}+C_1\right)-2\times\frac{m}{2}\left(c_{V0}\ln T+R_{\mathrm{g}}\ln\frac{V/2}{m/2}+C_1\right)\\&=0\end{aligned}$$

显然，后者是正确的，而前者产生了佯谬。

2. 流动混合过程

设有 n 股不同气体流入混合室，充分混合后再流出，如图 3-16 所示。

如果流动是稳定的，那么混合后的流量应等于混合前各股流量的总和。

$$q_m = \sum_{i=1}^{n} q_{mi} \tag{3-167}$$

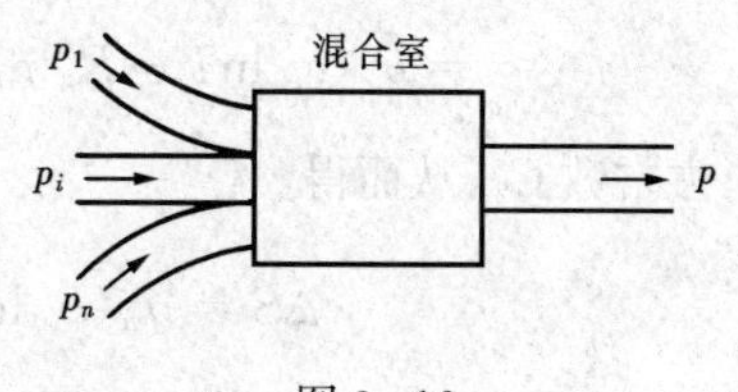

图 3-16

流动混合过程是一个不做技术功的过程，混合前后流体动能及重力位能的变化可以略去不计。同时，通常都可以忽略混合室及其附近管段与外界的热交换，因此它是一个不做技术功的绝热过程（$W_t=0$，$Q=0$）。根据热力学第一定律［式（2-14）］可知，混合后流体的总焓不变。

$$\left.\begin{aligned} \Delta \dot{H} &= q_m h - \sum_{i=1}^{n} q_{mi} h_i = 0 \\ \text{或}\quad q_m h &= \sum_{i=1}^{n} q_{mi} h_i \end{aligned}\right\} \tag{3-168}$$

如果 n 种流体均为定比热容理想气体，则式（3-168）可写为

$$q_m c_{p0} T = \sum_{i=1}^{n} q_{mi} c_{p0,i} T_i \tag{3-168a}$$

另外，理想混合气流的焓应该等于各组成气体在混合流状态下焓的总和。

$$q_m c_{p0} T = \sum_{i=1}^{n} q_{mi} c_{p0,i} T$$

即

$$q_m c_{p0} = \sum_{i=1}^{n} q_{mi} c_{p0,i} \tag{3-169}$$

代入式（3-168a）后即可得混合气流的温度计算式

$$T = \frac{\sum_{i=1}^{n} q_{mi}\, c_{p0,i} T_i}{\sum_{i=1}^{n} q_{mi}\, c_{p0,i}} \tag{3-170}$$

混合后各种气体成分的分压力（p_i'）等于混合气流总压力（p）与各摩尔分数（x_i）的乘积［式（3-24）］。再根据摩尔分数与质量分数的换算关系［式（3-18）］，可得各分压力为

$$p_i' = p x_i = p \frac{w_i / M_i}{\sum_{i=1}^{n} w_i / M_i} = p \frac{q_{mi} / M_i}{\sum_{i=1}^{n} q_{mi} / M_i} \tag{3-171}$$

单位时间内混合过程的熵增，等于每一种气流由混合前的状态变化到混合后的状态（具有混合气流的温度及相应的分压力）的熵增的总和：

$$\Delta \dot{S} = \sum_{i=1}^{n} q_{mi} \Delta s_i = \sum_{i=1}^{n} q_{mi} \left(c_{p0,i} \ln \frac{T}{T_i} - R_{g,i} \ln \frac{p_i'}{p_i} \right) \tag{3-172}$$

如果进行混合的是同一种理想气体（$c_{p0,i} = c_{p0}$），则式（3-170）变为

$$T = \frac{\sum_{i=1}^{n} q_{mi} T_i}{q_m} \tag{3-173}$$

考虑到同种分子混合后无法区分，单位时间内混合过程的熵增应根据混合后全部气流的熵与混合前各股气流的熵之和的差值来计算：

$$\Delta \dot{S} = q_m s - \sum_{i=1}^{n} q_{mi} s_i$$

$$=q_m(c_{p0}\ln T-R_g\ln p+C_2)-\sum_{i=1}^{n}q_{mi}(c_{p0}\ln T_i-R_g\ln p_i+C_2)$$

消去常数 C_2，从而得

$$\Delta\dot{S}=q_m(c_{p0}\ln T-R_g\ln p)-\sum_{i=1}^{n}q_{mi}(c_{p0}\ln T_i-R_g\ln p_i) \qquad (3-174)$$

【例3-13】 两瓶氧气，一瓶压力为10MPa，一瓶为2.5MPa，其容积均为100L（升），温度与大气温度相同，均为290K。将它们连通后，达到平衡，最后温度仍为290K。问这时压力为若干？整个过程的熵增为若干？与大气有无热交换？

解 将氧气作定比热容理想气体处理。从附表1查得

$$R_{g,O_2}=0.2598\text{kJ/(kg·K)},\quad c_{V0}=0.657\text{kJ/(kg·K)}$$

未连通前，两瓶氧气的质量分别为

$$m_1=\frac{p_1V_1}{R_{g,O_2}T_1}=\frac{(10\times10^6)\text{Pa}\times(100\times10^{-3})\text{m}^3}{(0.2598\times10^3)\text{J/(kg·K)}\times290\text{K}}=13.273\text{kg}$$

$$m_2=\frac{p_2V_2}{R_{g,O_2}T_2}=\frac{(2.5\times10^6)\text{Pa}\times(100\times10^{-3})\text{m}^3}{(0.2598\times10^3)\text{J/(kg·K)}\times290\text{K}}=3.318\text{kg}$$

连通并达到平衡后，总质量为 (m_1+m_2)，总容积为 (V_1+V_2)，温度仍为290K，所以压力为

$$\begin{aligned}p&=\frac{(m_1+m_2)R_{g,O_2}T}{V_1+V_2}\\&=\frac{(13.273+3.318)\text{kg}\times(0.2598\times10^3)\text{J/(kg·K)}\times290\text{K}}{[(100+100)\times10^{-3}]\text{m}^3}\\&=6.250\times10^6\text{Pa}=6.25\text{MPa}\end{aligned}$$

因为是同种气体的混合，熵增应根据式（3-166）计算：

$$\begin{aligned}\Delta S=&(m_1+m_2)\left(c_{V0}\ln T+R_{g,O_2}\ln\frac{V_1+V_2}{m_1+m_2}\right)\\&-\left[m_1\left(c_{V0}\ln T_1+R_{g,O_2}\ln\frac{V_1}{m_1}\right)+m_2\left(c_{V0}\ln T_2+R_{g,O_2}\ln\frac{V_2}{m_2}\right)\right]\\=&R_{g,O_2}\left[(m_1+m_2)\ln\frac{V_1+V_2}{m_1+m_2}-m_1\ln\frac{V_1}{m_1}-m_2\ln\frac{V_2}{m_2}\right]\\=&0.2598\text{kJ/(kg·K)}\times\left[(13.273+3.318)\text{kg}\times\ln\frac{200\times10^{-3}}{13.273+3.318}\right.\\&\left.-13.273\text{kg}\times\ln\frac{100\times10^{-3}}{13.273}-3.318\text{kg}\times\ln\frac{100\times10^{-3}}{3.318}\right]\\=&0.8309\text{kJ/K}\end{aligned}$$

这一混合过程未做膨胀功（$W=0$），所以

$$Q=\Delta U+W=\Delta U=U-(U_1+U_2)=(m_1+m_2)c_{V0}T-(m_1c_{V0}T_1+m_2c_{V0}T_2)$$

由于

$$T_1=T_2=T$$

因而得

$$Q=0$$

从两个容器的整体来看，未从大气吸热，也未向大气放热。实际上，较高压力的氧气瓶从大气吸收了热量，较低压力的氧气瓶向大气放出了热量，只是吸收的热量等于放出的热量，二者正好抵消（见[例3-15]）。

【例3-14】 压力为0.12MPa、温度为300K、流量为0.1kg/s的天然气（CH_4），与压力为0.2MPa、温度为350K、流量为3.5kg/s的压缩空气混合。混合后的压力为0.1MPa。求混合气流的温度及单位时间的熵增。

解 将天然气和空气均作定比热容理想气体处理。查附表1得：

天然气　$M_1=16.043\text{g/mol}$，$R_{g,1}=0.518\,3\text{kJ/(kg·K)}$

$c_{p0,1}=2.227\text{kJ/(kg·K)}$

空气　$M_2=28.965\text{g/mol}$，$R_{g,2}=0.287\,1\text{kJ/(kg·K)}$

$c_{p0,2}=1.005\text{kJ/(kg·K)}$

根据式（3-170）可计算出混合气流的温度为

$$
\begin{aligned}
T &= \frac{q_{m1}c_{p0,1}T_1+q_{m2}c_{p0,2}T_2}{q_{m1}c_{p0,1}+q_{m2}c_{p0,2}} \\
&= \frac{0.1\text{kg/s}\times 2.227\text{kJ/(kg·K)}\times 300\text{K}+3.5\text{kg/s}\times 1.005\text{kJ/(kg·K)}\times 350\text{K}}{0.1\text{kg/s}\times 2.227\text{kJ/(kg·K)}+3.5\text{kg/s}\times 1.005\text{kJ/(kg·K)}} \\
&= 347\text{K}
\end{aligned}
$$

混合后，天然气和空气的分压力可根据式（3-171）计算：

$$
\begin{aligned}
p_1' &= p\frac{q_{m1}/M_1}{\dfrac{q_{m1}}{M_1}+\dfrac{q_{m2}}{M_2}} \\
&= 0.1\text{MPa}\times\frac{0.1\text{kg/s}/16.043\text{g/mol}}{\dfrac{0.1\text{kg/s}}{16.043\text{g/mol}}+\dfrac{3.5\text{kg/s}}{28.965\text{g/mol}}}=0.004\,9\text{MPa}
\end{aligned}
$$

$$p_2'=p-p_1'=0.1\text{MPa}-0.004\,9\text{MPa}=0.095\,1\text{MPa}$$

因为是不同气体的流动混合，单位时间的熵增应根据式（3-172）计算：

$$
\begin{aligned}
\Delta\dot{S} &= q_{m1}\left(c_{p0,1}\ln\frac{T}{T_1}-R_{g,1}\ln\frac{p_1'}{p_1}\right)+q_{m2}\left(c_{p0,2}\ln\frac{T}{T_2}-R_{g,2}\ln\frac{p_2'}{p_2}\right) \\
&= 0.1\text{kg/s}\times\left[2.227\text{kJ/(kg·K)}\times\ln\frac{347\text{K}}{300\text{K}}-0.518\,3\text{kJ/(kg·K)}\times\ln\frac{0.004\,9\text{MPa}}{0.12\text{MPa}}\right] \\
&\quad +3.5\text{kg/s}\times\left[1.005\text{kJ/(kg·K)}\times\ln\frac{347\text{K}}{350\text{K}}-0.287\,1\text{kJ/(kg·K)}\times\ln\frac{0.095\,1\text{MPa}}{0.2\text{MPa}}\right] \\
&= 0.914\,9\text{kJ/(K·s)}
\end{aligned}
$$

3-10　充气过程和放气过程

工程中除了大量的稳定流动过程外，还会遇到一些非稳定流动过程。充气过程和放气过程就是非稳定流动过程的典型例子。在充气或放气时，除了流量随时间变化外，容器中气体的状态也随时间发生变化。但是，通常可以认为在任何瞬时，气体在整个容器空间的状态是近似均匀的（各处温度、压力一致），这样就给分析计算带来一定的方便。下面分别讨论这两种过程。

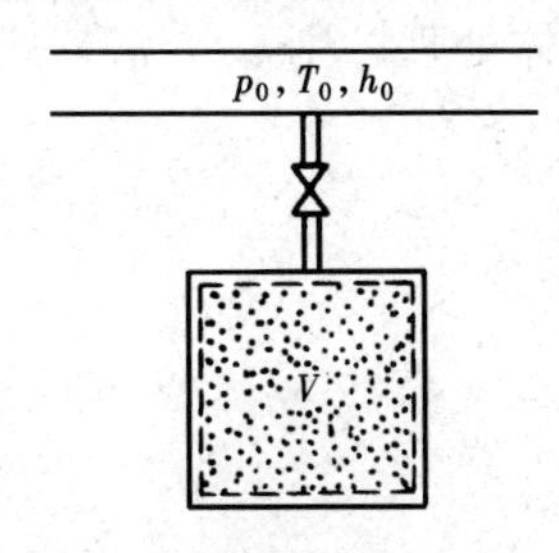

图 3-17

1. 充气过程

由气源向容器充气时（见图 3-17），气源通常具有稳定的参数（p_0、T_0、h_0 不随时间变化）。

取容器中的气体为热力系，其容积 V 不变。设充气前容器中气体的温度为 T_1、压力为 p_1、质量为 m_1；充气后压力升高至 p_2（p_2 不可能超过 p_0）、温度为 T_2、质量为 m_2。根据热力学第一定律的基本表达式［式（2-4）］可得其中各项为

$$Q=Q$$

$$\Delta E = \Delta U = U_2 - U_1 = m_2 u_2 - m_1 u_1$$

$$\int_{(\tau)} (e_{\text{out}} \delta m_{\text{out}} - e_{\text{in}} \delta m_{\text{in}}) = -\int_{(\tau)} u_0 \delta m_0 = -u_0 m_{\text{in}} = -u_0 (m_2 - m_1)$$

$$W_{\text{tot}} = -m_{\text{in}} p_0 v_0 = -(m_2 - m_1) p_0 v_0$$

所以 $$Q = (m_2 u_2 - m_1 u_1) - (m_2 - m_1) u_0 - (m_2 - m_1) p_0 v_0$$

即 $$Q = m_2 u_2 - m_1 u_1 - (m_2 - m_1) h_0 \tag{3-175}$$

充气时有两种典型情况。一种是快速充气，充气过程在很短的时间内完成，或者容器有很好的热绝缘，这样便可以认为充气过程是在与外界基本上绝热的条件下进行的。另一种是缓慢充气，充气过程在较长的时间内完成，或者容器与外界有很好的传热条件，这样便可以认为充气过程基本上是在定温（具有与外界相同的不变温度）下进行的。

对绝热充气的情况（$Q=0$），式（3-175）变为

$$m_2 u_2 = m_1 u_1 + (m_2 - m_1) h_0 \tag{3-176}$$

式（3-176）表明：绝热充气后容器中气体的热力学能，等于容器中原有气体的热力学能与充入气体的焓的总和。

如果容器中的气体和充入的气体是同一种定比热容理想气体，则式（3-176）可写为

$$m_2 c_{V0} T_2 = m_1 c_{V0} T_1 + (m_2 - m_1) c_{p0} T_0$$

即 $$\frac{p_2 V}{R_g T_2} T_2 = \frac{p_1 V}{R_g T_1} T_1 + \left(\frac{p_2 V}{R_g T_2} - \frac{p_1 V}{R_g T_1}\right) \frac{c_{p0}}{c_{V0}} T_0$$

从而得充气完毕时的温度 $$T_2 = \frac{p_2 \gamma_0 T_0 T_1}{(p_2 - p_1) T_1 + p_1 \gamma_0 T_0} \tag{3-177}$$

充入容器的质量

$$m_2 - m_1 = \frac{V}{R_g}\left(\frac{p_2}{T_2} - \frac{p_1}{T_1}\right) \tag{3-178}$$

如果容器在充气前是抽成真空的（$p_1=0$ 及 $m_1=0$），则从式（3-177）可得

$$T_2 = \gamma_0 T_0 \tag{3-179}$$

这就是说，如果向真空容器绝热充气，那么气体进入容器后温度将提高为原来的 γ_0 倍。比如说，在绝热条件下向真空容器充入压缩空气（$\gamma_0 = 1.4$）。如果原来压缩空气的温度为 300K（27℃），那么空气进入容器后，温度将达 420K（147℃）。温度之所以升高，是由于充气时的推动功（$p_0 v_0$）转变成了气体的热力学能。

对定温充气的情况（$T_2 = T_1$），如果将气体作定比热容理想气体处理，则 $u_2 = u_1$，式（3-175）变为

$$Q = (m_2 - m_1) c_{V0} T_1 - (m_2 - m_1) c_{p0} T_0$$

即 $$Q = (m_2 - m_1) c_{V0} (T_1 - \gamma_0 T_0)$$

或写为 $$Q = \frac{V}{R_g T_1} (p_2 - p_1) c_{V0} (T_1 - \gamma_0 T_0)$$

即 $$Q = (p_2 - p_1) V \frac{T_1 - \gamma_0 T_0}{T_1 (\gamma_0 - 1)} \tag{3-180}$$

定温充气过程中，容器通常向外界放热（Q 为负值），因为通常 $T_1 < \gamma_0 T_0$。
充入容器的质量为

$$m_2 - m_1 = \frac{(p_2 - p_1) V}{R_g T_1} \tag{3-181}$$

2. 放气过程

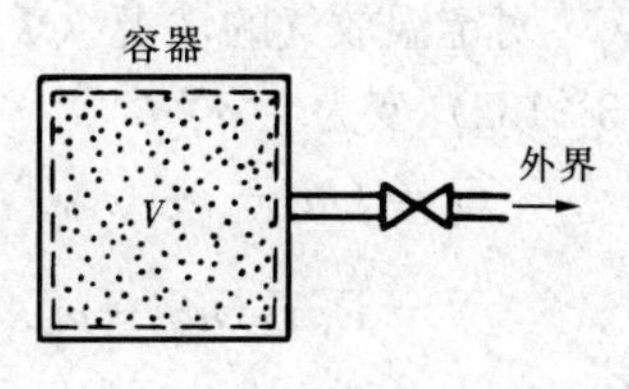

图 3-18

放气过程是指容器中较高压力的气体向外界排出（图 3-18）。取容器中的气体为热力系，其体积 V 不变。设放气前容器中气体的温度为 T_1、压力为 p_1、质量为 m_1；放气后压力降至 p_2（p_2 不可能低于外界压力 p_0）、温度变为 T_2、质量减至 m_2。根据热力学第一定律的基本表达式［式（2-4）］可得

$$Q = Q$$

$$\Delta E = \Delta U = U_2 - U_1 = m_2 u_2 - m_1 u_1$$

$$\int_{(\tau)} (e_{\text{out}} \delta m_{\text{out}} - e_{\text{in}} \delta m_{\text{in}}) = \int_{(\tau)} u \delta m_{\text{out}} = \int_{(\tau)} u(-\mathrm{d}m) = -\int_{m_1}^{m_2} u \mathrm{d}m$$

$$W_{\text{tot}} = \int_{(\tau)} pv \delta m_{\text{out}} = \int_{(\tau)} pv(-\mathrm{d}m) = -\int_{m_1}^{m_2} pv \mathrm{d}m$$

所以

$$Q = (m_2 u_2 - m_1 u_1) - \int_{m_1}^{m_2} u \mathrm{d}m - \int_{m_1}^{m_2} pv \mathrm{d}m$$

即

$$Q = m_2 u_2 - m_1 u_1 - \int_{m_1}^{m_2} h \mathrm{d}m \tag{3-182}$$

与充气类似，放气也有绝热和定温两种典型情况。

对绝热放气的情况（$Q=0$），式（3-182）变为

$$m_2 u_2 = m_1 u_1 + \int_{m_1}^{m_2} h \mathrm{d}m \tag{3-183}$$

如果认为容器中的气体是定比热容理想气体，则式（3-183）可写为

$$m_2 c_{V0} T_2 = m_1 c_{V0} T_1 + c_{p0} \int_{m_1}^{m_2} T \mathrm{d}m$$

即

$$m_2 T_2 = m_1 T_1 + \gamma_0 \int_{m_1}^{m_2} T \mathrm{d}m \tag{3-184}$$

式中　T——容器中气体的温度，在绝热放气过程中它是不断降低的。

在绝热条件下进行的放气过程，通常都可以认为是一个定熵膨胀过程（气体膨胀后超出 V 的体积从容器中排出），因而容器中气体温度和压力的变化关系应为［见式（3-93）］

$$T = T_1 \left(\frac{p}{p_1} \right)^{\frac{\gamma_0 - 1}{\gamma_0}}$$

当压力降至 p_2 时，温度为

$$T_2 = T_1 \left(\frac{p_2}{p_1} \right)^{\frac{\gamma_0 - 1}{\gamma_0}} \tag{3-185}$$

这时容器中剩余的气体质量为

$$m_2 = \frac{p_2 V}{R_{\text{g}} T_2} = \frac{p_2 V}{R_{\text{g}} T_1} \left(\frac{p_1}{p_2} \right)^{\frac{\gamma_0 - 1}{\gamma_0}} = \frac{p_1 V}{R_{\text{g}} T_1} \left(\frac{p_2}{p_1} \right)^{\frac{1}{\gamma_0}}$$

即

$$m_2 = m_1 \left(\frac{p_2}{p_1} \right)^{\frac{1}{\gamma_0}} \tag{3-186}$$

放出气体的质量为

$$-\Delta m = m_1 - m_2 = m_1 \left[1 - \left(\frac{p_2}{p_1} \right)^{\frac{1}{\gamma_0}} \right] = \frac{p_1 V}{R_{\text{g}} T_1} \left[1 - \left(\frac{p_2}{p_1} \right)^{\frac{1}{\gamma_0}} \right] \tag{3-187}$$

对定温放气的情况（$T_2=T_1$），如果将容器中的气体作定比热容理想气体处理，则式（3-182）变为

$$Q=(m_2-m_1)c_{V0}T_1-c_{p0}T_1(m_2-m_1)=(m_2-m_1)(c_{V0}-c_{p0})T_1$$
$$=R_gT_1(m_1-m_2)=R_gT_1\left(\frac{p_1V}{R_gT_1}-\frac{p_2V}{R_gT_1}\right)$$

即
$$Q=(p_1-p_2)V \tag{3-188}$$

式（3-188）表明：定比热容理想气体在定温放气过程中吸收的热量，与气体的温度、比热容及气体常数等均无关，而只取决于容器的体积和压力降落。

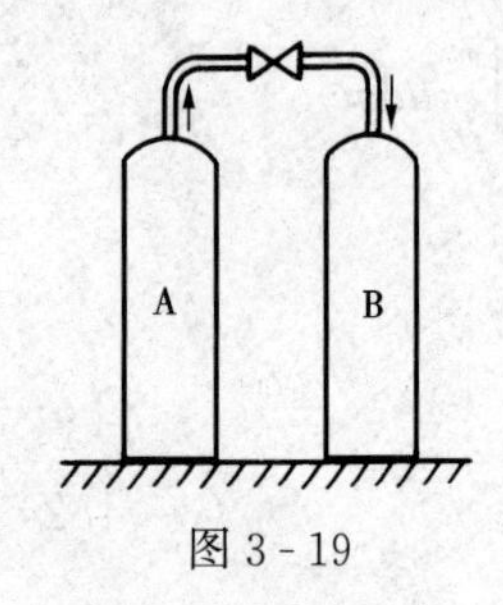

图 3-19

【例 3-15】 将［例 3-13］看作高压氧气瓶向低压氧气瓶放气（见图 3-19）。假定放气速度很慢，两个瓶内的气体温度都一直基本上保持为大气温度（290K），试求高压氧气瓶在整个放气过程中从大气吸收的热量。

解 根据［例 3-13］给定的条件及已求得的最终压力值

$$p_{A1}=10\text{MPa},\quad p_{B1}=2.5\text{MPa}$$
$$T_{A1}=T_{B1}=T_{A2}=T_{B2}=290\text{K}$$
$$V_A=V_B=0.1\text{m}^3$$
$$p_{A2}=p_{B2}=6.25\text{MPa}$$

对定温放气过程可由式（3-188）计算其热量。

$$Q_A=(p_{A1}-p_{A2})V_A=[(10-6.25)\times10^6]\text{Pa}\times0.1\text{m}^3=375\,000\text{J}=375\text{kJ}$$

也可以将 A 向 B 放气的过程看作是 B 从 A 充气的过程。在这里，虽然 A 中压力是变化的，但温度一直未变，因而比焓亦未变，所以式（3-175）仍然成立，式（3-180）仍然成立，因此可得

$$Q_B=(p_{B2}-p_{B1})V_B\,\frac{T_{B1}-\gamma_0T_{A1}}{T_{B1}(\gamma_0-1)}$$
$$=[(6.25-2.5)\times10^6]\text{Pa}\times0.1\text{m}^3\times\frac{290\text{K}-1.396\times290\text{K}}{290\text{K}\times(1.396-1)}$$
$$=-375\,000\text{J}=-375\text{kJ}\quad（负号表示 B 放出热量）$$

两个瓶与外界交换的总热量为

$$Q=Q_A+Q_B=375\text{kJ}+(-375)\text{kJ}=0$$

$Q=0$，这也正是［例 3-13］中将 A、B 二容器作为一个整体直接从能量方程得出的结论。

思考题

1. 理想气体的热力学能和焓只和温度有关，而和压力及比体积无关。但是根据给定的压力和比体积又可以确定热力学能和焓。其间有无矛盾？如何解释？

2. 迈耶公式对变比热容理想气体是否适用？对实际气体是否适用？

3. 在压容图中，不同定温线的相对位置如何？在温熵图中，不同定容线和不同定压线的相对位置如何？

4. 在温熵图中，如何将理想气体在任意两状态间热力学能的变化和焓的变化表示出来？

5. 定压过程和不做技术功的过程有何区别和联系？

6. 定熵过程和绝热过程有何区别和联系？

7. $q=\Delta h$；$w_t=-\Delta h$；$w_t=\dfrac{\gamma_0}{\gamma_0-1}R_gT_1\left[1-\left(\dfrac{p_2}{p_1}\right)^{\frac{\gamma_0-1}{\gamma_0}}\right]$ 各适用于什么工质、什么过程？

8. 举例说明比体积和压力同时增大或同时减小的过程是否可能。如果可能，它们做功（包括膨胀功和

技术功，不考虑摩擦）和吸热的情况如何？如果它们是多变过程，那么多变指数在什么范围内？在压容图和温熵图中位于什么区域？

9. 用气管向自行车轮胎打气时，气管发热，轮胎也发热，它们发热的原因各是什么？

10. 状态变化遵守多变过程规律的有摩擦的绝热过程与可逆多变过程有何异同？

习　题

3-1　已知氖的摩尔分子质量为20.183g/mol，在25℃时比定压热容为1.030kJ/（kg·K）。试计算（按理想气体）：

(1) 气体常数；

(2) 标准状况下的比体积和密度；

(3) 25℃时的比定容热容和比热容比。

3-2　容积为2.5m³的压缩空气储气罐，原来压力表读数为0.05MPa，温度为18℃。充气后压力表读数升为0.42MPa，温度升为40℃。当时大气压力为0.1MPa。求充进空气的质量。

3-3　有一容积为2m³的氢气球，球壳质量为1kg。当大气压力为750mmHg、温度为20℃时，浮力为11.2N。试求其中氢气的质量和表压力。

3-4　汽油发动机吸入空气和汽油蒸气的混合物，其压力为0.095MPa。混合物中汽油的质量分数为6%，汽油的摩尔质量为114g/mol。试求混合气体的平均摩尔质量、气体常数及汽油蒸气的分压力。

3-5　50kg废气和75kg空气混合。已知废气的质量分数为

$$w_{CO_2}=14\%,\quad w_{O_2}=6\%,\quad w_{H_2O}=5\%,\quad w_{N_2}=75\%$$

空气的质量分数为

$$w_{O_2}=23.2\%，w_{N_2}=76.8\%$$

求混合气体的：(1) 质量分数；(2) 平均摩尔质量；(3) 气体常数。

3-6　同习题3-5。已知混合气体的压力为0.1MPa，温度为300K。求混合气体的：(1) 体积分数；(2) 各组成气体的分压力；(3) 体积；(4) 总热力学能（利用附表2中的经验公式并令积分常数$C=0$）。

3-7　定比热容理想气体，进行了1→2、4→3两个定容过程以及1→4、2→3两个定压过程（见图3-20）。试证明：$q_{123}>q_{143}$。

3-8　某轮船从气温为−20℃的港口领来一个容积为40L（升）的氧气瓶。当时压力表指示出压力为15MPa。该氧气瓶放于储藏舱内长期未使用，检查时氧气瓶压力表读数为15.1MPa，储藏室当时温度为17℃。问该氧气瓶是否漏气？如果漏气，漏出了多少（按理想气体计算，并认为大气压力$p_b\approx0.1$MPa)？

3-9　在锅炉装置的空气预热器中（见图3-21），由烟气加热空气。已知烟气流量$q_m=1000$kg/h；空气流量$q_m'=950$kg/h。烟气温度$t_1=300$℃，$t_2=150$℃，烟气成分为

$$w_{CO_2}=15.80\%,\quad w_{O_2}=5.75\%,\quad w_{H_2O}=6.2\%,\quad w_{N_2}=72.25\%$$

空气初温$t_1'=30$℃，空气预热器的散热损失为5400kJ/h。求预热器出口空气温度（利用气体平均比热容表）。

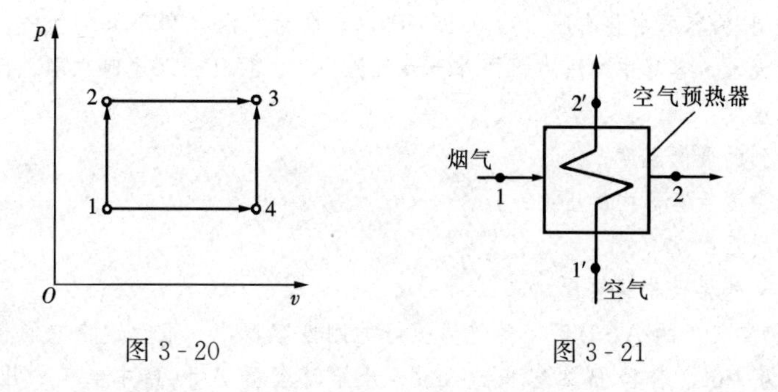

图3-20　　图3-21

3-10　空气从300K定压加热到900K。试按理想气体计算每千克空气吸收的热量及熵的变化：

（1）按定比热容计算；

（2）利用比定压热容经验公式计算；

（3）利用热力性质表计算。

3-11　空气在气缸中由初状态 $T_1=300\text{K}$、$p_1=0.15\text{MPa}$ 进行如下过程：

（1）定压吸热膨胀，温度升高到480K；

（2）先定温膨胀，然后再在定容下使压力增加到0.15MPa，温度升高到480K。

试将上述两种过程画在压容图和温熵图中；利用空气的热力性质表计算这两种过程中的膨胀功、热量，以及热力学能和熵的变化，并对计算结果略加讨论。

3-12　空气从 $T_1=300\text{K}$、$p_1=0.1\text{MPa}$ 压缩到 $p_2=0.6\text{MPa}$。试计算过程的膨胀功（压缩功）、技术功和热量，设过程是（1）定温、（2）定熵、（3）多变（$n=1.25$）。按定比热容理想气体计算，不考虑摩擦。

3-13　空气在膨胀机中由 $T_1=300\text{K}$、$p_1=0.25\text{MPa}$ 绝热膨胀到 $p_2=0.1\text{MPa}$。流量 $q_m=5\text{kg/s}$。试利用空气热力性质表计算膨胀终了时空气的温度和膨胀机的功率，

（1）不考虑摩擦损失；

（2）考虑内部摩擦损失。已知膨胀机的相对内效率

$$\eta_{ri}=\frac{w_{T,act}}{w_{T,t}}=\frac{w_t}{w_{t,s}}=85\%$$

3-14　计算习题3-13中由于膨胀机内部摩擦引起的气体比熵的增加（利用空气热力性质表）。

3-15　天然气（其主要成分是甲烷 CH_4）由高压输气管道经膨胀机绝热膨胀做功后再使用。已测出天然气进入膨胀机时的压力为4.9MPa，温度为25℃。流出膨胀机时压力为0.15MPa，温度为−115℃。如果认为天然气在膨胀机中的状态变化规律接近一多变过程，试求多变指数及温度降为0℃时的压力，并确定膨胀机的相对内效率（按定比热容理想气体计算，见[例3-11]）。

3-16　压缩空气的压力为1.2MPa，温度为380K。由于输送管道的阻力和散热，流至节流阀门前压力降为1MPa、温度降为300K。经节流后压力进一步降到0.7MPa。试求每千克压缩空气由输送管道散到大气中的热量，以及空气流出节流阀时的温度和节流过程的熵增（按定比热容理想气体进行计算）。

3-17　温度为500K、流量为3kg/s的烟气（成分如习题3-9中所给）与温度为300K、流量为1.8kg/s的空气（成分近似为 $x_{O_2}=21\%$，$x_{N_2}=79\%$）混合。试求混合后气流的温度（按定比热容理想气体计算）。

3-18　某氧气瓶的容积为50L。原来瓶中氧气压力为0.8MPa、温度为环境温度293K。将它与温度为300K的高压氧气管道接通，并使瓶内压力迅速充至3MPa（与外界的热交换可以忽略）。试求充进瓶内的氧气质量。

3-19　同习题3-18。如果充气过程缓慢，瓶内气体温度基本上一直保持为环境温度293K。试求压力同样充到3MPa时充进瓶内的氧气质量以及充气过程中向外界放出的热量。

3-20　体积为10L的容器中装有压力为0.15MPa、温度为室温（293K）的氩气。现将容器阀门突然打开，氩气迅速排向大气，容器中的压力很快降至大气压力（0.1MPa）。这时立即关闭阀门。经一段时间后容器内恢复到大气温度。试求：

（1）放气过程达到的最低温度；

（2）恢复到大气温度后容器内的压力；

（3）放出的气体质量；

（4）关阀后气体从外界吸收的热量。

*3-21　有装压缩空气用的A、B两个热绝缘很好的刚性容器，一根管道将它们相连，中间有阀门阻隔。容器A的容积为 1m^3，容器B的容积为 3m^3。开始时容器A和B中空气的压力分别为5MPa和

0.1MPa，温度均为20℃。打开阀门后，空气迅速由容器A流向容器B，两容器很快达到了压力平衡。试求：

(1) 均衡压力的值；

(2) 两容器中空气的温度；

(3) 由容器A流进容器B的空气质量。

3-22　空气的初状态为0℃、0.101 325MPa，此时的比熵值定为零。经过 (1) 定压过程、(2) 定温过程、(3) 定熵过程、(4) $n=1.2$ 的多变过程，体积变为原来的 (a) 3倍；(b) 1/3。试按定比热容理想气体并利用计算机，将上述四个膨胀过程和四个压缩过程的过程曲线准确地绘制在 $p-v$ 和 $T-s$ 坐标系中。

第 4 章　热力学第二定律

[本章导读] 热力学第二定律是反映自然界各种过程的方向性、自发性、不可逆性以及能量贬值、能量转换的条件和限度等的基本规律。这一规律可以概括为：自然界所有宏观过程进行时必定伴随着熵的产生。

熵和熵产是热力学第二定律的核心问题，也是热力学的难点，只有通过对各种具体过程的分析和思考，找到其内在的联系，才能逐步达到对这一自然规律的深刻领会和自如运用。

和第二章中推导能量方程一样，本章中有关熵方程和㶲方程的推导也是先对代表普遍情况的虚拟热力系进行，然后再演绎出针对不同情况的不同方程形式。

4-1　热力学第二定律的任务

热力学第一定律确定了各种能量的转换和转移不会引起总能量的改变。创造能量（第一类永动机）既不可能，消灭能量也办不到。总之，自然界中一切过程都必须遵守热力学第一定律。然而，是否任何不违反热力学第一定律的过程都是可以实现的呢？事实上又并非如此。我们不妨考察几个常见的例子。

例如，一个烧红了的锻件，放在空气中便会逐渐冷却。显然，热能从锻件散发到周围空气中了，周围空气获得的热量等于锻件放出的热量，这完全遵守热力学第一定律。现在设想这个已经冷却了的锻件从周围空气中收回那部分散失的热能，重新炽热起来，这样的过程也并不违反热力学第一定律（锻件获得的热量等于周围空气供给的热量）。然而，经验告诉我们，这样的过程是不会实现的。

又例如，一个转动的飞轮，如果不继续用外力推动它旋转，那么它的转速就会逐渐减低，最后停止转动。飞轮原先具有的动能由于飞轮轴和轴承之间的摩擦以及飞轮表面和空气的摩擦，变成了热能散发到周围空气中去了，飞轮失去的动能等于周围空气获得的热能，这完全遵守热力学第一定律。但是反过来，周围空气是否可以将原先获得的热能变成动能，还给飞轮，使飞轮重新转动起来呢？经验告诉我们，这又是不可能的，尽管这样的过程并不违反热力学第一定律（飞轮获得的动能等于周围空气供给的热能）。

再例如，盛装氧气的高压氧气瓶只会向压力较低的大气中漏气，而空气却不会自动向高压氧气瓶中充气。

以上这些例子都说明了过程的方向性。过程总是自发地朝着一定的方向进行：热能总是自发地从温度较高的物体传向温度较低的物体；机械能总是自发地转变为热能；气体总是自发地膨胀等等。这些自发过程的反向过程（称为非自发过程）是不会自发进行的：热量不会自发地从温度较低的物体传向温度较高的物体；热能不会自发地转变为机械能；气体不会自发地压缩等。

这里并不是说这些非自发过程根本无法实现，而只是说，如果没有外界的推动，它们是不会自发进行的。事实上，在制冷装置中可以使热能从温度较低的物体（冷库）转移到温度较高的物体（大气）。但是，这个非自发过程的实现是以另一个自发过程的进行（比如说制冷机消耗了一定的功，使之转变为热排给了大气）作为代价的。或者说，前者是靠后者的推动才得以实现的。在热机中可以使一部分高温热能转变为机械能，但是这个非自发过程的实现是以另一部分高温热能转移到低温物体（大气）作为代价的。在压气机中气体被压缩，这一非自发过程的进行是以消耗一定的机械能（这部分机械能变成了热能）作为补偿条件的。总之，一个非自发过程的进行，必须有另外的自发过程来推动，或者说必须以另外的自发过程的进行作为代价、作为补偿条件。

另外，在提高能量转换的有效性方面，包括热效率的提高，还有一个最大限度问题。事实上，在一定条件下，能量的有效转换是有其最大限度的，而热机的热效率在一定条件下也有其理论上的最大值。

研究过程进行的方向、条件和限度正是热力学第二定律的任务。

4-2　可逆过程和不可逆过程

一个实际过程的进行，凡产生相对运动的各接触部分（包括流体各相邻部分）之间，摩擦是不可避免的。因此，不管是膨胀过程还是压缩过程，或多或少总会损失一部分机械能[见图2-5和式（2-17）]。这样，当热力系进行完一个过程后，如果再使热力系经原路线进行一个反向过程并回到原状态时，就会在外界留下不能消除的影响。这影响就是：由于作机械运动时有摩擦，有一部分机械能不可逆复[1]地变成了热能。

另外，一个实际过程在进行时，如果有热量交换，那么热量总是由温度较高的物体传向温度较低的物体。因此，当热力系从外界吸热时［图4-1（a）］，外界物体A的温度必须高于热力系的温度（$T_A>T$）；而当热力系沿原路线反向进行而向外界放出热量时［图4-1（b）］，外界物体B的温度必须低于热力系的温度（$T_B<T$）。经过一次往返，热力系恢复了原来的状态，但却给外界留下了不能消除的影响。这影响就是：由于传热时有温差，有一部分热能不可逆复地从温度较高的物体转移到了温度较低的物体。

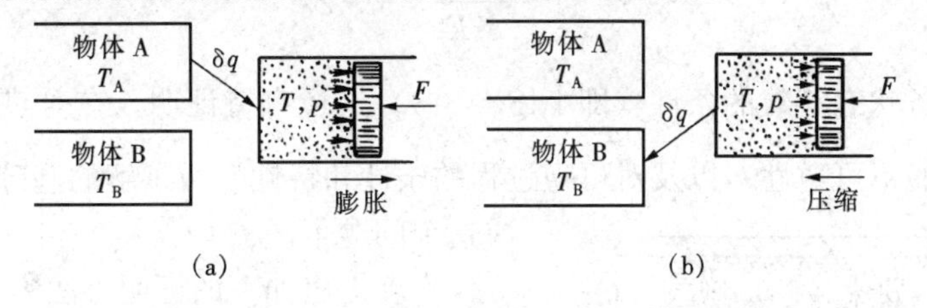

图4-1

如上所述，任何实际热力过程在作机械运动时不可避免地存在着摩擦（力不平衡），在传热时必定存在着温差（热不平衡）。因此，实际的热力过程必然具有这样的特性：如果使过程沿原路线反向进行，并使热力系回复到原状态，将会给外界留下这种或那种影响——这

[1] “不能消除”“不可逆复”，不是说无法消除系统中某种已形成的影响而使之恢复原来的状态。事实上，依靠外界的帮助，可以消除系统中任何已形成的影响。但消除这种影响的同时，却给外界留下了新的、往往是更大的影响。因此，要使系统和外界最终都完全消除已形成的影响，使一切恢复初始的状况是不可能的。在这种意义上，我们说已造成的影响是“不能消除”的、“不可逆复”的。

就是实际过程的不可逆性。人们把这样的过程统称为不可逆过程。一切实际的过程都是不可逆过程。

要精确地分析计算不可逆过程往往是比较困难的，因为热力系和外界之间以及热力系内部都可能存在不同程度的力不平衡和热不平衡。为了简便起见，常常宁愿对假想的可逆过程进行分析计算，必要时再用一些经验系数加以修正。

所谓可逆过程是指具有如下特性的过程：过程进行后，如果使热力系沿原过程的路线反向进行并恢复到原状态，将不会给外界留下任何影响。因此，可逆过程的进行必须满足下述条件❶：

（1）热力系内部原来处于平衡状态；

（2）作机械运动时热力系和外界保持力平衡（无摩擦）；

（3）传热时热力系和外界保持热平衡（无温差）。

也可以说：可逆过程是运动无摩擦、传热无温差的内平衡过程。

显然，可逆过程实际上是不能进行的，因为没有温差实际上就不能传热，要完全避免摩擦就不能有机械运动。但是，可逆过程也可以理解为在无限小的温差下传热，在摩擦无限微弱的情况下作机械运动的理论过程。也就是说，可逆过程可以理解为不可逆过程中当不平衡因素无限趋小时的极限情况。

虽然可逆过程实际上并不存在，但却是一种有用的抽象。分析可逆过程不但可以得出原则性的结论，而且从工程应用的角度来看，很多实际过程也比较接近可逆过程。因此，对可逆过程进行分析和计算，无论在理论上或是在实用上都有重要意义。

4-3 状态参数熵

要深入分析讨论热力学第二定律，必须利用“熵”这个状态参数。在第 1-2 节中曾给出了简单可压缩热力系熵的定义式：

$$S=\int\frac{\mathrm{d}U+p\mathrm{d}V}{T}+S_0$$

但是，熵是否具备状态参数的条件（即$\oint\mathrm{d}S=0$），这还有待证明。在对热力学第二定律的实质（实际过程的不可逆性）以及对可逆过程的条件和特性有所了解的基础上，就可以来解决这个问题了。

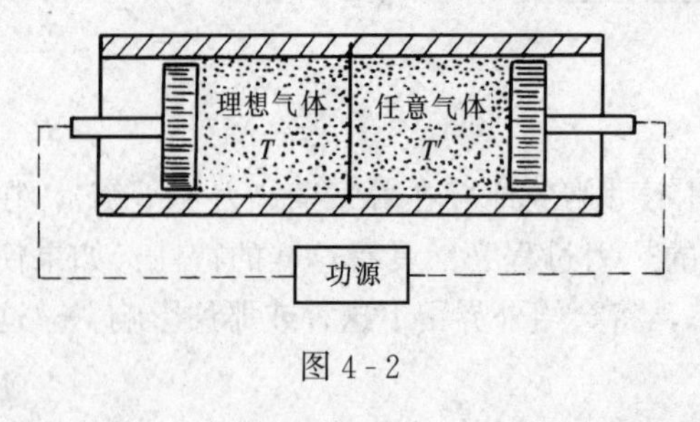

图 4-2

作者提出如下的证明方法❷。

在第 3-4 节中已经证明了理想气体确实存在状态参数熵［见式（3-59）～式（3-62）］。下面进一步证明任何物质也都存在熵这个状态参数。

设想有这样一个装置（见图 4-2）。有一块

❶ 如果有化学反应或电、磁等其他作用时，则还应加上化学平衡或其他平衡条件。

❷ 详见：严家騄．状态函数——熵．哈尔滨工业大学学报．1982（2）。

完全导热的刚性隔板将一个内壁完全绝热的气缸一分为二，隔板两侧分别装有理想气体和任意气体，并由两个内壁完全绝热的活塞封闭。活塞和气缸壁之间无摩擦，也无泄漏。理想气体和任意气体开始时各自处于平衡状态，而且二者具有相同的温度（处于热平衡状态）。

因为活塞与气缸壁之间无摩擦，气体内部也无摩擦，所以对理想气体和任意气体可分别得：

理想气体　$$\mathrm{d}S=\frac{\mathrm{d}U+p\mathrm{d}V}{T}=\frac{\mathrm{d}U+\delta W}{T}=\frac{\delta Q}{T}$$

任意气体　$$\mathrm{d}S'=\frac{\mathrm{d}U'+p'\mathrm{d}V'}{T'}=\frac{\mathrm{d}U'+\delta W'}{T'}=\frac{\delta Q'}{T'}$$

对理想气体，已经证明确实存在状态参数熵。根据状态参数的数学特性可知

$$\oint \mathrm{d}S=\oint\frac{\delta Q}{T}=0 \tag{a}$$

对任意气体而言

$$\oint \mathrm{d}S'=\oint\frac{\delta Q'}{T'}$$

但是$\oint\frac{\delta Q'}{T'}$是否等于零，这还有待证明。如果能证明$\oint\frac{\delta Q'}{T'}=0$，那么也就是证明了任意气体也存在状态参数熵。

因为气缸内壁和活塞内壁完全绝热，热量的传递只能发生在理想气体和任意气体之间，所以二者的热量必定时刻相等而符号相反：

$$\delta Q=-\delta Q' \tag{b}$$

又因为隔板是完全导热的，只要过程进行得足够缓慢，理想气体和任意气体必定时刻处于热平衡状态：

$$T=T' \tag{c}$$

现在设想任意气体缓慢地进行了任意一个循环，根据热力学第一定律可得

$$\oint\delta Q'=\oint\mathrm{d}U'+\oint\delta W' \tag{d}$$

因为热力学能是任意气体的状态参数，所以

$$\oint\mathrm{d}U'=0 \tag{e}$$

式（e）代入式（d）得

$$\oint\delta Q'=\oint\delta W' \tag{f}$$

式（f）说明循环的净热量等于循环的净功［见式（2-23）］。

再看理想气体。当任意气体进行一个循环时，由于二者的相互作用，理想气体必然相应地进行了一个过程（暂时不能肯定这个过程是不是一个循环）。根据热力学第一定律可得

$$\int\delta Q=\Delta U+\int\delta W \tag{g}$$

由于任意气体进行了一个循环，回到了原状态，因而温度未变。根据式（c）可知，理想气体在相应地进行了一个过程后也必定回到了原来的温度；而理想气体的热力学能只是温度的函数，温度未变，热力学能也未变：

$$\Delta U = 0 \tag{h}$$

将式（h）代入式（g）得

$$\int \delta Q = \int \delta W \tag{i}$$

根据式（b）可知

$$\int \delta Q = -\oint \delta Q' \tag{j}$$

将式（i）和式（f）代入式（j）得

$$\int \delta W = -\oint \delta W' \tag{k}$$

式（j）和式（k）表明：当任意气体完成一个循环而理想气体相应地进行一个过程后，它们的热量相等，但符号相反；它们的功也相等，符号也相反。对包括理想气体和任意气体的整个热力系而言，总的效果是：未传热（$\int \delta Q + \oint \delta Q' = 0$）；未做功（$\int \delta W + \oint \delta W' = 0$）；任意气体完成了一个循环，回到了原状态；理想气体的温度和热力学能未变，但这不足以说明理想气体也回到了原状态，因为理想气体的热力学能是温度的单值函数，二者只能算一个独立的状态参数。现在来分析理想气体的体积是否有变化。

应该指出，整个装置中进行的是可逆过程（热力系原来处于平衡状态；传热时无温差；运动时无摩擦）。如果认为当任意气体完成一个循环后，其他都没有变化，唯独理想气体的体积改变了，就是说，如果认为一个可逆过程进行后的唯一结果是气体自发膨胀了或自发压缩了，这都是不符合可逆过程特性的。因而只能是理想气体的体积也没有改变。

既然理想气体在进行一个过程后温度和体积（当然还有质量）都没有改变，这就足以说明理想气体也完成了一个循环，回到了原状态。这样式（j）就变成了

$$\oint \delta Q = -\oint \delta Q' \tag{l}$$

因此，根据式（l）、式（b）、式（c）和式（a）可得

$$\oint \frac{\delta Q'}{T'} = -\oint \frac{\delta Q}{T} = 0 \tag{m}$$

式（m）表明，任意气体也存在状态参数熵。由于式（m）的得出并未涉及任意气体的特性，因此可以推论：任何物质都存在状态参数熵。

以上论证虽然是针对热和机械两个自由度的简单可压缩物质进行的，但其结论可以推广到任意自由度的任何物质。

4-4 热力学第二定律的表达式——熵方程

热力学第一定律可以用能量方程表达，热力学第二定律则可以用熵方程来表达。在建立熵方程前，需要对影响热力系熵变化的两个过程量（不是状态量）——熵流和熵产——有所了解。

1. 熵流和熵产

对内部平衡（均匀）的闭口系，在 $\mathrm{d}\tau$ 时间内熵的变化 $\mathrm{d}S$ 可根据熵的定义式得出：

$$dS = \frac{dU + pdV}{T} = \frac{dU + \delta W + \delta W_L}{T} = \frac{\delta Q + \delta Q_g}{T} = \frac{\delta Q}{T} + \frac{\delta Q_g}{T}$$
$$= \delta S_f + \delta S_g^{Q_g} \tag{4-1}$$

式中 $\delta S_f = \delta Q/T$ 称为熵流，它表示热力系与外界交换热量而导致的熵的流动量。熵流可正可负。对热力系而言，当它从外界吸热时，熵流为正；当它向外界放热时，熵流为负。

$\delta S_g^{Q_g} = \delta Q_g/T$ 是由热力系内部的热产引起的熵产。因为热产恒为正，所以热产引起的熵产亦恒为正。

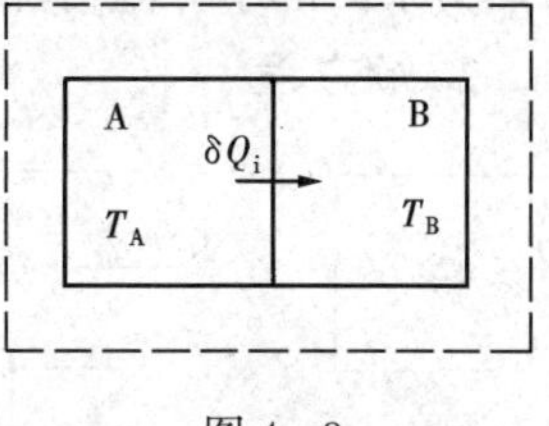

图 4-3

对内部不平衡（不均匀）的闭口系，其熵的变化除了熵流和热产引起的熵产外，还应包括热力系内部传热引起的熵产。事实上，如果热力系温度不均匀，那么在热力系内部也会传热（由热力系的高温部分传给低温部分）。我们先来分析一种最简单的情况。假定有一温度不均匀的热力系，它由温度各自均匀的两部分A和B组成（图4-3）。由于两部分温度不相等（$T_A > T_B$），在 $d\tau$ 时间内，A部分向B部分传递了 δQ_i 的热量（Q_i 表示内部传热量）。对整个热力系而言，这内部传热量的代数和一定等于零，即

$$\delta Q_A + \delta Q_B = -\delta Q_i + \delta Q_i = 0$$

但是由内部传热引起的内部熵流的代数和却总是大于零，即

$$\delta S_{f,A} + \delta S_{f,B} = \frac{-\delta Q_i}{T_A} + \frac{\delta Q_i}{T_B} = \delta Q_i\left(\frac{1}{T_B} - \frac{1}{T_A}\right) > 0$$
$$(\text{因为 } T_A > T_B)$$

这就是这个不平衡热力系内部传热引起的熵产，用符号 $\delta S_g^{Q_i}$ 表示

$$\delta S_g^{Q_i} = \delta Q_i\left(\frac{1}{T_B} - \frac{1}{T_A}\right) > 0$$

推广言之，如果一个内部不平衡的热力系由 n 个温度各自均匀的部分组成，则可得

$$\delta Q_i = \sum_{j=1}^{n} \delta Q_{i,j} = 0 \tag{4-2}$$

$$\delta S_g^{Q_i} = \sum_{j=1}^{n} \frac{\delta Q_{i,j}}{T_j} > 0 \tag{4-3}$$

若将一个内部不平衡的闭口系分成无数个温度各自平衡（均匀）的部分，然后再对整个体积 V 积分，则可得热力系内部传热引起的熵产和热产引起的熵产分别为

$$\delta S_g^{Q_i} = \int_V \frac{\delta(\delta Q_i)}{T} \tag{4-4}$$

$$\delta S_g^{Q_g} = \int_V \frac{\delta(\delta Q_g)}{T} \tag{4-5}$$

再沿整个热力系的外表面积 A 积分，则可得熵流为

$$\delta S_f = \int_A \frac{\delta(\delta Q)}{T} \tag{4-6}$$

将式（4-4）、式（4-5）、式（4-6）相加，可得闭口系在 $d\tau$ 时间内熵的变化为

$$dS = \delta S_f + \delta S_g^{Q_i} + \delta S_g^{Q_g} = \delta S_f + \delta S_g$$
$$= \int_A \frac{\delta(\delta Q)}{T} + \int_V \frac{\delta(\delta Q_i + \delta Q_g)}{T} \tag{4-7}$$

式中熵流 $\delta S_{\mathrm{f}}=\int_{A}\frac{\delta(\delta Q)}{T}$（可正可负）

熵产 $\delta S_{\mathrm{g}}=\int_{V}\frac{\delta(\delta Q_{\mathrm{i}}+\delta Q_{\mathrm{g}})}{T}>0$ (4-8)

式（4-8）说明：因热力系与外界交换热量引起的熵流可正、可负（视热流方向而定），而由热力系内部不等温传热和热产（摩擦产生的热）引起的熵产恒为正。

2. 熵方程

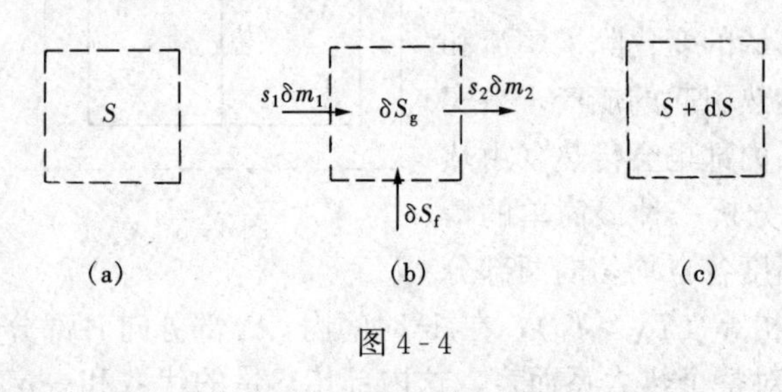

图 4-4

设想有一热力系，如图 4-4 中虚线（界面）包围的体积所示，其总熵为 S［见图 4-4（a)］。假定在一段极短的时间 $d\tau$ 内，由于传热，从外界进入热力系的熵流为 δS_{f}，又从外界流进了比熵为 s_1 的质量 δm_1，并向外界流出了比熵为 s_2 的质量 δm_2；与此同时，热力系内部的熵产为 δS_{g}［见图 4-4（b)］。经过这段极短的时间 $d\tau$ 后，热力系的总熵变为 $S+dS$［见图4-4（c)］。这时，熵方程可用文字表达为

（流入热力系的熵的总和）+（热力系的熵产）

−（从热力系流出的熵的总和）=（热力系总熵的增量）

即 $$(\delta S_{\mathrm{f}}+s_1\delta m_1)+\delta S_{\mathrm{g}}-s_2\delta m_2=(S+dS)-S$$

所以 $$dS=\delta S_{\mathrm{f}}+\delta S_{\mathrm{g}}+s_1\delta m_1-s_2\delta m_2 \tag{4-9}$$

将式（4-9）对时间积分，可得

$$\Delta S=S_{\mathrm{f}}+S_{\mathrm{g}}+\int_{(\tau)}(s_1\delta m_1-s_2\delta m_2) \tag{4-10}$$

式（4-9）和式（4-10）即熵方程的基本表达式。式中 $s\delta m$ 也是一种熵流，它是随物质流进或流出热力系的熵流。流进热力系为正，流出热力系为负。这样，热力系的熵的变化就等于总的熵流与熵产之和。

对闭口系而言，由于热力系和外界无物质交换，即

$$\delta m_1=\delta m_2=0$$

所以 $$dS=\delta S_{\mathrm{f}}+\delta S_{\mathrm{g}} \tag{4-11}$$

积分后得 $$\Delta S=S_{\mathrm{f}}+S_{\mathrm{g}} \tag{4-12}$$

如果这个闭口系是绝热的，则熵流等于零，即

$$\delta S_{\mathrm{f}}=0$$

因而 $$dS=\delta S_{\mathrm{g}}\geqslant 0 \tag{4-13}$$

积分后得 $$\Delta S=S_{\mathrm{g}}\geqslant 0 \tag{4-14}$$

孤立系显然符合闭口和绝热的条件，因而上述不等式经常表示为

$$dS_{\mathrm{iso}}=\delta S_{\mathrm{g,iso}}\geqslant 0 \tag{4-15}$$

$$\Delta S_{\mathrm{iso}}=S_{\mathrm{g,iso}}\geqslant 0 \tag{4-16}$$

式（4-13）～式（4-16）说明：绝热闭口系或孤立系的熵只会增加，不会减少——这就是绝热闭口系或孤立系的熵增原理。式中，不等号对不可逆过程而言；等号对可逆过程而言。

对稳定流动的开口系来说（见图 2-4），由于在 $d\tau$ 的时间内流进和流出热力系的质量相等（$\delta m_1 = \delta m_2 = \delta m$），而这种开口系的总熵又不随时间而变化（$dS=0$），因而式（4-9）简化为

$$\delta S_f + \delta S_g + (s_1 - s_2)\delta m = 0$$

如果取一段时间，在这段时间内恰好有 1kg 流体流过开口系，则该式又可进一步写为

$$s_f + s_g + (s_1 - s_2) = 0$$

即

$$s_2 - s_1 = s_f + s_g \tag{4-17}$$

式（4-17）表明：对稳定流动过程而言，热力系（开口系）在每流过 1kg 流体的时间内的熵流与熵产之和恰好等于流出和流入热力系的流体的比熵之差（而不是等于热力系的熵的变化，事实上该开口热力系的熵是不变的）。

如果稳定流动过程是绝热的（$s_f=0$），则可得

$$s_2 - s_1 = s_g \geqslant 0 \tag{4-18}$$

不等号对不可逆绝热稳定流动过程而言；等号对可逆绝热（定熵）稳定流动过程而言。该式表明：绝热的稳定流动过程，其出口处的比熵比入口处的大（不可逆时）或与入口处的比熵相等（可逆时）。

熵方程中的核心问题是熵产。熵产也正是热力学第二定律的实质内容。由于能量在转移和转换过程中总是有其他形式的能量转变成热能（功损变为热产），而热能又总是由高温部分传向低温部分，这些都会引起熵产。这正是热能区别于其他能量的特性，也正是一切热力过程的自发性、方向性和不可逆性的根源。如果说热力学第一定律确定了能量既不能创造，也不会消灭，那么热力学第二定律则确定了熵不但不会消灭（它只能随热量和质量而转移），而且会在能量的转换和转移过程中自发地产生出来。

【例 4-1】 先用电热器使 20kg、温度 $t_0=20℃$ 的凉水加热到 $t_1=80℃$，然后再与 40kg、温度为 20℃ 的凉水混合。求混合后的水温以及电加热和混合这两个过程各自造成的熵产。水的比定压热容为 4.187kJ/(kg·K)；水的膨胀性可忽略。

解 设混合后的温度为 t，则可写出下列能量方程：

$$m_1 c_p (t_1 - t) = m_2 c_p (t - t_0)$$

即

$$20\text{kg} \times 4.187\text{kJ/(kg}\cdot℃) \times (80℃ - t) = 40\text{kg} \times 4.187\text{kJ/(kg}\cdot℃) \times (t - 20℃)$$

从而解得

$$t = 40℃ \qquad (T = 313.15\text{K})$$

电加热过程引起的熵产为

$$S_g^{Q_g} = \int \frac{\delta Q_g}{T} = \int_{T_0}^{T_1} \frac{m_1 c_p \mathrm{d}T}{T} = m_1 c_p \ln \frac{T_1}{T_0}$$

$$= 20\text{kg} \times 4.187\text{kJ/(kg}\cdot\text{K)} \times \ln \frac{353.15\text{K}}{293.15\text{K}}$$

$$= 15.593\text{kJ/K}$$

混合过程造成的熵产为

$$S_g^{Q_i} = \int \frac{\delta Q_i}{T} = \int_{T_1}^{T} \frac{m_1 c_p \mathrm{d}T}{T} + \int_{T_0}^{T} \frac{m_2 c_p \mathrm{d}T}{T} = m_1 c_p \ln \frac{T}{T_1} + m_2 c_p \ln \frac{T}{T_0}$$

$$= 20\text{kg} \times 4.187\text{kJ/(kg}\cdot\text{K)} \times \ln \frac{313.15\text{K}}{353.15\text{K}} + 40\text{kg} \times 4.187\text{kJ/(kg}\cdot\text{K)} \times \ln \frac{313.15\text{K}}{293.15\text{K}}$$

$$= -10.966\text{kJ/K} + 11.053\text{kJ/K} = 0.987\text{kJ/K}$$

总的熵产

$$S_g = S_g^{Q_g} + S_g^{Q_i} = 15.593\text{kJ/K} + 0.987\text{kJ/K} = 16.580\text{kJ/K}$$

由于本例中无熵流（将使用电热器加热水看作水内部摩擦生热），根据式（4-12）可知，熵产应等于热力系的熵增。熵是状态参数，它的变化只和过程始末状态有关，而和具体过程无关。因此，根据总共60kg 水由最初的20℃变为最后的40℃所引起的熵增，也可计算出总的熵产。

$$S_g = \Delta S = (m_1 + m_2)c_p \ln\frac{T}{T_0} = 60\text{kg}\times 4.187\text{kJ/(kg}\cdot\text{K)}\times\ln\frac{313.15\text{K}}{293.15\text{K}} = 16.580\text{kJ/K}$$

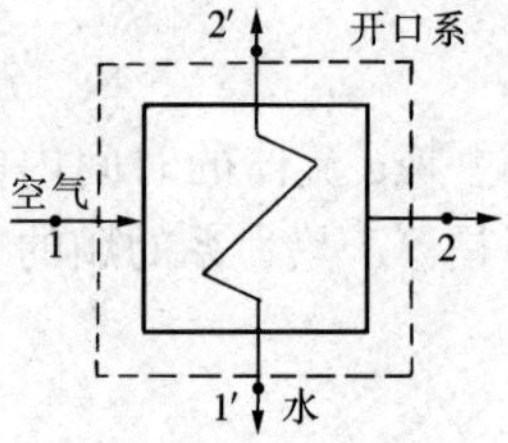

【例4-2】 某换热设备由热空气加热凉水（见图4-5），已知空气流参数为

$$t_1 = 200℃,\quad p_1 = 0.12\text{MPa}$$
$$t_2 = 80℃,\quad p_2 = 0.11\text{MPa}$$

水流的参数为

$$t'_1 = 15℃,\quad p'_1 = 0.21\text{MPa}$$
$$t'_2 = 70℃,\quad p'_2 = 0.115\text{MPa}$$

图4-5

每小时需供应2t 热水。试求：

（1）热空气的流量；

（2）由于不等温传热和流动阻力造成的熵产。

不考虑散热损失；空气和水都按定比热容计算。空气的比定压热容 c_p=1.005 kJ/(kg·K)；水的比定压热容 c'_p=4.187kJ/(kg·K)。

解（1）换热设备中进行的是不做技术功的稳定流动过程。根据式（3-132），单位时间内热空气放出的热量

$$\dot{Q} = q_m(h_1 - h_2) = q_m c_p(t_1 - t_2)$$

水吸收的热量

$$\dot{Q}' = q'_m(h'_2 - h'_1) = q'_m c'_p(t'_2 - t'_1)$$

[对于水（它不是理想气体），它在各种温度和压力下的焓和熵的精确值可由专门的水和水蒸气的热力性质表查得（见附表8），但由于水基本不可压缩，只要温度和压力不是很高，对定压过程和不做技术功过程，均可近似地认为其焓差 $(h'_2 - h'_1) = c'_p(T'_2 - T'_1) = c'_p(t'_2 - t'_1)$，其熵差 $(s'_2 - s'_1) = \int_{T'_1}^{T'_2}\frac{\delta q'}{T'} = \int_{T'_1}^{T'_2}\frac{c'_p\mathrm{d}T'}{T'} = c'_p\ln\frac{T'_2}{T'_1}$]

没有散热损失，因此二者应该相等：

$$q_m c_p(t_1 - t_2) = q'_m c'_p(t'_2 - t'_1)$$

所以热空气的流量为

$$q_m = \frac{q'_m c'_p(t'_2 - t'_1)}{c_p(t_1 - t_2)} = \frac{2000\text{kg/h}\times 4.187\text{kJ/(kg}\cdot℃)\times(70-15)℃}{1.005\text{kJ/(kg}\cdot℃)\times(200-80)℃} = 3819\text{kg/h}$$

（2）整个换热设备为一稳定流动的开口系。该开口系与外界无热量交换（热交换发生在开口系内部），其内部传热和流动阻力造成的熵产可根据式（4-18）计算：

$$\begin{aligned}
\dot{S}_g &= \dot{S}_2 - \dot{S}_1 = (q_m s_2 + q'_m s'_2) - (q_m s_1 + q'_m s'_1) = q_m(s_2 - s_1) + q'_m(s'_2 - s'_1)\\
&= q_m\left(c_p\ln\frac{T_2}{T_1} - R_g\ln\frac{p_2}{p_1}\right) + q'_m c'_p\ln\frac{T'_2}{T'_1}\\
&= 3819\text{kg/h}\times\left[1.005\text{kJ/(kg}\cdot\text{K)}\times\ln\frac{(80+273.15)\text{K}}{(200+273.15)\text{K}} - 0.2871\text{kJ/(kg}\cdot\text{K)}\right.\\
&\quad\left.\times\ln\frac{0.11\text{MPa}}{0.12\text{MPa}}\right] + 2000\text{kg/h}\times 4.187\text{kJ/(kg}\cdot\text{K)}\times\ln\frac{(70+273.15)\text{K}}{(15+273.15)\text{K}}\\
&= 3819\text{kg/h}\times(-0.2690)\text{kJ/(kg}\cdot\text{K)} + 2000\text{kg/h}\times 0.7314\text{kJ/(kg}\cdot\text{K)}\\
&= 435.5\text{kJ/(K}\cdot\text{h)}
\end{aligned}$$

4-5　热力学第二定律各种表述的等效性

热力学第二定律揭示了实际热力过程的方向性和不可逆性。由于热力过程的多样性，人们可以从不同的角度来阐明热力学第二定律。在历史上，热力学第二定律曾以不同的陈述表达出来，但它们所表达的实质是共同的、一致的，任何一种表述都是其他各种表述的逻辑上的必然结果。因此，这些不同的表述是等效的。下面举几种常见的热力学第二定律的表述，并证明它们的等效性。

克劳修斯的表述："不可能将热量由低温物体传送到高温物体而不引起其他变化"。

开尔文—普朗克的表述："不可能制造出从单一热源吸热而使之全部转变为功的循环发动机"。或者说："第二类永动机是不可能制成的"。

熵方程用于孤立系（或绝热闭口系）而得出的熵增原理也可以作为热力学第二定律的一种表述。熵增原理从表面上看似乎有一定的局限性——只适用于孤立系，但是由于在分析任何具体问题时都可以将参与过程的全部物体包括进来而构成孤立系，因此实际应用该原理时并没有局限性。相反地，由于孤立系的概念撇开了具体对象而成为一种高度概括的抽象，因此孤立系的熵增原理可作为热力学第二定律的概括表述，即："自然界的一切过程总是自发地、不可逆地朝着使孤立系熵增加的方向进行"。

孤立系的熵增原理和热力学第二定律的克劳修斯表述及开尔文—普朗克表述有着逻辑上的必然联系。下面来阐明这种联系。

假定有一种制冷机能使热量 Q 从低温热源（T_2）转移到高温热源（T_1），而机器并没有消耗功，也没有产生其他变化（见图 4-6），那么包括两个恒温热源和制冷机在内的孤立系的熵的变化为

$$\begin{aligned}\Delta S_{\mathrm{iso}} &= \Delta S_{\mathrm{h_1}} + \Delta S_{\mathrm{h_2}} + \Delta S_{\mathrm{ref}} \\ &= \frac{Q}{T_1} + \frac{-Q}{T_2} + 0 = Q\left(\frac{1}{T_1} - \frac{1}{T_2}\right) < 0 \quad （因为\ T_1 > T_2）\end{aligned}$$

但是，根据式（4-16）可知，孤立系的熵是不可能减少的。所以，"使热量从低温物体转移到高温物体而不产生其他变化是不可能的"——这就是克劳修斯对热力学第二定律的表述。

再假定有一种热机（循环发动机），它每完成一个循环就能从温度为 T_0 的单一热源取得热量 Q_0 并使之转变为功 W_0（见图 4-7）。根据热力学第一定律［式（2-23）］可知

$$Q_0 = W_0$$

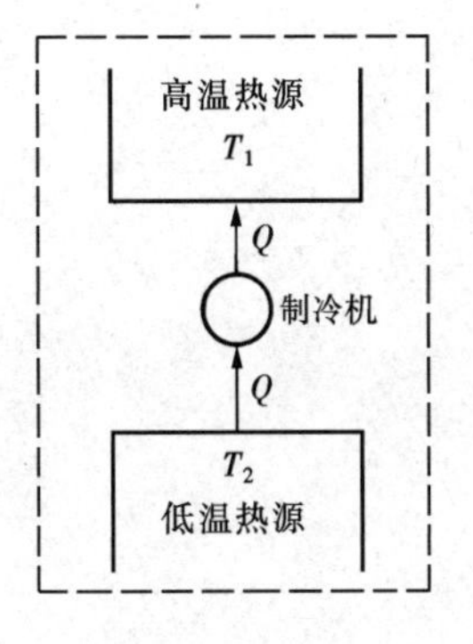

图 4-6

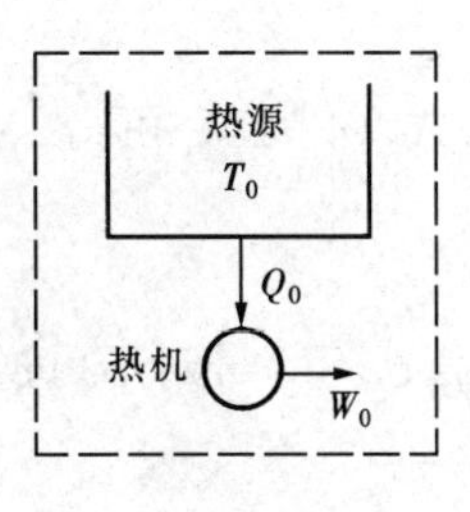

图 4-7

当热机完成一个循环，工质回到原状态后，包括热源和热机的整个孤立系的熵的变化为

$$\Delta S_{iso}=\Delta S_{h}+\Delta S_{he}=\frac{-Q_0}{T_0}+0<0$$

（热机中的工质完成一个循环后回到原状态，因此熵未变）

但是，孤立系的熵不可能减少。所以，“利用单一热源而不断做功的循环发动机是不可能制成的”——这就是开尔文和普朗克对热力学第二定律的表述。

如上面的推理所表明的，热力学第二定律的各种表述是逻辑上相互联系的、一致的、等效的——一种表述成立必然导致另一种表述也成立；一种表述不成立将会导致另一种表述也不成立。

4-6　卡诺定理和卡诺循环

1. 卡诺定理

卡诺定理的内容是：工作在两个恒温热源（T_1 和 T_2）之间的循环，不管采用什么工质、具体经历什么循环，如果是可逆的，其热效率均为 $1-T_2/T_1$；如果是不可逆的，其热效率恒小于 $1-T_2/T_1$。

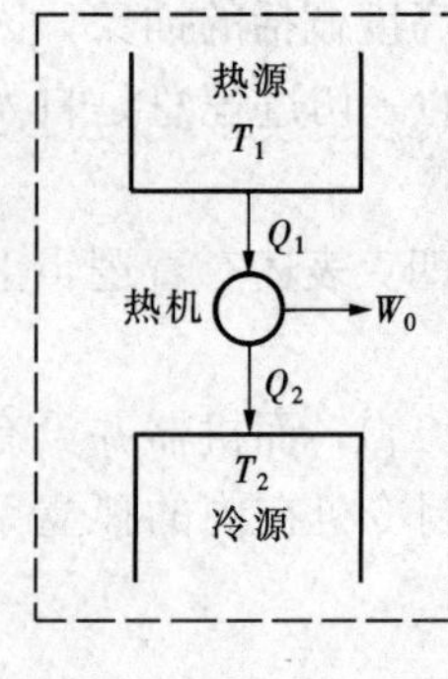

图 4-8

可以通过孤立系的熵增原理来证明这一定理。设有一热机工作在两个恒温热源（T_1 和 T_2）之间（见图 4-8）。热机每完成一个循环，工质从高温热源（简称热源）吸取热量 Q_1，其中一部分转变为机械功 W_0，其余部分 Q_2 排给低温热源（简称冷源）[1]。

根据热力学第一定律可知

$$W_0=Q_1-Q_2 \tag{4-19}$$

热机循环的热效率为

$$\eta_t=\frac{\text{收获}}{\text{消耗}}=\frac{W_0}{Q_1}=\frac{Q_1-Q_2}{Q_1}=1-\frac{Q_2}{Q_1} \tag{4-20}$$

当热机完成一个循环，工质回到原状态后，包括热源、冷源和热机的整个孤立系的熵的变化为

$$\begin{aligned}\Delta S_{iso}&=\Delta S_{h}+\Delta S_{c}+\Delta S_{he}\\&=\frac{-Q_1}{T_1}+\frac{Q_2}{T_2}+0=\frac{Q_2}{T_2}-\frac{Q_1}{T_1}\end{aligned}$$

根据孤立系的熵增原理可知　　$\Delta S_{iso}=\frac{Q_2}{T_2}-\frac{Q_1}{T_1}\geqslant 0$

即

$$\frac{Q_2}{Q_1}\geqslant\frac{T_2}{T_1} \tag{4-21}$$

将式（4-21）代入式（4-20）可得

$$\eta_t\leqslant 1-\frac{T_2}{T_1} \tag{4-22}$$

等号对可逆循环而言；不等号对不可逆循环而言。

[1] W_0、Q_1 和 Q_2 均取正值（绝对值）。

式（4-22）说明：所有工作在两个恒温热源（T_1、T_2）之间的可逆热机，不管采用什么工质以及具体经历什么循环，其热效率相等，都等于 $1-T_2/T_1$；而所有工作在同样这两个恒温热源之间的不可逆热机，也不管采用什么工质以及具体经历什么循环，其热效率必定低于 $1-T_2/T_1$ ——这就是卡诺定律的内容。

2. 卡诺循环

式（4-22）证明了所有工作在两个恒温热源（T_1、T_2）之间的可逆热机，不管采用什么工质，也不管具体经历什么循环，其热效率都等于 $1-T_2/T_1$。那么，究竟怎样的具体循环才能保证热机是可逆的呢？

为要保证热机所进行的循环是可逆的，首先工质内部必须是平衡的。另外，当工质从热源吸热时，工质的温度必须等于热源的温度（传热无温差），工质在吸热膨胀时无摩擦，也就是说，工质必须进行一个可逆的定温吸热（膨胀）过程。同样，在向冷源放热时，工质的温度必须等于冷源温度，工质必须进行一个可逆的定温放热（压缩）过程。工质在热源温度（T_1）和冷源温度（T_2）之间变化时，不能和热源或冷源有热量交换（如果有热量交换必定是在不等温的情况下进行的，因而是不可逆的），因此只能是可逆绝热（定熵）过程（见图 4-9），或者是吸热、放热在循环内部正好抵消的可逆过程（见图 4-10）。

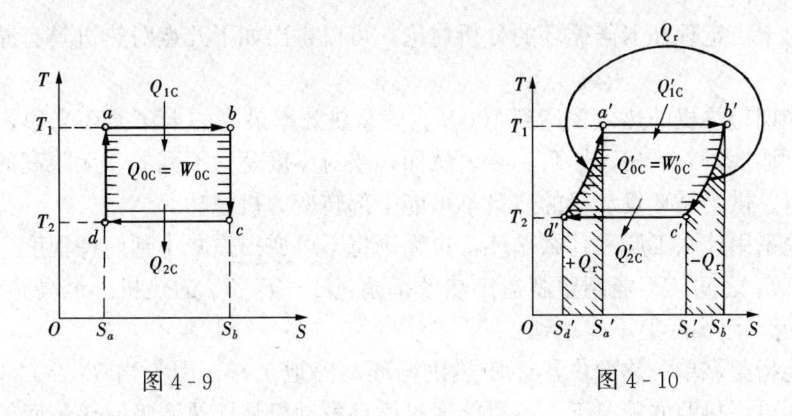

图 4-9　　　　图 4-10

图 4-9 所示的循环由两个可逆的定温过程（$a \to b$ 和 $c \to d$）以及两个可逆的绝热（定熵）过程（$b \to c$ 和 $d \to a$）组成，称为卡诺循环。卡诺循环的热效率为

$$\eta_{t,C}=\frac{W_{0C}}{Q_{1C}}=\frac{Q_{0C}}{Q_{1C}}=\frac{Q_{1C}-Q_{2C}}{Q_{1C}}=1-\frac{Q_{2C}}{Q_{1C}}$$

$$=1-\frac{T_2(S_b-S_a)}{T_1(S_b-S_a)}=1-\frac{T_2}{T_1} \tag{4-23}$$

图 4-10 所示的循环由两个可逆的定温过程（$a' \to b'$ 和 $c' \to d'$）以及两个在温熵图中平行的，即吸热（Q_r）和放热（$-Q_r$）在循环内部通过回热正好抵消的可逆过程（$d' \to a'$ 和 $b' \to c'$）组成，称为回热卡诺循环。它的热效率为

$$\eta'_{t,C}=\frac{W'_{0C}}{Q'_{1C}}=1-\frac{Q'_{2C}}{Q'_{1C}}=1-\frac{T_2(S_{c'}-S_{d'})}{T_1(S_{b'}-S_{a'})}$$

由于

$$S_{c'}-S_{d'}=S_{b'}-S_{a'}$$

因此

$$\eta'_{t,C}=1-\frac{T_2}{T_1} \tag{4-24}$$

所以，工作在两个恒温热源之间的可逆热机进行的具体循环，只能是卡诺循环或回热卡诺循

环（卡诺循环也可看作是回热卡诺循环中 $Q_r=0$ 的特例）。它们是一定温度范围（T_1、T_2）内热效率最高的循环（$\eta_{t,C}=\eta'_{t,C}=1-T_2/T_1$）。

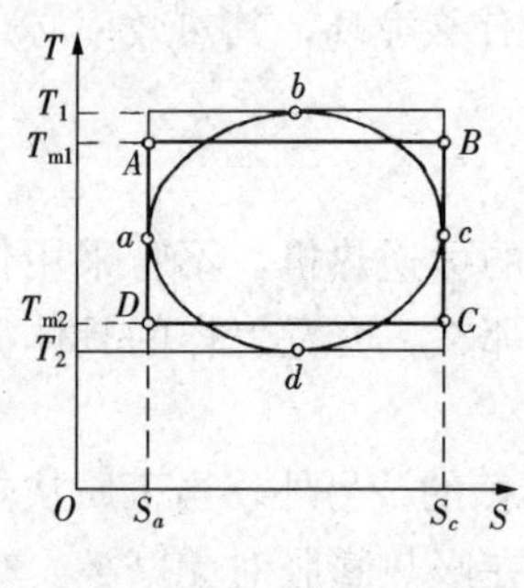

图 4-11

任何其他循环，例如图 4-11 所示的任意一个内平衡循环 $abcda$，由于它们的平均吸热温度 T_{m1} 低于循环的最高温度 T_1，而平均放热温度 T_{m2} 却又高于循环的最低温度 T_2，即

$$T_{m1}=\frac{Q_1}{\Delta S}=\frac{Q_{abc}}{S_c-S_a}<T_1$$

$$T_{m2}=\frac{Q_2}{\Delta S}=\frac{Q_{cda}}{S_c-S_a}>T_2$$

因此，它们的热效率总是低于相同温度范围（T_1 和 T_2）内卡诺循环的热效率，而只相当于工作在较小温度范围（T_{m1}、T_{m2}）内的卡诺循环的热效率。

$$\eta_t=1-\frac{Q_2}{Q_1}=1-\frac{T_{m2}(S_c-S_a)}{T_{m1}(S_c-S_a)}=1-\frac{T_{m2}}{T_{m1}}<1-\frac{T_2}{T_1}=\eta_{t,C} \tag{4-25}$$

工作在平均吸热温度 T_{m1} 和平均放热温度 T_{m2} 之间的卡诺循环 $ABCDA$ 称为循环 $abcda$ 的等效卡诺循环。

从以上对卡诺定理和卡诺循环的分析讨论，可以得出如下几点对热机具有原则指导意义的结论：

（1）不能期望热机的热效率达到 100%。就拿热效率最高的卡诺循环来说，要使热效率达到 100%，则必须 $T_2=0\text{K}$ 或 $T_1=\infty$。然而，绝对零度是达不到的，无限高的温度则是不可能的。所以，供给循环发动机的热量不可能全部转变为机械功。

（2）无论采用什么工质和什么循环，也无论将不可逆损失减小到何种程度，在一定的温度范围 T_1 到 T_2 之间，不能期望制造出热效率超过 $1-T_2/T_1$ 的热机。最高热效率 $1-T_2/T_1$ 也只能接近，而实际上不能达到。

（3）不能指望靠单一热源供热而使热机循环不停地工作。因为当 $T_1=T_2$ 时，$\eta_{t,C}=0$，也就是说，在单一热源的情况下，不可能通过循环发动机从该热源吸取热量而使之转变为正功（第二类永动机不可能制成）。

（4）提高热机循环热效率的根本途径是提高循环的平均吸热温度和降低循环的平均放热温度。

4-7 克劳修斯积分式

克劳修斯积分式包括一个等式和一个不等式：

$$\oint\frac{\delta Q}{T'}\leqslant 0 \tag{4-26}$$

式中 T'——外界温度，等号对可逆循环而言，不等号对不可逆循环而言。

它所表达的意思是：任何闭口热力系，在进行了一个循环后，它和外界交换的微元热量（有正、有负）与参与这一微元换热过程时外界温度的比值（商）的循环积分，不可能大于零，而只能小于零（如果循环是不可逆的），或者最多等于零（如果循环是可逆的）。

可以利用熵方程来证明克劳修斯积分式的正确性。对闭口系可以利用式（4-11），即

$$\mathrm{d}S = \delta S_{\mathrm{f}} + \delta S_{\mathrm{g}} \tag{a}$$

式（a）中熵产
$$\delta S_{\mathrm{g}} = \int_V \frac{\delta(\delta Q_{\mathrm{i}} + \delta Q_{\mathrm{g}})}{T} \geqslant 0 \tag{b}$$

等号对热力系内部无传热和热产的过程而言；不等号对热力系内部有传热和热产的过程而言。

式（a）中熵流
$$\delta S_{\mathrm{f}} = \int_A \frac{\delta(\delta Q)}{T} \geqslant \int_A \frac{\delta(\delta Q)}{T'} \tag{c}$$

等号对热力系和外界交换热量时无温差的情况而言；不等号对热力系和外界交换热量时有温差的情况而言。无论热力系吸热（$\delta Q > 0$）或是放热（$\delta Q < 0$），式（c）中的不等式总是成立的。因为吸热时，外界温度必须高于热力系的温度，这时 $\delta Q > 0, T' > T$，所以不等式成立；放热时，外界温度必须低于热力系的温度，这时 $\delta Q < 0, T' < T$，原不等式仍然成立。

将式（b）和式（c）代入式（a）得

$$\mathrm{d}S = \delta S_{\mathrm{f}} + \delta S_{\mathrm{g}} \geqslant \int_A \frac{\delta(\delta Q)}{T'} \tag{d}$$

等号对可逆过程（即热力系内部无传热、无热产、和外界交换热量时无温差的过程）而言；不等号对不可逆过程而言。

如果外界的温度（T'）是均匀的，即在任何指定瞬时各部分均有一致的温度（温度不随空间而变），那么式（d）将变为

$$\mathrm{d}S \geqslant \frac{1}{T'}\int_A \delta(\delta Q) = \frac{\delta Q}{T'}$$

对过程积分后得
$$S_2 - S_1 \geqslant \int_1^2 \frac{\delta Q}{T'} \tag{4-27}$$

如果外界的温度恒定不变（也不随时间而变），比如说外界是一个恒温热源，则式（4-27）将变为

$$S_2 - S_1 \geqslant \frac{1}{T'}\int_1^2 \delta Q = \frac{Q}{T'} \tag{4-28}$$

式（4-27）和式（4-28）表明：当闭口系由状态1无论经过什么过程变化到状态2时，作为状态参数的熵的变化是一定的，都等于 $S_2 - S_1$；如果这一状态变化所经历的过程是可逆的，那么这个闭口系的熵的变化等于过程热量与外界温度之比的热温商；如果这一状态变化所经历的过程是不可逆的，那么这个闭口系的熵的变化就一定大于过程与外界温度之比的热温商。

将式（4-27）应用于循环，即得克劳修斯积分式

$$\oint \frac{\delta Q}{T'} \leqslant \oint \mathrm{d}S = 0$$

克劳修斯积分式可用来判断循环是否可逆。它将循环的内在特性（是否可逆）和外界（热源）的温度联系了起来。

【例4-3】 有A、B、C三台热机（循环发动机）都工作在热源温度 $T_1 = 1000\mathrm{K}$ 和冷源温度 $T_2 = 300\mathrm{K}$ 之间。已知每从热源获取100kJ热量的同时，A热机向冷源放出热量50kJ，B热机放出30kJ，C热机放出20kJ，试用克劳修斯积分式讨论这三台热机。

解 A热机：$\oint \frac{\delta Q}{T'} = \frac{Q_1}{T_1} - \frac{Q_2}{T_2} = \frac{100\mathrm{kJ}}{1000\mathrm{K}} - \frac{50\mathrm{kJ}}{300\mathrm{K}} = -0.0667\mathrm{kJ/K} < 0$

B热机：$\oint \frac{\delta Q}{T'} = \frac{100\mathrm{kJ}}{1000\mathrm{K}} - \frac{30\mathrm{kJ}}{300\mathrm{K}} = 0$

C 热机：$\oint \frac{\delta Q}{T'} = \frac{100\text{kJ}}{1000\text{K}} - \frac{20\text{kJ}}{300\text{K}} = 0.0333\text{kJ/K} > 0$

由克劳修斯积分式可知：A 热机为不可逆热机，是可以实现的；B 热机为可逆热机，理论上可以实现，实际上难以达到；C 热机是不可能实现的。

4-8 热量的可用能及其不可逆损失

热力学第一定律确定了各种热力过程中总能量在数量上的守恒，而热力学第二定律则说明了各种实际热力过程（不可逆过程）中能量在质量上的退化、贬值、可用性降低、可用能减少[1]。

事实上，各种形式的能量并不都具有同样的可用性。机械能和电能等具有完全的可用性，它们全部是可用能；而热能则不具有完全的可用性，即使通过理想的可逆循环，热能也不能全部转变为机械能。热能中可用能（即可以转变为功的部分）所占的比例，既和热能所处的温度水平有关，也和环境的温度有关。

人们生活在地球表面，地球表面的空气和海水等成为天然的环境和巨大热库，具有基本恒定的温度（T_0），容纳着巨大的热能。然而，这些温度一致的热能是无法用来转变为动力的，因而都是废热。

如果能提供温度高于（或低于）环境温度 T_0 的热能，那么这样的热能就具有一定的可用性，或者说，这样的热能中包含着一定数量的可用能。

比如说，某个供热源（如高温烟气）在某一温度范围内（T_a 和 T_b 之间）可以提供热量 Q，如图 4-12 中面积 $abcda$ 所示。我们可以设想利用某种工质通过可逆循环 12341 使热源提供的热量 Q 中的 W_{max} 部分转变为功，如图中面积 12341 所示。这就是热量 Q 中的可用能部分，也称为热量㶲 $E_{x,Q}$。

$$E_{x,Q} = W_{max} = Q - T_0(S_a - S_b) = Q - T_0 S_f = \int_b^a \delta Q - T_0 \int_b^a \frac{\delta Q}{T}$$

即

$$E_{x,Q} = Q - T_0 S_f = \int_b^a \left(1 - \frac{T_0}{T}\right) \delta Q \tag{4-29}$$

式中 $\left(1 - \frac{T_0}{T}\right)$ 是卡诺循环热效率的表达式，在这里也称卡诺因子，它表示了热量㶲在热量中的相对含量。剩余的不能转变为功的部分便是废热 [$Q_w = Q - W_{max} = T_0(S_a - S_b) = T_0 S_f$]，它将被排给大气。应该指出：热量㶲 $E_{x,Q}$ 是过程量而不是状态量，它表示过程所传热量中的可用能部分，而不是工质在某种状态下的可用能。

任何不可逆因素的存在都必然会使可用能部分减少，并使废热有相应的增加。例如，设想供热源和工质在传热过程中存在温差（见图 4-13），那么工质的平均吸热温度必然有所下降，因而热量 Q 中转变为功的部分将减少为 W'（$W' = W_{max} - E_{L1}$），而废热则将增加为 ($Q - W_{max} + E_{L1}$)，比原来增加了 E_{L1}。在这里，E_{L1} 即为不可逆传热过程造成的可用能损失，称为㶲损。这㶲损变成附加的废热排给环境。

---

[1] 在这里，"退化""贬值""可用性降低""可用能减少"都是相对于人们力图获得动力（功）这一目标而言的。

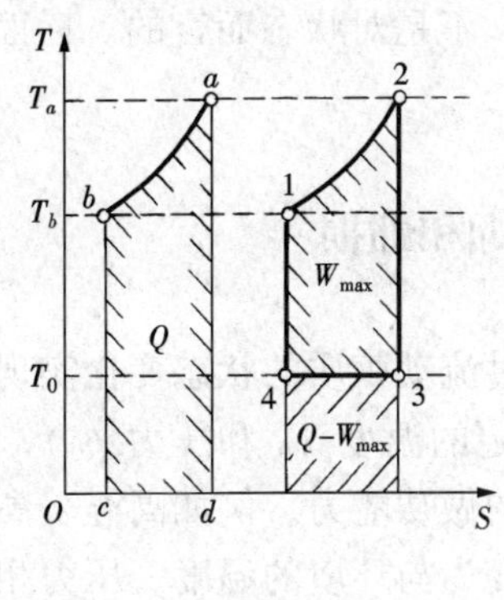

图 4 - 12

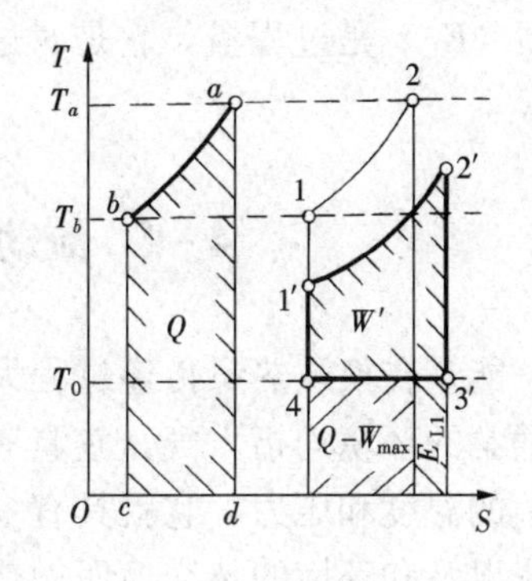

图 4 - 13

再如，假定绝热膨胀过程为不可逆（有内摩擦），如图 4 - 14 中过程 2→3″所示，则同样会引起可用能的减少（减少为 $W''=W_{max}-E_{L2}$）和废热的增加（增加为 $Q-W_{max}+E_{L2}$）。在这里，E_{L2} 即为不可逆绝热膨胀造成的㶲损，这㶲损同样变成附加的废热排给环境。

如果不仅工质的吸热过程有温差，放热过程也有温差；不仅绝热膨胀过程有摩擦，绝热压缩过程也有摩擦，如图 4 - 15 中循环Ⅰ－Ⅱ－Ⅲ－Ⅳ－Ⅰ所示。那么原来所提供的热量 Q 中就只有（$W_{max}-E_{L1}-E_{L2}-E_{L3}-E_{L4}$）可以转变为功，其余部分（$Q-W_{max}+E_{L1}+E_{L2}+E_{L3}+E_{L4}$）都将成为废热。

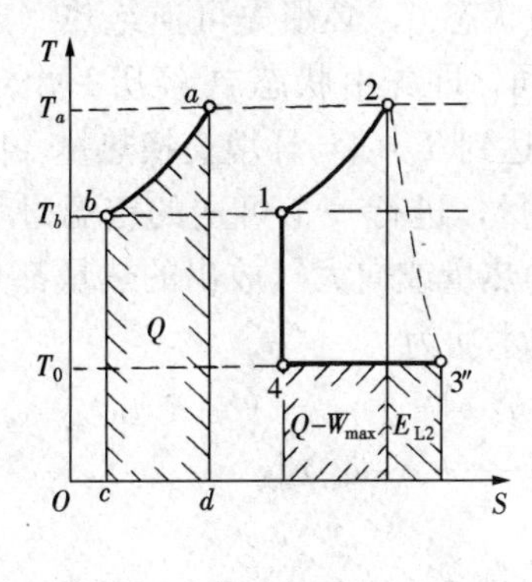

图 4 - 14

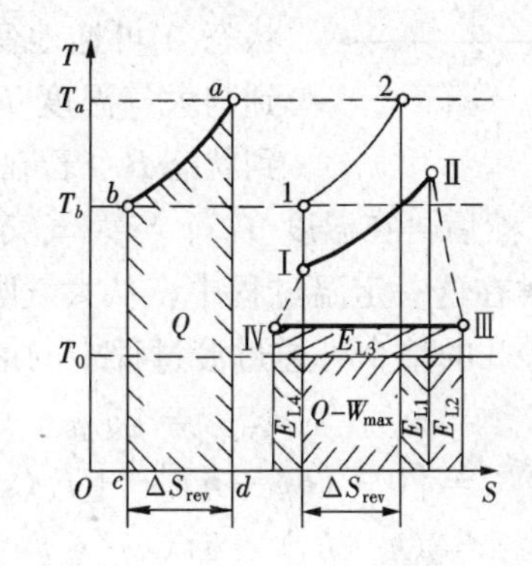

图 4 - 15

总之，由于各种不可逆因素的存在，使所提供的热量 Q 中实际转变为功的部分比理论上的最大值（$W_{max}=E_{x,Q}$）减少。这减少的部分便是可用能的不可逆损失（㶲损）E_L（$E_L=\sum E_{Li}$），这损失都变成附加的废热排给环境。这不可逆损失可以通过包括供热源、热机及周围环境在内的整个孤立系的熵增［由式（4 - 16）可知，它也等于孤立系的熵产］与环境温度的乘积来计算（$E_L=T_0\Delta S_{iso}=T_0S_g$）。这可证明如下：

考虑到热机中的工质在完成一个循环后回到了原状态，因而熵不变，这样

$$\begin{aligned}\Delta S_{iso} &= \Delta S_h+\Delta S_{he}+\Delta S_{amb}\\&=-\Delta S_{rev}+0+\frac{Q-W_{max}+\sum E_{Li}}{T_0}=-\Delta S_{rev}+0+\Delta S_{rev}+\frac{\sum E_{Li}}{T_0}\\&=\frac{\sum E_{Li}}{T_0}=\sum S_{gi}=S_g\end{aligned}$$

从而得

$$E_L=\sum E_{Li}=T_0\sum S_{gi}=T_0S_g=T_0\Delta S_{iso} \tag{4-30}$$

显然，㶲损（E_L）是过程量，它是对过程而言，不是对状态而言的。后面几节提到的㶲损也是如此。

4-9 流动工质的㶲和㶲损

在工程中，能量转换及热量传递过程大多是通过流动工质的状态变化实现的。在一定的环境条件下（通常的环境均指大气，它具有基本稳定的温度 T_0 和压力 p_0），如果流动工质具有不同于环境的温度和压力，它就具有一种潜在的做功能力。例如高温、高压的气流可以通过自身的膨胀以及和环境的热交换而做功，直至变为与环境的温度、压力相同为止。流动工质处于不同状态时的做功能力的大小，可以通过一个综合考虑工质与环境状况的新参数——㶲（也称为流质㶲、焓㶲）来表示。下面来推导这个㶲参数的表达式。

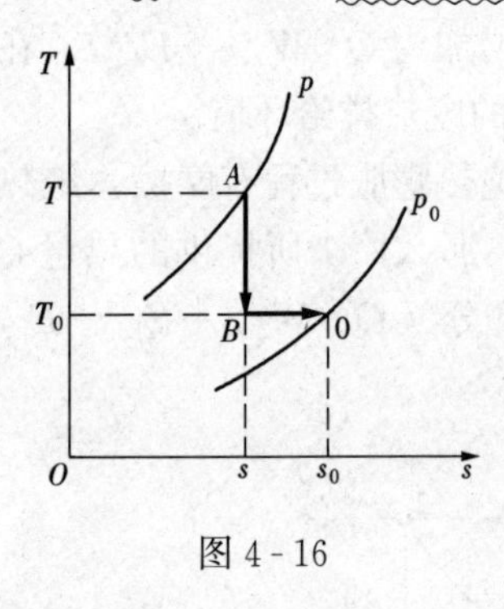

图 4-16

设流动工质处于某状态 A 时的温度为 T、压力为 p、比熵为 s、比焓为 h（见图 4-16）；大气（环境）的温度和压力分别为 T_0、p_0（T_0、p_0 恒定不变）；当工质的温度和压力与大气参数 T_0、p_0 相同时，其比熵为 s_0、比焓为 h_0。流动工质在从状态 A 变化到状态 0 的过程中将会对外界做出技术功，而以可逆过程做出的功为最大。在大气是唯一热源的条件下，工质要从状态 A 可逆地变化到状态 0，必须先可逆绝热（定熵）地变化到与大气温度 T_0 相同，即先由状态 A 经历一个定熵过程变化到状态 B（若在温度达到 T_0 前与环境交换热量，则必为不可逆的温差传热）；然后再在温度 T_0 下与大气交换热量，进行一个可逆的定温过程，从状态 B 变化到状态 0。在这一定温过程中，从大气吸收的热量或向大气放出的热量都是废热。所以在 $A \to B$ 和 $B \to 0$ 的整个可逆过渡过程中的最大技术功为

$$
\begin{aligned}
w_{t,\max} &= w_{t,AB} + w_{t,B0} = [q_{AB} - (h_B - h_A)] + [q_{B0} - (h_0 - h_B)] \\
&= [0 - (h_B - h)] + [T_0(s_0 - s) - (h_0 - h_B)] \\
&= (h - h_0) - T_0(s - s_0)
\end{aligned}
$$

我们将这最大技术功称为流动工质的比㶲（有时也将比㶲简称为㶲），用符号 e_x 表示

$$e_x = (h - h_0) - T_0(s - s_0) \tag{4-31}$$

比㶲的单位为 kJ/kg。

对任意质量工质的㶲，则用符号 E_x 表示，即

$$E_x = (H - H_0) - T_0(S - S_0) \tag{4-32}$$

㶲的单位为 kJ。

由于 T_0 和 p_0 可认为是不变的，工质在 T_0、p_0 状态下的焓 h_0 和熵 s_0 是定值，所以比㶲值只取决于流体所处的状态（T、p 或 h、s），因而可以认为比㶲是状态参数。它表示单位质量的流动工质在给定状态下具有的做功能力（或可用能）；这种做功能力，在大气是唯一热源的条件下，可以通过从该给定状态可逆地变化到与大气参数相同时，以对外做出技术功的形式全部发挥出来。

流动工质的㶲可以在焓熵图中用垂直线段方便而清楚地表示出来。先在焓熵图中画出某指定工质在环境温度 T_0 下的定温线和环境压力 p_0 下的定压线（见图 4-17）。再在二者的交

点0上作 p_0 定压线的切线。这条切线称为环境直线。从任意状态 A 到环境直线的纵向距离 $\overline{AB}$ 即为流动工质处于该状态时的㶲。证明如下：

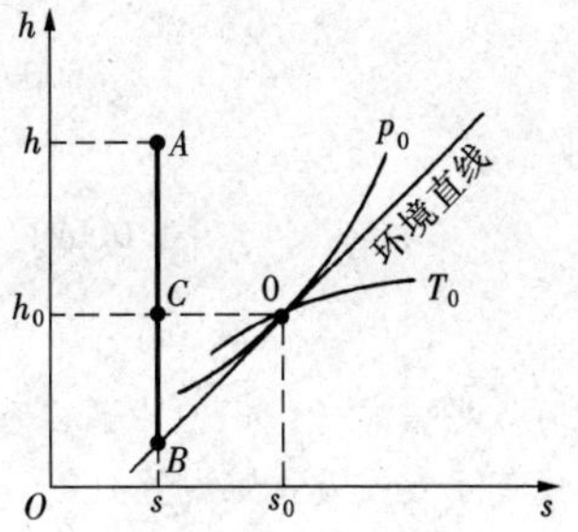

图 4-17

环境直线的斜率为

$$\tan\alpha = \left(\frac{\partial h}{\partial s}\right)_{p(T_0, p_0)} = \frac{\overline{CB}}{\overline{0C}}$$

根据熵的定义式（1-15）可得

$$T\mathrm{d}s = \mathrm{d}u + p\mathrm{d}v = \mathrm{d}h - v\mathrm{d}p \qquad (4-33)$$

或

$$\mathrm{d}h = T\mathrm{d}s + v\mathrm{d}p$$

从而得

$$\left(\frac{\partial h}{\partial s}\right)_p = T \qquad (4-34)$$

式（4-34）表明：焓熵图中定压线上各点的斜率等于该定压线上各点的绝对温度。因此

$$\left(\frac{\partial h}{\partial s}\right)_{p(T_0, p_0)} = T_0$$

所以流动工质的㶲

$$\begin{aligned} e_{\mathrm{x}} &= (h - h_0) - T_0(s - s_0) = (h - h_0) + T_0(s_0 - s) \\ &= \overline{AC} + \tan\alpha \cdot \overline{0C} = \overline{AC} + \overline{CB} = \overline{AB}\text{（于是得证）} \end{aligned}$$

在除大气外别无其他热源的条件下，流动工质从状态1变化到状态2时的㶲降（$E_{\mathrm{x1}} - E_{\mathrm{x2}}$），理论上应该等于对外界做出的技术功：

$$W_{\mathrm{t,t}} = E_{\mathrm{x1}} - E_{\mathrm{x2}} = (H_1 - H_2) - T_0(S_1 - S_2) \qquad (4-35)$$

实际上，由于过程的不可逆性，流动工质做出的技术功总是小于㶲降。这减少的部分就是㶲损（流动工质的可用能损失）：

$$E_{\mathrm{L}} = W_{\mathrm{t,t}} - W_{\mathrm{t}} = (H_1 - H_2) - T_0(S_1 - S_2) - W_{\mathrm{t}} \qquad (4-36)$$

该式又可写为

$$E_{\mathrm{L}} = -(H_2 - H_1 + W_{\mathrm{t}}) + T_0(S_2 - S_1)$$

根据热力学第一定律［式（2-10）］可知

$$H_2 - H_1 + W_{\mathrm{t}} = Q$$

在大气是唯一热源的情况下，工质只能和大气交换热量，二者的热量必定相等，符号相反，即

$$Q_{\mathrm{amb}} = -Q$$

所以

$$E_{\mathrm{L}} = -Q + T_0(S_2 - S_1) = Q_{\mathrm{amb}} + T_0\Delta S = T_0\Delta S_{\mathrm{amb}} + T_0\Delta S$$

即

$$E_{\mathrm{L}} = T_0\Delta S_{\mathrm{iso}} = T_0 S_{\mathrm{g}} \quad \text{（孤立系统的熵增等于熵产）} \qquad (4-37)$$

这里的㶲损计算式，与式（4-30）完全相同。

【例4-4】 压力为1.2MPa、温度为320K的压缩空气从压气机站输出。由于管道、阀门的阻力和散热，到车间时压力降为0.8MPa，温度降为298K。压缩空气的流量为0.5kg/s。求每小时损失的可用能（按定比热容理想气体计算，大气温度为20℃，压力为0.1MPa）。

解 对于管道、阀门，技术功 $W_{\mathrm{t}}=0$。根据式（4-36）可知输送过程中的不可逆损失等于管道两端的㶲差（㶲降）：

$$\begin{aligned} \dot{E}_{\mathrm{L}} &= q_m(e_{\mathrm{x1}} - e_{\mathrm{x2}}) = q_m[(h_1 - h_2) - T_0(s_1 - s_2)] \\ &= q_m\left[c_{p0}(T_1 - T_2) - T_0\left(c_{p0}\ln\frac{T_1}{T_2} - R_{\mathrm{g}}\ln\frac{p_1}{p_2}\right)\right] \end{aligned}$$

$$=(0.5\times3600)\text{kg/h}\times\left\{1.005\text{kJ/(kg}\cdot\text{K)}\times(320-298)\text{K}-293.15\text{K}\right.$$

$$\left.\times\left[1.005\text{kJ/(kg}\cdot\text{K)}\times\ln\frac{320\text{K}}{298\text{K}}-0.2871\text{kJ/(kg}\cdot\text{K)}\times\ln\frac{1.2\text{MPa}}{0.8\text{MPa}}\right]\right\}$$

$$=63\,451\text{kJ/h}$$

也可以根据式（4-37）由孤立系的熵增与大气温度的乘积来计算此不可逆㶲损。每小时由压缩空气放出的热量等于大气吸收的热量：

$$\dot{Q}_{\text{amb}}=-\dot{Q}=-q_m c_{p0}(T_2-T_1)$$

$$=-(0.5\times3600)\text{kg/h}\times1.005\text{kJ/(kg}\cdot\text{K)}\times(298-320)\text{K}$$

$$=39\,798\text{kJ/h}$$

$$\Delta\dot{S}_{\text{iso}}=\Delta\dot{S}_{\text{a}}+\Delta\dot{S}_{\text{amb}}=q_m\left(c_{p0}\ln\frac{T_2}{T_1}-R_{\text{g}}\ln\frac{p_2}{p_1}\right)+\frac{\dot{Q}_{\text{amb}}}{T_0}$$

$$=(0.5\times3600)\text{kg/h}\times\left[1.005\text{kJ/(kg}\cdot\text{K)}\times\ln\frac{298\text{K}}{320\text{K}}\right.$$

$$\left.-0.2871\text{kJ/(kg}\cdot\text{K)}\times\ln\frac{0.8\text{MPa}}{1.2\text{MPa}}\right]+\frac{39\,798\text{kJ/h}}{293.15\text{K}}$$

$$=216.446\text{kJ/(K}\cdot\text{h)}$$

因此

$$\dot{E}_{\text{L}}=T_0\Delta\dot{S}_{\text{iso}}=293.15\text{K}\times216.446\text{kJ/(K}\cdot\text{h)}=63\,451\text{kJ/h}$$

4-10 工质的㶲和㶲损

工质的总能量包括热力学能、动能和位能（$E=U+E_{\text{k}}+E_{\text{p}}$），其中动能和位能本来就是可用能，而热力学能中可用能的含量则和工质所处的状态及环境状态有关。当工质所处状态的温度和压力（T、p）与环境的温度、压力（T_0、p_0）不同时［见图 4-18（a）］，该工质就可以与环境相互作用（换热、做功）进行一个过程，直至工质的温度、压力与环境的温度、压力相同而过程不能再进行为止［见图 4-18（b）］。在这一过程中工质会对外界做出可用功。如果这一过程是可逆的，对外界做出的可用功将达到最大值。

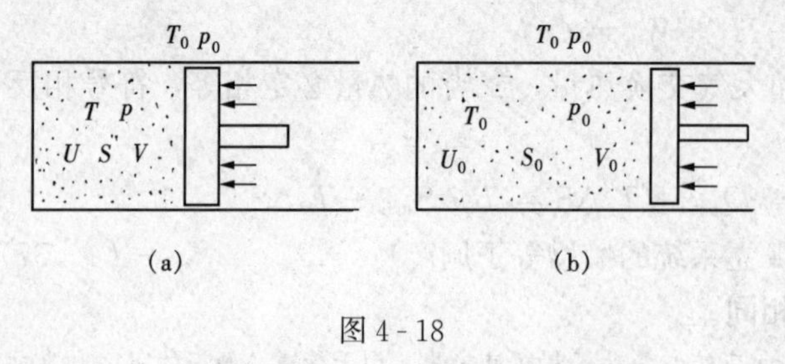

图 4-18

这里提到了可用功，它与膨胀功的区别在于：当气体膨胀时，它对外界做出膨胀功（W），但这膨胀功中有一部分［p_0（V_0-V）］对大气作出（用于排开大气）而无法利用，其余部分才是可用功（反之，当气体被压缩时，在大气压力帮助推动下，则可以减少压缩耗功）。

工质从初始状态经过什么样的具体过程才能可逆地过渡到与环境平衡的状态呢？与上节的讨论相同，工质由 T 变到 T_0 的过程必须是可逆绝热过程（定熵过程，见图 4-16 中过程 $A\rightarrow B$），然后再在 T_0 温度下进行一个可逆的定温过程，使压力达到 p_0（见图 4-16 中过程 $B\rightarrow 0$）。在这两个可逆过程中，工质对外界做出的最大可用功为

$$W_{\text{av,max}}=W_{AB}+W_{B0}-p_0(V_0-V)$$

$$= [Q_{AB} - (U_B - U_A)] + [Q_{B0} - (U_0 - U_B)] - p_0(V_0 - V)$$
$$= [0 - (U_B - U)] + [T_0(S_0 - S) - (U_0 - U_B)] - p_0(V_0 - V)$$
$$= (U - U_0) - T_0(S - S_0) + p_0(V - V_0)$$

我们将这最大可用功称为工质㶲（也称为热力学能㶲、内能㶲），用符号 $E_{x,U}$ 表示

$$E_{x,U} = (U - U_0) - T_0(S - S_0) + p_0(V - V_0) \tag{4-38}$$

对单位质量的工质而言，工质㶲用符号 $e_{x,U}$ 表示

$$e_{x,U} = (u - u_0) - T_0(s - s_0) + p_0(v - v_0) \tag{4-39}$$

$E_{x,U}$ 的单位为 kJ；$e_{x,U}$ 的单位为 kJ/kg。

显然，工质㶲是状态量，它表示对一定的环境而言，工质在某一状态下所具有的热力学能中理论上可以转化为可用能的部分，或者说工质在该状态下具备的做功能力，这做功能力可以在从该状态可逆过渡到与环境参数相同的过程中以对外界做出最大可用功的方式全部发挥出来。

在除大气外别无其他热源的条件下，工质（闭口系）从状态 1 变化到状态 2 时，工质㶲的减少量理论上应等于对外界做出的可用功：

$$W_{av,t} = E_{x,U_1} - E_{x,U_2} = (U_1 - U_2) - T_0(S_1 - S_2) + p_0(V_1 - V_2) \tag{4-40}$$

实际上，由于过程的不可逆性，工质实际做出的可用功总是小于工质㶲的减少量，二者的差值就是㶲损。

$$E_L = W_{av,t} - W_{av} = (U_1 - U_2) - T_0(S_1 - S_2) + p_0(V_1 - V_2) - W_{av}$$
$$= -[(U_2 - U_1) + W_{av} + p_0(V_2 - V_1)] + T_0(S_2 - S_1)$$
$$= -[(U_2 - U_1) + W] + T_0(S_2 - S_1)$$
$$= -Q + T_0(S_2 - S_1)$$

在大气是唯一热源的情况下，工质的放热量也就是大气的吸热量：

$$-Q = Q_{amb}$$

因此 $$E_L = -Q + T_0(S_2 - S_1) = Q_{amb} + T_0\Delta S = T_0\Delta S_{amb} + T_0\Delta S$$

即 $$E_L = T_0\Delta S_{iso} = T_0 S_g\text{（孤立系的熵增等于熵产）} \tag{4-41}$$

这里的㶲损计算式与式（4-30）、式（4-37）完全相同。

【例 4-5】 有一台用压缩空气驱动的小型车，已知压缩空气罐的容积为 0.2m^3，压力为 15MPa（表压）。问在平均功率为 4PS 的情况下车子最多能行驶多长时间？用完这罐压缩空气，最终造成的熵产为若干？已知大气状况为 0.1MPa，20℃。

解 压缩空气与大气有很大的压差，因而具有做功能力。每 kg 压缩空气可能做出的最大可用功（工质㶲）为

$$e_{x,U} = (u - u_0) - T_0(s - s_0) + p_0(v - v_0)$$
$$= c_V(T - T_0) - T_0\left(c_p \ln\frac{T}{T_0} - R_g \ln\frac{p}{p_0}\right) + p_0\left(\frac{R_g T}{p} - \frac{R_g T_0}{p_0}\right)$$

根据题意，压缩空气的温度显然等于大气温度（$T = T_0$），所以

$$e_{x,U} = R_g T_0 \ln\frac{p}{p_0} + R_g T_0 p_0\left(\frac{1}{p} - \frac{1}{p_0}\right) = R_g T_0\left(\ln\frac{p}{p_0} + \frac{p_0}{p} - 1\right)$$
$$= 0.287\,1\text{kJ/(kg·K)} \times 293.15\text{K} \times \left(\ln\frac{15.1\text{MPa}}{0.1\text{MPa}} + \frac{0.1\text{MPa}}{15.1\text{MPa}} - 1\right)$$
$$= 338.67\text{kJ/kg}$$

罐中空气的质量为

$$m=\frac{pV}{R_gT}=\frac{15.1\times10^6\text{Pa}\times0.2\text{m}^3}{287.1\text{kJ/(kg}\cdot\text{K)}\times293.15\text{K}}=35.88\text{kg}$$

总的工质㶲为

$$E_{x,U}=me_{x,U}=35.88\text{kg}\times338.67\text{kJ/kg}=12\,151\text{kJ}$$
$$=\frac{12\,151\text{kJ}}{2647.8\text{kJ/(PS}\cdot\text{h)}}=4.589\text{PS}\cdot\text{h}$$

所以，最多能行驶的时间为

$$\tau=\frac{4.589\text{PS}\cdot\text{h}}{4\text{PS}}=1.147\text{h}=1\text{h}9\text{min}$$

此处算出的时间是理论上可能行使的最长时间，它要求气体进行一个可逆的定温（保持20℃）吸热膨胀过程。由于实际过程中的各种不可逆损失，行使时间肯定会显著减少。但不管实际行使时间的长短，压缩空气原来具备的可用能，由于机器中的损失、车轮与地面以及车身与空气的摩擦等损失，最终都变成了废热（㶲损）排入大气。所以大气的熵增也就是整个过程的熵产。

$$S_g=\frac{E_L}{T_0}=\frac{E_{x,U}}{T_0}=\frac{12\,151\text{kJ}}{293.15\text{K}}=41.45\text{kJ/K}$$

4-11　关于㶲损的讨论及㶲方程

1. 关于㶲损的讨论

在前三节讨论热量㶲、流动工质㶲和工质㶲在不可逆过程中的损失（㶲损）时，得到了同样的计算式［见式（4-30）、式（4-37）、式（4-41）］：

$$E_L=T_0\Delta S_{iso}=T_0S_g$$

虽然该式是针对三种不同情况分别得出的，但实际上，该式是普遍成立的。也就是说，任何㶲损（可用能的不可逆损失）都等于孤立系的熵增（它等于熵产[1]）与环境温度的乘积。

应该指出，由各种不可逆因素造成的孤立系的可用能的损失（㶲损）和由摩擦造成的功损并不相同。即便在孤立系的不可逆损失完全由功损（热产）引起的情况下，可用能的损失也并不一定等于功损。因为功损所形成的热产，如果其温度 T 高于环境温度 T_0，则这一部分热产对环境而言仍然具有一定的可用能，因而这时可用能的损失小于功损（如涡轮机前级的摩擦热在后级中得以部分利用；用电锅炉产生的蒸汽也可以发电）；只有当功损所形成的热产全部是废热（其温度为 T_0）时，可用能的损失才等于功损。从下列二式的比较中也可清楚地看出这一点：

可用能损失　$E_L=T_0\Delta S_{iso}=T_0(S_2-S_1)_{iso}$

功损　$W_L=Q_g=\int_1^2 T\mathrm{d}S_{iso}=T_m(S_2-S_1)_{iso}$

当平均温度 $T_m>T_0$ 时，$E_L<W_L$；当 $T_m=T_0$ 时，$E_L=W_L$。

能量在数量上是守恒的，因此，所谓的能量损失，实质上是指能量质量上的损失，即由可用能变成废热的不可逆损失。有关可用能及其不可逆损失的讨论，使得我们懂得如何估价

[1] 熵产（S_g）原是指孤立系中的熵产，但也可以说成不可逆过程造成的熵产，而不强调孤立系。例如对图4-3所示的由高温物体 A 向低温物体 B 不可逆传热造成的熵产，我们可以说是物体 A 由于进行了一个不可逆放热过程而引起了熵产；也可以说物体 B 由于进行了一个不可逆的吸热过程而引起了熵产；当然也可以说由于 A、B 两物体组成的孤立系内部传热引起了熵产。熵产的大小通常都是（而且一定可以）通过计算囊括了参与过程的全部物体的孤立系的熵增来确定（$S_g=\Delta S_{iso}$）。对㶲损（$E_L=T_0S_g$）也是如此，可以不强调孤立系，而说成是不可逆因素造成的㶲损。

能量的可用性，以及如何计算实际过程中可用能的不可逆损失，以便在改进热能设备的效率时做到心中有数。

2. 㶲方程

各种实际过程中都有㶲损，㶲是不守恒的。如果我们把㶲损考虑进㶲的平衡式，就可以建立起平衡的㶲方程。

设有一热力系如图 4-19 中虚线（界面）包围的体积所示。热力系处于大气环境下（T_0、p_0），它可以有涨缩，也可以有运动。设该热力系开始时具有动能 E_k、位能 E_p、工质㶲 $E_{x,U}$，在一段极短的时间 $d\tau$ 内，从外界进入热力系的热量㶲为 $\delta E_{x,Q}$，又从外界流进了比㶲为 $e_{x,i}$、流速为 c_i、高度为 z_i 的质量 δm_i；与此同时，热力系向外界流出了比㶲为 $e_{x,j}$、流速为 c_j、高度为 z_j 的质量 δm_j，并对外界做出了可用功 δW_{av}。在这 $d\tau$ 时间内，热力系内部由于不可逆因素造成的㶲损为 δE_L。经过 $d\tau$ 时间后，热力系的动能、位能和工质㶲相应地变为（E_k+dE_k）、（E_p+dE_p）、（$E_{x,U}+dE_{x,U}$）。

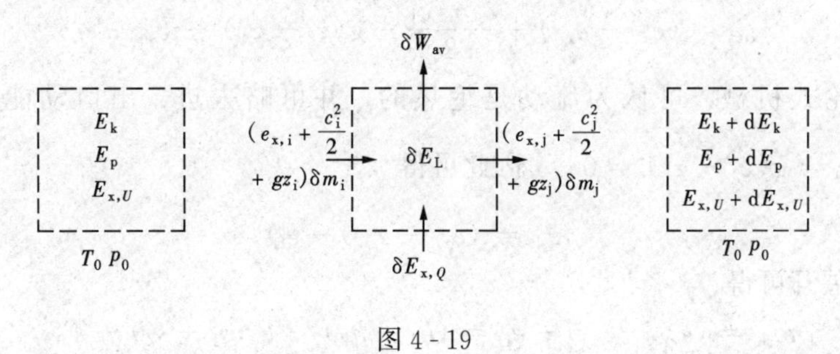

图 4-19

热力系的可用能平衡可用文字表述如下：

（输入热力系的可用能的总和）－（热力系输出的可用能的总和）

－（热力系内部可用能的不可逆损失）＝（热力系的可用能的增量）

即

$$\left[\delta E_{x,Q}+\left(e_{x,i}+\frac{c_i^2}{2}+gz_i\right)\delta m_i\right]-\left[\delta W_{av}+\left(e_{x,j}+\frac{c_j^2}{2}+gz_j\right)\delta m_j\right]-\delta E_L$$
$$=dE_k+dE_p+dE_{x,U}$$

亦可写成

$$\delta E_{x,Q}=dE_{x,U}+dE_k+dE_p+\left[\left(e_{x,j}+\frac{c_j^2}{2}+gz_j\right)\delta m_j-\left(e_{x,i}+\frac{c_i^2}{2}+gz_i\right)\delta m_i\right]$$
$$+\delta W_{av}+\delta E_L \tag{4-42}$$

对时间积分后可得

$$E_{x,Q}=\Delta E_{x,U}+\Delta E_k+\Delta E_p$$
$$+\int_{(\tau)}\left[\left(e_{x,j}+\frac{c_j^2}{2}+gz_j\right)q_{m,j}-\left(e_{x,i}+\frac{c_i^2}{2}+gz_i\right)q_{m,i}\right]d\tau+W_{av}+E_L \tag{4-43}$$

式中　$q_{m,i}$ 和 $q_{m,j}$——进口和出口的质量流率 $\left(q_m=\frac{\delta m}{d\tau}\right)$。

式（4-42）和式（4-43）为可用能的平衡式，也称为㶲方程。它们是普遍适用的㶲方程的基本表达式。它们的含义，按式子的书写形式可以解读为：热力系由于吸热从外界获得的热量㶲，不外乎用于增加本身的工质㶲，增加本身的动能和位能，弥补流出和流入热力系的流体的㶲差、动能差和位能差，对外界做出可用功，以及用于因不可逆因素变成废热的㶲损（式中除㶲损一定是正值外，其他各项均可正、可负）。

如果是稳定流动，并取一段时间，在该段时间内正好有 1kg 流体流过，则由式（4-43）得到

$$E_{x,Q}=e_{x,Q}$$

$$\Delta E_{x,U}=\Delta E_k=\Delta E_p=0$$

$$\int_{(\tau)}\left[\left(e_{x,j}+\frac{c_j}{2}+gz_j\right)q_{m,j}-\left(e_{x,i}+\frac{c_i}{2}+gz_i\right)q_{m,i}\right]d\tau$$

$$=\left(e_{x_2}+\frac{c_2^2}{2}+gz_2\right)-\left(e_{x_1}+\frac{c_1^2}{2}+gz_1\right)$$

$$W_{av}=w_{sh}$$

$$E_L=e_L$$

从而得

$$e_{x,Q}=(e_{x_2}-e_{x_1})+\frac{c_2^2-c_1^2}{2}+g(z_2-z_1)+w_{sh}+e_L \tag{4-44}$$

对各种涡轮式机械，可认为流动是绝热的，并可略去进、出口动能和位能的变化 $\left[E_{x,Q}=\frac{c_2^2-c_1^2}{2}=g(z_2-z_1)=0\right]$，因此可得

$$w_{sh}=(e_{x_1}-e_{x_2})-e_L \tag{4-45}$$

将式（4-45）展开可得

$$\begin{aligned}w_{sh}&=(e_{x_1}-e_{x_2})-e_L=(h_1-h_2)-T_0(s_1-s_2)-T_0s_g\\&=(h_1-h_2)-T_0(s_1-s_2)-T_0(s_2-s_1)\\&=h_1-h_2\end{aligned}$$

与从能量方程式（2-13）所得结果相同。

对各种换热器 $\left[w_{sh}=\frac{c_2^2-c_1^2}{2}=g(z_2-z_1)=0\right]$，则可从式（4-44）得出

$$e_{x,Q}=(e_{x_2}-e_{x_1})+e_L \tag{4-46}$$

式（4-46）可写为

$$q-T_0s_f=(h_2-h_1)-T_0(s_2-s_1)+T_0s_g$$

所以

$$\begin{aligned}q&=(h_2-h_1)-T_0(s_2-s_1)+T_0(s_f+s_g)\\&=(h_2-h_1)-T_0(s_2-s_1)+T_0(s_2-s_1)\\&=h_2-h_1\text{[与式(3-132)相同]}\end{aligned}$$

对处于某一状态的工质（闭口系）在大气环境中进行的过程（从状态 1 到状态 2），式（4-43）中的某些项为零。

$$\Delta E_k=\Delta E_p=0$$

$$\int_{(\tau)}\left[\left(e_{x,j}+\frac{c_j^2}{2}+gz_j\right)q_{m,j}-\left(e_{x,i}+\frac{c_i^2}{2}+gz_i\right)q_{m,i}\right]d\tau=0$$

从而得

$$E_{x,Q}=(E_{x,U_2}-E_{x,U_1})+W_{av}+E_L \tag{4-47}$$

将式（4-47）展开

$$Q-T_0S_f=[(U_2-U_1)-T_0(S_2-S_1)+p_0(V_2-V_1)]+W_{av}+T_0S_g$$

从而得

$$Q=(U_2-U_1)-T_0(S_2-S_1)+p_0(V_2-V_1)+W_{av}+T_0(S_f+S_g)$$
$$=(U_2-U_1)-T_0(S_2-S_1)+W+T_0(S_2-S_1)$$
$$=(U_2-U_1)+W \quad [与式(2-5)相同]$$

以上所举各例和推导结果都表明：能量方程、熵方程、㶲方程都是用来确定热力过程中各状态量和过程量之间的变化关系的，它们的表达形式不一样，但只要是正确的，就必定是相通、相容的。

【例 4-6】 将500kg温度为20℃的水用电热器加热到60℃。求这一不可逆过程造成的功损和可用能的损失。不考虑散热损失。周围大气温度为20℃，水的比定压热容为4.187kJ/(kg·K)。

解 在这里，功损即消耗的电能，它等于水吸收的热量，如图4-20中面积12451所示。

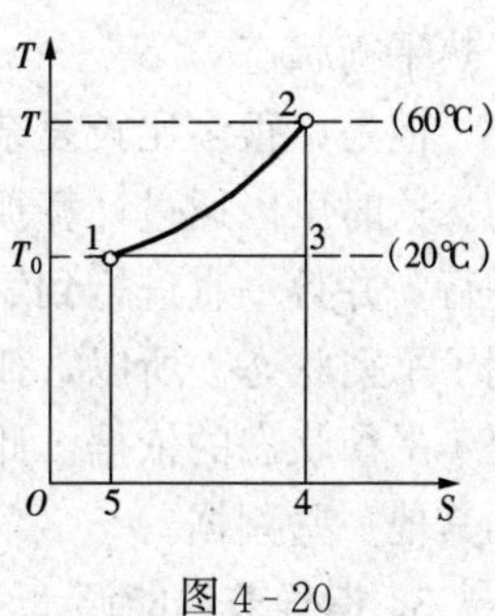

图4-20

$$W_L=Q_g=mc_p(t-t_0)$$
$$=500\text{kg}\times4.187\text{kJ/(kg}\cdot℃)\times(60-20)℃$$
$$=83\,740\text{kJ}$$

整个系统（孤立系）的熵增也就是水在加热过程中的熵增

$$\Delta S_{iso}=mc_p\ln\frac{T}{T_0}$$
$$=500\text{kg}\times4.187\text{kJ/(kg}\cdot\text{K)}\times\ln\frac{(60+273.15)\text{K}}{(20+273.15)\text{K}}$$
$$=267.8\text{kJ/K}$$

可用能损失如图中面积13451所示，即

$$E_L=T_0\Delta S_{iso}=293.15\text{K}\times267.8\text{kJ/K}=78\,500\text{kJ}$$

$E_L<W_L$，可用能的损失小于功损。图4-20中面积1231即表示这二者之差。这一差值也就是500kg、60℃的水（对20℃的环境而言）的可用能。

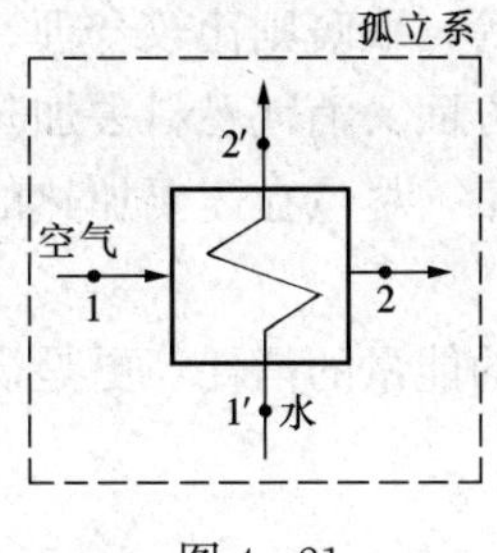

图4-21

【例 4-7】 同[例4-2]。求该换热设备损失的可用能（已知大气温度为20℃）。若不用热空气而用电炉加热水，则损失的可用能为若干？

解 可以将该换热设备取作一孤立系，如图4-21所示。该孤立系的熵增等于熵产[见式(4-16)]，它与[例4-2]中按开口系计算所得的熵产相同。所以，根据式(4-37)可知该换热设备的可用能损失为

$$\dot{E}_L=T_0\Delta\dot{S}_{iso}=T_0\dot{S}_g$$
$$=(20+273.15)\text{K}\times435.5\text{kJ/(K}\cdot\text{h)}$$
$$=127\,670\text{kJ/h}$$

若不用热空气而用电炉加热水，则该孤立系的熵增即为水的熵增。这时的可用能损失为

$$\dot{E}'_L=T_0\Delta\dot{S}'_{iso}=T_0q'_m\Delta s'=T_0q'_mc'_p\ln\frac{T'_2}{T'_1}$$
$$=(20+273.15)\text{K}\times2000\text{kg/h}\times4.187\text{kJ/(kg}\cdot\text{K)}\times\ln\frac{(70+273.15)\text{K}}{(15+273.15)\text{K}}$$
$$=428\,830\text{kJ/h}$$

$$\frac{\dot{E}'_L}{\dot{E}_L}=\frac{428\,830\text{kJ/h}}{127\,670\text{kJ/h}}=3.359$$

用电加热水造成的可用能损失是用热空气加热水时的3倍多。可见由电热器产生热能是不符合节能原则的。

4-12 热力学第二定律对工程实践的指导意义

1. 对热机的理论指导意义

参看第4-6节末，卡诺定理和卡诺循环对热机的原则指导意义。

2. 预测过程进行的方向、判断平衡状态

有些简单过程进行的方向很容易看出来。例如一个高温物体和一个低温物体相接触，传热过程的方向必定是高温物体将热量传给低温物体。这个过程将一直进行到两个物体的温度相等为止。传热过程停止后，两个物体的温度不再发生变化，据此就可以断定两个物体已处于热平衡状态。

但是，很多比较复杂的过程，例如一些化学反应，要直接预测它们进行的方向是很困难的。这时可以通过计算孤立系的熵的变化来预测，因为过程总是朝着使孤立系熵增加的方向进行，并且一直进行到熵达到给定条件下的最大值为止。孤立系的熵达到了最大值，也就达到了平衡状态。所以，孤立系的熵是否达到给定状态下的最大值，可以作为判断孤立系是否处于平衡状态的依据。此外，还可以根据孤立系的熵增原理，结合具体条件，得出平衡状态的其他一些判据。

3. 指导节约能源

热力学第二定律揭示了一切实际过程都具有不可逆性。从能量利用的角度来看，不可逆性意味着能量的贬值、可用能和功的损失或能源利用上的浪费。掌握了能量贬值的规律性，就可以懂得如何避免不必要的不可逆损失，并将不可避免的不可逆损失降到尽可能低的程度。这样就可以使现有的能源得到充分而合理的利用，达到节约能源的目的。

例如，用电炉取暖（功变热）就是最大的浪费（能量质量上的浪费）；直接烧燃料取暖也很浪费；利用低温热能（如地热、热机排气中的热能以及工业余热等）取暖则比较合理。

再如，在一些工厂中，一方面消耗冷却水去冷却一些设备，另一方面又消耗燃料去加热一些设备，这是很不合理的。应该设法将需要冷却的设备中放出的热量，尽量在需要加热的设备中加以利用。

至于在各种动力机械中如何尽量减少不可逆损失，提高效率，节约能量的消耗，更是需要仔细研究的问题。

4. 避免做出违背热力学第二定律的事

热力学第二定律是客观规律，只能遵循不能违反。然而，由于它不像热力学第一定律那样容易直接理解，因此一些实质上是违背热力学第二定律的过程，或实质上属于第二类永动机的构想（虽然有时为一些复杂的情况所掩盖），还是屡见不鲜地被提出来。掌握了热力学第二定律，应该能够透过复杂的现象正确判别某种构想是否违背热力学第二定律，然后再决定取舍，以免工作徒劳，造成时间、人力、财力和物力的浪费。

思考题

1. 自发过程是不可逆过程，非自发过程是可逆过程，这样说对吗？

2. 热力学第二定律能不能说成“机械能可以全部转变为热能，而热能不能全部转变为机械能”？为什么？

3. 与大气温度相同的压缩气体可以从大气中吸热而膨胀做功（依靠单一热源做功）。这是否违背热力学第二定律？

4. 闭口系进行一个过程后，如果熵增加了，是否能肯定它从外界吸收了热量？如果熵减少了，是否能肯定它向外界放出了热量？

5. 试指出循环热效率公式 $\eta_t=1-Q_2/Q_1$ 和 $\eta_t=1-T_2/T_1$ 各自适用的范围（T_1 和 T_2 是指热源和冷源的温度）。

6. 下列说法有无错误？如有错误，指出错在哪里。

（1）工质进行不可逆循环后其熵必定增加；

（2）使热力系熵增加的过程必为不可逆过程；

（3）工质从状态1到状态2进行了一个可逆吸热过程和一个不可逆吸热过程。后者的熵增必定大于前者的熵增。

7. 既然能量是守恒的，那还有什么能量损失呢？

8. 本章涉及的 E、E_k、E_p、E_x、$E_{x,Q}$、$E_{x,U}$、E_L、S、S_f、S_g、$S_g^{Q_g}$、$S_g^{Q_i}$ 各表示什么？哪些是状态量？哪些是过程量？

习　题

4-1　设有一卡诺热机，工作在温度为1200K和300K的两个恒温热源之间。试问热机每做出1kW·h功需从热源吸取多少热量？向冷源放出多少热量？热机的热效率为若干？

4-2　以空气为工质，在习题4-1所给的温度范围内进行卡诺循环。已知空气在定温吸热过程中压力由8MPa降为2MPa。试计算各过程的膨胀功和热量及循环的热效率（按空气热力性质表计算）。

4-3　以氩气为工质，在温度为1200K和300K的两个恒温热源之间进行回热卡诺循环（图4-22）。已知 $p_1=p_4=1.5\text{MPa}$；$p_2=p_3=0.1\text{MPa}$，试计算各过程的功、热量及循环的热效率。

如果不采用回热器，过程4→1由热源供热，过程2→3向冷源排热。这时循环的热效率为若干？由于不等温传热而引起的整个孤立系（包括热源、冷源和热机）的熵增为若干（按定比热容理想气体计算）？

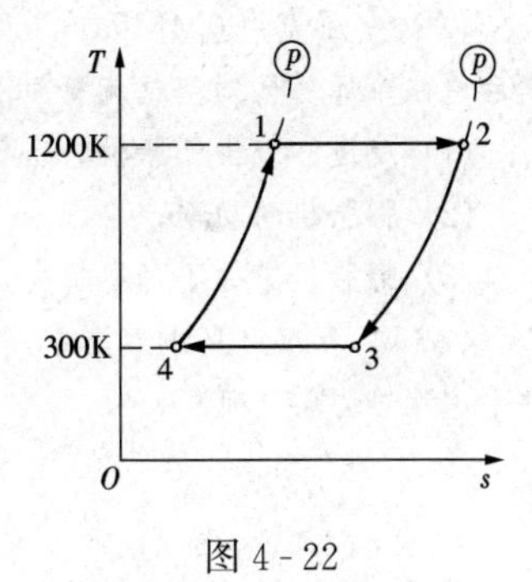

图4-22

4-4　两台卡诺热机串联工作。A热机工作在700℃和 t 之间；B热机吸收A热机的排热，工作在 t 和20℃之间。试计算在下述情况下的 t 值：

（1）两热机输出的功相同；

（2）两热机的热效率相同。

4-5　以 T_1、T_2 为变量，导出图4-23（a）、（b）所示二循环的热效率的比值，并求 T_1 无限趋大时此值的极限。若热源温度 $T_1=1000\text{K}$，冷源温度 $T_2=300\text{K}$，则循环热效率各为若干？热源每供应100kJ热量，图（b）所示循环比卡诺循环少做多少功？冷源的熵多增加若干？整个孤立系（包括热源、冷源和热机）的熵增加多少？

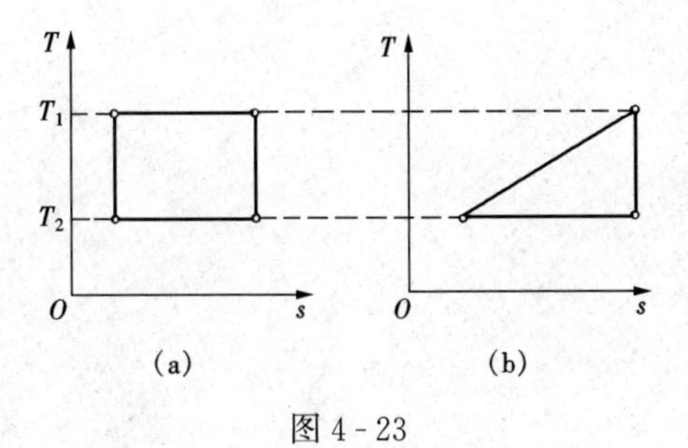

图4-23

4-6　试证明：在压容图中任何两条定熵线（可逆绝热过程曲线）不能相交；若相交，则违反热力学第二定律。

4-7　3kg空气，温度为20℃，压力为1MPa，向真空作绝热自由膨胀，容积增加了4倍（增为原来的5倍）。求膨胀后的温度、压力及熵增（按定比热容理想气体计算）。

4-8　空气在活塞气缸中作绝热膨胀（有内摩擦），体积增加了2倍，温度由400K降为280K。求每千克空气比无摩擦而体积同样增加2倍的情况少做的膨胀功以及由于摩擦引起的熵增，并将这两个过程（有摩擦和无摩擦的绝热膨胀过程）定性地表示在压容图和温熵图中（按空气热力性质表计算）。

4-9　将3kg温度为0℃的冰，投入盛有20kg温度为50℃的水的绝热容器中。求最后达到热平衡时的温度及整个绝热系的熵增。已知水的比热容为4.187kJ/(kg·K)，冰的融解热为333.5kJ/kg（不考虑体积变化）。

4-10　有二物体质量相同，均为m；比热容相同，均为c_p（比热容为定值，不随温度变化）。A物体初温为T_A，B物体初温为T_B（$T_A > T_B$）。用它们作为热源和冷源，使可逆热机工作于其间，直至二物体温度相等为止。试证明：

（1）二物体最后达到的平衡温度为

$$T_m = \sqrt{T_A T_B}$$

（2）可逆热机做出的总功为

$$W_0 = mc_p(T_A + T_B - 2\sqrt{T_A T_B})$$

（3）如果抽掉可逆热机，使二物体直接接触，直至温度相等。这时二物体的熵增为

$$\Delta S = mc_p \ln \frac{(T_A + T_B)^2}{4T_A T_B}$$

4-11　求质量为2kg、温度为300℃的铅块具有的可用能。如果让它在空气中冷却到100℃，则其可用能损失了多少？如果将这300℃的铅块投入5kg温度为50℃的水中，则可用能的损失又是多少？铅的比热容c_p=0.13kJ/(kg·K)；空气（环境）温度为20℃。

4-12　活塞式气缸中装有0.8MPa、20℃的空气0.1kg。用300℃的恒温热源将它定压加热到200℃。问其做功能力增加了多少？不可逆传热造成的损失是多少？已知大气状况为0.1MPa、20℃。

4-13　压力为0.4MPa、温度为20℃的压缩空气，在膨胀机中绝热膨胀到0.1MPa，温度降为−56℃，然后通往冷库。已知空气流量为1200kg/h，环境温度为20℃，压力为0.1MPa，试求：

（1）流进和流出膨胀机的空气的比㶲；

（2）膨胀机的功率；

（3）膨胀机中的不可逆损失。

4-14　容积为V的容器中，装有压力为p、温度为T_0的理想气体。试证明在环境参数为T_0、p_0的条件下，其热力学能㶲为

$$E_{x,U} = pV\left(\ln\frac{p}{p_0} + \frac{p_0}{p} - 1\right)$$

第5章　气体的流动和压缩

［**本章导读**］本章在前面有关热力学基本定律、理想气体性质、气体热力过程等知识的基础上讨论气体在喷管中作绝热流动时气流状态随喷管截面变化的关系，以及气体在压气机中被压缩时的状态变化规律、压气机功耗、压气机效率等问题。

本章的难点是流动过程的临界状况。要弄清临界状况的各种特性，并会用它们来判断、分析变截面管道在不同条件下的工作状况。

5-1　一元稳定流动的基本方程

本章讨论的气体流动，仅限于一元稳定流动。所谓一元流动，是指流动的一切参数仅沿一个方向（这个方向可以是直线，也可以是弯曲流道的轴线）有显著变化，而在其他两个方向上的变化是极小的。所谓稳定流动，是指流道中任意指定空间的一切参数都不随时间而变。

1. 连续方程

设有一任意流道如图5-1所示。

图中：q_m 为流量，kg/s；v 为比体积，m^3/kg；c 为流速，m/s；A 为流道截面积，m^2。

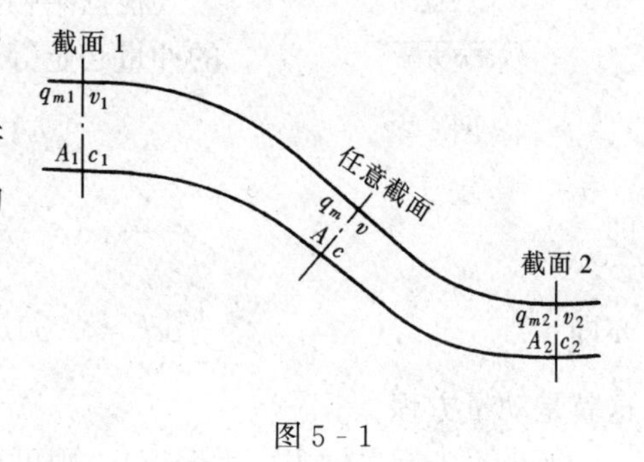

图5-1

单位时间流过流道中任意一截面的体积（即所谓体积流量 q_V）等于流量（质量流量）和比体积的乘积，也等于流速和截面积的乘积。

$$q_V = q_m v = Ac$$

所以

$$q_m = \frac{Ac}{v}$$

对稳定流动而言，流量不随时间变化，所以

$$q_m = \frac{Ac}{v} = 常数$$

对截面1可得

$$q_{m1} = \frac{A_1 c_1}{v_1} = 常数$$

对截面2可得

$$q_{m2} = \frac{A_2 c_2}{v_2} = 常数$$

对截面 i 可得

$$q_{mi} = \frac{A_i c_i}{v_i} = 常数$$

对于稳定流动，根据质量守恒原理可知，流过流道任何一个截面的流量必定相等：

$$q_{m1} = q_{m2} = \cdots = q_m = 常数$$

即

$$\frac{A_1 c_1}{v_1} = \frac{A_2 c_2}{v_2} = \cdots = \frac{Ac}{v} = q_m = 常数 \tag{5-1}$$

式（5 - 1）就是一元稳定流动的连续方程。它说明：任何时刻流过流道任何截面的流量都是不变的常数。它适用于任何一元稳定流动，不管是什么流体，也不管是可逆过程或是不可逆过程。

2. 能量方程

稳定流动的能量方程在第 2 - 1 节中已经得出［式（2 - 13)］：

$$q = h_2 - h_1 + \frac{1}{2}(c_2^2 - c_1^2) + g(z_2 - z_1) + w_{sh}$$

本章主要讨论喷管和扩压管中的流动过程。这种流动过程有如下特点：

无轴功 $w_{sh} = 0$

气体和外界基本上绝热 $q \approx 0$

重力位能基本上无变化 $g(z_2 - z_1) \approx 0$

所以能量方程变为如下的简单形式：

$$\frac{1}{2}(c_2^2 - c_1^2) = h_1 - h_2 \tag{5 - 2}$$

式（5 - 2）适用于任何工质的绝热稳定流动过程，不管过程是可逆的或是不可逆的。

3. 动量方程

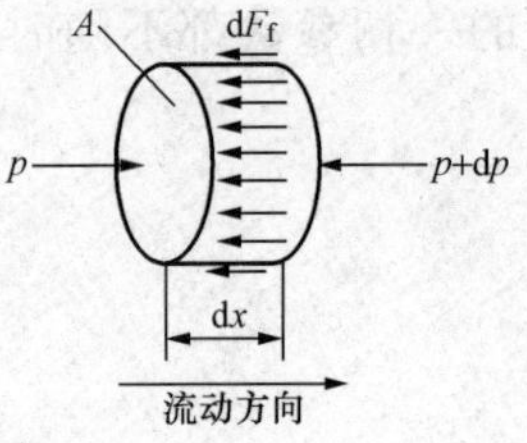

在流体中沿流动方向取一微元柱体（图 5 - 2）。柱体的截面积为 A，长度为 dx。假定作用在柱体侧面的摩擦力（黏性阻力）为 dF_f。

图 5 - 2

根据牛顿第二定律可知，在 $d\tau$ 时间内，作用在微元柱体上的冲量必定等于该柱体的动量变化：

$$[pA - (p + dp)A - dF_f]d\tau = dm dc = \frac{A dx}{v} dc$$

即

$$-v dp - v\frac{dF_f}{A} = \frac{dx}{d\tau} dc = c dc$$

亦即

$$\frac{1}{2}dc^2 = -v dp - v\frac{dF_f}{A} = -v dp - \delta w_L \tag{5 - 3}$$

这就是动量方程。

如果不考虑黏性力（无摩擦），则可得

$$\frac{1}{2}dc^2 = -v dp \tag{5 - 4}$$

积分后得

$$\frac{1}{2}(c_2^2 - c_1^2) = -\int_1^2 v dp \tag{5 - 5}$$

4. 流动中常用的其他一些和流体性质有关的方程

（1）状态方程。流体状态方程的一般形式为

$$F(p, v, T) = 0$$

实际气体 p、v、T 之间的函数关系比较复杂。为简化计算，一些实际气体的 p、v、T 性质可利用现成的图表查出。

理想气体的状态方程具有最简单的形式：

$$pv = R_g T \tag{5 - 6}$$

（2）过程方程。本章只讨论绝热流动，如果不考虑摩擦，也就是定熵流动，所以过程方

程也就是定熵过程方程。

假定气体（包括理想气体和实际气体）的定熵过程遵守如下方程：

$$pv^{\kappa}=常数(\kappa 为定值) \tag{5-7}$$

κ 称为定熵指数（也称绝热指数）。对定比热容理想气体而言，定熵指数等于比热容比：

$$\kappa=\gamma_0$$

(3) 声速方程。根据物理学知道，声音在气体中的传播速度（声速 c_s）与气体的状态有关：

$$c_s=\sqrt{\left(\frac{\partial p}{\partial \rho}\right)_s}=\sqrt{-v^2\left(\frac{\partial p}{\partial v}\right)_s}$$

从式（5-7）可得

$$\left(\frac{\partial p}{\partial v}\right)_s=-\kappa\frac{p}{v}[见第5-2节式(b)]$$

代入上式即得

$$c_s=\sqrt{\kappa p v} \tag{5-8}$$

式（5-8）对任何气体都适用，而对理想气体则可得

$$c_s=\sqrt{\gamma_0 R_g T} \tag{5-9}$$

式（5-9）说明，声音在理想气体中的传播速度与绝对温度的平方根成正比，温度越高，声速就越大。

下面各节有关流动过程的讨论，基本上就是上述各方程结合具体条件的应用和进一步的推导。

5-2　喷管中气流参数变化和喷管截面变化的关系

喷管是利用压力降落使流体加速的管道。由于气体通过喷管时流速一般都较高（比如说每秒几百米），而喷管的长度有限（比如说几厘米或几十厘米），气流从进入喷管到流出喷管所经历的时间极短，因而和外界交换的热量极少，完全可以忽略不计。因此，喷管中进行的过程可以认为是绝热的。

气流在管道中流动时的状态变化情况和管道截面积的变化情况有密切关系。因此，要掌握气流在喷管中的变化规律，就必须搞清楚管道截面的变化情况。或者说，要控制气流按一定的规律变化（加速），就必须相应地设计出一定形状的喷管。

连续方程［式（5-1）］建立了喷管截面积和流速、流量及比体积之间的关系：

$$\frac{Ac}{v}=q_m=常数$$

对上式取对数得

$$\ln A+\ln c-\ln v=\ln q_m=常数$$

微分后得

$$\frac{dA}{A}+\frac{dc}{c}-\frac{dv}{v}=0$$

所以

$$\frac{dA}{A}=\frac{dv}{v}-\frac{dc}{c} \tag{5-10}$$

式（5-10）说明：喷管截面的增加率等于气体比体积的增加率和流速增加率之差。

在喷管中，流速和比体积都是不断增加的［喷管中压力不断下降，所以从式（5-7）可

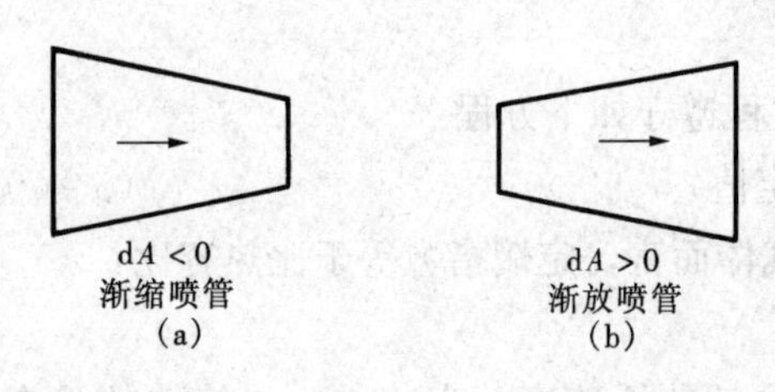

图 5-3

知比体积是不断增加的]。如果比体积的增加率小于流速的增加率 $\left(\frac{dv}{v}<\frac{dc}{c}\right)$，那么 $\frac{dA}{A}<0$，喷管应该是渐缩形的［见图 5-3（a）］；如果比体积的增加率大于流速的增加率 $\left(\frac{dv}{v}>\frac{dc}{c}\right)$，那么 $\frac{dA}{A}>0$，喷管应该是渐放形的［见图 5-3（b）］。只有对不可压缩的流体（例如液体，$\frac{dv}{v}\approx 0$），喷管才一定是渐缩形的 $\left(\frac{dA}{A}\approx-\frac{dc}{c}<0\right)$。究竟什么时候比体积的增加率小于流速的增加率，什么时候比体积的增加率大于流速的增加率，这是需要进一步讨论的问题。

对于无摩擦的流动，其动量方程为式（5-4），即

$$c\mathrm{d}c=-v\mathrm{d}p \tag{a}$$

而定熵过程方程为

$$pv^{\kappa}=常数$$

微分后得

$$v^{\kappa}\mathrm{d}p+p\kappa v^{\kappa-1}\mathrm{d}v=0$$

即

$$\mathrm{d}p=-\kappa p\frac{\mathrm{d}v}{v} \tag{b}$$

将式（b）代入式（a）得

$$c\mathrm{d}c=\kappa p\mathrm{d}v \tag{c}$$

式（c）亦可写为

$$\frac{\mathrm{d}v}{v}=\frac{c^2}{\kappa pv}\frac{\mathrm{d}c}{c} \tag{d}$$

将声速方程［式（5-8）］代入式（d）后得

$$\frac{\mathrm{d}v}{v}=\frac{c^2}{c_s^2}\frac{\mathrm{d}c}{c} \tag{e}$$

令

$$\frac{c}{c_s}=Ma \tag{5-11}$$

Ma 称为马赫数，它等于流速与当地声速[1]之比。这样式（e）就可写为

$$\frac{\mathrm{d}v}{v}=Ma^2\frac{\mathrm{d}c}{c} \tag{5-12}$$

将式（5-12）代入式（5-10）即得

$$\frac{\mathrm{d}A}{A}=(Ma^2-1)\frac{\mathrm{d}c}{c} \tag{5-13}$$

根据式（5-12）和式（5-13）可以得出如下结论：在喷管中，流速是不断增加的 $\left(\frac{dc}{c}>0\right)$，因此，当 $Ma<1$（即当流速小于当地声速时），比体积的增加率小于流速的增加率，喷管应该是渐缩的 $\left(\frac{dA}{A}<0\right)$；当 $Ma>1$（即当流速大于当地声速时），比体积的增加率大于流速的增加率，喷管应该是渐放的 $\left(\frac{dA}{A}>0\right)$。这一结论适用于定熵流动，不管工质是理想气体还是实际气体。

如果气体在喷管中的流速由低于当地音速增加到超过当地声速，那么喷管应该由渐缩过

[1] 当地声速是指声音在气体实际所处状况下传播的速度。

渡到渐放（见图 5-4），这样就形成了缩放喷管（或称拉伐尔喷管）。

在喷管中，当流速不断增加时，声速是不断下降的。这可证明如下：

对式（5-8）取对数：

$$\ln c_s = \frac{1}{2}(\ln\kappa + \ln p + \ln v)$$

将上式微分：

$$\frac{dc_s}{c_s} = \frac{1}{2}\left(\frac{dp}{p} + \frac{dv}{v}\right) \tag{f}$$

另外，从式（b）得

$$\frac{dv}{v} = -\frac{1}{\kappa}\frac{dp}{p} \tag{g}$$

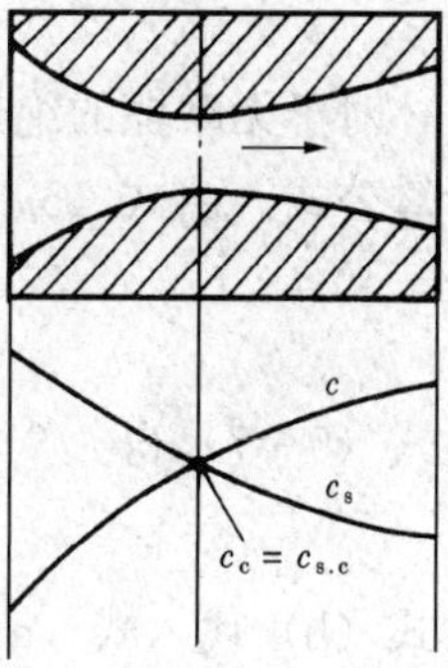

图 5-4

将式（g）代入式（f）得

$$\frac{dc_s}{c_s} = \frac{1}{2}\left(1 - \frac{1}{\kappa}\right)\frac{dp}{p} \tag{h}$$

从式（h）可以看出：由于定熵指数 $\kappa > 1$，而气流在喷管中的压力是不断降低的（$dp < 0$），所以声速在喷管中也是不断降低的（$dc_s < 0$）。

在喷管中流速不断增加，而声速不断下降（图 5-4），当流速达到当地声速时，喷管开始由渐缩变为渐放，这样就形成了一个最小截面积，称为喉部。达到当地声速的流速称为临界流速（$c_c = c_{s,c}$）。对于定熵流动，临界流速一定发生在喷管最小截面处（喉部）。

5-3 气体流经喷管的流速和流量

1. 流速

在研究流动过程时，为了表达和计算方便，人们把气体流速为零时或流速虽大于零但按定熵压缩过程折算到流速为零时（参看本节末）的各种参数称为滞止参数。用星号“*”标记滞止参数，如滞止压力 p^*、滞止温度 T^*、滞止焓 h^* 等。气体从滞止状态（$c^* = 0$）开始，在喷管中，随着喷管截面积的变化，流速（c）不断增加，其他状态参数（p、v、T、h）也相应地随着变化（见图 5-5）。

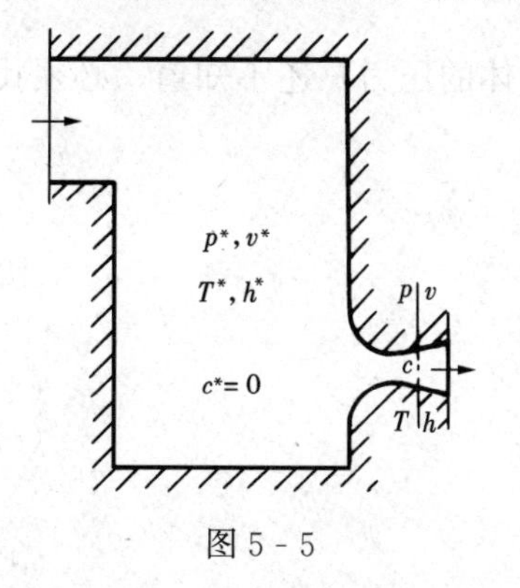

图 5-5

气体通过喷管任意截面时的流速 c，可以根据能量方程［式（5-2）］计算：

$$\frac{1}{2}(c^2 - c^{*2}) = h^* - h$$

所以

$$c = \sqrt{2(h^* - h)} \tag{5-14}$$

式（5-14）适用于绝热流动，不管是什么工质，也不管过程是否可逆，只要知道滞止焓降（$h^* - h$），即可计算出该截面的流速。

对定比热容理想气体则可得

$$c = \sqrt{2c_{p0}(T^* - T)} \tag{5-15}$$

对于无摩擦的绝热流动过程，可以根据式（5 - 5）和式（5 - 7）得出另一种形式的流速计算公式。由式（5 - 5）可知

$$c = \sqrt{2\left(-\int_{p^*}^{p} v\mathrm{d}p\right)} \tag{a}$$

从式（5 - 7）得

$$v = p^{*\frac{1}{\kappa}} v^* p^{-\frac{1}{\kappa}} \tag{b}$$

将式（b）代入式（a）中的积分式

$$-\int_{p^*}^{p} v\mathrm{d}p = -\int_{p^*}^{p} p^{*\frac{1}{\kappa}} v^* p^{-\frac{1}{\kappa}} \mathrm{d}p = -p^{*\frac{1}{\kappa}} v^* \int_{p^*}^{p} p^{-\frac{1}{\kappa}} \mathrm{d}p$$

$$= -p^{*\frac{1}{\kappa}} v^* \frac{1}{1-\frac{1}{\kappa}} \left(p^{\frac{\kappa-1}{\kappa}} - p^{*\frac{\kappa-1}{\kappa}}\right) = \frac{\kappa}{\kappa-1} p^* v^* \left[1 - \left(\frac{p}{p^*}\right)^{\frac{\kappa-1}{\kappa}}\right] \tag{c}$$

将式（c）代入式（a）即得

$$c = \sqrt{\frac{2\kappa}{\kappa-1} p^* v^* \left[1 - \left(\frac{p}{p^*}\right)^{\frac{\kappa-1}{\kappa}}\right]} = c_s^* \sqrt{\frac{2}{\kappa-1}\left[1 - \left(\frac{p}{p^*}\right)^{\frac{\kappa-1}{\kappa}}\right]} \tag{5-16}$$

式（5 - 16）适用于任何气体的定熵流动。

对定比热容理想气体，式（5 - 16）可写为

$$c = \sqrt{\frac{2\gamma_0}{\gamma_0-1} R_g T^* \left[1 - \left(\frac{p}{p^*}\right)^{\frac{\gamma_0-1}{\gamma_0}}\right]} = c_s^* \sqrt{\frac{2}{\gamma_0-1}\left[1 - \left(\frac{p}{p^*}\right)^{\frac{\gamma_0-1}{\gamma_0}}\right]} \tag{5-17}$$

2. 临界流速和临界压力比

临界流速可以根据式（5 - 16）求出：

$$c_c = \sqrt{\frac{2\kappa}{\kappa-1} p^* v^* \left[1 - \left(\frac{p_c}{p^*}\right)^{\frac{\kappa-1}{\kappa}}\right]} \tag{a}$$

但是临界压力 p_c（即流速等于当地声速，亦即 $Ma=1$ 时，气体的压力）还不知道，必须找出临界压力和一些已知参数之间的关系。

根据临界流速的定义，它等于当地声速：

$$c_c = c_{s,c} = \sqrt{\kappa p_c v_c} \tag{b}$$

从式（a）和式（b）可得

$$\frac{p_c v_c}{p^* v^*} = \frac{2}{\kappa-1}\left[1 - \left(\frac{p_c}{p^*}\right)^{\frac{\kappa-1}{\kappa}}\right] \tag{c}$$

其中

$$\frac{v_c}{v^*} = \left(\frac{p_c}{p^*}\right)^{-\frac{1}{\kappa}} \tag{d}$$

将式（d）代入式（c）后得

$$\left(\frac{p_c}{p^*}\right)^{\frac{\kappa-1}{\kappa}} = \frac{2}{\kappa-1}\left[1 - \left(\frac{p_c}{p^*}\right)^{\frac{\kappa-1}{\kappa}}\right]$$

即

$$\left(\frac{p_c}{p^*}\right)^{\frac{\kappa-1}{\kappa}} \left(1 + \frac{2}{\kappa-1}\right) = \frac{2}{\kappa-1}$$

所以
$$\beta_c = \frac{p_c}{p^*} = \left(\frac{2}{\kappa+1}\right)^{\frac{\kappa}{\kappa-1}} \tag{5-18}$$

β_c 称为临界压力比，它是临界压力和滞止压力的比值。从式（5-18）可知，对无摩擦的绝热流动，临界压力比取决于定熵指数。根据该式计算出的各种气体的临界压力比为

$$\left.\begin{array}{ll} \text{单原子气体}, \kappa \approx 1.67 & \beta_c \approx 0.487 \\ \text{双原子气体}, \kappa \approx 1.40 & \beta_c \approx 0.528 \\ \text{多原子气体}, \kappa \approx 1.30 & \beta_c \approx 0.546 \\ \text{过热水蒸气}, \kappa \approx 1.30 & \beta_c \approx 0.546 \\ \text{饱和水蒸气}, \kappa \approx 1.135 & \beta_c \approx 0.577 \end{array}\right\} \tag{5-19}$$

从式（5-19）可以得到这样一个大致的概念：各种气体在喷管中流速从零增加到临界流速，压力大约降低一半。

知道了临界压力比再回过来根据式（a）计算临界流速。将式（5-18）代入式（a）后得

$$c_c = \sqrt{\frac{2\kappa}{\kappa-1}p^* v^* \left[1 - \frac{2}{\kappa+1}\right]}$$

即
$$c_c = c_s^* \sqrt{\frac{2}{\kappa+1}} \tag{5-20}$$

式（5-20）表明：对一定的气体（定熵指数 κ 已知），临界流速仅取决于滞止声速。对定比热容理想气体，$\kappa = \gamma_0$，$c_s^* = \sqrt{\gamma_0 R_g T^*}$，$c_c = \sqrt{\dfrac{2R_g T^*}{1+\dfrac{1}{\gamma_0}}}$，因此临界流速仅取决于滞止温度。

3. 流量和最大流量

对于稳定流动，如果没有分流和合流，那么流体通过流道任何截面的流量都是相同的。因此，无论按哪一个截面的参数计算流量，所得结果都是一样的。对于喷管，通常都按它的最小截面（喉部）的参数计算流量。

根据式（5-1）和式（5-16）可得

$$q_m = \frac{A_{\min} c_{th}}{v_{th}} = \frac{A_{\min}}{v_{th}} c_s^* \sqrt{\frac{2}{\kappa-1}\left[1 - \left(\frac{p_{th}}{p^*}\right)^{\frac{\kappa-1}{\kappa}}\right]} \tag{a}$$

式中　$A_{\min}$——喷管最小截面积（即喉部截面积）；

c_{th}、v_{th}、p_{th}——喉部的流速、比体积、压力。

式（a）中
$$\frac{1}{v_{th}} = \frac{1}{v^*}\left(\frac{p_{th}}{p^*}\right)^{\frac{1}{\kappa}}$$

代入式（a）后即得

$$q_m = \frac{A_{\min}}{v^*} c_s^* \sqrt{\frac{2}{\kappa-1}\left[\left(\frac{p_{th}}{p^*}\right)^{\frac{2}{\kappa}} - \left(\frac{p_{th}}{p^*}\right)^{\frac{\kappa+1}{\kappa}}\right]} \tag{5-21}$$

式（5-21）为喷管流量计算公式。如果喷管最小截面积和滞止参数不变，那么当最小截面上的流速达到临界流速（即当 $p_{th} = p_c, c_{th} = c_c$）时，流量将达到最大值。这可证明如下。

从式（5-21）可以看出，在 $A_{\min}$、v^*、c_s^*、p^*（当然还有 κ）不变的条件下，当 $\left[\left(\frac{p_{th}}{p^*}\right)^{\frac{2}{\kappa}} - \left(\frac{p_{th}}{p^*}\right)^{\frac{\kappa+1}{\kappa}}\right]$ 具有极大值时，流量也具有极大值。

令
$$\frac{p_{\mathrm{th}}}{p^*}=\beta_{\mathrm{th}}$$

并令
$$\frac{\mathrm{d}}{\mathrm{d}\beta_{\mathrm{th}}}\left(\beta_{\mathrm{th}}^{\frac{2}{\kappa}}-\beta_{\mathrm{th}}^{\frac{\kappa+1}{\kappa}}\right)=0$$

即
$$\frac{2}{\kappa}\beta_{\mathrm{th}}^{\frac{2-\kappa}{\kappa}}-\frac{\kappa+1}{\kappa}\beta_{\mathrm{th}}^{\frac{1}{\kappa}}=0$$

即
$$\frac{1}{\kappa}\beta_{\mathrm{th}}^{\frac{1}{\kappa}}\left[2\beta_{\mathrm{th}}^{\frac{1-\kappa}{\kappa}}-(\kappa+1)\right]=0$$

从而得
$$\beta_{\mathrm{th}}^{\frac{1}{\kappa}}=0\ \text{或}\ 2\beta_{\mathrm{th}}^{\frac{1-\kappa}{\kappa}}-(\kappa+1)=0$$

即
$$\beta_{\mathrm{th}}=0\ \text{或}\ \beta_{\mathrm{th}}=\left(\frac{2}{\kappa+1}\right)^{\frac{\kappa}{\kappa-1}}=\beta_{\mathrm{c}}$$

但当 $\beta_{\mathrm{th}}=0$ 时，从式（5 - 21）得 $q_m=0$，显然这不是最大流量。因此，只有当 $\beta_{\mathrm{th}}=\beta_{\mathrm{c}}$（即 $p_{\mathrm{th}}=p_{\mathrm{c}}, c_{\mathrm{th}}=c_{\mathrm{c}}, Ma_{\mathrm{th}}=1$）时，流量才达到最大值。所以，最大流量为

$$q_{m,\max}=\frac{A_{\min}}{v^*}c_{\mathrm{s}}^*\sqrt{\frac{2}{\kappa-1}\left[\left(\frac{2}{\kappa+1}\right)^{\frac{2}{\kappa-1}}-\left(\frac{2}{\kappa+1}\right)^{\frac{\kappa+1}{\kappa-1}}\right]}$$

化简后得
$$q_{m,\max}=\frac{A_{\min}}{v^*}c_{\mathrm{s}}^*\left(\frac{2}{\kappa+1}\right)^{\frac{\kappa+1}{2\kappa-2}} \tag{5 - 22}$$

从式（5 - 16）到式（5 - 22）都只适用于定熵（无摩擦绝热）流动。

有一种流道和喷管的作用恰恰相反，它利用流速的降低使气体增压，这种流道称为扩压管。例如叶轮式压气机中就利用扩压管来达到增压目的（参看第 5 - 7 节）。

气流在扩压管中进行的是绝热压缩过程。在理论分析上，扩压管可看作喷管的倒逆。对喷管的分析和各计算式原则上也都适用于扩压管，但各种参数变化的符号恰恰相反（熵的变化除外[1]）。例如：在喷管中，$\mathrm{d}c>0$，$\mathrm{d}p<0$，$\mathrm{d}h<0$，$\mathrm{d}T<0$，$\mathrm{d}v>0$ 等；而在扩压管中，则 $\mathrm{d}c<0$，$\mathrm{d}p>0$，$\mathrm{d}h>0$，$\mathrm{d}T>0$，$\mathrm{d}v<0$ 等。可以想象气流在喷管中做逆向流动时各种参数将会发生的反向变化，以此来分析气流在扩压管中的流动情况。

本节开头提到的滞止参数，对具有一定流速的气体来说，实际上就是设想它在扩压管中定熵压缩到流速为零时所得到的各种参数（h^*、T^*、p^*、v^*）。这些滞止参数可以根据已知的流速 c 及相应的状态（T、p）来计算。

滞止焓［见式（5 - 14）］

$$h^*=h+\frac{c^2}{2} \tag{5 - 23}$$

式（5 - 23）适用于任何气体的绝热压缩（滞止）过程。

滞止温度［参看式（5 - 15）］

$$T^*=T+\frac{c^2}{2c_{p0}} \tag{5 - 24}$$

式（5 - 24）适用于定比热容理想气体的绝热压缩（滞止）过程。

滞止压力可以根据式（3 - 93）和式（5 - 24）导出：

---

[1] 如果是无摩擦的绝热流动，则无论在喷管或扩压管中，气体的熵均不变（$\mathrm{d}s=0$）；如果是有摩擦的绝热流动，则无论在喷管或扩压管中，气流的熵均增加（$\mathrm{d}s>0$），而并非符号相反。

$$\left(\frac{p^*}{p}\right)^{\frac{\gamma_0-1}{\gamma_0}}=\frac{T^*}{T}=1+\frac{c^2}{2c_{p0}T}$$

所以
$$p^*=p\left(1+\frac{c^2}{2c_{p0}T}\right)^{\frac{\gamma_0}{\gamma_0-1}} \tag{5-25}$$

式（5-25）只适用于定比热容理想气体的定熵压缩（滞止）过程。

滞止比体积可以根据理想气体状态方程和式（5-24）、式（5-25）导出：

$$v^*=\frac{R_gT^*}{p^*}=R_g\frac{T\left(1+\frac{c^2}{2c_{p0}T}\right)}{p\left(1+\frac{c^2}{2c_{p0}T}\right)^{\frac{\gamma_0}{\gamma_0-1}}}$$

所以
$$v^*=\frac{R_gT}{p}\left(1+\frac{c^2}{2c_{p0}T}\right)^{\frac{1}{1-\gamma_0}} \tag{5-26}$$

式（5-26）也只适用于定比热容理想气体的定熵压缩（滞止）过程。

【例5-1】 空气进入某缩放喷管时的流速为300m/s，相应的压力为0.5MPa，温度为450K，试求各滞止参数以及临界压力和临界流速。若出口截面的压力为0.1MPa，则出口流速和出口温度各为若干（按定比热容理想气体计算，不考虑摩擦）？

解 对于空气

$$\gamma_0=1.4, c_{p0}=1.005\text{kJ/(kg·K)}, R_g=0.2871\text{kJ/(kg·K)}$$

根据式（5-23）可计算出滞止焓：

$$h^*=h_1+\frac{c_1^2}{2}=c_{p0}T_1+\frac{c_1^2}{2}$$
$$=1.005\text{kJ/(kg·K)}\times450\text{K}+\left(\frac{300^2}{2}\times10^{-3}\right)\text{kJ/kg}=497.3\text{kJ/kg}$$

滞止温度、滞止压力和滞止比体积则分别为

$$T^*=\frac{h^*}{c_{p0}}=\frac{497.3\text{kJ/kg}}{1.005\text{kJ/(kg·K)}}=494.8\text{K}$$

$$p^*=p_1\left(\frac{T^*}{T_1}\right)^{\frac{\gamma_0}{\gamma_0-1}}=0.5\text{MPa}\times\left(\frac{494.8\text{K}}{450\text{K}}\right)^{\frac{1.4}{1.4-1}}=0.6970\text{MPa}$$

$$v^*=\frac{R_gT^*}{p^*}=\frac{(0.2871\times10^3)\text{J/(kg·K)}\times494.8\text{K}}{(0.6970\times10^6)\text{Pa}}=0.2038\text{m}^3\text{/kg}$$

根据式（5-18）可知临界压力为

$$p_c=p^*\beta_c=p^*\left(\frac{2}{\gamma_0+1}\right)^{\frac{\gamma_0}{\gamma_0-1}}=0.6970\text{MPa}\times\left(\frac{2}{1.4+1}\right)^{\frac{1.4}{1.4-1}}=0.3682\text{MPa}$$

临界流速则根据式（5-20）求出：

$$c_c=c_s^*\sqrt{\frac{2}{\gamma_0+1}}=\sqrt{\gamma_0R_gT^*}\sqrt{\frac{2}{\gamma_0+1}}$$
$$=\sqrt{1.4\times(0.2871\times10^3)\text{J/(kg·K)}\times494.8\text{K}\times\frac{2}{1.4+1}}=407.1\text{m/s}$$

根据式（5-17）计算喷管出口流速：

$$c_2=\sqrt{\frac{2\gamma_0}{\gamma_0-1}R_gT^*\left[1-\left(\frac{p_2}{p^*}\right)^{\frac{\gamma_0-1}{\gamma_0}}\right]}$$
$$=\sqrt{\frac{2\times1.4}{1.4-1}\times(0.2871\times10^3)\text{J/(kg·K)}\times494.8\text{K}\times\left[1-\left(\frac{0.1\text{MPa}}{0.6970\text{MPa}}\right)^{\frac{1.4-1}{1.4}}\right]}$$

$$=650.7\text{m/s}$$

喷管出口气流的温度则为

$$T_2 = T_1\left(\frac{p_2}{p_1}\right)^{\frac{\gamma_0-1}{\gamma_0}} = 450\text{K}\times\left(\frac{0.1\text{MPa}}{0.5\text{MPa}}\right)^{\frac{1.4-1}{1.4}} = 284.1\text{K}$$

【例 5-2】 试设计一喷管，流体为空气。已知 $p^*=0.8\text{MPa}$，$T^*=290\text{K}$，喷管出口压力 $p_2=0.1\text{MPa}$，流量 $q_m=1\text{kg/s}$（按定比热容理想气体计算，不考虑摩擦）。

解 对于空气

$$\gamma_0 = 1.4,\ \beta_c = 0.528$$

$$\beta_2 = \frac{p_2}{p^*} = \frac{0.1\text{MPa}}{0.8\text{MPa}} = 0.125 < \beta_c$$

所以喷管应该是缩放形的。

临界流速

$$c_c = c_s^*\sqrt{\frac{2}{\gamma_0+1}} = \sqrt{\gamma_0 R_g T^*}\sqrt{\frac{2}{\gamma_0+1}}$$

$$=\sqrt{1.4\times 287.1\text{J/(kg}\cdot\text{K)}\times 290\text{K}\times\frac{2}{1.4+1}} = 311.7\text{m/s}$$

出口流速

$$c_2 = \sqrt{\frac{2\gamma_0}{\gamma_0-1}R_g T^*\left[1-\left(\frac{p_2}{p^*}\right)^{\frac{\gamma_0-1}{\gamma_0}}\right]}$$

$$=\sqrt{\frac{2\times 1.4}{1.4-1}\times 287.1\text{J/(kg}\cdot\text{K)}\times 290\text{K}\times\left[1-\left(\frac{0.1\text{MPa}}{0.8\text{MPa}}\right)^{\frac{1.4-1}{1.4}}\right]} = 511.0\text{m/s}$$

喉部截面积

$$A_{min} = \frac{q_m v_c}{c_c} = \frac{q_m}{c_c}v^*\left(\frac{p^*}{p_c}\right)^{\frac{1}{\gamma_0}} = \frac{q_m}{c_c}\frac{R_g T^*}{p^*}\left(\frac{1}{\beta_c}\right)^{\frac{1}{\gamma_0}}$$

$$=\frac{1\text{kg/s}}{311.7\text{m/s}}\times\frac{287.1\text{J/(kg}\cdot\text{K)}\times 290\text{K}}{(0.8\times 10^6)\text{Pa}}\times\left(\frac{1}{0.528}\right)^{\frac{1}{1.4}}$$

$$=0.000\,527\text{m}^2 = 527\text{mm}^2$$

出口截面积

$$A_2 = \frac{q_m v_2}{c_2} = \frac{q_m}{c_2}\frac{R_g T^*}{p^*}\left(\frac{p^*}{p_2}\right)^{\frac{1}{\gamma_0}}$$

$$=\frac{1\text{kg/s}}{511.0\text{m/s}}\times\frac{287.1\text{J/(kg}\cdot\text{K)}\times 290\text{K}}{(0.8\times 10^6)\text{Pa}}\times\left(\frac{0.8\text{MPa}}{0.1\text{MPa}}\right)^{\frac{1}{1.4}}$$

$$=0.000\,899\text{m}^2 = 899\text{mm}^2$$

喷管截面设计成圆形。喉部直径为

$$D_{min} = \sqrt{\frac{4A_{min}}{\pi}} = \sqrt{\frac{4\times 527\text{mm}^2}{\pi}} = 25.9\text{mm}$$

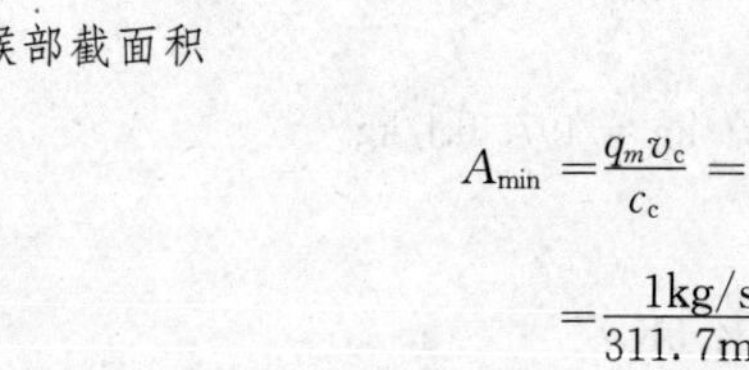

图 5-6

出口直径 $D_2 = \sqrt{\frac{4A_2}{\pi}} = \sqrt{\frac{4\times 899\text{mm}^2}{\pi}} = 33.8\text{mm}$

取渐放段锥角 $\alpha=10°$（见图 5-6），则渐放段长度为

$$L = \frac{D_2 - D_{min}}{2\tan\frac{\alpha}{2}} = \frac{(33.8-25.9)\text{mm}}{2\tan 5°} = 45.1\text{mm}$$

渐缩段较短，从较大的进口直径光滑过渡到喉部直径即可。

5-4　喷管背压变化时的流动状况

按工作参数设计的喷管，如果在设计参数下运行，当然一切正常，这已在前面讨论过了。但有时喷管也可能工作在非设计参数下，喷管前的滞止参数和喷管后的背压都有可能发生变化。为使问题简化，假定滞止参数（p^*、T^*）不变，单独变化背压（p_B），看看喷管内的流动将发生怎样的变化。如果弄清楚了背压变化的影响，那么滞止参数发生变化时喷管内的流动状况变化也就很容易想象了。

1. 渐缩喷管

图 5-7 画出了当滞止参数 p^*、T^* 保持不变时，背压 p_B 由等于滞止压力 p^* 逐渐下降到低于临界压力 p_c 时，渐缩喷管内压力的变化情况。当 $p_B=p^*$，当然没有流动，流速、流量均为零，喷管内压力保持 p^* 不变。当 p_B 不断下降，在达到临界压力以前，喷管出口压力始终等于背压，这时喷管出口流速和流量也不断增加。

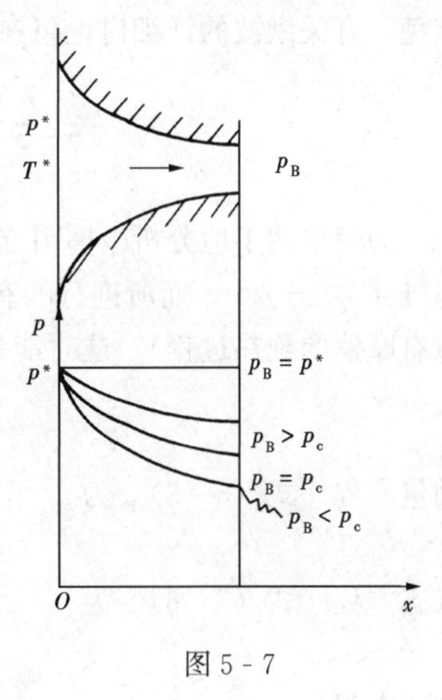

图 5-7

当背压下降到临界压力时［临界压力约为滞止压力的一半，见式（5-19）］，喷管出口流速达到当地声速（即临界流速），这是渐缩喷管能达到的最高出口流速，这时的流量也是最大。

继续降低背压（直至真空），再也不会影响到喷管内部的流动状况，喷管出口始终保持临界压力和临界流速，喷管的流量也始终保持为最大值不变。这时，气流在喷管出口处显然膨胀不足，将在喷管外继续降低压力，直至与背压相等。

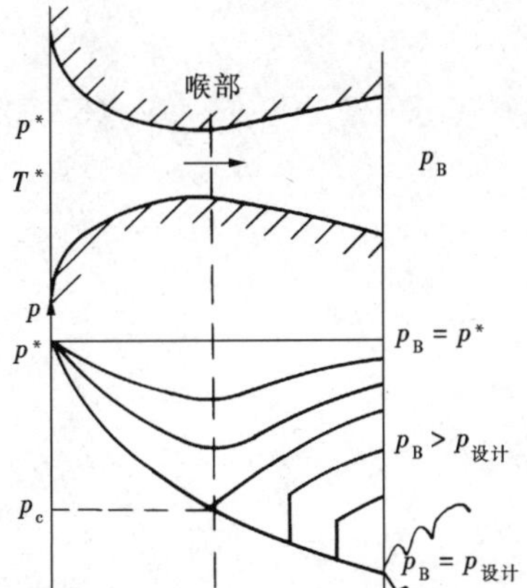

2. 缩放喷管

图 5-8

图 5-8 画出了当滞止参数 p^*、T^* 不变时，背压 p_B 由等于滞止压力逐渐下降到低于设计出口压力时，缩放喷管内压力的变化情况。当 $p_B=p^*$ 时，当然没有流动，流速、流量均为零。当 p_B 开始下降，在相当一段压力范围内（亚声速区），缩放喷管将像文丘里管一样工作，即在喷管的渐缩部分气流降压、加速，而在渐放部分则按扩压管工作，气流减速、增压，在出口处达到与 p_B 相等，这种情况将一直持续到喉部达到临界状况时为止。在这一阶段，随着背压的降低，流速和流量都不断增加。

继续降低背压，喷管喉部将一直保持临界状况，因而流量也一直保持最大值，这时气流在渐放部分的前段达到超声速，然后在某个相应的截面上产生激波，流速由超声速急剧下降到亚声速，压力也突然升高（但绝非定熵压缩，而是一个不可逆性很强的剧变过程），在激波截面后的渐放部分按扩压管工作，亚声速气流减速、增压，直至出口处达到与背压相等。在 p_B 稍大于 $p_{设计}$ 的情况下，气流在喷管出口处可达设计工况，流出喷管后减速、升压至与背压相等。当 p_B

$=p_{设计}$时，一切顺利，喷管出口压力正好等于 p_B，流速达到设计的超声速，流量仍为最大流量。

背压继续降低（直至真空），喷管内部流动状况将不再变化，喷管出口处仍为设计工况，这时气流在喷管出口处显然膨胀不足，将在喷管外继续降低压力，直至与背压相等。

激波的产生，不仅因不可逆损失而显著降低喷管的效率，也使喷管的工作不稳定，应该避免。有关激波的详细讨论可参考气体动力学书籍。

*5-5 喷管中有摩擦的绝热流动过程

为简单明了地分析摩擦引起的喷管中流动状况的变化，假定喷管中的流体是定比热容理想气体（$\kappa=\gamma_0$），而所进行的有摩擦的绝热流动遵守多变过程的规律（$n<\gamma_0$，参看第3-7节有摩擦的绝热过程）。这时能量方程［式（5-2）］可写为

$$\frac{1}{2}\mathrm{d}c^2=c\mathrm{d}c=-\mathrm{d}h=-c_{p0}\mathrm{d}T \tag{5-27}$$

动量方程［式（5-3）］为

$$c\mathrm{d}c=-v\mathrm{d}p-\delta w_L \tag{5-28}$$

状态方程［式（5-6）］为

$$pv=R_gT \tag{5-29}$$

过程方程为

$$pv^n=常数 \tag{5-30}$$

声速方程［式（5-9）］为

$$c_s=\sqrt{\gamma_0R_gT} \tag{5-31}$$

连续方程［式（5-10）］为

$$\frac{\mathrm{d}A}{A}=\frac{\mathrm{d}v}{v}-\frac{\mathrm{d}c}{c} \tag{5-32}$$

多变过程［见式（3-109）］

$$Tv^{n-1}=常数$$

对该式取对数

$$\ln T+(n-1)\ln v=常数$$

微分后得

$$\frac{\mathrm{d}T}{T}+(n-1)\frac{\mathrm{d}v}{v}=0$$

亦即

$$\frac{\mathrm{d}v}{v}=-\frac{1}{n-1}\frac{\mathrm{d}T}{T} \tag{a}$$

由式（5-27）可知

$$\frac{\mathrm{d}T}{T}=-\frac{c^2}{c_{p0}T}\frac{\mathrm{d}c}{c}=-\frac{c^2}{c_{p0}T}\frac{c_{p0}-c_{V0}}{R_g}\frac{\mathrm{d}c}{c}=-\frac{c^2(\gamma_0-1)}{\gamma_0R_gT}\frac{\mathrm{d}c}{c}$$

$$=-(\gamma_0-1)\frac{c_2}{c_s^2}\frac{\mathrm{d}c}{c}=-(\gamma_0-1)Ma^2\frac{\mathrm{d}c}{c} \tag{b}$$

式（b）代入式（a）

$$\frac{\mathrm{d}v}{v}=\frac{\gamma_0-1}{n-1}Ma^2\frac{\mathrm{d}c}{c} \tag{c}$$

将式（c）代入式（5-32）后得

$$\frac{\mathrm{d}A}{A}=\left(\frac{\gamma_0-1}{n-1}Ma^2-1\right)\frac{\mathrm{d}c}{c} \tag{5-33}$$

从式（5 - 33）可以看出，当 $\mathrm{d}A=0$ 时（即在喷管喉部），由于 $\mathrm{d}c>0$，所以 $\frac{\gamma_0-1}{n-1}Ma^2-1=0$，又由于 $n<\gamma_0$，所以 $Ma<1$。这表明：喷管中气流存在摩擦时，喉部的流速是亚声速的。

从式（5 - 33）还可以看出，当 $Ma=1$ 时，由于 $n<\gamma_0$、$\mathrm{d}c>0$，因而 $\mathrm{d}A>0$，意即马赫数等于 1 的临界截面发生在喷管喉部后面的渐放部分。

下面继续分析有摩擦时喷管中的流动状况。

1. 流速

式（5 - 15）适用于定比热容理想气体，无论是否存在摩擦。所以

$$\begin{aligned}c&=\sqrt{2c_{p0}(T^*-T)}=\sqrt{2c_{p0}T^*\left(1-\frac{T}{T^*}\right)}=\sqrt{\frac{2\gamma_0R_gT^*}{\gamma_0-1}\left(1-\frac{T}{T^*}\right)}\\&=c_s^*\sqrt{\frac{2}{\gamma_0-1}\left(1-\frac{T}{T^*}\right)}\end{aligned} \tag{d}$$

对多变过程［见式（3 - 110）］

$$\frac{T}{T^*}=\left(\frac{p}{p^*}\right)^{\frac{n-1}{n}} \tag{e}$$

将式（e）代入式（d）即得

$$c=c_s^*\sqrt{\frac{2}{\gamma_0-1}\left[1-\left(\frac{p}{p^*}\right)^{\frac{n-1}{n}}\right]} \tag{5-34}$$

式（5 - 34）即为有摩擦时喷管流速的计算式［试与无摩擦时的式（5 - 17）对照］。

工程中常用速度系数来修正喷管出口流速。所谓速度系数是指相同参数条件下，喷管出口的实际流速与定熵膨胀可达到的理论流速之比。

$$\varphi=\frac{c}{c_S}=\frac{c_s^*\sqrt{\frac{2}{\gamma_0-1}\left[1-\left(\frac{p}{p^*}\right)^{\frac{n-1}{n}}\right]}}{c_s^*\sqrt{\frac{2}{\gamma_0-1}\left[1-\left(\frac{p}{p^*}\right)^{\frac{\gamma_0-1}{\gamma_0}}\right]}}$$

所以速度系数

$$\varphi=\sqrt{\frac{1-(p/p^*)^{\frac{n-1}{n}}}{1-(p/p^*)^{\frac{\gamma_0-1}{\gamma_0}}}} \tag{5-35}$$

式（5 - 35）建立了速度系数与多变指数之间的关系。

喷管效率

$$\eta_N=\frac{c^2/2}{c_S^2/2}=\varphi^2=\frac{1-(p/p^*)^{\frac{n-1}{n}}}{1-(p/p^*)^{\frac{\gamma_0-1}{\gamma_0}}} \tag{5-36}$$

2. 临界流速和临界压力比

在临界截面上，式（5 - 34）可写为

$$c_c=c_s^*\sqrt{\frac{2}{\gamma_0-1}\left[1-\left(\frac{p_c}{p^*}\right)^{\frac{n-1}{n}}\right]} \tag{a}$$

因为在临界截面上流速（临界流速）等于当地声速（临界声速），即

$$c_c = c_{s,c} = \sqrt{\gamma_0 R_g T_c} \tag{b}$$

将式（b）代入式（a）

$$\sqrt{\gamma_0 R_g T_c} = \sqrt{\gamma_0 R_g T^*} \sqrt{\frac{2}{\gamma_0 - 1}\left[1 - \left(\frac{p_c}{p^*}\right)^{\frac{n-1}{n}}\right]}$$

即
$$\frac{T_c}{T^*} = \frac{2}{\gamma_0 - 1}\left[1 - \left(\frac{p_c}{p^*}\right)^{\frac{n-1}{n}}\right] \tag{c}$$

对多变过程
$$\frac{T_c}{T^*} = \left(\frac{p_c}{p^*}\right)^{\frac{n-1}{n}} \tag{d}$$

将式（d）代入式（c）

$$\left(\frac{p_c}{p^*}\right)^{\frac{n-1}{n}} = \frac{2}{\gamma_0 - 1}\left[1 - \left(\frac{p_c}{p^*}\right)^{\frac{n-1}{n}}\right]$$

即
$$\left(\frac{p_c}{p^*}\right)^{\frac{n-1}{n}}\left(1 + \frac{2}{\gamma_0 - 1}\right) = \frac{2}{\gamma_0 - 1}$$

所以临界压力比
$$\beta_c = \frac{p_c}{p^*} = \left(\frac{2}{\gamma_0 + 1}\right)^{\frac{n}{n-1}} \tag{5-37}$$

将式（5-37）与无摩擦时的临界压力比［式（5-18）］相比可知：有摩擦时临界压力比将减小（因为$\frac{2}{\gamma_0+1} < 1, n < \gamma_0, \frac{n}{n-1} > \frac{\gamma_0}{\gamma_0 - 1}$）。

将式（5-37）代入式（a）即可得临界流速

$$c_c = c_s^* \sqrt{\frac{2}{\gamma_0 - 1}\left(1 - \frac{2}{\gamma_0 + 1}\right)} = c_s^* \sqrt{\frac{2}{\gamma_0 + 1}} \tag{5-38}$$

将式（5-38）与无摩擦时的临界流速［式（5-20）］相比可知：有摩擦时的临界流速与无摩擦时的临界流速相同。

3. 流量

喷管的流量一般都根据最小截面（喉部）的参数计算。根据式（5-1）和式（5-34）可得

$$q_m = \frac{A_{min} c_{th}}{v_{th}} = \frac{A_{min}}{v_{th}} c_s^* \sqrt{\frac{2}{\gamma_0 - 1}\left[1 - \left(\frac{p_{th}}{p^*}\right)^{\frac{n-1}{n}}\right)} \tag{a}$$

式中
$$\frac{1}{v_{th}} = \frac{1}{v^*}\left(\frac{p_{th}}{p^*}\right)^{\frac{1}{n}}$$

代入式（a）后即得

$$q_m = \frac{A_{min}}{v_{th}^*} c_s^* \sqrt{\frac{2}{\gamma_0 - 1}\left[\left(\frac{p_{th}}{p^*}\right)^{\frac{2}{n}} - \left(\frac{p_{th}}{p^*}\right)^{\frac{n+1}{n}}\right]} \tag{5-39}$$

在最小截面积和滞止参数不变的情况下，当式（5-39）中$\left[\left(\frac{p_{th}}{p^*}\right)^{\frac{2}{n}} - \left(\frac{p_{th}}{p^*}\right)^{\frac{n+1}{n}}\right]$具有极大值时，喷管将达到最大流量。

令
$$\frac{p_{th}}{p^*} = \beta_{th}$$

并令
$$\frac{d}{d\beta_{th}}\left(\beta_{th}^{\frac{2}{n}} - \beta_{th}^{\frac{n+1}{n}}\right) = 0$$

结果得［参考式（5-21）后面的推导过程］

$$\beta_{th}=\left(\frac{2}{n+1}\right)^{\frac{n}{n-1}} \tag{5-40}$$

将式（5-40）代入式（5-39）即得最大流量为

$$q_{m,\max}=\frac{A_{\min}}{v^*}c_s^*\sqrt{\frac{2}{\gamma_0-1}\left[\left(\frac{2}{n+1}\right)^{\frac{2}{n-1}}-\left(\frac{2}{n+1}\right)^{\frac{n+1}{n-1}}\right]}$$

$$=A_{\min}\frac{c_s^*}{v^*}\sqrt{\frac{n-1}{\gamma_0-1}\left(\frac{2}{n+1}\right)^{\frac{n+1}{n-1}}} \tag{5-41}$$

式（5-41）中 $$\frac{c_s^*}{v^*}=\frac{\sqrt{\gamma_0 R_g T^*}}{R_g T^*/p^*}=p^*\sqrt{\frac{\gamma_0}{R_g T^*}} \tag{b}$$

将式（b）代入式（5-41）

$$q_{m,\max}=A_{\min}p^*\sqrt{\frac{\gamma_0}{R_g T^*}}\sqrt{\frac{n-1}{\gamma_0-1}\left(\frac{2}{n+1}\right)^{\frac{n+1}{n-1}}} \tag{5-42}$$

式（5-41）和式（5-42）都是有摩擦喷管最大流量的计算式。当给出的滞止参数为 T^*、p^* 时，用式（5-42）计算最大流量更为方便。

将式（5-41）与式（5-22）相比较后可知，当最小截面积和滞止参数相同时，由于 $n<\gamma_0$，有摩擦时喷管的最大流量将小于无摩擦时的最大流量（可由设定 γ_0 和 n 的值，通过数字计算验证这一结论）。

4. 功损和㶲损

由式（5-28）可知，有摩擦时喷管流动过程的功损为

$$w_L=-\int_{p^*}^{p}v\mathrm{d}p-\frac{c^2}{2} \tag{a}$$

对多变过程，由式（3-112）可知

$$-\int_{p^*}^{p}v\mathrm{d}p=\frac{n}{n-1}R_g T^*\left[1-\left(\frac{p}{p^*}\right)^{\frac{n-1}{n}}\right] \tag{b}$$

由式（5-34）可得

$$\frac{c^2}{2}=c_s^{*2}\frac{1}{\gamma_0-1}\left[1-\left(\frac{p}{p^*}\right)^{\frac{n-1}{n}}\right] \tag{c}$$

将式（b）、式（c）代入式（a）

$$w_L=\frac{n}{n-1}R_g T^*\left[1-\left(\frac{p}{p^*}\right)^{\frac{n-1}{n}}\right]-\frac{\gamma_0 R_g T^*}{\gamma_0-1}\left[1-\left(\frac{p}{p^*}\right)^{\frac{n-1}{n}}\right]$$

所以功损

$$w_L=\left(\frac{n}{n-1}-\frac{\gamma_0}{\gamma_0-1}\right)R_g T^*\left[1-\left(\frac{p}{p^*}\right)^{\frac{n-1}{n}}\right] \tag{5-43}$$

这里的功损是指有摩擦时气流实际获得的动能与通过可逆多变过程应获得的动能的差值，而不是与通过可逆绝热（定熵）过程可获得的气流动能之差。

有摩擦时喷管流动过程的熵产等于气流的熵增：

$$s_g=s-s^*=c_{p0}\ln\frac{T}{T^*}-R_g\ln\frac{p}{p^*}=c_{p0}\ln\left(\frac{p}{p^*}\right)^{\frac{n-1}{n}}-R_g\ln\frac{p}{p^*}$$

$$=\left(\frac{c_{p0}}{R_g}\frac{n-1}{n}-1\right)R_g\ln\frac{p}{p^*}=\left(\frac{\gamma_0}{\gamma_0-1}\frac{n-1}{n}-1\right)R_g\ln\frac{p}{p^*}$$

所以熵产

$$s_g=-\frac{\gamma_0-n}{n(\gamma_0-1)}R_g\ln\frac{p}{p^*}>0 \tag{5-44}$$

$$[\ln(p/p^*)\text{为负值},\gamma_0>1,n<\gamma_0,\text{所以 }s_g>0]$$

而㶲损则为

$$e_L=T_0s_g=-\frac{\gamma_0-n}{n(\gamma_0-1)}R_gT_0\ln\frac{p}{p^*}>0 \tag{5-45}$$

本节所有关于有摩擦时喷管中气体流动状况的计算式［式（5-33）～式（5-45)］，当 $n=\gamma_0$ 时，均可立即简化为前两节（第5-2和5-3节）中无摩擦时的相应计算式。

对有摩擦时的扩压管中气体的流动状况，不能像无摩擦时那样可以看作喷管的倒逆，因为有摩擦时过程是不可逆的。对有摩擦的扩压管也可以用多变过程的分析方法，这时多变指数 $n>\gamma_0$，推导过程与喷管的相似，但所得计算式与喷管的会有所不同。

*【例5-3】 空气（视作定比热容理想气体）从400K、0.5MPa在喷管中膨胀到0.1MPa。已知喷管喉部面积为300mm²，气流遵守 $pv^{1.35}$＝常数的变化规律。求喷管的出口流速、流量、速度系数及熵产。

解 查附表1，对空气，$R_g=0.287\,1\text{kJ/(kg·K)}$，$c_{p0}=1.005\text{kJ/(kg·K)}$，$\gamma_0=1.400$

由式（5-34）可知，喷管出口流速为

$$c_2=\sqrt{\gamma_0R_gT^*}\times\sqrt{\frac{2}{\gamma_0-1}\left[1-\left(\frac{p_2}{p^*}\right)^{\frac{n-1}{n}}\right]}$$

$$=\sqrt{1.4\times287.1\text{J/(kg·K)}\times400\text{K}}\times\sqrt{\frac{2}{1.4-1}\left[1-\left(\frac{0.1\text{MPa}}{0.5\text{MPa}}\right)^{\frac{1.35-1}{1.35}}\right]}=523.68\text{m/s}$$

由于 $\frac{p_2}{p^*}=\frac{0.1\text{MPa}}{0.5\text{MPa}}=0.2$，远小于临界压力比，因而可以断定喷管是缩放形的，流量为最大流量。根据式（5-42）

$$q_{m,\max}=A_{\min}p^*\sqrt{\frac{\gamma_0}{R_gT^*}}\sqrt{\frac{n-1}{\gamma_0-1}\left(\frac{2}{n+1}\right)^{\frac{n+1}{n-1}}}$$

$$=300\times10^{-6}\text{m}^2\times0.5\times10^6\text{Pa}\sqrt{\frac{1.4}{287.1\text{J/(kg·K)}\times400\text{K}}}\times\sqrt{\frac{1.35-1}{1.4-1}\left(\frac{2}{1.35+1}\right)^{\frac{1.35+1}{1.35-1}}}$$

$$=0.285\,1\text{kg/s}$$

若为定熵膨胀，则

$$c_{2s}=\sqrt{\gamma_0R_gT^*}\sqrt{\frac{2}{\gamma_0-1}\left[1-\left(\frac{p_2}{p^*}\right)^{\frac{\gamma_0-1}{\gamma}}\right]}$$

$$=\sqrt{1.4\times287.1\text{J/(kg·K)}\times400\text{K}}\times\sqrt{\frac{2}{1.4-1}\left[1-\left(\frac{0.1\text{MPa}}{0.5\text{MPa}}\right)^{\frac{1.4-1}{1.4}}\right]}$$

$$=544.35\text{m/s}$$

所以喷管的速度系数为

$$\varphi=\frac{c_2}{c_{2s}}=\frac{523.68\text{m/s}}{544.35\text{m/s}}=0.962$$

气流在喷管中不可逆加速造成的熵产［式（5-44)］

$$s_g=-\frac{\gamma_0-n}{n(\gamma_0-1)}R_g\ln\frac{p}{p^*}=-\frac{1.4-1.35}{1.35(1.4-1)}\times0.287\,1\text{kJ/(kg·K)}\times\ln\frac{0.1\text{MPa}}{0.5\text{MPa}}$$

$$=0.04278\text{kJ/(kg}\cdot\text{K)}$$

5-6　活塞式压气机的压气过程

压气机用来压缩气体，最常见的是用来压缩空气，即所谓空气压缩机。压气机主要有活塞式的（作往复运动）和叶轮式的（作旋转运动）。从热力学的观点来看，压气机、鼓风机、引风机、抽气机（即真空泵）等的作用是一样的，它们都消耗功，并使气体从较低的压力提升到较高的压力，只是工作的压力范围不同罢了。

1. 单级活塞式压气机的压气过程

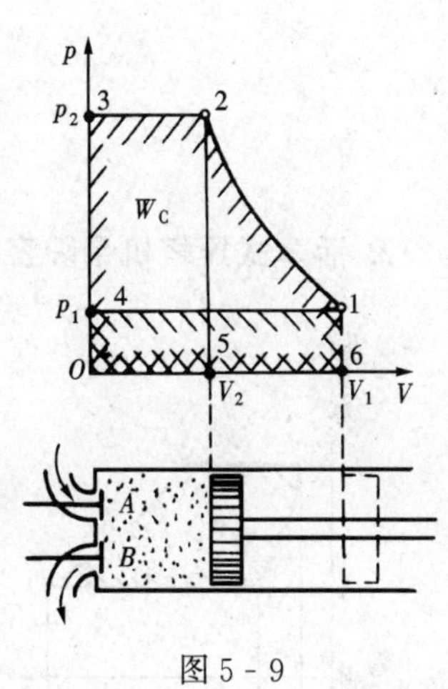

图 5-9

图 5-9 表示一单级活塞式压气机。当活塞从气缸顶端向右移动时，进气阀门 A 开放，气体在较低的压力 p_1 下进入气缸，并推动活塞向外做功（进气功），这功的大小如压容图中面积41 604所示（不考虑摩擦，下同）。然后活塞向左移动，这时两个阀门都关着，气体在气缸中被压缩，压力不断升高，一直达到排气压力 p_2（过程 1→2）。在这压缩过程中，外界消耗的功（压缩功），在图中表示为面积 12561。活塞继续向左移动，排气阀门 B 开放，气体在较高的压力 p_2 下排出气缸，这时外界必须消耗功（排气功），在图中表示为面积 23052。因此，压气机在包括进气、压缩、排气的整个压气过程中所消耗的功[1]为

$$W_C = \text{面积 }12561 + \text{面积 }23052 - \text{面积 }41604$$

$$= -\int_1^2 p\mathrm{d}V + p_2V_2 - p_1V_1 = \int_1^2 V\mathrm{d}p$$

每压缩 1kg 气体，压气机消耗的功为

$$w_C = \int_1^2 v\mathrm{d}p \tag{5-46}$$

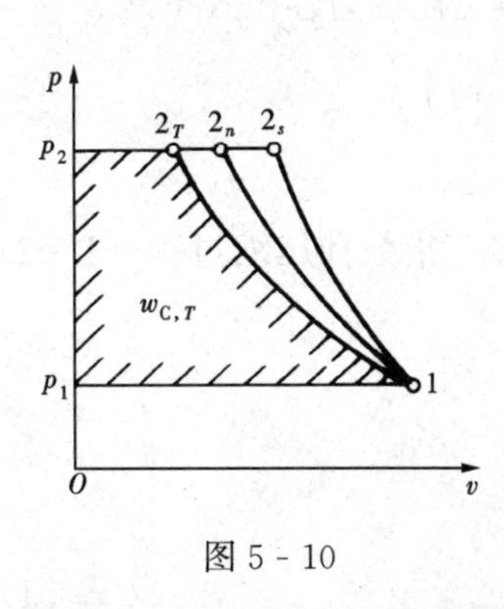

图 5-10

图 5-10 中曲线 $1\to2_T$、$1\to2_n$、$1\to2_s$ 分别表示活塞式压气机中进行的定温压缩过程、多变压缩过程和绝热压缩过程。从图中可以看出：使气体从相同的初态（状态 1）压缩到相同的终压（p_2），以定温压缩时压气机消耗的功（$w_{C,T}$）为最少，绝热压缩时压气机消耗的功最多。为了减少压气机耗功，常采用水套冷却气缸，以期压缩过程由绝热趋向定温。但是，由于气体在气缸中停留的时间很短，气体总是得不到充分冷却。因此，活塞式压气机的压缩过程通常介于定温和绝热之间而接近多变压缩过程（$pv^n=$ 常数）。如果认为被压缩的气体是定比热容理想气体而且不考虑摩擦，那么多变指数 n 介于 1 和 γ_0 之间（$1<n<\gamma_0$）。冷却情况好的，多变指数较小；转速高的、冷却情况差的，多变指数较大，接近等熵指数。

---

[1] 由于压气机总是消耗功，因此习惯上将功的符号倒过来，认为压气机消耗功为正。

根据式（5-46）可知，多变压气过程理论上消耗的功为［见式（3-108）］

$$w_{C,n}=\frac{n}{n-1}p_1v_1\left[\left(\frac{p_2}{p_1}\right)^{\frac{n-1}{n}}-1\right]=\frac{n}{n-1}p_1v_1(\pi^{\frac{n-1}{n}}-1) \tag{5-47}$$

式中　$\pi=p_2/p_1$——增压比，它表示气体通过压气机后压力提高的倍率。

对理想气体进行的多变压缩过程、定温压缩过程以及定比热容理想气体进行的定熵压缩过程，压气机每生产 1kg 压缩气体，理论上消耗的功依次为［见式（3-112）、式(3-84)、式（3-95）］

$$w_{C,n}=\frac{n}{n-1}R_gT_1(\pi^{\frac{n-1}{n}}-1) \tag{5-48}$$

$$w_{C,T}=R_gT_1\ln\pi \tag{5-49}$$

$$w_{C,s}=\frac{\gamma_0}{\gamma_0-1}R_gT_1(\pi^{\frac{\gamma_0-1}{\gamma_0}}-1) \tag{5-50}$$

2. 活塞式压气机余隙容积的影响

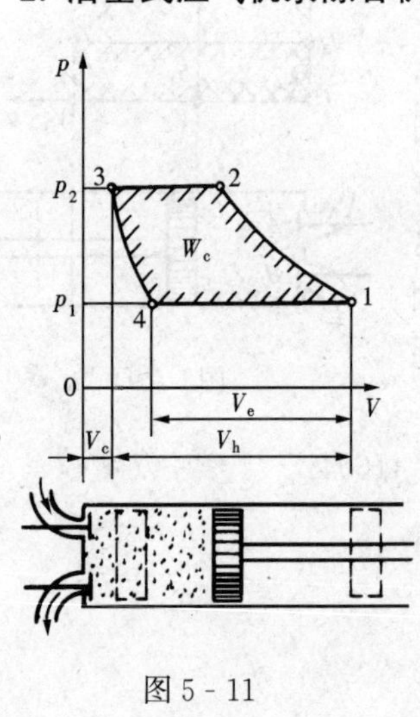

图 5-11

上面所分析的单级活塞式压气机的工作过程，认为压缩后的气体在排气过程中全部排出气缸。实际上，为了安装进气阀门和排气阀门并避免活塞与气缸顶端碰撞，在活塞的上止点（图 5-11 中虚线所示的最左端位置）和气缸顶端之间必须留有一定的空隙，即所谓余隙容积（V_c）。这样，在排气过程中活塞将不能把全部体积（V_2）的压缩气体排出气缸，而只能排出其中一部分（V_2-V_3），其余的部分（V_3，亦即 V_c）将留在气缸中。当活塞离开上止点开始向右移动时，进气阀门不能打开，因为这时气缸中气体的压力高于进气压力，必须等这部分压缩气体在气缸中经过程 3→4 膨胀到进气压力 p_1 后，进气阀门才打开，并开始进气。这样，气缸中实际吸进气体的容积，即所谓有效容积（V_e）将小于活塞排量（V_h）。有效容积与活塞排量之比称为容积效率。

$$\eta_V=\frac{V_e}{V_h}=\frac{V_h+V_c-V_4}{V_h}=1-\frac{V_c}{V_h}\left(\frac{V_4}{V_c}-1\right)$$

式中　V_c/V_h——余隙容积与活塞排量之比，称为余隙比。

假定留在余隙容积中的压缩气体在膨胀过程（3→4）中的多变指数和压缩过程（1→2）的多变指数相同，均为 n，那么

$$\frac{V_4}{V_c}=\frac{V_4}{V_3}=\left(\frac{p_3}{p_4}\right)^{\frac{1}{n}}=\left(\frac{p_2}{p_1}\right)^{\frac{1}{n}}=\pi^{\frac{1}{n}}$$

代入上式后得

$$\eta_V=1-\frac{V_c}{V_h}(\pi^{\frac{1}{n}}-1) \tag{5-51}$$

容积效率直接影响着压缩气体的产量。式（5-51）表明：容积效率和余隙比、增压比及多变指数有关。余隙比愈小、增压比愈低、多变指数愈大，则容积效率愈高，压缩气体的产量也愈大。

余隙比取决于制造工艺（一般为 3%～8%）；多变指数取决于气缸冷却情况（$1<n<$

γ_0)；增压比取决于对压缩气体的压力要求。当余隙比和多变指数一定时，要想通过一级压缩就达到较高的增压比，将会显著降低容积效率（从图5-12可以看出：当 $p_{2'}>p_2$ 时，$\eta_V'<\eta_V$；当排气压力高达 $p_{2''}$ 时，$\eta_V=0$，压气机将无法输出压缩气体）。增压比过高还会使压缩终了时温度过高而不利于活塞与气缸壁之间的润滑。所以，单级活塞式压气机的增压比一般不超过10。要获得更高的压力，应采用多级压气机。

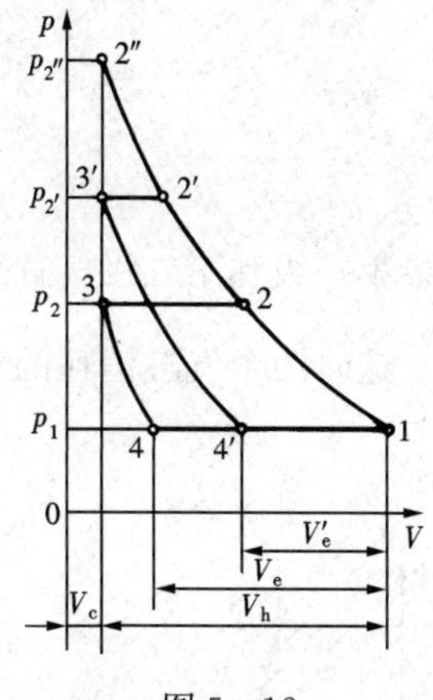

图5-12

应该指出，余隙容积的存在，在理论上并不影响压气机消耗的功。因为留在余隙容积中未排出气缸的压缩气体在膨胀过程（3→4）中所做出的功和这部分气体在压缩过程中消耗的功在理论上（即在膨胀和压缩过程均为可逆、多变指数相同的条件下）恰好抵消了[1]。所以，压气机的理论耗功量仍可按不考虑余隙容积的理想情况来计算。下面关于多级活塞式压气机的压气过程的讨论将不再考虑余隙容积。

3. 多级活塞式压气机的压气过程

多级活塞式压气机将气体在几个气缸中连续压缩，使之达到较高压力。同时，为了少消耗功，并避免压缩终了时气体温度过高，将前一级气缸排出的压缩气体引入中间冷却器中加以冷却，然后再进入下一级气缸继续进行压缩（见图5-13）。

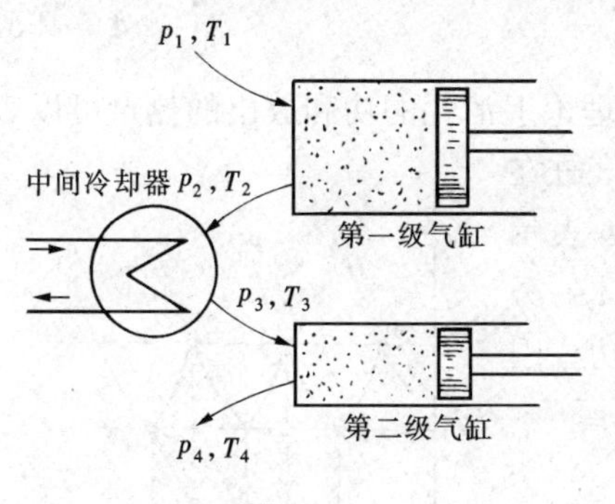

图5-13

在作理论分析时，可作如下一些近似假定：

(1) 假定被压缩气体是定比热容理想气体，两级气缸中的压缩过程具有相同的多变指数 n，并且不存在摩擦。

(2) 假定第二级气缸的进气压力等于第一级气缸的排气压力（即不考虑气体流经管道、阀门和中间冷却器时的压力损失）：

$$p_3 = p_2$$

(3) 假定两个气缸的进气温度相同（即认为进入第二级气缸的气体在中间冷却器中得到了充分的冷却）：

$$T_3 = T_1$$

根据式（5-48），结合上述假定条件，可得两级压气机消耗的功为

$$w_{C,n} = \frac{n}{n-1}R_g T_1\left[\left(\frac{p_2}{p_1}\right)^{\frac{n-1}{n}}-1\right]+\frac{n}{n-1}R_g T_3\left[\left(\frac{p_4}{p_3}\right)^{\frac{n-1}{n}}-1\right]$$

$$= \frac{n}{n-1}R_g T_1\left[\left(\frac{p_2}{p_1}\right)^{\frac{n-1}{n}}+\left(\frac{p_4}{p_2}\right)^{\frac{n-1}{n}}-2\right]$$

在第一级进气压力 p_1（最低压力）和第二级排气压力 p_4（最高压力）之间，合理选择 p_2，可使压气机消耗的功最少。对上式求一阶导数并令其等于零，结果解得

[1] 实际上，由于存在不可逆损失，余隙容积中的气体在压缩过程中消耗的功必定超过膨胀过程中得到的功，因而造成压气机多消耗功。所以，余隙容积的存在不仅影响压缩气体的产量，也会降低压气机的效率。正因为这样，余隙容积又被称为“有害容积”。

$$p_2 = \sqrt{p_1 p_4}$$

即
$$\frac{p_2}{p_1} = \frac{p_4}{p_2} = \frac{p_4}{p_3} = \sqrt{\frac{p_4}{p_1}} = \pi \tag{5-52}$$

如果第一级和第二级气缸采用相同的增压比 $\left(\pi = \frac{p_2}{p_1} = \frac{p_4}{p_3}\right)$，那么压气机消耗的功将是最少的。这时两个气缸消耗的功相等。压气机消耗的功是每个气缸消耗功的两倍（图 5 - 14）。

$$w_{C,n} = 2\frac{n}{n-1}R_g T_1(\pi^{\frac{n-1}{n}} - 1) \tag{5-53}$$

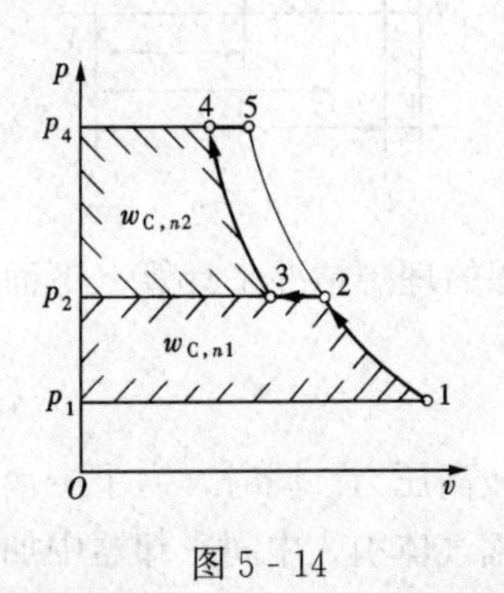

图 5 - 14

由于有中间冷却器，压气机少消耗的功如图 5 - 14 中面积23 452所示。

推广言之，对 m 级的多级压气机，各级增压比应该这样选取：

$$\pi = \left(\frac{p_{\max}}{p_{\min}}\right)^{\frac{1}{m}} \tag{5-54}$$

式中 $p_{\max}$——末级气缸排气压力；

$p_{\min}$——第一级气缸进气压力。

这时压气机消耗的功为每一级气缸消耗功的 m 倍。

$$w_{C,n} = m\frac{n}{n-1}R_g T_1(\pi^{\frac{n-1}{n}} - 1) \tag{5-55}$$

在温熵图中，这种多级压缩、中间冷却的压气过程理论上消耗的功和放出的热量可以表示得更加清楚，如图 5 - 15 所示。图中面积 a 表示各级气缸在多变压缩过程中通过气缸壁向外界放出的热量；面积 b 表示气体被压缩后在各个中间冷却器中放出的热量；面积 $(a+b)$ 既表示这两部分热量之和，又可表示各级气缸消耗的功。因为根据式（2 - 11）可得

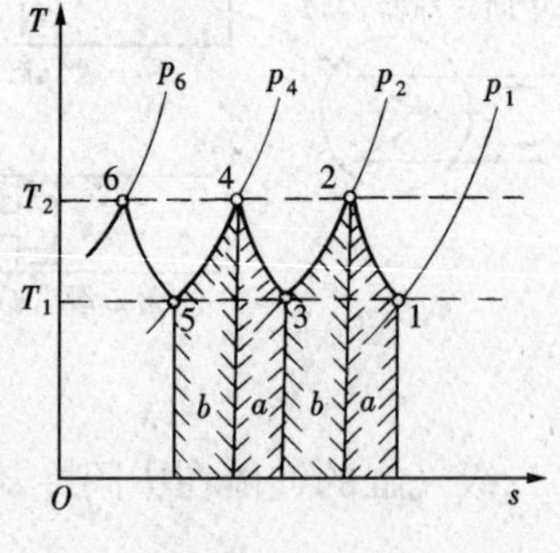

图 5 - 15

$$w_C = -w_t = \Delta h + (-q)$$

气体从进入各级气缸到流出各中间冷却器，温度未变（$T_1 = T_3 = T_5 = \cdots$），因而焓亦未变（$\Delta h = 0$，假定是理想气体），所以气体在各级气缸和各中间冷却器中放出的热量 $[-q = \text{面积}(a+b)]$ 必定等于各级气缸消耗的功 (w_C)。

4. 活塞式压气机的效率

根据压气过程是接近于绝热过程、多变过程还是定温过程，活塞式压气机的效率也相应地有绝热效率、多变效率和定温效率之分。它们分别是在相同进气状态及相同排气压力的条件下，可逆绝热压缩、可逆多变压缩和可逆定温压缩时压气机消耗的功（技术功）与压气机实际消耗功之比。

绝热效率
$$\eta_{C,s} = \frac{w_{C,s(t)}}{w_{C(act)}} \tag{5-56}$$

多变效率
$$\eta_{C,n} = \frac{w_{C,n(t)}}{w_{C(act)}} \tag{5-57}$$

定温效率
$$\eta_{C,T}=\frac{w_{C,T(t)}}{w_{C(act)}} \tag{5-58}$$

压气机效率均以理论消耗功作分子，实际消耗功作分母，以避免得出容易引起误解的效率大于1的结果。

【例5-4】 某单级活塞式压气机，其增压比为6，活塞排量为0.008m³，余隙比为0.05，转速为750r/min，压缩过程的多变指数为1.3。试求其容积效率、生产量（kg/h）、消耗的理论功率（kW）、气体压缩终了时的温度和压缩过程中放出的热量。已知吸入空气的温度为30℃、压力为0.1MPa（按定比热容理想气体计算）。

解 根据式（5-51）计算容积效率

$$\eta_V=1-\frac{V_c}{V_h}(\pi^{\frac{1}{n}}-1)=1-0.05\times(6^{\frac{1}{1.3}}-1)=0.851\,6$$

气缸的有效容积为

$$V_e=\eta_V V_h=0.851\,6\times0.008\text{m}^3=0.006\,813\text{m}^3$$

每次吸入空气的质量为

$$m=\frac{p_1V_e}{R_gT_1}=\frac{(0.1\times10^6)\text{Pa}\times0.006\,813\text{m}^3}{287.1\text{J/(kg}\cdot\text{K)}\times(30+273.15)\text{K}}=0.007\,828\text{kg}$$

所以，压气机的生产量为

$$q_m=(750\times60)\text{h}^{-1}\times0.007\,828\text{kg}=352.3\text{kg/h}$$

压气机理论上消耗的功率为

$$\begin{aligned}P_C&=q_mw_C=q_m\frac{n}{n-1}R_gT_1(\pi^{\frac{n-1}{n}}-1)\\&=\left(\frac{352.3}{3600}\right)\text{kg/s}\times\frac{1.3}{1.3-1}\times287.1\text{J/(kg}\cdot\text{K)}\times303.15\text{K}\times(6^{\frac{1.3-1}{1.3}}-1)\\&=18\,900\text{W}=18.90\text{kW}\end{aligned}$$

压缩终了时气体温度为

$$T_2=T_1\pi^{\frac{n-1}{n}}=303.15\text{K}\times6^{\frac{1.3-1}{1.3}}=458.4\text{K}(185.2℃)$$

压缩过程中的热量为

$$\begin{aligned}\dot{Q}&=q_mq=q_mc_n(t_2-t_1)=q_m\frac{nc_{V0}-c_{p0}}{n-1}(t_2-t_1)\\&=352.3\text{kg/h}\times\frac{(1.3\times0.718-1.005)\text{kJ/(kg}\cdot℃)}{1.3-1}\times(185.2-30)℃\\&=-13\,050\text{kJ/h}(\text{负号表示放出热量})\end{aligned}$$

【例5-5】 空气初态为 $p_1=0.1$MPa、$t_1=20$℃。经过三级活塞式压气机后，压力提高到12.5MPa。假定各级增压比相同，压缩过程的多变指数均为 $n=1.3$。试求生产1kg压缩空气理论上应消耗的功，并求（各级）气缸出口温度。如果不用中间冷却器，那么压气机消耗的功和各级气缸出口温度又是多少（按定比热容理想气体计算）？

解 各级增压比

$$\pi=\left(\frac{p_{max}}{p_{min}}\right)^{\frac{1}{m}}=\left(\frac{12.5\text{MPa}}{0.1\text{MPa}}\right)^{\frac{1}{3}}=5$$

消耗的理论功

$$\begin{aligned}w_{C,n}&=m\frac{n}{n-1}R_gT_1(\pi^{\frac{n-1}{n}}-1)\\&=3\times\frac{1.3}{1.3-1}\times287.1\text{J/(kg}\cdot\text{K)}\times(20+273.15)\text{K}\times(5^{\frac{1.3-1}{1.3}}-1)\\&=492\,000\text{J/kg}=492\text{kJ/kg}\end{aligned}$$

各级气缸出口温度为

$$T_2 = T_1\pi^{\frac{n-1}{n}} = (20+273.15)\text{K}\times 5^{\frac{1.3-1}{1.3}} = 425\text{K}(152℃)$$

如果没有中间冷却器，则各级气缸出口温度为

第一级 $$T_2 = T_1\pi^{\frac{n}{n-1}} = 425\text{K}(152℃)$$

第二级 $$T'_2 = T_2\pi^{\frac{n-1}{n}} = 425\text{K}\times 5^{\frac{1.3-1}{1.3}} = 616\text{K}(343℃)$$

第三级 $$T''_2 = T'_2\pi^{\frac{n-1}{n}} = 616\text{K}\times 5^{\frac{1.3-1}{1.3}} = 896\text{K}(620℃)$$

压气机消耗的功则为

$$\begin{aligned} w'_{C,n} &= \frac{n}{n-1}R_g(T_1+T_2+T'_2)(\pi^{\frac{n-1}{n}}-1)\\ &= \frac{1.3}{1.3-1}\times 287.1\text{J/(kg·K)}\times(293+425+616)\text{K}\times(5^{\frac{1.3-1}{1.3}}-1)\\ &= 746\ 500\text{J/kg} = 746.5\text{kJ/kg}\end{aligned}$$

从计算结果可以看出：如果不采用中间冷却，不仅浪费功，而且气体温度将逐级升高，以致达到润滑条件不能允许的高温。

5-7 叶轮式压气机的压气过程

叶轮式压气机有许多种，它们共同的特点是工作连续（气体不断流进压气机，在压气机中不断压缩，压缩完毕的气体又不断流出压气机），而且压缩过程都很接近于绝热（因为大量气体很快流过压气机，平均每千克气体在短暂的压缩过程中散发的热量极少，完全可以忽略不计）。所以，各种叶轮式压气机中的压气过程都是绝热压缩流动过程，在作热力学分析时并没有什么不同。

离心式压气机（见图 5 - 16）工作时，气流沿轴向进入压气机，高速旋转的叶轮使气体靠离心力的作用加速，然后在扩压管中降低速度提高压力。还可以将第一级排出的压缩气体引到第二级、第三级中继续压缩。

轴流式压气机（见图 5 - 17）主要由装有工作叶片的转子和固定在机壳上的导向叶片组成。气体进入压气机后沿轴向在一环隔一环的工作叶片和导向叶片中提速、升压，直至达到所需的压力。工作叶片及叶片之间的通道起着使气流加速并升压的作用，导向叶片之间的通道则起着引导气流方向及扩压的作用。

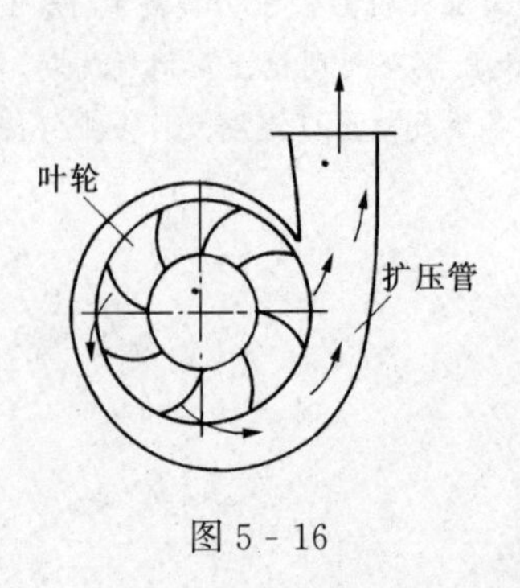

图 5 - 16

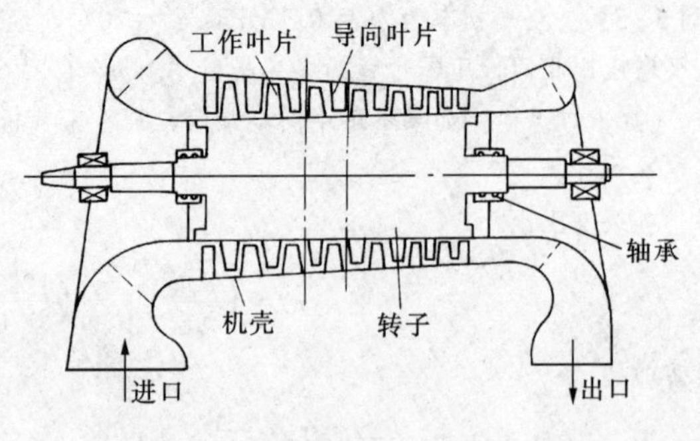

图 5 - 17

无论是离心式或轴流式的压气机，气流通过它们的时间都很短，虽然气体在压缩过程中会升温，机壳发热后也会散热，但平均到每千克气体散失的热量极少，完全可以认为是绝热

压缩过程。根据能量方程式（2 - 13），压缩每千克气体所消耗的功为（不计进、出口气流动能的变化和重力位能的变化）

$$w_{C}=h_{2}-h_{1} \tag{5-59}$$

如果被压缩的是定比热容理想气体，则

$$w_{C}=c_{p0}(T_{2}-T_{1}) \tag{5-60}$$

如果压缩过程是可逆的（即定熵压缩），则压气机消耗的功又可按下式计算：

$$w_{C,s}=\frac{\kappa}{\kappa-1}p_{1}v_{1}(\pi^{\frac{\kappa-1}{\kappa}}-1) \tag{5-61}$$

对定比热容理想气体的定熵压缩过程，则得

$$w_{C,s}=\frac{\gamma_{0}}{\gamma_{0}-1}R_{g}T_{1}(\pi^{\frac{\gamma_{0}-1}{\gamma_{0}}}-1) \tag{5-62}$$

叶轮式压气机的效率一般采用绝热效率［见式（5 - 56）］：

$$\eta_{C,s}=\frac{w_{C,s(t)}}{w_{C(act)}}$$

如果认为叶轮式压气机中实际进行的不可逆绝热压缩过程接近一多变过程（图 5 - 18，多变指数 $n>\gamma_0$），则实际压缩功可根据式（3 - 147）计算：

$$w_{C(act)}=\frac{\gamma_{0}}{\gamma_{0}-1}R_{g}T_{1}(\pi^{\frac{n-1}{n}}-1) \tag{5-63}$$

这时压气机的绝热效率为

$$\eta_{C,s}=\frac{\frac{\gamma_{0}}{\gamma_{0}-1}R_{g}T_{1}(\pi^{\frac{\gamma_{0}-1}{\gamma_{0}}}-1)}{\frac{\gamma_{0}}{\gamma_{0}-1}R_{g}T_{1}(\pi^{\frac{n-1}{n}}-1)}=\frac{\pi^{\frac{\gamma_{0}-1}{\gamma_{0}}}-1}{\pi^{\frac{n-1}{n}}-1} \tag{5-64}$$

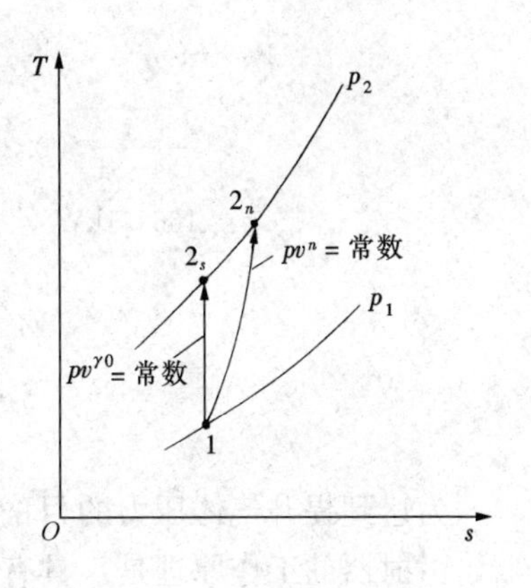

图 5 - 18

有时也采用多变效率，即可逆多变压气功与不可逆绝热（按多变规律变化）压气功之比：

$$\eta_{C,n}=\frac{w_{C,n(rev)}}{w_{C(act)}}=\frac{\frac{n}{n-1}R_{g}T_{1}(\pi^{\frac{n-1}{n}}-1)}{\frac{\gamma_{0}}{\gamma_{0}-1}R_{g}T_{1}(\pi^{\frac{n-1}{n}}-1)}=\frac{n(\gamma_{0}-1)}{\gamma_{0}(n-1)} \tag{5-65}$$

同样一台压气机，同样的实际压气功，由于与之对比的理论过程不一样，所得效率值也不一样：

$$\eta_{C,n}>\eta_{C,s} \tag{5-66}$$

从热力学角度看，采用多变效率更合理，因为它是同一过程（见图 5 - 18 中过程 1→2n）可逆压气功与不可逆压气功之比；但人们更习惯于用同样是绝热过程，可逆的（过程 1→2s）与不可逆的（过程 1→2n）来比较。

与活塞式压气机相比，叶轮式压气机由于没有往复运动部件，因而运行平稳，可采用高转速，机器也更轻小，适宜用作大流量的压气设备。活塞式压气机则更宜用作小流量、高压比的压气设备。

【例 5 - 6】 一轴流式空气压缩机，增压比为 10，流量为 5kg/s，进气参数为 0.1MPa、25℃。已测得排气温度为 356℃。试求该压气机的绝热效率、多变效率和消耗的功率。

解 认为空气在该参数范围内可视为定比热容理想气体，不可逆绝热压缩近似遵守 pv^n＝常数的规律。

已知对于空气：$\gamma_0 = 1.400$，$R_g = 0.287\,1\text{kJ/(kg·K)}$

根据多变过程
$$\frac{T_2}{T_1} = \left(\frac{p_2}{p_1}\right)^{\frac{n-1}{n}} = \pi^{\frac{n-1}{n}}$$

取对数
$$\ln\frac{T_2}{T_1} = \frac{n-1}{n}\ln\pi$$

所以多变指数
$$n = \frac{\ln\pi}{\ln\pi - \ln(T_2/T_1)} = \frac{\ln 10}{\ln 10 - \ln[(356+273.15)\text{K}/(25+273.15)\text{K}]} = 1.480$$

该压气机的绝热效率［式（5-64）］为
$$\eta_{C,s} = \frac{\pi^{\frac{\gamma_0-1}{\gamma_0}}-1}{\pi^{\frac{n-1}{n}}-1} = \frac{10^{\frac{1.4-1}{1.4}}-1}{10^{\frac{1.48-1}{1.48}}-1} = 0.838\,3$$

多变效率［式（5-65）］为
$$\eta_{C,n} = \frac{n(\gamma_0-1)}{\gamma_0(n-1)} = \frac{1.48(1.4-1)}{1.4(1.48-1)} = 0.881\,0$$

压气机消耗的功率为［见式（5-63）］
$$\begin{aligned}P_C &= w_C q_m = \frac{\gamma_0}{\gamma_0-1}R_g T_1(\pi^{\frac{n-1}{n}}-1)q_m \\ &= \frac{1.4}{1.4-1}\times 0.287\,1\text{kJ/(kg·K)}\times 298.15\text{K}\times(10^{\frac{1.48-1}{1.48}}-1)\times 5\text{kg/s} \\ &= 1663.1\text{kW}\end{aligned}$$

5-8 引射器的工作过程

为达到提升气体压力的目的，除了利用压气机外，还可以利用如图 5-19 所示的引射器。引射器的工作原理是：具有较高压力（p_1）的流体进入喷管降压加速，带动具有较低压力（p_2）的流体在混合室中混合，达到一中等流速（前者减速、后者加速），然后混合流体进入扩压管提高压力（p_3）后流出引射器。引射器的作用是使低压流体升压（从 p_2 升到 p_3），当然，这是以高压流体降压（从 p_1 降到 p_3）为代价的。在一些特定场合，引射器有其应用价值。例如，为要保持某容器一定的真空度需要不断抽气时，可用高压流体（比如说发电厂中有现成的高压蒸汽可以利用）通过引射器不断抽气，并与抽出的气体一并排出。又如，有高压蒸汽和低压蒸汽，但需用中压蒸汽，这时可通过引射器，利用高压蒸汽提高低压蒸汽的压力，共同达到中压后使用，这样比通过节流使高压蒸汽降至中压使用要经济。

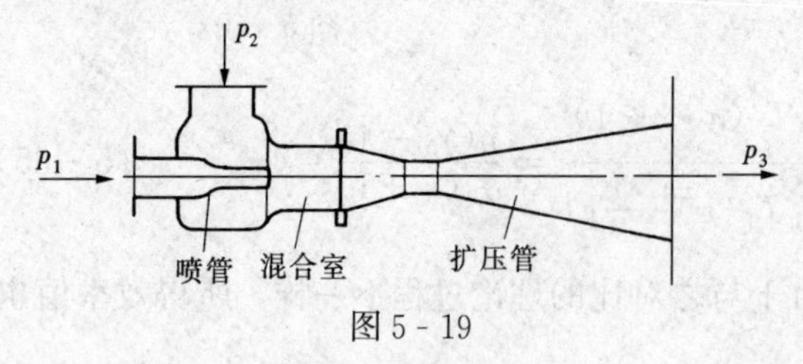

图 5-19

引射器进行的热力过程，从内部看，有膨胀、有压缩、有混合，压力和流速的变化比较显著，但从混合前的状态（状态 1、状态 2）和混合后的状态（状态 3）来看，对外界它仍是无技术功的绝热过程，和第 3-9 节中讨论的流动混合过程是同样的。因此，由式(3-168)可知
$$q_{m3}h_3 = q_{m1}h_1 + q_{m2}h_2$$

或写为
$$h_3 = \frac{q_{m1}}{q_{m3}}h_1 + \frac{q_{m2}}{q_{m3}}h_2 = g_1 h_1 + g_2 h_2 \tag{5-67}$$

式中 g_1、g_2——质量流量的百分率。

如果高压和低压两股流体为同一种定比热容理想气体（比如说空气），则式（5-67）可写为

$$c_{p0} T_3 = g_1 c_{p0} T_1 + g_2 c_{p0} T_2$$

即
$$T_3 = g_1 T_1 + g_2 T_2 \tag{5-68}$$

这时，从引射器每流出1kg气体，不可逆因素造成的熵产（等于混合前后的熵增）为

$$\begin{aligned} s_g &= s_3 - (g_1 s_1 + g_2 s_2) = (c_{p0}\ln T_3 - R_g \ln p_3 + C_2) \\ &\quad - g_1(c_{p0}\ln T_1 - R_g \ln p_1 + C_2) - g_2(c_{p0}\ln T_2 - R_g \ln p_2 + C_2) \\ &= c_{p0}\ln\frac{T_3}{T_1^{g_1} T_2^{g_2}} - R_g \ln\frac{p_3}{p_1^{g_1} p_2^{g_2}} \end{aligned} \tag{5-69}$$

引射器的工作效率可以有多种定义。作者认为，从热力学角度来看，对引射器采用如下的效率表示其工作性能比较合理：

$$\begin{aligned} \eta_{ex,ej} &= \frac{\text{收获}}{\text{消耗}} = \frac{\text{低压流体流经引射器后㶲的增加}}{\text{高压流体流经引射器后㶲的减少}} \\ &= \frac{g_2[(h_3'' - h_2) - T_0(s_3'' - s_2)]}{g_1[(h_1 - h_3') - T_0(s_1 - s_3')]} \end{aligned} \tag{5-70}$$

式中 h_3'、h_3''和s_3'、s_3''——流体1和流体2在T_3、p_3下的比焓和比熵（不考虑异种流体掺混的影响）。

如果高压和低压两股流体为同一种定比热容理想气体，则式（5-70）可简化为

$$\begin{aligned} \eta_{ex,ej} &= \frac{g_2\left[c_{p0}(T_3 - T_2) - T_0\left(c_{p0}\ln\frac{T_3}{T_2} - R_g\ln\frac{p_3}{p_2}\right)\right]}{g_1\left[c_{p0}(T_1 - T_3) - T_0\left(c_{p0}\ln\frac{T_1}{T_3} - R_g\ln\frac{p_1}{p_3}\right)\right]} \\ &= \frac{g_2\left[(T_3 - T_2) - T_0\left(\ln\frac{T_3}{T_2} - \frac{\gamma_0 - 1}{\gamma_0}\ln\frac{p_3}{p_2}\right)\right]}{g_1\left[(T_1 - T_3) - T_0\left(\ln\frac{T_1}{T_3} - \frac{\gamma_0 - 1}{\gamma_0}\ln\frac{p_1}{p_3}\right)\right]} \\ &= \frac{g_2}{g_1}\,\frac{(T_3 - T_2) - T_0\ln\left[\frac{T_3}{T_2}\Big/\left(\frac{p_3}{p_2}\right)^{\frac{\gamma_0 - 1}{\gamma_0}}\right]}{(T_1 - T_3) - T_0\ln\left[\frac{T_1}{T_3}\Big/\left(\frac{p_1}{p_3}\right)^{\frac{\gamma_0 - 1}{\gamma_0}}\right]} \end{aligned} \tag{5-71}$$

由于引射器掺混过程中的不可逆损失很大，引射器的效率一般都很低，但引射器结构简单，而且没有运动部件，工作可靠，故仍具有一定的实用价值。

【例5-7】 用压缩空气通过引射器来抽空气，以维持某容器的真空度，抽出的气体排向大气。已测得压缩空气的参数为 $p_1 = 0.5\text{MPa}$、$t_1 = 20℃$，$q_{m1} = 0.15\text{kg/s}$；真空容器的参数为 $p_2 = 0.025\text{MPa}$、$t_2 = 20℃$，被抽走气体的流量 $q_{m2} = 0.022\text{kg/s}$；大气参数为 $p_0 = 0.1\text{MPa}$、$t_0 = 20℃$。试求引射器排出气体的温度、引射过程的㶲损及引射器㶲效率。

解 空气按定比热容理想气体处理。

$$c_{p0} = 1.005\text{kJ/(kg·K)}, R_g = 0.287\,1\text{kJ/(kg·K)}, \gamma_0 = 1.400$$

压缩空气的质量流量百分率为

$$g_1=\frac{q_{m1}}{q_{m1}+q_{m2}}=\frac{0.15\text{kg/s}}{0.15\text{kg/s}+0.022\text{kg/s}}=0.872\,1=87.21\%$$

被抽走空气的质量流量百分率为

$$g_2=1-g_1=1-0.872\,1=0.127\,9=12.79\%$$

引射器出口温度［式（5-68)］

$$T_3=g_1T_1+g_2T_2=0.872\,1\times293.15\text{K}+0.127\,9\times293.15\text{K}=293.15\text{K}(20℃)$$

从引射器每流出1kg空气㶲损为 $e_L=T_0s_g$。考虑到 $T_3=T_2=T_1$，由式（5-69）可得

$$\begin{aligned}e_L&=T_0s_g=T_0\left(-R_g\ln\frac{p_3}{p_1^{g_1}p_2^{g_2}}\right)\\&=293.15\text{K}\left[-0.287\,1\text{kJ/(kg}\cdot\text{K)}\ln\frac{0.1\text{MPa}}{(0.5^{0.872\,1}\times0.025^{0.127\,9})\text{MPa}}\right]\\&=103.21\text{kJ/kg}\end{aligned}$$

由于 $T_3=T_2=T_1$，式（5-71）可简化为

$$\eta_{ex,ej}=\frac{g_2}{g_1}\frac{\ln\dfrac{p_3}{p_2}}{\ln\dfrac{p_1}{p_3}}=\frac{0.127\,9}{0.872\,1}\frac{\ln\dfrac{0.1\text{MPa}}{0.025\text{MPa}}}{\ln\dfrac{0.5\text{MPa}}{0.1\text{MPa}}}=0.126\,3=12.63\%$$

由计算结果可见，引射器的不可逆损失的确很大，效率的确很低。

思考题

1. 既然 $c=\sqrt{2(h^*-h)}$ 对有摩擦和无摩擦的绝热流动都适用，那么摩擦损失表现在哪里呢？

2. 为什么渐放形管道也能使气流加速？渐放形管道也能使液流加速吗？

3. 声速是一个固定数值吗？什么叫当地声速？什么叫马赫数？

4. 在亚声速和超音速气流中，图5-20所示的三种形状的管道适宜作喷管还是适宜作扩压管？

5. 有一渐缩喷管，背压和滞止温度保持不变，滞止压力由等于背压逐渐提高为背压的3倍。问该喷管的出口压力、出口流速和喷管的流量将如何变化？

6. 有一渐缩喷管和一缩放喷管，最小截面积相同，一同工作在相同的滞止参数和极低的背压之间（见图5-21）。试问它们的出口压力、出口流速、流量是否相同？如果将它们截去一段（图中虚线所示的右边一段），那么它们的出口压力、出口流速和流量将如何变化？

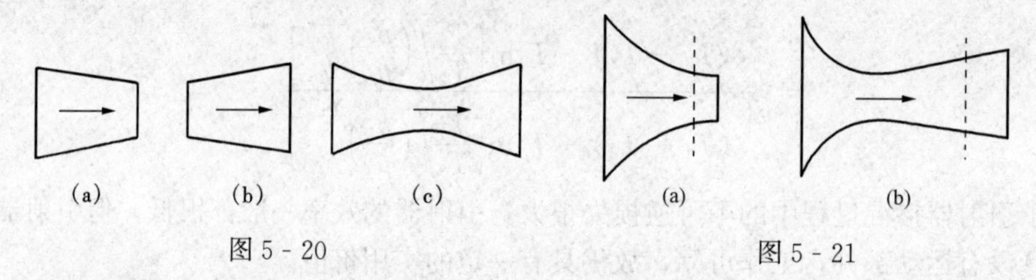

图5-20　　图5-21

7. 如果工质是理想气体，试将图5-18所示的定熵压缩过程（1→2s）和不可逆绝热压缩过程（1→2n）的压气机耗功用该图中的相应面积表示出来。

8. 叶轮式压气机和活塞式压气机的多变效率有什么共同和不同之处？

习　题

5-1　用管道输送天然气（甲烷）。已知管道内天然气的压力为4.5MPa，温度为295K，流速为30m/s，

管道直径为0.5m。问每小时能输送天然气多少标准立方米？

5-2 温度为750℃、流速为550m/s的空气流，以及温度为20℃、流速为380m/s的空气流，是亚声速气流还是超声速气流？它们的马赫数各为多少？已知空气在750℃时 $\gamma_0=1.335$；在20℃时 $\gamma_0=1.400$。

5-3 已测得喷管某一截面空气的压力为0.3MPa、温度为700K、流速为600m/s。试按定比热容和变比热容（查附表5）两种方法求滞止温度和滞止压力。能否推知该测量截面在喷管的什么部位？

5-4 压缩空气在输气管中的压力为0.6MPa、温度为25℃，流速很低。经一出口截面积为300mm^{2}的渐缩喷管后压力降为0.45MPa。求喷管出口流速及喷管流量（按定比热容理想气体计算，不考虑摩擦，以下各题均如此）。

5-5 同习题5-4。若渐缩喷管的背压为0.1MPa，则喷管流量及出口流速为若干？

5-6 空气进入渐缩喷管时的初速为200m/s，初压为1MPa，初温为400℃。求该喷管达到最大流量时出口截面的流速、压力和温度。

5-7 试设计一喷管，工质是空气。已知流量为3kg/s，进口截面上的压力为1MPa、温度为500K、流速为250m/s，出口压力为0.1MPa。

5-8 一渐缩喷管，出口流速为350m/s，工质为空气。已知滞止温度为300℃（滞止参数不变）。试问这时是否达到最大流量？如果没有达到，它目前的流量是最大流量的百分之几？

5-9 欲使压力为0.1MPa、温度为300K的空气流经扩压管后压力提高到0.2MPa，空气的初速至少应为若干？

5-10 有两台单级活塞式压气机，每台每小时均能生产压力为0.6MPa的压缩空气2500kg。进气参数都是0.1MPa、20℃。其中一台用水套冷却气缸，压缩过程的多变指数$n=1.3$；另一台没有水套冷却，压缩过程的指数 $n=\gamma_0=1.4$。试求两台压气机理论上消耗的功率各为若干？如果能做到定温压缩，则理论上消耗的功率将是多少？

5-11 单级活塞式压气机，余隙比为0.06，空气进入气缸时的温度为32℃，压力为0.1MPa，压缩过程的多变指数为1.25。试求压缩气体能达到的极限压力（图5-12中 $p_{2''}$）及达到该压力时的温度。当压气机的出口压力分别为0.5MPa和1MPa时，其容积效率及压缩终了时气体的温度各为若干？如果将余隙比降为0.03，则上面所要求计算的各项将是多少？将计算结果列成表格，以便对照比较。

5-12 离心式空气压缩机，流量为3.5kg/s，进口压力为0.1MPa、温度为20℃，出口压力为0.3MPa。试求压气机消耗的理论功率和实际功率。已知压气机的绝热效率

$$\eta_{C,s}=\frac{w_{C,t}}{w_{C,act}}=0.85$$

5-13 接上题。如果认为压缩过程遵守多变过程的规律，试确定多变指数和压气机多变效率。

5-14 某轴流式压气机运行时，已测得入口空气参数为 $p_1=0.1$MPa、$t_1=20$℃，排气参数为 $p_2=1.2$MPa、$t_2=375$℃，消耗功率1850kW。试计算该压气机的绝热效率、流量及㶲损率（kW）。

*5-15 对有摩擦的绝热气流，斯多陀拉（Stodola）假定功损（或热产）与焓降成正比，并称之谓能量损失系数 ξ（$\xi=\dfrac{\delta q_g}{-\mathrm{d}h}=$ 常数）。试证明它与多变指数之间的关系为 $\xi=\dfrac{\gamma_0-n}{\gamma_0(n-1)}$ 或 $n=\dfrac{\gamma_0(\xi+1)}{\gamma_0\xi+1}$。

5-16 对理想气体的绝热稳定流动过程，试证明每流过1kg气体的熵产与进、出口截面的滞止压力之间存在如下关系：

$$s_g=R_g\ln\frac{p_1^*}{p_2^*}$$

第6章　气体动力循环

［**本章导读**］本章主要讲述以空气和燃气为工质的活塞式内燃机和燃气轮机装置内部各热力过程的特点，并将它们简化，抽象为理论循环；分析这些循环的特性参数对循环热效率的影响，用以指导热机效率的提高。

6-1　概　　述

常规的热力发动机或热能动力装置（简称热机），都以消耗燃料为代价而输出机械功。燃料的化学能先通过燃烧变成热能，然后再通过工质的状态变化使热能转变为机械能。在热机中膨胀做功的工质可以是燃烧产物本身（内燃式热机），也可以由燃烧产物将热能传给另一种物质，而以后者作为工质（外燃式热机）。工质在热机中不断完成热力循环，并使热能连续转变为机械能。

由于热机所采用的工质以及工质所经历的热力循环不同，各种热机不仅在结构上，而且在工作性能上都存在着差别。从热力学的角度来分析热机，主要是针对热机中进行的热力循环，计算其热效率，分析影响循环热效率的各种因素，指出提高热效率的途径。虽然实际的热力循环是多样的、不可逆的，而且有时还是相当复杂的，但通常总可以近似地用一系列简单的、典型的、可逆的过程来代替，这些过程相互衔接，形成一个封闭的理论循环。对这样的理论循环就可以比较方便地进行热力学分析和计算了。

理论循环和实际循环当然有一定的差别，但是只要这种从实际到理论的抽象、概括和简化是合理的、接近实际的，那么对理论循环的分析和计算结果不仅具有一般的理论指导意义，而且也会具有一定的精确性，必要时可作进一步修正，以提高其精确度。另外，对某种理论循环进行计算可以给出这类循环理论上能达到的最佳效果，这就为改进实际循环、减少不可逆损失树立了一个可以与之相比较的标准。所以，对理论循环的分析和计算无论在理论上或是在实用上都是有价值的。本章（气体动力循环）、第九章（蒸汽动力循环）、第十一章（双工质循环）以及第十二章（制冷循环）将主要讨论各种理论循环。

6-2　活塞式内燃机的混合加热循环

活塞式内燃机（包括煤气机、汽油机、柴油机等）的共同特点是：工质的膨胀和压缩以及燃料的燃烧等过程都是在同一个带活塞的气缸中进行的，因此结构比较紧凑。

在活塞式内燃机的气缸中，气体工质的压力和体积的变化情况可以通过一种叫做“示功器”的仪器记录下来。以四冲程柴油机为例，它的示功图如图6-1所示。当活塞从最左端（即所谓上止点）向右移动时，进气阀门开放，空气被吸进气缸。这时气缸中空气的压力由于进气管道和进气阀门的阻力而稍低于外界大气压力（图中 $a \to b$）。然后活塞从最右端（即所谓下止点）向左移动，这时进气阀门和排气阀门都关闭着，空气被压缩，这一过程接近于绝热压缩过程，温度和压力同时升高（过程 $b\to c$）。当活塞即将达到上止点时，由喷油嘴向气缸中喷柴油，柴油遇到高温的压缩空气立即迅速燃烧，温度和压力在极短的一瞬间急剧上升，而活塞在上止点附近移动极微，因此这一过程接近于定容燃烧过程（$c\to d$）。接着活塞开始向右移动，燃烧继续进行，直到喷进气缸内的燃料烧完为止，这时气缸中的压力变化不大，接近于定压燃烧过程（$d\to e$）。此后，活塞继续向右移动，燃烧后的气体膨胀做功，这一过程接近于绝热膨胀过程（$e\to f$）。当活塞接近下止点时，排气阀门开放，气缸中的气体冲出气缸，压力突然下降，而活塞还几乎停留在下止点附近，接近于定容排气过程（$f\to g$）。最后，活塞由下止点向左移动，将剩余在气缸中的废气排出，这时气缸中气体的压力由于排气阀门和排气管道的阻力而略高于大气压力（$g\to a$）。当活塞第二次回到上止点时（活塞往返共四次），便完成了一个循环。此后，便是循环的不断重复。

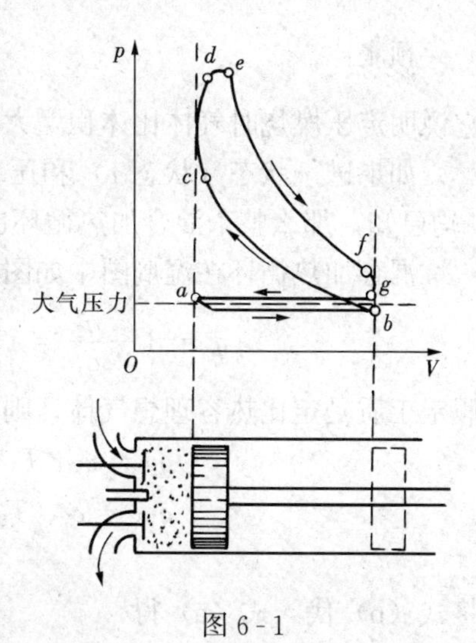

图 6-1

如上所述，内燃机的工作循环是开式的（工质与大气连通），工质的成分也是有变化的——进入内燃机气缸的是新鲜空气，而从气缸中排出的是废气（燃烧产物）。但是，由于废气和空气的成分相差并不悬殊（其中 80%左右均为不参加燃烧的氮），因此在作理论分析时可以近似地假定气缸中工质的成分不变，而将气缸内部的燃烧过程看作从气缸外部向工质加热的过程，并将定容排气过程看作定容冷却（降压）过程。另外，进气过程和定压排气过程都是在接近大气压力的情况下进行的，可以近似地假定图 6-1 中的 $a\to b$ 和 $g\to a$ 与大气压力线重合，进气过程得到的功和排气过程需要的功互相抵消。因此，可以认为工作循环既不进气也不排气，而是由封闭在活塞气缸中的一定量的气体工质不断地完成热力循环。这样，我们实际上已经将一个工质成分改变的内燃的开式循环变换成了一个工质成分不变的外燃的闭式循环。

再将绝热压缩过程 $b\to c$ 理想化为定熵压缩过程 $1\to 2$（见图 6-2），将定容燃烧过程 $c\to d$ 理想化为定容加热过程 $2\to 3$，将定压燃烧过程 $d\to e$ 理想化为定压加热过程 $3\to 4$，将绝热膨胀过程 $e\to f$ 理想化为定熵膨胀过程 $4\to 5$，将定容排气（降压）过程 $f\to g$ 理想化为定容冷却（降压）过程 $5\to 1$。这样就得到了图 6-2 所示的活塞式内燃机的理想循环 123451。

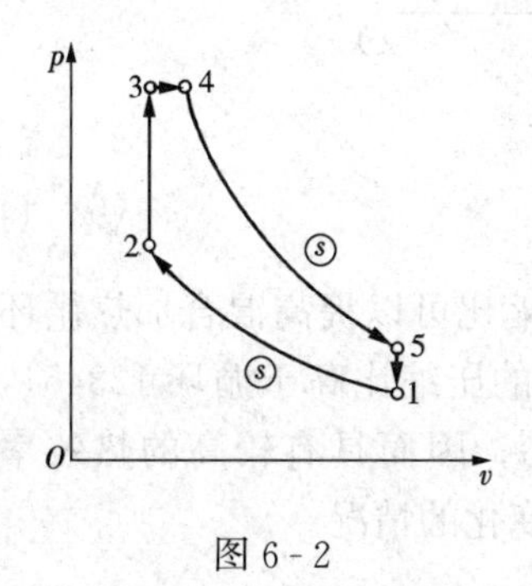

图 6-2

循环 123451 称为混合加热循环[1]。它的特性可以用下述三个特性参数来说明：

压缩比　$$\varepsilon=\frac{v_1}{v_2} \tag{6-1}$$

它说明燃烧前气体在气缸中被压缩的程度，即气体比体积缩小的倍率。

压升比　$$\lambda=\frac{p_3}{p_2} \tag{6-2}$$

它说明定容燃烧时气体压力升高的倍率。

[1] 混合加热循环的意思是指这种循环既包括定容加热过程，又包括定压加热过程。

预胀比

$$\rho = \frac{v_4}{v_3} \tag{6-3}$$

它说明定压燃烧时气体比体积增大的倍率。

如果进气状态（状态 1）和压缩比 ε、压升比 λ 以及预胀比 ρ 均已知，那么整个混合加热循环也就确定了。

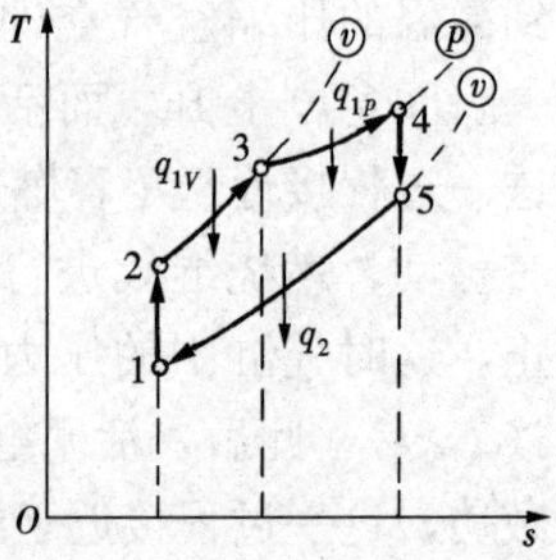

混合加热循环在温熵图中如图 6 - 3 所示。它的热效率为

$$\eta_t = 1 - \frac{q_2}{q_1} = 1 - \frac{q_2}{q_{1V} + q_{1p}} \tag{a}$$

图 6 - 3

假定工质是定比热容理想气体，则

$$\left.\begin{aligned} q_2 &= c_{V0}(T_5 - T_1) \\ q_{1V} &= c_{V0}(T_3 - T_2) \\ q_{1p} &= c_{p0}(T_4 - T_3) \end{aligned}\right\} \tag{b}$$

将式（b）代入式（a）得

$$\eta_t = 1 - \frac{c_{V0}(T_5 - T_1)}{c_{V0}(T_3 - T_2) + c_{p0}(T_4 - T_3)} = 1 - \frac{T_5 - T_1}{(T_3 - T_2) + \gamma_0(T_4 - T_3)} \tag{c}$$

过程 1→2 是绝热（定熵）过程，因此

$$T_2 = T_1\left(\frac{v_1}{v_2}\right)^{\gamma_0 - 1} = T_1\varepsilon^{\gamma_0 - 1} \tag{d}$$

过程 2→3 是定容过程，因此

$$T_3 = T_2\frac{p_3}{p_2} = T_1\varepsilon^{\gamma_0 - 1}\lambda \tag{e}$$

过程 3→4 是定压过程，因此

$$T_4 = T_3\frac{v_4}{v_3} = T_1\varepsilon^{\gamma_0 - 1}\lambda\rho \tag{f}$$

过程 4→5 是绝热（定熵）过程，因此

$$\begin{aligned} T_5 &= T_4\left(\frac{v_4}{v_5}\right)^{\gamma_0 - 1} = T_4\left(\frac{v_3\rho}{v_1}\right)^{\gamma_0 - 1} \\ &= T_4\left(\frac{v_2\rho}{v_1}\right)^{\gamma_0 - 1} = T_1\varepsilon^{\gamma_0 - 1}\lambda\rho\left(\frac{\rho}{\varepsilon}\right)^{\gamma_0 - 1} = T_1\lambda\rho^{\gamma_0} \end{aligned} \tag{g}$$

将式（d）、（e）、（f）、（g）代入式（c）得

$$\eta_t = 1 - \frac{T_1\lambda\rho^{\gamma_0} - T_1}{(T_1\varepsilon^{\gamma_0 - 1}\lambda - T_1\varepsilon^{\gamma_0 - 1}) + \gamma_0(T_1\varepsilon^{\gamma_0 - 1}\lambda\rho - T_1\varepsilon^{\gamma_0 - 1}\lambda)}$$

化简后可得

$$\eta_t = 1 - \frac{1}{\varepsilon^{\gamma_0 - 1}}\frac{\lambda\rho^{\gamma_0} - 1}{(\lambda - 1) + \gamma_0\lambda(\rho - 1)} \tag{6-4}$$

从式（6 - 4）可以看出：如果压升比和预胀比不变，那么提高压缩比可以提高混合加热循环的热效率。这也可以从温熵图中看出。图 6 - 4 中循环 12′3′4′51 的压缩比高于循环 123451，它也具有较高的平均吸热温度（$T'_{m1} > T_{m1}$；平均放热温度相同），因而具有较高的热效率（$\eta'_t > \eta_t$）。图 6 - 5 中的曲线表示混合加热循环的热效率随压缩比变化的情况。

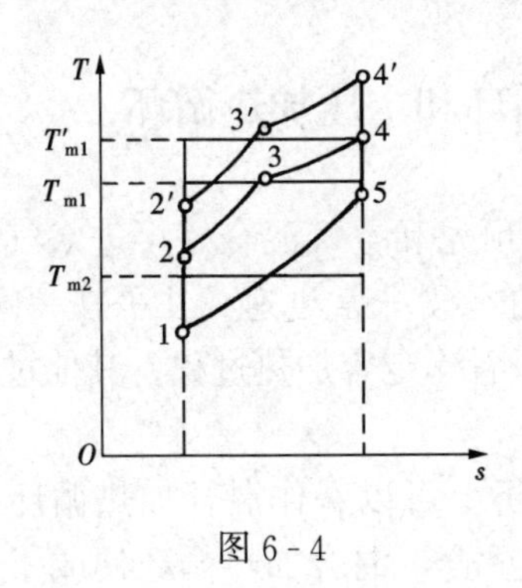

图 6-4

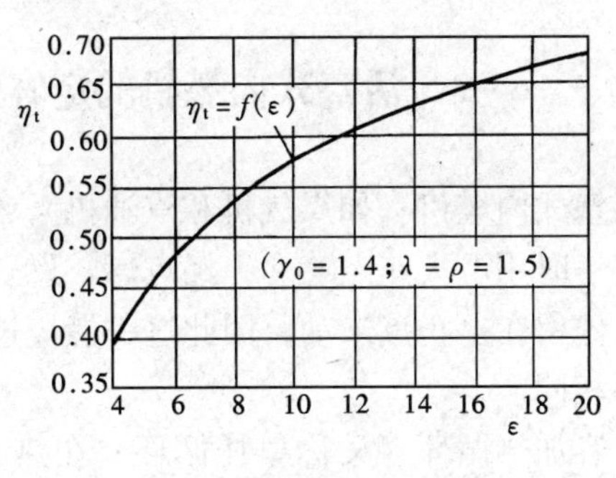

图 6-5

为了保证气缸中的空气在压缩终了时具有足够高的温度，以便喷油燃烧，同时也为了获得较高的热效率，柴油机的压缩比比较高，一般为 13～20。

压升比和预胀比对混合加热循环热效率的影响如图 6-6 中曲线所示。从图中可以看出：提高压升比、降低预胀比，可以提高混合加热循环的热效率。也可以用温熵图来说明压升比和预胀比对混合加热循环热效率的影响。图 6-7 中循环 $123'4'51$ 比循环 123451 具有较高的压升比（$\lambda'>\lambda$）和较低的预胀比（$\rho'<\rho$）。循环 123451 的热效率为

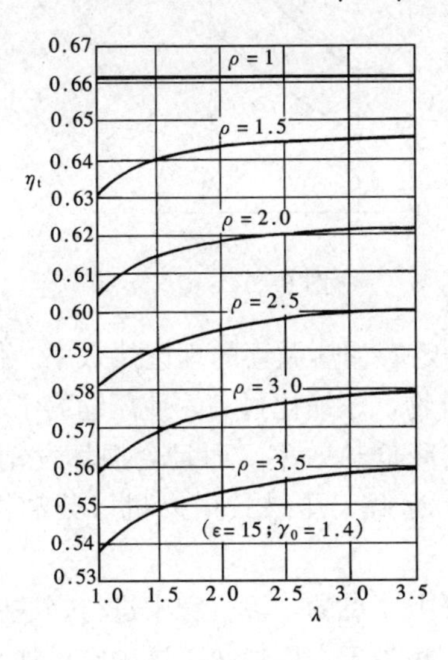

图 6-6

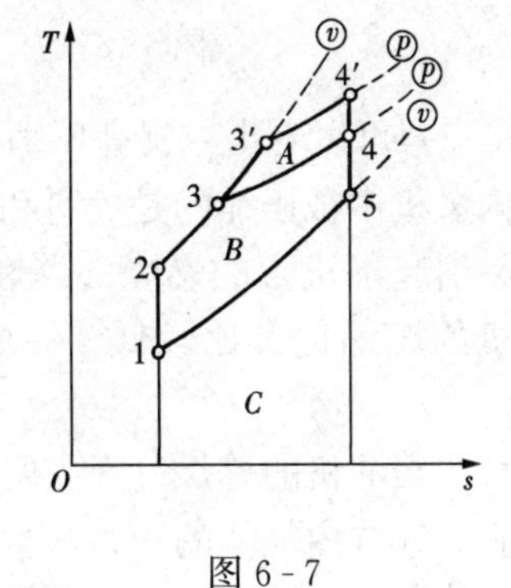

图 6-7

$$\eta_t=1-\frac{q_2}{q_1}=1-\frac{面积\ C}{面积\ (B+C)}$$

循环 $123'4'51$ 的热效率为

$$\eta_t'=1-\frac{q_2'}{q_1'}=1-\frac{面积\ C}{面积\ (A+B+C)}$$

显然

$$\eta_t'>\eta_t$$

所以说，如果压缩比不变，那么提高压升比并降低预胀比（意即使燃烧过程更多地在定容下进行，更少地在定压下进行），可以提高混合加热循环的热效率。

6-3 活塞式内燃机的定容加热循环和定压加热循环

有些活塞式内燃机（如煤气机和汽油机），燃料是预先和空气混合好再进入气缸的，然后在压缩终了时用电火花点燃。一经点燃，燃烧过程进行得非常迅速，几乎在一瞬间完成，活塞基本上停留在上止点未动，因此这一燃烧过程可以看作定容加热过程。其他过程则和混合加热循环相同。

这种定容加热循环（又称奥托循环）在热力学分析上可以看作混合加热循环当预胀比 $\rho=1$ 时的特例。当 $\rho=1$ 时，$v_4=v_3$，状态 4 和状态 3 重合，混合加热循环便成了定容加热循环（见图 6-8、图 6-9）。令式（6-4）中 $\rho=1$，即可得定容加热循环的理论热效率计算式

$$\eta_{t,V}=1-\frac{1}{\varepsilon^{\gamma_0-1}} \tag{6-5}$$

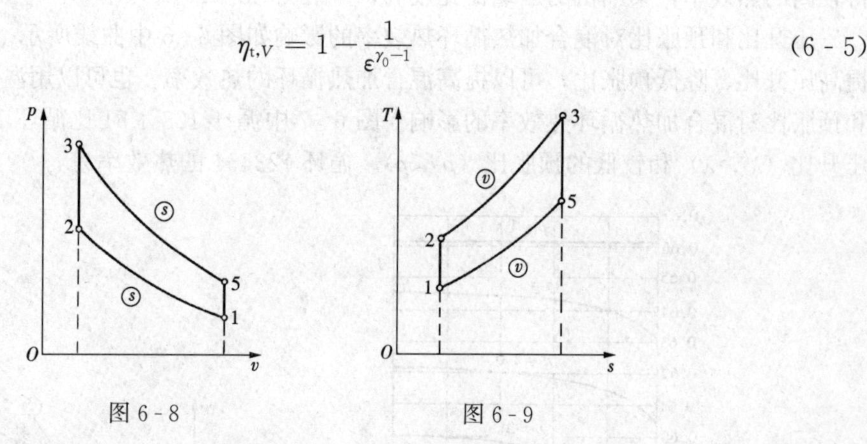

图 6-8　　图 6-9

从式（6-5）可以看出：提高压缩比可以提高定容加热循环的理论热效率。但是，由于这种点燃式内燃机中被压缩的是燃料和空气的混合物，压缩比过高，使压缩终了的温度和压力太高，容易引起不正常的燃烧（爆燃），不仅会降低热效率，而且会损坏发动机。所以，点燃式内燃机的压缩比都比较低，一般为 5～9，远低于压燃式内燃机（柴油机）的压缩比(13～20)。

另外，有些柴油机的燃烧过程主要在活塞离开上止点的一段行程中进行。这时，一面燃烧，一面膨胀，气缸内气体的压力基本保持不变，相当于定压加热。这种定压加热循环（又称狄塞尔循环）也可以看作混合加热循环的特例。当 $\lambda=1$ 时，$p_3=p_2$，状态 3 和状态 2 重合，混合加热循环便成了定压加热循环（见图 6-10、图 6-11）。令式（6-4）中 $\lambda=1$，即可得定压加热循环的理论热效率计算式

$$\eta_{t,p}=1-\frac{1}{\varepsilon^{\gamma_0-1}}\frac{\rho^{\gamma_0}-1}{\gamma_0(\rho-1)} \tag{6-6}$$

从式（6-6）可以看出：如果预胀比不变，那么提高压缩比可以提高定压加热循环的热效率；如果压缩比不变，那么预胀比的增大（即增加发动机负荷）会引起循环热效率的降低(这是由于 $\gamma_0>1$，当 ρ 增大时 $\rho^{\gamma_0}-1$ 比 $\rho-1$ 增加得快)。从图 6-6 也可以看出：当 $\lambda=1$ 时，η_t 随 ρ 的增加而下降。

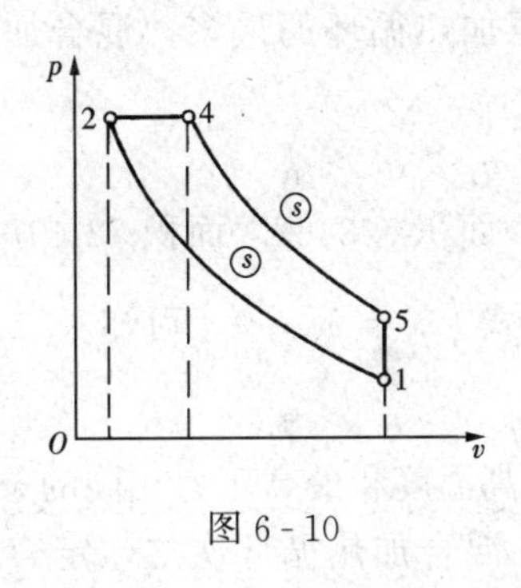

图 6 - 10

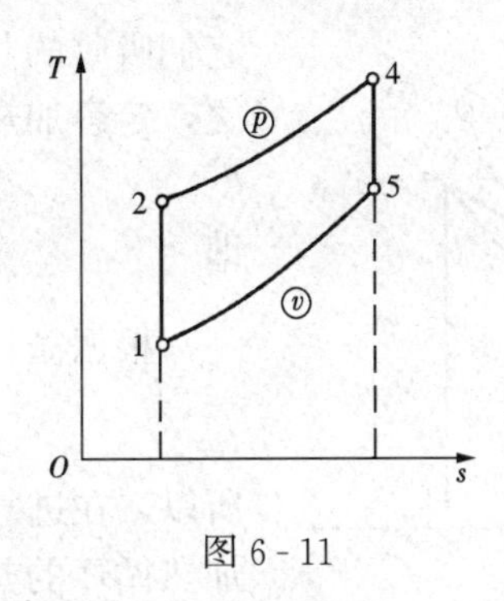

图 6 - 11

6 - 4　活塞式内燃机各种循环的比较

上面讨论的活塞式内燃机的三种循环，它们的工作条件并不相同，但是为了对它们进行比较，需要给定某些相同的比较条件。只要比较条件选择恰当，还是可以得出某些合理结论的。

1. 在进气状态、压缩比以及吸热量相同的条件下进行比较

图 6 - 12 示出了符合上述条件的内燃机的三种理论循环。图中循环 123451 为混合加热循环；循环 $124'5'1$ 为定容加热循环；循环 $124''5''1$ 为定压加热循环。按所给的条件，三种循环吸热量相同。

$$q_{1V} = q_1 = q_{1p}$$

即　　　面积 $724'6'7$＝面积 723467＝面积 $724''6''7$

从图中可以明显地看出，定容加热循环放出的热量最少，混合加热循环次之，定压加热循环最多。

$$q_{2V} < q_2 < q_{2p}$$

即　　　面积 $715'6'7$＜面积 71567＜面积 $715''6''7$

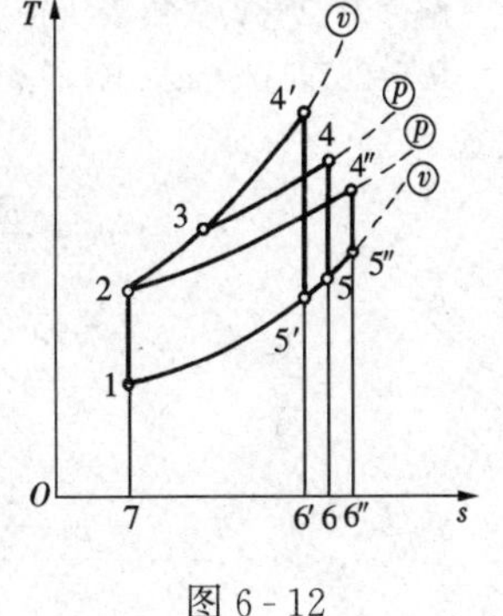

图 6 - 12

根据循环热效率的公式$\left(\eta_t = 1 - \frac{q_1}{q_1}\right)$可知

$$\eta_{t,V} > \eta_t > \eta_{t,p} \qquad (6-7)$$

所以，在进气状态、压缩比和吸热量相同的条件下，定容加热循环的热效率最高，混合加热循环次之，定压加热循环最低。这一结论说明了如下两点：第一，对点燃式内燃机（汽油机、煤气机等），在所用燃料已经确定，压缩比也跟着基本确定的情况下，发动机按定容加热循环工作是最有利的；第二，对于压燃式内燃机（柴油机等），在压缩比确定以后，按混合加热循环工作比按定压加热循环工作有利，如能按接近于定容加热循环工作，则可达更高的热效率。但是，不能从式（6 - 7）得出点燃式内燃机的热效率高于压燃式内燃机的结论（事实恰恰相反），因为它们的压缩比相差悬殊，不符合上述比较条件。

2. 在进气状态以及最高温度（T_{max}）和最高压力（p_{max}）相同的条件下进行比较

图 6 - 13 示出了符合上述比较条件的内燃机的三种理论循环。图中循环 123451 为混合加热循环；循环 $12'451$ 为定容加热循环；循环 $12''451$ 为定压加热循环。从图中可以看出，三种循环放出的热量相同，即

$$q_{2p} = q_2 = q_{2V} = \text{面积 } 71567$$

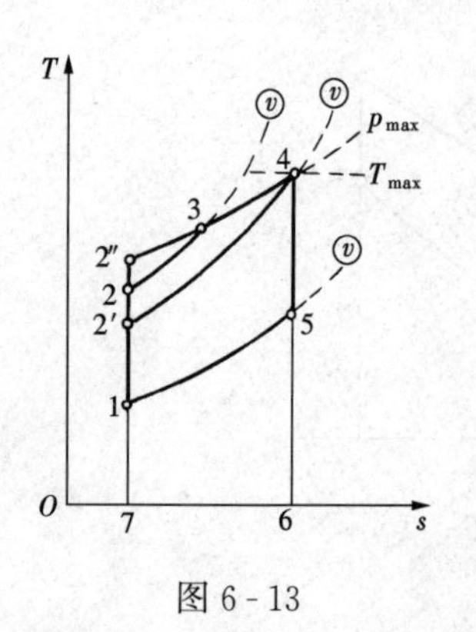

图 6 - 13

它们吸收的热量则以定压加热循环的最多，混合加热循环的次之，定容加热循环的最少。

$$q_{1p} > q_1 > q_{1V}$$

即　　　面积 72″467＞面积 723467＞面积 72′467

根据循环热效率的公式 $\left(\eta_t = 1 - \dfrac{q_2}{q_1}\right)$ 可知

$$\eta_{t,p} > \eta_t > \eta_{t,V} \tag{6 - 8}$$

所以，在进气状态以及最高温度和最高压力相同的条件下，定压加热循环的热效率最高，混合加热循环次之，定容加热循环最低。这一结论也说明了两点：第一，在内燃机的热强度和机械强度受到限制的情况下，为了获得较高的热效率，采用定压加热循环是适宜的；第二，如果近似地认为点燃式内燃机循环和压燃式内燃机循环具有相同的最高温度和最高压力，那么压燃式内燃机具有较高的热效率。实际情况正是这样，由于压缩比较高，柴油机的热效率通常都显著地超过汽油机。

【例 6 - 1】 试计算活塞式内燃机定压加热循环各特性点（图 6 - 10 中状态 1、2、4、5）的温度、压力、比体积以及循环的功、放出的热量和循环热效率。已知 $p_1 = 0.1\text{MPa}$、$t_1 = 50℃$、$\varepsilon = 16$、$q_1 = 1000\text{kJ/kg}$。工质为空气，按定比热容理想气体计算。

解 对空气，查附表 1 得

$R_g = 287.1\text{J/(kg·K)}$，$\gamma_0 = 1.400$，$c_{p0} = 1.005\text{kJ/(kg·K)}$，$c_{V0} = 0.718\text{kJ/(kg·K)}$

状态 1

$$p_1 = 0.1\text{MPa},\quad T_1 = 323.15\text{K}$$

$$v_1 = \frac{R_g T_1}{p_1} = \frac{287.1\text{J/(kg·K)} \times 323.15\text{K}}{(0.1 \times 10^6)\text{Pa}} = 0.927\,8\text{m}^3/\text{kg}$$

状态 2

$$v_2 = \frac{v_1}{\varepsilon} = \frac{0.927\,8\text{m}^3/\text{kg}}{16} = 0.057\,99\text{m}^3/\text{kg}$$

$$p_2 = p_1\left(\frac{v_1}{v_2}\right)^{\gamma_0} = p_1\varepsilon^{\gamma_0} = 0.1\text{MPa} \times 16^{1.4} = 4.850\text{MPa}$$

$$T_2 = \frac{p_2 v_2}{R_g} = \frac{(4.850 \times 10^6)\text{Pa} \times 0.057\,99\text{m}^3/\text{kg}}{287.1\text{J/(kg·K)}} = 979.6\text{K}$$

状态 4

$$p_4 = p_2 = 4.850\text{MPa}$$

$$T_4 = T_2 + \frac{q_1}{c_{p0}} = 979.6\text{K} + \frac{1000\text{kJ/kg}}{1.005\text{kJ/(kg·K)}} = 1974.6\text{K}$$

$$v_4 = v_2\frac{T_4}{T_2} = 0.057\,99\text{m}^3/\text{kg} \times \frac{1974.6\text{K}}{979.6\text{K}} = 0.116\,9\text{m}^3/\text{kg}$$

状态 5

$$v_5 = v_1 = 0.927\,8\text{m}^3/\text{kg}$$

$$p_5 = p_4\left(\frac{v_4}{v_5}\right)^{\gamma_0} = 4.850\text{MPa} \times \left(\frac{0.116\,9\text{m}^3/\text{kg}}{0.927\,8\text{m}^3/\text{kg}}\right)^{1.4} = 0.266\,8\text{MPa}$$

$$T_5 = \frac{p_5 v_5}{R_g} = \frac{(0.266\,8 \times 10^6)\text{Pa} \times 0.927\,8\text{m}^3/\text{kg}}{287.1\text{J/(kg·K)}} = 862.2\text{K}$$

放出的热量

$$q_2 = c_{V0}(T_5 - T_1) = 0.718\text{kJ/(kg·K)} \times (862.2 - 323.15)\text{K} = 387\text{kJ/kg}$$

循环的功

$$w_0 = q_1 - q_2 = (1000 - 387)\text{kJ/kg} = 613\text{kJ/kg}$$

循环热效率
$$\eta_{t,p}=\frac{w_0}{q_1}=\frac{613\text{kJ/kg}}{1000\text{kJ/kg}}=0.613$$

或根据式(6-6)计算
$$\rho=\frac{v_4}{v_2}=\frac{0.116\,9\text{m}^3/\text{kg}}{0.057\,99\text{m}^3/\text{kg}}=2.016$$

$$\eta_{t,p}=1-\frac{1}{\varepsilon^{\gamma_0-1}}\frac{\rho^{\gamma_0}-1}{\gamma_0(\rho-1)}=1-\frac{1}{16^{1.4-1}}\times\frac{2.016^{1.4}-1}{1.4\times(2.016-1)}=0.613$$

6-5　燃气轮机装置的循环

燃气轮机装置包括下列三部分主要设备：压气机、燃烧室、燃气轮机（见图 6-14）。压气机都采用叶轮式的。关于叶轮式压气机已在第 5-7 节中作了介绍。这里简单介绍一下燃气轮机。

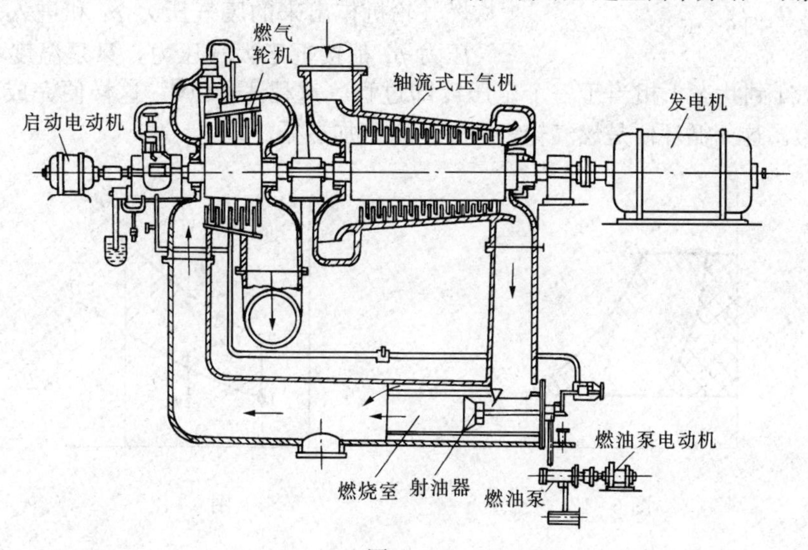

图 6-14

燃气轮机主要由装有动叶片的转子和固定在机壳上的静叶片（叶片间的通道构成喷管）组成。燃气进入燃气轮机后，沿轴向在一环环静叶片构成的喷管中降压、加速，并通过紧接每一环静叶片后面的动叶片推动转子旋转对外做功。

燃气在燃气轮机中的膨胀过程可以认为是绝热的，因为燃气很快通过燃气轮机，散失到周围空气中的热量很少（见图 6-15）。另外，燃气轮机进口和出口气流的动能都不大，它们的差值更可略去不计 $[(c_2^2-c_1^2)/2\approx 0]$；气流重力位能的变化也可以忽略 $[g(z_2-z_1)\approx 0]$。因此，根据能量方程式（2-13）可得出燃气轮机所做的功等于燃气的焓降：

$$w_T=h_1-h_2 \tag{6-9}$$

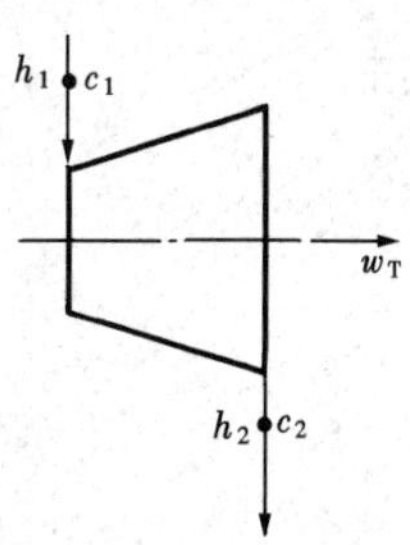

如果将燃气看作定比热容理想气体，则

$$w_T=c_{p0}(T_1-T_2) \tag{6-10}$$

图 6-15

如果膨胀过程是可逆的定熵过程，则

$$w_{T,s}=\frac{\kappa}{\kappa-1}p_1v_1\left[1-\left(\frac{p_2}{p_1}\right)^{\frac{\kappa-1}{\kappa}}\right] \tag{6-11}$$

对定比热容理想气体的定熵过程，则

$$w_{T,s}=\frac{\gamma}{\gamma_0-1}R_g T_1\left[1-\left(\frac{p_2}{p_1}\right)^{\frac{\gamma_0-1}{\gamma_0}}\right] \tag{6-12}$$

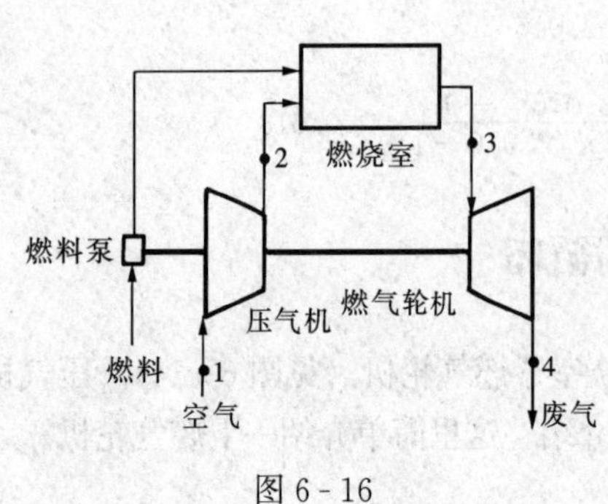

图 6-16

图 6-16 是最简单的按定压加热循环（也叫布雷顿循环）工作的燃气轮机装置的示意。空气从大气进入压气机，在压气机中绝热压缩（见图 6-17 和图 6-18中过程 1→2）；然后压缩空气进入燃烧室，与同时喷入燃烧室的燃料混合后在定压的情况下燃烧（过程 2→3）；燃烧生成的燃气进入燃气轮机中进行绝热膨胀（过程 3→4）；膨胀后的燃气（废气）排向大气。从燃气轮机排出来的废气压力 p_4 和进入压气机的空气压力 p_1 都接近于大气压力，只是温度不同（$T_4>T_1$）。从状态 4 到状态 1 相当于一个定压冷却过程（过程 4→1）[1]。这样便完成了一个循环（循环 12341）。这一循环便是燃气轮机装置的定压加热循环。

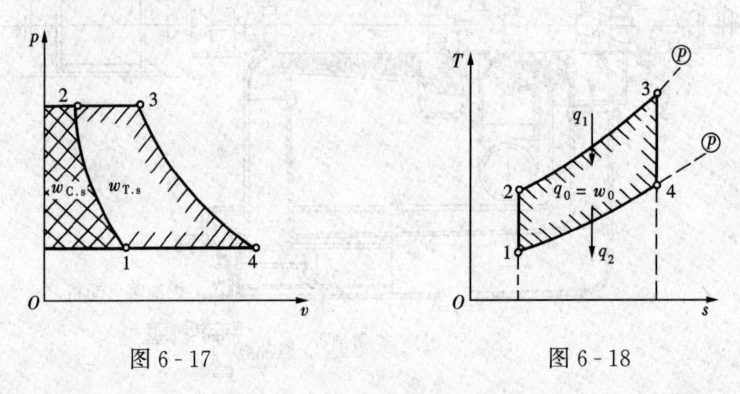

图 6-17　　图 6-18

定压加热循环的特性可由增压比 π（$\pi=p_2/p_1$）和升温比 τ（$\tau=T_3/T_1$）来确定。

假定燃气轮机装置中工质的化学成分在整个循环期间保持不变并近似地把它看作定比热容理想气体，那么定压加热循环的理论热效率为

$$\eta_{t,p}=1-\frac{q_2}{q_1}=1-\frac{c_{p0}(T_4-T_1)}{c_{p0}(T_3-T_2)}=1-\frac{T_4-T_1}{T_3-T_2}$$

式中

$$T_2=T_1\left(\frac{p_2}{p_1}\right)^{\frac{\gamma_0-1}{\gamma_0}}=T_1\pi^{\frac{\gamma_0-1}{\gamma_0}}$$

$$T_3=T_1\tau$$

$$T_4=T_3\left(\frac{p_4}{p_3}\right)^{\frac{\gamma_0-1}{\gamma_0}}=T_3\left(\frac{p_1}{p_2}\right)^{\frac{\gamma_0-1}{\gamma_0}}=T_1\tau\left(\frac{1}{\pi}\right)^{\frac{\gamma_0-1}{\gamma_0}}$$

所以

$$\eta_{t,p}=1-\frac{T_1\tau\left(\frac{1}{\pi}\right)^{\frac{\gamma_0-1}{\gamma_0}}-T_1}{T_1\tau-T_1\pi^{\frac{\gamma_0-1}{\gamma_0}}}$$

化简后得

[1] 可以设想这一定压冷却过程是在大气中完成的。

$$\eta_{t,p}=1-\frac{1}{\pi^{\frac{\gamma_0-1}{\gamma_0}}} \tag{6-13}$$

从式（6-13）可以看出：按定压加热循环工作的燃气轮机装置的理论热效率仅仅取决于增压比，而和升温比无关；增压比越高，理论热效率也就越高❶。

从图6-19可以看出，加大增压比 π（假定升温比 τ 不变），可以提高循环的平均吸热温度（$T'_{m1}>T_{m1}$）并降低循环的平均放热温度（$T'_{m2}<T_{m2}$），因此可以提高循环的热效率。

由于燃气轮机排出的废气温度通常都高于压气机出口压缩空气的温度，因此可以利用回热器回收废气中的一部分热能，用于加热压缩空气（见图6-20），以达到节约燃料提高热效率的目的。

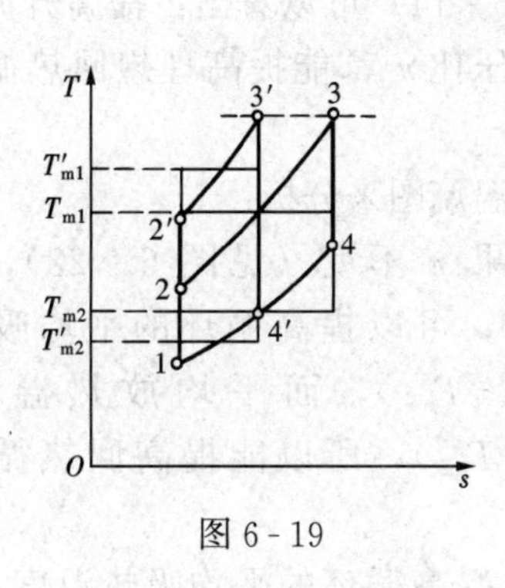

图6-19

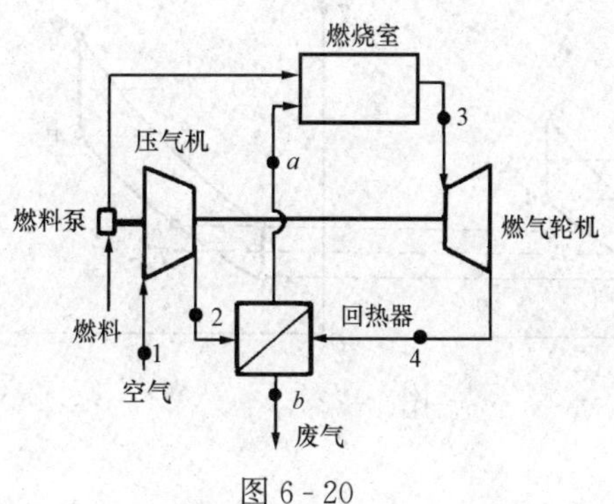

图6-20

采用回热器的燃气轮机装置的理论循环在温熵图中如图6-21所示。在完全回热的理想情况下，可以认为

$$T_a=T_4, T_b=T_2$$

定压加热过程 $2\to a$ 所需热量由定压冷却过程 $4\to b$ 放出的热量供给。因此，气体在燃烧室中所需热量减少，而循环所做的功不变。所以，采用回热器可以节约燃料，提高循环热效率。

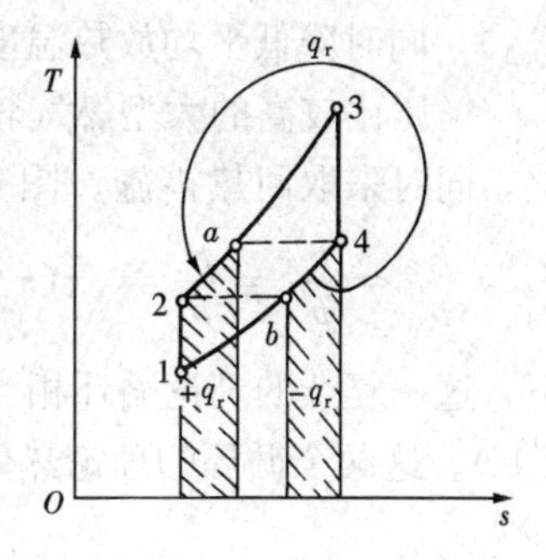

图6-21

也可以这样来解释回热循环比不回热循环具有更高的热效率：回热循环从外界吸热的过程 $a\to 3$ 比不回热循环的吸热过程 $2\to 3$ 具有较高的平均吸热温度；而回热循环向外界放热的过程 $b\to 1$ 比不回热循环的放热过程 $4\to 1$ 具有较低的平均放热温度。因此，回热循环的热效率比不回热循环的热效率高。

理想回热循环的热效率为（认为工质是定比热容理想气体）

$$\eta_{t,r}=1-\frac{q_2}{q_1}=1-\frac{c_{p0}(T_b-T_1)}{c_{p0}(T_3-T_a)}=1-\frac{T_2-T_1}{T_3-T_4}$$

式中

❶ 如果考虑到燃气轮机装置中的不可逆损失（主要是压气机和燃气轮机中的不可逆损失），那么循环的实际热效率将不仅和增压比有关，也和升温比有关。在压气机效率、燃气轮机效率以及升温比已经给定的情况下，有一最佳增压比。燃气轮机装置工作在最佳增压比下，将能获得最高热效率（见［例6-2］）。

$$T_2 = T_1\pi^{\frac{\gamma_0-1}{\gamma_0}}$$

$$T_3 = T_1\tau$$

$$T_4 = T_1\tau\left(\frac{1}{\pi}\right)^{\frac{\gamma_0-1}{\gamma_0}}$$

所以
$$\eta_{t,r} = 1-\frac{T_1\pi^{\frac{\gamma_0-1}{\gamma_0}}-T_1}{T_1\tau-T_1\tau\left(\frac{1}{\pi}\right)^{\frac{\gamma_0-1}{\gamma_0}}}$$

化简后得
$$\eta_{t,r} = 1-\frac{\pi^{\frac{\gamma_0-1}{\gamma_0}}}{\tau} \tag{6-14}$$

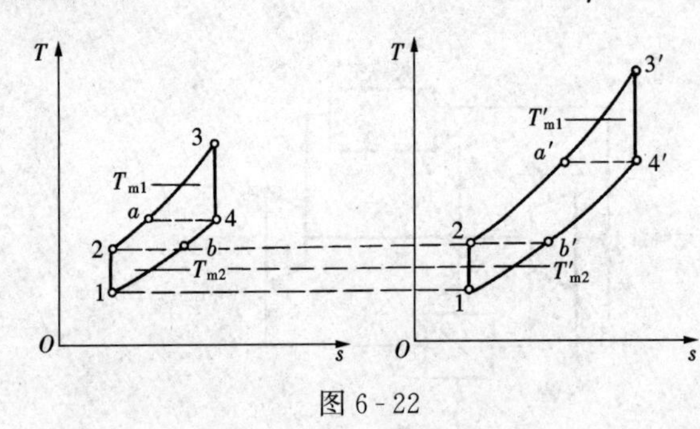

图 6-22

从式（6-14）可以看出：提高升温比 τ 或降低增压比 π 都能提高理想回热循环的热效率。

用温熵图来分析：

如果 π 不变（见图 6-22），提高 τ（$\tau'>\tau$），可以提高循环的平均吸热温度（$T'_{m1}>T_{m1}$），而平均放热温度不变（$T'_{m2}=T_{m2}$），所以能提高回热循环的热效率。

如果 τ 不变（见图 6-23），降低 π（$\pi'<\pi$），可以提高循环的平均吸热温度（$T'_{m1}>T_{m1}$），同时降低平均放热温度（$T'_{m2}<T_{m2}$），所以也能提高回热循环的热效率。

增压比较高的大型燃气轮机装置，也可以考虑分段压缩、中间冷却和分段膨胀、中间再热，同时采取回热措施。图 6-24 画出了这种装置的理论循环（循环 $121'2'3'4'341$）。在 $\frac{p_2}{p_1}=\frac{p'_2}{p'_1}=\frac{p'_3}{p'_4}=\frac{p_3}{p_4}=\sqrt{\pi}$（$\pi$ 为整个循环的压比）及完全回热（$|q_{2'\to a}|=|q_{4\to b}|$）的条件下，这一复杂的理论循环相当于两个压比均为 $\sqrt{\pi}$ 的理想回热循环（循环12 341和循环 $1'2'3'4'1'$）。这两个循环的理论热效率相同，而且也就是整个循环的理论热效率［见式（6-14）］

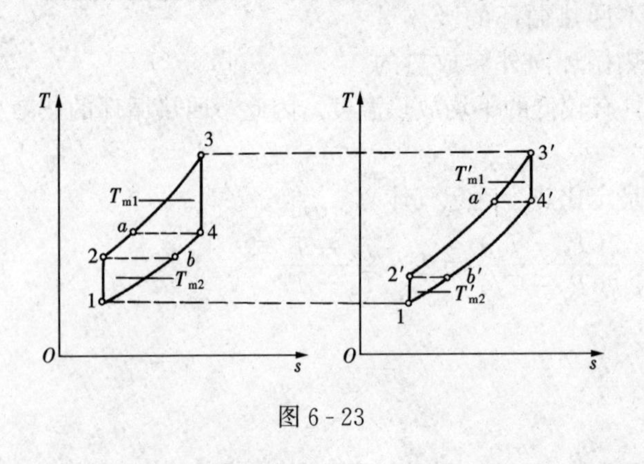

图 6-23

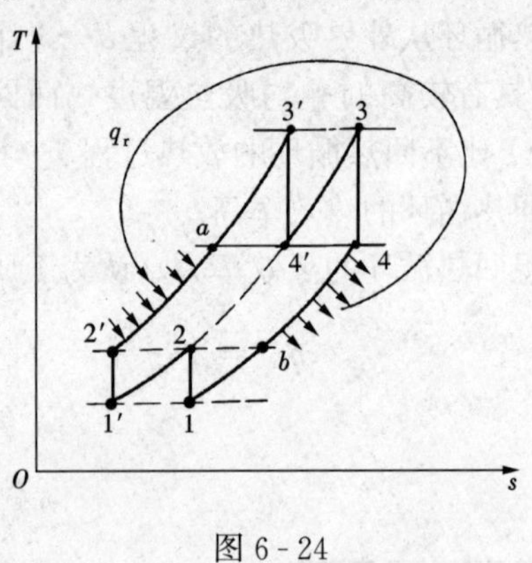

图 6-24

$$\eta'_{t,r}=1-\frac{\sqrt{\pi^{\frac{\gamma_0-1}{\gamma_0}}}}{\tau} \tag{6-15}$$

显然在 π 和 τ 相同的情况下 $\eta'_{t,r}>\eta_{t,r}$。这一结论也可以用采取中间冷却、中间再热和回热措施后，提高了循环的平均吸热温度并降低了循环的平均放热温度来解释。

以上的分析只是理想情况，实际上由于复杂燃气轮机装置循环不仅增加了设备，也增加了附加的不可逆损失，循环实际效率的提高会打折扣，是否采用复杂循环需要根据具体情况进行技术经济分析和比较后才能作出抉择。

燃气轮机装置循环，除定压加热循环外，还有定容加热循环。由于定容燃烧的燃气轮机装置具有结构复杂、气流脉动等一系列的缺点，不宜采用，因此在这里不作介绍。

【例 6-2】 已知某燃气轮机装置中压气机的绝热效率和燃气轮机的相对内效率均为 0.85，升温比为 3.8。试求增压比为 4、6、8、10、12、14、16 时燃气轮机装置的绝对内效率，并画出它随增压比变化的曲线（按定比热容理想气体计算，取 $\gamma_0=1.4$）。

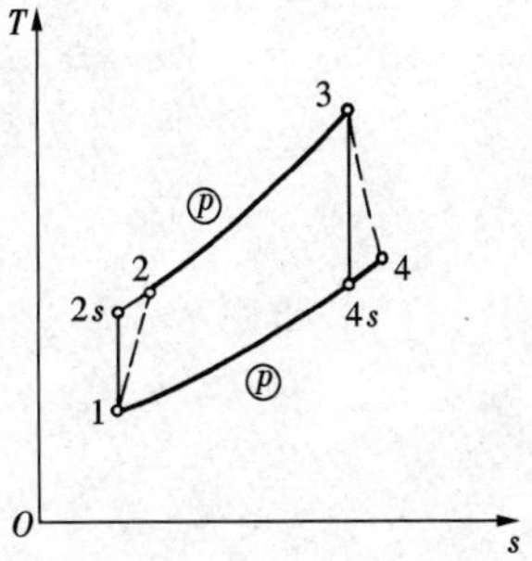

图 6-25

解 根据题中所给条件，压气机的绝热效率为（见图 6-25）

$$\eta_{C,s}=\frac{w_{C,t}}{w_{C,act}}=\frac{h_{2s}-h_1}{h_2-h_1}=0.85$$

燃气轮机的相对内效率为

$$\eta_{ri}=\frac{w_{T,act}}{w_{T,t}}=\frac{h_3-h_4}{h_3-h_{4s}}=0.85$$

燃气轮机装置的绝对内效率为

$$\eta_i=\frac{w_i}{q_1}=\frac{w_{T,act}-w_{C,act}}{q_1}=\frac{(h_3-h_4)-(h_2-h_1)}{q_1}$$

$$=\frac{(h_3-h_{4s})\eta_{ri}-\frac{h_{2s}-h_1}{\eta_{C,s}}}{(h_3-h_1)-\frac{h_{2s}-h_1}{\eta_{C,s}}}=\frac{c_{p0}(T_3-T_{4s})\eta_{ri}-\frac{c_{p0}(T_{2s}-T_1)}{\eta_{C,s}}}{c_{p0}(T_3-T_1)-\frac{c_{p0}(T_{2s}-T_1)}{\eta_{C,s}}}$$

$$=\frac{(T_3-T_{4s})\eta_{ri}-\frac{(T_{2s}-T_1)}{\eta_{C,s}}}{(T_3-T_1)-\frac{T_{2s}-T_1}{\eta_{C,s}}}=\frac{\frac{T_3-T_{4s}}{T_{2s}-T_1}\eta_{ri}-\frac{1}{\eta_{C,s}}}{\frac{T_3-T_1}{T_{2s}-T_1}-\frac{1}{\eta_{C,s}}}$$

式中

$$T_{2s}=T_1\pi^{\frac{\gamma_0-1}{\gamma_0}},\quad T_{4s}=T_3/\pi^{\frac{\gamma_0-1}{\gamma_0}}$$

所以

$$\eta_i=\frac{\frac{T_3\left(1-1/\pi^{\frac{\gamma_0-1}{\gamma_0}}\right)}{T_1\left(\pi^{\frac{\gamma_0-1}{\gamma_0}}-1\right)}\eta_{ri}-\frac{1}{\eta_{C,s}}}{\frac{T_1\left(\frac{T_3}{T_1}-1\right)}{T_1\left(\pi^{\frac{\gamma_0-1}{\gamma_0}}-1\right)}-\frac{1}{\eta_{C,s}}}$$

$$=\frac{\frac{\tau}{\pi^{\frac{\gamma_0-1}{\gamma_0}}}\eta_{ri}-\frac{1}{\eta_{C,s}}}{\frac{\tau-1}{\pi^{\frac{\gamma_0-1}{\gamma_0}}-1}-\frac{1}{\eta_{C,s}}}=f(\pi,\tau,\eta_{ri},\eta_{C,s},\gamma_0)$$

令 $\eta_{ri}=\eta_{C,s}=0.85$，$\tau=3.8$，$\gamma_0=1.4$，则可计算出燃气轮机装置在不同增压比下的绝对内效率如下表所示：

π	4	6	8	10	12	14	16
η_i	0.217	0.252	0.267	0.271	0.269	0.262	0.251

燃气轮机装置绝对内效率随增压比变化的曲线如图 6-26 所示。当 $\pi\approx10$ 时，η_i 有最大值。所以，在本题所给的条件下，最佳增压比 $\pi_{opt}\approx10$，最高绝对内效率 $\eta_{i,max}\approx0.271$。

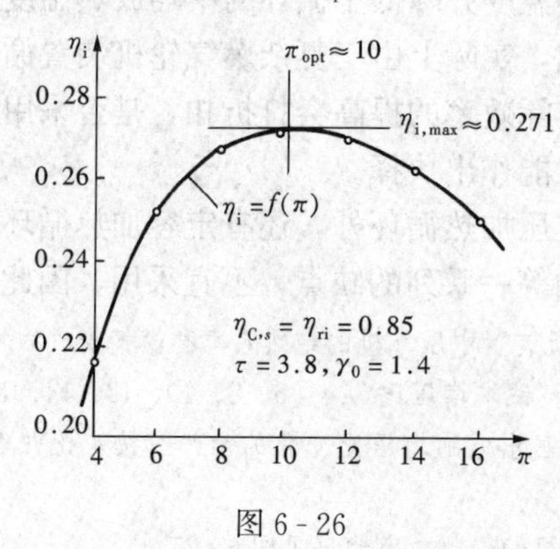

图 6-26

6-6 喷气发动机循环

喷气发动机的工作特点是利用高温、高压气体在喷管中加速时的反作用力推动移动装置，如飞机、汽车等。图 6-27 为现代喷气式飞机中采用的涡轮喷气发动机的示意图，其理论热力过程如图 6-28所示。飞机在飞行时，空气以飞行速度的相对流速进入扩压管，通过它初步提高压力（见图 6-28 中过程 1→5），再进入压气机继续压缩（过程 5→2），然后压缩空气进入燃烧室喷油燃烧（定压加热过程 2→3）。从燃烧室出来的高温、高压燃气先在燃气轮机中初步膨胀（过程 3→6），所做之功供压气机之用。在图 6-28 中

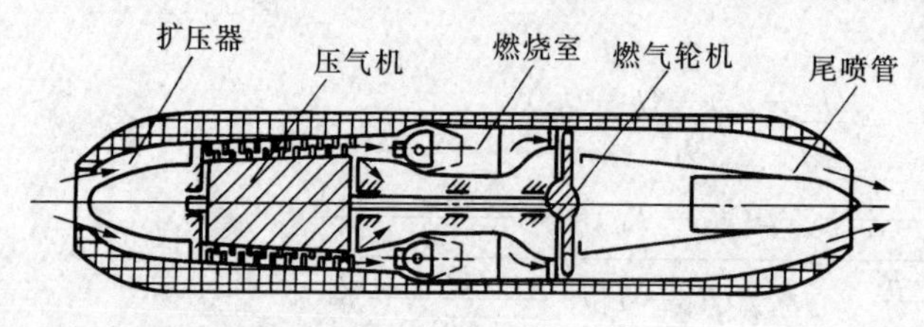

图 6-27

$$w_T = h_3 - h_6 = \text{面积}\, d36cd$$
$$w_C = h_2 - h_5 = \text{面积}\, d25Bd$$
$$w_T = w_C$$

最后，燃气在尾喷管中膨胀至环境压力，并以高速喷出，对飞机产生推力。每流过 1kg 气体，在尾喷管中获得的速度能相当于面积 $c64ac$，而扩压管消耗的速度能相当于面积 $b51ab$，二者之差（面积 $c6415bc$）和整个膨胀过程（过程 3→4）与整个压缩过程（过程 1→2）的技术功之差（面积 12341）相等。在理论上可以将整个发动机的工作过程看作由定熵压缩过程 1→2、定压加热过程 2→3、定熵膨胀过程 3→4 和喷出气体在大气中的定压冷却过程 4→1 构成的布雷顿循环。其理论热效率的计算式与式（6-13）相同：

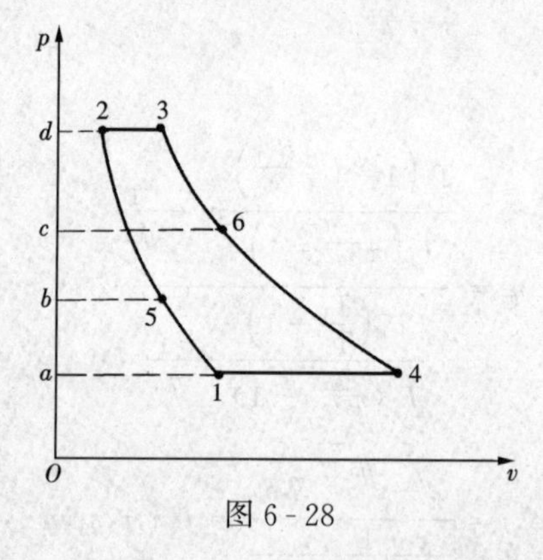

图 6-28

$$\eta_{t,p}=1-\frac{1}{\pi^{\frac{\gamma_0-1}{\gamma_0}}}\quad\left(\pi=\frac{p_2}{p_1}=\frac{p_3}{p_4}\right)\tag{6-16}$$

6-7　活塞式热气发动机循环

活塞式热气发动机（又称斯特林发动机）是一种外燃式的闭式循环发动机。它的工作原理如图 6-29 所示。图中 A 为动力活塞、B 为配气活塞、C 为回热器。该发动机的循环可分为四个过程，见图 6-30、图 6-31。

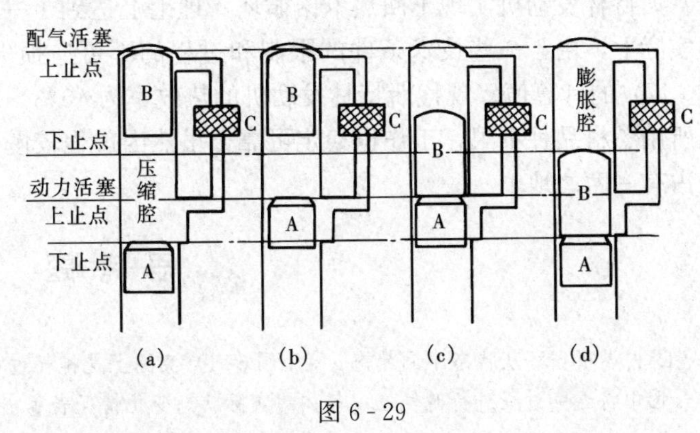

图 6-29

(1) 定温压缩过程 1→2［相当于图 6-29 中（a）到（b）］。该过程进行时，活塞 B 停留在上止点不动，活塞 A 由下止点移向上止点，气体工质在腔内压缩。由于压缩腔壁有冷却水冷却，而压缩过程也进行得比较缓慢，气体被压缩时得到比较充分的冷却，因而可以近似地认为是定温压缩过程。

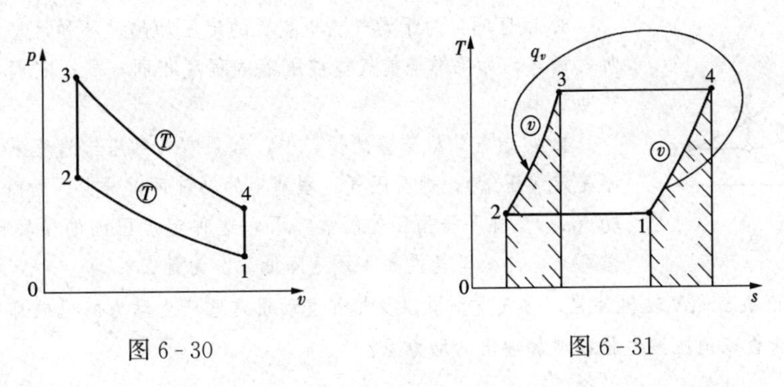

图 6-30　　图 6-31

(2) 定容加热过程 2→3［相当于图 6-29 中（b）到（c）］。该过程进行时，活塞 A 停留在上止点不动，活塞 B 由上止点下移到其底部与活塞 A 的顶部接触。在这一过程中，气体从压缩腔被驱赶到膨胀腔，气体的体积并未改变，但在流经回热器时被加热了，因此是一个定容加热过程。

(3) 定温膨胀过程 3→4［相当于图 6-29 中（c）到（d）］。这时活塞 B 推动活塞 A 下行，并同时达到各自的下止点。这一膨胀过程是一个通过活塞 A 对外做功的过程（活塞 A 因此而叫做动力活塞）。气体在膨胀的同时，由于有外界燃烧系统向它提供热能，而膨胀过程也进行得比较缓慢，气体膨胀时的温度基本保持不变，因而可以认为是定温膨胀（做功）过程。

(4) 定容冷却过程［相当于图 6-29 中（d）到（a）］。这时活塞 A 停留在下止点不动，活塞 B 由下止点向上止点移动，高温气体由膨胀腔被赶进压缩腔，体积没有改变，但在流经回热器时将热量传给回热器（以备下一个循环加热压缩气体），从而经历了一个定容冷却过程。

在经历了上述四个过程后，发动机完成了一个工作周期，气体工质完成了一个循环。该循环由两个定温过程和两个吸热、放热相互抵消的定容过程组成。该循环也叫斯特林循环，是回热卡诺循环的一种，其理论热效率为

$$\eta'_{t,C}=1-\frac{T_2}{T_3} \tag{6-17}$$

斯特林发动机实现了回热卡诺循环，理论上达到了一定温度范围内最高的循环热效率，但实际上，由于一些技术条件的限制和过程的不可逆损失，斯特林循环的热效率达不到式（6-17）的计算值。现代斯特林发动机的热效率为40%～50%，这样的热效率可算较高，加之所用燃料品种不限，工作也稳定可靠，虽然因过程较慢，功率不可能很大，在应用上也还是占有一席之地。

思考题

1. 内燃机循环从状态 f 到状态 g（见图6-1）实际上是排气过程而不是定容冷却过程。试在 $p-v$ 图和 $T-s$ 图中将这一过程进行时气缸中气体的实际状态变化情况表示出来。

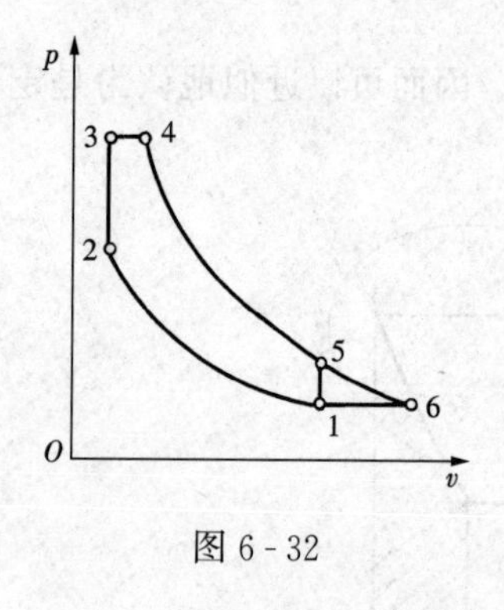

图6-32

2. 活塞式内燃机循环中，如果绝热膨胀过程不是在状态5结束（见图6-32），而是继续膨胀到状态6（$p_6=p_1$），那么循环的热效率是否会提高？试用温熵图加以分析。

3. 试证明：对于燃气轮机装置的定压加热循环和活塞式内燃机的定容加热循环，如果燃烧前气体被压缩的程度相同，那么它们将具有相同的理论热效率。

4. 在燃气轮机装置的循环中，如果空气的压缩过程采用定温压缩（而不是定熵压缩），那么压气过程消耗的功就可以减少，因而能增加循环的净功（w_0）。在不采用回热的情况下，这种定温压缩的循环比起定熵压缩的循环来，热效率是提高了还是降低了？为什么？

5. 为什么内燃机、燃气轮机装置、喷气发动机以及热气发动机这些产生动力的机械都伴有消耗动力的气体压缩过程？能否取消压缩过程以增加输出的动力呢？

习题

6-1　已知活塞式内燃机定容加热循环的进气参数为 $p_1=0.1\text{MPa}$、$t_1=50℃$，压缩比 $\varepsilon=6$，加入的热量 $q_1=750\text{kJ/kg}$。试求循环的最高温度、最高压力、压升比、循环的净功和理论热效率。认为工质是空气并按定比热容理想气体计算。

6-2　同习题6-1，但将压缩比提高到8。试计算循环的平均吸热温度、平均放热温度和理论热效率。

6-3　活塞式内燃机的混合加热循环，已知其进气压力为0.1MPa，进气温度为300K，压缩比为16，最高压力为6.8MPa，最高温度为1980K。求加入每千克工质的热量、压升比、预胀比、循环的净功和理论热效率。认为工质是空气并按定比热容理想气体计算。

6-4　同习题6-3，按空气热力性质表计算。

6-5　按定压加热循环工作的柴油机，已知其压缩比 $\varepsilon=15$，预胀比 $\rho=2$，工质的定熵指数 $\gamma_0=1.33$。求理论循环的热效率。如果预胀比变为2.4（其他条件不变），这时循环的热效率将是多少？功率比原来增

加了百分之几？

6-6 某燃气轮机装置，已知其流量 $q_m=8\text{kg/s}$、增压比 $\pi=12$、升温比 $\tau=4$，大气温度为295K。试求理论上输出的净功率及循环的理论热效率。认为工质是空气，并按定比热容计算。

6-7 同习题6-6。若压气机的绝热效率 $\eta_{C,s}=0.86$，燃气轮机的相对内效率 $\eta_{ri}=0.88$（见［例6-2］及图6-25），则实际输出的净功率及循环的绝对内效率为多少？按空气热力性质表计算。

6-8 已知某燃气轮机装置的增压比为9、升温比为4，大气温度为295K。如果采用回热循环，则其理论热效率比不回热循环增加多少？认为工质是空气，按定比热容和变比热容（查表）两种方法计算。

6-9 有一采用中间冷却和中间再热的燃气轮机装置（见图6-24），已知装置总的增压比为25，压气机进气温度为300K，燃气轮机入口燃气温度为1350K，如果不采用回热器，它的理论热效率比相同增压比和相同升温比的布雷顿循环的理论热效率提高了，还是降低了？若在采取中间冷却、中间再热的同时也采用回热装置，则其循环的理论热效率为若干？（按空气计算，并视空气为定比热容理想气体。）

6-10 见［例6-2］。在压气机绝热效率和燃气轮机相对内效率都较低、而升温比又不高的情况下，采用较高的增压比反而不利，甚至不能输出功率（压气机消耗了燃气轮机发出的全部功率）。试计算：当 $\eta_{C,s}=\eta_{ri}=0.78$，$\tau=3$ 时，增压比多高时会出现输出功率为零这种情况（按空气计算，并视空气为定比热容理想气体）。

6-11 见［例6-2］。当 $\eta_{C,s}$、η_{ri}、τ、γ_0 不变时，试证明燃气轮装置最佳增压比（在该增压比下循环绝对内效率最高）为

$$\pi_{opt}=\left\{\frac{\eta_{ri}\tau-\sqrt{\eta_{ri}\tau(\tau-1)\left[\eta_{C,s}(\tau-1)-(\eta_{ri}\eta_{C,s}\tau-1)\right]}}{\eta_{ri}\tau-(\tau-1)}\right\}^{\frac{\gamma_0}{\gamma_0-1}}$$

并利用此式计算题6-10的最佳增压比和最高绝对内效率的值（提示：令 $\pi^{\frac{\gamma_0-1}{\gamma_0}}=x$，并令 $\frac{\partial\eta_i}{\partial x}=0$）。

6-12 根据每千克工质做功最多（这样相同功率的机器将更轻小），也可以得出另一种最佳增压比，试证明：相应于 $w_{i,max}$ 的最佳增压比为

$$\pi'_{opt}=(\tau\eta_{ri}\eta_{C,s})^{\frac{\gamma_0}{2(\gamma_0-1)}}$$

6-13 以［例6-2］所给条件，分别根据6-11和6-12两题中的公式计算出 π_{opt} 和 π'_{opt} 之值。对计算结果略加讨论。

第7章 热力学一般关系式

[本章导读] 能源工程中所用的工质，多半是成分固定的、具有两个自由度的简单可压缩流体。因此，只要给出两个相互独立的状态参数，整个状态也就确定了，其他状态参数原则上都可以由这两个给出的状态参数计算出来。或者说，任何第三个状态参数与这两个状态参数之间必然存在着确定的函数关系：

$$z = z(x, y)$$

这就提供了根据可测量的状态参数（如 p、v、T）计算出其他难于直接测量的状态参数的可能性。本章的主要目的就是要找出这种函数关系的具体形式，在下一章“实际气体的热力性质”中将用到这些普遍适用的一般函数关系。

7-1 二元连续函数的数学特性

1. 全微分条件

对简单可压缩物质，既然任何第三个状态参数都是两个独立变量的函数，而状态参数都是点函数，它的微分必定满足如下的全微分条件：

$$dz = \left(\frac{\partial z}{\partial x}\right)_y dx + \left(\frac{\partial z}{\partial y}\right)_x dy \tag{a}$$

$$dz = M dx + N dy \tag{b}$$

$$\left(\frac{\partial M}{\partial y}\right)_x = \left(\frac{\partial N}{\partial x}\right)_y \tag{7-1}$$

2. 循环关系式

当 z 不变时式（a）变为

$$0 = \left(\frac{\partial z}{\partial x}\right)_y dx_z + \left(\frac{\partial z}{\partial y}\right)_x dy_z$$

全式除以 dy

$$\left(\frac{\partial z}{\partial x}\right)_y \left(\frac{\partial x}{\partial y}\right)_z + \left(\frac{\partial z}{\partial y}\right)_x = 0$$

移项后相除

$$\frac{\left(\frac{\partial z}{\partial x}\right)_y \left(\frac{\partial x}{\partial y}\right)_z}{\left(\frac{\partial z}{\partial y}\right)_x} = -1$$

也可写为

$$\left(\frac{\partial x}{\partial y}\right)_z \left(\frac{\partial y}{\partial z}\right)_x \left(\frac{\partial z}{\partial x}\right)_y = -1 \tag{7-2}$$

式（7-2）即所谓循环关系式。任何三个两两相互独立的状态参数（特性量）之间都存在这种关系。

3. 链式关系式

设有四个特性量，其中任意两个相互独立。对函数 $x=x(y,\alpha)$ 和 $y=y(z,\alpha)$ 依次可得

$$\mathrm{d}x=\left(\frac{\partial x}{\partial y}\right)_{\alpha}\mathrm{d}y+\left(\frac{\partial x}{\partial \alpha}\right)_{y}\mathrm{d}\alpha \tag{c}$$

$$\mathrm{d}y=\left(\frac{\partial y}{\partial z}\right)_{\alpha}\mathrm{d}z+\left(\frac{\partial y}{\partial \alpha}\right)_{z}\mathrm{d}\alpha \tag{d}$$

将式（d）代入式（c）中的 $\mathrm{d}y$，

$$\mathrm{d}x=\left(\frac{\partial x}{\partial y}\right)_{\alpha}\left(\frac{\partial y}{\partial z}\right)_{\alpha}\mathrm{d}z+\left[\left(\frac{\partial x}{\partial \alpha}\right)_{y}+\left(\frac{\partial x}{\partial y}\right)_{\alpha}\left(\frac{\partial y}{\partial \alpha}\right)_{z}\right]\mathrm{d}\alpha \tag{e}$$

对函数 $x=x(z,\alpha)$ 有

$$\mathrm{d}x=\left(\frac{\partial x}{\partial z}\right)_{\alpha}\mathrm{d}z+\left(\frac{\partial x}{\partial \alpha}\right)_{z}\mathrm{d}\alpha \tag{f}$$

将式（f）与式（e）进行比较，因为 z 和 x 是相互独立的变量，二式中 $\mathrm{d}z$ 和 $\mathrm{d}\alpha$ 的系数应相等。

$$\left(\frac{\partial x}{\partial z}\right)_{\alpha}=\left(\frac{\partial x}{\partial y}\right)_{\alpha}\left(\frac{\partial y}{\partial z}\right)_{\alpha} \tag{7-3}$$

$$\left(\frac{\partial x}{\partial \alpha}\right)_{z}=\left(\frac{\partial x}{\partial \alpha}\right)_{y}+\left(\frac{\partial x}{\partial y}\right)_{\alpha}\left(\frac{\partial y}{\partial \alpha}\right)_{z} \tag{7-4}$$

式（7-3）可以改写为如下的所谓链式关系式：

$$\left(\frac{\partial x}{\partial y}\right)_{\alpha}\left(\frac{\partial y}{\partial z}\right)_{\alpha}\left(\frac{\partial z}{\partial x}\right)_{\alpha}=1 \tag{7-5}$$

7-2 热 系 数

由热力学状态参数组成的偏导数可以有很多，其中由一些可测参数（主要是 p、v、T）组成的偏导数不仅可以测量，而且物理意义明确。由这些有明确物理意义的可测参数组成的物理量统称为热系数。

1. 热膨胀系数

物质在定压条件下比体积随温度的变化率称为热膨胀系数，其数学表达式为

$$\alpha_p=\frac{1}{v}\left(\frac{\partial v}{\partial T}\right)_p \tag{7-6}$$

热膨胀系数一般情况下为正值，但少数物质在某些情况下，热膨胀系数为负值。例如水在 0～4℃之间以及某些合金，在定压条件下比体积随温度的升高而减小。

理想气体的热膨胀系数可根据其状态方程（$pv=R_gT$）得出：

$$\alpha_{p0}=\frac{1}{v}\left(\frac{\partial v}{\partial T}\right)_p=\frac{1}{v}\cdot\frac{R_g}{p}=\frac{1}{v}\cdot\frac{v}{T}=\frac{1}{T}>0$$

2. 定温压缩系数

物质在定温条件下比体积随压力的变化率称为定温压缩系数，其数学表达式为

$$\kappa_T=-\frac{1}{v}\left(\frac{\partial v}{\partial p}\right)_T>0 \tag{7-7}$$

物质的定温压缩系数恒为正值，意即在定温条件下，随着压力的升高，比体积必定减小。这是物质稳定存在的必要条件。否则压力越高、比体积就越大，比体积越大、压力就越

高，这样将无法获得平衡。

理想气体的定温压缩系数为

$$\kappa_{T0}=-\frac{1}{v}\left(\frac{\partial v}{\partial p}\right)_T=-\frac{1}{v}\left(-\frac{R_g T}{p^2}\right)=-\frac{1}{v}\left(-\frac{v}{p}\right)=\frac{1}{p}>0$$

3. 定熵压缩系数

物质在定熵（可逆绝热）条件下比体积随压力的变化率称为定熵压缩系数或绝热压缩系数，其数学表达式为

$$\kappa_s=-\frac{1}{v}\left(\frac{\partial v}{\partial p}\right)_s>0 \tag{7-8}$$

物质的定熵压缩系数也必为正值，意即在定熵（可逆绝热）条件下，随着压力的升高，比体积必定减小。与上述定温压缩系数必为正值一样，这也是物质稳定存在的必要条件。

理想气体的定熵压缩系数可根据式（3-90）得出：

$$\kappa_{s0}=-\frac{1}{v}\left(\frac{\partial v}{\partial p}\right)_s=-\frac{1}{v}\left(\frac{-v}{\gamma_0 p}\right)=\frac{1}{\gamma_0 p}>0$$

4. 弹性系数

物质在定容条件下压力随温度的变化率称为弹性系数，也称为压力的温度系数，其数学表达式为

$$\gamma_V=\frac{1}{p}\left(\frac{\partial p}{\partial T}\right)_v \tag{7-9}$$

弹性系数可以根据热膨胀系数和定温压缩系数计算出来。

根据循环关系式（7-2）有

$$\left(\frac{\partial p}{\partial v}\right)_T\left(\frac{\partial v}{\partial T}\right)_p\left(\frac{\partial T}{\partial p}\right)_v=-1$$

即

$$-\left(\frac{1}{\kappa_T v}\right)(\alpha_p v)\left(\frac{1}{\gamma_V p}\right)=-1$$

亦即

$$\frac{\alpha_p}{\kappa_T}=\gamma_V p \tag{7-10}$$

由于式（7-10）中 κ_T 和 p 必为正值，所以 γ_V 和 α_p 具有相同的符号。通常弹性系数为正值，但当热膨胀系数为负值时，弹性系数也为负值。

理想气体的弹性系数为

$$\gamma_{V0}=\frac{1}{p}\left(\frac{\partial p}{\partial T}\right)_v=\frac{1}{p}\frac{R_g}{v}=\frac{1}{p}\frac{p}{T}=\frac{1}{T}>0$$

对理想气体

$$\frac{\alpha_{p0}}{\kappa_{T0}}=\frac{1/T}{1/p}=\gamma_{V0} p \qquad [\text{验证了式}(7-10)]$$

【例 7-1】 范德瓦尔状态方程为 $\left(p+\frac{a}{v^2}\right)(v-b)=R_g T$（式中 a、b 为常数），试导出范德瓦尔气体的热膨胀系数、定温压缩系数和弹性系数的计算式。

解 为便于求导数，将范德瓦尔方程改变为 p 的显函数：

$$p=\frac{R_g T}{v-b}-\frac{a}{v^2},\quad \left(\frac{\partial p}{\partial T}\right)_v=\frac{R_g}{v-b}$$

所以其弹性系数
$$\gamma_V=\frac{1}{p}\left(\frac{\partial p}{\partial T}\right)_v=\frac{R_g}{p\ (v-b)}$$

其定温压缩系数
$$\kappa_T=-\frac{1}{v}\left(\frac{\partial v}{\partial p}\right)_T=-\frac{1}{v}\frac{1}{\left(\frac{\partial p}{\partial v}\right)_T}=-\frac{1}{v}\frac{1}{-\frac{R_gT}{(v-b)^2}+\frac{2a}{v^3}}$$
$$=\frac{v^2(v-b)^2}{R_gTv^3-2a(v-b)^2}$$

其热膨胀系数
$$\alpha_p=\frac{1}{v}\left(\frac{\partial v}{\partial T}\right)_p$$

式中偏导数$\left(\frac{\partial v}{\partial T}\right)_p$不易直接求得，可利用循环关系式（7 - 2）来计算：
$$\left(\frac{\partial v}{\partial T}\right)_p=\frac{-1}{\left(\frac{\partial T}{\partial p}\right)_v\left(\frac{\partial p}{\partial v}\right)_T}=-\left(\frac{\partial p}{\partial T}\right)_v\left(\frac{\partial v}{\partial p}\right)_T$$
$$=-\frac{R_g}{v-b}\left[-\frac{v^3(v-b)^2}{R_gTv^3-2a(v-b)^2}\right]=\frac{R_gv^3(v-b)}{R_gTv^3-2a(v-b)^2}$$

所以
$$\alpha_p=\frac{1}{v}\left(\frac{\partial v}{\partial T}\right)_p=\frac{R_gv^2\ (v-b)}{R_gTv^3-2a\ (v-b)^2}$$

【例7-2】 已知水银在常温（20℃）、常压（0.1MPa）下的热膨胀系数$\alpha_p=0.000\,181\,9/\mathrm{K}$，定温压缩系数$\kappa_T=0.000\,038\,7/\mathrm{MPa}$，试求其弹性系数。如果在20℃室温下将水银灌满一刚性容器并加以密封，当室温升至25℃时，容器内压力为若干？

解 在常温、常压下水银的弹性系数可根据式（7 - 10）计算：
$$\gamma_V=\frac{\alpha_p}{p\kappa_T}=\frac{0.000\,181\,9/\mathrm{K}}{0.1\mathrm{MPa}\times0.000\,038\,7/\mathrm{MPa}}=47.003/\mathrm{K}$$
意即在定容情况下，温度每升高1K，压力将增加47倍。

近似地认为在一定参数范围内α_p和κ_T为定值，则得
$$\gamma_V\,p=\left(\frac{\partial p}{\partial T}\right)_v=\frac{\alpha_p}{\kappa_T}=\text{定值}$$
$$\int_{p_1}^{p_2}\mathrm{d}p_V=\frac{\alpha_p}{\kappa_T}\int_{T_1}^{T_2}\mathrm{d}T_V$$
当温度由20℃升高至25℃时，容器内的压力将为
$$p_2=\frac{\alpha_p}{\kappa_T}(T_2-T_1)+p_1$$
$$=\frac{0.000\,181\,9/\mathrm{K}}{0.000\,038\,7/\mathrm{MPa}}(298.15-293.15)\mathrm{K}+0.1\mathrm{MPa}$$
$$=23.601\mathrm{MPa}(\text{压力升为原来的236倍})$$
所以，用刚性容器装液体时，不能装满并密封，以免引起容器受热后超压，甚至爆裂。

7-3 自由能、自由焓、麦克斯韦关系式

焓是一个组合的状态参数（$h=u+pv$），自由能（也称亥姆霍兹函数）和自由焓（亦称吉布斯函数）则是另外两个组合的状态参数（状态函数）。

自由能
$$f=u-Ts \tag{7-11}$$
自由焓
$$g=h-Ts=u+pv-Ts \tag{7-12}$$
微分焓、自由能和自由焓的定义式，可得

$$dh = du + pdv + vdp \tag{a}$$

$$df = du - Tds - sdT \tag{b}$$

$$dg = du + pdv + vdp - Tds - sdT \tag{c}$$

另外，根据比熵的定义式（1 - 15）可得到如下的恒等式：

$$Tds = du + pdv$$

或

$$du = Tds - pdv \tag{7 - 13}$$

将式（7 - 13）代入式（a）、（b）、（c）可得

$$dh = Tds + vdp \tag{7 - 14}$$

$$df = - sdT - pdv \tag{7 - 15}$$

$$dg = - sdT + vdp \tag{7 - 16}$$

以 s、v 为独立变量时，微分热力学能的函数式 $u = u(s,v)$，可得

$$du = \left(\frac{\partial u}{\partial s}\right)_v ds + \left(\frac{\partial u}{\partial v}\right)_s dv \tag{d}$$

将式（d）和式（7 - 13）相比较后，可得

$$\left(\frac{\partial u}{\partial s}\right)_v = T, \quad \left(\frac{\partial u}{\partial v}\right)_s = - p \tag{7 - 17}$$

另外，根据全微分条件$\left(\frac{\partial^2 u}{\partial v \cdot \partial s} = \frac{\partial^2 u}{\partial s \cdot \partial v}\right)$可得

$$\left(\frac{\partial T}{\partial v}\right)_s = - \left(\frac{\partial p}{\partial s}\right)_v \tag{7 - 18}$$

同样，根据 $h = h(T,p)$，$f = f(T,v)$，$g = g(T,p)$ 按照与上面同样的方法，可以相应地得出

$$\left(\frac{\partial h}{\partial s}\right)_p = T, \quad \left(\frac{\partial h}{\partial p}\right)_s = v \tag{7 - 19}$$

$$\left(\frac{\partial T}{\partial p}\right)_s = \left(\frac{\partial v}{\partial s}\right)_p \tag{7 - 20}$$

$$\left(\frac{\partial f}{\partial T}\right)_v = - s, \quad \left(\frac{\partial f}{\partial v}\right)_T = - p \tag{7 - 21}$$

$$\left(\frac{\partial s}{\partial v}\right)_T = \left(\frac{\partial p}{\partial T}\right)_v \tag{7 - 22}$$

$$\left(\frac{\partial g}{\partial T}\right)_p = - s, \quad \left(\frac{\partial g}{\partial p}\right)_T = v \tag{7 - 23}$$

$$\left(\frac{\partial s}{\partial p}\right)_T = - \left(\frac{\partial v}{\partial T}\right)_p \tag{7 - 24}$$

式（7 - 18）、式（7 - 20）、式（7 - 22）、式（7 - 24）称为麦克斯韦关系式，其重要性在于它们将简单可压缩物质的不能直接测量的状态参数熵（s）与可以直接测量的基本状态参数（p、v、T）联系了起来。

从上面的推导过程可以看出：在适当选择独立变量（状态参数）的情况下，只要给出一个具体的函数式，就可以确定（计算）简单可压缩物质的全部平衡性质。这样的函数称为特性函数。例如 u 是以 s、v 为独立变量时的特性函数 $u = u(s,v)$，只要给出 $u = u(s,v)$ 的具体函数形式，其他热力学性质（状态参数）均可求得

$$s, v \quad \text{（指定的独立变量）}$$

$$u = u(s, v) \quad \text{（给出的特性函数）}$$

$$T = \left(\frac{\partial u}{\partial s}\right)_v \quad \text{（温度的计算式）}$$

$$p = -\left(\frac{\partial u}{\partial v}\right)_s \quad \text{（压力的计算式）}$$

$$h = u + pv = u(s, v) - \left(\frac{\partial u}{\partial v}\right)_s v \quad \text{（焓的计算式）}$$

$$f = u - Ts = u(s, v) - \left(\frac{\partial u}{\partial s}\right)_v s \quad \text{（自由能的计算式）}$$

$$g = u + pv - Ts = u(s, v) - \left(\frac{\partial u}{\partial v}\right)_s v - \left(\frac{\partial u}{\partial s}\right)_v s \quad \text{（自由焓的计算式）}$$

由于温度和压力最易直接测量，因此很多情况下都取 T、p 为独立变量，这时的特性函数为自由焓 g。给出 $g=g$（T，p）的具体函数形式，其他热力学性质均可求得：

$$T, p \quad \text{（指定的独立变量）}$$

$$g = g(T, p) \quad \text{（给出的特性函数）}$$

$$s = -\left(\frac{\partial g}{\partial T}\right)_p \quad \text{（熵的计算式）}$$

$$v = \left(\frac{\partial g}{\partial p}\right)_T \quad \text{（比体积的计算式）}$$

$$u = g - pv + Ts = g(T, p) - p\left(\frac{\partial g}{\partial p}\right)_T - T\left(\frac{\partial g}{\partial T}\right)_p \quad \text{（热力学能的计算式）}$$

$$h = g + Ts = g(T, p) - T\left(\frac{\partial g}{\partial T}\right)_p \quad \text{（焓的计算式）}$$

$$f = g - pv = g(T, p) - p\left(\frac{\partial g}{\partial p}\right)_T \quad \text{（自由能的计算式）}$$

7-4 熵、热力学能和焓的一般关系式

1. 熵的一般关系式

由 $s = s(T, v)$ 可得

$$ds = \left(\frac{\partial s}{\partial T}\right)_v dT + \left(\frac{\partial s}{\partial v}\right)_T dv \tag{a}$$

式（a）中

$$\left(\frac{\partial s}{\partial T}\right)_v = \frac{\left(\frac{\partial u}{\partial T}\right)_v}{\left(\frac{\partial u}{\partial s}\right)_v} = \frac{c_V}{T} \text{[1]} \tag{b}$$

---

[1] $c_V \equiv \left(\frac{\partial u}{\partial T}\right)_v$ 可以认为是比定容热容的严格定义式，它由物质的平衡性质确定，不涉及是否存在摩擦，而 $c_V = \left(\frac{\delta q}{\partial T}\right)_v$［式(3-30)］则在没有摩擦的情况下才成立，这时 $\delta q = du + p dv$，$\left(\frac{\delta q}{\partial T}\right)_v = \left(\frac{\partial u}{\partial T}\right)_v$。在有摩擦的情况下，$\delta q + \delta q_g = du + p dv$，$\left(\frac{\delta q}{\partial T}\right)_v < \left(\frac{\partial u}{\partial T}\right)_v \equiv c_V$。$c_V = T\left(\frac{\partial s}{\partial T}\right)_v$ 也是比定容热容的严格定义式，因为根据热力学恒等式［式(7-13)］，$\left(\frac{\partial u}{\partial T}\right)_v \equiv T\left(\frac{\partial s}{\partial T}\right)_v$。

$$\left(\frac{\partial s}{\partial v}\right)_T = \left(\frac{\partial p}{\partial T}\right)_v \quad \text{（麦克斯韦第三关系式）} \tag{c}$$

将式（c）和式（b）代入式（a）

$$\mathrm{d}s = \frac{c_V}{T}\mathrm{d}T + \left(\frac{\partial p}{\partial T}\right)_v \mathrm{d}v \tag{7 - 25}$$

这就是以 T、v 为独立变量时熵的一般关系式（第一 $\mathrm{d}s$ 方程），它适用于任何简单可压缩物质。

对理想气体，则可通过对式（7 - 25）积分而得到

$$s = \int \frac{c_{V0}}{T}\mathrm{d}T + \int \frac{R_g}{v}\mathrm{d}v + C_1 = \int \frac{c_{V0}}{T}\mathrm{d}T + R_g \ln v + C_1 \quad [\text{见式}(3 - 59)]$$

同样，由 $s = s(T, p)$ 有

$$\mathrm{d}s = \left(\frac{\partial s}{\partial T}\right)_p \mathrm{d}T + \left(\frac{\partial s}{\partial p}\right)_T \mathrm{d}p \tag{d}$$

式（d）中

$$\left(\frac{\partial s}{\partial T}\right)_p = \frac{\left(\frac{\partial h}{\partial T}\right)_p}{\left(\frac{\partial h}{\partial s}\right)_p} = \frac{c_p}{T} \text{❶} \tag{e}$$

$$\left(\frac{\partial s}{\partial p}\right)_T = -\left(\frac{\partial v}{\partial T}\right)_p \quad \text{（麦克斯韦第四关系式）} \tag{f}$$

将式（e）和式（f）代入式（d）

$$\mathrm{d}s = \frac{c_p}{T}\mathrm{d}T - \left(\frac{\partial v}{\partial T}\right)_p \mathrm{d}p \tag{7 - 26}$$

该式是以 T、p 为独立变量时熵的一般关系式（第二 $\mathrm{d}s$ 方程）。

以 p，v 为独立变量时 $s = s$（p，v）

$$\mathrm{d}s = \left(\frac{\partial s}{\partial p}\right)_v \mathrm{d}p + \left(\frac{\partial s}{\partial v}\right)_p \mathrm{d}v \tag{g}$$

式中

$$\left(\frac{\partial s}{\partial p}\right)_v = \left(\frac{\partial s}{\partial T}\right)_v \left(\frac{\partial T}{\partial p}\right)_v = \frac{c_V}{T}\left(\frac{\partial T}{\partial p}\right)_v \tag{h}$$

$$\left(\frac{\partial s}{\partial v}\right)_p = \left(\frac{\partial s}{\partial T}\right)_p \left(\frac{\partial T}{\partial v}\right)_p = \frac{c_p}{T}\left(\frac{\partial T}{\partial v}\right)_p \tag{i}$$

将式（h）和式（i）代入式（g）

$$\mathrm{d}s = \frac{c_V}{T}\left(\frac{\partial T}{\partial p}\right)_v \mathrm{d}p + \frac{c_p}{T}\left(\frac{\partial T}{\partial v}\right)_p \mathrm{d}v \tag{7 - 27}$$

该式是以 p、v 为独立变量时熵的一般关系式（第三 $\mathrm{d}s$ 方程）。

2. 热力学能的一般关系式

将第一 $\mathrm{d}s$ 方程代入式（7 - 13）即可得

$$\mathrm{d}u = c_V\mathrm{d}T + \left[T\left(\frac{\partial p}{\partial T}\right)_v - p\right]\mathrm{d}v \tag{7 - 28}$$

这就是以 T、v 为独立变量时热力学能的一般关系式（第一 $\mathrm{d}u$ 方程）。

将第二 $\mathrm{d}s$ 方程代入式（7 - 13）

$$\mathrm{d}u = c_p\mathrm{d}T - T\left(\frac{\partial v}{\partial T}\right)_p \mathrm{d}p - p\mathrm{d}v \tag{j}$$

---

❶ 与上页注❶的理由相同，$c_p \equiv \left(\frac{\partial h}{\partial T}\right)_p \equiv T\left(\frac{\partial s}{\partial T}\right)_p$ 可以认为是比定压热容的严格定义式，而 $c_p = \left(\frac{\delta q}{\partial T}\right)_p$ [式(3 - 31)] 则在没有摩擦的条件下才成立。

由 $v=v(T,p)$ 可得 $$\mathrm{d}v=\left(\frac{\partial v}{\partial T}\right)_p\mathrm{d}T+\left(\frac{\partial v}{\partial p}\right)_T\mathrm{d}p \tag{k}$$

将式（k）代入式（j），经整理后可得

$$\mathrm{d}u=\left[c_p-p\left(\frac{\partial v}{\partial T}\right)_p\right]\mathrm{d}T-\left[T\left(\frac{\partial v}{\partial T}\right)_p+p\left(\frac{\partial v}{\partial p}\right)_T\right]\mathrm{d}p \tag{7-29}$$

这就是以 T、p 为独立变量时热力学能的一般关系式（第二 $\mathrm{d}u$ 方程）。

将第三个 $\mathrm{d}s$ 方程代入式（7-13）可得

$$\mathrm{d}u=c_V\left(\frac{\partial T}{\partial p}\right)_v\mathrm{d}p+\left[c_p\left(\frac{\partial T}{\partial v}\right)_p-p\right]\mathrm{d}v \tag{7-30}$$

这就是以 p、v 为独立变量时热力学能的一般关系式（第三 $\mathrm{d}u$ 方程）。

上述三个 $\mathrm{d}u$ 方程，显然以第一 $\mathrm{d}u$ 方程［式（7-28）］最为简单。所以，在计算热力学能时，最好选 T、v 为独立变量。

3. 焓的一般关系式

将第一 $\mathrm{d}s$ 方程代入式（7-14）

$$\mathrm{d}h=c_V\mathrm{d}T+T\left(\frac{\partial p}{\partial T}\right)_v\mathrm{d}v+v\mathrm{d}p \tag{l}$$

由 $p=p(T, v)$ 可得 $$\mathrm{d}p=\left(\frac{\partial p}{\partial T}\right)_v\mathrm{d}T+\left(\frac{\partial p}{\partial v}\right)_T\mathrm{d}v \tag{m}$$

将式（m）代入式（l），经整理后可得

$$\mathrm{d}h=\left[c_V+v\left(\frac{\partial p}{\partial T}\right)_v\right]\mathrm{d}T+\left[T\left(\frac{\partial p}{\partial T}\right)_v+v\left(\frac{\partial p}{\partial v}\right)_T\right]\mathrm{d}v \tag{7-31}$$

此即为以 T、v 为独立变量时焓的一般关系式（第一 $\mathrm{d}h$ 方程）。

将第二 $\mathrm{d}s$ 方程代入式（7-14），即可得以 T、p 为独立变量时焓的一般关系式（第二 $\mathrm{d}h$ 方程）

$$\mathrm{d}h=c_p\mathrm{d}T-\left[T\left(\frac{\partial v}{\partial T}\right)_p-v\right]\mathrm{d}p \tag{7-32}$$

将第三 $\mathrm{d}s$ 方程代入式（7-14），即可得以 p、v 为独立变量时焓的一般关系式（第三 $\mathrm{d}h$ 方程）

$$\mathrm{d}h=\left[c_V\left(\frac{\partial T}{\partial p}\right)_v+v\right]\mathrm{d}p+c_p\left(\frac{\partial T}{\partial v}\right)_p\mathrm{d}v \tag{7-33}$$

上述三个 $\mathrm{d}h$ 方程，显然以第二 $\mathrm{d}h$ 方程［式（7-32）］最为简单。因此在计算焓时，最好选 T、p 为独立变量。

【例 7-3】 试导出以 T、v 为独立变量时范德瓦尔气体的熵和热力学能的计算式。

解 对第一 $\mathrm{d}s$ 方程［见式（7-25）］积分

$$s=\int\frac{c_V}{T}\mathrm{d}T+\int\left(\frac{\partial p}{\partial T}\right)_v\mathrm{d}v+s_0$$

在［例 7-1］中已经对范德瓦尔气体导出了 $\left(\frac{\partial p}{\partial T}\right)_v=\frac{R_g}{v-b}$，所以

$$s=\int\frac{c_V}{T}\mathrm{d}T+\int\frac{R_g}{v-b}\mathrm{d}v+s_0=\int\frac{c_V}{T}\mathrm{d}T+R_g\ln(v-b)+s_0$$

此即范德瓦尔气体的熵的计算式。如果认为比热容是定值，则得

$$s=c_V\ln T+R_g\ln(v-b)+s_0$$

对第一 $\mathrm{d}u$ 方程［式（7-28）］积分

$$u=\int c_V \mathrm{d}T+\int\left[T\left(\frac{\partial p}{\partial T}\right)_v-p\right]\mathrm{d}v+u_0=\int c_V\mathrm{d}T+\int\left(\frac{R_g T}{v-b}-p\right)\mathrm{d}v+u_0$$

$$=\int c_V\mathrm{d}T+\int\left(p+\frac{a}{v^2}-p\right)\mathrm{d}v+u_0=\int c_V\mathrm{d}T-\frac{a}{v}+u_0$$

此即范德瓦尔气体热力学能的计算式。如果认为比热容为定值，则得

$$u=c_V T-\frac{a}{v}+u_0$$

【例 7-4】 已知对氮气，范德瓦尔方程中的 $a=174.39\text{Pa}\cdot\text{m}^6/\text{kg}^2$，$b=0.001\,379\text{m}^3/\text{kg}$。试计算氮气在20℃的定温条件下，比体积由 $0.3\text{m}^3/\text{kg}$ 膨胀至 $1.2\text{m}^3/\text{kg}$ 时热力学能、焓和熵的变化。

解 利用［例 7-3］得出的范德瓦尔气体热力学能的计算式 $\left(u=c_V T-\dfrac{a}{v}+u_0\right)$，可得定温下热力学能的变化为

$$u_2-u_1=-a\left(\frac{1}{v_2}-\frac{1}{v_1}\right)=-174.39\text{Pa}\cdot\text{m}^6/\text{kg}^2\times\left(\frac{1}{1.2\text{m}^3/\text{kg}}-\frac{1}{0.3\text{m}^3/\text{kg}}\right)$$

$$=436.0\text{J/kg}=0.436\,0\text{kJ/kg}$$

焓的变化
$$h_2-h_1=(u_2-u_1)+(p_2v_2-p_1v_1)$$

其中 p_1 和 p_2 可根据范德瓦尔方程计算：

$$p_1=\frac{R_g T}{v_1-b}-\frac{a}{v_1^2}=\frac{296.8\text{J/(kg}\cdot\text{K)}\times 293.15\text{K}}{(0.3-0.001\,379)\text{m}^3/\text{kg}}-\frac{174.39\text{Pa}\cdot\text{m}^6/\text{kg}^2}{(0.3\text{m}^3/\text{kg})^2}$$

$$=289\,425\text{Pa}=0.289\,425\text{MPa}$$

$$p_2=\frac{R_g T}{v_2-b}-\frac{a}{v_2^2}=\frac{296.8\text{J/(kg}\cdot\text{K)}\times 293.15\text{K}}{(1.2-0.001\,379)\text{m}^3/\text{kg}}-\frac{174.39\text{Pa}\cdot\text{m}^6/\text{kg}^2}{(1.2\text{m}^3/\text{kg})^2}$$

$$=72\,468\text{Pa}=0.072\,468\text{MPa}$$

所以焓的变化

$$h_2-h_1=436.0\text{J/kg}+(72\,468\text{Pa}\times 1.2\text{m}^3/\text{kg}-289\,425\text{Pa}\times 0.3\text{m}^3/\text{kg})$$

$$=570.1\text{J/kg}=0.570\,1\text{kJ/kg}$$

利用上例得出的范德瓦尔气体熵的计算式 $[s=c_V\ln T+R_g\ln(v-b)+s_0]$ 可得定温条件下熵的变化为

$$s_2-s_1=R_g\ln\frac{v_2-b}{v_1-b}=296.8\text{J/(kg}\cdot\text{K)}\ln\frac{(1.2-0.001\,379)\text{m}^3/\text{kg}}{(0.3-0.001\,379)\text{m}^3/\text{kg}}$$

$$=412.5\text{J/(kg}\cdot\text{K)}=0.412\,5\text{kJ/(kg}\cdot\text{K)}$$

讨论：若按照理想气体计算，则在定温条件下可得

$$u_2-u_1=0,h_2-h_1=0$$

$$s_2-s_1=R_g\ln\frac{v_2}{v_1}=296.8\text{J/(kg}\cdot\text{K)}\ln\frac{1.2\text{m}^3/\text{kg}}{0.3\text{m}^3/\text{kg}}=411.5\text{J/(kg}\cdot\text{K)}$$

$$=0.411\,5\text{kJ/(kg}\cdot\text{K)}$$

7-5 比热容和焦耳—汤姆逊系数的一般关系式

1. 比热容差

按比定容热容和比定压热容定义［见式（3-30）和式（3-31）］

$$c_V=\left(\frac{\partial u}{\partial T}\right)_v=\left(\frac{\partial u}{\partial s}\right)_v\left(\frac{\partial s}{\partial T}\right)_v=T\left(\frac{\partial s}{\partial T}\right)_v \tag{7-34}$$

$$c_p=\left(\frac{\partial h}{\partial T}\right)_p=\left(\frac{\partial h}{\partial s}\right)_p\left(\frac{\partial s}{\partial T}\right)_p=T\left(\frac{\partial s}{\partial T}\right)_p \tag{7-35}$$

比热容差的一般关系式为 $$c_p - c_V = T\left[\left(\frac{\partial s}{\partial T}\right)_p - \left(\frac{\partial s}{\partial T}\right)_v\right]$$

由式(7 - 4)可知 $$\left(\frac{\partial s}{\partial T}\right)_p = \left(\frac{\partial s}{\partial T}\right)_v + \left(\frac{\partial s}{\partial v}\right)_T\left(\frac{\partial v}{\partial T}\right)_p$$

代入上式后得 $$c_p - c_V = T\left(\frac{\partial s}{\partial v}\right)_T\left(\frac{\partial v}{\partial T}\right)_p$$

根据麦克斯韦第三关系式[式(7 - 22)]

$$\left(\frac{\partial s}{\partial v}\right)_T = \left(\frac{\partial p}{\partial T}\right)_v$$

所以 $$c_p - c_V = T\left(\frac{\partial p}{\partial T}\right)_v\left(\frac{\partial v}{\partial T}\right)_p \tag{7 - 36}$$

式中，$\left(\frac{\partial p}{\partial T}\right)_v = p\gamma_V$，而 γ_V 较不常用，可利用循环关系式（7 - 2）将它变换一下：

$$\left(\frac{\partial p}{\partial T}\right)_v = -\frac{\left(\frac{\partial v}{\partial T}\right)_p}{\left(\frac{\partial v}{\partial p}\right)_T}$$

代入式（7 - 36）可得

$$c_p - c_V = -\frac{T\left(\frac{\partial v}{\partial T}\right)_p^2}{\left(\frac{\partial v}{\partial p}\right)_T} = \frac{Tv\alpha_p^2}{\kappa_T} > 0 \tag{7 - 37}$$

式（7 - 37）中 T、v、κ_T 恒为正值，α_p 有时可能为负值，但 α_p^2 必为正值，所以 $c_p - c_V > 0$，意即任何物质的比定压热容必定大于比定容热容。由于比定容热容的测定较为困难，因此，一般总是先测出比定压热容，然后再利用状态方程式按式（7 - 36）或式（7 - 37）计算出比定容热容。

2. 比热容比

比热容比的一般关系式为 $$\gamma = \frac{c_p}{c_V} = \frac{T\left(\frac{\partial s}{\partial T}\right)_p}{T\left(\frac{\partial s}{\partial T}\right)_v} = \frac{\left(\frac{\partial s}{\partial T}\right)_p}{\left(\frac{\partial s}{\partial T}\right)_v}$$

根据循环关系式 $$\left(\frac{\partial s}{\partial T}\right)_p = -\left(\frac{\partial p}{\partial T}\right)_s\left(\frac{\partial s}{\partial p}\right)_T$$

$$\left(\frac{\partial s}{\partial T}\right)_v = -\left(\frac{\partial v}{\partial T}\right)_s\left(\frac{\partial s}{\partial v}\right)_T$$

代入上式后得

$$\gamma = \frac{c_p}{c_V} = \frac{-T\left(\frac{\partial p}{\partial T}\right)_s\left(\frac{\partial s}{\partial p}\right)_T}{-T\left(\frac{\partial v}{\partial T}\right)_s\left(\frac{\partial s}{\partial v}\right)_T} = \frac{\left(\frac{\partial p}{\partial v}\right)_s}{\left(\frac{\partial p}{\partial v}\right)_T} = \frac{-\frac{1}{v}\left(\frac{\partial v}{\partial p}\right)_T}{-\frac{1}{v}\left(\frac{\partial v}{\partial p}\right)_s} = \frac{\kappa_T}{\kappa_s} > 1 \tag{7 - 38}$$

因为 $c_p - c_V > 0$、$\gamma > 1$，所以 $\kappa_T > \kappa_s$，意即任何物质的定温压缩系数一定大于定熵压缩系数。

另外，由物理学可知，声速

$$c_s = \sqrt{\left(\frac{\partial p}{\partial \rho}\right)_s} = \sqrt{-v^2\left(\frac{\partial p}{\partial v}\right)_s} \qquad \left(\rho = \frac{1}{v}\right)$$

即
$$\left(\frac{\partial p}{\partial v}\right)_s = -\frac{c_s^2}{v^2}$$

将此式代入式（7 - 38）可得比热容比

$$\gamma = \frac{c_p}{c_V} = -\frac{c_s^2}{v^2}\left(\frac{\partial v}{\partial p}\right)_T = \frac{c_s^2}{v\kappa_T} \tag{7 - 39}$$

所以，也可以通过测量声速结合状态方程而得到热容比。

3. 压力对比热容的影响

以 T、p 为独立变量的第二 ds 方程［式（7 - 26）］为

$$\mathrm{d}s = \frac{c_p}{T}\mathrm{d}T - \left(\frac{\partial v}{\partial T}\right)_p \mathrm{d}p$$

根据全微分条件［见式（7 - 1）］
$$\left[\frac{\partial (c_p/T)}{\partial p}\right]_T = -\left(\frac{\partial^2 v}{\partial T^2}\right)_p$$

即
$$\left(\frac{\partial c_p}{\partial p}\right)_T = -T\left(\frac{\partial^2 v}{\partial T^2}\right)_p = -Tv\left[\alpha_p^2 + \left(\frac{\partial \alpha_p}{\partial T}\right)_p\right] \tag{7 - 40}$$

对该式积分（压力从零积到 p）

$$(c_p - c_{p0})_T = -T\int_0^p \left(\frac{\partial^2 v}{\partial T^2}\right)_p \mathrm{d}p_T$$

或写为
$$c_p(T,p) = c_{p0}(T) - T\int_0^p \left(\frac{\partial^2 v}{\partial T^2}\right)_p \mathrm{d}p_T \tag{7 - 41}$$

式中　c_{p0}——零压下气体的比定压热容，亦即理想气体状态下的比定压热容。

式（7 - 40）和式（7 - 41）表明：利用状态方程 $v = v(T,p)$ 的二阶偏导数可以计算出在定温下比定压热容随压力的变化。

4. 焦耳—汤姆逊系数的一般关系式

焦耳—汤姆逊系数（简称焦—汤系数）是指绝热节流的微分温度效应，即

$$\mu_J = \left(\frac{\partial T}{\partial p}\right)_h \tag{7 - 42}$$

绝热节流后焓不变（见第 3 - 8 节 2），压力降低，如果温度也降低，则 $\mu_J > 0$，为正效应；如果温度升高，则 $\mu_J < 0$，为负效应；如果温度不变，则 $\mu_J = 0$，为零效应。

焦—汤系数和其他参数之间的关系可以利用焓的一般关系式［式（7 - 32）］来确定：

$$\mathrm{d}h = c_p\mathrm{d}T - \left[T\left(\frac{\partial v}{\partial T}\right)_p - v\right]\mathrm{d}p$$

绝热节流后焓不变：
$$\mathrm{d}h = 0$$

即
$$c_p\mathrm{d}T_h - \left[T\left(\frac{\partial v}{\partial T}\right)_p - v\right]\mathrm{d}p_h = 0$$

所以
$$\mu_J = \left(\frac{\partial T}{\partial p}\right)_h = \frac{1}{c_p}\left[T\left(\frac{\partial v}{\partial T}\right)_p - v\right] = \frac{v}{c_p}(T\alpha_p - 1) \tag{7 - 43}$$

该式建立了焦—汤系数、比定压热容及状态方程三者之间的关系。

显然，焦—汤系数为零的条件应是

$$T\left(\frac{\partial v}{\partial T}\right)_p = v \text{ 或 } T\alpha_p = 1 \tag{7 - 44}$$

理想气体在任何状态下都满足式（7 - 44），所以理想气体在任何情况下，绝热节流后温度都不会改变。

本章导出的各种热力学微分方程建立了各特性量之间的一般关系。它们适用于任何具有两个自由度的简单可压缩物质。虽然它们并没有给出物质的具体知识，但有了热力学微分方程，只需知道较少的必要的热物性数据（例如比定压热容和状态方程）就可以获得比较全面的热物性知识，因而在热物性研究中很有用。

1. 麦克斯韦关系式有何重要性？

2. 式（7-13）～式（7-16）适用于什么工质、什么过程？

3. $f=f(T,p)$，$g=g(T,v)$ 是不是特性函数？为什么？

4. 既然热力学一般关系式并不能给出物质的具体特性，其重要性又何在呢？

5. 对不可压缩的流体，试证明：$c_p=c_V$，$u=u(T)$，$h=h(T,p)$，$s=s(T)$。

6. [例4-2] 中简化了水的焓差和熵差的计算方法。试利用本章中的关于焓和熵的一般微分关系式，说明简化过程中考虑了哪些因素。

7-1 将常压（0.1MPa）和室温（20℃）下的液体苯装满一刚性容器并将其密封。已知液体苯在常温常压下的热膨胀系数 $\alpha_p=0.001\,23/\text{K}$，定温压缩系数 $\kappa_T=0.000\,95/\text{MPa}$。当夏天室温升至28℃时，容器中的压力将达到多高？

7-2 已知水银在0℃时 $c_p=0.139\,71\text{kJ/(kg}\cdot\text{K)}$，$\rho=13\,595\text{kg/m}^3$，$\alpha_p=0.181\,6\times10^{-3}/\text{K}$，$\kappa_T=0.038\,677\times10^{-9}/\text{Pa}$。试计算其在该温度下比定容热容和热容比之值。

7-3 试从四个麦克斯韦关系式中的一个推导出其他三个。

7-4 试利用比热容的一般关系证明迈耶公式（$c_{p0}-c_{V0}=R_g$）。

7-5 对遵守状态方程 $p(v-b)=R_gT$（其中 b 为一常数，正值）的气体，试证明：

(1) 其热力学能只是温度的函数；

(2) $c_p-c_V=R_g$；

(3) 绝热节流后温度升高。

7-6 试证明：

(1) $\left(\dfrac{\partial^2 g}{\partial T^2}\right)_p=-\dfrac{c_p}{T}$，(2) $\left(\dfrac{\partial^2 g}{\partial p^2}\right)_T=-v\kappa_T$，(3) $\dfrac{\partial^2 u}{\partial T\partial v}=T\dfrac{\partial^2 s}{\partial T\partial v}$

7-7 试对遵守范德瓦尔方程 $\left(p=\dfrac{R_gT}{v-b}-\dfrac{a}{v^2}\right)$ 的气体推导出其比热容差和焦—汤系数的计算式。

7-8 已知对氮气，范德瓦尔方程中的 $a=174.39\text{Pa}\cdot\text{m}^6/\text{kg}^2$，$b=0.001\,379\text{m}^3/\text{kg}$。试计算其处于5MPa和200K状态下的弹性系数和定温压缩系数的值。

7-9 某气体在一定参数范围内遵守状态方程 $v=\dfrac{R_gT}{p}-\dfrac{C}{T^3}$（$C$ 为常数）。已知在极低压力（理想气体条件）下该气体的比定压热容与温度的关系为 $c_{p0}=a+bT$（a、b 为常数），试导出该气体的比定压热容与温度和压力的关系式 $c_p(T,p)$。

7-10 试证明：

(1) $\left(\dfrac{\partial h}{\partial p}\right)_T=-\mu_J c_p$；(2) $\left(\dfrac{\partial T}{\partial v}\right)_s=-\dfrac{T\alpha_p}{c_V\kappa_T}$；

(3) 当 $\alpha_p=$常数时，$\left(\dfrac{\partial c_p}{\partial p}\right)_T=-Tv\alpha_p^2$

7-11　对遵守方程$\frac{pv}{R_g T}=1+B'p+C'p^2$的气体（$B'$、$C'$为温度的函数），试证明其焦—汤系数$\mu_J=0$时符合如下条件

$$p=-\frac{\mathrm{d}B'/\mathrm{d}T}{\mathrm{d}C'/\mathrm{d}T}$$

第8章　实际气体的热力性质

［本章导读］在工程应用中，除压力相对较低、温度相对较高的空气、燃气等可看作理想气体外，大多数气体（如水蒸气、各种制冷剂等）都必须按实际气体处理。实际气体的性质比较复杂，其状态方程的形式也比较复杂，由状态方程导出的其他热力性质（如热力学能、焓、熵等）的表达式也都比较复杂。在工程计算中多采用查图表的方法取得必要的物性数据。

本章将扼要介绍实际气体各种热力性质的计算式以及各种通用线图的制作原理和使用方法。

8-1　纯物质的热力学面

自然界的纯物质（即单一化学组分的物质）绝大多数都能以固相、液相、气相三种聚集状态存在，三种相可以单独存在，也可以两相平衡共存，在特定条件下，还可以三相平衡共存。纯物质不同相之间的相互转换称为相变。

纯物质的状态方程的一般形式为 $F(p,v,T)=0$。在由 $p—v—T$ 构成的空间坐标系中，$F(p,v,T)=0$ 为一复杂曲面，曲面上的每一点代表一个平衡状态。这个曲面称为热力学面。图8-1画出了液相凝固时体积增大的纯物质（例如水）热力学面的大致形状。图中气、液、固三相分别处于热力学面的不同区域，称为单相区。夹在两个单相区之间的为两相区，或称饱和区。在两相区中，两种不同的相平衡共存，具有相同的压力和温度。这种两相平衡共存的状态称为饱和状态。这样，就有固—液、气—液和气—固三个两相区。固—液两相区与固相区的交界线称为熔解线，与液相区的交界线称为凝固线；气—液两相区与液相的交界线称为饱和液体线（亦称气化线），与气相区的交界线称为饱和蒸气线（亦称凝结线）；气—固两相区与固相区的交界线称为升华线，与气相区的交界线称为凝华线。

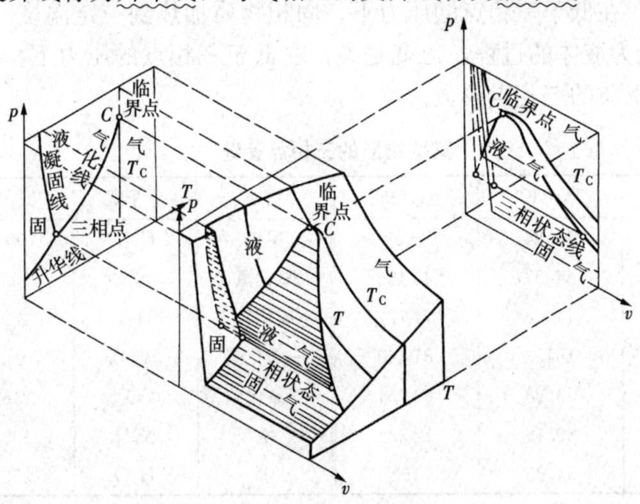

图8-1

饱和液体线与饱和蒸气线汇合于 C 点，称为临界点。临界点的温度、压力、比体积依次为临界温度 T_C、临界压力 p_C 和临界比体积 v_C。临界点是纯物质的一个非常有特征的状态。液体在超过临界压力下加热到较高温度变为气相，将不再像在亚临界压力下那样具有明显的气化过程，并且存在两相共存状态。在超临界压力下，这一转化过程是在临界温度附近以连续渐变的方式完成的，而流体一直处于单相状态。表 8 - 1 列出了某些物质的临界参数。

表 8 - 1　　某些物质的临界参数

物质	分子式	摩尔质量 M (kg/kmol)	临界温度 T_C (K)	临界压力 p_C (MPa)	临界比体积 v_C (m^3/kg)	临界压缩因子 $z_C=\frac{p_C v_C}{R_g T_C}$
氩	Ar	39.948	150.8	4.874	0.001 875	0.291
氦－4	He^4	4.003	5.19	0.227	0.014 31	0.301
氢	H_2	2.016	33.2	1.297	0.032 24	0.305
氮	N_2	28.013	126.2	3.394	0.003 195	0.289
氧	O_2	31.999	154.6	5.046	0.002 294	0.288
一氧化碳	CO	28.010	132.9	3.496	0.003 324	0.295
二氧化碳	CO_2	44.010	304.2	7.376	0.002 136	0.274
水	H_2O	18.016	647.14	22.064	0.003 106	0.229
氨	NH_3	17.031	405.6	11.277	0.004 257	0.242
甲烷	CH_4	16.043	190.6	4.600	0.006 171	0.287
丙烷	C_3H_8	44.097	369.8	4.246	0.004 603	0.280
异丁烷	C_4H_{10}	58.124	408.1	3.648	0.004 525	0.283
R134a	$C_2H_2F_4$	102.032	374.3	4.064	0.001 97	0.262

在气—液、固—液、气—固三个两相区的交界处，气、液、固三相可以平衡共存，这时，物质具有完全确定的压力（p_A）和温度（T_A）。A 点称为三相点，p_A 称为三相点压力，T_A 称为三相点温度。在低于三相点的压力下，固相物质加热到一定温度时将直接升华变为气体，而不再有熔化为液体的过程，也就是说，在低于三相点的压力下，液相将不复存在。表 8 - 2 列出了某些物质的三相点参数。

表 8 - 2　　某些物质的三相点参数

物质	分子式	T_A (K)	p_A (Pa)	物质	分子式	T_A (K)	p_A (Pa)
氢	H_2	13.84	7039	甲烷	CH_4	90.67	11 692
氖	Ne	24.57	43 196	氧化氮	NO	109.50	21 918
氪	Kr	115.6	71 727	硫化氢	H_2S	187.66	23 185
氙	Xe	161.3	81 460	一氧化碳	CO	68.14	15 351
氩	Ar	83.78	68 754	二氧化碳	CO_2	216.55	517 970
氮	N_2	63.15	12 534	氨	NH_3	195.42	6077
氧	O_2	54.35	152	水	H_2O	273.16	611.7

8-2　纯物质的气—液相变和克劳修斯—克拉贝隆方程

1. 纯物质的气—液相变

热能工程中采用的工质都是流体。在工作过程中流体常会产生相变，由液相变为气相，或由气相变为液相，也可能两相并存，因此有必要对上节所述热力学面中的气相、液相和气—液两相进行进一步的分析和讨论。

气相区、液相区和气—液两相区在 $p-T$ 和 $p-v$ 平面坐标中的投影如图 8-2 所示。图中 C 为临界点，A 为三相点。在 $p-v$ 图中，由饱和液体线 A_1C 和饱和蒸气线 A_2C 围成的气—液两相区在 $p-T$ 图中变成了一条饱和曲线 AC。

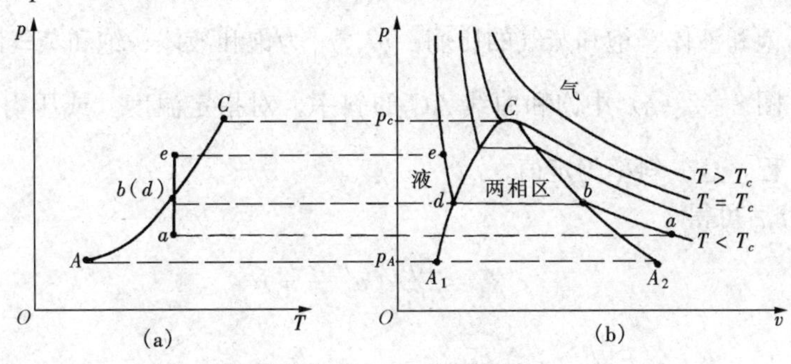

图 8-2

当低于临界温度的气体（图中状态 a）在定温下被压缩时，压力不断升高，比体积不断减少 $\left[\left(\frac{\partial p}{\partial v}\right)_T < 0\right]$，同时放出热量；达到 b 点后，继续压缩，气体开始凝结，不断转变为液体，直至 d 点，气体全部凝结为液体。在 $b \to d$ 的整个凝结过程中，温度保持不变，压力也不变，所以在 $p-T$ 图中 b 点和 d 点为同一点。这时的温度称为饱和温度 T_s，这时的压力称为饱和压力 p_s。处于 b 点状态的气体称为饱和蒸气，处于 d 点状态的液体称为饱和液体，而在 b 点和 d 点之间的状态则是饱和蒸气和饱和液体按不同比例平衡共存的状态。在 $b \to d$ 的整个凝结过程中放出的热量称为凝结潜热（反之，由 d 点到 b 点整个气化过程吸收的热量称为气化潜热。气化潜热和凝结潜热相等，用 r 表示，单位为 kJ/kg）。对 d 点的饱和液体继续进行定温压缩，压力将迅速增高，而比体积的减小则较为缓慢（如图中 $d \to e$ 所示），这是因为液体的可压缩性一般都很小。

在临界温度（T_C）下，对气体进行定温压缩时，气体在临界压力附近（图 8-2 中 C 点附近）将整体地逐渐过渡到液体，没有明显的凝结过程，也没有性质的突变，只在临界点 C 上定温线发生转折［形成拐点，$\left(\frac{\partial p}{\partial v}\right)_T = 0$，$\left(\frac{\partial^2 p}{\partial v^2}\right)_T = 0$］。

在超过临界温度的情况下对气体进行定温压缩，即使压力远超过临界压力，也不会使气体液化。在低于三相点温度下对气体进行定温压缩，气体将直接凝华为固体（见图8-1）。所以，纯物质的气—液相变过程只发生在临界点和三相点之间。

2. 克劳修斯—克拉贝隆方程

纯物质在进行气—液相变时，如果温度不变（保持为饱和温度 T_s），则压力也不变（保持为饱和压力 p_s）。饱和温度与饱和压力之间有确定的对应关系。饱和压力是饱和温度的单

值函数，与比体积无关，因此

$$\left(\frac{\partial p}{\partial T}\right)_v = \frac{\mathrm{d}p_\mathrm{s}}{\mathrm{d}T_\mathrm{s}}$$

根据麦克斯韦第三关系式［式（7－22)］

$$\left(\frac{\partial p}{\partial T}\right)_v = \left(\frac{\partial s}{\partial v}\right)_T = \frac{\mathrm{d}p_\mathrm{s}}{\mathrm{d}T_\mathrm{s}}$$

所以

$$\mathrm{d}s_T = \frac{\mathrm{d}p_\mathrm{s}}{\mathrm{d}T_\mathrm{s}}\mathrm{d}v_T$$

对该式积分（从饱和液体积分到饱和蒸气）

$$\int_{s'}^{s''}\mathrm{d}s_T = \int_{v'}^{v''}\frac{\mathrm{d}p_\mathrm{s}}{\mathrm{d}T_\mathrm{s}}\mathrm{d}v_T$$

式中　s'、s''——饱和液体、饱和蒸气的比熵；v'、v''为饱和液体、饱和蒸气的比体积；

$\frac{\mathrm{d}p_\mathrm{s}}{\mathrm{d}T_\mathrm{s}}$——图8－2（a）中饱和曲线$AC$的斜率，对指定温度（或压力）下的气化过程，这一斜率为定值。

所以上式积分后可得

$$s''-s' = \frac{\mathrm{d}p_\mathrm{s}}{\mathrm{d}T_\mathrm{s}}(v''-v')$$

或写为

$$\frac{\mathrm{d}p_\mathrm{s}}{\mathrm{d}T_\mathrm{s}} = \frac{s''-s'}{v''-v'} = \frac{r}{T_\mathrm{s}(v''-v')} \tag{8-1}$$

式中，气化潜热

$$r = T_\mathrm{s}(s''-s')$$

式（8－1）称为克劳修斯—克拉贝隆方程，它可用于气—液两相的相变过程，也可用于任何两相（如气—固、液—固、固—固）的相变过程。

【例8-1】　已知水蒸气在100℃时，v'=0.001 043 4m³/kg，v''=1.673 6m³/kg，r=2256.6kJ/kg，p_s=0.101 325MPa。试计算该温度下饱和曲线的斜率$\frac{\mathrm{d}p_\mathrm{s}}{\mathrm{d}T_\mathrm{s}}$。

解　根据克劳修斯—克拉贝隆方程［式（8-1）］

$$\frac{\mathrm{d}p_\mathrm{s}}{\mathrm{d}T_\mathrm{s}} = \frac{r}{T_\mathrm{s}(v''-v')} = \frac{2256.6\times10^3\,\mathrm{J/K}}{(100+273.15)\mathrm{K}\times(1.673\,6-0.001\,043\,4)\mathrm{m^3/kg}}$$
$$= 3616\,\mathrm{Pa/K} = 0.003\,616\,\mathrm{MPa/K}$$

用99℃到101℃之间饱和压力的变化验证上述结果：

查水蒸气表可知99℃时，p_s=0.097 762MPa；101℃时，p_s=0.104 994MPa

$$\frac{\mathrm{d}p_\mathrm{s}}{\mathrm{d}T_\mathrm{s}} \approx \frac{\Delta p_\mathrm{s}}{\Delta T_\mathrm{s}} = \frac{(0.104\,994-0.097\,762)\mathrm{MPa}}{2\mathrm{K}} = 0.003\,616\,\mathrm{MPa/K}$$

8-3　实际气体的状态方程

工程中常用的气态工质，有的（如空气、燃气、湿空气等）由于压力相对较低、温度相对较高，比较接近理想气体的性质，基本遵守理想气体状态方程（$pv=R_\mathrm{g}T$）；有的（如水蒸气、各种制冷剂等）由于压力相对较高、温度相对较低，比较接近液相，不遵守理想气体状态方程，这样就必须如实地将它们看作实际气体，并设法找出适合于它们的实际气体状态方程$F(p、v、T)=0$的具体函数形式。有了实际气体的状态方程，加上其低压下（理想气体状态下）比热容与温度的关系式 $c_{p0}=f(T)$，就可以通过热力学一般关系式计算出气体的全部平衡性质。由此可见状态方程在流体热物性研究中的特殊重要性。

实际气体的状态方程大致可分两类。第一类是在考虑了物质结构的基础上建立起来的半经验状态方程，其特点是形式比较简单，物理意义比较清楚，利用少数几个经验或半经验的参量就能得到一定精确度的结果。第二类是为数很多的各种经验的状态方程，这些方程对特定的物质在特定的参数范围内能给出精确度较高的结果，其形式一般都比较复杂。

1. 范德瓦尔状态方程

比较成功的半经验状态方程，首推范德瓦尔方程。1873 年，荷兰学者范德瓦尔（van der Waals）针对实际气体区别于理想气体的两个主要特征（分子有体积，分子间有引力），对理想气体状态方程进行了相应的修正而提出了如下的状态方程

$$\left.\begin{aligned}\left(p+\frac{a}{v^2}\right)(v-b)&=R_{\mathrm{g}}T\\ \text{或}\qquad p&=\frac{R_{\mathrm{g}}T}{v-b}-\frac{a}{v^2}\end{aligned}\right\}\tag{8-2}$$

这就是著名的范德瓦尔状态方程。式中修正项 b 是考虑到分子本身有体积，因而将分子运动的自由空间由 v 减小为 $(v-b)$。

修正项 a/v^2 是考虑分子间吸引力的。当气体分子与容器壁碰撞时，由于受到容器内部分子吸引而产生一指向容器内部的合力，这样，由分子碰撞容器壁而产生的压力就会减小，这减小量从碰撞强度和碰撞频率两方面与气体密度有关。气体密度越大，分子引力作用越大，对碰撞的减弱作用就越明显，这是其一；其二，气体密度越大，单位时间内碰撞在容器单位面积上的被减弱碰撞力度的分子数也就越多。因此，压力的减小量应与气体密度的平方成正比，或者说与比体积的平方成反比，设比例系数为 a，则这一压力的减小量应为 a/v^2。

可以将范德瓦尔方程整理成比体积的三次式：

$$v^3-\left(b+\frac{R_{\mathrm{g}}T}{p}\right)v^2+\frac{a}{p}v-\frac{ab}{p}=0$$

令 T 为各种不同值，可从该式得到一簇定温线（见图 8-3）。当温度高于某一特定温度 $T>T_{\mathrm{C}}$ 时，定温线在 $p-v$ 坐标系中近似地是一条双曲线。当 $T=T_{\mathrm{C}}$ 时，定温线在 C 点有一拐点。这拐点即为临界点，T_{C} 即为临界温度。当温度 $T<T_{\mathrm{C}}$ 时，定温线发生曲折。将 $T<T_{\mathrm{C}}$ 的一簇定温线上的极小值连成 Ca 线，在 Ca 线上有

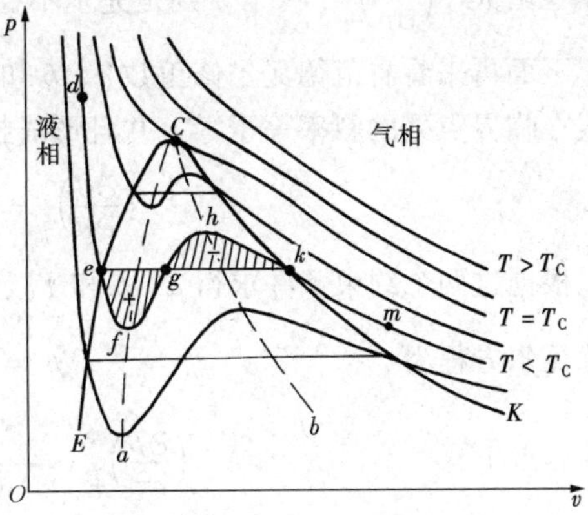

图 8-3

$$\left(\frac{\partial p}{\partial v}\right)_T=0,\quad\left(\frac{\partial^2 p}{\partial v^2}\right)_T>0$$

将这一簇定温线上的极大值连成 Cb 线，在 Cb 线上有

$$\left(\frac{\partial p}{\partial v}\right)_T=0,\quad\left(\frac{\partial^2 p}{\partial v^2}\right)_T<0$$

原则上对应每一温度和每一压力，比体积都有三个值（即 v 的三个根）。这三个根可能是一个实根、两个虚根（如图中 d、m 点）；也可能是一个实根和一个二重根（如图 8-3 中 f、h

点）；或是一个三重根（临界点 C）；当然，也可能是三个不同的实根（如图 8 - 3 中的 e、g、k 点）。对 $T<T_C$ 的一簇定温线中的每一条，总可以相应地找到一条定压线（水平线），它和该定温线的横 S 形线段相交时所形成的两块面积正好相等（图中用“+”和“-”标出的两块带阴影的面积相等）。这条定压线（图中直线 egk）就是对应于该温度的饱和压力线，也是实际的定温线（见 8 - 2 节）。将所有这种定压线和定温线相交时左边的交点连接起来形成一条 CE 线，它相当于实验中的饱和液体线；将所有右边的交点连接起来形成一条 CK 线，它相当于饱和蒸气线。

为什么饱和定压线（亦即实际的定温线）必须正好平分那块横 S 形的面积呢？这可以用热力学第二定律来说明。直线 egk 是实际的定温线，曲线 $efghk$ 是同一温度的理论的定温线。设想沿整个 $egkhgfe$ 定温线进行一个可逆循环，这时将形成正向循环 $egfe$（功为正）和逆向循环 $gkhg$（功为负）。如果正循环做出的功大于逆循环消耗的功，则整个循环可以输出功，而热力学第二定律已经确定没有温差是不能循环做功的。如果正循环做出的功小于逆循环消耗的功，造成净功的不可逆损失，则又不符合可逆循环的假定。所以图 8 - 3 中的这两块面积必定相等。据此可在 $T<T_C$ 的定温线上找到相应于饱和液体和饱和蒸气的 e、k 两点。

图中 egk 是定压线，也是实际的定温线，这时气、液两相并存，达到稳定平衡。理论的定温线 $efghk$ 是否也可能实际存在呢？应该说，其中的 ef 段和 kh 段，当压力升高时，比体积减小 $\left[\left(\frac{\partial v}{\partial p}\right)_T<0\right]$，还是可能存在的。$ef$ 段相当于应该气化而没有气化的过热液体，kh 段相当于应该凝结而没有凝结的过冷蒸气，它们处于亚稳状态，虽然可以存在，但很容易转变为稳定的气—液共存状态，因此通常情况下不易实现。至于 fgh 线段，当压力升高时比体积也增大 $\left[\left(\frac{\partial v}{\partial p}\right)_T>0\right]$，则是完全不稳定的无法存在的状态。

下面再来看看范德瓦尔修正数 a、b 和临界参数之间有什么联系。由于 $p—v$ 图中临界定温线在临界点处的斜率等于零，并且形成拐点，因此有

$$\left(\frac{\partial p}{\partial v}\right)_T=0,\left(\frac{\partial^2 p}{\partial v^2}\right)_T=0$$

可以根据这两个约束条件求得 a、b 和 T_C、p_C、v_C 之间的关系。

范德瓦尔方程为

$$p=\frac{R_g T}{v-b}-\frac{a}{v^2} \tag{a}$$

在临界点上

$$\left(\frac{\partial p}{\partial v}\right)_T=-\frac{R_g T_C}{(v_C-b)^2}+\frac{2a}{v_C^3}=0 \tag{b}$$

$$\left(\frac{\partial^2 p}{\partial v^2}\right)_T=\frac{2R_g T_C}{(v_C-b)^3}-\frac{6a}{v_C^4}=0 \tag{c}$$

由式（b）和式（c）可解得

$$b=\frac{v_C}{3},\quad a=\frac{9}{8}R_g T_C v_C \tag{8 - 3}$$

将式（8 - 3）代入式（a），在临界点上可得

$$\frac{p_C v_C}{R_g T_C}=\frac{3}{8}=0.375 \tag{8 - 4}$$

令 $\dfrac{pv}{R_g T}=Z$，Z 称为压缩因子，则 $\dfrac{p_C v_C}{R_g T_C}=Z_C$，$Z_C$ 称为临界压缩因子。

由式（8-4）可得
$$v_C=\frac{3}{8}\frac{R_g T_C}{p_C} \tag{d}$$
将式（d）代入式（8-3）可得
$$b=\frac{R_g T_C}{8p_C},\quad a=\frac{27}{64}\frac{R_g^2 T_C^2}{p_C} \tag{8-5}$$

以上分析结果表明，遵守范德瓦尔方程的气体（简称范德瓦尔气体）的临界压缩因子值应该是相同的，都等于$\frac{3}{8}$（0.375）。实际情况如何呢？从表8-1最后一列数据可以看出，大多数气体 Z_C=0.23～0.30，距0.375较远。所以范德瓦尔方程虽然在定性上能很好地反映气体和液体的很多特性，但在定量上还是不很精确。

表8-3列出了某些物质的范德瓦尔修正数 a 和 b 的值，它们都由物质的气体常数、临界温度和临界压力根据式（8-5）计算而得。

表8-3　某些物质的范德瓦尔修正数

物质	分子式	$\frac{a}{\frac{m^6\cdot Pa}{kg^2}}$	$\frac{b}{m^3/kg}$	物质	分子式	$\frac{a}{\frac{m^6\cdot Pa}{kg^2}}$	$\frac{b}{m^3/kg}$
氦	He	215.97	0.005 936	氨	NH_3	1466.83	0.002 195
氩	Ar	85.268	0.000 805	水	H_2O	1705.50	0.001 692
氢	H_2	6098.3	0.013 196	甲烷	CH_4	894.90	0.002 684
氮	N_2	174.39	0.001 379	乙烷	C_2H_6	615.96	0.002 161
氧	O_2	134.91	0.000 995	丙烷	C_3H_8	483.05	0.002 053
一氧化碳	CO	187.81	0.001 411	异丁烷	C_4H_{10}	394.12	0.002 000
二氧化碳	CO_2	188.91	0.000 974	R134a	$C_2H_2F_4$	96.576	0.000 938

2. 维里方程

1901年卡末林·昂尼斯（Kamerlingh Onnes）提出了用幂级数形式表达的状态方程（维里方程）：
$$\frac{pv}{R_g T}=A+\frac{B}{v}+\frac{C}{v^2}+\frac{D}{v^3}+\cdots$$
A、B、C、D、…称为第一、第二、第三、第四、……维里系数。事实上，当 $v\to\infty$ 时，$\dfrac{pv}{R_g T}=Z\to 1$（即趋近于理想气体），所以第一维里系数 $A=1$，上式可写为
$$Z=1+\frac{B}{v}+\frac{C}{v^2}+\frac{D}{v^3}+\cdots \tag{8-6}$$
维里系数 B、C、D、…都是温度的函数。

也可以将维里方程写成压力的幂级数的形式：
$$Z=1+B'p+C'p^2+D'p^3+\cdots \tag{8-7}$$
式中 B'、C'、D'、… 也都是温度的函数。式（8-7）中的维里系数和式（8-6）中的维里系数之间有如下关系：
$$B'=\frac{B}{R_g T},C'=\frac{C-B^2}{R_g^2 T^2},D'=\frac{D-3BC+2B^3}{R_g^3 T^3};\cdots \tag{8-8}$$

式（8-8）可证明如下：

从式（8-6）得
$$p=\frac{R_g T}{v}\left(1+\frac{B}{v}+\frac{C}{v^2}+\frac{D}{v^3}+\cdots\right) \tag{a}$$

将式（a）代入式（8-7）：

$$Z=1+B'\frac{R_g T}{v}\left(1+\frac{B}{v}+\frac{C}{v^2}+\frac{D}{v^3}+\cdots\right)+C'\frac{R_g^2 T^2}{v^2}\left(1+\frac{B}{v}+\frac{C}{v^2}+\frac{D}{v^3}+\cdots\right)^2$$
$$+D'\frac{R_g^3 T^3}{v^3}\left(1+\frac{B}{v}+\frac{C}{v^2}+\frac{D}{v^3}+\cdots\right)^3+\cdots$$

即

$$Z=1+\frac{1}{v}(B'R_g T)+\frac{1}{v^2}(B'R_g TB+C'R_g^2 T^2)$$
$$+\frac{1}{v^3}(B'R_g TC+2C'R_g^2 T^2 B+D'R_g^3 T^3)+\cdots \tag{b}$$

将式（b）与式（8-6）进行比较，即可得

$$B=B'R_g T$$
$$C=B'R_g TB+C'R_g^2 T^2$$
$$D=B'R_g TC+2C'R_g^2 T^2 B+D'R_g^3 T^3$$
$$\cdots$$

从而解得

$$B'=\frac{B}{R_g T},\quad C'=\frac{C-B^2}{R_g^2 T^2},\quad D'=\frac{D-3BC+2B^3}{R_g^3 T^3};\cdots$$

式（8-6）和式（8-7）这两个维里方程都是无穷级数。实际应用时，可将它们截断，取前面若干项。从哪一项开始截断应这样来确定：截断处以后的各项的总和应在实验误差之内。

由于式（8-7）比式（8-6）收敛得慢，在同样的精度下，对式（8-7）应取更多的项。正因为式（8-7）收敛得慢，它主要用于低密度的情况。

维里方程提供了一种状态方程的形式。任何状态方程原则上都可以用维里方程的形式来表达（不过，有时一个简单的状态方程，用维里方程形式表达时反而复杂化了），例如范德瓦尔方程

$$p=\frac{R_g T}{v-b}-\frac{a}{v^2}=\frac{R_g T}{v}\left(\frac{v}{v-b}-\frac{a}{R_g T v}\right)=\frac{R_g T}{v}\left(\frac{1}{1-\frac{b}{v}}-\frac{a}{R_g T v}\right)$$
$$=\frac{R_g T}{v}\left(1+\frac{b}{v}+\frac{b^2}{v^2}+\frac{b^3}{v^3}+\cdots-\frac{a}{R_g T v}\right)$$

所以
$$\frac{pv}{R_g T}=Z=1+\frac{b-a/(R_g T)}{v}+\frac{b^2}{v^2}+\frac{b^3}{v^3}+\cdots \tag{c}$$

式（c）即维里形式的范德瓦尔方程，它显然比式（8-2）复杂。

3. 雷特里奇—邝方程

1949年，雷特里奇（Redlich）和邝（Kwong）对范德瓦尔方程中a/v^2项进行修正，提出了如下形式的状态方程：

$$p=\frac{RT}{v-b}-\frac{a}{T^{0.5}v(v+b)} \tag{8-9}$$

对式(8-9)通过类似于式(8-3)～式(8-5)的推导，可得

$$a=\frac{1}{9\times(\sqrt[3]{2}-1)}\frac{R_g^2T_C^{2.5}}{p_C}=0.42748\frac{R_g^2T_C^{2.5}}{p_C}$$
$$b=\frac{1}{3}(\sqrt[3]{2}-1)\frac{R_gT_C}{p_C}=0.08664\frac{R_gT_C}{p_C}\tag{8-10}$$

而临界压缩因子则为

$$Z_C=\frac{p_Cv_C}{R_gT_C}=\frac{1}{3}=0.333\tag{8-11}$$

为了提高精确度，在有实验数据的情况下，修正数 a 和 b 可以不由式(8-10)计算，而由具体气体的实验数据拟合得出，这样可以得到更接近实际的计算结果。

雷特里奇-邝方程形式简单，精确度较高，在化工等领域得到较为广泛的应用。

8-4 实际气体的比热容、焦—汤系数、焓和熵

1. 实际气体的比热容

当实际气体处于低压、高温下，即接近理想气体时，比热容仅仅是温度的函数，这时可以利用光谱数据和量子统计理论将理想气体状态下的比热容随温度变化的关系计算出来：

$$c_{p0}=c_{p0}(T)\tag{8-12}$$

但当气体处于相对的高压和低温下，不能作理想气体处理时，比热容不仅和温度有关，而且还和压力有关：

$$c_p=c_p(T,p)$$

或者说，在相同温度下，由于压力较高，实际气体的比热容值偏离了理想气体的比热容值：

$$c_p=c_{p0}+\Delta c_p$$

比热容的这一偏离值 Δc_p 称为余比热容。一般情况下，Δc_p 的值随温度的提高而减小，随压力的提高而增大。要确定余比热容 Δc_p（或 c_p）有两条途径。一条是直接进行比热容的测定，这种方法无疑是可靠的，但精确的实验装置比较复杂，而且测定工作也比较费时。另一条途径就是利用状态方程计算出余比热容。

在7-5节中已经得到了余比热容的计算式[式(7-41)]

$$\Delta c_p=(c_p-c_{p0})_T=-T\int_0^p\left(\frac{\partial^2v}{\partial T^2}\right)_p\mathrm{d}p_T\tag{8-13}$$

根据状态方程先求得定压下比体积对温度的二阶导数，再按式(8-13)积分，即可得到余比热容的计算式。知道了余比热容，也就知道了实际气体的比热容：

$$c_p=c_{p0}+\Delta c_p=c_{p0}-T\int_0^p\left(\frac{\partial^2v}{\partial T^2}\right)_p\mathrm{d}p_T\tag{8-14}$$

如果已经有了大量可靠的比热容的实验数据，也可以反过来建立实际气体的状态方程。这时可先根据比热容的实验数据整理出比热容与温度及压力的函数关系：

$$c_p=f(T,p)$$

再在温度不变的条件下求偏导数： $\left(\frac{\partial c_p}{\partial p}\right)_T=f'(T,p)$

根据式(7-40)可知 $\left(\frac{\partial^2v}{\partial T^2}\right)_p=-\frac{1}{T}\left(\frac{\partial c_p}{\partial p}\right)_T=\frac{-f'(T,p)}{T}$

将此式在压力不变的条件下对温度两次积分，即得

$$v=\int_{(T)}\int_{(T)}\frac{-f'(T,p)}{T}\mathrm{d}T_p^2+C_1(p)T+C_2(p) \tag{8-15}$$

式（8 - 15）就是根据比热容实验数据（或比热容方程）建立的状态方程 $[v=v(T,p)]$。

2. 实际气体的焦—汤系数

在 7 - 5 节中已经得到焦—汤系数的一般关系式［式（7 - 43）］：

$$\mu_J=\left(\frac{\partial T}{\partial p}\right)_h=\frac{1}{c_p}\left[T\left(\frac{\partial v}{\partial T}\right)_p-v\right] \tag{8-16}$$

焦—汤系数的变化情况可由实际气体在 $T-p$ 坐标系中的定焓线簇的走向来判断（见图 8 - 4）。绝热节流时焓不变，压力下降。由高压向低压沿各条定焓线，开始时温度上升 $\left[\mu_J=\left(\frac{\partial T}{\partial p}\right)_h<0\right]$，形成致热区，经最高点后转回，温度逐渐下降 $\left[\mu_J=\left(\frac{\partial T}{\partial p}\right)_h>0\right]$，形成致冷区。将所有定焓线的最高点连起来，形成一条形似抛物线的曲线，在该曲线上，绝热节流的温度效应为零 $\left[\mu_J=\left(\frac{\partial T}{\partial p}\right)_h=0\right]$，该曲线称为转回曲线。转回曲线的方程为 $v=T\left(\frac{\partial v}{\partial T}\right)_p$［式（7 - 44）］。转回曲线的最高点（图 8 - 4 中定焓线 h_6 与纵轴的交点）即为最高转回温度。大多数物质的最高转回温度约为临界温度的 5 倍（$T_{i,\max}\approx 5T_C$）。

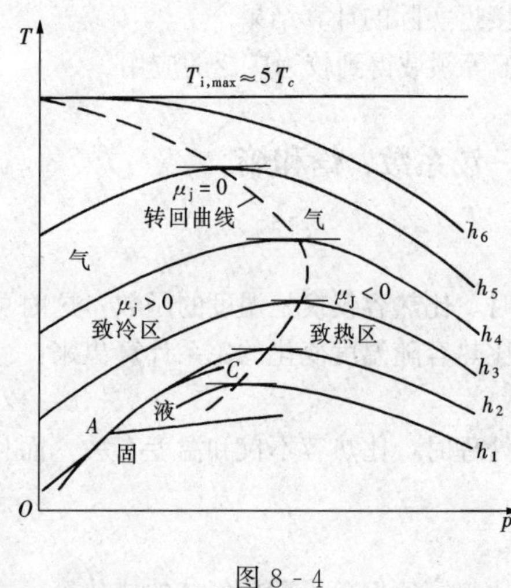

图 8 - 4

利用绝热节流的温度效应制冷，工质的状态必须处于致冷区。当人们尚未弄清转回温度的时候，曾在林德制冷机中压缩氢气，指望在常温下通过节流降低温度，但结果适得其反。后来才弄明白，由于氢气的临界温度很低（33.2K），想在远远超过其最高转回温度的情况下节流降温是不可能的。

也可以利用焦—汤系数的实验数据来建立状态方程。这时，先由 T、p、h 的数据整理出 μ_J 和 c_p 与 T、p 的函数关系：

$$\mu_J=\left(\frac{\partial T}{\partial p}\right)_h=\mu_J(T,p),\quad c_p=\left(\frac{\partial h}{\partial T}\right)_p=c_p(T,p)$$

再根据式（8 - 16）积分：

$$\mu_J c_p=T\left(\frac{\partial v}{\partial T}\right)_p-v=T^2\left[\frac{\partial(v/T)}{\partial T}\right]_p$$

即

$$\frac{v}{T}=\int_{(T)}\frac{\mu_J c_p}{T^2}\mathrm{d}T_p+C_1(p)$$

从而得状态方程：

$$v=T\int_{(T)}\frac{\mu_J c_p}{T^2}\mathrm{d}T_p+C_1(p)T=v(T,p) \tag{8-17}$$

3. 实际气体的焓

以 T、p 为独立变量的焓的一般关系式［式（7 - 32）］为

$$\mathrm{d}h = c_p \mathrm{d}T - \left[T\left(\frac{\partial v}{\partial T}\right)_p - v\right]\mathrm{d}p \tag{a}$$

选择一个参考状态［见图 8 - 5 中状态 O］，该状态具有很低的压力（在此压力下实际气体可以看作理想气体），这时比热容和焓都仅仅是温度的函数。

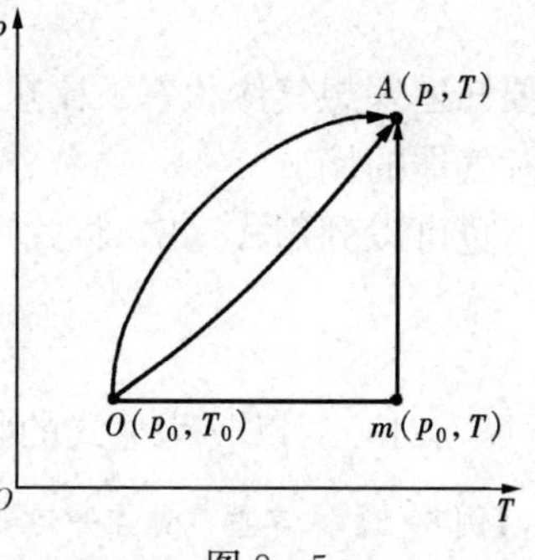

图 8 - 5

将式（a）积分（从 O 积到 A）：

$$h - h_0 = \int_{T_0}^{T} c_p \mathrm{d}T - \int_{p_0}^{p}\left[T\left(\frac{\partial v}{\partial T}\right)_p - v\right]\mathrm{d}p$$

由于焓是状态参数，$(h-h_0)$ 仅仅取决于 A 和 O 这两个状态，而和积分途径无关。为了计算上的方便，通常都取 OmA 途径，即先在低压下进行一个定压过程 Om，使温度变化到 T；再在温度 T 下进行一个定温压缩过程 mA，使压力由 p_0 提高到 p，从而达到状态 A。对此二过程，式（a）可写为

$$h - h_0 = (h_m - h_0) + (h - h_m)$$
$$= \int_{T_0}^{T} c_p \mathrm{d}T_{p_0} - \int_{p_0}^{p}\left[T\left(\frac{\partial v}{\partial T}\right)_p - v\right]\mathrm{d}p_T$$

当 $p_0 \to 0$ 时，可得

$$h = \int_{T_0}^{T} c_{p0} \mathrm{d}T - T\int_{0}^{p}\left(\frac{\partial v}{\partial T}\right)_p \mathrm{d}p_T + \int_{0}^{p} v\mathrm{d}p_T + h_0 \tag{8 - 18}$$

只要知道理想气体状态下比热容与温度的关系［$c_{p0} = c_{p0}(T)$］和状态方程［$v = v(T,p)$］，即可根据式（8 - 18）计算实际气体的焓。

由于大多数状态方程对 v 不是显函数，而对 p 是显函数［$p = p(T,v)$］，因此求导数 $\left(\frac{\partial v}{\partial T}\right)_p$ 及积分都不方便，可以变换一下，改求导数 $\left(\frac{\partial p}{\partial T}\right)_v$。

根据循环关系式

$$\left(\frac{\partial v}{\partial T}\right)_p = -\left(\frac{\partial v}{\partial p}\right)_T\left(\frac{\partial p}{\partial T}\right)_v$$

所以

$$\int_{0}^{p}\left(\frac{\partial v}{\partial T}\right)_p \mathrm{d}p_T = -\int_{\infty}^{v}\left(\frac{\partial p}{\partial T}\right)_v \mathrm{d}v_T \tag{b}$$

另外

$$\int_{0}^{p} v\mathrm{d}p_T = \int_{0,\infty}^{p,v}\mathrm{d}(pv)_T - \int_{\infty}^{v} p\mathrm{d}v_T = pv - R_g T - \int_{\infty}^{v} p\mathrm{d}v_T \tag{c}$$

将式（b）和式（c）代入式（8 - 18）即得

$$h = \int_{T_0}^{T} c_{p0}\mathrm{d}T + T\int_{\infty}^{v}\left(\frac{\partial p}{\partial T}\right)_v \mathrm{d}v_T - \int_{\infty}^{v} p\mathrm{d}v_T + pv - R_g T + h_0 \tag{8 - 19}$$

式（8 - 19）相对于 $p = p\ (T,\ v)$ 形式的状态方程，求导数 $\left(\frac{\partial p}{\partial T}\right)_v$ 及积分时更为方便。

4. 实际气体的熵

第二 $\mathrm{d}s$ 方程［式（7—26）］为

$$\mathrm{d}s = \frac{c_p}{T}\mathrm{d}T - \left(\frac{\partial v}{\partial T}\right)_p \mathrm{d}p$$

与上面计算焓类似，分两段积分，先定压、后定温，通过过程 OmA 进行。

$$s - s_0 = (s_m - s_0) + (s - s_m) = \int_{T_0}^{T}\frac{c_p}{T}\mathrm{d}T_{p_0} - \int_{p_0}^{p}\left(\frac{\partial v}{\partial T}\right)_p \mathrm{d}p_T$$

当 $p_0 \to 0$ 时，可得

$$s = \int_{T_0}^{T} \frac{c_{p0}}{T} \mathrm{d}T - \int_{0}^{p} \left(\frac{\partial v}{\partial T}\right)_p \mathrm{d}p_T + s_0 \tag{8-20}$$

只要知道理想气体状态下比热容与温度的关系和状态方程 $v = v(T, p)$，即可根据此式计算实际气体的熵。

也可以利用式（b）将式（8-20）变换一下：

$$s = \int_{T_0}^{T} \frac{c_{p0}}{T} \mathrm{d}T + \int_{\infty}^{v} \left(\frac{\partial p}{\partial T}\right)_v \mathrm{d}v_T + s_0 \tag{8-21}$$

式（8-21）对以 p 为显式的状态方程更便于求导和积分。

【例 8-2】 某些气体在一定参数范围内，其状态方程和理想气体状态下的比热容可表示为 $v = \frac{R_g T}{p} - \frac{C}{T^3}$；$c_{p0} = A + BT$。式中 A、B、C 均为常数。试导出其比定压热容与焦—汤系数的计算式以及过程 1→2 中焓和熵的变化。

解 由状态方程可得

$$\left(\frac{\partial v}{\partial T}\right)_p = \frac{R_g}{p} + \frac{3C}{T^4}, \left(\frac{\partial^2 v}{\partial T^2}\right)_p = \frac{-12C}{T^5}$$

由式（8-14）可知

$$c_p = c_{p0} - T\int_0^p \left(\frac{\partial^2 v}{\partial T^2}\right)_p \mathrm{d}p_T = A + BT - T\int_0^p \frac{-12C}{T^5} \mathrm{d}p_T = A + BT + \frac{12Cp}{T^4}$$

由式（8-16）可得

$$\mu_J = \frac{1}{c_p}\left[T\left(\frac{\partial v}{\partial T}\right)_p - v\right] = \frac{1}{A + BT + 12Cp/T^4}\left[T\left(\frac{R_g}{p} + \frac{3C}{T^4}\right) - \left(\frac{R_g T}{p} - \frac{C}{T^3}\right)\right]$$
$$= \frac{4C/T^3}{A + BT + 12Cp/T^4}$$

由式（8-18）可知

$$\begin{aligned}
h_2 - h_1 &= \int_{T_1}^{T_2} c_{p0} \mathrm{d}T - T\int_{p_1}^{p_2} \left(\frac{\partial v}{\partial T}\right)_p \mathrm{d}p_T + \int_{p_1}^{p_2} v \mathrm{d}p_T \\
&= \int_{T_1}^{T_2} (A + BT) \mathrm{d}T - T\int_{p_1}^{p_2} \left(\frac{R_g}{p} + \frac{3C}{T^4}\right) \mathrm{d}p_T + \int_{p_1}^{p_2} \left(\frac{R_g T}{p} - \frac{C}{T^3}\right) \mathrm{d}p_T \\
&= A(T_2 - T_1) + \frac{B}{2}(T_2^2 - T_1^2) - R_g(T_2 \ln p_2 - T_1 \ln p_1) - 3C\left(\frac{p_2}{T_2^3} - \frac{p_1}{T_1^3}\right) \\
&\quad + R_g(T_2 \ln p_2 - T_1 \ln p_1) - C\left(\frac{p_2}{T_2^3} - \frac{p_1}{T_1^3}\right) \\
&= A(T_2 - T_1) + \frac{B}{2}(T_2^2 - T_1^2) - 4C\left(\frac{p_2}{T_2^3} - \frac{p_1}{T_1^3}\right)
\end{aligned}$$

由式（8-20）可知

$$\begin{aligned}
s_2 - s_1 &= \int_{T_1}^{T_2} \frac{c_{p0}}{T} \mathrm{d}T - \int_{p_1}^{p_2} \left(\frac{\partial v}{\partial T}\right)_p \mathrm{d}p_T = \int_{T_1}^{T_2} \frac{A + BT}{T} \mathrm{d}T - \int_{p_1}^{p_2} \left(\frac{R_g}{p} + \frac{3C}{T_4}\right) \mathrm{d}p_T \\
&= A \ln \frac{T_2}{T_1} + B(T_2 - T_1) - R_g \ln \frac{p_2}{p_1} - 3C\left(\frac{p_2}{T_2^4} - \frac{p_1}{T_1^4}\right)
\end{aligned}$$

【例 8-3】 接例 8-2。已知实际气体的比定压热容和焦—汤系数为

$$c_p = A + BT + \frac{12Cp}{T^4}; \quad \mu_J = \frac{4C/T^3}{A + BT + 12Cp/T^4}$$

式中 A、B、C 为常数。试反过来求气体的状态方程。

解 （1）利用比定压热容表达式建立状态方程

$$\left(\frac{\partial c_p}{\partial p}\right)_T = f'(T,p) = \frac{12C}{T^4}$$

根据式（8 - 15），状态方程应为

$$\begin{aligned} v &= \int_{(T)}\int_{(T)} \frac{-f'(T,p)}{T}\mathrm{d}T_p^2 + C_1(p)T + C_2(p) \\ &= \int_{(T)}\int_{(T)} \frac{-12C}{T^5}\mathrm{d}T_p^2 + C_1(p)T + C_2(p) = \int_{(T)} \frac{3C}{T^4}\mathrm{d}T_p + C_1(p)T + C_2(p) \\ &= \frac{-C}{T^3} + C_1(p)T + C_2(p) \end{aligned} \tag{a}$$

或写为

$$pv = C_1(p)Tp + C_2(p)p - \frac{Cp}{T^3} \tag{b}$$

当 $p \to 0$ 时，气体呈理想气体性质，式（b）变为

$$R_g T = C_1(p)Tp + C_2(p)p - \frac{Cp}{T^3} = C_1(p)Tp + C_2(p)p \tag{c}$$

在定压下微分式（c）为

$$R_g \mathrm{d}T_p = C_1(p)p\mathrm{d}T_p$$

所以

$$C_1(p) = \frac{R_g}{p} \tag{d}$$

将式（d）代入式（c）

$$R_g T = \frac{R_g}{p}Tp + C_2(p)p = R_g T + C_2(p)p$$

可见

$$C_2(p) = 0 \tag{e}$$

将式（d）和式（e）代入式（a）即得所求之状态方程

$$v = \frac{R_g T}{p} - \frac{C}{T^3}$$

（2）利用比定压热容和焦—汤系数的表达式建立状态方程。根据式（8 - 17），状态方程应为

$$\begin{aligned} v &= T\int_{(T)} \frac{\mu_J c_p}{T^2}\mathrm{d}T_p + C_1(p)T \\ &= T\int_{(T)} \frac{4C/T^3}{A + BT + 12Cp/T^4}\,\frac{A + BT + 12Cp/T^4}{T^2}\mathrm{d}T_p + C_1(p)T \\ &= T\int_{(T)} \frac{4C}{T^5}\mathrm{d}T_p + C_1(p)T = T\frac{-C}{T^4} + C_1(p)T = C_1(p)T - \frac{C}{T^3} \end{aligned} \tag{f}$$

或写为

$$pv = C_1(p)Tp - \frac{C}{T^3}p$$

当 $p \to 0$ 时，$pv = R_g T$，所以得

$$R_g T = C_1(p)Tp - \frac{C}{T^3}p = C_1(p)Tp$$

从而得

$$C_1(p) = \frac{R_g}{p} \tag{g}$$

将式（g）代入式（f）即得所求之状态方程

$$v = \frac{R_g T}{p} - \frac{C}{T^3}$$

8 - 5　对比状态方程和对应态原理

1. 对比状态方程

由有因次参数表达的状态方程 $F(p,v,T) = 0$，也可以改由无因次参数表达。所谓无因次参数是指两个同因次参量的比值。如：

对比温度

$$T_r = \frac{T}{T_C}$$

对比压力 $$p_{\mathrm{r}}=\frac{p}{p_{\mathrm{C}}}$$

对比比体积 $$v_{\mathrm{r}}=\frac{v}{v_{\mathrm{C}}}$$

压缩因子 $$Z=\frac{pv}{R_{\mathrm{g}}T}$$

… …

由无因次的对比状态参数组成的状态方程称为对比状态方程。任何有因次的状态方程都可以变换为无因次的对比状态方程。例如有因次的范德瓦尔方程［式（8-2）］为

$$\left(p+\frac{a}{v^2}\right)(v-b)=R_{\mathrm{g}}T \tag{a}$$

对该方程曾推得［式（8-3）和式（8-4）］

$$a=\frac{9}{8}R_{\mathrm{g}}T_{\mathrm{C}}v_{\mathrm{C}},\quad b=\frac{v_{\mathrm{C}}}{3},\quad R_{\mathrm{g}}=\frac{8}{3}\frac{p_{\mathrm{C}}v_{\mathrm{C}}}{T_{\mathrm{C}}} \tag{b}$$

将式（b）代入式（a）

$$\left(p+\frac{9}{8}\frac{R_{\mathrm{g}}T_{\mathrm{C}}v_{\mathrm{C}}}{v^2}\right)\left(v-\frac{v_{\mathrm{C}}}{3}\right)=\frac{8}{3}\frac{p_{\mathrm{C}}v_{\mathrm{C}}}{T_{\mathrm{C}}}T$$

全式除以 $p_{\mathrm{C}}v_{\mathrm{C}}$

$$\left(\frac{p}{p_{\mathrm{C}}}+\frac{9}{8}\frac{R_{\mathrm{g}}T_{\mathrm{C}}}{p_{\mathrm{C}}v_{\mathrm{C}}}\frac{v_{\mathrm{C}}^2}{v^2}\right)\left(\frac{v}{v_{\mathrm{C}}}-\frac{1}{3}\right)=\frac{8}{3}\frac{T}{T_{\mathrm{C}}}$$

考虑到 $\frac{R_{\mathrm{g}}T_{\mathrm{C}}}{p_{\mathrm{C}}v_{\mathrm{C}}}=\frac{8}{3}$，该式变为

$$\left(p_r+\frac{3}{v_r^2}\right)\left(v_r-\frac{1}{3}\right)=\frac{8}{3}T_r \tag{8-22}$$

式（8-22）即为范德瓦尔对比状态方程。

也可以用压缩因子 Z 替代对比比体积 v_r 来表达范德瓦尔对比状态方程。

$$Z=\frac{pv}{R_gT}=\frac{p_{\mathrm{r}}p_{\mathrm{C}}\cdot v_{\mathrm{r}}v_{\mathrm{C}}}{R_gT_{\mathrm{r}}T_{\mathrm{C}}}=\frac{p_{\mathrm{r}}v_{\mathrm{r}}}{T_{\mathrm{r}}}Z_{\mathrm{C}} \tag{8-23}$$

对范德瓦尔气体 $\left(Z_{\mathrm{C}}=\frac{3}{8}\right)$，有

$$v_{\mathrm{r}}=\frac{ZT_{\mathrm{r}}}{Z_{\mathrm{C}}p_{\mathrm{r}}}=\frac{8}{3}\frac{ZT_{\mathrm{r}}}{p_{\mathrm{r}}} \tag{8-24}$$

将式（8-24）代入式（8-22）

$$\left[p_{\mathrm{r}}+\frac{3}{\left(\frac{8}{3}\frac{ZT_{\mathrm{r}}}{p_{\mathrm{r}}}\right)^2}\right]\left(\frac{8}{3}\frac{ZT_{\mathrm{r}}}{p_{\mathrm{r}}}-\frac{1}{3}\right)=\frac{8}{3}T_{\mathrm{r}}$$

即 $$p_{\mathrm{r}}\left(1+\frac{27}{64}\frac{p_{\mathrm{r}}}{Z^2T_{\mathrm{r}}^2}\right)Z\left(\frac{8}{3}\frac{T_{\mathrm{r}}}{p_{\mathrm{r}}}-\frac{1}{3Z}\right)\frac{3}{8T_{\mathrm{r}}}=1$$

亦即 $$\left(Z+\frac{27}{64}\frac{p_{\mathrm{r}}}{ZT_{\mathrm{r}}^2}\right)\left(1-\frac{p_{\mathrm{r}}}{8ZT_{\mathrm{r}}}\right)=1 \tag{8-25}$$

式（8-25）为另一种形式（用 Z 替代 v_{r}）的范德瓦尔对比状态方程。

式（8-22）和式（8-25）都是范德瓦尔对比状态方程，式中不包含反映不同物质特性的不同常数（如气体常数、临界参数、修正数等），因而它们是通用的，对任何范德瓦尔气

体都适用。但是，如果用范德瓦尔对比状态方程来计算实际气体的性质，误差将是很大的，因为该方程中不合实际地认为所有物质的临界压缩因子 Z_C 都等于 0.375，而实际上所有物质的临界压缩因子都远小于此值。

理想气体的对比状态方程最简单：$Z=1$。

本书作者在范德瓦尔方程基础上进一步考虑了实际气体分子的缔合现象以及温度对分子体积和分子引力的影响，提出了两个对比状态方程：实际气体通用状态方程[1]和饱和蒸汽通用状态方程[2]。

实际气体通用状态方程：

$$p_r=\frac{8}{3}\left[\frac{T_r}{\dfrac{v_r}{A}-\dfrac{\delta}{3}}-\frac{9/8}{T_r{}^{\lambda}\left(\dfrac{v_r}{A}\right)^2}\right] \tag{8-26}$$

式中，$A=\dfrac{3}{8Z_C}\left[1-\dfrac{\left(1-\dfrac{\delta}{3}\right)\left(1-\dfrac{8}{3}Z_C\right)}{\left(v_r-\dfrac{\delta}{3}\right)T_r{}^{n}e^{(1-1/T_r)}}\right]$

$$\delta=\sqrt{\frac{0.5+\sqrt{0.25+0.375}}{0.5+\sqrt{0.25+0.375T_r}}}$$

$$\lambda=\frac{\ln\dfrac{27}{8}-\ln\sqrt{\dfrac{0.5+\sqrt{0.25+0.375}}{0.5+\sqrt{0.25+0.375\dfrac{T_B}{T_C}}}}}{\ln\dfrac{T_B}{T_C}}-1$$ （T_B 为波义尔温度）

$n=1.5$（单原子气体）；$n=2.5$（双原子气体）；$n=3$（多原子气体）。

饱和蒸气通用状态方程：

$$p_r=\frac{8}{3}\left[\frac{T_r}{\dfrac{v_r}{A}-\dfrac{1}{3}}-\frac{9/8}{T_r{}^{\lambda}\left(\dfrac{v_r}{A}\right)^2}\right] \tag{8-27}$$

式中，$A=\dfrac{B(3v_rC+1)-\sqrt{B^2(3v_rC-1)^2+12v_rB(1-C)}}{2(BC+C-1)}$

$$B=\frac{1}{2}T_r{}^{n}e^{(1-1/T_r)}$$

$$C=\frac{8}{3}Z_C$$

$$\lambda=\frac{\ln\dfrac{27}{8}}{\ln\dfrac{T_B}{T_C}}-1$$

$n=1.5$（单原子气体）；$n=2$（双原子气体）；$n=2.25$（多原子气体）。

以上两个状态方程均具有物理概念清晰、精确度高（误差小于 1%）、适用的气体种类

---

[1] 严家騄. 一个新的实际气体通用状态方程. 哈尔滨工业大学学报，1980 (4)：63-80.

[2] 严家騄. 饱和蒸气通用状态方程（多重复合分子模型）. 工程热物理学报，1981 (2)：99-105.

多和参数范围广的特点。

2. 对应态原理

虽然范德瓦尔对比状态方程不适合用于实际气体性质的计算，但它却提供了一个很好的启示：所有的范德瓦尔气体（范德瓦尔气体其实也是一类假想的气体）都可以用同一个包含三个对比参数（T_r、p_r、v_r 或 T_r、p_r、Z）的对比状态方程表达它们的性质。那么对所有的范德瓦尔气体，只要有两个对比参数相同，第三个对比参数也就必定相同。

所有的范德瓦尔气体是热力学相似的，它们在 $T_r-p_r-v_r$ 或 T_r-p_r-Z 三维坐标系中的热力学面是同一的，该热力学面上任何一点代表着所有范德瓦尔气体的一个相应的状态。事实上，任何一组热力学相似的气体（它们可以具有不同于范德瓦尔气体的对比状态方程），在 $T_r-p_r-v_r$ 或 T_r-p_r-Z 三维坐标系中都具有同一的热力学面，该热力学面上任何一点代表这组热力学相似气体的一个对应状态。因此，可以得出这样一个普遍的推论：对热力学相似的流体［它们具有相同的对比状态方程 $F(T_r, p_r, v_r)=0$ 或 $f(T_r, p_r, Z)=0$］，在三个对比参数中，如果有两个相同，那么第三个也必定相同——这就是对应态原理（热力学相似原理）。这时，具有相同对比参数的热力学相似的流体处于对应状态下。

8-6　通用的压缩因子图、对比余焓图和对比余熵图

1. 通用压缩因子图

范德瓦尔气体是热力学相似的，但实际气体偏离范德瓦尔气体较远，那么实际气体是否也存在热力学相似的现象呢？图 8-6 画出了根据若干种气体的 p、v、T 实验数据整理出来的各状态点在 $Z-p_r$ 坐标系中定对比温度线上的实际位置。从该图可以看出，这些性质差异较大的物质，基本上遵守对应态原理（当 T_r、p_r 相同时，Z 值也基本相同）。

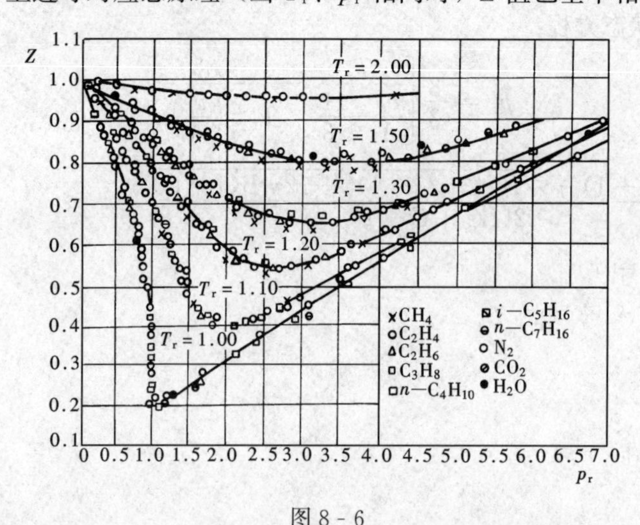

图 8-6

从式（8-23）可知 $Z=\dfrac{p_r v_r}{T_r}Z_C$，而 v_r 是 T_r 和 p_r 的函数［$v_r=v_r(T_r, p_r)$］，所以

$$Z=Z(T_r, p_r, Z_C) \tag{8-28}$$

对具有相同 Z_C 值的气体，则

$$Z=f(T_r, p_r) \tag{8-29}$$

式（8 - 28）和式（8 - 29）表明，具有相同临界压缩因子值的流体是一组热力学相似的流体，具有相同的对比状态方程；不同 Z_C 值的流体具有不同的对比状态方程。由于大多数流体的临界压缩因子比较接近 0.27，因此，如能得到一个 $Z_C=0.27$ 的对比状态方程，将能表达一大批热力学相似的气体的性质。但是要想获得一个在较大参数范围内适用的对比状态方程并非易事，因而只好通过很多 $Z_C\approx0.27$ 的物质的大量实验数据在 $Z-p_r$ 坐标系中画出定对比温度线簇，以此来代替对比状态方程，这就形成了图 8 - 7 所示的通用压缩因子图。通用压缩因子图就是图示的对比状态方程。

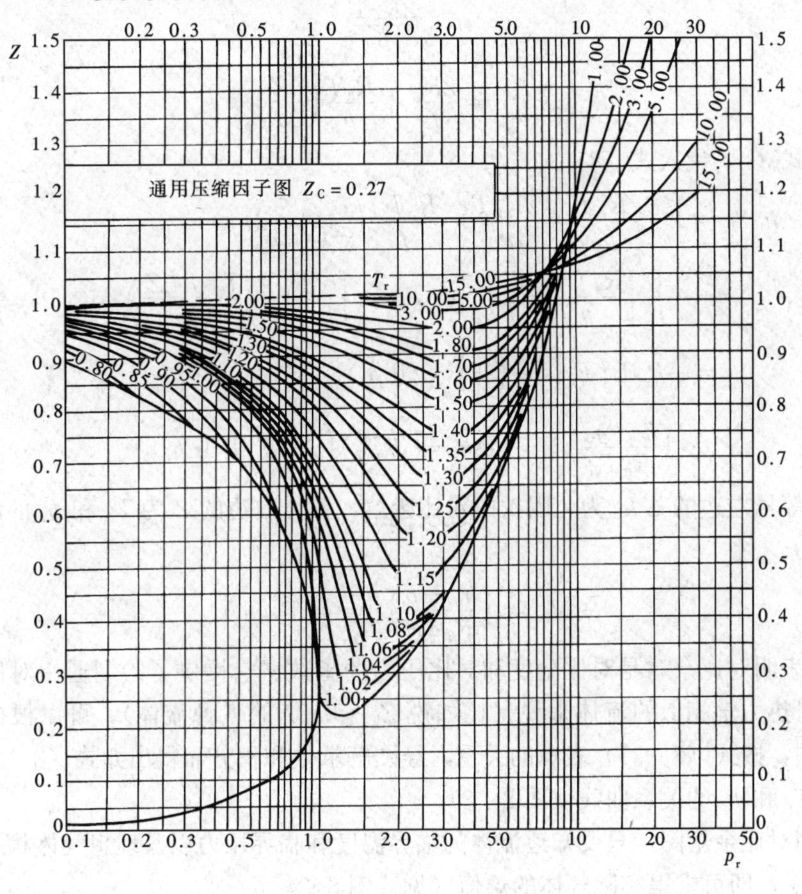

图 8 - 7

从图 8 - 6 及图 8 - 7 可以看出：所有定对比温度线在 $p_r\rightarrow0$ 时都将集中到 $Z=1$ 处，这是因为任何气体，在极低压力下，其性质都趋于理想气体。

对一些 Z_C 值离 0.27 较远的流体，也可以绘制其他 Z_C 值（如 $Z_C=0.29$，$Z_C=0.25$，…）的通用压缩因子图，但那些图用得较少。

通用压缩因子图的用途是为那些缺乏专用状态方程和专用图表的流体提供计算 p、v、T 关系的依据（见［例 8 - 4］）。

2. 通用对比余焓图

以 T、p 为独立变量的焓的微分方程［式（7 - 32）］为

$$dh=c_p dT-\left[T\left(\frac{\partial v}{\partial T}\right)_p-v\right]dp$$

在定温下积分

$$\int_{h_0}^{h} \mathrm{d}h_T = -\int_0^p \left[T\left(\frac{\partial v}{\partial T}\right)_p - v\right]\mathrm{d}p_T$$

即

$$(h-h_0)_T = \int_0^p \left[v - T\left(\frac{\partial v}{\partial T}\right)_p\right]\mathrm{d}p_T \tag{8-30}$$

式中 h_0——零压下（即理想气体状态下）气体的焓，h_0 仅仅是温度的函数。

用压缩因子代替比体积

$$v = \frac{ZR_gT}{p} \tag{a}$$

$$\left(\frac{\partial v}{\partial T}\right)_p = \frac{ZR_g}{p} + \frac{R_gT}{p}\left(\frac{\partial Z}{\partial T}\right)_p \tag{b}$$

将式（a）和式（b）代入式（8-30）

$$\begin{aligned}(h-h_0)_T &= \int_0^p \left[\frac{ZR_gT}{p} - \frac{ZR_gT}{p} - \frac{R_gT^2}{p}\left(\frac{\partial Z}{\partial T}\right)_p\right]\mathrm{d}p_T \\ &= -\int_0^p \left[\frac{R_gT^2}{p}\left(\frac{\partial Z}{\partial T}\right)_p\right]\mathrm{d}p_T = -\int_0^{p_r} \frac{R_gT_r^2T_C^2}{p_rp_C}\left(\frac{\partial Z}{\partial T_r}\right)_{p_r}\mathrm{d}(p_r)_{T_r}\frac{p_C}{T_C} \\ &= -R_gT_r^2T_C\int_0^{p_r}\left(\frac{\partial Z}{\partial T_r}\right)_{p_r}\mathrm{d}(\ln p_r)_{T_r}\end{aligned}$$

或写为

$$-\left(\frac{h-h_0}{R_gT_C}\right)_T = -\Delta h_r = T_r^2\int_0^{p_r}\left(\frac{\partial Z}{\partial T_r}\right)_{p_r}\mathrm{d}(\ln p_r)_{T_r} \tag{8-31}$$

式（8-31）等号左边的 Δh_r 为无因次的对比余焓，等号右边的 Z 为 T_r 和 p_r 的函数，所以该式又可写为

$$-\Delta h_r = \left(\frac{h_0-h}{R_gT_C}\right)_T = \varphi(T_r, p_r) \tag{8-32}$$

式（8-32）表明对比余焓是对比温度和对比压力的函数。它提供了绘制通用对比余焓图的理论依据。对热力学相似的流体来说（比如说 $Z_C \approx 0.27$ 的各种流体），可以根据已有的通用压缩因子图，按式（8-31）表示的关系，经图解求导和积分而得出如式（8-32）所示的对比余焓与 T_r 和 p_r 的关系曲线（图 8-8）。

有了通用对比余焓图，只要知道流体的临界温度和临界压力以及理想气体状态下相同温度时的焓（h_0），即可求得实际气体的焓值（见［例 8-4］）。

3. 通用对比余熵图

以 T、p 为独立变量的熵的微分方程［式（7—26）］为

$$\mathrm{d}s = \frac{c_p}{T}\mathrm{d}T - \left(\frac{\partial v}{\partial T}\right)_p\mathrm{d}p$$

在定温下积分：

$$\int_{s_0}^{s_p}\mathrm{d}s_T = -\int_0^p\left(\frac{\partial v}{\partial T}\right)_p\mathrm{d}p_T$$

即

$$(s_p - s_0)_T = -\int_0^p\left(\frac{\partial v}{\partial T}\right)_p\mathrm{d}p_T \tag{c}$$

式（c）表达了实际气体当温度不变时熵随压力的变化。

理想气体的熵不像理想气体的焓那样只是温度的函数，而是和温度及压力都有关系。理想气体在定温下，熵随压力的变化关系如下［见式（3-62）］：

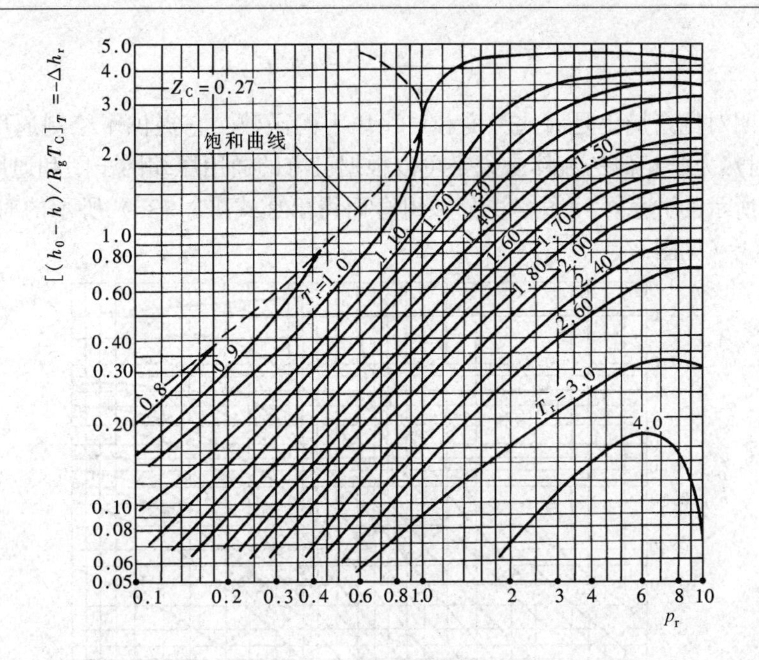

图 8 - 8

$$(s_{0,p}-s_{0,0})_T=-\int_0^p \frac{R_g}{p}\mathrm{d}p_T \tag{d}$$

式（c）中的 s_0 表示温度为 T、$p\to 0$ 时，实际气体趋于理想气体时的熵；式（d）中的 $s_{0,0}$ 表示温度为 T、$p\to 0$ 时，理想气体的熵。显然，两者是相等的。

式（c）减式（d）

$$(s_p-s_{0,p})_T=-\int_0^p\left[\left(\frac{\partial v}{\partial T}\right)_p-\frac{R_g}{p}\right]\mathrm{d}p_T \tag{e}$$

将式（b）代入式（e）

$$\begin{aligned}(s_p-s_{0,p})_T&=-\int_0^p\left[\frac{ZR_g}{p}+\frac{R_gT}{p}\left(\frac{\partial Z}{\partial T}\right)_p-\frac{R_g}{p}\right]\mathrm{d}p_T\\&=-R_g\int_0^p\left[\frac{Z-1}{p}+\frac{T}{p}\left(\frac{\partial Z}{\partial T}\right)_p\right]\mathrm{d}p_T\\&=-R_g\int_0^{p_r}\left[\frac{Z-1}{p_rp_C}+\frac{T_rT_C}{p_rp_CT_C}\left(\frac{\partial Z}{\partial T_r}\right)_{p_r}\right]\mathrm{d}(p_r)_{T_r}p_C\\&=-R_g\int_0^{p_r}(Z-1)\mathrm{d}(\ln p_r)_{T_r}-R_gT_r\int_0^{p_r}\left(\frac{\partial Z}{\partial T_r}\right)_{p_r}\mathrm{d}(\ln p_r)_{T_r}\end{aligned}$$

或写为

$$-\left(\frac{s-s_0}{R_g}\right)_{p,T}=-\Delta s_r=\int_0^{p_r}(Z-1)\mathrm{d}(\ln p_r)_{T_r}+T_r\int_0^{p_r}\left(\frac{\partial Z}{\partial T_r}\right)_{p_r}\mathrm{d}(\ln p_r)_{T_r} \tag{8-33}$$

式（8 - 33）等号左边的 Δs_r 为无因次的对比余熵。考虑到式（8 - 31）已建立的关系，式（8 - 33）又可写为

$$-\Delta s_r=\left(\frac{s_0-s}{R_g}\right)_{p,T}=\int_0^{p_r}(Z-1)\mathrm{d}(\ln p_r)_{T_r}+\frac{1}{T_r}\left(\frac{h_0-h}{R_gT_C}\right)_T \tag{8-34}$$

已经知道 $Z=f(T_r,p_r)$；$\left(\frac{h-h_0}{R_gT_C}\right)_T=\varphi(T_r,p_r)$［式（8 - 32）］，因此式（8 - 34）又可写为

$$-\Delta s_{\mathrm{r}}=\left(\frac{s_0-s}{R_{\mathrm{g}}}\right)_{p,T}=\psi(T_{\mathrm{r}},p_{\mathrm{r}}) \tag{8-35}$$

式（8 - 35）表明对比余熵也是对比温度和对比压力的函数。它提供了绘制通用对比余熵图的理论依据。对热力学相似的流体来说，可以根据已有的通用压缩因子图和通用对比余焓图按式（8 - 34）所示的关系，经图解积分和组合而得出如式（8 - 35）所示的对比余熵与 T_{r} 和 p_{r} 关系的曲线（见图 8 - 9）。

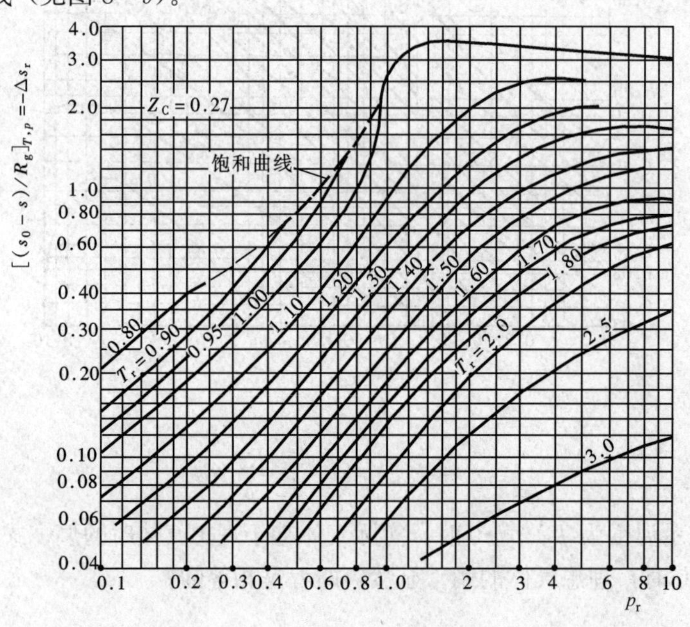

图 8 - 9

有了通用对比余熵图，只要知道流体的临界温度和临界压力，以及相同温度和相同压力下理想气体的熵（s_0），即可求得实际气体的熵（见［例 8 - 4］）。

以上所有通用线图之所以通用，其基本依据是流体物性的热力学相似。通用线图是对比状态方程、对比焓方程和对比熵方程的不得已的替代物。因为由实验数据综合得出的曲线形状复杂，很难由一个总的数学关系式表达出来，因此就直接用图中曲线表示。

【例 8 - 4】 试利用实际气体的通用线图计算二氧化碳在 $T=450\mathrm{K}$、$p=15\mathrm{MPa}$ 时的比体积、比焓和比熵。设定标准状况（273.15K、0.101 325MPa）下 CO_2 的比焓和比熵为零。

解 由表 8 - 1 查得 CO_2 的临界参数为 $T_{\mathrm{C}}=304.2\mathrm{K}$；$p_{\mathrm{C}}=7.376\mathrm{MPa}$；
由附表 1 查得 CO_2 的气体常数为 $R_{\mathrm{g}}=0.188\,92\mathrm{kJ/(kg\cdot K)}$；
由附表 2 查得 CO_2 在理想气体状态下的比定压热容为

$$\{c_{p0}\}_{\mathrm{kJ/(kg\cdot K)}}=0.505\,8+1.359\,0\times10^{-3}\{T\}_{\mathrm{K}}-0.795\,5\times10^{-6}\{T\}_{\mathrm{K}}^2+0.169\,7\times10^{-9}\{T\}_{\mathrm{K}}^3$$

CO_2 所处状态的对比参数为

$$T_{\mathrm{r}}=\frac{T}{T_{\mathrm{C}}}=\frac{450\mathrm{K}}{304.2\mathrm{K}}=1.479;\ p_{\mathrm{r}}=\frac{p}{p_{\mathrm{C}}}=\frac{15\mathrm{MPa}}{7.376\mathrm{MPa}}=2.034$$

查通用压缩因子图（见图 8 - 7），当 $T_{\mathrm{r}}=1.479$；$p_{\mathrm{r}}=2.034$ 时，$Z=0.845$，所以 CO_2 的比体积

$$v=\frac{ZR_{\mathrm{g}}T}{p}=\frac{0.845\times0.188\,92\times10^3\mathrm{J/(kg\cdot K)}\times450\mathrm{K}}{15\times10^6\mathrm{Pa}}=0.004\,79\mathrm{m^3/kg}$$

（若按理想气体计算，则

$$v=\frac{R_{\mathrm{g}}T}{p}=\frac{0.188\,92\times10^3\mathrm{J/(kg\cdot K)}\times450\mathrm{K}}{15\times10^6\mathrm{Pa}}=0.005\,67\mathrm{m^3/kg}$$

查通用对比余焓图（见图8-8），当 $T_r=1.479$；$p_r=2.034$ 时，对比余焓的负值为

$$-\Delta h_r=\frac{h_0-h}{R_g T_C}=1.05$$

$T=450\text{K}$ 时，CO_2 在理想气体状态下的比焓为

$$h_0=\int_{273.15\text{K}}^{450\text{K}} c_{p0}\text{d}T=\Big\{0.5058(450-273.15)+1.3590\times10^{-3}\times\frac{1}{2}(450^2-273.15^2)-0.7955\times10^{-6}\times\frac{1}{3}(450^3-273.15^3)+0.1697\times10^{-9}\times\frac{1}{4}(450^4-273.15^4)\Big\}\text{kJ/kg}=153.80\text{kJ/kg}$$

所以 CO_2 的比焓为

$$h=h_0+\Delta h_r R_g T_C=153.80\text{kJ/kg}-1.05\times0.18892\text{kJ/(kg}\cdot\text{K)}\times304.2\text{K}=93.46\text{kJ/kg}$$

(若按理想气体计算，则 $h=h_0=153.80\text{kJ/kg}$)

再查通用对比余熵图（见图8-9），当 $T_r=1.479$、$p_r=2.034$ 时

$$-\Delta s_r=\frac{s_0-s}{R_g}=0.58$$

$T=450\text{K}$，$p=15\text{MPa}$ 时，理想气体的比熵为［见式（3-62）］

$$s_0=\int_{273.15\text{K}}^{450\text{K}}\frac{c_{p0}}{T}\text{d}T-R_g\ln\frac{15\text{MPa}}{0.101325\text{MPa}}$$

$$=\Big\{0.5058\ln\frac{450}{273.15}+1.3590\times10^{-3}(450-273.15)-0.7955\times10^{-6}\times\frac{1}{2}(450^2-273.15^2)+0.1697\times10^{-9}\times\frac{1}{3}(450^3-273.15^3)\Big\}\text{kJ/(kg}\cdot\text{K)}-0.18892\text{kJ/(kg}\cdot\text{K)}\ln\frac{15\text{MPa}}{0.101325\text{MPa}}=-0.9941\text{kJ/(kg}\cdot\text{K)}$$

所以 CO_2 的比熵为

$$s=s_0+\Delta s_r R_g=-0.9941\text{kJ/(kg}\cdot\text{K)}-0.58\times0.18892\text{kJ/(kg}\cdot\text{K)}=-1.1037\text{kJ/(kg}\cdot\text{K)}$$

[若按理想气体计算，则 $s=s_0=-0.9941\text{kJ/(kg}\cdot\text{K)}$]

【例8-5】 试计算水蒸气在保持500℃的温度下，压力由30MPa降至0.1MPa时比体积、比焓和比熵的变化。已知水蒸气 $T_C=647.14\text{K}$，$p_C=22.064\text{MPa}$，$R_g=0.4615\text{kJ/(kg}\cdot\text{K)}$。

解

$$T_r=\frac{T}{T_C}=\frac{(500+273.15)\ \text{K}}{647.14\text{K}}=1.1947$$

$$p_{r1}=\frac{p_1}{p_C}=\frac{30\text{MPa}}{22.064\text{MPa}}=1.3597$$

$$p_{r2}=\frac{p_2}{p_C}=\frac{0.1\text{MPa}}{22.064\text{MPa}}=0.004532$$

查图8-7，当 $T_r=1.1947$，$p_{r1}=1.3597$ 时，$Z_1=0.70$；

当 $T_r=1.1947$，$p_{r2}=0.004532$ 时，$Z_2\approx1$（高温、低压下趋于理想气体）

所以水蒸气比体积的变化

$$v_2-v_1=\Big(\frac{Z_2}{p_2}-\frac{Z_1}{p_1}\Big)R_g T=\Big(\frac{1}{0.1\times10^6\text{Pa}}-\frac{0.7}{30\times10^6\text{Pa}}\Big)\times461.5\text{J/(kg}\cdot\text{K)}\times(500+273.15)\text{K}=3.5598\text{m}^3/\text{kg}$$

[查水蒸气表（附表8）得 $v_2-v_1=3.5656\text{m}^3/\text{kg}-0.0086761\text{m}^3/\text{kg}=3.5569\text{m}^3/\text{kg}$]。

查图8-8，当 $T_r=1.1947$，$p_{r1}=1.3597$ 时，$-\Delta h_{r1}=1.3$；

当 $T_r=1.194\,7$，$p_{r2}=0.004\,532$时，$-\Delta h_{r2}\approx 0$（高温、低压下趋于理想气体，$\Delta h_r\approx 0$）
所以水蒸气比焓的变化

$$h_2-h_1=(h_{02}+\Delta h_{r2}R_gT_C)-(h_{01}+\Delta h_{r1}R_gT_C)=(h_{02}-h_{01})+(\Delta h_{r2}-\Delta h_{r1})R_gT_C$$

理想气体在相同温度下比焓相等 $h_{02}=h_{01}$，所以

$$h_2-h_1=-\Delta h_{r1}R_gT_C=1.3\times 0.461\,5\text{kJ/(kg}\cdot\text{K)}\times 647.14\text{K}=388.3\text{kJ/kg}$$

[查水蒸气表（附表8）得　$h_2-h_1=3486.5\text{kJ/kg}-3083.3\text{kJ/kg}=403.2\text{kJ/kg}$]。

查图8-9，当 $T_r=1.194\,7$，$p_{r1}=1.359\,7$时，$-\Delta s_{r1}=0.85$；
当 $T_r=1.194\,7$，$p_{r2}=0.004\,532$时，$-\Delta s_{r2}\approx 0$（高温、低压下趋于理想气体，$\Delta s_r\approx 0$）

所以水蒸气比熵的变化

$$\begin{aligned}s_2-s_1&=(s_{02}+\Delta s_{r2}R_g)-(s_{01}+\Delta s_{r1}R_g)=(s_{02}-s_{01})+(\Delta s_{r2}-\Delta s_{r1})R_g\\&=-R_g\ln\frac{p_2}{p_1}-\Delta s_{r1}R_g=-0.461\,5\text{kJ/(kg}\cdot\text{K)}\ln\frac{0.1\text{MPa}}{30\text{MPa}}+0.85\times 0.461\,5\text{kJ/(kg}\cdot\text{K)}\\&=3.024\,6\text{kJ/(kg}\cdot\text{K)}\end{aligned}$$

[查水蒸气表（附表8）得

$$s_2-s_1=8.831\,7\text{kJ/(kg}\cdot\text{K)}-5.793\,4\text{kJ/(kg}\cdot\text{K)}=3.038\,3\text{kJ/(kg}\cdot\text{K)}$$]。

由本例计算结果可见，即使水蒸气的临界压缩因子（$Z_C=0.229$）离0.27较远，但利用 $Z_C=0.27$ 的实际气体通用线图计算，仍然获得了较为满意的结果。

思考题

1. 物质的临界状态究竟是怎样一种状态？

2. 在超临界压力下加热液体，使之从较低的温度达到较高的温度并变为气体，这一变化过程是如何完成的？

3. 在 $p-T$ 图中，一般物质的气化线、升华线和熔解线的斜率均为正值，但冰的熔解线的斜率却为负值（见图8-1）。能否用克劳修斯—克拉贝隆方程解释这一现象？

4. 对应态原理和通用压缩因子图、通用对比余焓图、通用对比余熵图适用于什么样的情况？

5. 实际气体在低压下 $Z<1$，而在高压下 $Z>1$（见图8-7），能否解释为什么？

习　题

8-1　试证明在低压下克劳修斯—克拉贝隆方程可简化为

$$\frac{\mathrm{d}p_s}{\mathrm{d}T_s}=\frac{rp_s}{R_gT_s^2}$$

8-2　狄特里西（Dieterici）方程为　$p=\dfrac{R_gT}{v-b}\mathrm{e}^{-a/(R_gTv)}$（式中修正数 a、b 为常数）。试导出 a、b 与临界参数之间的关系，并证明临界压缩因子的值 $Z_C=\dfrac{2}{\mathrm{e}^2}=0.270\,7$。

8-3　试导出范德瓦尔气体在可逆定温过程中比体积由 v_1 变为 v_2 时，膨胀功和技术功的计算式。

*8-4　雷特里奇—邝方程为　$p=\dfrac{R_gT}{v-b}-\dfrac{a}{T^{0.5}v(v+b)}$（式中修正数 a、b 为常数）。试证明

$$a=\frac{1}{9(\sqrt[3]{2}-1)}\frac{R_g^2T_C^{2.5}}{p_C}=0.427\,48\frac{R_g^2T_C^{2.5}}{p_C}$$

$$b=\frac{1}{3}(\sqrt[3]{2}-1)\frac{R_gT_C}{p_C}=0.086\,64\frac{R_gT_C}{p_C}$$

$$Z_{C}=\frac{1}{3}$$

*8-5　范德瓦尔气体其转回曲线（$\mu_{J}=0$）如图8-10所示。试证明其最高转回温度、最低转回温度和最高转回压力为 $T_{H}=6.75T_{C}$，$T_{L}=0.75T_{C}$，$T_{M}=3T_{C}$，$p_{M}=9p_{C}$。

8-6　一容积为100L（升）的氧气瓶中装有高压氧气，已测得其表压力为10MPa（大气压力为0.1MPa），当时室温为20℃。试按下列方法计算所装氧气的质量：

(1) 认为氧气是理想气体；

(2) 认为氧气是范德瓦尔气体（修正数 a、b 可从表8-3查得）；

(3) 利用通用压缩因子图（见图8-7）计算（临界参数可从表8-1查得）。

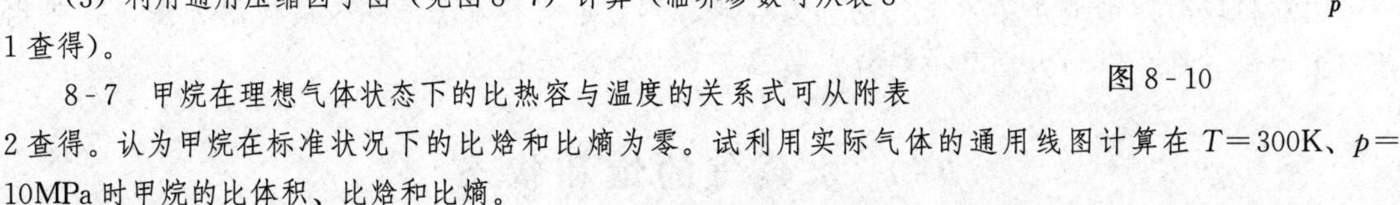

图8-10

8-7　甲烷在理想气体状态下的比热容与温度的关系式可从附表2查得。认为甲烷在标准状况下的比焓和比熵为零。试利用实际气体的通用线图计算在 $T=300$K、$p=10$MPa时甲烷的比体积、比焓和比熵。

8-8　接题8-7。如果甲烷从300K、10MPa定压加热到400K，试利用通用对比余焓图（图8-8）计算每千克甲烷吸收的热量。

8-9　二氧化碳从200℃和15MPa的初状态定温膨胀到3MPa。试利用通用对比余焓图和通用对比余熵图计算该过程中比焓和比熵的变化以及吸收的热量。

第9章　水蒸气性质和蒸汽动力循环

［**本章导读**］蒸汽动力装置是主要的电力生产设备，一般都以水蒸气作为工质。水蒸气的性质比较复杂，而且还常涉及相变（汽化或液化），不能像对待空气或燃气那样按理想气体进行分析、计算。通常的做法是由专业人员汇集、整理水蒸气各种热力性质的实验数据，编制成专用的图表或相应的计算软件，以便查用或运算。

本章将较为详细地介绍水蒸气的热力性质、热力过程和水蒸气图表的使用方法，并在此基础上讨论各种蒸汽动力循环的特点及提高循环热效率的途径。

9-1　水蒸气的饱和状态

在热力工程中，水蒸气的应用非常广泛。蒸汽轮机以及很多换热器都采用水蒸气做工作物质。另外，不少工业部门的生产过程也常用到水蒸气。

工业和生活用的水蒸气都由水在蒸汽锅炉中汽化而产生。这种水蒸气通常离凝结温度不远，有时还和水同时并存。这种汽—液平衡共存的状态也就是饱和状态。饱和状态有它的特殊性，在8-1节中已经涉及，在这里对水蒸气的饱和状态进行进一步讨论。

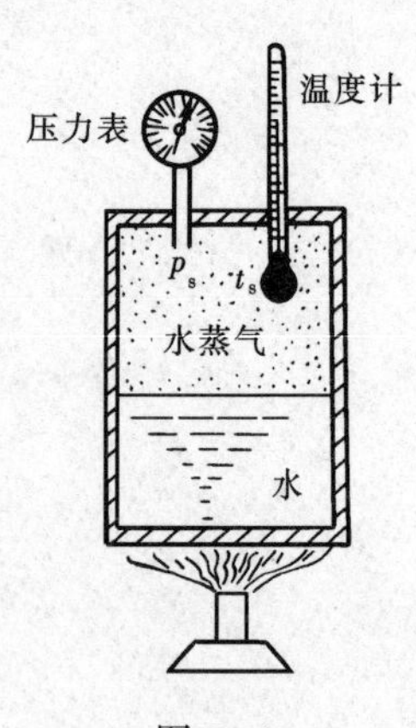

图9-1

假定有一容器（见图9-1），灌进一定量的水（不装满），然后设法将留在容器中水面上方的空气抽出，并将容器封闭。空气抽出后，水面上方不可能是真空状态，而是充满了水蒸气（由水汽化而来）。水蒸气的分子处于紊乱的热运动中，它们相互碰撞，和容器壁碰撞，也和水面碰撞。在和水面碰撞时，有的仍然返回到蒸汽空间，有的就进入水面变成水的分子。水蒸气的压力越高，密度越大，水蒸气分子与水面碰撞越频繁，在单位时间内进入水面变成水分子的水蒸气分子数也越多。

另外，容器中水的分子也在作不停息的热运动。水面附近动能较大的分子有可能挣脱其他分子的引力离开水面变成水蒸气的分子。水的温度越高，分子运动越剧烈，在单位时间内脱离水面变成水蒸气的水分子数也就越多。

在一定的温度下，水蒸气的压力总会自动稳定在一定的数值上。这时进入水面和脱离水面的分子数相等，水蒸气和水处于平衡状态，也就是饱和状态。饱和状态下的水称为饱和水；饱和状态下的水蒸气称为饱和水蒸气；饱和蒸汽的压力称为饱和压力 p_s；与此相应的饱和蒸汽（或饱和液体）的温度称为饱和温度 t_s（或 T_s）。

改变饱和温度，饱和压力也会起相应的变化。一定的饱和温度总是对应着一定的饱和压力；一定的饱和压力也总是对应着一定的饱和温度。饱和温度愈高，饱和压力也愈高。由实验可以测出饱和温度与饱和压力的关系，如图9-2中曲线 AC 所示。

当温度超过 t_c 时，液相不可能存在，而只可能是气相[1]。t_c 称为临界温度。与临界温度相对应的饱和压力 p_c 称为临界压力。所以，临界温度是最高的饱和温度；临界压力是最高的饱和压力。

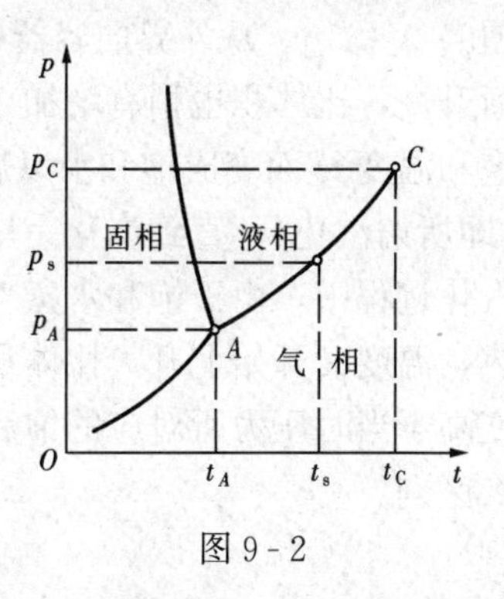

图 9-2

水（或水蒸气）的临界参数值为[2]

$$T_c = 647.14\text{K}\ (373.99℃)$$

$$p_c = 22.064\text{MPa}$$

$$v_c = 0.003\,106\text{m}^3/\text{kg}$$

当压力低于一定数值 p_A 时，液相也不可能存在，而只可能是气相或固相。p_A 称为三相点压力。与三相点压力相对应的饱和温度 t_A 称为三相点温度。所以，三相点压力是最低的汽—液两相平衡的饱和压力；三相点温度是最低的汽—液两相平衡的饱和温度。

水的三相点温度和三相点压力为[3]

$$T_A = 273.16\text{K}\ (0.01℃)$$

$$p_A = 0.000\,611\,659\text{MPa}$$

水蒸气的饱和温度与饱和压力的对应关系可以查饱和水蒸气表（见附表 6 和附表 7），也可以根据经验公式计算。粗略的经验公式如

$$p_s = \left(\frac{t_s}{100}\right)^4 \tag{9-1}$$

式中，p_s 单位为 atm；t_s 单位为℃。该式只能用于 100℃附近。

作者提供一个精确的水蒸气饱和蒸汽压计算式，用该式计算，从三相点到临界点，其结果全部符合 1985 年国际水蒸气性质骨架表中规定的允差要求。

$$p_s = p_c \exp\left[f\left(\frac{T_s}{T_c}\right)\left(1-\frac{T_c}{T_s}\right)\right]$$

其中

$$f\left(\frac{T_s}{T_c}\right) = 7.214\,8 + 3.956\,4\left(0.745-\frac{T_s}{T_c}\right)^2 + 1.348\,7\left(0.745-\frac{T_s}{T_c}\right)^{3.177\,8} \quad (\text{当 } T_A < T_s < 482K)$$

$$f\left(\frac{T_s}{T_c}\right) = 7.214\,8 + 4.546\,1\left(\frac{T_s}{T_c}-0.745\right)^2 + 307.53\left(\frac{T_s}{T_c}-0.745\right)^{5.347\,5} \quad (\text{当 } 482K < T_s < T_c) \tag{9-2}$$

9-2 水蒸气的产生过程

蒸汽锅炉产生水蒸气时，压力变化一般都不大，所以水蒸气的产生过程接近于一个定压加热过程。

我们来考察水在定压加热时的变化情况。将 1kg、0℃的水装在带有活塞的容器中［见

[1] 这是一般的看法。实际上在超临界压力下存在着高于临界温度的液相。

[2] 这些数值为 1985 年第十届国际水蒸气性质大会所推荐采用。

[3] 这些数值为 1985 年第十届国际水蒸气性质大会所推荐采用。

图9-3（a)]。从外界向容器中加热，同时保持容器内的压力为 p 不变。起初，水的温度逐渐升高，比体积也稍有增加（见图 9-4、图 9-5 中过程 $a \to b$）。但当温度升高到相应于 p 的饱和温度 t_s 而变成饱和水以后［见图 9-3（b)]，继续加热，饱和水便逐渐变成饱和水蒸气（即所谓汽化)，直到汽化完毕。在整个汽化过程中，温度始终保持为饱和温度 t_s 不变。在汽化过程中，由于饱和水蒸气的量不断增加，比体积一般增大很多（过程 $b \to d$）。再继续加热，温度又开始上升，比体积继续增大（过程 $d \to e$），饱和水蒸气变成了过热水蒸气（即温度高于当时压力所对应的饱和温度的水蒸气）。过程 $d \to e$ 和一般气体的定压加热过程没有什么区别。

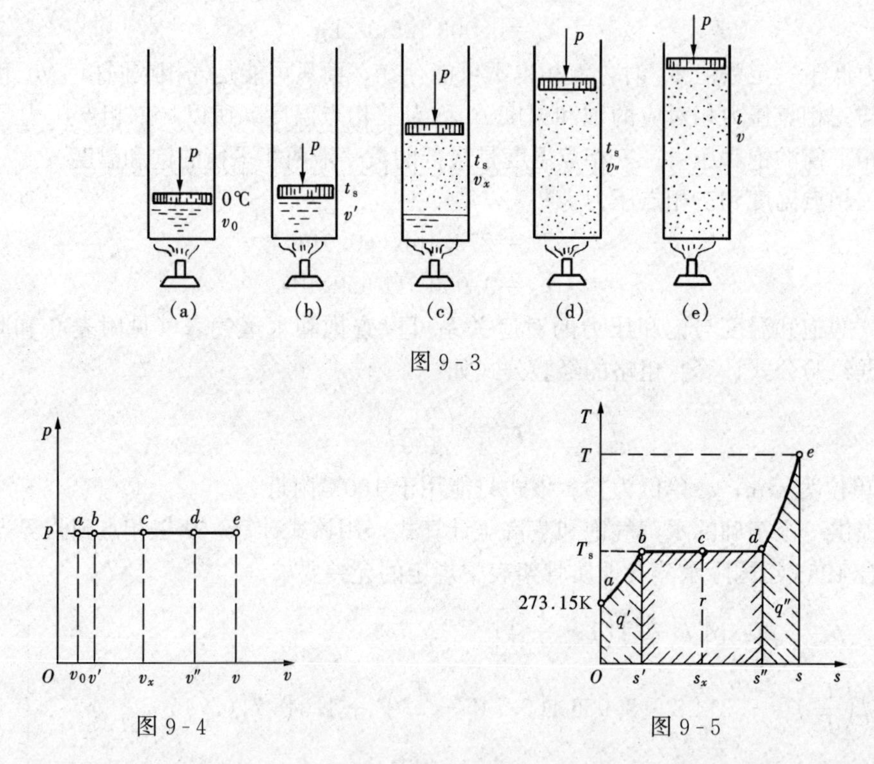

图 9-3

图 9-4

图 9-5

如上所述，水蒸气的产生过程一般分为三个阶段：水的定压预热过程（从不饱和水到饱和水为止）；饱和水的定压汽化过程（从饱和水到完全变为饱和水蒸气为止）[1]；水蒸气的定压过热过程（从饱和水蒸气到任意温度的过热水蒸气）。下面分别讨论这三个阶段。

1. 水的定压预热过程

将 1kg、0℃的水定压加热到该压力 p 下的饱和温度 t_s 所需加入的热量 q' 称为水的液体热（见图 9-5 中过程 $a \to b$）。液体热可以通过比热容和温度变化的乘积计算出来：

$$q' = \int_0^{t_s} c'_p \mathrm{d}t \tag{9-3}$$

式中 c'_p——压力为 p 时水的比定压热容，它随温度而变。

---

[1] 水在超临界压力（$p > p_c = 22.064\text{MPa}$）下定压加热，就不再有汽化过程，而且预热过程和过热过程也很难截然分开。

水在定压预热过程中（或在不做技术功的流动过程中）所吸收的热量 q' 也等于焓的增量［见式（3-80）或式（3-132）］：

$$q' = h' - h_0 \tag{9-4}$$

式中　h'——压力为 p 时饱和水的焓；

h_0——压力为 p、温度为 0℃时水的焓。

从式（9-4）可得饱和水的焓为

$$h' = h_0 + q' \tag{9-5}$$

水的液体热随压力提高而增大（见表 9-1、图 9-6）。这是因为压力高，则所对应的饱和温度也高，在较高的压力下，必须加入较多的热量才能使水升到较高的饱和温度而成为饱和水。

表 9-1　不同压力下水的液体热

压力 p（MPa）	0.01	0.1	1	5	10	20	$22.064 = p_c$
液体热 q'（kJ/kg）	191.80	417.47	761.87	1149.2	1397.1	1807.1	2063.8

2. 饱和水的定压汽化过程

当水定压预热到饱和温度以后，继续加热，饱和水便开始汽化。这个定压汽化过程，同时又是在定温下进行的。使 1kg 饱和水在一定压力下完全变为相同温度的饱和水蒸气所需加入的热量称为水的汽化潜热，用符号 r 表示。在温熵图中，定压汽化过程（同时也是定温过程）为一水平线段（见图 9-5 中过程 $b \to d$），而汽化潜热则相应于水平线段下的矩形面积：

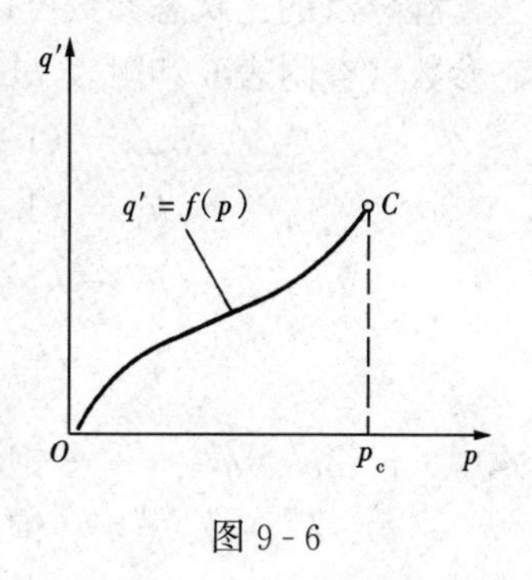

图 9-6

$$r = T_s(s'' - s') \tag{9-6}$$

式中　s''——压力为 p 时饱和水蒸气的熵；

s'——压力为 p 时饱和水的熵。

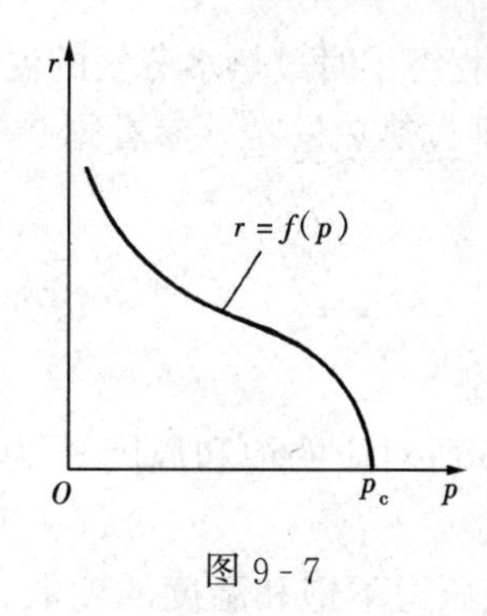

图 9-7

汽化潜热也等于定压汽化过程中焓的增加：

$$r = h'' - h' \tag{9-7}$$

式中　h''——压力为 p 时饱和水蒸气的焓。

从式（9-7）和式（9-5）可得饱和水蒸气的焓为

$$h'' = h' + r = h_0 + q' + r \tag{9-8}$$

水的汽化潜热可由实验测定。在不同的压力下，汽化潜热的数值也不相同。表 9-2 中列出了不同压力下水的汽化潜热。从表中数据可以看出：压力越高，汽化潜热就越小，而当压力达到临界压力时，汽化潜热变为零（见图 9-7）。

表 9-2　不同压力下水的汽化潜热

压力 p（MPa）	0.01	0.1	1	5	10	20	$22.064 = p_c$
汽化潜热 r（kJ/kg）	2392.0	2257.6	2014.8	1639.5	1317.2	585.9	0

如果汽化过程没有进行彻底，那么饱和水与饱和水蒸气便同时并存［见图 9-3（c）及图9-4、图 9-5 中状态 c］。这种饱和水和饱和水蒸气的混合物称为潮湿水蒸气，简称湿蒸汽。湿蒸汽中饱和水蒸气和饱和水的质量分数分别称为干度和湿度，即

干度 $$x=\frac{m_{\mathrm{v}}}{m_{\mathrm{v}}+m_{\mathrm{w}}} \tag{9-9}$$

湿度 $$y=\frac{m_{\mathrm{w}}}{m_{\mathrm{v}}+m_{\mathrm{w}}} \tag{9-10}$$

式中 m_{v}——湿蒸汽中饱和水蒸气的质量；

m_{w}——湿蒸汽中饱和水的质量；

$m_{\mathrm{v}}+m_{\mathrm{w}}$——湿蒸汽的质量。

显然 $$x+y=1,\quad x=1-y,\quad y=1-x \tag{9-11}$$

对于饱和水 $x=0,\quad y=1$

对于饱和水蒸气 $x=1,\quad y=0$

对于湿蒸汽 $0<x<1,\quad 1>y>0$

湿蒸汽的比状态参数可以根据干度（或湿度）以及该压力下饱和水与饱和水蒸气的比状态参数（查附表 6 和附表 7）按下列各式计算出来

$$\left.\begin{aligned}
v_x&=(1-x)v'+xv''=v'+x(v''-v')\\
h_x&=(1-x)h'+xh''=h'+x(h''-h')=h'+xr\\
u_x&=h_x-p_{\mathrm{s}}v_x\\
s_x&=(1-x)s'+xs''=s'+x(s''-s')=s'+x\frac{r}{T_{\mathrm{s}}}
\end{aligned}\right\} \tag{9-12}$$

式中 v'、h'、u'、s'——饱和水的比体积、比焓、比热力学能、比熵；

v''、h''、u''、s''——饱和水蒸气的比体积、比焓、比热力学能、比熵；

v_x、h_x、u_x、s_x——湿蒸汽的比体积、比焓、比热力学能、比熵。

至于湿蒸汽的压力和温度，也就是饱和压力和饱和温度。

3. 水蒸气的定压过热过程

将饱和水蒸气继续定压加热，便得到过热水蒸气。假定过热过程终了时过热水蒸气的温度为 t，那么在这个定压过热过程中，每千克水蒸气吸收的热量，即过热热量 q''（参看图 9-5 中过程 $d\rightarrow e$）为

$$q''=\int_{t_{\mathrm{s}}}^{t}c_p\mathrm{d}t=\bar{c}_p\Big|_{t_{\mathrm{s}}}^{t}(t-t_{\mathrm{s}})=\bar{c}_p\big|_{t_{\mathrm{s}}}^{t}D \tag{9-13}$$

式中 c_p——压力为 p 时过热水蒸气的比定压热容，它随温度而变。

$\bar{c}_p\big|_{t_{\mathrm{s}}}^{t}$——压力为 p 时过热水蒸气的平均比定压热容，以压力 p 所对应的饱和温度 t_{s} 为平均比热容的起点温度。

D——过热水蒸气的过热度，表示过热水蒸气的温度超出该压力下饱和温度的度数。它说明过热水蒸气离开饱和状态的远近程度。

水蒸气在定压过热过程中吸收的热量也等于焓的增加：

$$q''=h-h'' \tag{9-14}$$

式中 h——压力为 p、温度为 t 时过热水蒸气的焓。

从式（9-14）和式（9-8）可得过热水蒸气的焓为

$$h = h'' + q'' = h_0 + q' + r + q'' \tag{9-15}$$

将水蒸气产生过程的三个阶段串连起来，从压力为p、温度为0℃的不饱和水，变为压力为p、温度为t的过热水蒸气，在这整个定压加热过程中所吸收的热量为

$$q = q' + r + q''$$
$$= (h' - h_0) + (h'' - h') + (h - h'')$$
$$= h - h_0 \tag{9-16}$$

图9-8表示水从0℃定压加热变为温度为t的过热水蒸气所需的热量q，以及三个加热阶段所需热量q'、r、q''因压力不同而变化的情况。

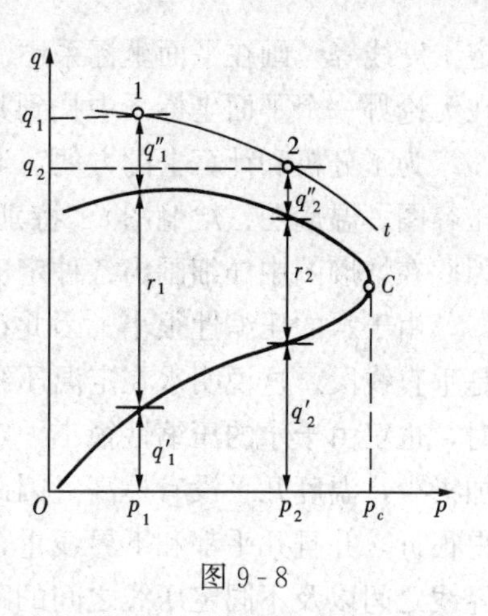

图9-8

9-3 水蒸气图表

1. 水蒸气的压容图、温熵图和焓熵图

使水在不同压力下定压预热、汽化、过热，变成过热水蒸气。将各定压线上所有开始汽化的各点连接起来，形成一条曲线A_1C（见图9-9～图9-11），称为下界线。下界线上各点相应于不同压力下的饱和水，因此下界线又称为饱和液体线。显然，它同时又是$x=0$的定干度线。

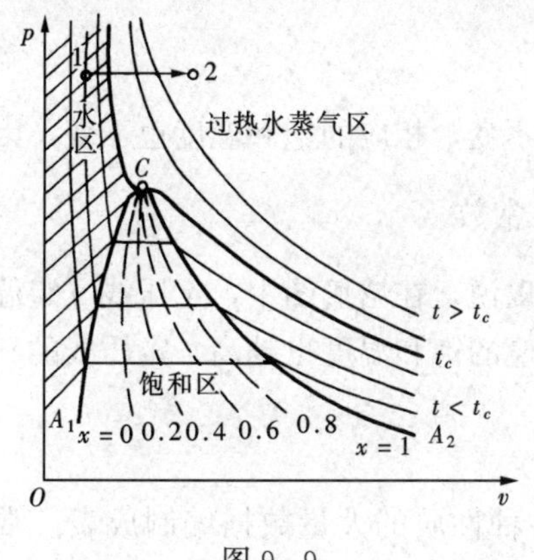

图9-9

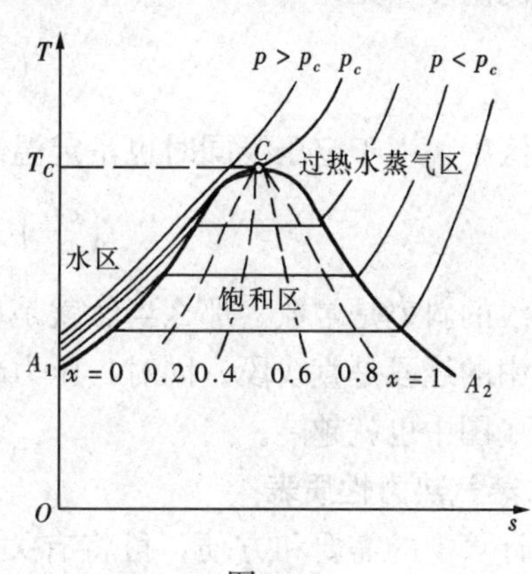

图9-10

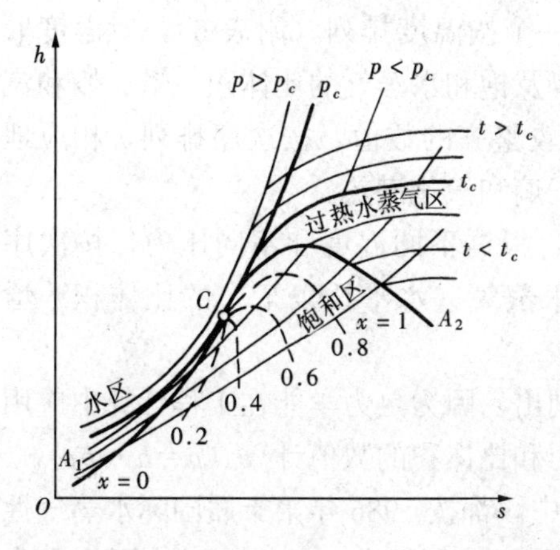

图9-11

将定压线上所有汽化完毕的各点连接起来，形成另一条曲线A_2C，称为上界线。上界线上各点相应于不同压力下的饱和水蒸气，因此上界线又称为饱和蒸汽线。显然，它同时又是$x=1$的定干度线。

下界线和上界线相交于临界点C，这样就形成了饱和曲线A_1CA_2所包围的饱和区（或称湿蒸汽区）。超出饱和区的范围（$p>p_c$）便不再有水的定压汽化过程（见图9-9中过程1→2）。

掌握了大量有关水蒸气的各种数据，原则上可以任意选取两个相互独立的状态参数构成一个平面坐标系，并将各种定值线（如定温线、定压线、定容线、

定干度线等）画在平面坐标系中。只要给定任何两个相互独立的状态参数值，原则上便可以在无论哪一个平面坐标系中找到其他各状态参数的值。

为了分析和计算上的方便，通常取 p、v；T、s；h、s 等状态参数构成平面坐标系（即压容图、温熵图、焓熵图）。特别是焓熵图，在分析计算水蒸气过程时应用起来非常方便，因此在焓熵图中详细画出各种定值线以便查用（见附图 1）。

由于水的压缩性很小，因此在压容图中，定温线处于下界线左边的线段是很陡的，几乎是垂直线段。这说明水在定温压缩时，即使压力提高很多，比体积的减小也是不显著的。同时，也正由于水的压缩性很小，定熵压缩消耗的功很少，即使压力提高很多，热力学能也增加极少，温度几乎没有提高。因此，在温熵图中不同压力的定压线处于下界线左边的线段靠得很近，并且几乎都和下界线重合在一起（在图 9-10 中，为了看得清楚，已将定压线和下界线之间以及不同定压线之间的距离夸大了）。在焓熵图中，由于水在定熵压缩后焓的增加也有限，所以这些定压预热线段和下界线还是靠得比较近的。

另外，由于一定的饱和温度总是对应着一定的饱和压力，因此在饱和区中，定温线同时也是定压线。所以，在压容图中，定温线处于饱和区中的线段是水平线段（定压线）；在温熵图中，定压线处于饱和区中的线段也是水平线段（定温线）。在焓熵图中，定压线（定温线）处于饱和区中的线段是不同斜率的直线段。因为在焓熵图中，定压线上各点的斜率正好等于各点的温度［见式（4-34)］：

$$\left(\frac{\partial h}{\partial s}\right)_p = T$$

而在饱和区中，由于定压线同时也是定温线，压力不变，相应的饱和温度也不变，因此

$$\left(\frac{\partial h}{\partial s}\right)_p = T_s = 常数 \tag{9-17}$$

既然定压线的斜率是常数，那么当然就是直线。所以说，在焓熵图中，定压线（定温线）处于饱和区中的线段是直线段。同时，压力越高，相应的饱和温度也越高，定压线的斜率就越大，在焓熵图中也就越陡。

2. 水蒸气热力性质表

为了计算上的需要和方便，可将有关水蒸气各种性质的大量数据编制成表。常用的有“饱和水与饱和水蒸气热力性质表”及“未饱和水与过热水蒸气热力性质表”两种。

饱和水与饱和水蒸气热力性质表通常列成两个。一个按温度排列（附表 6），对温度取比较整齐的数值，按次序排列，相应地列出饱和压力以及饱和水蒸气的比体积、焓、熵和汽化潜热。另一个按压力排列（见附表 7），对压力取比较整齐的数值，按次序排列，相应地列出饱和温度以及饱和水与饱和水蒸气的比体积、焓、熵和汽化潜热。

未饱和水与过热水蒸气热力性质表（附表 8）中，根据不同温度和不同压力，按次序排列，相应地列出未饱和水（水平线以上）和过热水蒸气（水平线以下）的比体积、焓和熵。

热力学能的数值在上述各表及焓熵图中一般都不列出，因为热力学能在工程计算中应用较少。如果需要知道热力学能的值，可以根据焓及压力和比体积的数值计算（$u=h-pv$）。

在上述各表（附表 6、7、8）和焓熵图（附图 1）中，都按 1985 年第十届国际水蒸气性质大会通过的骨架表规定，以三相点温度（0.01℃）和三相点压力（611.66Pa）下饱和水

的热力学能和熵为零。这些图表中的数据均由作者提供的水蒸气统一热物性方程计算而得，全部计算结果符合国际新骨架表规定的允差要求，并具有完全的热力学一致性。

9-4　水蒸气的热力过程

由于精确的水蒸气的状态方程都比较复杂，而且有时还牵涉到相变，因此一般都不利用状态方程而利用图表对水蒸气的热力过程进行分析和计算。这种方法既简便又精确。当然，必备的条件是有一套精确而详尽的水蒸气热力性质图表。近年来由于水蒸气性质软件的开发和应用，利用计算机计算水蒸气的各种热力过程和循环已日益广泛。

利用图表进行水蒸气热力过程的计算时，一般步骤大致如下：

（1）将过程画在焓熵图中（见图 9-12），以便分析。

（2）根据焓熵图或热力性质表查出过程始末各状态参数值：

$$T_1, p_1, v_1, h_1, s_1$$
$$T_2, p_2, v_2, h_2, s_2$$

如果计算中需要用到热力学能，则可将热力学能计算出来：

$$u_1 = h_1 - p_1 v_1$$
$$u_2 = h_2 - p_2 v_2$$

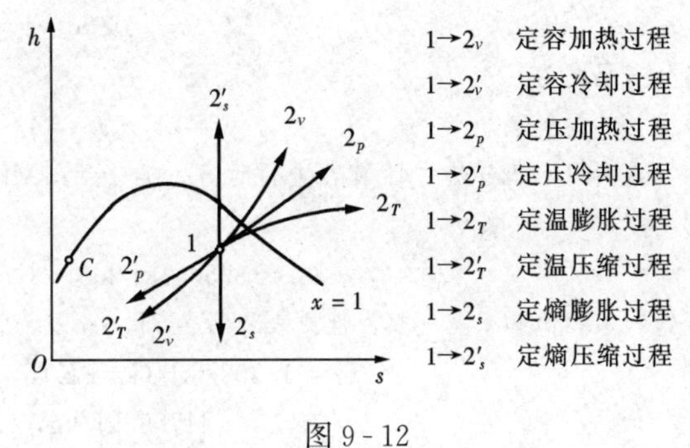

图 9-12

（3）计算热量（不考虑摩擦）。

对定容过程（无膨胀功的过程）

$$q_V = u_2 - u_1 = (h_2 - h_1) - (p_2 - p_1)v \tag{9-18}$$

对定压过程（无技术功的过程）

$$q_p = h_2 - h_1 \tag{9-19}$$

对定温过程

$$q_T = T(s_2 - s_1) \tag{9-20}$$

对定熵过程（绝热过程）

$$q_s = 0 \tag{9-21}$$

（4）计算功（不考虑摩擦）。

对定容过程（无膨胀功的过程）

$$w_V = 0 \tag{9-22}$$
$$w_{t,V} = v(p_1 - p_2) \tag{9-23}$$

对定压过程（无技术功的过程）

$$w_p = p(v_2 - v_1) \tag{9-24}$$
$$w_{t,p} = 0 \tag{9-25}$$

对定温过程

$$w_T = q_T - (u_2 - u_1) = T(s_2 - s_1) - (h_2 - h_1) + (p_2 v_2 - p_1 v_1) \tag{9-26}$$
$$w_{t,T} = q_T - (h_2 - h_1) = T(s_2 - s_1) - (h_2 - h_1) \tag{9-27}$$

对定熵过程（绝热过程）

$$w_s = u_1 - u_2 = (h_1 - h_2) - (p_1 v_1 - p_2 v_2) \tag{9-28}$$

$$w_{t,s} = h_1 - h_2 \tag{9-29}$$

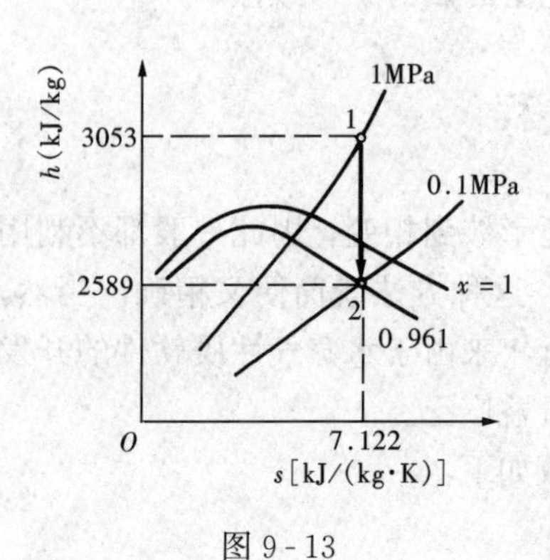

图 9-13

【例 9-1】 水蒸气从初状态 p_1=1MPa、t_1=300℃可逆绝热（定熵）地膨胀到 p_2=0.1MPa。求每千克水蒸气所做的技术功及膨胀终了时的湿度。

解 先利用焓熵图计算（见图 9-13）。当 p_1=1MPa、t_1=300℃时，查焓熵图（附图 1）得

$$h_1 = 3053\text{kJ/kg}, \quad s_1 = 7.122\text{kJ/(kg·K)}$$

沿 7.122kJ/（kg·K）的定熵线垂直向下，与 0.1MPa 的定压线的交点 2 即为终状态。据此查得

$$h_2 = 2589\text{kJ/kg}, \quad x_2 = 0.961$$

所以技术功为

$$w_{t,s} = h_1 - h_2 = (3053 - 2589)\text{kJ/kg} = 464\text{kJ/kg}$$

终状态湿度为

$$y_2 = 1 - x_2 = 1 - 0.961 = 0.039$$

再利用水蒸气热力性质表进行计算。当 p_1=1MPa、t_1=300℃时，查过热水蒸气热力性质表（附表 8）得

$$h_1 = 3050.4\text{kJ/kg}, \quad s_1 = 7.1216\text{kJ/(kg·K)}$$

查饱和水和饱和水蒸气热力性质表（附表 7），当 p=0.1MPa 时

$$s' = 1.3028\text{kJ/(kg·K)}, \quad s'' = 7.3589\text{kJ/(kg·K)}$$

$$h' = 417.52\text{kJ/kg}, \quad h'' = 2675.14\text{kJ/kg}$$

根据式（9-12）

$$s_2 = s' + x_2(s'' - s') = s_1 = 7.1216\text{kJ/(kg·K)}$$

即

$$x_2 = \frac{s_2 - s'}{s'' - s'} = \frac{(7.1216 - 1.3028)\text{kJ/(kg·K)}}{(7.3589 - 1.3028)\text{kJ/(kg·K)}} = 0.9608$$

并可得

$$\begin{aligned} h_2 &= h' + x_2(h'' - h') \\ &= 417.52\text{kJ/kg} + 0.9608 \times (2675.14 - 417.52)\text{kJ/kg} = 2586.6\text{kJ/kg} \end{aligned}$$

所以技术功为

$$w_{t,s} = h_1 - h_2 = (3050.4 - 2586.6)\text{kJ/kg} = 463.8\text{kJ/kg}$$

终状态湿度为

$$y_2 = 1 - x_2 = 1 - 0.9608 = 0.0392$$

由以上的演算可以看出：利用焓熵图进行计算比较直观简便，利用蒸汽表进行计算则更为精确。

9-5 基本的蒸汽动力循环——朗肯循环

蒸汽动力装置采用水蒸气作为工质。蒸汽动力装置包括四部分主要设备——蒸汽锅炉、蒸汽轮机、凝汽器、水泵（图 9-14）。水在蒸汽锅炉中预热、汽化并过热，变成过热水蒸气（见图 9-15～图 9-17 中过程 0→1）。在这一过程中，每千克工质获得的热量为［见式（9-19）］

$$q_1 = h_1 - h_0 \tag{9-30}$$

在图 9-16 中，q_1 表示为面积60176；在图 9-17 中，q_1 表示为线段 a。

从蒸汽锅炉出来的水蒸气（即新蒸汽）进入蒸汽轮机膨胀做功。因为大量水蒸气很快流过蒸汽轮机，平均每千克蒸汽散失到外界的热量相对来说很少，因此可以认为过程是绝热的（过程 1→2）。在绝热（定熵）膨胀过程中，水蒸气通过蒸汽轮机对外所做的功（技术功）为［见式（9-29）］

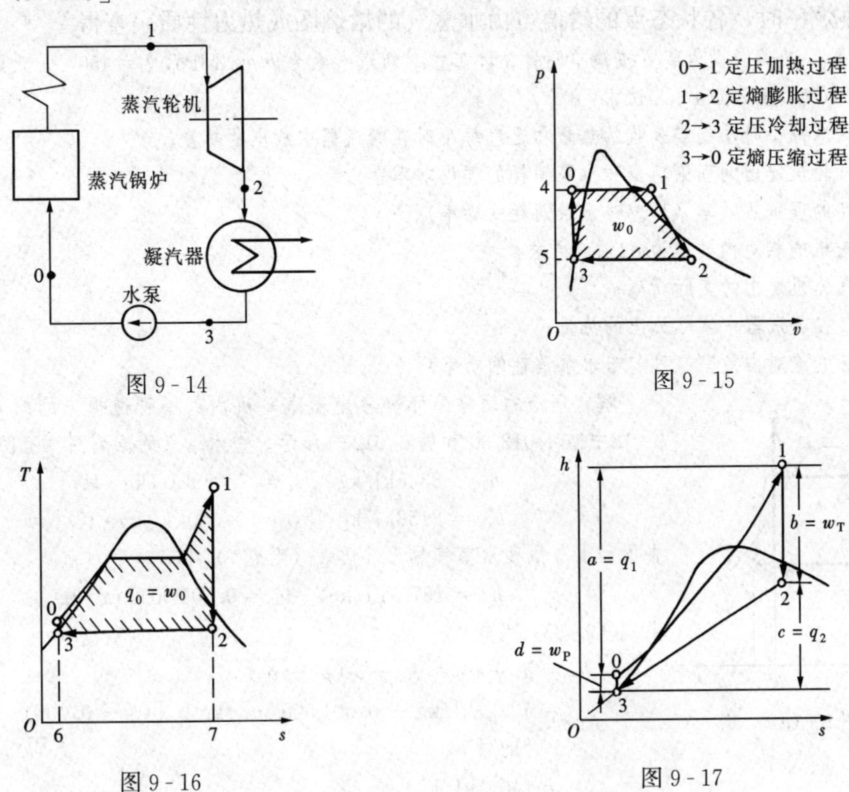

图 9-14　图 9-15　图 9-16　图 9-17

$$w_T = h_1 - h_2 \tag{9-31}$$

在图 9-15 中，w_T 表示为面积41 254；在图 9-17 中，w_T 表示为线段 b。

从蒸汽轮机排出的水蒸气（即乏汽）进入凝汽器，凝结为水（过程 2→3），所放出的热量［式（9-19）］为

$$q_2 = h_2 - h_3 \tag{9-32}$$

在图 9-16 中，q_2 表示为面积63 276；在图 9-17 中，q_2 表示为线段 c。

凝结水经过水泵，提高压力后再进入蒸汽锅炉。水在水泵中被压缩时散失到外界的热量很少，可以认为过程是绝热的（过程 3→0）。因此水泵消耗的功（技术功）［式（9-29）］为

$$w_P = h_0 - h_3 \tag{9-33}$$

在图 9-15 中，w_P 表示为面积40 354；在图 9-17 中，w_P 表示为线段 d。由于水的比体积比水蒸气的比体积小得多，因此水泵所消耗的功只占蒸汽轮机所做功的很小一部分。

经过上述四个过程后，工质回到了原状态，这样便完成了一个循环。这是一个由两个定压过程（或者说由两个不做技术功的过程）和两个绝热过程组成的最简单的蒸汽动力循环，称为朗肯循环。每千克工质，每完成一个循环，对外界做出的功［式（2-23）］为

$$w_0 = w_T - w_P = q_1 - q_2 = q_0 \tag{9-34}$$

图 9 - 15 和图 9 - 16 中包围在循环曲线内部的面积01 230即表示循环所做的功 w_0（或循环的净热量 q_0）。

朗肯循环的热效率为
$$\eta_t = 1 - \frac{q_2}{q_1} = 1 - \frac{h_2 - h_3}{h_1 - h_0} \tag{9-35}$$
计算循环热效率时，各状态点的焓值可由水蒸气的焓熵图或热力性质表查得。

【例 9 - 2】 某蒸汽动力装置按简单朗肯循环工作。新汽参数为 $p_1 = 3\text{MPa}$，$t_1 = 450℃$，乏汽压力 $p_2 = 0.005\text{MPa}$。蒸汽流量为 60t/h。试求：

(1) 新蒸汽每小时从锅炉吸收的热量和乏汽每小时在凝汽器中放出的热量；

(2) 蒸汽轮机发出的理论功率和水泵消耗的理论功率；

(3) 循环的理论热效率（可忽略水泵消耗的功率）。

设蒸汽轮机的相对内效率为 82%，再求：

(4) 蒸汽轮机发出的实际功率；

(5) 乏汽在凝汽器中实际放出的热量；

(6) 循环的绝对内效率（可忽略水泵消耗的功率）。

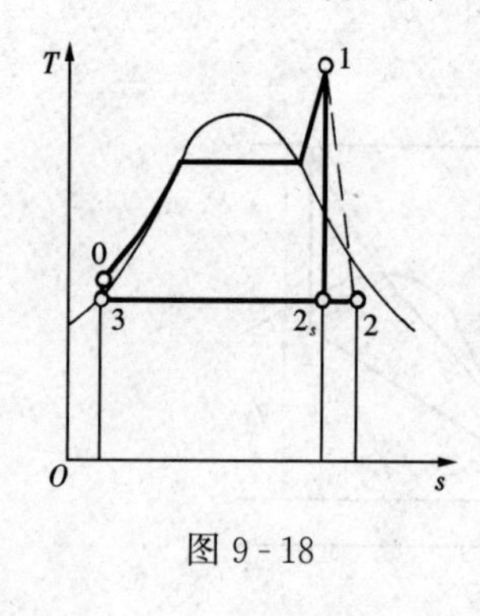

图 9 - 18

解 理论的朗肯循环和考虑蒸汽轮机内部不可逆损失的朗肯循环如图 9 - 18中循环 012_s30 和循环 01230 所示。查水蒸气的焓熵图（附图 1）得

$$h_1 = 3345\text{kJ/kg} \quad [s_1 = 7.080\text{kJ/(kg·K)}]$$
$$h_{2s} = 2158\text{kJ/kg} \quad [s_{2s} = 7.080\text{kJ/(kg·K)}]$$

查饱和水与饱和水蒸气热力性质表（附表 7）得

$$h_3 = 137.7\text{kJ/kg}, \quad v_3 = 0.001\,005\,3\text{m}^3/\text{kg}$$

由式（9 - 33）可知

$$\begin{aligned} h_0 &= h_3 + w_P \approx h_3 + v_3(p_0 - p_3) \\ &= 137.7\text{kJ/kg} + 0.001\,005\,3\text{m}^3/\text{kg} \times [(3 - 0.005) \times 10^6]\text{Pa} \times 10^{-3}\text{kJ/J} \\ &= 140.7\text{kJ/J} \end{aligned}$$

另外，根据蒸汽轮机相对内效率的定义

$$\eta_{ri} = \frac{h_1 - h_2}{h_1 - h_{2s}} = \frac{(3345 - h_2)\text{kJ/kg}}{(3345 - 2158)\text{kJ/kg}} = 0.82$$

所以
$$h_2 = 3345\text{kJ/kg} - 0.82 \times (3345 - 2158)\text{kJ/kg} = 2372\text{kJ/kg}$$

(1) 新蒸汽从锅炉吸收的热量

$$\dot{Q}_1 = q_m(h_1 - h_0) = (60 \times 10^3)\text{kg/h} \times (3345 - 140.7)\text{kJ/kg} = 192.3 \times 10^6\text{kJ/h}$$

乏汽在凝汽器中放出的热量

$$\dot{Q}_2 = q_m(h_{2s} - h_3) = (60 \times 10^3)\text{kg/h} \times (2158 - 137.7)\text{kJ/kg} = 121.2 \times 10^6\text{kJ/h}$$

(2) 蒸汽轮机发出的理论功率

$$P_T = q_m(h_1 - h_{2s}) = \frac{60 \times 10^3}{3600}\text{kg/s} \times (3345 - 2158)\text{kJ/kg} = 19\,780\text{kW}$$

水泵消耗的理论功率

$$P_P = q_m(h_0 - h_3) = \frac{60 \times 10^3}{3600}\text{kg/s} \times (140.7 - 137.7)\text{kJ/kg} = 50\text{kW}$$

或

$$\begin{aligned} P_P &\approx q_m v_3(p_0 - p_3) \\ &= \frac{60 \times 10^3}{3600}\text{kg/s} \times 0.001\,005\,3\text{m}^3/\text{kg} \times [(3 - 0.005) \times 10^6]\text{Pa} \times 10^{-3}\text{kJ/J} \end{aligned}$$

$\approx 50\text{kW}$

(3) 循环的理论热效率

$$\eta_t = \frac{3600(P_T - P_P)}{\dot{Q}_1} \approx \frac{3600P_T}{\dot{Q}_1} = \frac{(3600 \times 19\,780)\text{kJ/h}}{1923.3 \times 10^6\text{kJ/h}} = 0.37 = 37\%$$

(4) 蒸汽轮机发出的实际功率

$$P'_T = q_m(h_1 - h_2) = \frac{60 \times 10^3}{3600}\text{kg/s} \times (3345 - 2372)\text{kJ/kg} = 16\,220\text{kW}$$

或

$$P'_T = P_T\eta_{ri} = 19\,780\text{kW} \times 0.82 = 16\,220\text{kW}$$

(5) 乏汽在凝汽器中实际放出的热量

$$\dot{Q}'_2 = q_m(h_2 - h_3) = (60 \times 10^3)\text{kg/h} \times (2372 - 137.7)\text{kJ/kg} = 134.1 \times 10^6\text{kJ/h}$$

(6) 循环的绝对内效率

$$\eta_i \approx \frac{3600P'_T}{\dot{Q}_1} = \eta_t\eta_{ti} = 0.37 \times 0.82 = 0.303 = 30.3\%$$

9-6 蒸汽参数对朗肯循环热效率的影响

如果确定了新汽的温度（初温 T_1）、压力（初压 p_1）以及乏汽的压力（终压 p_2），那么整个朗肯循环也就确定了。因此，所谓蒸汽参数对朗肯循环热效率的影响，也就是指初温、初压和终压对朗肯循环热效率的影响。

假定新汽和乏汽压力保持为 p_1 和 p_2 不变，将新汽的温度从 T_1 提高到 T'_1(见图 9-19)，结果朗肯循环的平均吸热温度有所提高（$T'_{m1} > T_{m1}$），而平均放热温度未变，因而循环的热效率也就提高了（$\eta'_t > \eta_t$）。

再假定新汽温度和乏汽压力保持为 T_1 和 p_2 不变，将新汽压力由 p_1 提高到 p'_1(图 9-20)。在通常情况下，这也能提高朗肯循环的平均吸热温度（$T'_{m1} > T_{m1}$），而平均放热温度不变，因而可以提高循环的热效率。

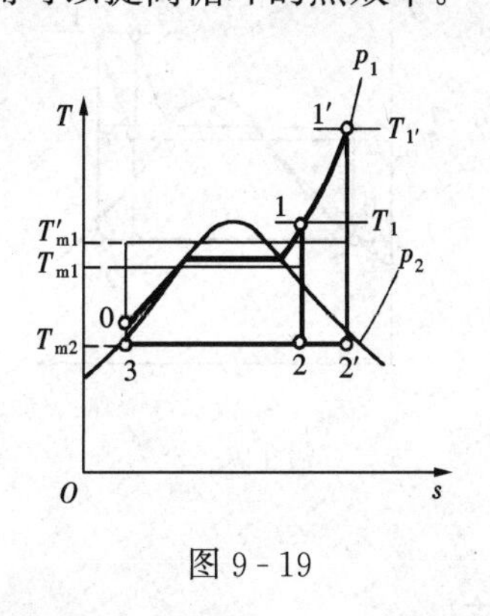

图 9-19

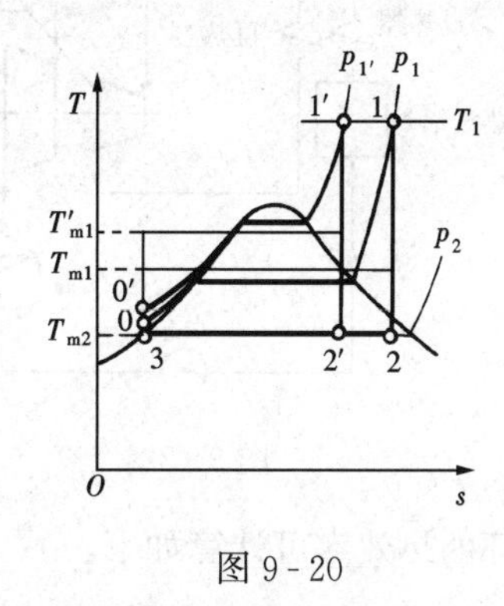

图 9-20

虽然提高新汽的温度和压力都能提高朗肯循环的热效率，但是应该指出，单独提高初压会使膨胀终了时乏汽的湿度增大（见图 9-20 中 $y'_2 > y_2$）。乏汽湿度过大，不仅影响蒸汽轮机最末几级的工作效率，而且危及安全。提高初温则可降低膨胀终了时乏汽的湿度（见图 9-19中 $y'_2 < y_2$）。所以，蒸汽的初温和初压一般都是同时提高的，这样既可避免单独提高初压带来的乏汽湿度增大的问题，又可使循环热效率的增长更为显著。提高蒸汽的初温和初压

一直是蒸汽动力装置的发展方向，现代大型蒸汽动力装置蒸汽初温达 550℃，初压超过 15MPa。

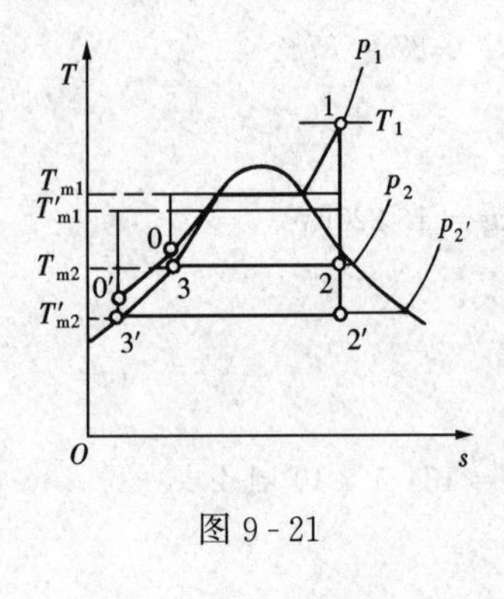

图 9-21

再来分析乏汽压力对朗肯循环热效率的影响。假定新汽温度和压力保持为 T_1 和 p_1 不变，将乏汽压力由 p_2 降低到 p_2'（见图 9-21），结果循环的平均放热温度显著降低了，而平均吸热温度降低很少，因此随着乏汽压力的降低，朗肯循环的热效率有显著的提高。但是由于乏汽温度（即相应于乏汽压力的饱和温度）充其量也只能降低到和天然冷源（大气、海水等）的温度相等，因此乏汽压力的降低是有限度的。目前大型蒸汽动力装置的乏汽压力 $p_2\approx0.004$MPa（相应的饱和温度为 29℃），可以说已经到了下限。

9-7 蒸汽再热循环

提高蒸汽动力循环热效率的方法，除了提高初温、初压，降低终压外，采用蒸汽再热（再热循环）也是一种有效措施。图 9-22 表示一套采用再热循环的蒸汽动力装置。过热水蒸气在蒸汽轮机中并不一下子膨胀到最低压力，而是膨胀到某个中间压力，接着到再热器中再次加热，然后到第二段蒸汽轮机中继续膨胀。其他过程和朗肯循环相同。再热循环在温熵图中如图 9-23 所示。只要再热参数（p_1'、t_1'）选择得合理，再热循环（循环 $01a1'2'30$）的热效率就会比朗肯循环（循环 01230）的热效率高（图 9-23 中再热循环的平均吸热温度高于朗肯循环的平均吸热温度，$T'_{m1}>T_{m1}$，而两者的平均放热温度相同）。采用再热循环还可以显著地降低乏汽的湿度（$y_2'<y_2$）。目前大型超高压蒸汽动力装置几乎都采用再热循环。

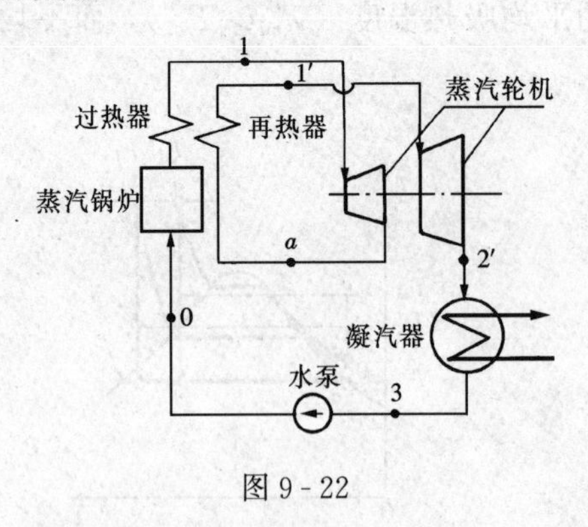

图 9-22

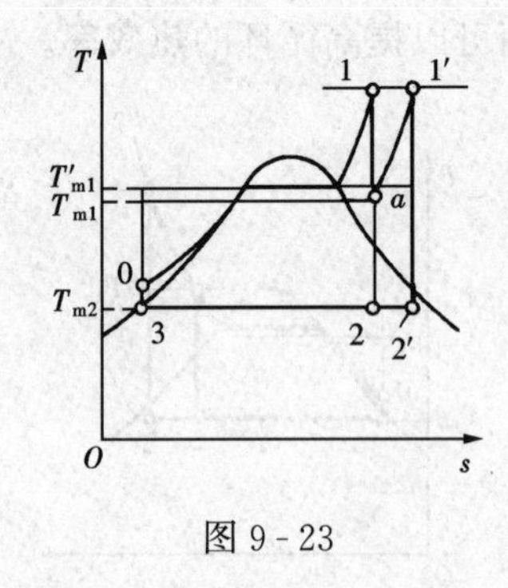

图 9-23

再热循环的热效率可计算如下：

$$\eta_{t,rh}=1-\frac{q_2}{q_1}=1-\frac{h_2'-h_3}{(h_1-h_0)+(h_1'-h_a)} \tag{9-36}$$

蒸汽再热的温度 $T_1{}'$一般与新蒸汽的温度 T_1 相同或稍低。在初压（p_1）和终压（p_2）之间再热的中间压力如何选择方为最佳呢？从热力学的角度分析（见图 9-24），前段汽轮机排汽状态 a（其压力为中间再热压力 p_a）应落在再热循环平均吸热温度线上。这样，因采取再热措施而形成的附加循环（循环 $a1'2'2a$）的吸热温度高于平均吸热温度（T_{m1}）。若采

用较高的再热压力 p_a'，则附加循环（循环 $a'b'c'2a'$）虽然吸热温度较高，但循环功较小，未充分发挥再热的潜力，对整个循环热效率的增益也较小。若采用较低的再热压力 p_a''，则附加循环（循环 $a''b''c''2a''$）中开始吸热时的温度低于平均吸热温度，这会减弱再热对整个循环热效率的增益。所以说，前段汽轮机的排汽状态应落在再热循环的平均吸热温度线上，这对循环热效率的提高最为有利。考虑到压力越低，再热管道越显粗大，权衡利弊，将再热压力选得比热力学意义上的最佳值稍高些，应更为有利。

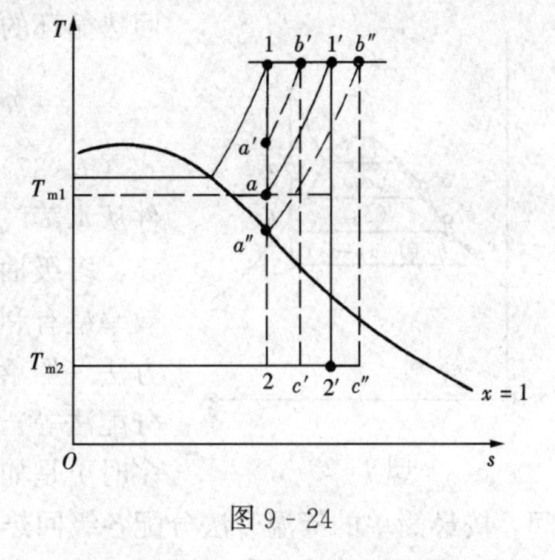

图 9 - 24

9-8　抽汽回热循环

在朗肯循环中，定压吸热过程（见图 9 - 16 中过程 0→1）的平均吸热温度远低于新汽温度，这主要是由于水的预热过程温度较低。如能设法使吸热过程不包括这一段水的预热过程，那么平均吸热温度将会提高不少，因而循环的热效率也就能相应地得到提高。采用抽汽回热来预热给水正是出于这种考虑。

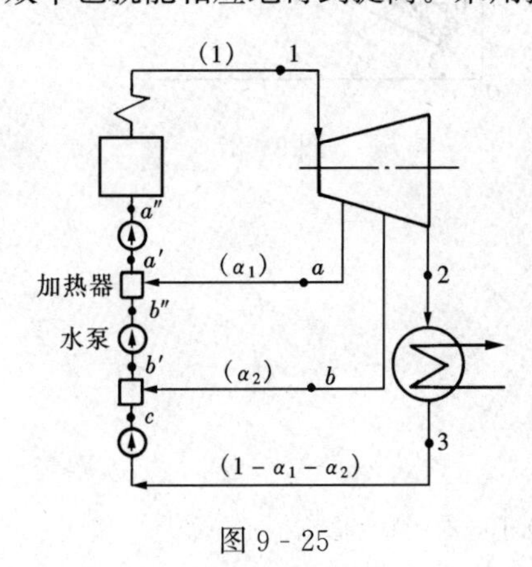

图 9 - 25

图 9 - 25 表示一个采用二次抽汽回热的蒸汽动力装置。这个抽汽循环在温熵图中如图9 - 26所示。从蒸汽轮机的不同中间部位抽出一小部分不同压力的蒸汽，使它们定压冷却，完全凝结（过程 a→a'、b→b'），放出的热量用来预热锅炉的给水（过程 b''→a'、c→b'），其余大部分蒸汽在蒸汽轮机中继续膨胀做功。这样一来，使蒸汽锅炉中的吸热过程变为a''→1，提高了吸热平均温度，从而提高了循环的热效率。抽汽回热是提高蒸汽动力装置循环热效率的切实可行和行之有效的方法，因而几乎所有火力发电厂中的蒸汽动力装置都采用这种抽汽的回热循环。抽汽次数少则三、四次，多则五、六次，有的甚至高达七、八次。

抽汽量可按质量守恒和能量平衡方程求出。假定进入蒸汽轮机的水蒸气量为 1kg；第一、第二次抽汽量分别为 $\alpha_1$kg、$\alpha_2$kg，则可得（不考虑散热损失）。

$$\alpha_1(h_a-h_{a'})=(1-\alpha_1)(h_{a'}-h_{b''})$$

$$\alpha_2(h_b-h_{b'})=(1-\alpha_1-\alpha_2)(h_{b'}-h_c)$$

从而解得

$$\left.\begin{aligned}\alpha_1&=\frac{h_{a'}-h_{b''}}{h_a-h_{b''}}\\ \alpha_2&=(1-\alpha_1)\frac{h_{b'}-h_c}{h_b-h_c}\end{aligned}\right\}\qquad(9-37)$$

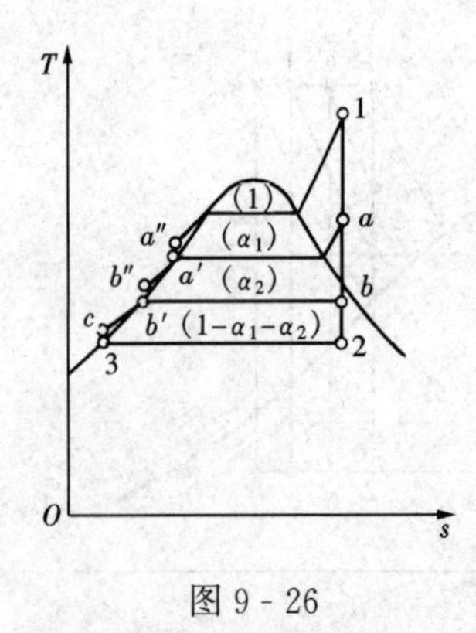

图 9-26

回热循环的热效率为

$$\eta_{t,hr}=1-\frac{Q_2}{Q_1}=1-\frac{(1-\alpha_1-\alpha_2)(h_2-h_3)}{h_1-h_{a''}} \tag{9-38}$$

式（9-37）和式（9-38）中各状态点的焓值可以根据给定的条件从水蒸气图表中查得。

多级抽汽回热时各级的抽汽压力如何确定才对提高循环热效率最有利，这是一个值得探讨的问题。目前虽有不同的确定方法（如焓降分配法、等焓差分配法、等温升分配法、等温比分配法等），但所得结果也并非相去甚远，特别是当回热级数较多时更是如此。作者认为从冷凝器出口温度到锅炉给水温度之间，按最简单的等温升法分配各级回热之温升（即每一级回热器中水的预热温升相同）即可获得接近最佳的效果❶。

【例 9-3】 某回热并再热的蒸汽动力循环如图9-27所示。已知初压 $p_1=10\text{MPa}$，初温 $t_1=500℃$；第一次抽汽压力，即再热压力 $p_a=p_1'=1.5\text{MPa}$，再热温度 $t_1'=500℃$；第二次抽汽压力 $p_b=0.13\text{MPa}$；终压 $p_2=0.005\text{MPa}$。试求该循环的理论热效率。它比相同参数的朗肯循环（循环 01230）的理论热效率提高了多少？

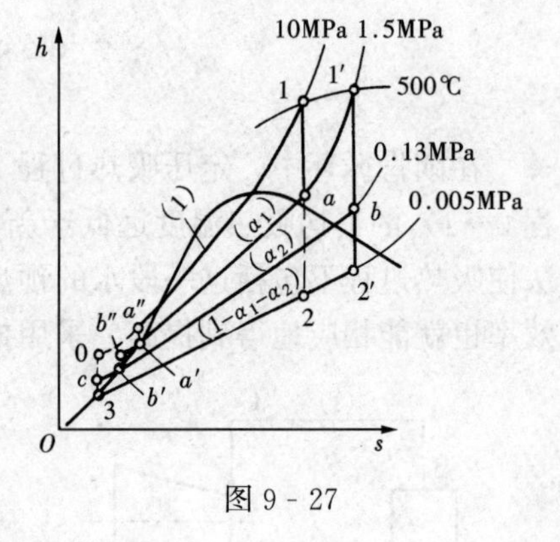

图 9-27

解 查水蒸气的焓熵图和水蒸气热力性质表，得各状态点的焓值为

$h_1=3376\text{kJ/kg}\quad [s_1=6.595\text{kJ/(kg·K)}]$

$h_{1'}=3475\text{kJ/kg}\quad [s_{1'}=7.565\text{kJ/(kg·K)}]$

$h_a=2866\text{kJ/kg}$，$h_b=2810\text{kJ/kg}$

$h_{2'}=2308\text{kJ/kg}$，$h_2=2008\text{kJ/kg}$

$h_3=137.7\text{kJ/kg}$，$h_c=137.8\text{kJ/kg}$

$h_0=147.7\text{kJ/kg}$，$h_{b'}=449.2\text{kJ/kg}$

$h_{b''}=450.6\text{kJ/kg}$，$h_{a'}=844.8\text{kJ/kg}$

$h_{a''}=854.6\text{kJ/kg}$

计算抽汽率

$$\alpha_1=\frac{h_{a'}-h_{b''}}{h_a-h_{b''}}=\frac{(844.8-450.6)\text{kJ/kg}}{(2866-450.6)\text{kJ/kg}}=0.163\,2=16.32\%$$

$$\alpha_2=(1-\alpha_1)\frac{h_{b'}-h_c}{h_b-h_c}=(1-0.163\,2)\times\frac{(449.2-137.8)\text{kJ/kg}}{(2810-137.8)\text{kJ/kg}}=0.097\,5=9.75\%$$

再热、回热循环的理论热效率为

$$\eta_{t,rh,hr}=1-\frac{Q_2}{Q_1}=1-\frac{(1-\alpha_1-\alpha_2)(h_{2'}-h_3)}{(h_1-h_{a''})+(1-\alpha_1)(h_{1'}-h_a)}$$

$$=1-\frac{(1-0.163\,2-0.097\,5)(2308-137.7)\text{kJ/kg}}{(3376-854.6)\text{kJ/kg}+(1-0.163\,2)(3475-2866)\text{kJ/kg}}=0.470\,6=47.06\%$$

相同参数的朗肯循环的理论热效率为

$$\eta_t=1-\frac{q_2}{q_1}=1-\frac{h_2-h_3}{h_1-h_0}=1-\frac{(2008-137.7)\text{kJ/kg}}{(3376-147.7)\text{kJ/kg}}=0.420\,7=42.07\%$$

---

❶ 参看严家騄：蒸汽动力装置抽汽回热最佳级间分配方案的计算方法，《高等学校第一届工程热物理全国学术会议论文集》，1983。

前者比后者热效率提高的百分率为

$$\frac{\Delta\eta_t}{\eta_t}=\frac{0.4706-0.4207}{0.4207}=0.1186=11.86\%$$

9-9 热电联产循环

高温高压并且采用再热、回热等措施的现代化大型蒸汽动力装置，其发电效率可达50%左右。燃料中的另一半能量作为废热由凝汽器排向了大气。另一方面，生产和生活中需要用热的地方，又往往另外消耗燃料来生产中、低压力和温度的蒸汽直接供给用户，而没有利用蒸汽的做功潜能。设法将热和电的需要集中由大型热电厂提供，以有效地提高燃料能量的利用率，这就是热电联产的概念。

热电联产的常用方法是根据热用户的要求，从汽轮机的中间部位抽出所需温度和压力的一部分蒸汽送往热用户。这样，虽然流经汽轮机抽汽口后面的蒸汽流量将减少，因而会减少汽轮机输出功率，并使循环热效率比不抽汽时有所降低，但是由于这时电厂不仅提供了电力，还提供了热能，总的能量利用率还是显著提高了。

如果有相当规模和稳定需求的热用户，还可以采用所谓“背压式汽轮机”，即蒸汽在汽轮机中不是一直膨胀到接近环境温度，而是膨胀到某一较高的压力和温度（例如对于采暖用热，可将汽轮机背压设计为0.12MPa左右，相应的饱和温度为105℃左右），然后将汽轮机全部排汽直接提供给热用户（见图9-28、图9-29）。

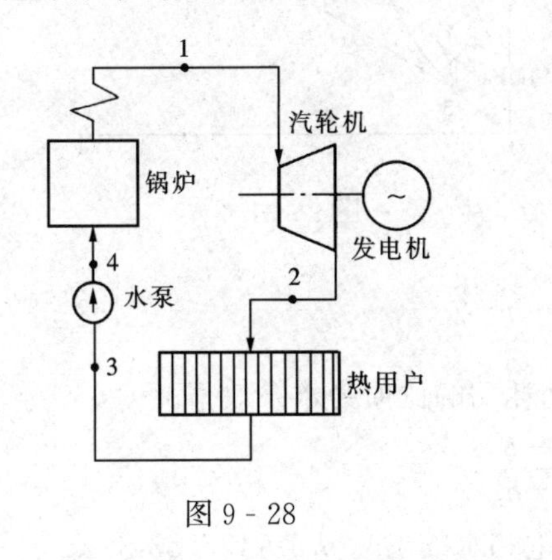

图9-28

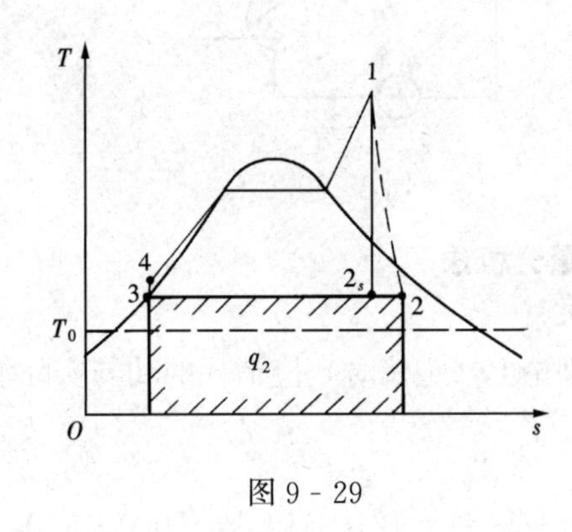

图9-29

背压式汽轮机的优点是能量利用率高。理论上蒸汽能量的利用率可达100%（在考虑到汽轮机膨胀过程是不可逆的情况下也是如此）。这时能量利用率为

$$\xi=\frac{\text{发电能量}+\text{供热能量}}{\text{蒸汽从锅炉获得的能量}}=\frac{w_0+q_2}{q_1} \tag{9-39}$$

由于式（9-39）中未计及锅炉中的热损失，加之供热管道等其他损失，实际的燃料能量利用率约为70%左右。由于背压式的热电联供，其电产量和热产量的比例不能调节，在用热不足时，发电也受限制。

热电联产循环相对于原来单纯发电的循环来说，热效率降低了，但总的能量利用率提高了。对热效率和能量利用率这两个经济性指标应综合考虑，毕竟电能和热能无论从能量的品质还是从商品的价格来说都是不一样的。这一问题的深入讨论涉及热经济学，在这里不赘述。

9-10 实际蒸汽动力循环的能量分析与㶲分析

实际的蒸汽动力循环必然存在着各种能量损失和㶲损失。能量分析法依据的是热力学第一定律（能量守恒）；㶲分析法依据的是热力学第二定律（㶲不守恒）。两种方法依据不同，对损失的分析结果当然会有差异。为了简单而又直观地说明这两种方法如何进行分析，举如下的算例：

有一燃油的火力发电厂，按朗肯循环工作（见图 9-30、图 9-31）。已知进入汽轮机的新汽参数为 $p_1=13.5\text{MPa}$、$t_1=550℃$，流出汽轮机的乏汽压力（即凝汽器压力）为 $p_2=0.004\text{MPa}$，汽轮机相对内效率 $\eta_{ri}=0.88$，锅炉给水压力（即水泵出口压力）为 $p_4=14\text{MPa}$，水泵效率 $\eta_P=0.75$。燃料的高发热量（计及燃烧产物在低温下水蒸气放出的凝结潜热）$H_{V,H}=43\,200\text{kJ/kg(f)}$，低发热量（认为燃烧产物在低温下仍为气态，不考虑水蒸气的凝结）$H_{V,L}=41\,000\text{kJ/kg(f)}$。锅炉效率 $\eta_B=0.90$。

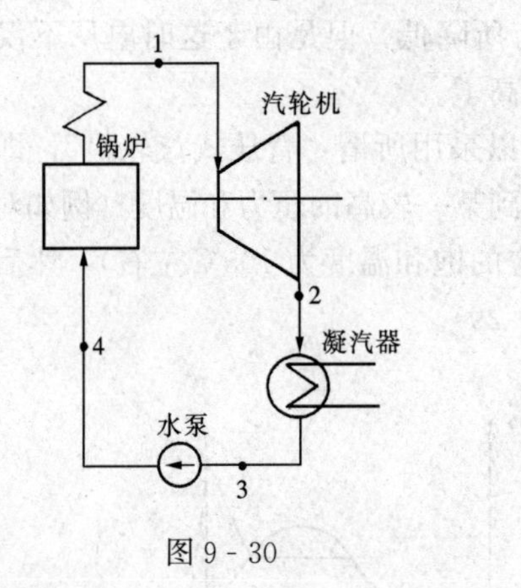

图 9-30

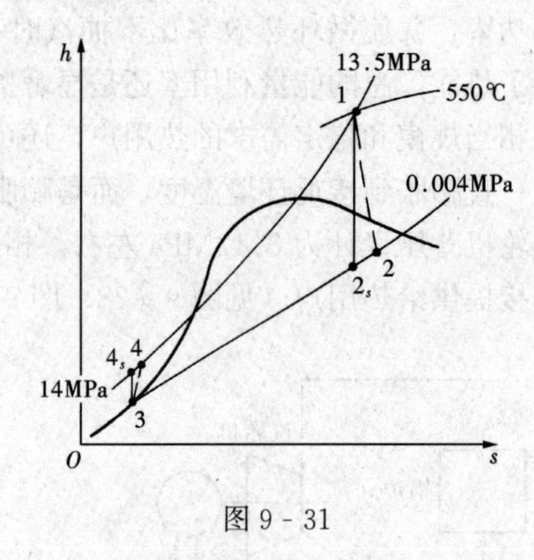

图 9-31

1. 能量分析法

(1) 水泵

水泵理论上（定熵时）应消耗的功与实际消耗功的比值为水泵效率。

$$\eta_P=\frac{h_{4s}-h_3}{h_4-h_3}$$

由蒸汽表可查得 $h_3=121.30\text{kJ/kg}$（0.004MPa 饱和水的焓）；$h_{4s}=135.83\text{kJ/kg}$

所以

$$h_4=\frac{h_{4s}-h_3}{\eta_P}+h_3=\frac{(135.83-121.30)\text{kJ/kg}}{0.75}+121.30\text{kJ/kg}$$
$$=140.67\text{kJ/kg}$$

水泵消耗功

$$w_P=h_4-h_3=(140.67-121.30)\text{kJ/kg}=19.37\text{kJ/kg}$$
$$W_P=mw_P=11.103\,7\text{kg/kg(f)}\times19.37\text{kJ/kg}=215.08\text{kJ/kg(f)}$$

（m 为每千克燃料产生的蒸汽量，见下面的计算）

由于水泵中进行的是绝热过程，没有热量散失，所以

$$Q_{L,P}=0$$

（2）锅炉

按习惯，锅炉效率是指每燃烧1kg燃料蒸汽获得能量与燃料低发热量之比。设每消耗1kg燃料可产生$m$kg新蒸汽，则锅炉效率

$$\eta_B = \frac{m(h_1 - h_4)}{H_{V,L}}$$

由于过程4→1不做技术功，即使在由水变为蒸汽的吸热过程中压力有所降落，吸热量仍等于焓的增量［见式（3-132）］。

由蒸汽表查得　$h_1 = 3463.9\text{kJ/kg}$

所以

$$m = \frac{H_{V,L}\eta_B}{h_1 - h_4} = \frac{41\,000\text{kJ/kg(f)} \times 0.90}{(3463.9 - 140.67)\text{kg/kg}} = 11.103\,7\text{kg/kg(f)}$$

消耗1kg燃料产生11.103 7kg蒸汽，所吸收的热量为

$$\begin{aligned} Q_1 &= m(h_1 - h_4) = 11.103\,7\text{kg/kg(f)} \times (3463.9 - 140.67)\text{kJ/kg} \\ &= 36\,900.1\text{kJ/kg(f)} \end{aligned}$$

锅炉由于排出温度较高的烟气、不完全燃烧及炉体散热等因素造成的热损失总计为

$$Q_{L,B} = H_{V,L}(1 - \eta_B) = 41\,000\text{kJ/kg(f)} \times (1 - 0.90) = 4100\text{kJ/kg(f)}$$

占燃料低发热量的百分率

$$\frac{Q_{L,B}}{H_{V,L}} = \frac{4100\text{kJ/kg(f)}}{41\,000\text{kJ/kg(f)}} = 10\%$$

（3）汽轮机

汽轮机相对内效率为　$\eta_{ri} = \dfrac{h_1 - h_2}{h_1 - h_{2s}}$

查蒸汽表可得　$h_{2s} = 1982.51\text{kJ/kg}$

所以

$$\begin{aligned} h_2 &= h_1 - \eta_{ri}(h_1 - h_{2s}) = 3463.9\text{kJ/kg} - 0.88 \times (3463.9 - 1982.51)\text{kJ/kg} \\ &= 2160.28\text{kJ/kg} \end{aligned}$$

消耗1kg燃料汽轮机所做的功为

$$\begin{aligned} W_T &= m(h_1 - h_2) = 11.103\,7\text{kJ/kg(f)} \times (3463.9 - 2160.28)\text{kJ/kg} \\ &= 14\,475.0\text{kJ/kg(f)} \end{aligned}$$

由于汽轮机中进行的是绝热过程，没有热量损失，所以

$$Q_{L,T} = 0$$

（4）凝汽器

乏汽在凝汽器中放出的热量为

$$\begin{aligned} Q_2 &= m(h_2 - h_3) = 11.103\,7\text{kJ/kg(f)} \times (2160.28 - 121.30)\text{kJ/kg} \\ &= 22\,640.2\text{kJ/kg(f)} \end{aligned}$$

这热量通过冷却水全部排放到大气中，成为热损失

$$Q_{L,C} = Q_2 = 22\,640.2\text{kJ/kg(f)}$$

占燃料低发热量的百分率为

$$\frac{Q_{L,C}}{H_{V,L}} = \frac{22\,640.2\text{kJ/kg(f)}}{41\,000\text{kJ/kg(f)}} = 55.22\%$$

总的能量平衡（按每千克燃料计算）：

燃料的低发热量＝（水泵、锅炉、汽轮机、凝汽器总的热损失）＋（汽轮机所做功－水泵所耗功）

即
$$Q_{V,L}=Q_{L,P}+Q_{L,B}+Q_{L,T}+Q_{L,C}+W_T-W_P$$

亦即

$$41\,000\text{kJ/kg(f)}=(0+4100+0+22\,640.2+14\,475.0-215.08)\text{kJ/kg(f)}=41\,000.1\text{kJ/kg(f)}$$

以新蒸汽的吸热量 Q_1 为 100%（不包括锅炉的热损失），循环的热效率为

$$\eta_t=\frac{W_T-W_P}{Q_1}=1-\frac{Q_2}{Q_1}=\frac{(14\,475.0-215.08)\text{kJ/kg(f)}}{36\,900.1\text{kJ/kg(f)}}=1-\frac{22\,640.2\text{kJ/kg(f)}}{36\,900.1\text{kJ/kg(f)}}=38.645\%$$

若以燃料的低发热量 $H_{V,L}$ 为 100%（包括锅炉的热损失在内），则循环的热效率为

$$\eta_t'=\frac{W_T-W_C}{H_{V,L}}=\frac{(14\,475.0-215.08)\text{kJ/kg(f)}}{41\,000\text{kJ/kg(f)}}=34.78\%$$

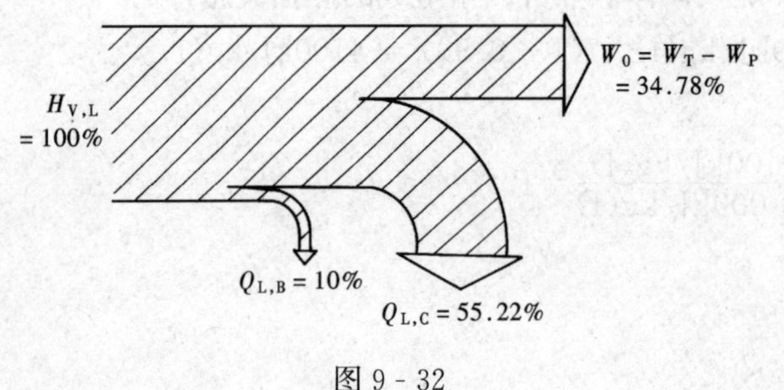

图 9 - 32

以燃料的低发热量为 100%，将各项热损失及循环做出的功直观地画在能流图中（见图 9 - 32）。

2. 㶲分析法

碳氢燃料的㶲（$E_{x,U,f}$）与燃料的高发热量（$H_{V,H}$）很接近，对常用的燃料油，可以认为 $E_{x,U,f}\approx 0.975H_{V,H}$，这就是说，燃料中的化学能在理论上（通过可逆的化学反应）绝大部分都能转化为有用功。然而，在实际的蒸汽动力装置中，燃料㶲在所有的有关过程中都会有不可逆损失。分析这些损失在各个相关设备的分布情况，对改进设备性能，减少㶲损，提高整个装置的效率有指导意义。

㶲分析计算仍针对上述算例进行。设环境状态为 $p_0=0.1\text{MPa}$、$T_0=293.15\text{K}$（20℃）。

（1）水泵

水泵的㶲损
$$E_{L,P}=T_0S_{g,P}=T_0m(s_4-s_3)$$

查蒸汽表得 $s_3=0.422\,1\text{kJ/(kg·K)}$（0.004MPa 饱和水的熵）

$s_4=0.439\,6\text{kJ/(kg·K)}$（$p_4=14\text{MPa}$ 和 $h_4=140.67\text{kJ/kg}$ 时的熵）

所以

$$E_{L,P}=293.15\text{K}\times 11.103\,7\text{kg/kg(f)}\cdot(0.439\,6-0.422\,1)\text{kJ/(kg·K)}=56.963\text{kJ/kg(f)}$$

以燃料㶲（$E_{x,U,f}$）为 100%，

$$E_{x,U,f}=0.975H_{V,H}=0.975\times 43\,200\text{kJ/kg(f)}=42\,120\text{kJ/kg(f)}$$

水泵的㶲损率为

$$\frac{E_{L,P}}{E_{x,U,f}}=\frac{56.963\text{kJ/kg(f)}}{42\,120\text{kJ/kg(f)}}=0.135\%$$

（2）锅炉

锅炉的㶲损

$$E_{L,B}=E_{x,U,f}-m(e_{x1}-e_{x4})=E_{x,U,f}-m[(h_1-h_4)-T_0(s_1-s_4)]$$

查蒸汽表得　$s_1=6.582\,7\text{kJ/(kg·K)}$

所以

$$\begin{aligned}E_{L,B}&=42\,120\text{kJ/kg(f)}-11.103\,7\text{kg/kg(f)}\times[(3463.9-140.67)\text{kJ/kg}\\&\quad-293.15\text{K}(6.582\,7-0.439\,6)\text{kJ/(kg·K)}]\\&=25\,215.95\text{kJ/kg(f)}\end{aligned}$$

锅炉的㶲损率为

$$\frac{E_{L,B}}{E_{x,U,f}}=\frac{25\,215.95\text{kJ/kg(f)}}{42\,120\text{kJ/kg(f)}}=59.867\%$$

锅炉的㶲损高达燃料㶲的一半以上，主要是由于燃烧是一个强烈的不可逆过程，还有锅炉中的火焰、烟气与水和蒸汽之间的传热温差很大，往往高达几百度甚至上千度。提高蒸汽的温度虽然可以减少传热的不可逆㶲损，但又受到汽轮机材料耐热性能的限制。锅炉的排烟温度较高，直接将烟气中的可用能排放到大气中未加利用也造成锅炉的㶲损，然而降低排烟温度也受到多种因素的制约。锅炉中的其他㶲损，如不完全燃烧、炉体散热、管道阻力、阀门节流等造成的㶲损相对较小。

(3) 汽轮机

汽轮机的㶲损　$E_{L,T}=T_0S_{g,T}=T_0m(s_2-s_1)$

查蒸汽表得

$s_2=7.171\,1\text{kJ/(kg·K)}$　（$p_2=0.004\text{MPa}$ 和 $h_2=2160.28\text{kJ/kg}$ 时的熵）

所以

$$E_{L,T}=293.15\text{K}\times11.103\,7\text{kg/kg(f)}\times(7.171\,1-6.582\,7)\text{kJ/(kg·K)}=1915.27\text{kJ/kg(f)}$$

汽轮机的㶲损率为

$$\frac{E_{L,T}}{E_{x,U,f}}=\frac{1915.27\text{kJ/kg(f)}}{42\,120\text{kJ/kg(f)}}=4.547\%$$

(4) 凝汽器

凝汽器的㶲损

$$\begin{aligned}E_{L,C}&=m(e_{x2}-e_{x3})=m[(h_2-h_3)-T_0(s_2-s_3)]\\&=11.103\,7\text{kg/kg(f)}\times[(2160.28-121.30)\text{kJ/kg}\\&\quad-293.15\text{K}(7.171\,1-0.422\,1)\text{kJ/(kg·K)}]\\&=671.89\text{kJ/kg(f)}\end{aligned}$$

凝汽器的㶲损率为

$$\frac{E_{L,C}}{E_{x,U,f}}=\frac{671.89\text{kJ/kg(f)}}{42\,120\text{kJ/kg(f)}}=1.595\%$$

装置输出的功（可用能）与燃料㶲的比值称为循环的㶲效率：

$$\eta_{ex}=\frac{W_0}{E_{x,U,f}}=\frac{W_T-W_P}{E_{x,U,f}}=\frac{(14\,475.0-215.08)\text{kJ/kg(f)}}{42\,120\text{kJ/kg(f)}}=33.855\%$$

总的㶲平衡（按每千克燃料计算）：

1kg 燃料的㶲=（水泵、锅炉、汽轮机、凝汽器总的㶲损失）

+（汽轮机所做功－水泵消耗功）

即　$E_{x,U,f}=E_{L,P}+E_{L,B}+E_{L,T}+E_{L,C}+W_T-W_P$

亦即

$$42\,120\text{kJ/kg(f)} = (56.963 + 25\,215.92 + 1915.27 + 671.89 + 14\,475.0 - 215.08)\text{kJ/kg(f)} = 42\,120\text{kJ/kg(f)}$$

以 1kg 燃料的㶲为 100%，将各项㶲损及循环输出的功直观地画在㶲流图中（见图9 - 33）。

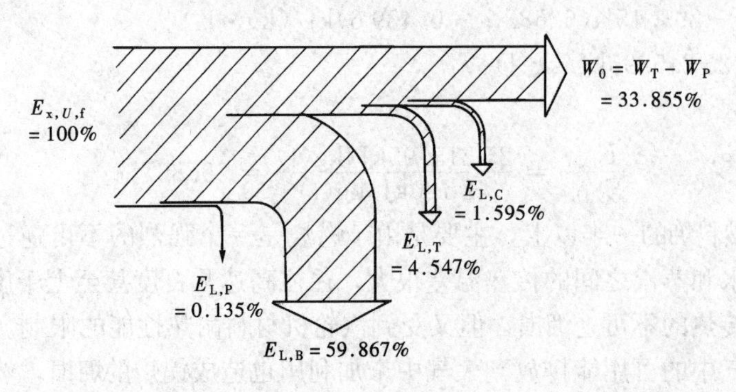

图 9 - 33

将能量分析和㶲分析的各项计算结果列成表（见表 9 - 3），以便对照比较。表 9 - 3 中的数据清楚地显示：能量平衡中的最大损失在凝汽器，㶲平衡中的最大损失在锅炉，二者均超过 50%。应该说㶲分析的结果更合理、更具指导意义。要提高从燃料化学能到可用功的能量转换效率，不可能从减少凝汽器的排热中找到出路（凝汽器排热中的绝大部分，从理论上来说是必须需的），而应从减少锅炉燃烧、传热、排烟等的㶲损中和所有实际设备都存在的㶲损中找出路（任何㶲损在理论上都可以避免）。

表 9 - 3　　能量平衡和㶲平衡

项　目		水泵损失	锅炉损失	汽轮机损失	凝汽器损失	装置输出功	总　计
能量平稳	kJ/kg(f)	0	4100	0	22 640.2	14 259.9	41 000.1 ($H_{V,L}$)
	%	0	10	0	55.22	34.78	100.00
㶲平衡	kJ/kg(f)	56.963	25 215.95	1915.27	671.89	14 259.9	42 120 ($E_{x,U,f}$)
	%	0.135	59.867	4.547	1.595	33.855	100.00

1. 理想气体的热力学能只是温度的函数，而实际气体的热力学能则和温度及压力都有关。试根据水蒸气图表中的数据，举例计算过热水蒸气的热力学能，以验证上述结论。

2. 根据式（3 - 31）$\left[c_p = \left(\frac{\partial h}{\partial T}\right)_p\right]$可知：在定压过程中 $dh = c_p dT$。这对任何物质都适用，只要过程是定压的。如果将此式应用于水的定压汽化过程，则得 $dh = c_p dT = 0$（因为水定压汽化时温度不变，$dT = 0$）。然而众所周知，水在汽化时焓是增加的（$dh > 0$）。问题到底出在哪里？

3. 各种气体动力循环和蒸汽动力循环，经过理想化以后可按可逆循环进行计算，但所得理论热效率即使在温度范围相同的条件下也并不相等。这和卡诺定理有矛盾吗？

4. 能否在蒸汽动力循环中将全部蒸汽抽出来用于回热（这样就可以取消凝汽器，$Q_2 = 0$），从而提高热效率？能否不让乏汽凝结放出热量 Q_2，而用压缩机将乏汽直接压入锅炉，从而减少热能损失，提高热效率？

5. 对热电联产循环为什么要同时考虑能量利用率和热效率？

6. 为什么说对循环进行的㶲分析的结果比能量分析的结果更合理？

习　题

9-1　利用水蒸气的焓熵图填充下列空白：

状态	p（MPa）	t（℃）	h（kJ/kg）	s［kJ/（kg·K）］	干度 x（%）	过热度 D（℃）
1	5	500				
2	0.3		2550			
3		180		6.0		
4	0.01				90	
5		400				150

9-2　已知下列各状态：

（1）$p=3\text{MPa}$，$t=300℃$；

（2）$p=5\text{MPa}$，$t=155℃$；

（3）$p=0.3\text{MPa}$，$x=0.92$。

试利用水和水蒸气热力性质表查出或计算出各状态的比体积、焓、熵和热力学能。

9-3　试利用计算机，通过对式（9-2）的计算，列出一个从三相点到临界点饱和蒸汽压随温度变化的关系表（从 0℃开始，温度间隔取 10℃），并与附表 6 中的数据对照。

9-4　某锅炉每小时生产 10t 水蒸气，其压力为 1MPa，温度为 350℃。锅炉给水温度为 40℃，压力为 1.6MPa。已知锅炉效率为

$$\eta_B=\frac{\text{蒸汽吸收的热量}}{\text{燃料可产生的热能}}=80\%$$

煤的低发热量 $H_{V,L}=29\,000\text{kJ/kg}$。求每小时的耗煤量。

9-5　过热水蒸气的参数为：$p_1=13\text{MPa}$、$t_1=550℃$。在蒸汽轮机中定熵膨胀到 $p_2=0.005\text{MPa}$。蒸汽流量为每小时 130t。求蒸汽轮机的理论功率和出口处乏汽的湿度。若蒸汽轮机的相对内效率 $\eta_{ri}=85\%$，求蒸汽轮机的功率和出口处乏汽的湿度，并计算因不可逆膨胀造成蒸汽比熵的增加。

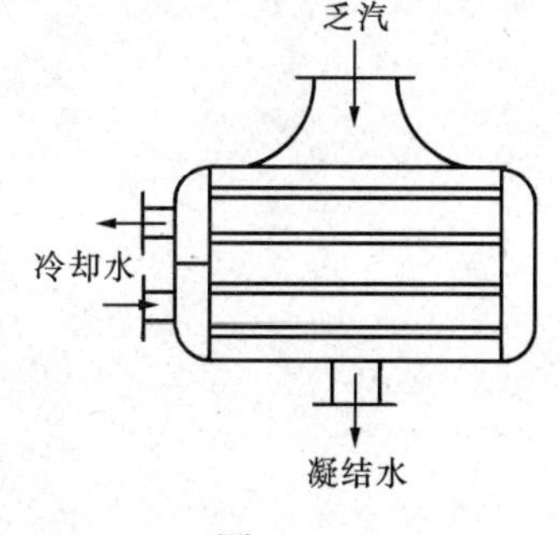

图 9-34

9-6　一台功率为 200MW 的蒸汽轮机，其耗汽率 $d=3.1\text{kg/(kW·h)}$。乏汽压力为 0.004MPa，干度为 0.9，在凝汽器中全部凝结为饱和水（见图 9-34）。已知冷却水进入凝汽器时的温度为 10℃，离开时的温度为 18℃；水的比定压热容为 4.187kJ/(kg·K)，求冷却水流量。

9-7　已知朗肯循环的蒸汽初压 $p_1=10\text{MPa}$，终压 $p_2=0.005\text{MPa}$；初温为：（1）500℃；（2）550℃。试求循环的平均吸热温度、理论热效率和耗汽率［kg/(kW·h)］。

9-8　已知朗肯循环的初温 $t_1=500℃$，终压 $p_2=0.005\text{MPa}$。初压为：（1）10MPa；（2）15MPa。试求循环的平均吸热温度、理论热效率和乏汽湿度。

9-9　某蒸汽动力装置采用再热循环。已知新汽参数为 $p_1=14\text{MPa}$、$t_1=550℃$，再热蒸汽的压力为 3MPa，再热后温度为 550℃，乏汽压力为 0.004MPa。试求它的理论热效率比不再热的朗肯循环高多少，并将再热循环表示在压容图和焓熵图中。

9 - 10　某蒸汽动力装置采用二次抽汽回热。已知新汽参数为 $p_1=14\text{MPa}$、$t_1=550℃$，第一次抽汽压力为 2MPa，第二次抽汽压力为 0.16MPa，乏汽压力为 0.005MPa。试问：

(1) 它的理论热效率比不回热的朗肯循环高多少？

(2) 耗汽率比朗肯循环增加了多少？

(3) 为什么热效率提高了而耗汽率反而增加呢？

9 - 11　承接 9 - 10 节中的算例。认为燃料在锅炉中完全燃烧，并忽略炉体散热等损失，亦即认为锅炉热损失（10%）全部由排烟带走，其余的燃料能（90%）为蒸汽所吸收。已知消耗 1kg 燃料油产生 22kg 烟气，认为烟气的热力性质接近空气（可按空气计算），在放热过程中压力不变。试利用附表 5 提供的空气性质数据确定烟气最高温度和排烟温度（即烟气传热量给水及蒸汽之前和之后的温度），并计算燃烧、不等温传热［管道阻力（由 14MPa 降至 13.5MPa）造成的少量㶲损并入此项］和排烟这三项的㶲损率。将三项计算结果的总和与表 9 - 3 中列出的锅炉㶲损率对照。

第 10 章　湿空气性质和湿空气过程

［**本章导读**］随着科学技术的发展，湿空气的应用已不完全局限于传统的空调、干燥、气象等领域，在热动力工程（如湿空气透平、压气机喷水等）及其他工程中亦经常会遇到湿空气问题。

本章除介绍湿空气的一般性质和常压下的湿空气过程外，也稍涉及压力变化的湿空气过程。

10 - 1　湿空气和干空气

湿空气是指含有水蒸气的空气。完全不含水蒸气的空气称为干空气。大气中的空气或多或少都含有水蒸气，所以人们通常遇到的空气都是湿空气，只是由于其中水蒸气的含量不大，有时就按干空气计算。但对那些与湿空气中水蒸气含量有显著关系的过程，如干燥过程、空气调节、蒸发冷却等，就有必要按湿空气来考虑。

湿空气是水蒸气和干空气的混合物。干空气本身又是氮、氧及少量其他气体的混合物。干空气的成分比较稳定，而湿空气中水蒸气的含量在自然界的大气中已有不同，而在如上所述的那些工程应用中则变化更大。但总的来说，湿空气中水蒸气的分压力通常都很低，因此可按理想气体进行计算。所以，整个湿空气也可以按理想气体进行计算。

按照道尔顿定律，湿空气的压力等于水蒸气和干空气分压力的总和：

$$p=p_{v}+p_{DA} \tag{10-1}$$

式中　p_{v}——水蒸气的分压力；

p_{DA}——干空气的分压力。

如果没有特意进行压缩或抽空，那么湿空气的压力一般也就是当时当地的大气压力。

湿空气中的水蒸气通常处于过热状态，即水蒸气的分压力低于当时温度所对应的饱和压力（见图 10 - 1 和图 10 - 2 中状态 a）。这种湿空气称为未饱和空气。未饱和空气具有吸湿能力，即它能容纳更多的水蒸气。

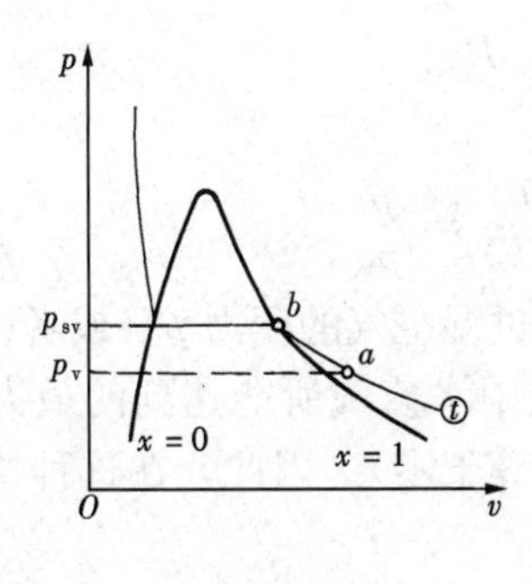

图 10 - 1

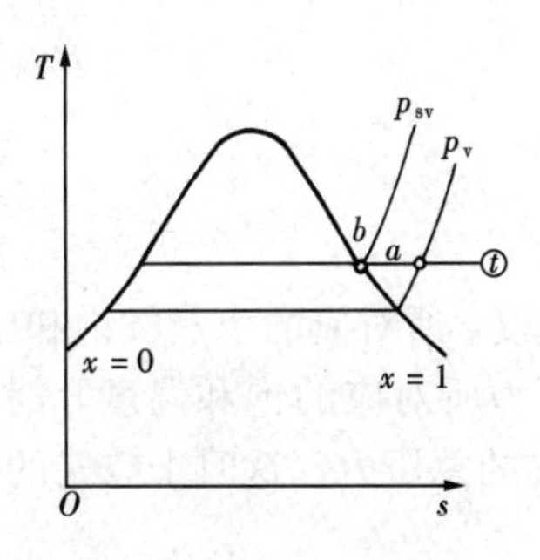

图 10 - 2

如果水蒸气的分压力达到了当时温度所对应的饱和压力（见图 10-1 和图 10-2 中状态 b），那么这时的湿空气便称为饱和空气。饱和空气不再具有吸湿能力，如再加入水蒸气，就会凝结出水珠来。

10-2 绝对湿度和相对湿度

湿度是用来表示湿空气中水蒸气的含量的。

所谓绝对湿度是指单位体积（通常指 1m^3）的湿空气中所含水蒸气的质量。所以绝对湿度也就是湿空气中水蒸气的密度：

$$\rho_{\text{v}}=\frac{m_{\text{v}}}{V}=\frac{1}{v_{\text{v}}} \tag{10-2}$$

对于饱和空气

$$\rho_{\text{sv}}=\frac{1}{v_{\text{sv}}}=\frac{1}{v''} \tag{10-3}$$

绝对湿度并不能完全说明湿空气的潮湿程度（或干燥程度）和吸湿能力。因为，同样的绝对湿度（比如说 $\rho_{\text{v}}=0.009\text{kg/m}^3$），如果温度较高（比如说 20℃），则该温度所对应的饱和压力及饱和水蒸气的密度都较高（$\rho_{\text{sv}}=0.0173\text{kg/m}^3$），湿空气中的水蒸气还没有达到饱和压力和饱和密度，因而这时的空气还是比较干燥的，还具有吸湿能力（例如冬季室内开放暖气就会感到干燥）；如果温度较低（比如说 10℃），则该温度所对应的饱和压力和饱和水蒸气的密度都比较低（$\rho_{\text{sv}}=0.0094\text{kg/m}^3$）这时就会感到阴冷潮湿；如果温度再低，就会有水珠凝结出来。

所以，绝对湿度的大小不能完全说明空气的干燥程度和吸湿能力，尚需引入相对湿度的概念。

相对湿度是指绝对湿度和相同温度下可能达到的最大绝对湿度（即饱和空气的绝对湿度）的比值：

$$\varphi=\frac{\rho_{\text{v}}}{\rho_{\text{v,max}}}=\frac{\rho_{\text{v}}}{\rho_{\text{sv}}} \tag{10-4}$$

相对湿度表示湿空气离开饱和空气的远近程度。所以相对湿度也叫饱和度。

相对湿度也可以表示成未饱和空气中水蒸气的分压力和饱和空气中水蒸气的分压力的比值。因为

$$\rho_{\text{v}}=\frac{p_{\text{v}}}{R_{\text{g,v}}T},\quad \rho_{\text{sv}}=\frac{p_{\text{sv}}}{R_{\text{g,v}}T}$$

所以

$$\varphi=\frac{\rho_{\text{v}}}{\rho_{\text{sv}}}=\frac{p_{\text{v}}/(R_{\text{g,v}}T)}{p_{\text{sv}}/(R_{\text{g,v}}T)}=\frac{p_{\text{v}}}{p_{\text{sv}}} \tag{10-5}$$

当湿空气温度 t 所对应的水蒸气饱和压力 p_{sv} 超过湿空气的压力 p（或者说，当湿空气温度超过湿空气压力所对应的饱和温度）时，湿空气中水蒸气所能达到的最大分压力不再是 p_{sv}，而是湿空气的总压力（这时干空气的分压力已等于零）。因此，在这种情况下，相对湿度应定义为

$$\varphi=\frac{p_{\text{v}}}{p_{\text{v,max}}}=\frac{p_{\text{v}}}{p} \tag{10-6}$$

10-3　露点温度和湿球温度

式（10-5）中的 $\rho_{sv}(\rho_{sv}=1/v'')$ 和 p_{sv}，只要知道湿空气的温度便可以从饱和水蒸气热力性质表中查出。但绝对湿度 ρ_v 和水蒸气的分压力 p_v 是不知道的，还需要测量。测出了 ρ_v 或 p_v，就可以按式（10-5）计算出相对湿度。但是，ρ_v 和 p_v 都不易直接测量，所以通常都用露点计或干湿球温度计间接测定。

一种简单的露点计如图 10-3 所示，它的主体是一个表面镀铬的金属容器，内装易挥发的液体乙醚。测量时，手捏橡皮球向容器送进空气，使乙醚液挥发。由于乙醚挥发时吸收热量，从而使乙醚液体及整个容器的温度不断降低。当温度降到一定程度时，镀铬的金属表面开始失去光泽（出现微小露珠），这时温度计所示温度即为露点温度 t_d。由露点温度可以从饱和水蒸气热力性质表中查出相应的饱和压力 p_{sv}（t_d）。由于乙醚容器周围的空气是在总压力（p）与分压力（p_v 和 p_{DA}）都不变的情况下被冷却的（见图 10-4 和图 10-5 中过程 $a\rightarrow c$），所以

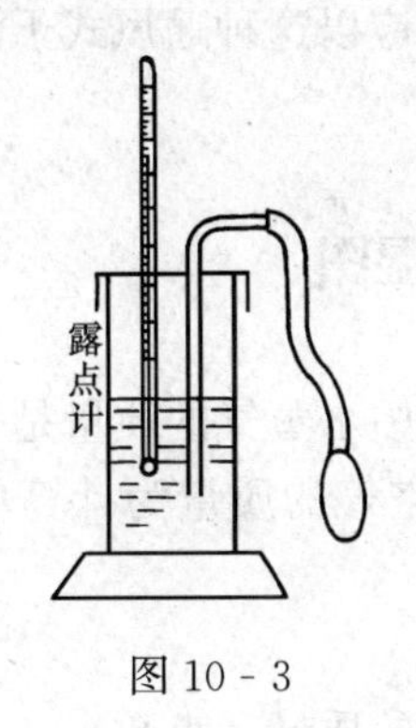

图 10-3

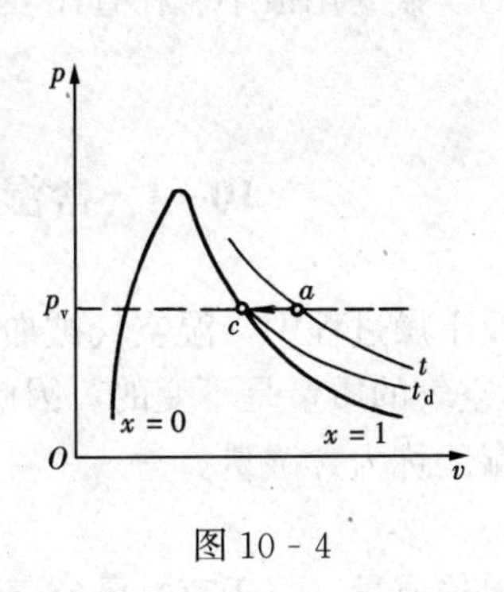

图 10-4

$$p_v = p_{sv(t_d)} \tag{10-7}$$

因此

$$\varphi = \frac{p_v}{p_{sv}} = \frac{p_{sv(t_d)}}{p_{sv(t)}} \tag{10-8}$$

对于饱和空气

$$t_d = t,\ \varphi = 1 \tag{10-9}$$

用上述这种露点计测露点时，不容易准确判定什么时候开始凝露，因此所得结果往往误差较大。利用干湿球温度计进行测量则比较准确。

干湿球温度计就是两支普通温度计（见图 10-6），其中一支的温包直接和湿空气接触，称为干球温度计；另一支的温包则用湿纱布包着，称为湿球温度计。干球温度计测出的温度 t 就是湿空气的温度。湿球温度计由于有湿布包着，如果周围的空气是未饱和的，那么湿纱布表面的水分就会不断蒸发。由于水蒸发时吸收热量，从而使贴近湿纱布周围的一层空气的温度降低。当温度降低到一定程度时，外界传入纱布的热量正好等于水蒸发需要的热量，这时温度维持不变，这就是湿球温度 t_w。显然，空气的相对湿度越小，水蒸发得越快，湿球温度比干球温度就低得越多。

湿球温度总是界于露点温度和干球温度之间：

$$t_d < t_w < t \quad (\text{当}\ \varphi < 1) \tag{10-10}$$

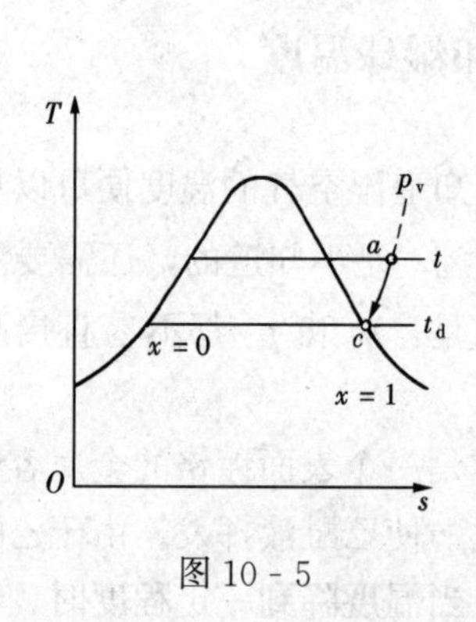

图 10-5

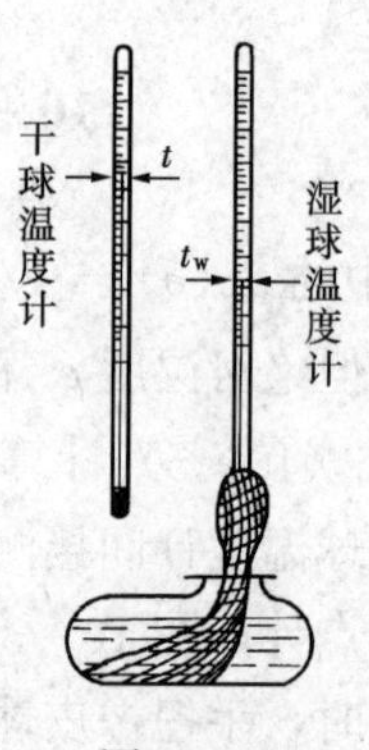

图 10-6

对于饱和空气，这三种温度相等：

$$t_d = t_w = t \quad (\text{当}\ \varphi = 1) \tag{10-11}$$

应该指出，湿球温度计的读数和掠过湿球的风速有一定关系。实验表明：同样的湿空气，具有一定风速时湿球温度计的读数比风速为零时低些；但在风速超过 2m/s 的宽广范围内，湿球温度计的读数变化很小。在查图表或进行计算时应以这种通风式干湿球温度计的读数为准。

10-4　含湿量、焓和焓湿图

在空气调节及干燥过程中，湿空气被加湿或去湿，其中水蒸气的质量是变化的（增加或减少），但其中干空气的质量是不变的。因此，以 1kg 干空气的质量为计算单位显然比较方便。这样表示的湿度称为含湿量。

1. 含湿量

含湿量是指单位质量（每千克）干空气夹带的水蒸气的质量（克数）：

$$d = 1000\,\frac{m_v}{m_{DA}} = 1000\,\frac{m_v/V}{m_{DA}/V} = 1000\,\frac{\rho_v}{\rho_{DA}}\ \text{g/kg（DA）} \tag{10-12}$$

式中　d——含湿量；

DA——干空气。

式（10-12）建立了含湿量和绝对湿度之间的关系。含湿量实质上是湿空气中水蒸气密度 ρ_v 与干空气密度 ρ_{DA} 之比。

含湿量和相对湿度之间的关系推导如下：

根据理想气体状态方程

$$p_v = \rho_v R_{g,v} T,\quad p_{DA} = \rho_{DA} R_{g,DA} T$$

所以

$$\frac{\rho_v}{\rho_{DA}} = \frac{p_v R_{g,DA}}{p_{DA} R_{g,v}} = \frac{p_v M_v}{p_{DA} M_{DA}} = \frac{18.016 p_v}{28.965 p_{DA}} = 0.621\,99\,\frac{p_v}{p_{DA}}$$

代入式（10-12）得

$$d = 1000\,\frac{\rho_v}{\rho_{DA}} = 621.99\,\frac{p_v}{p_{DA}} = 621.99\,\frac{p_v}{p - p_v}$$

即

$$d = 621.99\,\frac{\varphi p_{sv}}{p - \varphi p_{sv}}\ \text{g/kg(DA)} \tag{10-13}$$

式（10 - 13）建立了含湿量和相对湿度之间的关系。

从式（10 - 13）又可得

$$p_{\mathrm{v}}=\frac{pd}{621.99+d} \tag{10-14}$$

式（10 - 14）表明：当湿空气压力一定时，水蒸气的分压力和含湿量之间有单值的对应关系。

2. 焓

为计算方便起见，湿空气的焓也是对 1kg 干空气而言的［或者说是对 $(1+0.001d)$kg 湿空气而言的］。

$$H=h_{\mathrm{DA}}+0.001dh_{\mathrm{v}}\,\mathrm{kJ/kg(DA)}$$

式中　H——湿空气的焓；

h_{DA}——干空气的比焓；

h_{v}——水蒸气的比焓。

由于湿空气的应用压力一般都不高，因而其中干空气和水蒸气的分压力也都较低，温度变化也不很大，可以认为它们的比热容只与温度有关，并与温度成线性关系。

$$\{c_{p,\mathrm{DA}}\}_{\mathrm{kJ/(kg\cdot K)}}=1.002+0.000\,10\{t\}_{℃}$$

$$\{c_{p,\mathrm{v}}\}_{\mathrm{kJ/(kg\cdot K)}}=1.850+0.000\,42\{t\}_{℃}$$

所以

$$\{h_{\mathrm{DA}}\}_{\mathrm{kJ/kg}}=\int_0^t\{c_{p,\mathrm{DA}}\}_{\mathrm{kJ/(kg\cdot K)}}\mathrm{d}\{t\}_{℃}=1.002\{t\}_{℃}+0.000\,05\{t\}_{℃}^2$$

（以 0℃干空气的焓为零）

$$\{h_{\mathrm{v}}\}_{\mathrm{kJ/kg}}=r_{(t=0℃)}+\int_0^t\{c_{p,\mathrm{v}}\}_{\mathrm{kJ/(kg\cdot K)}}\mathrm{d}\{t\}_{℃}=2501+1.850\{t\}_{℃}+0.000\,21\{t\}_{℃}^2$$

（以 0℃水的焓为零）

所以湿空气的焓为

$$\{H\}_{\mathrm{kJ/kg(DA)}}=1.002\{t\}_{℃}+0.000\,05\{t\}_{℃}^2+0.001d(2501+1.850\{t\}_{℃}+0.000\,21\{t\}_{℃}^2) \tag{10-15}$$

3. 焓湿图

为方便湿空气过程的计算，可以针对某一指定压力将湿空气的热力性质绘制成线图。例如，附图 6 是湿空气压力为 0.1MPa 时的焓湿图，它以湿空气的焓（H）为纵坐标，含湿量（d）为横坐标。为使图中曲线看起来清楚，两坐标轴的夹角适当放大（比如说取 135°而不是 90°）。图中示出了各主要参数 H、d、t、φ 的定值线（见图 10 - 7），其中 $\varphi=1$ 的定相对湿度线上的各点表示不同温度的饱和空气，称为饱和空气线。在饱和空气线的上方（$\varphi<1$）代表未饱和空气。图的上方还标出了水蒸气的分压力和含湿量的对应关系 $p_{\mathrm{v}}=f(d)$。

在指定的压力下，另外给出湿空气的两个参量，即可在图中查到相应的其他参数。例如指定湿空气压力 $p=0.1$MPa，已知 $t=30$℃，$\varphi=80\%$（见图 10 - 8 中状态 a），则可查得 $d=22$g/kg(DA)、$H=86$kJ/kg(DA)。由于定湿球温度线基本上和定焓线平行，因此湿球温度 t_{w} 可以这样来确定：由该状态 a 沿定焓线往右下方与饱和空气线（$\varphi=1$）相交于 b 点，b 点的温度（27℃）即为湿球温度。所以

$$t_{\mathrm{w}}=27℃$$

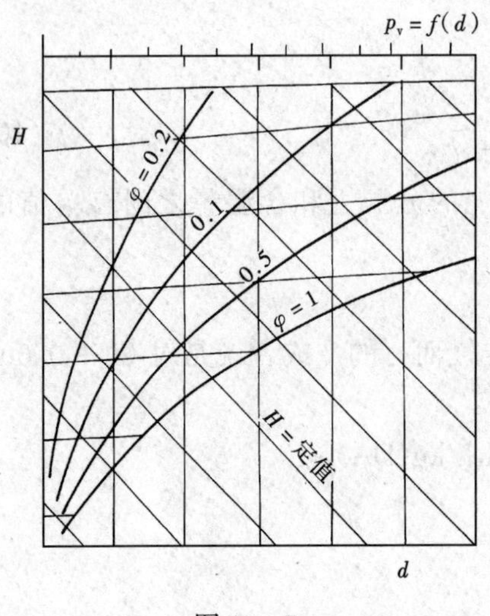

图 10 - 7

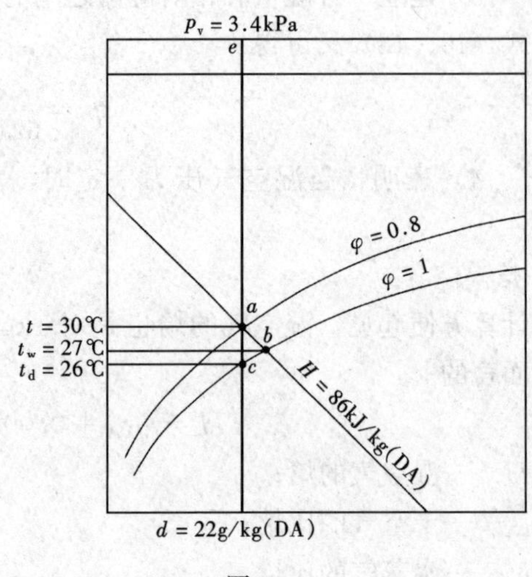

图 10 - 8

露点温度 t_d 和水蒸气的分压力 p_v，可由 a 点沿定含湿量线垂直往下与饱和空气线相交于 c 点，垂直往上与 $p_v = f(d)$ 线相交于 e 点。c 点的温度（26℃）即为露点温度；e 点的压力（3.4kPa）即为水蒸气的分压力，所以

$$t_d = 26℃$$

$$p_v = 3.4\text{kPa} = 0.003\,4\text{MPa}$$

由于通常的焓湿图都是针对指定的湿空气压力而绘制的，它只适用于该指定压力，因此对不同的湿空气压力需要绘制不同的焓湿图。如高原地区的大气压力以及一些特殊条件下的环境压力可能与平原地区的大气压力很不相同，因而就需要绘制很多针对不同压力的焓湿图。这样做将不胜其烦。为此，作者提出了比相对湿度的概念和可用于不同压力的通用焓湿图。

*10 - 5　比相对湿度和通用焓湿图

湿空气可作理想气体处理。因此，对于不同压力的湿空气，只要温度和含湿量相同，它们的焓［见式（10 - 15）］和饱和蒸汽压力也都是相同的。这时，相对湿度仅仅取决于水蒸气的分压力，而这一分压力在含湿量（即水蒸气和干空气的相对含量）不变的情况下与湿空气的总压力成正比。因此，对含湿量相同而总压力不同的湿空气，水蒸气的比分压力（即水蒸气分压力与湿空气总压力之比）是相同的：

$$p'_v = \frac{p_v}{p} \tag{10 - 16}$$

它和含湿量的单值关系为［见式（10 - 14）］

$$p'_v = \frac{d}{621.99 + d} \tag{10 - 17}$$

湿空气的相对湿度与湿空气总压力之比称为比相对湿度：

$$\psi = \frac{\varphi}{p} = \frac{p_v/p_{sv}}{p} = \frac{p'_v}{p_{sv}} \tag{10 - 18}$$

比相对湿度也就是单位压力（指湿空气总压力）的相对湿度。对具有相同温度和相同含湿量但总压力不同的湿空气而言，它们有相同的比分压力（因含湿量相同）和相同的饱和压力（因温度相同），因而由式（10-18）可知，它们的比相对湿度也相同。所以，如果以温度（t）、含湿量（d）、比分压力（p_v'）和比相对湿度（ψ）为基本参数，就可以绘制出可用于不同压力的湿空气通用焓湿图。

根据上述思想，作者编制了通用焓湿图。单位压力取 0.1MPa（即 1bar），因为 0.1MPa 的压力值（750.062mmHg）比较接近我国平原地区的大气压力。对 0.1MPa 的压力而言，比相对湿度和相对湿度的数值是相同的，但单位不同。比相对湿度的单位是（0.1MPa）$^{-1}$，相对湿度无单位（无量纲）。

通用焓湿图（附图 7）❶ 是根据作者提供的下列计算式❷算出的数据编制的：

$$\left.\begin{aligned}
&\psi=\frac{\varphi}{\{p\}_{\mathrm{bar}}}=\frac{0.1\varphi}{\{p\}_{\mathrm{MPa}}}=\frac{0.1(A_{\mathrm{w}}-D)}{A\{p\}_{\mathrm{MPa}}-(A-A_{\mathrm{w}}+D)\{p_{\mathrm{sv}(t)}\}_{\mathrm{MPa}}}(0.1\mathrm{MPa})^{-1}\\
&\text{其中}\quad A=(1555.6+1.151t+0.000\,13t^2-2.604t_{\mathrm{w}})\frac{p_{\mathrm{sv}(t)}}{p-p_{\mathrm{sv}(t)}}\\
&\qquad A_{\mathrm{w}}=(1555.6-1.453t_{\mathrm{w}}+0.000\,13t_{\mathrm{w}}^2)\frac{p_{\mathrm{sv}(t_{\mathrm{w}})}}{p-p_{\mathrm{sv}(t_{\mathrm{w}})}}\\
&\qquad D=1.002(t-t_{\mathrm{w}})+0.000\,05(t^2-t_{\mathrm{w}}^2)\\
&p_{\mathrm{sv}(t>0^\circ\mathrm{C})}=22.064\exp\left\{\left[7.214\,8+3.956\,4\left(0.745-\frac{t+273.15}{647.14}\right)^2\right.\right.\\
&\qquad\left.\left.+1.348\,7\left(0.745-\frac{t+273.15}{647.14}\right)^{3.177\,8}\right]\left(1-\frac{647.14}{t+273.15}\right)\right\}\mathrm{MPa}
\end{aligned}\right\}\quad(10-19)$$

给出湿空气压力 p(MPa)、干球温度 t 和湿球温度 t_w，即可根据此式计算出相对湿度 φ 和比相对湿度 ψ(0.1MPa)$^{-1}$，然后再根据式（10-13）和式（10-15）计算出含湿量 d[g/kg(DA)] 和焓 H[kJ/kg(DA)]。

式（10-19）中的 φ 是根据式（10-5）的定义式计算的，其中的最大水蒸气分压 $p_{v,max}$ 取的是干球温度所对应的饱和蒸汽压 $p_{sv(t)}$。当干球温度所对应的饱和蒸汽压超过湿空气的总压（亦即当干球温度超过湿空气总压所对应的水蒸气饱和温度）时，应根据式（10-6）计算 φ，即 $p_{v,max}$应取湿空气总压，因此需将按式（10-19）计算所得的相对湿度值（$\varphi_{计}$）乘以$\frac{p_{sv(t)}}{p}$，这样就可以得到正确的相对湿度值（见［例 10-1］）：

$$\varphi=\frac{p_{\mathrm{v}}}{p}=\frac{p_{\mathrm{v}}}{p_{\mathrm{sv}(t)}}\frac{p_{\mathrm{sv}(t)}}{p}=\varphi_{计}\frac{p_{\mathrm{sv}(t)}}{p}\qquad(10-20)$$

对通用焓湿图中查出的比相对湿度值（$\psi_{图}$），在遇到上述情况时，只需乘以 $p_{sv(t)}$ 即可得到正确的相对湿度值：

$$\varphi=\frac{p_{\mathrm{v}}}{p}=\frac{p_{\mathrm{v}}}{p_{\mathrm{sv}(t)}}\frac{p_{\mathrm{sv}(t)}}{p}=\frac{\varphi_{图}}{p}p_{\mathrm{sv}(t)}=\psi_{图}\,p_{\mathrm{sv}(t)}\qquad(10-21)$$

通用焓湿图的用法和一般焓湿图基本相同。如果湿空气的压力为 0.1MPa，那么只要将图中 ψ 的值视为 φ 的值就可以了。这时饱和空气线（$\varphi=1$）也就是 $\psi=1$(0.1MPa)$^{-1}$ 的定值

❶ 附图 7 中 10^5Pa=0.1MPa=1bar；(10^5Pa)$^{-1}$=（0.1MPa）$^{-1}$=（1bar）$^{-1}$。本意取 1bar 为单位压力，但 bar 不是我国法定单位，因此取 10^5Pa 为单位压力。

❷ 参看：严家騄等．湿空气的比相对湿度和通用焓湿图．工程热物理学报，1984（4）。

线；$\varphi=0.5$ 的定相对湿度线也就是 $\psi=0.5(0.1\mathrm{MPa})^{-1}$ 的定值线。如果湿空气的压力为 0.2MPa，则饱和空气线（$\varphi=1$）为 $\psi=0.5(0.1\mathrm{MPa})^{-1}$ 的定值线；$\varphi=0.5$ 的定相对湿度线为 $\psi=0.25(0.1\mathrm{MPa})^{-1}$ 的定值线。如果湿空气的压力为 0.05MPa，则饱和空气线为 $\psi=2(0.1\mathrm{MPa})^{-1}$ 的定值线；$\varphi=0.5$ 的定相对湿度线为 $\psi=1(0.1\mathrm{MPa})^{-1}$ 的定值线，以此类推。总之，对任意指定的湿空气压力 p，只要将通用焓湿图中各个比相对湿度值，按 $\varphi=\psi p$ 的简单关系换算成各个相对湿度值后，它就成了该指定压力下的一般焓湿图了。因此，一张通用焓湿图代表了很多（无数）张不同指定压力的焓湿图。

通用焓湿图（附图 7）中与定焓线基本平行的虚线是定湿球温度线。这些定湿球温度线都是直线，在图中只有确定的斜率（随温度的提高而稍趋平坦），而无固定位置。在给定了湿空气压力，因而饱和空气线也确定的条件下，根据饱和空气线上湿球温度和干球温度相等的原理，将标出的定湿球温度线平行移动到相应位置，这样便得到该压力下的定湿球温度线的具体位置。附图 7 中画出的定湿球温度线的位置是 0.1MPa 压力下的实际位置。例如图 10-9 中的三条平行虚线 $\overline{aa}$、$\overline{bb}$、$\overline{cc}$，它们分别是压力为 0.05MPa、0.1MPa 和 0.125MPa［其饱和空气线顺次为 $\psi=2(0.1\mathrm{MPa})^{-1}$、$\psi=1(0.1\mathrm{MPa})^{-1}$ 和 $=0.8(0.1\mathrm{MPa})^{-1}$］时的 30℃ 的定湿球温度线。在通用焓湿图中，$\overline{aa}$ 线和 $\overline{cc}$ 线可由 $\overline{bb}$ 线平行移动到相应位置而得出。如果湿球温度不很高，那么定湿球温度线基本上与定焓线平行，因此可以沿定焓线来确定湿球温度（湿球温度值等于定焓线与饱和空气线交点上的干球温度值），这样会更方便些，带来的误差不很显著。因此，有的温度范围较小的焓湿图中不画出定湿球温度线，认为它们与定焓线平行。

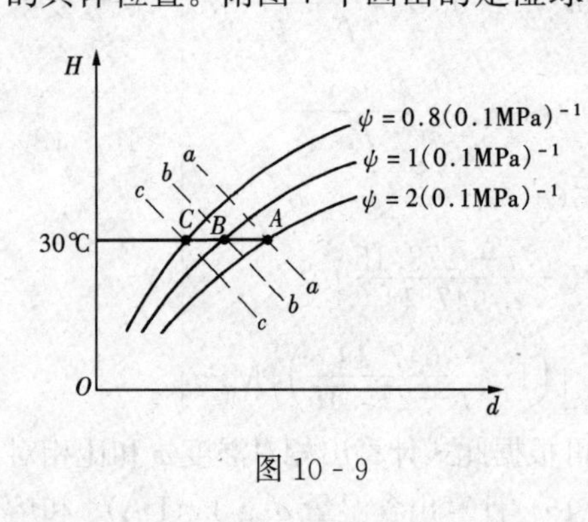

图 10-9

在通用焓湿图（附图 7）的上方还标出了水蒸气的比分压力与含湿量的对应关系。

当干球温度超过湿空气总压力所对应的饱和温度时，水蒸气的比分压力也就是相对湿度［$p_v'=\dfrac{p_v}{p}=\varphi$，见式（10-6）］。

【例 10-1】 计算湿空气的相对湿度、含湿量和焓。已知：(1) 干球温度 $t=30℃$，湿球温度 $t_w=25℃$，湿空气压力 $p=0.1\mathrm{MPa}$；(2) $t=140℃$，$t_w=54℃$，$p=745\mathrm{mmHg}$。

解 (1) 根据式（10-19）计算相对湿度。先计算饱和蒸汽压（亦可直接查饱和水蒸气表）：

$$p_{sv(30℃)}=0.004\,245\mathrm{MPa},\quad p_{sv(25℃)}=0.003\,169\mathrm{MPa}$$

又可计算得

$$A=67.613,\quad A_w=49.724,\quad D=5.023\,8$$

最后计算得相对湿度 $\varphi=0.670\,8$。

根据式（10-13）计算含湿量：

$$d=621.99\frac{\varphi p_{sv(t)}}{p-\varphi p_{sv(t)}}=621.99\mathrm{g/kg}\times\frac{0.670\,8\times0.004\,245\mathrm{MPa}}{0.1\mathrm{MPa}-0.670\,8\times0.004\,245\mathrm{MPa}}=18.23\mathrm{g/kg(DA)}$$

根据式（10-15）计算焓：

$$\begin{aligned}\{H\}_{\mathrm{kJ/kg(DA)}}&=1.002\{t\}_{℃}+0.000\,05\{t\}_{℃}^2+0.001d(2501+1.850\{t\}_{℃}+0.000\,21\{t\}_{℃}^2)\\&=1.002\times30+0.000\,05\times30^2+0.001\times18.23\times(2501+1.850\times30+0.000\,21\times30^2)\\&=76.71\mathrm{kJ/kg(DA)}\end{aligned}$$

从附图 6（0.1MPa 湿空气焓湿图）中也可直接查得

$$\varphi = 0.67, d = 18.2\text{g/kg(DA)}, H = 77\text{kJ/kg(DA)}$$

(2) 根据式（10-19）计算得

$$p_{sv(140℃)} = 0.3612\text{MPa} = 2709\text{mmHg} > p(745\text{mmHg})$$

$$p_{sv(54℃)} = 0.01501\text{MPa} = 112.6\text{mmHg}$$

$$A = -2177.5, A_w = 263.07, D = 87.006$$

从而得

$$\varphi_{计} = 0.02759$$

对 $p_{sv(t)} > p$ 的情况，相对湿度的实际值应根据式（10-20）加以修正：

$$\varphi = \varphi_{计}\frac{p_{sv(t)}}{p} = 0.02759 \times \frac{2709\text{mmHg}}{745\text{mmHg}} = 0.1003$$

根据式（10-13）计算含湿量［注意！由于式（10-13）中 φ 定义为 $\frac{p_v}{p_{sv(t)}}$，所以应该用 $\varphi_{计}$ 代入 d 的计算式］

$$d = 621.99\frac{\varphi_{计}\,p_{sv(t)}}{p - \varphi_{计}\,p_{sv(t)}} = 621.99\text{g/kg} \times \frac{0.02759 \times 2709\text{mmHg}}{745\text{mmHg} - 0.02759 \times 2709\text{mmHg}}$$

$$= 69.36\text{g/kg(DA)}$$

根据式（10-15）计算焓：

$H = [1.002 \times 140 + 0.00005 \times 140^2 + 0.001 \times 69.36 \times (2501 + 1.850 \times 140 + 0.00021 \times 140^2)]$ kJ/kg(DA) = 332.98kJ/kg(DA)

*【例 10-2】　对压力分别为 0.04MPa、0.1MPa 和 0.2MPa 的湿空气，测得它们的干球温度均为 20℃，湿球温度均为 15℃。利用通用焓湿图求它们的相对湿度和含湿量。

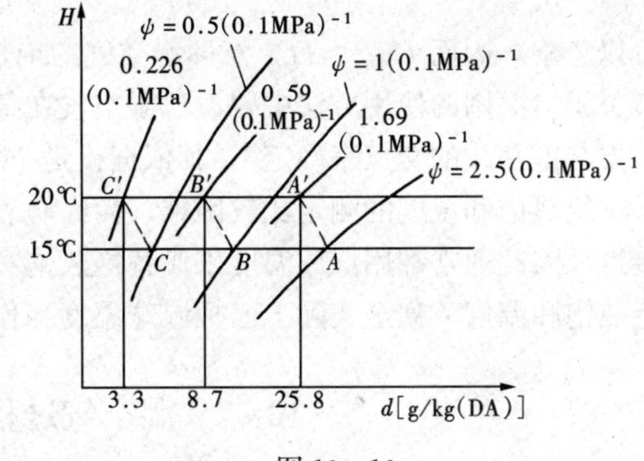

图 10-10

解　压力 $p = 0.04$MPa、0.1MPa、0.2MPa 时，饱和空气线（$\varphi = 1$）顺次为 $\psi = 2.5(0.1\text{MPa})^{-1}$、$1(0.1\text{MPa})^{-1}$、$0.5(0.1\text{MPa})^{-1}$ 的定比相对湿度线（图 10-10）。从 15℃的定温线与上述各定比相对湿度线的交点 A、B、C 画出 15℃的定湿球温度线（三条斜率略小于定焓线的平行虚线 $\overline{AA'}$、$\overline{BB'}$、$\overline{CC'}$。考虑到 15℃离 0℃不远也可以用定焓线代替定湿球温度线）与 20℃干球温度的定温线分别相交于 A'、B'、C'。通过这些交点的定比相对湿度线的值即为上述不同压力的湿空气的比相对湿度。它们依次为

$$\psi = 1.69(0.1\text{MPa})^{-1}, 0.59(0.1\text{MPa})^{-1}, 0.226(0.1\text{MPa})^{-1}$$

再乘以各自的压力，即得它们的相对湿度（$\varphi = \psi p$）

$$\varphi = 0.676, 0.59, 0.452$$

它们的含湿量（即 A'、B'、C' 在横坐标上的位置）可从通用焓湿图中直接查得

$$d = 25.8\text{g/kg(DA)}, 8.7\text{g/kg(DA)}, 3.3\text{g/kg(DA)}$$

所以，不同压力的湿空气，尽管具有相同的干球温度和相同的湿球温度，但其相对湿度和含湿量是不相同的。

10-6　绝热饱和温度

前面三节（10-3～10-5 节）提及并用到了湿球温度，但它并非严格意义上的状态参数，而是一个只适用于水—空气系统的经验数值。真正与湿空气有关的状态参数是绝热饱和温度。

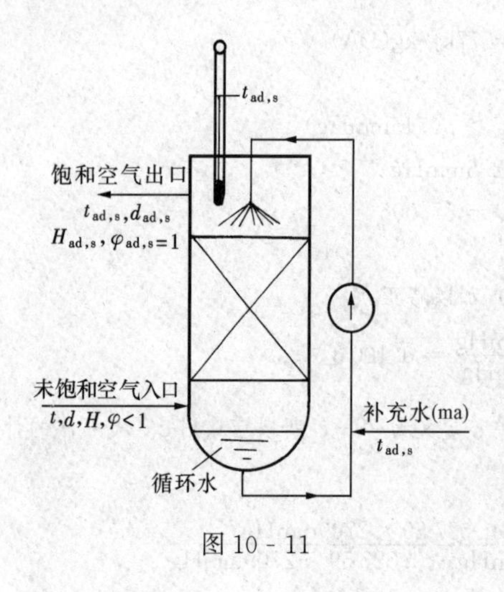

图 10 - 11

湿空气的绝热饱和温度可以通过绝热饱和器测定。

图 10 - 11 是绝热饱和器的示意图。它的主体是一绝热良好的容器，内置一多层结构，以保证水和空气有足够的面积和时间相接触。来自容器底部的循环水和补充水经水泵送进容器上部并喷淋而下，未饱和空气则自下而上流过饱和器。水滴从空气中吸收热量变成蒸汽，又加入到空气中。只要水滴和空气接触充分，空气将变为饱和空气流出。这时测得的出口饱和空气的温度即为绝热饱和温度（$t_{ad,s}$），补充水的温度则维持与绝热饱和温度相等。由于整个装置是无功而绝热的（维持水循环的泵消耗的功极少，可以忽略），过程稳定进行时，每流过 1kg 干空气的能量平衡式为

$$H_{ad,s} = H + H_{ma} = H + \frac{d_{ad,s} - d}{1000} \cdot c_{p,w} t_{ad,s} \tag{10 - 22}$$

显然，相应于一定的湿空气进口状态，绝热饱和温度有完全确定的值，所以说绝热饱和温度是湿空气的状态参数。由于$\frac{d_{ad,s}-d}{1000}$通常都较小，特别是当温度较低时，$H_{补充水}$比起 H 来常可以忽略，因而 $H_{ad,s} \approx H$，意即湿空气的绝热饱和过程接近一个焓不变的过程。本章 10 - 4 节关于焓湿图的使用方法中曾说“湿空气在某状态下的湿球温度，可由该状态沿定焓线向右下方与饱和线的交点来确定”，其依据正是 $H_{ad,s} \approx H$，$\varphi_{ad,s}=1$。

绝热饱和温度的测定比较困难，而经验表明，便于测量的湿球温度与绝热饱和温度非常接近，因此通常都用湿球温度来代替绝热饱和温度，以至人们在说湿球温度时实际上指的是绝热饱和温度，甚至实际上已把湿球温度当作湿空气的状态参数看待了。

10 - 7 湿空气过程——焓湿图的应用

本节所讨论的过程都是不做技术功的过程。

1. 加热（或冷却）过程

在空气调节技术中，使空气在压力基本不变的情况下加热或冷却的过程是经常会遇到的。利用热空气烘干物品时，在烘干过程之前也需要将空气加热（见图 10 - 12）。这种加热（或冷却）过程在进行时，空气的含湿量保持不变（见图 10 - 13 中过程 1→2）：

$$d = 常数，\Delta d = d_2 - d_1 = 0 \tag{10 - 23}$$

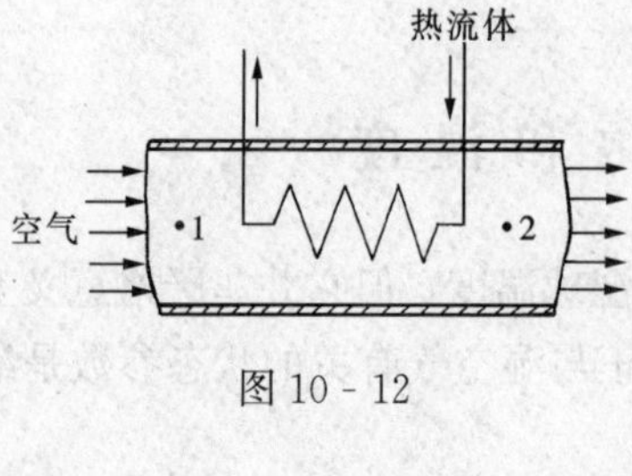

热流体
空气 ·1 ·2

图 10 - 12

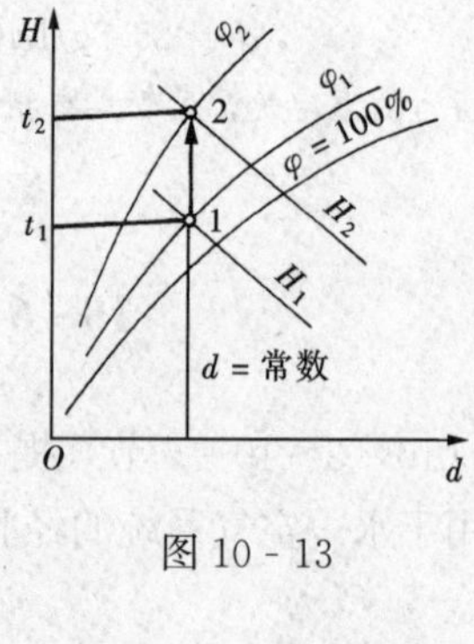

H φ_2 φ_1 t_2 2 $\varphi = 100\%$ t_1 1 H_2 H_1 d = 常数 O d

图 10 - 13

在加热过程中湿空气的温度升高、焓增加、相对湿度减小：

$$\left.\begin{aligned}\Delta t=t_2-t_1>0\\ \Delta H=H_2-H_1>0\\ \Delta\varphi=\varphi_2-\varphi_1<0\end{aligned}\right\} \tag{10-24}$$

加热过程中吸收的热量等于焓的增量：

$$Q=\Delta H=H_2-H_1 \text{kJ/kg(DA)} \tag{10-25}$$

2. 加湿过程

加湿过程在空调技术中也是经常遇到的。在烘干过程中，物品的干燥过程也就是空气的加湿过程（见图10-14）。这种加湿过程往往是在压力基本不变，同时又和外界基本绝热的情况下进行的。空气将热量传给水，使水蒸发，变为水蒸气，水蒸气又加入到空气中，而过程进行时与外界又没有热量交换，因此，如果忽略被蒸发的液态水的焓值，那么湿空气的焓不变（见图10-15中过程2→3）：

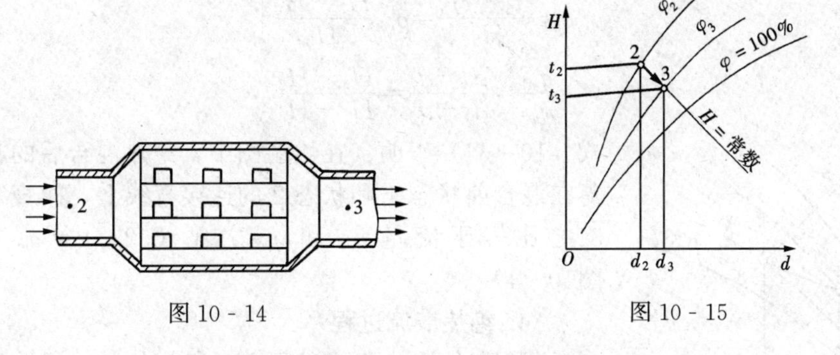

图10-14　　图10-15

$$H=\text{常数}，\Delta H=H_3-H_2=0 \tag{10-26}$$

在加湿过程中，湿空气的温度降低、相对湿度和含湿量则增加：

$$\left.\begin{aligned}\Delta t=t_3-t_2<0\\ \Delta\varphi=\varphi_3-\varphi_2>0\\ \Delta d=d_3-d_2>0\end{aligned}\right\} \tag{10-27}$$

3. 绝热混合过程

在空调和干燥技术中，还经常采用两股（或多股）状态不同但压力基本相同的气流混合的办法，以获得符合温度和湿度要求的空气（见图10-16）。在混合过程中，气流与外界交换的热量通常都很少，因此混合过程可以认为是绝热的。

如果忽略混合过程中微小的压力降落，那么这种定压的绝热混合所得到的湿空气的状态，将完全取决于混合前各股气流的状态和它们的相对流量。

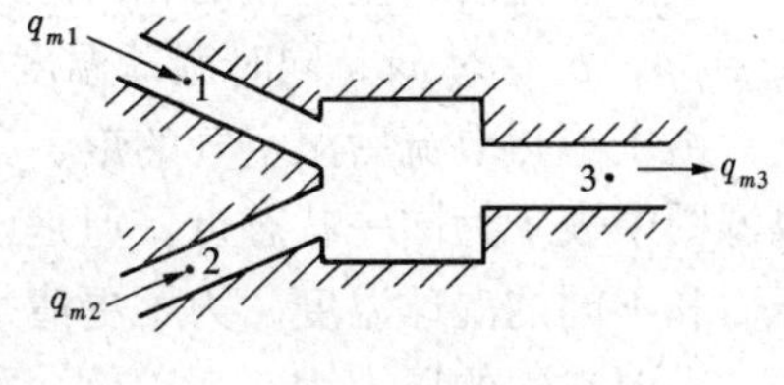

图10-16

设混合前两股气流中干空气的流量分别为 q_{m1}、q_{m2}，含湿量分别为 d_1、d_2，焓分别为 H_1、H_2；混合后气流中干空气的流量为 q_{m3}，含湿量为 d_3，焓为 H_3。根据质量守恒和能量守恒原理可得下列各方程：

$$q_{m1}+q_{m2}=q_{m3}\text{（干空气质量守恒）} \tag{10-28}$$

$$q_{m1}d_1+q_{m2}d_2=q_{m3}d_3\text{（湿空气中水蒸气质量守恒）} \tag{10-29}$$

$$q_{m1}H_1+q_{m2}H_2=q_{m3}H_3\text{（湿空气能量守恒）} \tag{10-30}$$

知道了混合前各股气流的流量和状态，即可根据上述三式计算出混合后气流的流量和状态。

也可以在焓湿图中利用图解的方法来确定混合后气流的状态，其原理如下：

从式（10 - 29）和式（10 - 30）分别得

$$q_{m1}\frac{d_1}{d_3}+q_{m2}\frac{d_2}{d_3}=q_{m3}$$

$$q_{m1}\frac{H_1}{H_3}+q_{m2}\frac{H_2}{H_3}=q_{m3}$$

所以

$$q_{m1}\frac{d_1}{d_3}+q_{m2}\frac{d_2}{d_3}=q_{m1}\frac{H_1}{H_3}+q_{m2}\frac{H_2}{H_3}=q_{m1}+q_{m2}$$

即

$$\left.\begin{aligned} q_{m1}\frac{d_1-d_3}{d_3}&=q_{m2}\frac{d_3-d_2}{d_3}\\ q_{m1}\frac{H_1-H_3}{H_3}&=q_{m2}\frac{H_3-H_2}{H_3}\end{aligned}\right\}$$

亦即

$$\frac{q_{m1}}{q_{m2}}=\frac{d_3-d_2}{d_1-d_3}=\frac{H_3-H_2}{H_1-H_3} \tag{10-31}$$

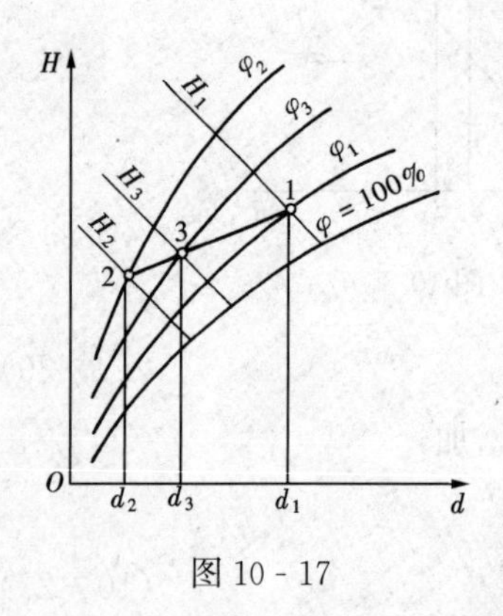

图 10 - 17

式（10 - 31）表明：在焓湿图中，绝热混合后的状态 3 正好落在混合前状态 1 和状态 2 的连接直线上，而直线距离$\overline{32}$和$\overline{31}$之比等于流量 q_{m1} 和 q_{m2} 之比（$\overline{32}/\overline{31}=q_{m1}/q_{m2}$，参看图10 - 17）。

*4. 绝热节流过程

湿空气的绝热节流过程和一般气体的一样，绝热节流后压力降低、比体积增大、焓不变、熵增加。由于可将湿空气看作理想气体，绝热节流后既然焓不变，因此温度也不变。另外，由于节流过程中湿空气的含湿量不变，根据式（10 - 17）可知水蒸气的比分压力也不变。至于湿空气的比相对湿度，则由式（10 - 18）可得

$$\psi=\frac{p'_{\mathrm{v}}}{p_{\mathrm{sv}(t)}}$$

式中 $p_{\mathrm{sv}(t)}$ 取决于湿空气温度。既然绝热节流后湿空气的温度和水蒸气的比分压力都不变，所以比相对湿度也不变。

绝热节流后，湿空气的相对湿度和水蒸气的分压力随湿空气总压力的降低而按比例减小（$\varphi=\psi p$；$p_{\mathrm{v}}=p'_{\mathrm{v}}p$）。同时湿球温度也有所降低。

由于绝热节流后湿空气的焓、含湿量和比相对湿度都没有变，所以绝热节流过程在通用焓湿图中表示为同一状态点，但是该点对不同压力代表着不同的相对湿度、不同的水蒸气分压力和不同的湿球温度。为了更清楚地说明这一情况，下面举一个简单例子。

设湿空气的压力为 0.2MPa、温度为 30℃、相对湿度为 0.6（状态 1），绝热节流后压力分别下降为 0.1MPa（状态 2）和 0.05MPa（状态 3）。求这三个状态下的温度、焓、含湿量、比相对湿度、相对湿度、水蒸气的比分压力和分压力以及湿球温度。

湿空气在状态 1 时的温度和比相对湿度为

$$t_1 = 30℃$$

$$\psi_1 = \frac{0.1\varphi_1}{\{p_1\}_{\mathrm{MPa}}} = \frac{0.1 \times 0.6}{0.2} = 0.3(0.1\mathrm{MPa})^{-1}$$

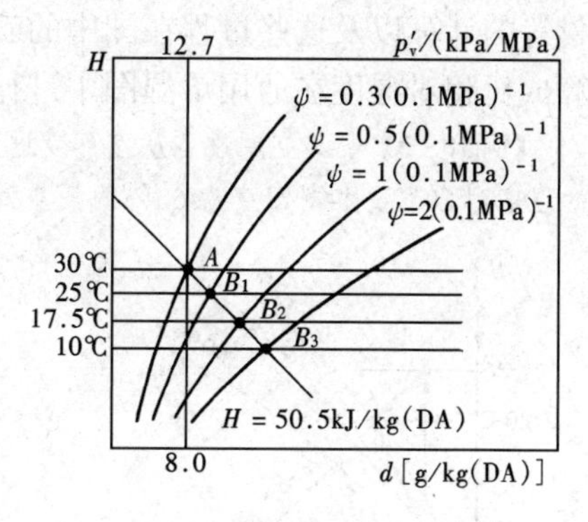

图 10 - 18

根据前面对湿空气绝热节流过程的分析可知

$$t_2 = t_3 = t_1 = 30℃$$

$$\psi_2 = \psi_3 = \psi_1 = 0.3(0.1\mathrm{MPa})^{-1}$$

状态 1、2、3 画在通用焓湿图中为同一状态点 A［图 10 - 18 中 30℃定温线和 0.3（0.1MPa）$^{-1}$定比相对湿度线的交点］。从图中可以查出

$$H_1 = H_2 = H_3 = H_A = 50.5\mathrm{kJ/kg(DA)}$$

$$d_1 = d_2 = d_3 = d_A = 8.0\mathrm{g/kg(DA)}$$

$$p'_{v1} = p'_{v2} = p'_{v3} = p'_{vA} = 12.7\mathrm{kPa/MPa}$$

由于状态 1、2、3 的压力不同，A 点所代表的这三个状态的相对湿度、水蒸气分压力和湿球温度也不同：

$$\varphi_1 = \psi_1 p_1 = 0.3 \times 10\mathrm{MPa}^{-1} \times 0.2\mathrm{MPa} = 0.6$$

$$\varphi_2 = \psi_2 p_2 = 0.3 \times 10\mathrm{MPa}^{-1} \times 0.1\mathrm{MPa} = 0.3$$

$$\varphi_3 = \psi_3 p_3 = 0.3 \times 10\mathrm{MPa}^{-1} \times 0.05\mathrm{MPa} = 0.15$$

$$p_{v1} = p'_{v1} p_1 = 12.7\mathrm{kPa/MPa} \times 0.2\mathrm{MPa} = 2.54\mathrm{kPa}$$

$$p_{v2} = p'_{v2} p_2 = 12.7\mathrm{kPa/MPa} \times 0.1\mathrm{MPa} = 1.27\mathrm{kPa}$$

$$p_{v3} = p'_{v3} p_3 = 12.7\mathrm{kPa/MPa} \times 0.05\mathrm{MPa} = 0.635\mathrm{kPa}$$

三个状态的湿球温度则可由通过 A 点的定焓线与各自的（不同压力的）饱和空气线的交点（B_1、B_2、B_3）来确定。相应于 p=0.2MPa、0.1MPa、0.05MPa 的压力，饱和空气线依次为 $\psi = 0.5(0.1\mathrm{MPa})^{-1}$ 、$1(0.1\mathrm{MPa})^{-1}$ 、$2(0.1\mathrm{MPa})^{-1}$ 三条定比相对湿度线，因此可从图中查得

$$t_{w1} = 25℃$$

$$t_{w2} = 17.5℃$$

$$t_{w3} = 10℃$$

将上述结果列于表 10 - 1 中。由表中的数据可以看出湿空气绝热节流后各参数变化的简单规律。

表 10 - 1

状态点	压力 MPa	温度 ℃	焓 $\frac{\mathrm{kJ}}{\mathrm{kg\ (DA)}}$	含湿量 $\frac{\mathrm{g}}{\mathrm{kg\ (DA)}}$	比相对湿度 $0.1\mathrm{MPa}^{-1}$	相对湿度	水蒸气的比分压力 $\frac{\mathrm{kPa}}{\mathrm{MPa}}$	水蒸气分压力 kPa	湿球温度 ℃
1	0.2	30	50.5	8.0	0.3	0.6	12.7	2.54	25
2	0.1	30	50.5	8.0	0.3	0.3	12.7	1.27	17.5
3	0.05	30	50.5	8.0	0.3	0.15	12.7	0.635	10

本节前面所讨论的有关湿空气的加热、冷却、加湿和绝热混合过程，都认为压力基本不变。如果这些过程在进行时有显著压力降落，那就相当于在原来压力不变的基础上附加一个

绝热节流的降压过程。有关温度、焓、含湿量、比相对湿度、水蒸气的比分压力和过程的热量等的计算以及这些过程在图中的表示和分析方法都与压力不变时相同，只需将相对湿度换算成比相对湿度在通用焓湿图中进行分析即可（见［例 10-6］）。

【例 10-3】 某空调设备从室外吸进温度为-5℃、相对湿度为 80%的冷空气，并向室内送进$120\text{m}^3/\text{h}$的温度为 20℃、相对湿度为 60%的暖空气。问每小时需向该设备供给多少热量和水？如果先加热，后加湿，那么应加热到多高温度（大气压力 $p_0=0.1\text{MPa}$，不考虑压力变化）。

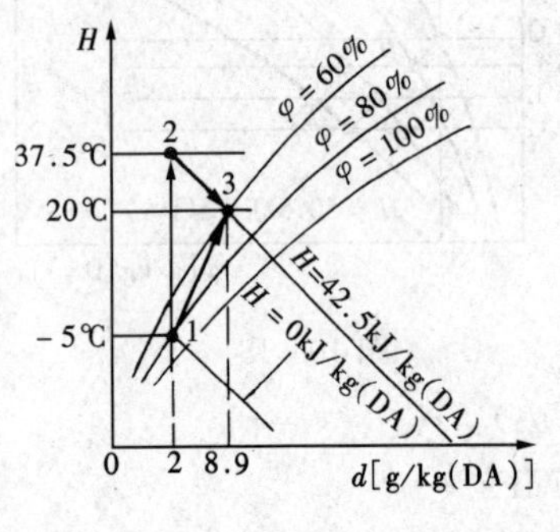

图 10-19

解 先将过程画在焓湿图中以便分析（见图 10-19 中过程 1→3）。

每千克干空气需加入的热量和水分别为（查附图 6）

$$Q=\Delta H=H_3-H_1=(42.5-0)\text{kJ/kg(DA)}=42.5\text{kJ/kg(DA)}$$

$$m_{\text{v}}=\Delta d=d_3-d_1=(8.9-2)\text{g/kg(DA)}=6.9\text{g/kg(DA)}$$

对每千克湿空气而言，所需加入的热量和水为

$$q=\Delta h=\frac{\Delta H}{1+0.001d_3}=\frac{42.5\text{kJ}}{(1+0.001\times8.9)\text{kg}}=42.13\text{kJ/kg}$$

$$m'_{\text{w}}=\frac{\Delta d}{1+0.001d_3}=\frac{6.9\text{g}}{(1+0.001\times8.9)\text{kg}}=6.84\text{g/kg}$$

暖空气的平均摩尔质量为

$$M=\frac{(1+0.0089)\text{kg}}{\dfrac{1\text{kg}}{0.028\,965\text{kg/mol}}+\dfrac{0.0089\text{kg}}{0.018\,016\text{kg/mol}}}=0.028\,811\text{kg/mol}$$

其气体常数为

$$R_{\text{g}}=\frac{8.314\,51\text{J(mol}\cdot\text{K)}}{0.028\,811\text{kg/mol}}=288.59\text{J/(kg}\cdot\text{K)}$$

每小时送进室内的空气质量为

$$q_{m3}=\frac{pq_V}{R_{\text{g}}T_3}=\frac{(0.1\times10^6)\text{Pa}\times120\text{m}^3/\text{h}}{288.59\text{J/(kg}\cdot\text{K)}\times293.15\text{K}}=141.8\text{kg/h}$$

所以空调设备中热量和水的消耗量为

$$\dot{Q}=q_{m3}q=141.8\text{kg/h}\times42.13\text{kJ/kg}=5974\text{kJ/h}$$

$$q_{m,\text{w}}=q_{m3}m'_{\text{w}}=141.8\text{kg/h}\times6.84\text{g/kg}=970\text{g/h}=0.97\text{kg/h}$$

也可以按干空气标准来计算。暖空气中干空气的分压力为［见式（3-24）和式（3-18）］

$$p_{\text{DA}}=px_{\text{DA}}=p\frac{w_{\text{DA}}/M_{\text{DA}}}{\dfrac{w_{\text{DA}}}{M_{\text{DA}}}+\dfrac{w_{\text{w}}}{M_{\text{w}}}}=(0.1\times10^6)\text{Pa}\frac{1\text{kg}/0.028\,965\text{kg/mol}}{\dfrac{1\text{kg}}{0.028\,965\text{kg/mol}}+\dfrac{0.0089\text{kg}}{0.018\,016\text{kg/mol}}}=98\,590\text{Pa}$$

干空气流量为

$$q_{m,\text{DA}}=\frac{p_{\text{DA}}q_V}{R_{\text{g,DA}}T}=\frac{98\,590\text{Pa}\times120\text{m}^3/\text{h}}{287.1\text{J/(kg}\cdot\text{K)}\times293.15\text{K}}=140.57\text{kg/h}$$

从而得

$$\dot{Q}=q_{m,\text{DA}}Q=140.57\text{kg/h}\times42.5\text{kJ/kg}=5974\text{kJ/h}$$

$$q_{m,\text{w}}=q_{m,\text{DA}}m_{\text{w}}=140.57\text{kg/h}\times6.9\text{g/kg}=970\text{g/h}=0.97\text{kg/h}$$

如果先加热后加湿（不是边加热边加湿），那么应先将冷空气沿定含湿量线 d_1 加热到与定焓线 H_3 相交的点 2，然后再从状态 2 沿定焓线加湿到状态 3。所需热量和水量和原来一样。

查焓湿图得状态 2 的温度为

$$t_2 = 37.5℃$$

【例 10 - 4】　利用空调设备使温度为 30℃、相对湿度为 80%的空气降温、去湿。先使温度降到 10℃（以达到去湿的目的），然后再加热到 20℃。试求冷却过程中析出的水分和加热后所得空气的相对湿度（大气压力 p_0=0.1MPa）。

解　在冷却过程中，空气先在含湿量不变的情况下降温（见图 10 - 20 中过程 1→2）。当温度降到露点温度（$t_d=t_2=26℃$）时变为饱和空气（$\varphi_2=1$）。继续降温，则沿饱和空气线析出水分（过程 2→3）。然后在含湿量不变的情况下加热到 20℃（过程 3→4）。

图 10 - 20

由附图 6 可查得最后空气的相对湿度为

$$\varphi_4 = 52\%$$

冷却过程中析出的水分为

$$m_w = d_2 - d_3 = (22 - 7.7)\text{g/kg(DA)} = 14.3\text{g/kg(DA)}$$

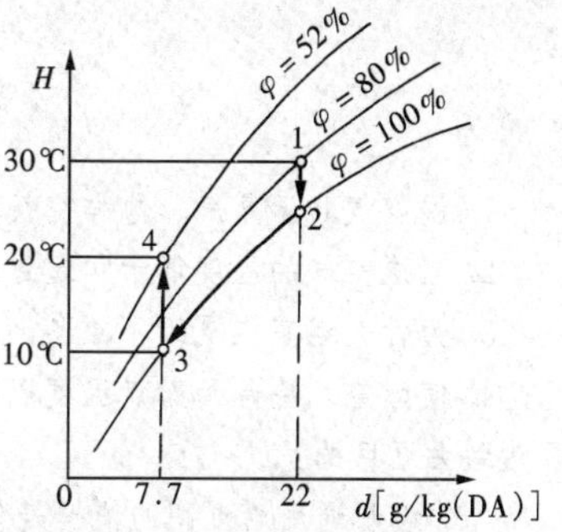

【例 10 - 5】　有两股空气，压力均为 0.1MPa，温度分别为 40℃和 0℃，相对湿度均为 40%，干空气的流量百分比依次为 60%和 40%。求混合后的温度和相对湿度（混合后压力仍为 0.1MPa）。

解　已知　$t_1=40℃$，$\varphi_1=40\%$；$t_2=0℃$，$\varphi_2=40\%$

查焓湿图（附图 6）得

$$d_1 = 19\text{g/kg(DA)}, H_1 = 89\text{kJ/kg(DA)}$$

$$d_2 = 1.5\text{g/kg(DA)}, H_2 = 4.0\text{kJ/kg(DA)}$$

根据式（10 - 29）和式（10 - 30）可得

$$d_3 = 0.6 \times 19\text{g/kg(DA)} + 0.4 \times 1.5\text{g/kg(DA)} = 12\text{g/kg(DA)}$$

$$H_3 = 0.6 \times 89\text{kJ/kg(DA)} + 0.4 \times 4.0\text{kJ/kg(DA)} = 55\text{kJ/kg(DA)}$$

再根据 d_3、H_3 查焓湿图得

$$t_3 = 24.5℃, \varphi = 62\%$$

***【例 10 - 6】**　某干燥装置，已知空气在加热前 $t_1=30℃$、$t_{w1}=25℃$、$p_1=0.08\text{MPa}$，加热后 $t_2=60℃$、$p_2=0.075\text{MPa}$，空气流出干燥箱时 $t_3=35℃$、$p_3=0.07\text{MPa}$。求空气在加热前、加热后和流出干燥箱时的相对湿度及每千克干空气的加热量及吸湿量。

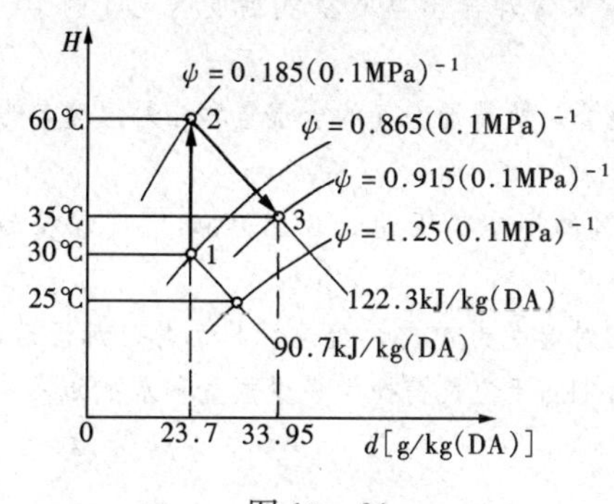

图 10 - 21

解　对 $p_1=0.08\text{MPa}$ 而言，饱和空气线为 $\psi=0.1/0.08=1.25(0.1\text{MPa})^{-1}$ 的定比相对湿度线（见图 10 - 21）。从 25℃ 的定温线与 $\psi=1.25(0.1\text{MPa})^{-1}$ 的定比相对湿度线的交点，沿定焓线（严格讲应是定湿球温度线）向左上方与 30℃定温线的交点 1 即为空气加热前的状态。查通用焓湿图（附图 7）得

$$d_1 = 23.7\text{g/kg(DA)}, H_1 = 90.7\text{kJ/kg(DA)},$$

$$\psi_1 = 0.865(0.1\text{MPa})^{-1}$$

所以 $\varphi_1 = \psi_1 p_1 = (0.865 \times 10)\text{MPa}^{-1} \times 0.08\text{MPa} = 0.692$

从状态 1 沿定含湿量线垂直向上，与 60℃定温线的交点 2 即为空气经加热后的状态。从图中查得

$$d_2 = d_1 = 23.7\text{g/kg(DA)},\quad H_2 = 122.3\text{kJ/kg(DA)},\quad \psi_2 = 0.185(0.1\text{MPa})^{-1}$$

所以

$$\varphi_2 = \psi_2 p_2 = (0.185 \times 10)\text{MPa}^{-1} \times 0.075\text{MPa} = 0.139$$

再从状态 2 沿定焓线向右下方与 35℃定温线的交点 3 即为空气流出干燥箱时的状态。查图得

$$d_3 = 33.95\text{g/kg(DA)},\quad H_3 = H_2 = 122.3\text{kJ/kg(DA)}$$

$$\psi_3 = 0.915(0.1\text{MPa})^{-1}$$

所以

$$\varphi_3 = \psi_3 p_3 = (0.915 \times 10)\text{MPa}^{-1} \times 0.07\text{MPa} = 0.641$$

加热量为

$$Q = H_2 - H_1 = (122.3 - 90.7)\text{kJ/kg(DA)} = 31.6\text{kJ/kg(DA)}$$

吸湿量为

$$\Delta d = d_3 - d_2 = (33.95 - 23.7)\text{g/kg(DA)} = 10.25\text{g/kg(DA)}$$

思考题

1. 湿空气和湿蒸汽、饱和空气和饱和蒸汽，它们有什么区别？

2. 当湿空气的温度低于和超过其压力所对应的饱和温度时，相对湿度的定义式有何相同和不同之处？

3. 为什么浴室在夏天不像冬天那样雾气腾腾？

4. 使湿空气冷却到露点温度以下可以达到去湿目的（见［例 10-4］）。将湿空气压缩（温度不变）能否达到去湿目的？

*5. 绘制通用焓湿图的依据是什么？

习　题

10-1　已测得湿空气的压力为 0.1MPa，温度为 30℃，露点温度为 20℃。求相对湿度、水蒸气分压力、含湿量和焓。(1) 按公式计算；(2) 查焓湿图。

10-2　已知湿空气的压力为 0.1MPa，干球温度为 35℃，湿球温度为 25℃。试用式（10-19）和查焓湿图两种方法求湿空气的相对湿度。

10-3　夏天空气的温度为 35℃，相对湿度为 60%，求通风良好的荫处的水温。已知大气压力为 0.1MPa。

10-4　已知空气温度为 20℃，相对湿度为 60%。先将空气加热至 50℃，然后送进干燥箱去干燥物品。空气流出干燥箱时的温度为 30℃。试求空气在加热器中吸收的热量和从干燥箱中带走的水分。认为空气压力 p=0.1MPa。

10-5　夏天空气温度为 30℃，相对湿度为 85%。将其降温去湿后，每小时向车间输送温度为 20℃、相对湿度为 65%的空气10 000kg。求空气在冷却器中放出的热量及冷却器出口的空气温度（见［例 10-4］)。认为空气压力 p=0.1MPa。

10-6　10℃的干空气和 20℃的饱和空气按干空气质量对半混合，所得湿空气的含湿量和相对湿度各为若干？已知空气的压力在混合前后均为 0.1MPa。

*10-7　将压力为 0.1MPa、温度为 25℃、相对湿度为 80%的湿空气压缩到 0.2MPa，温度保持为 25℃。问能除去多少水分？(利用附图 7 进行计算)

*10-8　某高原地区，冬季气压为 62.5kPa、温度为 0℃、相对湿度为 40%，经空调机加热、加湿后，向室内送风的温度为 30℃、相对湿度为 60%。试问空调机每送出 1kg 干空气需提供多少热量和水？如果是先加热后加湿，则空气必须先加热到多高的温度？

第11章　双工质动力循环

［**本章导读**］本章将介绍作为提高动力循环热效率有效手段的各种双工质动力循环，其中有些循环还处于改进、发展阶段。将它们专辟一章加以讨论，意在综合运用前面各章的知识，深入一步，启发思考，有所展望。

11-1　概　　述

现代的燃气轮机装置循环最高温度可达1300℃，排气温度也高约600℃，循环热效率仅为30%左右，它与相同最高温度和环境温度（设为20℃）范围内的卡诺循环的热效率之比为（见图11-1）

$$\frac{\eta_t}{\eta_{t,C}}=\frac{0.3}{1-\dfrac{293\text{K}}{1573\text{K}}}=0.368\,7$$

现代蒸汽动力循环的最高温度接近600℃，排汽温度约为30℃，循环热效率约为40%。它与相同最高温度与环境温度（设为20℃）范围内的卡诺循环的热效率之比为（见图11-2）

$$\frac{\eta_t}{\eta_{t,C}}=\frac{0.4}{1-\dfrac{293\text{K}}{873\text{K}}}=0.602\,1$$

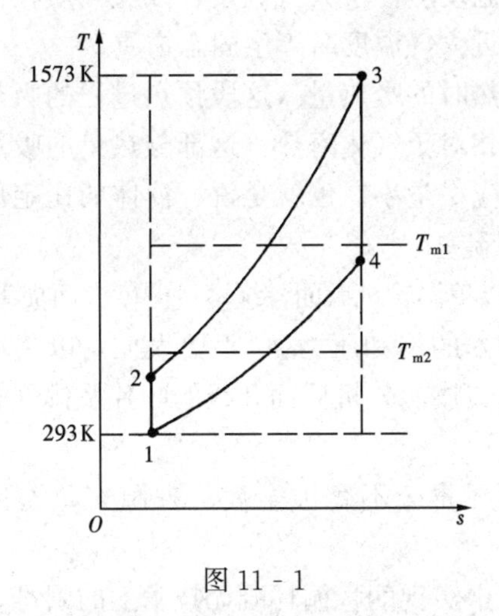

图11-1

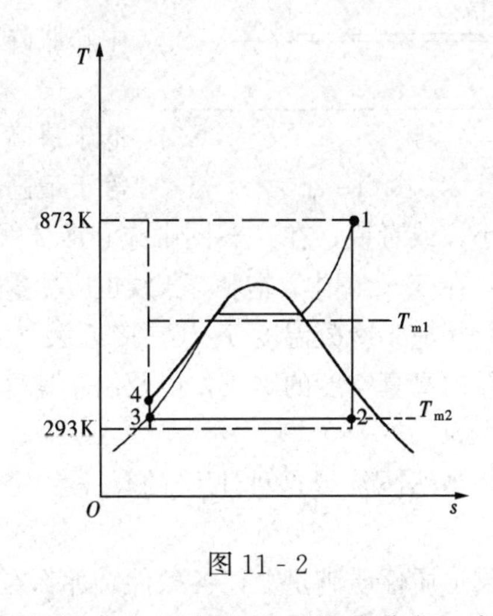

图11-2

上述的循环热效率与相同温度范围内卡诺循环热效率之比称为循环的充满度，意即该循环在温熵图中与矩形的卡诺循环相比时的饱满程度。

动力循环热效率的高低完全取决于平均吸热温度（T_{m1}）和平均放热温度（T_{m2}）。平均吸热温度愈高、平均放热温度愈低，则循环的热效率愈高。燃气轮机装置的平均吸热温度虽较高，但平均放热温度也高，所以循环热效率不高。蒸汽动力循环的平均吸热温度虽不很高，但平均放热温度很低（接近环境温度），所以其循环热效率显著高于燃气轮机装置的循环热效率。但从循环的充满度来说，二者均远小于1。如何提高循环的充满度而使之更接近相同温度范围的卡诺循环的热效率呢？能否将不同循环结合起来，取长补短，达到更佳效果呢？这就是本章要讨论的问题。

11-2 工质性质对循环热效率的影响

蒸汽动力循环比燃气轮机装置循环热效率高的主要原因是它具有接近环境温度的定温放热过程。因为在饱和区内，定温放热即定压放热，而定压放热（或吸热）过程（不做技术功的换热过程）可以通过换热器方便地实现。燃气因不处于饱和区内，只能实现定压吸热或放热过程，很难实现定温过程。蒸汽动力循环的定压吸热过程只有汽化过程这一段处于饱和区内，因而同时也是定温的，但温度水平仍不高，无法与卡诺循环的最高吸热温度相比。这些都是工质的热力性质决定的。那么动力工质应具备哪些特性才能保证循环的高效率而同时在技术上又可行呢？

理想的动力工质应具备下列主要特性：

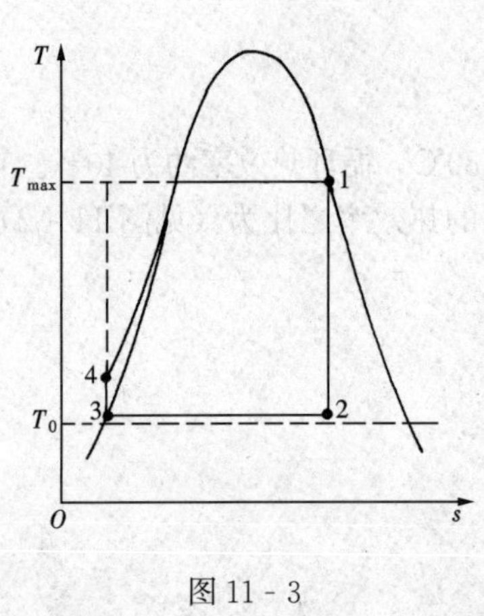

图 11-3

（1）工质的临界温度必须远超过材料容许的蒸气最高温度 T_{max}，以便在饱和区内实现定温（即定压）的吸热和放热过程（见图 11-3）。

（2）相应于新饱和蒸气温度 T_1（即材料容许的最高温度）的最高压力不要太高，气化潜热则应尽可能大些，以便更有效地吸热。

（3）三相点温度应低于大气温度，以免工质在涡轮机中膨胀降温至接近大气温度时产生固态物质。

（4）液体预热时的吸热量（这段预热过程的吸热温度低于最高温度）相对于气化潜热（这部分热量的吸热温度等于最高温度）应尽量小。也就是说，液体的比定压热容应尽量小，或者说，在 $T-s$ 图中饱和液体线应尽量陡些。

（5）在 $T-s$ 图中，饱和蒸气线也应尽量陡些，以免涡轮机后面各级蒸气湿度大而损害叶片。

（6）相应于冷凝温度 T_2（它接近大气温度 T_0）的饱和压力 p_2 不要太低，以免增加维持冷凝器内高真空度的困难，以及由于比体积太大造成涡轮机后面几级的叶片及排气管道的尺寸过大。

（7）当然还希望这种工质的化学稳定性好、无毒、不腐蚀金属、来源充足、价格便宜等。

如果工质性质满足上述各条件，那么在饱和区中实现朗肯循环既无技术上的困难，又非常接近卡诺循环，因而将具有很高的热效率。现实的情况是目前还没有找到这样的工质。水蒸气的临界温度太低，无法实现高温下的定温（定压）加热，但水蒸气在接近大气温度时的饱和压力还不算很低。水银和钾都具有很高的临界温度，便于实现高温下的定温（定压）吸热，但在接近大气温度时水银和钾的饱和压力极低，钾在这样的温度下则已凝固。鉴于水和汞及钾在性质上的互补性（水适宜在低温段工作，汞和钾适宜在高温段工作），人们提出了汞—水双蒸气循环和钾—水双蒸气循环。

11-3 双蒸气循环

蒸汽动力循环的主要缺点是水在预热和汽化时平均吸热温度不高，提高蒸汽的初温受到材料耐热性能的限制。提高蒸汽的初压，则由于水的临界温度不高（$t_C=373.99$℃），即使初压超过临界压力（$p_C=22.064$MPa），也不会带来多少效益，这时朗肯循环将接近一三角形（见图 11-4），而循环充满度（或平均吸热温度）并无显著提高。

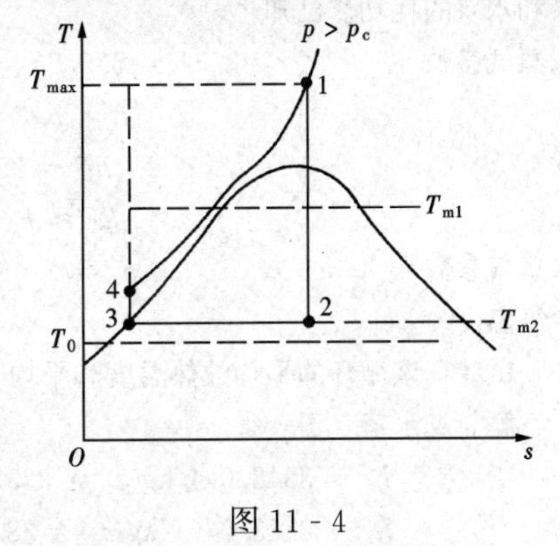

图 11-4

用临界温度高的物质（如汞、钾等）进行顶循环，以水蒸气循环作为底循环，顶循环的放热通过换热器为底循环的水预热和汽化时所吸收，这样可收到很好的效果。图 11-5 和图 11-6 画出了钾—水双蒸气循环的系统示意图和相应的 $T-S$ 图。

设钾蒸气流量与水蒸气流量之比为 m，则

$$\frac{q'_m}{q_m}=m=\frac{h_5-h_4}{h_{2'}-h_{3'}} \tag{11-1}$$

整个双蒸气循环所做之功（对每千克水蒸气而言）为

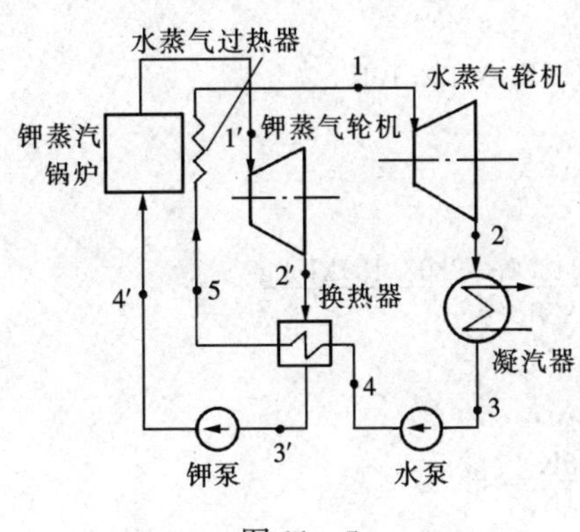

图 11-5

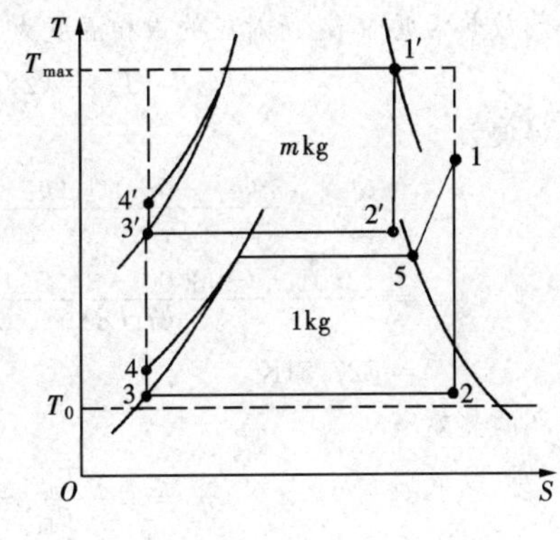

图 11-6

$$W_0=mw'_0+w_0=m(w'_T-w'_P)+(w_T-w_P)$$
$$=m[(h_{1'}-h_{2'})-(h_{4'}-h_{3'})]+[(h_1-h_2)-(h_4-h_3)] \tag{11-2}$$

循环从外界吸收的热量为

$$Q_1=mq'_1+q_1=m(h_{1'}-h_{4'})+(h_1-h_5) \tag{11-3}$$

（平均吸热温度较高）

循环向外界放出的热量为

$$Q_2=q_2=h_2-h_3 \quad \text{（平均放热温度很低）} \tag{11-4}$$

双蒸气循环的热效率为

$$\eta_t=\frac{W_0}{Q_1}=1-\frac{Q_2}{Q_1}=1-\frac{h_2-h_3}{m(h_{1'}-h_{4'})+(h_1-h_5)} \tag{11-5}$$

过去实现的汞—水双蒸气循环也曾达到较高的热效率，但由于水银价格高，而且有毒，

对设备的密封要求特别高，现在已不再采用。钾蒸气具有与汞蒸气类似的性质，它在高温760～982℃下的饱和压力仅为0.1～0.533MPa，而在放热温度为611～477℃下的饱和压力为0.016～0.002 6MPa，不存在高压或高真空度的技术困难，因而有很好的发展前景。

【例11-1】 汞—水双蒸气循环如图11-6所示。认为涡轮机中进行的是可逆（定熵）过程，忽略汞泵和水泵的耗功。已知

汞蒸气参数　$t_{1'}=515.5℃(p_{1'}=0.981\text{MPa}),h_{1'}=393.00\text{kJ/kg}$

$p_{2'}=0.098\text{MPa}(t_{2'}=249.6℃)$

$h_{2'}=257.85\text{kJ/kg}$（已考虑到 $s_{2'}=s_{1'}$）

$h_{4'}\approx h_{3'}=34.54\text{kJ/kg}$（忽略汞泵耗功）

水蒸气参数　$p_1=3.0\text{MPa},t_1=450℃,p_2=0.004\text{MPa}$

大气温度　$t_0=20℃$

试计算该循环的平均放热温度和平均吸热温度、循环的热效率和充满度。

解　查水蒸气图表得

$h_1=3343.0\text{kJ/kg}[t_5=233.89℃,s_1=7.081\,7\text{kJ/(kg·K)}]$

$h_2=2133.27\text{kJ/kg}$（$t_2=28.95℃$，已考虑到 $s_2=s_1$）

$h_4\approx h_3=121.30\text{kJ/kg}$（忽略水泵耗功）

$s_3=0.422\,1\text{kJ/(kg·K)},h_5=2803.19\text{kJ/kg}$

汞蒸气流量与水蒸气流量之比［式（11-1）］为

$$m=\frac{h_5-h_4}{h_{2'}-h_{3'}}=\frac{(2803.19-121.30)\ \text{kJ/kg}}{(257.85-34.54)\ \text{kJ/kg}}=12.01$$

循环的平均放热温度即 p_2 所对应的饱和温度为

$$T_{m2}=T_2=(28.95+273.15)\text{K}=302.10\text{K}$$

平均吸热温度为

$$\begin{aligned}T_{m1}&=\frac{Q_1}{\Delta S}=\frac{m(h_{1'}-h_{4'})+(h_1-h_5)}{s_2-s_3}\\&=\frac{12.01\times(393.00-34.54)\text{kJ/kg}+(3343.0-2803.19)\text{kJ/kg}}{(7.081\,7-0.422\,1)\text{kJ/(kg·K)}}\\&=727.51\text{K}\end{aligned}$$

双蒸气循环的热效率

$$\eta_t=1-\frac{T_{m2}}{T_{m1}}=1-\frac{302.10\text{K}}{727.51\text{K}}=58.47\%$$

工作在相同最高温度和环境温度之间的卡诺循环的热效率为

$$\eta_{t,C}=1-\frac{T_0}{T_{1'}}=1-\frac{293.15\text{K}}{(515.5+273.15)\text{K}}=62.83\%$$

循环充满度为

$$\frac{\eta_t}{\eta_{t,C}}=\frac{0.584\,7}{0.628\,3}=93.06\%$$

11-4　燃气—蒸汽联合循环

比双蒸气循环更为现实的是用已获得广泛应用的燃气轮机装置循环与蒸汽动力循环相配合，形成优势互补。燃气轮机的排气温度较高（600℃左右），如果燃气轮机装置进行顶循环，蒸汽动力装置进行底循环，将燃气轮机的排气引入余热锅炉加热水，使之变为蒸汽，进入汽轮机做功，这样便形成了燃气—蒸汽联合循环（见图11-7、图11-8）。

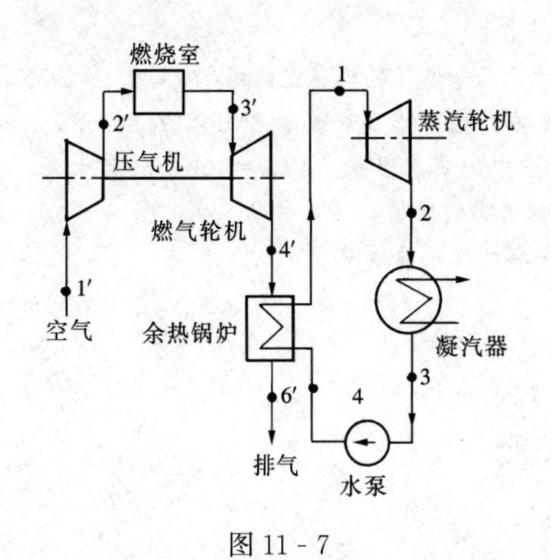

图 11 - 7

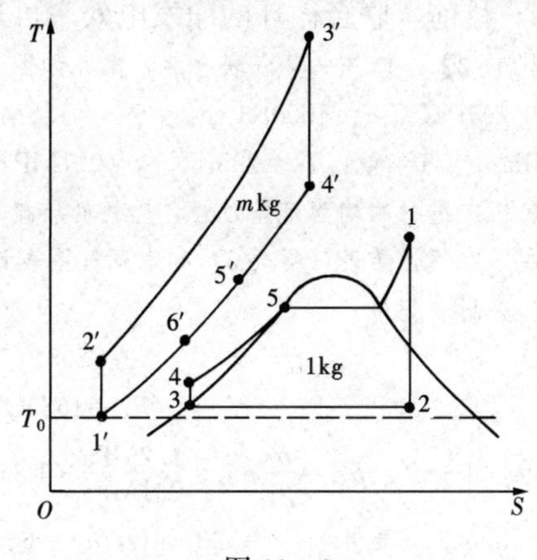

图 11 - 8

在余热锅炉中，水在定压汽化时温度保持不变（$T_5=T_s$），而燃气轮机排气在冷却过程中温度是一直下降的。图 11 - 9 画出了余热锅炉中燃气放热和水吸热生成蒸汽时温度变化与热量的关系。图中显示了冷热流体间的传热温差分布状况，其中以水开始气化时（状态 5）与燃气间的温差最小。这一温差称为节点温差。

$$\Delta T_{pp}=T_{5'}-T_5 \tag{11-6}$$

为了保证必要的传热强度，节点温差一般不小于 10K。在选定了节点温差的值后，就可以确定 $T_{5'}$（$T_{5'}=T_5+\Delta T_{pp}$），这样状态 5′也就确定了，因而燃气（空气）与蒸汽流量之比（m）也就可以由式（11 - 7）确定：

$$\frac{q_m'}{q_m}=m=\frac{h_1-h_5}{h_{4'}-h_{5'}} \tag{11-7}$$

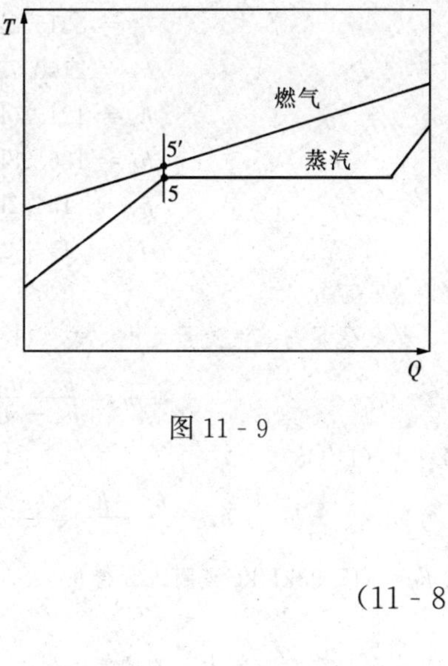

图 11 - 9

而状态 6′则可由已知的 m 值求得

$$m=\frac{h_1-h_4}{h_{4'}-h_{6'}}$$

从而得

$$h_{6'}=h_{4'}-\frac{h_1-h_4}{m} \tag{11-8}$$

整个联合循环所做之功（相对于每千克蒸汽而言）为

$$\begin{aligned}W_0&=mw_0'+w_0=m(w_T'-w_C')+(w_T-w_P)\\&=m[(h_{3'}-h_{4'})-(h_{2'}-h_{1'})]+[(h_1-h_2)-(h_4-h_3)]\end{aligned} \tag{11-9}$$

从外界吸收的热量为

$$Q_1=mq_1'=m(h_{3'}-h_{2'}) \tag{11-10}$$

向外界放出的热量为

$$Q_2=m(h_{6'}-h_{1'})+(h_2-h_3) \tag{11-11}$$

燃气—蒸汽联合循环的热效率为

$$\eta_t=\frac{W_0}{Q_1}=1-\frac{Q_2}{Q_1}=1-\frac{m(h_{6'}-h_{1'})+(h_2-h_3)}{m(h_{3'}-h_{2'})} \tag{11-12}$$

由于燃气轮机装置和蒸汽动力装置在技术上都很成熟，因此实现燃气—蒸汽联合循环并无困难。目前，联合循环的净发电效率可达50%以上。

【例11-2】 燃气—蒸汽联合装置循环如图11-8所示。已知燃气轮机装置循环参数：$T_{1'}=295K$，$p_{1'}=p_{4'}=0.1MPa$，$T_{3'}=1500K$，$p_{3'}=p_{2'}=1.2MPa$；蒸汽动力循环参数：$p_1=5MPa$，$t_1=450℃$，$p_2=0.004MPa$；大气参数：$T_0=295K$，$p_0=0.1MPa$；余热锅炉中的节点温差：$\Delta T_{pp}=10K$。认为水泵、压气机和涡轮机中进行的均为定熵过程，燃气性质接近空气，忽略燃料质量。

试利用空气性质表（附表5）和水蒸气图表计算联合循环的理论热效率。

解 查附表5得

$$h_{1'}=295.17kJ/kg，p_{r1'}=1.3068$$

$$h_{3'}=1635.97kJ/kg，p_{r3'}=601.9$$

对定熵过程1′→2′：$p_{r2'}=\dfrac{p_{2'}}{p_{1'}}p_{r1'}=\dfrac{1.2MPa}{0.1MPa}\times1.3068=15.682$

由$p_{r2'}=15.682$查表得　$T_{2'}=593.84K$，$h_{2'}=600.55kJ/kg$

对定熵过程3′→4′：$p_{r4'}=\dfrac{p_{4''}}{p_{3'}}p_{r3'}=\dfrac{0.1MPa}{1.2MPa}\times601.9=50.158$

由$p_{r4'}=50.158$查表得　$T_{4'}=801.16K$，$h_{4'}=833.14kJ/kg$

查水蒸气表得

$$h_1=3315.2kJ/kg[s_1=6.8170kJ/(kg\cdot K)]$$

$$h_2=2100.77kJ/kg(s_2=s_1)$$

$$h_3=121.30kJ/kg[s_3=0.4221kJ/(kg\cdot K)]$$

$$h_4=126.38kJ/kg(s_4=s_3)$$

$$h_5=1154.2kJ/kg, T_5=(263.98+273.15)K=537.13K$$

$$T_{5'}=T_5+\Delta T_{pp}=537.13K+10K=547.13K$$

查附表5可知　$h_{5'}=551.76kJ/kg$

燃气流量与蒸汽流量之比［式（11-7)］

$$m=\frac{h_1-h_5}{h_{4'}-h_{5'}}=\frac{(3315.2-1154.2)kJ/kg}{(833.14-551.76)kJ/kg}=7.680$$

根据式（11-8）

$$h_{6'}=h_{4'}-\frac{h_1-h_4}{m}=833.14kJ/kg-\frac{(3315.2-126.38)kJ/kg}{7.680}=417.93kJ/kg$$

由$h_{6'}=417.93kJ/kg$查附表5得

$$T_{6'}=416.72K(143.57℃)$$

此即由余热锅炉排向大气的废气温度。

整个联合循环所做之功［式（11-9)］

$$\begin{aligned}W_0&=m[(h_{3'}-h_{4'})-(h_{2'}-h_{1'})]+[(h_1-h_2)-(h_4-h_3)]\\&=7.680\times[(1635.97-833.14)kJ/kg-(600.55-295.17)kJ/kg]\\&\quad+[(3315.2-2100.77)kJ/kg-(126.38-121.30)kJ/kg]\\&=5029.77kJ/kg(\text{对1kg水蒸气亦即对}m\text{kg燃气而言,下同})\end{aligned}$$

循环吸收的热量［式（11-10)］

$$\begin{aligned}Q_1&=m(h_{3'}-h_{2'})=7.680(1635.97-6090.55)kJ/kg\\&=7952.03kJ/kg\end{aligned}$$

循环放出的热量［式（11-11)］

$$\begin{aligned}Q_2&=m(h_{6'}-h_{1'})+(h_2-h_3)\\&=7.680\times(417.93-295.17)kJ/kg+(2100.77-121.30)kJ/kg\\&=2922.27kJ/kg\end{aligned}$$

燃气—蒸汽联合循环的热效率

$$\eta_t=\frac{W_0}{Q_1}=\frac{5029.77\text{kJ/kg}}{7952.03\text{kJ/kg}}=63.25\%$$

$$\left(\eta_t=1-\frac{Q_2}{Q_1}=1-\frac{2922.27\text{kJ/kg}}{7952.03\text{kJ/kg}}=63.25\%\right)$$

*11-5 注蒸汽燃气轮机装置循环

上节讨论的燃气—蒸汽联合循环，燃气（空气）和蒸汽分别进行各自的布雷顿循环和朗肯循环，工质并不掺混，它是串联的双工质循环（双蒸气循环也是串联的双工质循环）。本节要讨论的注蒸汽燃气轮机装置循环则将余热锅炉产生的蒸汽直接注入从燃烧室流出的高温燃气（见图11-10），然后燃气和蒸汽的混合物（湿燃气）进入涡轮机膨胀做功，并在余热锅炉中放出部分热量后排入大气。水则在余热锅炉中吸收涡轮机排气放出的热量变为蒸汽后注入高温燃气。所以，注蒸汽燃气轮机装置循环是并联的双工质循环。

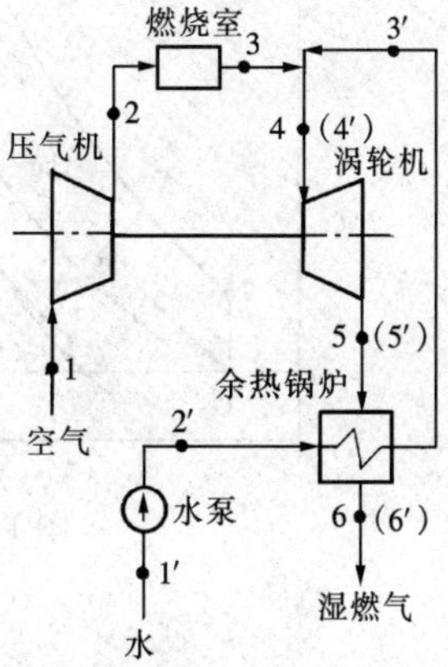

图11-10

在压气机进气状态（T_1、p_1）、燃气轮机组的增压比（膨胀比）π不变，给水参数（$T_{1'}$、$p_{1'}$）、蒸汽参数（$T_{3'}$、$p_{3'}$）也不变，注蒸汽比$D=q_m'/q_m$（即蒸汽流量与燃气流量之比，亦即每千克燃气的注蒸汽量）给定的情况下，整个循环及其他参数（如T_3、T_6、p_4、p_5等）也就完全确定了（认为绝热膨胀和绝热压缩过程均为定熵过程，不考虑流动阻力及散热）。

注蒸汽混合过程的能量平衡式为

$$h_3-h_4=D\,(h_{4'}-h_{3'})\qquad(11\text{-}13)$$

认为混合后的压力保持混合前燃气的压力（$p_4+p_{4'}=p_3$）。p_4和$p_{4'}$为湿燃气中燃气和蒸汽的分压力，它们可以根据注蒸汽比计算。

燃气的摩尔分数为

$$x=\frac{1/M}{1/M+D/M'}\qquad(11\text{-}14)$$

蒸汽的摩尔分数为

$$x'=\frac{D/M'}{1/M+D/M'}\qquad(11\text{-}15)$$

式中 M、M'——燃气和蒸汽的摩尔质量。

燃气和蒸汽的分压力分别为

$$p_4=p_3x,\qquad p_{4'}=p_3x'\qquad(11\text{-}16)$$

在整个膨胀过程（过程4→5、4′→5′）和放热过程（过程5→6、5′→6′）中，燃气和蒸汽的分压力保持这一不变的比率（x/x'）。

湿燃气（包括其中的水蒸气）在较高温度T_1下可视为理想气体，它在涡轮机中作定熵膨胀时近似遵守$pv^{\kappa_m}=$常数的规律。其中κ_m为湿燃气的平均定熵指数，它可以由燃气的定熵指数（κ）和蒸汽的定熵指数（κ'）按下式计算[1]：

$$\kappa_m=x\kappa+x'\kappa'\qquad(11\text{-}17)$$

[1] 较为严格的计算式为：$\kappa_m=\dfrac{xC_p+x'C_p'}{xC_p+x'C_p'-R}$，式中$C_p$和$C_p'$为燃气和蒸汽的定压摩尔热容，$R$为通用气体常数。

应该指出，图 11 - 11 中所画的膨胀过程 4→5 和 4′→5′（$T_4=T_{4'}$，$p_4/p_5=p_{4'}/p_{5'}=\pi$）并非定熵线，因为燃气和蒸汽在相同的初温（$T_4=T_{4'}$）和相同的膨胀比（$p_4/p_5=p_{4'}/p_{5'}$）的条件下分别作定熵膨胀时，由于定熵指数不同（$\kappa>\kappa'$），所达到的终温是不同的（$T_{5s}<T_{5's}$，见图 11 - 12 及例 11 - 3）。然而，事实上蒸汽和燃气混合在一起无法分开，它们在膨胀过程中，温度始终是同步下降的。如果设想它们并未掺混，则为了保持温度同步下降，燃气必须吸热，蒸汽必须放热，前者增熵，后者减熵（如图 11 - 12 中过程 4→5 和 4′→5′所示），二者合起来保持定熵。定熵膨胀的终温（$t_5=T_{5'}$）可由湿燃气的平均定熵指数确定。

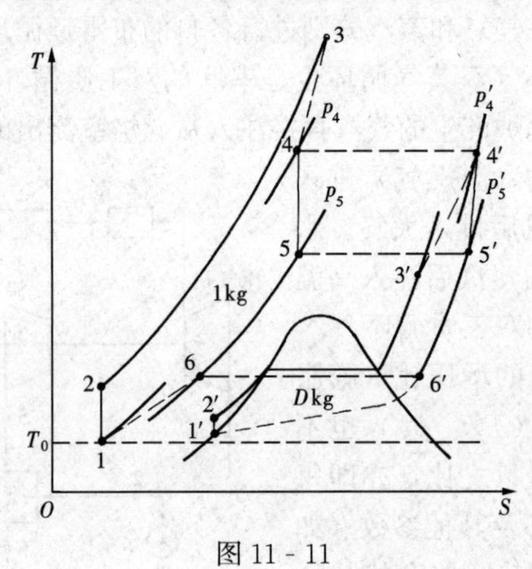

图 11 - 11

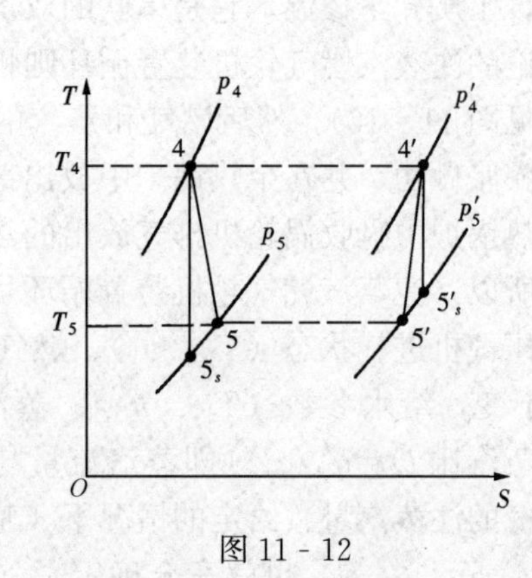

图 11 - 12

$$T_5=T_{5'}=T_4\left(\frac{p_5}{p_4}\right)^{\frac{\kappa_m-1}{\kappa_m}}=T_4\left(\frac{1}{\pi}\right)^{\frac{\kappa_m-1}{\kappa_m}} \tag{11 - 18}$$

状态 5 应根据 p_5 和 T_5 来确定，状态 5′应根据 $p_{5'}$ 和 $T_{5'}$ 来确定，而不是从状态 4 和 4′沿定熵线而下，与定压线 p_5 和 $p_{5'}$ 的交点（5_s 和 $5'_s$）。

余热锅炉的能量平衡式为

$$(h_5-h_6)+D(h_{5'}-h_{6'})=D(h_{3'}-h_{2'}) \tag{11 - 19}$$

整个循环的功

$$\begin{aligned}W_0&=W_T-W_C-W'_P\\&=[(h_4-h_5)+D(h_{4'}-h_{5'})]-(h_2-h_1)-D(h_{2'}-h_{1'})\end{aligned} \tag{11 - 20}$$

循环吸收的热量

$$Q_1=q_1=h_3-h_2 \tag{11 - 21}$$

循环放出的热量

$$Q_2=(h_6-h_1)+D(h_{6'}-h_{1'}) \tag{11 - 22}$$

循环热效率

$$\eta_t=\frac{W_0}{Q_1}=1-\frac{Q_2}{Q_1}=1-\frac{(h_6-h_1)+D(h_{6'}-h_{1'})}{h_3-h_2} \tag{11 - 23}$$

注蒸汽燃气轮机装置循环不需要单独的蒸汽轮机，只需在原有燃气轮机装置的基础上增加一台余热锅炉。注蒸汽后，涡轮机的流量增大，因而功率增大，但压气机耗功不变，因此整个机组的输出功率增大，循环热效率也有所提高，这些都是它的优点。但它消耗大量经过处理的软水。如何设法回收水，形成闭式的水—汽循环系统是值得研究的问题。

*11-6 压气机喷水燃气轮机装置循环

上节讨论的注蒸汽燃气轮机装置循环是将蒸汽注入燃气，本节讨论的压气机喷水燃气轮机装置循环则是将水注入空气，二者都是燃气（空气）与蒸汽掺混的并联的双工质循环。

压气机喷水可以在压气机的入口处向空气流喷水，也可以在压缩过程中喷水。图11-13和图11-14画出了压气机入口喷水的燃气轮机装置循环的系统图和相应的 $T-S$ 图。

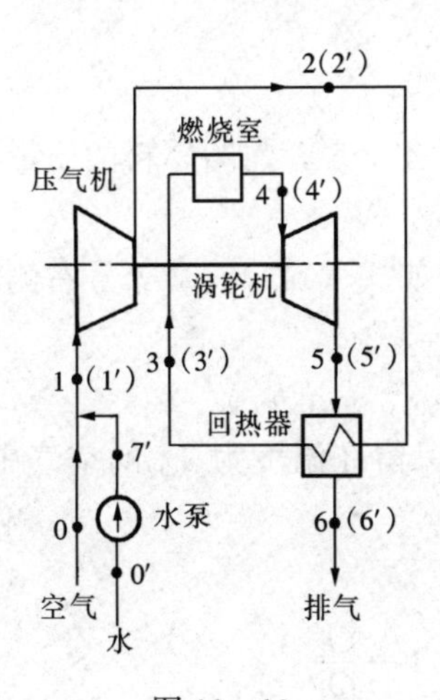

图 11-13

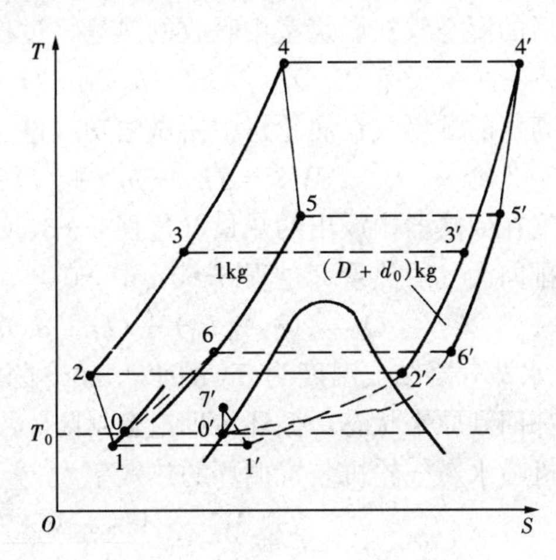

图 11-14

水（状态 $0'$）经压缩达到高压（状态 $7'$），通过喷嘴后变成极小的雾状水珠与即将进入压气机的空气（状态0）混合，使空气接近饱和，温度下降至接近湿球温度［状态1(1′)］。设大气中空气原来的含湿量为 d_0，每千克干空气的喷水量为 Dkg，则混合过程的能量方程为

$$h_0 + d_0 h_{0,\mathrm{st}} + D h_{7',\mathrm{w}} = h_1 + d_1 h_{1',\mathrm{st}} + (D + d_0 - d_1) h_{7',\mathrm{w}} \tag{11-24}$$

雾状水珠与湿空气的混合物进入压气机后，因温度不断升高，水珠不断吸热蒸发直至全部变为蒸汽，最后高压的湿空气由压气机送出［状态2(2′)］。

假定压气机中的过程没有不可逆损失，压缩前后熵不变（定熵过程）[1]，则得

$$s_2 + (D + d_0) s_{2'} = s_1 + d_1 s_{1',\mathrm{st}} + (D + d_0 - d_1) s_{7',\mathrm{w}} \tag{11-25}$$

压气机消耗的功（对每千克干空气而言）为

$$W_{\mathrm{C}} = (h_2 - h_1) + [(D + d_0) h_{2'} - d_1 h_{1',\mathrm{st}} - (D + d_0 - d_1) h_{7',\mathrm{w}}] \tag{11-26}$$

由于压缩过程中水滴蒸发吸热，使压缩气体的温升减小，压气机耗功比不喷水时显著减少。适当增加喷水率，可以进一步降低压缩气体的温升，但喷水率有一个最大极限值，那就是当图11-14中的 $T_{2'}$ 下降到 $p_{2'}$（$p_{2'} = p_0 \pi x'_2$，π 为增压比，x'_2 为湿空气中水蒸气的摩尔分数）所对应的饱和温度时[2]，喷水率即达到极限。超过这一极限的喷水，不可能在压气机中汽

---

[1] 混合过程肯定会引起熵增，此处先按定熵计算，然后可在取压气机绝热效率值时再一并考虑。

[2] 应该指出：指望通过喷水蒸发使压缩过程趋于定温是不可能的，因为水滴不断蒸发有赖于温度的不断提高。设想真的达到定温压缩，如果原来空气压力为0.1MPa，相对湿度为50%，当空气被定温压缩到0.2MPa时，相对湿度即达100%，继续压缩将析出水滴。既然定温压缩时连空气中原有的水蒸气都要凝结，怎么还能指望喷水蒸发呢？所以，通过喷水蒸发降温是不可能达到定温压缩的（这与通过压气机外部冷却理论上可达到定温压缩不同）。

化，这样既收不到减少压气机耗功的效果，又会增加压气机附加损失，水滴进入燃烧室，还会引起循环效率的降低。事实上水滴随气体流过压气机的时间极短（几毫秒），如果喷水雾化不好（水滴平均直径不够小），即使在极限喷水率以下，也可能有少量未及完全蒸发的水滴进入燃烧室，所以不能随意增加喷水率。

高压湿空气在进入燃烧室前，先在回热器中回收涡轮机排气放出的热量（过程 2→3、2′→3′），其能量平衡式（忽略散热损失）为

$$(h_3-h_2)+(D+d_0)(h_{3'}-h_{2'})=(h_5-h_6)+(D+d_0)(h_{5'}-h_{6'}) \tag{11-27}$$

预热后的湿空气在燃烧室中吸收的热量（过程 3→4、3′→4′）

$$Q_1=(h_4-h_3)+(D+d_0)(h_{4'}-h_{3'}) \tag{11-28}$$

高温高压的湿燃气在涡轮机中所做之功（过程 4→5、4′→5′，忽略燃料的质量）

$$W_T=(h_4-h_5)+(D+d_0)(h_{4'}-h_{5'}) \tag{11-29}$$

湿燃气在回热器中放出的热量（过程 5→6、5′→6′）如式（11 - 27）等号右侧所示。

废气排向大气的热量（过程 6→0、6′→0′）

$$Q_2=(h_6-h_0)+(D+d_0)h_{6'}-Dh_{0',w}-d_0h_{0,st} \tag{11-30}$$

式中 Dkg 水蒸气凝结成温度为 T_0 的水，$d_0$kg 的水蒸气保留在温度为 T_0 的空气中。这样，水和空气都回到原来状态，循环在理论上封闭。

压气机喷水燃气轮机装置循环的热效率为

$$\eta_t=\frac{W_0}{Q_1}=\frac{W_T-W_C-W'_P}{Q_1}=1-\frac{Q_2}{Q_1} \tag{11-31}$$

式中，水泵消耗的少量功 $W'_P=Dw'_P=D(h_{7',w}-h_{0',w})$。

*11-7 湿空气透平装置循环

湿空气透平（Humid Air Turbine）装置循环（简称 HAT 循环）是一种较有特色的空气（燃气）—蒸汽掺混的并联的双工质循环。图 11 - 15 和图 11 - 16 画出了该循环的典型的系统图和相应的 $T-S$ 图。

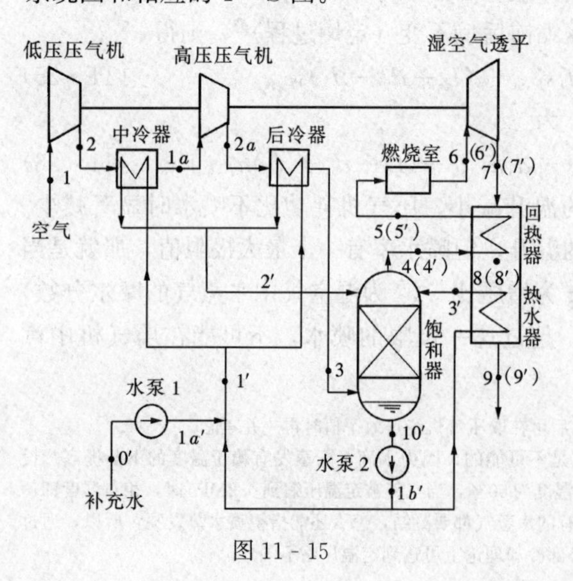

图 11 - 15

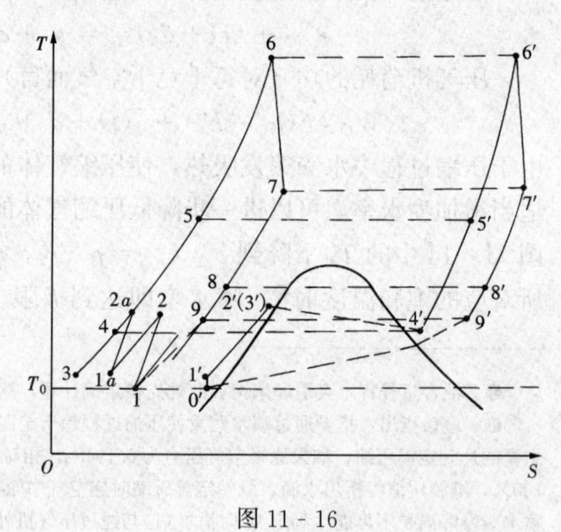

图 11 - 16

空气先在低压压气机中压缩至某一中间压力（过程 1→2），在中冷器中冷却后（过程 2→1a），进入高压压气机压缩至额定压力（过程 1a→2a），再在后冷器中冷却（过程 2a→3），然后进入饱和器升温并湿化（过程 3→4），在回热器中吸热后（过程 4→5），再进入燃烧室升温至循环最高温度（过程 5→6），然后在湿空气透平（涡轮机）中膨胀做功（过程 6→7）。从透平排出的气体，在回热器和热水器中放热降温（过程 7→8 和过程 8→9）至较低温度后排入大气——这就是空气和燃气的流程。

再看水和蒸汽的流程。补充水经水泵 1 提高了压力（过程 0′→1a′）。来自饱和器底部的水经水泵 2 提高压力后（过程 10′→1b′），其中一部分与补充水混合为状态 1′的冷却水（参看图 11 - 17），在中冷器和后冷器中吸收压缩空气放出的热量（过程 1′→2′）；另一部分进入热水器吸收排气的余热（过程 1b′→3′）。从中冷器、后冷器和热水器流出的热水一并进入饱和器，从饱和器上部喷淋而下；而经过冷却的压缩空气，则从饱和器底部自下而上，二者产生热量和质量的交换。在空气被加热、加湿的同时，热水被冷却（过程 3′→10′）并部分汽化（过程 3′→4′）。蒸汽与空气的混合物进入回热器加热升温（过程 4′→5′），共同经历燃烧（过程 5′→6′）、膨胀（过程 6′→7′）和冷却（过程 7′→8′、过程 8′→9′），最后排入大气。

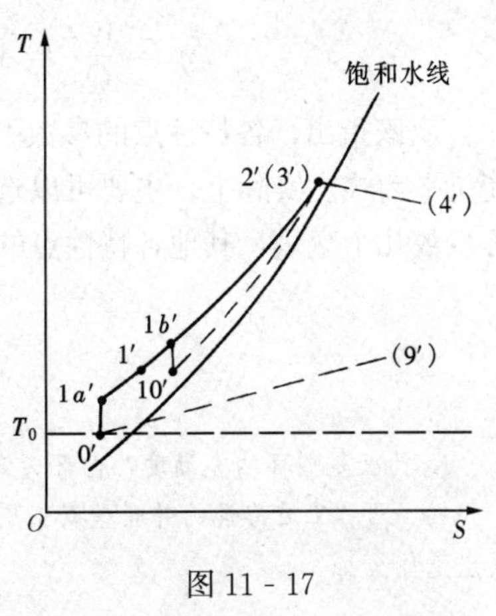

图 11 - 17

HAT 循环中的关键部件是饱和器，它是压缩空气的加热器和湿化器，也是热水的冷却器和蒸发器。由于冷却水在中冷器、后冷器以及热水器中回收了温度较低的余热，加之高压湿空气又在回热器中回收了温度较高的涡轮机排气余热，整个余热回收比较充分，因此循环的热效率较高。

由饱和器底部进入中冷器、后冷器和热水器的水是循环使用的，它与空气的流量有一定比例（设相对于每千克空气有 Bkg 循环水进入中冷器和后冷器，有 B'kg 循环水进入热水器）；补充水与空气的流量比例，即为从饱和器流出的湿空气的含湿量（设每千克空气中有 Dkg 水蒸气）。由于这部分水蒸气最后随燃气排入大气，所以必须不断补充水。

进入中冷器和后冷器的循环水与补充水通过水泵提高压力后经混合状态变为 1′，其能量平衡式为

$$Dh_{1a'} + Bh_{1b'} = (B+D)h_{1'} \tag{11-32}$$

其中 $$h_{1a'} = h_{0'} + w_{P1}, h_{1b'} = h_{10'} + w_{P2}$$

各个换热器的能量平衡式如下：

中冷器和后冷器 $$(h_2 - h_{1a}) + (h_{2a} - h_3) = (B+D)(h_{2'} - h_{1'}) \tag{11-33}$$

热水器 $$(h_8 - h_9) + D(h_{8'} - h_{9'}) = B'(h_{3'} - h_{1b'}) \tag{11-34}$$

饱和器 $$h_4 - h_3 = (B+D)h_{2'} + B'h_{3'} - Dh_{4'} - (B+B')h_{10'} \tag{11-35}$$

回热器 $$(h_5 - h_4) + D(h_{5'} - h_{4'}) = (h_7 - h_8) + D(h_{7'} - h_{8'}) \tag{11-36}$$

循环的吸热量为

$$Q_1 = (h_6 - h_5) + D(h_{6'} - h_{5'}) \tag{11-37}$$

循环的放热量为

$$Q_2 = (h_9 - h_1) + D(h_{9'} - h_{0'}) \tag{11-38}$$

循环的功为

$$\begin{aligned} W_0 &= W_T - w_C - Dw_{P1} - (B + B')w_{P2} \\ &= [(h_6 - h_7) + D(h_{6'} - h_{7'})] - [(h_2 - h_1) + (h_{2a} - h_{1a})] \\ &\quad - Dw_{P1} - (B + B')w_{P2} \end{aligned} \tag{11-39}$$

循环的热效率为

$$\eta_t = \frac{W_0}{Q_1} = 1 - \frac{Q_2}{Q_1} = 1 - \frac{(h_9 - h_1) + D(h_{9'} - h_{0'})}{(h_6 - h_5) + D(h_{6'} - h_{5'})} \tag{11-40}$$

应该指出，各特性点的参数不能随意给定，它们之间是相互关联的，其关联式就是上述各能量平衡式。实际上，主要可以选择的只有压气机的增压比、湿燃气最高温度和含湿量（D）等少数几个变量，其他各特性点的参数都需按相应的关联式计算出来。

思考题

1. 什么是循环的充满度？循环充满度高，循环的热效率就一定高吗？

*2. 两种工质掺混的并联型双工质循环，比起两种工质不掺混的串联型双工质循环来，其主要优点和缺点是什么？

习　题

11-1　续［例 11-2］。给定参数不变，设燃气轮机和蒸汽轮机的相对内效率以及压气机的绝热效率均为 90%，水泵的效率为 75%。试计算该燃气—蒸汽联合循环的实际热效率。

第12章　制　冷　循　环

［**本章导读**］随着冰箱、冰柜和空调设备大量进入人们的生活，制冷装置已得到十分广泛的应用。本章讲述各类制冷装置的工作原理，分析其理论循环的性能及影响性能系数的因素，指出提高性能系数的基本途径。

12-1　逆向卡诺循环

热功转换装置中，除了使热能转变为机械能的动力装置外，还有一类使热能从温度较低的物体转移到温度较高的物体的装置，这就是制冷机和热泵。在制冷机（或热泵）中进行的循环，其方向正好和动力循环相反，这种逆向循环称为制冷循环（或供热循环）。如果说卡诺循环是理想的动力循环，那么逆向卡诺循环则是理想的制冷循环（或供热循环）。

制冷循环的热经济性用制冷系数衡量。制冷系数是制冷剂（制冷装置中的工质）从冷库吸取的热量与循环消耗的净功的比值：

$$\varepsilon=\frac{\text{收获}}{\text{消耗}}=\frac{q_2}{w_0} \tag{12-1}$$

设有一逆向卡诺循环工作在冷库温度 T_R 和大气温度 T_0 之间。它消耗功 w_0，同时从冷库吸收热量 q_2，并向大气放出热量 q_1（见图 12 - 1）。

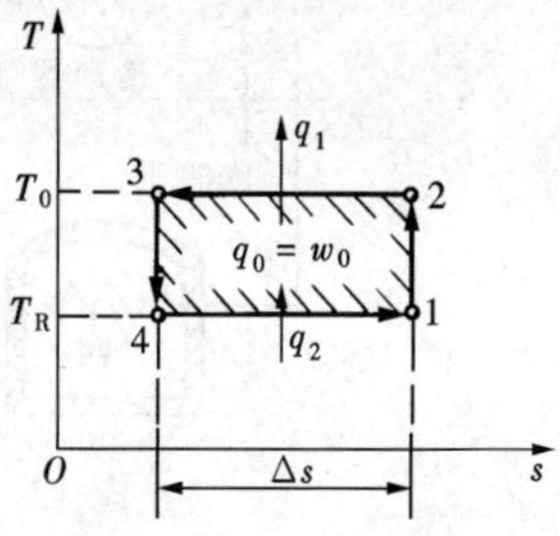

图 12 - 1

根据式（12 - 1），逆向卡诺循环的制冷系数为

$$\varepsilon_C=\frac{q_2}{w_0}=\frac{T_R\Delta s}{(T_0-T_R)\Delta s}=\frac{T_R}{T_0-T_R}=\frac{1}{\dfrac{T_0}{T_R}-1} \tag{12-2}$$

当大气温度 T_0 一定时，冷库温度 T_R 越低，制冷系数越小。制冷系数可以大于 1，也可以小于 1。如果取 $T_0=300\text{K}$，那么当 $T_R<150\text{K}$ 时，逆向卡诺循环的制冷系数 $\varepsilon_C<1$。因此，在深度冷冻的情况下制冷系数通常都小于 1，而在冷库温度不很低的情况下，制冷系数往往大于 1。

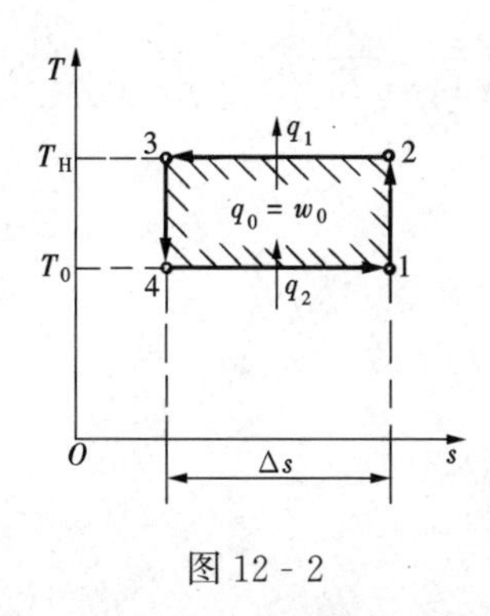

图 12 - 2

利用逆向卡诺循环也可以达到供热的目的，这时循环工作在大气温度 T_0 和供热温度 T_H 之间（见图 12 - 2）。供热装置（即热泵）消耗功 w_0（这功转变为热 q_0），同时从大气吸取热量 q_2，并向供热对象放出热量 $q_1(q_1=q_0+q_2)$

供热循环的热经济性用供热系数衡量。供热系数是热泵的供热量 q_1 和净耗功量 w_0 的比值：

$$\zeta=\frac{\text{收获}}{\text{消耗}}=\frac{q_1}{w_0} \tag{12-3}$$

逆向卡诺循环的供热系数为

$$\zeta_C = \frac{q_1}{w_0} = \frac{T_H \Delta s}{(T_H - T_0)\Delta s} = \frac{T_H}{T_H - T_0} = \frac{1}{1 - \frac{T_0}{T_H}} \tag{12-4}$$

当大气温度一定时，供热温度 T_H 越高，供热系数就越小。供热系数一定大于 1。

供热循环和制冷循环在热力学原理上没有什么两样，只是使用目的和工作的温度范围不同，因此在后面各节中只讨论制冷循环。

12-2 空气压缩制冷循环

图 12-3 所示为空气压缩制冷装置。它包括压气机、冷却器、膨胀机和冷库四部分。从冷库出来的具有较低温度和较低压力的空气在压气机中被绝热压缩至较高压力和较高温度（图 12-4 中过程 1→2），又在冷却器中定压冷却到接近大气温度（过程 2→3），然后将这经过冷却的压缩空气送到膨胀机中绝热膨胀到较低压力，温度降到冷库温度以下（过程 3→4）。最后低压、低温的冷空气在冷库中定压吸热（过程 4→1），从而达到制冷的目的。

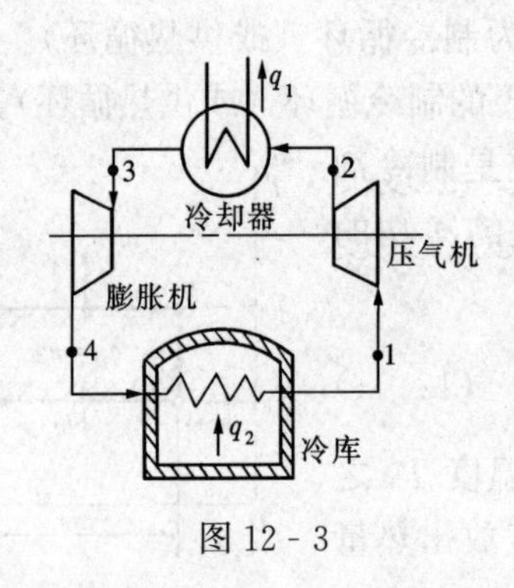

图 12-3

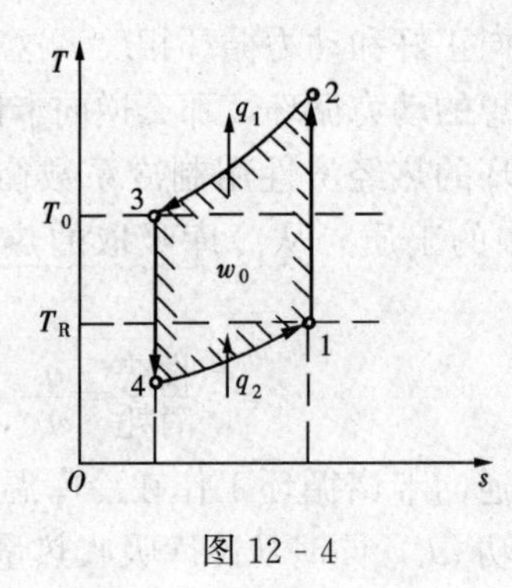

图 12-4

空气压缩制冷循环的制冷系数为

$$\varepsilon = \frac{q_2}{w_0} = \frac{h_1 - h_4}{(h_2 - h_1) - (h_3 - h_4)} \tag{a}$$

如果将空气作定比热容理想气体处理，则从式（a）得

$$\varepsilon = \frac{c_{p0}(T_1 - T_4)}{c_{p0}(T_2 - T_1) - c_{p0}(T_3 - T_4)} = \frac{T_1 - T_4}{(T_2 - T_1) - (T_3 - T_4)} \tag{b}$$

设压气机增压比为

$$\pi = \frac{p_2}{p_1}$$

并认为压缩和膨胀过程均为可逆绝热（定熵）过程，则可得

$$\left.\begin{aligned} T_1 &= T_R \\ T_2 &= T_1\left(\frac{p_2}{p_1}\right)^{\frac{\gamma_0-1}{\gamma_0}} = T_R \pi^{\frac{\gamma_0-1}{\gamma_0}} \\ T_3 &= T_0 \\ T_4 &= T_3\left(\frac{p_4}{p_3}\right)^{\frac{\gamma_0-1}{\gamma_0}} = T_0\left(\frac{1}{\pi}\right)^{\frac{\gamma_0-1}{\gamma_0}} \end{aligned}\right\} \tag{c}$$

将式（c）代入式（b）得

$$\varepsilon=\frac{T_{\mathrm{R}}-T_0/\pi^{\frac{\gamma_0-1}{\gamma_0}}}{\left(T_{\mathrm{R}}\pi^{\frac{\gamma_0-1}{\gamma_0}}-T_{\mathrm{R}}\right)-\left(T_0-T_0/\pi^{\frac{\gamma_0-1}{\gamma_0}}\right)}=\frac{T_{\mathrm{R}}-T_0/\pi^{\frac{\gamma_0-1}{\gamma_0}}}{\left(\pi^{\frac{\gamma_0-1}{\gamma_0}}-1\right)\left(T_{\mathrm{R}}-T_0/\pi^{\frac{\gamma_0-1}{\gamma_0}}\right)}$$

即

$$\varepsilon=\frac{1}{\pi^{\frac{\gamma_0-1}{\gamma_0}}-1}=\frac{1}{\dfrac{T_2}{T_{\mathrm{R}}}-1} \tag{12-5}$$

在相同的大气温度和冷库温度下，逆向卡诺循环的制冷系数为［式（12－2）］

$$\varepsilon_{\mathrm{C}}=\frac{1}{\dfrac{T_0}{T_{\mathrm{R}}}-1}$$

显然，由于 $T_2>T_0$，所以 $\varepsilon<\varepsilon_{\mathrm{C}}$。

从式（12－5）可以看出：增压比越大（或 T_2 越高），空气压缩制冷循环的制冷系数就越小。

是否可以降低增压比来提高空气压缩制冷循环的制冷系数呢？在理论上当然是可以的。但是，降低增压比会减小每千克空气的制冷量，而压缩空气的制冷能力由于空气的比定压热容较小本来就已经嫌小了。另外，不适当地降低增压比还可能引起实际制冷系数（即考虑压气机和膨胀机等设备不可逆损失的制冷系数）反而降低（见本节［例12－1］）。一种可行的办法是采用回热式空气制冷循环（见图12－5、图12－6中循环 $1_{\mathrm{r}}2_{\mathrm{r}}3_{\mathrm{r}}41_{\mathrm{r}}$）。

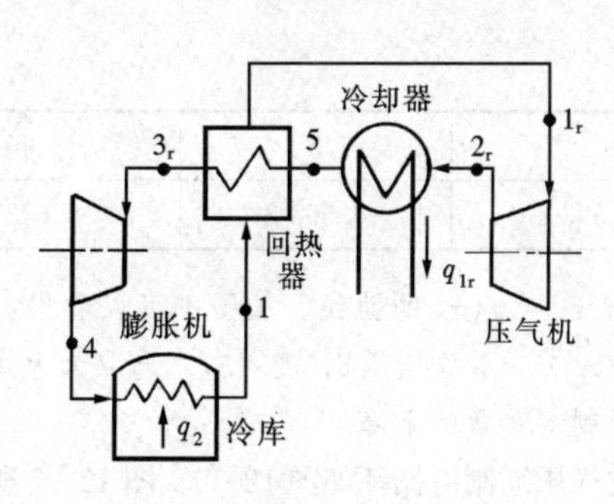

图12－5

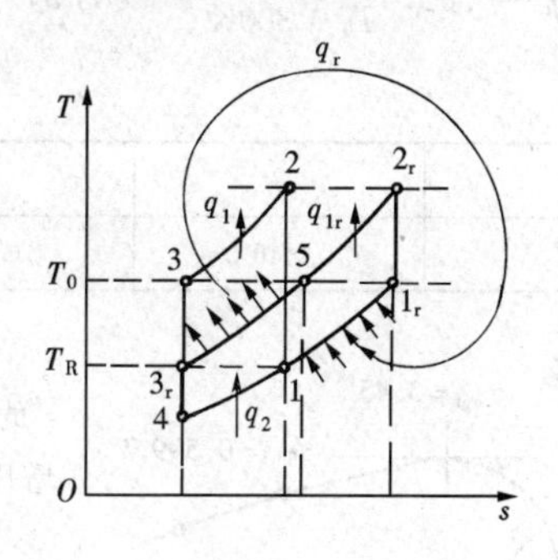

图12－6

从图12－6可以看出：采用回热循环后，在理论上，制冷能力（过程4→1的吸热量 q_2）以及循环消耗的净功、向外界排出的热量与没有回热的循环（循环12341）相比，显然都没有变（$w_{0\mathrm{r}}=w_0$；$q_{1\mathrm{r}}=q_1$），所以理论的制冷系数也没有变。但是，采用回热后，循环的增压比降低，从而使压气机消耗的功和膨胀机所做的功减少了同一数量，这就减轻了压气机和膨胀机的工作负担，使它们在较小的压力范围内工作，因而机器可以设计得比较简单而轻小。另外，如果考虑到压气机和膨胀机中过程的不可逆性（见图12－7），那么因采用回热，压气机少消耗的功将不是等于而是大于膨胀机少做的功。因此，制冷机实际消耗的净功将因采用回热而减少（见［例12－2］）。与此同时，每千克空气的制冷量也相应地有所增加（增加量如图12－7中面积 a 所示）。所以，采用回热措施能提高空气压缩制冷循环的实际制冷系数。由于空气压缩制冷循环采用回热后具有上述各种优点，它在深度冷冻、气体液化等方面获得了

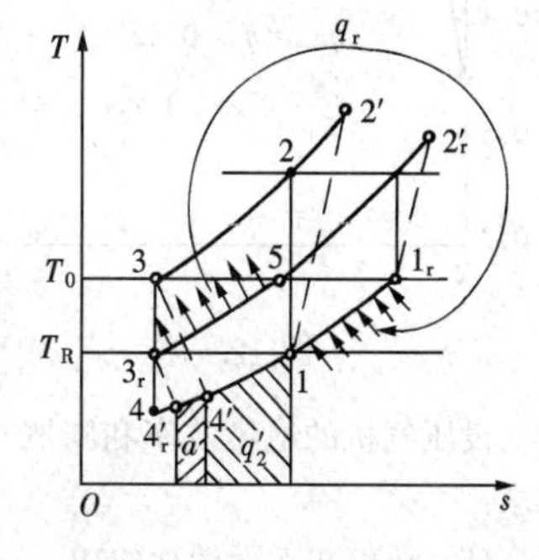

图12－7

实际的应用。

【例 12-1】 考虑压气机和膨胀机不可逆损失的空气压缩制冷循环如图 12-7 中循环 $12'34'1$ 所示。已知大气温度 $T_0=300\text{K}$，冷库温度 $T_R=265\text{K}$，压气机的绝热效率和膨胀机的相对内效率均为 0.82。试计算增压比分别为 2、3、4、5、6 时循环的实际制冷系数（按定比热容理想气体计算）。

解 考虑到压气机和膨胀机的不可逆损失，循环的实际制冷系数为

$$\varepsilon'=\frac{q_2'}{w_C'-w_T'}=\frac{h_1-h_{4'}}{(h_{2'}-h_1)-(h_3-h_{4'})}=\frac{(h_3-h_{4'})-(h_3-h_1)}{(h_{2'}-h_1)-(h_3-h_{4'})}$$

$$=\frac{(h_3-h_4)\eta_{ri}-(h_3-h_1)}{(h_2-h_1)\dfrac{1}{\eta_{C,s}}-(h_3-h_4)\eta_{ri}}=\frac{(T_3-T_4)\eta_{ri}-(T_3-T_1)}{(T_2-T_1)\dfrac{1}{\eta_{C,s}}-(T_3-T_4)\eta_{ri}}$$

$$=\frac{\left(1-\dfrac{T_4}{T_3}\right)\eta_{ri}-\left(1-\dfrac{T_1}{T_3}\right)}{\dfrac{T_1}{T_3}\left(\dfrac{T_2}{T_1}-1\right)\dfrac{1}{\eta_{C,s}}-\left(1-\dfrac{T_4}{T_3}\right)\eta_{ri}}=\frac{\left(1-1/\pi^{\frac{\gamma_0-1}{\gamma_0}}\right)\eta_{ri}-\left(1-\dfrac{T_R}{T_0}\right)}{\dfrac{T_R}{T_0}\left(\pi^{\frac{\gamma_0-1}{\gamma_0}}-1\right)\dfrac{1}{\eta_{C,s}}-\left(1-1/\pi^{\frac{\gamma_0-1}{\gamma_0}}\right)\eta_{ri}}$$

$$=\frac{\eta_{ri}-\left(1-\dfrac{T_R}{T_0}\right)\Big/\left(1-1/\pi^{\frac{\gamma_0-1}{\gamma_0}}\right)}{\dfrac{T_R}{T_0}\pi^{\frac{\gamma_0-1}{\gamma_0}}\dfrac{1}{\eta_{C,s}}-\eta_{ri}}$$

$$=f\left(\pi,\frac{T_R}{T_0},\eta_{C,s},\eta_{ri},\gamma_0\right)$$

令 $\eta_{C,s}=\eta_{ri}=0.82$，$\dfrac{T_R}{T_0}=\dfrac{265\text{K}}{300\text{K}}=0.883\,3$，$\gamma_0=1.4$，则可计算出不同增压比下循环的实际制冷系数如下表所示：

π	2	3	4	5	6
ε'	0.346 0	0.591 2	0.593 4	0.568 2	0.541 1

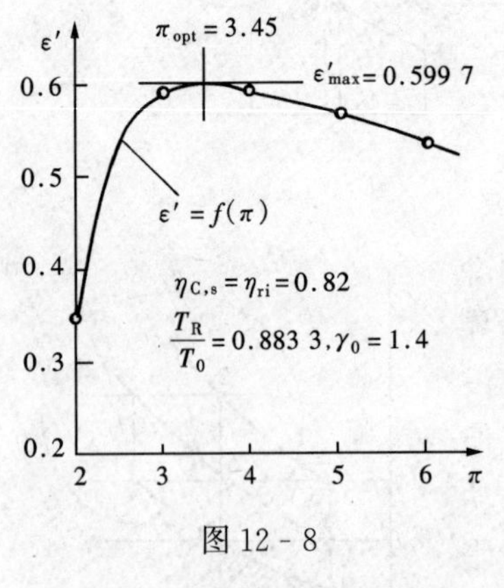

图 12-8

图 12-8 画出了 $\varepsilon'=f(\pi)$ 的曲线。从图中可以看出：相应于 ε' 的最大值（0.599 7）有一最佳增压比（3.45）。选取太大或太小的增压比都会引起实际制冷系数的下降。

【例 12-2】 空气压缩制冷循环如图 12-6、图 12-7 所示。已知大气温度 $T_0=T_3=T_5=T_{1r}=293\text{K}$，冷库温度 $T_R=T_{3r}=T_1=263\text{K}$，压气机增压比 $\pi=\dfrac{p_2}{p_1}=\dfrac{p_3}{p_4}=3$，压气机理论出口温度 $T_2=T_{2r}$。试针对回热和不回热两种情况求（按定比热容理想气体计算）：

（1）压气机消耗的理论功；

（2）膨胀机做出的理论功；

（3）每千克空气的理论制冷量；

（4）理论制冷系数。

设压气机的绝热效率和膨胀机的相对内效率均为 85%，其他条件不变，再对回热和不回热两种情况求：

（5）压气机实际消耗的功；

（6）膨胀机实际做出的功；

（7）每千克空气的实际制冷量；

（8）实际制冷系数。

解 （A）理论情况

（1）压气机消耗的理论功

不回热 $w_C = \frac{\gamma_0 - 1}{\gamma_0} R_g T_1 \left(\pi^{\frac{\gamma_0 - 1}{\gamma_0}} - 1 \right)$

$$= \frac{1.4}{1.4-1} \times 0.287\,1\text{kJ/(kg}\cdot\text{K)} \times 263\text{K} \times \left(3^{\frac{1.4-1}{1.4}} - 1 \right) = 97.45\text{kJ/kg}$$

回热 $w_{C,r} = h_{2r} - h_{1r} = c_{p0}(T_{2r} - T_{1r}) = c_{p0}(T_2 - T_{1r})$

$$= c_{p0}\left(T_1 \pi^{\frac{\gamma_0 - 1}{\gamma_0}} - T_{1r} \right) = 1.005\text{kJ/(kg}\cdot\text{K)} \times \left(263 \times 3^{\frac{1.4-1}{1.4}} - 293 \right)\text{K} = 67.31\text{kJ/kg}$$

$$w_C - w_{C,r} = (97.45 - 67.31)\text{kJ/kg} = 30.14\text{kJ/kg}$$

(2) 膨胀机做出的理论功

不回热 $w_T = \frac{\gamma_0 - 1}{\gamma_0} R_g T_3 \left(1 - 1/\pi^{\frac{\gamma_0 - 1}{\gamma_0}} \right)$

$$= \frac{1.4}{1.4-1} \times 0.287\,1\text{kJ/(kg}\cdot\text{K)} \times 293\text{K} \times \left(1 - 1/3^{\frac{1.4-1}{1.4}} \right) = 79.32\text{kJ/kg}$$

回热 $w_{T,r} = h_{3r} - h_4 = c_{p0}(T_{3r} - T_4) = c_{p0}\left(T_{3r} - T_3/\pi^{\frac{\gamma_0 - 1}{\gamma_0}} \right)$

$$= 1.005\text{kJ/(kg}\cdot\text{K)} \times \left(263 - 293/3^{\frac{1.4-1}{1.4}} \right)\text{K} = 49.18\text{kJ/kg}$$

$$w_T - w_{T,r} = (79.32 - 49.18)\text{kJ/kg} = 30.14\text{kJ/kg} = w_C - w_{C,r}$$

采用回热后由于减小了增压比，压气机将少消耗功。这少消耗的功在理论上正好等于膨胀机少做出的功。

(3) 每千克空气的理论制冷量（回热与不回热相同）

$$q_2 = h_1 - h_4 = h_{3r} - h_4 = w_{T,r} = 49.18\text{kJ/kg}$$

(4) 理论制冷系数（回热与不回热一样）

$$\varepsilon = \varepsilon_r = \frac{q_2}{w_C - w_T} = \frac{q_2}{w_{C,r} - w_{T,r}} = \frac{49.18\text{kJ/kg}}{18.13\text{kJ/kg}} = 2.713$$

也可以根据式（12-5）求得理论制冷系数

$$\varepsilon = \frac{1}{\pi^{\frac{\gamma_0 - 1}{\gamma_0}} - 1} = \frac{1}{3^{\frac{1.4-1}{1.4}} - 1} = 2.712$$

(B) 考虑压气机和膨胀机的不可逆损失（$\eta_{C,s} = \eta_{ri} = 0.85$）

(5) 压气机实际消耗的功

不回热 $$w'_C = h_{2'} - h_1 = \frac{w_C}{\eta_{C,s}} = \frac{97.45\text{kJ/kg}}{0.85\text{kJ/kg}} = 114.65\text{kJ/kg}$$

回热 $$w'_{C,r} = h_{2'r} - h_{1r} = \frac{w_{C,r}}{\eta_{C,s}} = \frac{67.31\text{kJ/kg}}{0.85} = 79.19\text{kJ/kg}$$

$$w'_C - w'_{C,r} = (114.65 - 79.19)\text{kJ/kg} = 35.46\text{kJ/kg}$$

(6) 膨胀机实际做出的功

不回热 $$w'_T = h_3 - h_{4'} = w_T \eta_{ri} = 79.32\text{kJ/kg} \times 0.85 = 67.42\text{kJ/kg}$$

回热 $$w'_{T,r} = h_{3r} - h_{4'r} = w_{T,r} \eta_{ri} = 49.18\text{kJ/kg} \times 0.85 = 41.80\text{kJ/kg}$$

$$w'_T - w'_{T,r} = (67.42 - 41.80)\text{kJ/kg} = 25.62\text{kJ/kg} < 35.46\text{kJ/kg} = w'_C - w'_{C,r}$$

采用回热后压气机少消耗的功大于膨胀机少做出的功。

(7) 每千克空气的实际制冷量

不回热 $q'_2 = h_1 - h_{4'} = (h_1 - h_3) + (h_3 - h_{4'}) = c_{p0}(T_1 - T_3) + w'_T$

$$= 1.005\text{kJ/(kg}\cdot\text{K)} \times (263 - 293)\text{K} + 67.42\text{kJ/kg} = 37.27\text{kJ/kg}$$

回热 $$q'_{2r} = h_1 - h_{4'r} = h_{3r} - h_{4'r} = w'_{T,r} = 41.80\text{kJ/kg}$$

回热后每千克空气增加的制冷量

$$q'_{2r} - q'_2 = (41.80 - 37.27)\text{kJ/kg} = 4.53\text{kJ/kg}$$（相当于图 12-7 中面积 a）

（8）实际制冷系数

不回热
$$\varepsilon'=\frac{q_2'}{w_C'-w_T'}=\frac{37.27\text{kJ/kg}}{(114.65-67.42)\text{kJ/kg}}=0.7891$$

回热
$$\varepsilon_r'=\frac{q_{2r}'}{w_{C,r}'-w_{T,r}'}=\frac{41.80\text{kJ/kg}}{(79.19-41.80)\text{kJ/kg}}=1.118$$

$$\varepsilon_r'>\varepsilon'$$

回热后提高了实际制冷系数。

12-3 蒸气压缩制冷循环

利用一些低沸点物质作制冷剂，在其饱和区中实现逆向卡诺循环，这在原则上是可行的，因为在饱和区中实现定温过程毫无困难（见图 12-9）。但是考虑到工作在湿蒸气区的压气机和膨胀机（特别是膨胀机），由于湿度很大，不仅效率低，而且工作不可靠，因此实际的蒸气压缩制冷循环都取消膨胀机而代之以节流阀（见图 12-10）。这样虽然损失一些功和制冷量（见图 12-11 中 $h_{4'}-h_4$），但设备要简单可靠得多，而且节流阀更便于调节。

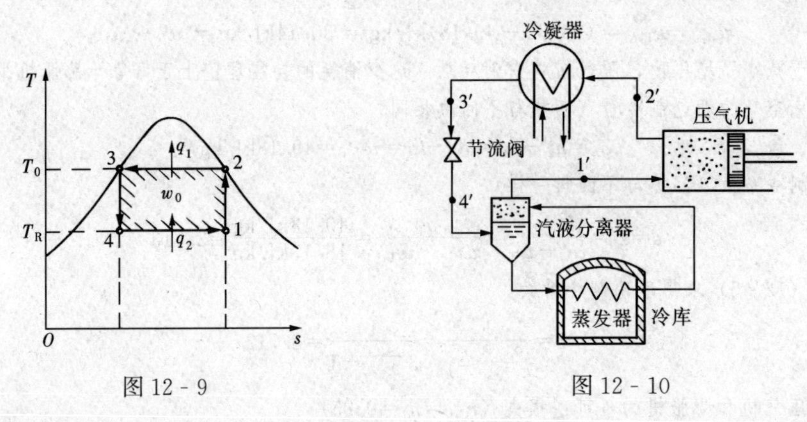

图 12-9　　图 12-10

另外，压气机采用干蒸气压缩。这样虽然压气机多消耗一些功（$h_{2'}-h_{1'}>h_2-h_1$），但压气机的工作稳定，效率提高，而且制冷量也有所增加（增加了 $h_{1'}-h_1$）。所以，蒸气压缩式制冷机一般都采用这种干蒸气压缩制冷循环（循环 1′2′34′1′）。

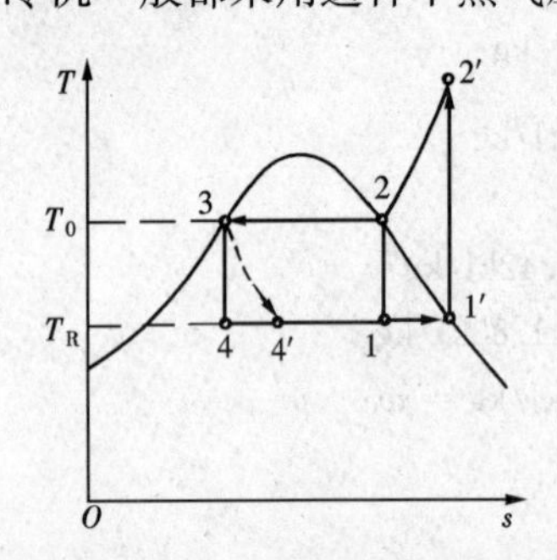

图 12-11

这种蒸气压缩制冷循环的制冷系数为

$$\varepsilon=\frac{q_2}{w_0}=\frac{q_2}{w_C}=\frac{h_{1'}-h_{4'}}{h_{2'}-h_{1'}}=\frac{h_{1'}-h_3}{h_{2'}-h_{1'}} \tag{12-6}$$

若考虑到压气机的不可逆损失，则其制冷系数为

$$\varepsilon'=\frac{q_2}{w_0'}=\frac{q_2}{w_0/\eta_{C,s}}=\frac{h_{1'}-h_3}{h_{2'}-h_{1'}}\eta_{C,s} \tag{12-7}$$

式中　$\eta_{C,s}$——压气机的绝热效率。

式（12-6）和式（12-7）中各状态点的焓值可在制冷剂热力性质的专用图表中查得。最常用的制冷剂热力性质图是压焓图（$\lg p-h$ 图，参看附图 2～附图 5）。蒸气压缩制冷循环在压焓图中的表示如图 12-12 中循环 1′2′34′1′所示。

由于蒸气压缩制冷循环在冷库中的吸热过程是最有利的定温吸热汽化过程，在冷凝器中的冷却过程也有一段是定温过程，因此制冷系数比较大。另外，制冷剂的气化潜热相对于气体的吸热能力来说一般都大得多，因此每千克制冷剂的制冷量较大，设备比较紧凑。还可以根据制冷的温度范围选择适当的制冷剂，以达到更好的效果。正因为蒸气压缩式制冷机有以上一系列优点，所以得到了广泛的应用。

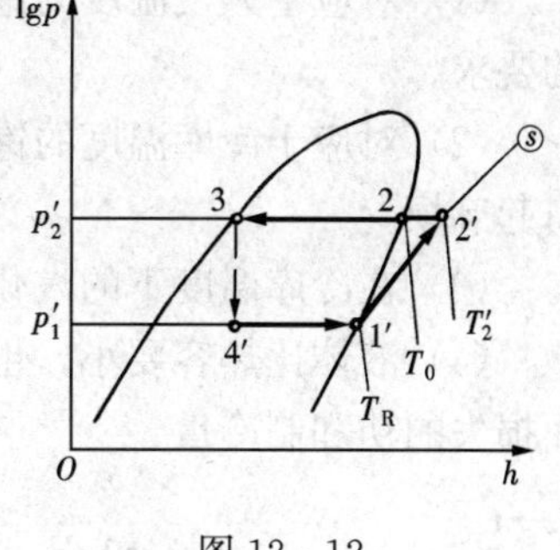

图 12 - 12

【例 12 - 3】 某蒸气压缩式制冷机，用氨作制冷剂。制冷量为 10^5kJ/h。冷凝器出口氨饱和液的温度为 300K，节流后温度为 260K。试求：

(1) 每千克氨的吸热量；

(2) 氨的流量；

(3) 压气机消耗的功率（不考虑不可逆损失）；

(4) 压气机工作的压力范围；

(5) 冷却水带走的热量（kJ/h）；

(6) 制冷系数。

解 参看图 12 - 11 和图 12 - 12。

查氨的压焓图（附图 2）得

$$h_{1'}=1570\text{kJ/kg},\ h_{2'}=1770\text{kJ/kg},\ h_3=h_{4'}=450\text{kJ/kg}$$

(1) 每千克氨的吸热量

$$q_2=h_{1'}-h_{4'}=(1570-450)\text{kJ/kg}=1120\text{kJ/kg}$$

(2) 氨的流量

$$q_m=\frac{\dot{Q}_2}{q_2}=\frac{10^5\text{kJ/h}}{1120\text{kJ/kg}}=89.29\text{kg/h}=0.024\ 80\text{kg/s}$$

(3) 压气机消耗的功率

$$P_C=q_m w_C=q_m(h_{2'}-h_{1'})=0.024\ 8\text{kg/s}\times(1770-1570)\text{kJ/kg}=4.96\text{kW}$$

(4) 压气机工作的压力范围即 260K 和 300K 所对应的饱和压力。查压焓图得此压力范围为 0.255～1.06MPa。

(5) 冷却水带走的热量

$$\begin{aligned}\dot{Q}_1&=q_m q_1\\&=q_m(h_{2'}-h_3)\\&=89.29\text{kg/h}\times(1770-450)\text{kJ/kg}=0.117\ 9\times10^6\text{kJ/h}\end{aligned}$$

(6) 制冷系数

$$\varepsilon=\frac{q_2}{w_C}=\frac{q_2}{P_C/q_m}=\frac{1120\text{kJ/kg}}{4.96\text{kJ/s}/0.024\ 8\text{kg/s}}=5.60$$

12 - 4 制冷剂的热力性质

蒸气压缩式制冷机中采用的制冷剂一般都是低沸点物质。常用的有氨及各种不同化学组成的氯氟烃、氟烃、烷烃等。由于氯氟烃中的氯原子对大气中的臭氧层有破坏作用，国际上已禁用这些物质，并逐步采用不含氯原子的制冷工质，如 R134a、R245fa 以及烷烃如丙烷、异丁烷等。制冷剂的热力性质影响到制冷装置的结构、所用材料及工作压力等。在选择制冷剂时应考虑到以下一些热力性质上的要求：

（1）对应于大气温度的饱和压力不要太高，以降低压气机成本和对设备强度、密封方面的要求。

（2）对应于冷库温度的饱和压力不要太低，最好稍高于大气压力，以免为维持真空度而引起麻烦。

（3）在冷库温度下的汽化潜热要大，以使单位质量的制冷剂具有较大的制冷能力。

（4）液体比热容要小。也就是说在温熵图中的饱和液体线要陡，这样就可以减小因节流而损失的功和制冷量。

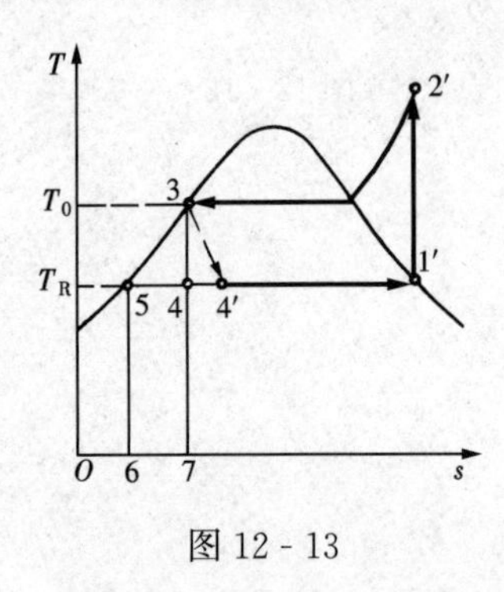

图 12-13

节流过程引起的功和制冷量的损失（见图 12-13）为

$$h_{4'}-h_4=h_3-h_4=(h_3-h_5)-(h_4-h_5)$$
$$=\text{面积}\ 53765-\text{面积}\ 54765$$
$$=\text{面积}\ 5345$$

饱和液体线越陡，则面积 5345 越小，节流过程引起的功和制冷量的损失也就越小。

（5）临界温度要显著高于大气温度，以免循环在近临界区进行，不能更多地利用定温放热而引起制冷能力和制冷系数的下降。

（6）凝固点应低于冷库温度，以免制冷剂在工作过程中凝固。

此外，希望制冷剂每单位容积的制冷能力大些，以便减小装置尺寸；希望制冷剂传热性能良好，使换热器更紧凑；希望制冷剂不溶于油，以免影响润滑；希望制冷剂有一定的吸水性，以免因析出水分而在节流降温时产生冰塞；还希望制冷剂不易分解变质、不腐蚀设备、不易燃、对人体和环境无害、价格低廉、来源充足等。

氨作为制冷剂应用较多。它有很多优点：汽化潜热大、工作压力适中、几乎不溶于油、吸水性强、价格低廉、来源充足。但也有缺点：对人体有刺激性、对铜腐蚀性强、空气中含氨量高时遇火会引起爆炸。

各种氟烃、烷烃的化学性质都很稳定，不腐蚀设备，不燃烧，对人体无害。由于它们的临界参数、凝固温度及饱和蒸气压等各不相同，这就提供了根据不同工作温度选择合适的制冷剂的可能，因而得到广泛应用，但它们也有其他不足之处，如气化潜热较少，价格较高。寻找各方面都令人满意的制冷剂仍是值得探讨的课题。

表 12-1 给出了某些常用制冷剂的一些基本热力性质。在附图 2～附图 5 中还给出了氨、R134a 等四种制冷剂的热力性质图（压焓图）。

表 12-1　　常用制冷剂的基本热力性质

物　质	分子式	摩尔质量 M（g/mol）	沸点（℃）（1atm）	凝固点（℃）（1atm）	临界温度 t_c（℃）	临界压力 p_c（MPa）
空　气	——	28.965	−194.4	——	−140.7	3.774
氨	NH_3	17.031	−33.4	−77.7	132.4	11.30
R245fa	$C_3H_3F_5$	134.05	15.14	−102.1	154.01	3.651
R1234ze（E）	$C_3H_2F_4$	114.04	−18.97	−104.53	109.36	3.635
R142	$C_2H_3ClF_2$	100.48	−9.3	−130.8	137.0	4.12

续表

物　质	分子式	摩尔质量 M (g/mol)	沸点（℃）(1atm)	凝固点（℃）(1atm)	临界温度 t_c（℃）	临界压力 p_c（MPa）
R134a	$C_2H_2F_4$	102.032	−26.1	−101.2	101.1	4.059
R152a	$C_2H_4F_2$	66.051	−24.0	−118.6	113.2	4.517
乙　烷	C_2H_6	30.070	−88.5	−183.2	32.2	4.88
丙　烷	C_3H_8	44.097	−42.1	−187.7	96.7	4.248
异丁烷	C_4H_{10}	58.124	−11.8	−159.6	134.7	3.629

12-5　蒸汽引射制冷循环和吸收式制冷循环

前面各节所讨论的各种制冷循环（逆向卡诺循环、空气压缩制冷循环和蒸气压缩制冷循环）都靠消耗外功来达到制冷目的。但是，也可以不消耗外功，而以消耗温度较高的热能为代价来达到同样的制冷目的。蒸汽引射制冷循环和吸收式制冷循环正是这样的循环。

1. 蒸汽引射制冷循环

图 12-14 表示蒸汽引射制冷装置。作为该装置特征的，是用由喷管、混合室和扩压管三部分组成引射器来替代消耗外功的压缩机。图 12-15 示出了相应循环的 T—s 图。

从蒸汽锅炉引来的较高温度和较高压力的蒸汽（状态 1）在喷管中膨胀至较低的混合室压力并获得高速（状态 2）。这股高速汽流在混合室中与从蒸发器过来的低压蒸汽（状态 3）混合后形成一股速度略低的汽流（状态 4）进入扩压管减速升压（过程 4→5），然后在冷凝器中凝结（过程 5→6）。凝结液则分为两路：一路经泵提高压力（过程 6→7），然后送入蒸汽锅炉再加热汽化变为高压蒸汽（过程 7→1）；另一路经节流阀降压、降温（过程 6→8），然后在蒸发器中吸热汽化变成低温低压的蒸汽（状态 3）再进入混合室。

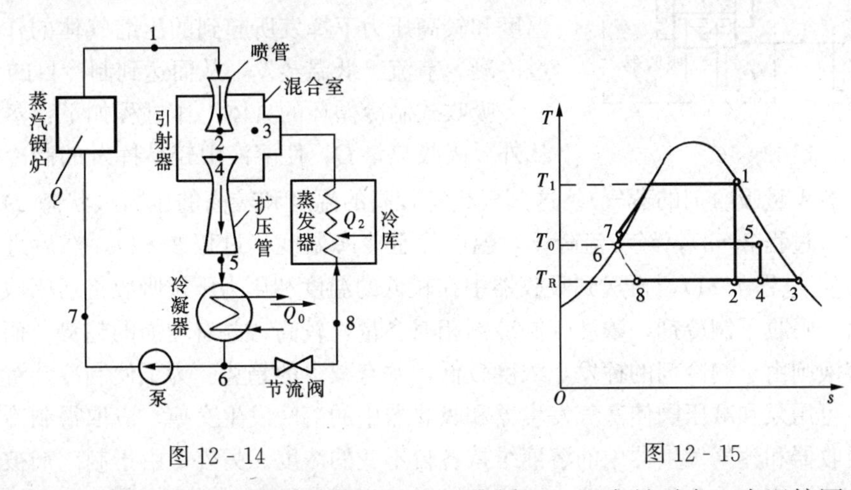

图 12-14　　　　图 12-15

如上所述，蒸汽引射制冷循环实际上包括两个循环：一个是逆向（在温熵图中逆时针方向）的制冷循环 456834；另一个是正向循环 1245671。二者合用引射器和冷凝器。引射器对制冷循环来说起到了压缩蒸汽的作用，而这部分蒸汽的压缩是靠正循环中那部分蒸汽的膨胀作为补偿才得以实现的。从整个装置来看，低温热之所以能转移到温度较高的大气中去，是以从锅炉获得的更高温度的热能最终也转移到大气中作为代价的。

高压蒸汽流量与低压蒸汽流量之比（q_{m1}/q_{m2}）与高压蒸汽的温度、冷库温度、大气温度（冷却水温度）以及引射器的效能都有关系。显然，高压蒸汽的温度比大气温度高得愈多、冷库温度比大气温度低得愈少，引射器效能愈高，则上述比值愈小（即消耗的高压蒸汽相对愈少）。

如果忽略泵所消耗的少量的功，那么整个引射制冷装置是不消耗功的，而只消耗热量 Q。热量平衡方程为

$$Q+Q_2=Q_0 \tag{12-8}$$

式中 Q——蒸汽在锅炉中吸收的热量；

Q_2——蒸汽在冷库中吸收的热量；

Q_0——蒸汽在冷凝器中放出的热量。

蒸汽引射制冷装置的热经济性可用热利用系数 ξ 来衡量，即

$$\xi=\frac{\text{收获}}{\text{消耗}}=\frac{Q_2}{Q} \tag{12-9}$$

由于蒸汽混合过程的不可逆损失很大，因而热利用系数较低。但由于这种装置用简单紧凑的引射器取代了复杂昂贵的压气机，而引射器又容许通过很大的容积流量，可以利用低压水蒸气作为制冷剂，因此在有现成蒸汽可用的场合，常被用于调节气温。

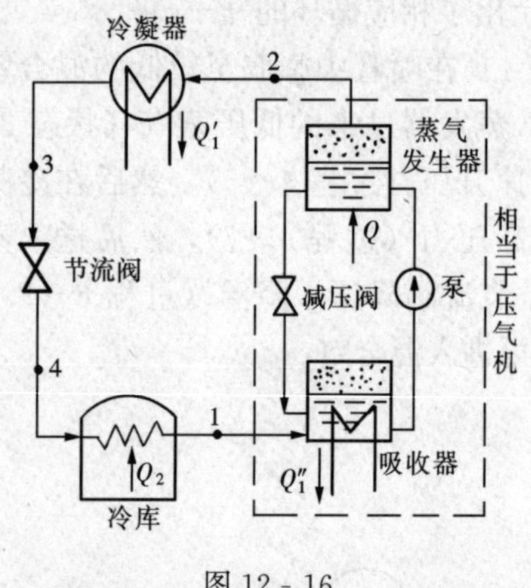

图 12-16

2. 吸收式制冷循环

吸收式制冷装置中采用沸点较高的物质做吸收剂，沸点较低、较易挥发的物质做制冷剂。常用的有氨—水溶液（氨是制冷剂，水是吸收剂）。在空气调节设备中也常用水—溴化锂溶液（水是制冷剂，溴化锂是吸收剂）。

图 12-16 表示吸收式制冷装置。其工作原理是：利用制冷剂在较低温度和较低压力下被吸收以及在较高温度和较高压力下挥发所起到的压缩气体的作用，再经过冷凝、节流、低温蒸发，从而达到制冷目的。

吸收式制冷循环的具体工作过程如下：蒸气发生器从外界吸收热量 Q，使溶液中较易挥发的制冷剂变为蒸气（其中夹有少量吸收剂的蒸气）。这蒸气具有较高的温度和较高的压力（状态 2），在冷凝器中凝结后（过程 2→3），经节流降压，温度降至冷库温度（过程 3→4），然后进入冷库中蒸发吸热 Q_2（过程 4→1），再送到吸收器中在较低的温度和压力下被吸收剂所吸收。吸收器中的溶液由于吸收了制冷剂，浓度（制冷剂相对含量）较高，并有增加的趋势；而由蒸气发生器中的溶液则由于制冷剂的挥发，浓度较低，并有减少的趋势。为了使制冷装置能稳定地连续工作，可用泵和减压阀使蒸气发生器和吸收器中的溶液发生交换，以取得制冷剂的质量平衡，使吸收器和蒸气发生器中的溶液维持各自不变的浓度。另外，由于制冷剂被吸收剂吸收时会放出热量，而由蒸气发生器经减压阀进入吸收器的溶液又具有较高的温度，为了保持吸收器中溶液的吸收能力，除了要维持制冷剂的浓度不要太高以外，还必须维持溶液有较低的温度，因此吸收器必须加以冷却。以上是吸收式制冷循环的整个工作过程。除蒸气发生器和吸收器（它们共同起着压缩气体的作用）的工作过程比较特殊外，其他工作过程和蒸气压

缩制冷循环基本相同。

如果忽略溶液泵消耗的少量的功，那么整个吸收式制冷装置也是不消耗功的，而只消耗热量 Q。热量平衡方程为

$$Q+Q_2=Q_1'+Q_1'' \tag{12-10}$$

吸收式制冷循环的热经济性也用热利用系数 ξ 表示：

$$\xi=\frac{收获}{消耗}=\frac{Q_2}{Q}$$

吸收式制冷装置的热利用系数比较低，但由于设备简单、造价低廉（不需要昂贵的压气机）、不消耗功、可以利用温度不很高的热能，因此常用在有余热可以利用的场合。

近年来，一些根据其他原理工作的新型制冷装置也不断研制开发出来，如半导体制冷机、脉管制冷机、吸附式制冷机等。它们在一些特殊场合下有着不可取代的优越性。

思 考 题

1. 利用制冷机产生低温，再利用低温物体做冷源以提高热机循环的热效率。这样做是否有利？

2. 如何理解空气压缩制冷循环采取回热措施后，不能提高理论制冷系数，却能提高实际制冷系数？

3. 参看图12-13。如果蒸气压缩制冷装置按 $1'2'351'$ 运行，就可以在不增加压气机耗功的情况下增加制冷剂在冷库中的吸热量（由原来的 $h_{1'}-h_{4'}$ 增加为 $h_{1'}-h_5$），从而可以提高制冷系数。这样考虑对吗？

习 题

12-1 (1) 设大气温度为30℃，冷库温度分别为0、−10、−20℃，求逆向卡诺循环的制冷系数。

(2) 设大气温度为−10℃，供热温度分别为40、50、60℃，求逆向卡诺循环的供热系数。

12-2 已知大气温度为25℃，冷库温度为−10℃，压气机增压比分别为2、3、4、5、6。试求空气压缩制冷循环的理论制冷系数。在所给的条件下，理论制冷系数最大可达多少（按定比热容理想气体计算）？

12-3 大气温度和冷库温度同习题12-2。压气机增压比为3，压气机绝热效率为82%，膨胀机相对内效率为84%，制冷量为 0.8×10^6 kJ/h。求压气机所需功率、整个制冷装置消耗的功率和制冷系数（按定比热容理想气体计算）。

12-4 某氨蒸气压缩制冷装置（见图12-10），已知冷凝器中氨的压力为1MPa，节流后压力降为0.2MPa，制冷量为 0.12×10^6 kJ/h，压气机绝热效率为80%。试求：

(1) 氨的流量；

(2) 压气机出口温度及所耗功率；

(3) 制冷系数；

(4) 冷却水流量［已知冷却水经过氨冷凝器后温度升高8K，水的比定压热容为4.187 kJ/(kg·K)］。

12-5 习题12-4中的制冷装置在冬季改作热泵用。将氨在冷凝器中的压力提高到1.6MPa，氨凝结时放出的热量用于取暖，节流后氨的压力为0.3MPa，压气机功率和效率同上题。试求：

(1) 氨的流量；

(2) 供热量（kJ/h）；

(3) 供热系数；

(4) 若用电炉直接取暖，则所需电功率为若干？

12-6　以R134a为制冷剂的冰箱（蒸气压缩制冷），已知蒸发温度为250K，冷凝温度为300K，压缩机绝热效率为80%，每昼夜耗电1.5kW·h。试利用压焓图计算：

(1) 制冷系数；

(2) 每昼夜制冷量；

(3) 压缩机的增压比及出口温度。

第13章　化学热力学基础

［**本章导读**］本章介绍热力学基本定律在化学反应系统中的应用：基于热力学第一定律，讨论化学反应中的能量转换关系；基于热力学第二定律，讨论化学反应过程的最大有用功、反应进行的方向和化学平衡。鉴于燃烧反应是热能动力装置中最常见的化学反应，本章还特别讨论热力学第一定律和第二定律在燃烧过程中的应用。

本章概念和公式较多，应注意理解和区分。化学反应过程初、终态组分不同，因此分析和计时要特别注意焓基准、熵基准和自由焓基准的应用，以确保不同组分具有相同的基准。

13-1　概　　述

在工程热力学所研究的热功转换过程中，不可避免地会遇到化学反应，最常见的就是燃料在燃烧室或锅炉中的燃烧反应。此外，能源、环境等工程领域的化学问题日益增多，如燃料电池、污水处理、大气臭氧层的消耗、生命体内的能量转换等，这使化学热力学显得更加重要。本书前面阐述的热力学基本原理同样适用于有化学反应的热力系统，是研究化学反应系统宏观特性的重要工具。将热力学基本原理应用于热化学或物理化学过程，得出针对化学过程的特定的研究方法，并揭示其特有的宏观规律，是化学热力学的主要内容。本章旨在介绍化学热力学的一些基本知识，主要包括：化学反应系统的能量转换关系、化学反应进行的方向、化学平衡的条件等。

包含化学反应的热力系统和前面各章讲述的只有物理变化的简单可压缩系统有所不同。在化学反应过程中，物质的分子结构发生变化。由于不同分子结构具有不同的化学能，因此在研究能量关系时，必须考虑内部化学能的变化。此时热力学能不仅包括分子动能和分子位能，还应包括化学能。焓也是如此。

简单可压缩系统中，工质的状态取决于两个相互独立的状态参数。化学反应中，由于组分是变化的，所以需要更多的参数（如各组元的质量分数 w_i 或摩尔分数 x_i）才能表达热力系的状态，例如

$$u = u(T, p, w_1, w_2, \cdots, w_i, \cdots, w_n)$$
$$h = h(T, p, w_1, w_2, \cdots, w_i, \cdots, w_n)$$
$$\cdots$$

由于独立变量的增多，当两个相互独立的状态参数保持不变时，化学反应过程仍能进行，如定温—定压过程、定温—定容过程。这样的过程在简单可压缩系统中是无法实现的，但在化学反应系统中却具有特殊重要的意义，因为有许多实际过程接近这两种理想化的过程。

简单可压缩系统仅与外界交换容积变化功（膨胀功）W，化学反应系统则可能包含其他形式的功，如电功。化学反应过程的容积变化功实际上很难、也很少加以利用，所以非容积

变化功是化学反应系统与外界交换功量的主要形式。化学热力学将非容积变化功称为有用功，用 W_u 表示。从而，系统总功

$$W_{tot} = W + W_u$$

此外，由于化学反应涉及分子结构的改变，所以本章采用摩尔作为物量单位。

13-2 热力学第一定律在化学反应系统中的应用

1. 化学反应系统的能量方程

第二章给出了热力学第一定律的一般表达式［式（2-4）］：

$$Q = \Delta E + \int_{(\tau)} (e_2 \delta m_2 - e_1 \delta m_1) + W_{tot}$$

将上式应用于化学反应系统，则 Q 表示化学反应过程中系统与外界交换的热量，称为反应热；W_{tot} 表示化学反应过程中系统与外界交换的总功；e 为比总能，$e=u+\frac{1}{2}c^2+gz$，u 中包含化学能。

在定压或定容条件下进行的、不作有用功的化学反应是实际中最常见的化学反应，其能量平衡方程可由式（2-4）导出。

对闭口系的定容过程，容积变化功为零，如果不做有用功，且不计工质宏观动能和宏观位能的变化，则由式（2-4）得过程的反应热为

$$Q_{(V)} = \Delta U = U_{Pr} - U_{Re} \tag{13-1}$$

下角标 Pr 和 Re 分别表示生成物和反应物。可见，定容过程的反应热等于反应前后系统热力学能的变化。

对闭口系的定压过程，容积变化功 $W = p\Delta V$，如果不做有用功，且不计工质宏观动能和宏观位能的变化，则有

$$Q_{(p)} = \Delta H = H_{Pr} - H_{Re} \tag{13-2}$$

对稳定流动开口系，无论是否定压过程，只要不做技术功和有用功，且忽略过程始末宏观动能和宏观位能的变化，同样有

$$Q = H_2 - H_1 = H_{Pr} - H_{Re} \tag{13-3}$$

可见，闭口系的定压过程和开口系的稳定流动过程，其反应热的表达式相同，都等于生成物与反应物的焓差。

在化学热力学中，不做有用功的定温—定容过程、定温—定压过程、绝热定压过程、绝热定容过程是四种基本的热力过程，大多数化学反应可以理想化为这四种基本过程。

对定温—定容过程，同样有式（13-1）

$$Q_V = U_{Pr} - U_{Re} \tag{13-4}$$

此时的反应热 Q_V 称为定容热效应。

对定温—定压过程，同样有式（13-2）

$$Q_p = H_{Pr} - H_{Re} \tag{13-5}$$

此时的反应热 Q_p 称为定压热效应。

可见，定压热效应和定容热效应的定义中已经包含了过程定温、不做有用功等限定条件。而实际上，式（13-4）和式（13-5）并不要求反应过程自始至终是定温的，只要过程

的初、终状态温度相等，该二式就能成立（因为U和H都是状态参数，过程始末两状态参数之差与过程路径无关）。

对绝热定容过程，由式（13－1），有

$$U_{Pr}=U_{Re} \tag{13-6}$$

对绝热定压过程，由式（13－2），有

$$H_{Pr}=H_{Re} \tag{13-7}$$

2. 焓基准、标准生成焓

由式（13－4）和式（13－5）可知，定容热效应Q_V和定压热效应Q_p存在如下关系：

$$Q_p-Q_V=(H_{Pr}-H_{Re})-(U_{Pr}-U_{Re})=(pV)_{Pr}-(pV)_{Re} \tag{13-8}$$

如果反应物和生成物都为理想气体，则

$$Q_p-Q_V=RT(n_{Pr}-n_{Re})$$

由于Q_V可以由Q_p计算出来，更重要的是因为定温—定压过程更为常见，所以以后的讨论以Q_p为主。Q_p是定温、定压下过程的热效应，其数值与发生反应的温度和压力条件有关。化学热力学规定了化学标准状况：$t^0=25℃$、$p^0=1\text{atm}$。标准状况下的定压热效应称为标准定压热效应，用$Q_p{}^0$表示。

由上述各式可见，在分析化学反应过程的能量关系时，反应物和生成物的焓的计算非常重要。化学反应系统中，生成物和反应物组分不同，只有当不同物质具有相同的焓基准点时，才能进行比较和计算。由于各种化合物都由确定的单质化合而成，因此化学热力学规定稳定单质在标准状况下的焓值为零，从而保证了不同物质有相同的焓起点。

稳定单质在标准状况下生成化合物的热效应称为标准生成热。标准生成热即为生成反应的标准定压热效应：$Q_p^0=H^0_{化合物}-\sum H^0_{单质}$。由于稳定单质在标准状况下的焓值规定为零，因此，化合物在标准状况下的焓值等于其标准生成热。习惯上将标准生成热称为标准生成焓，用H_f^0表示。附表9给出了一些化合物的标准生成焓。

标准生成焓是生成反应的一个过程量，可以通过精确的热量测量来确定，对指定的化合物，它是一个确定的常数。这就意味着，在标准状况下，指定化合物的焓值是常数，与达到此状态的途径无关。因此，作为标准状况下化合物的焓值，标准生成焓可以脱离生成反应而独立地加以应用。

3. 利用标准生成焓计算化学反应热

以标准生成焓为基础，可以计算物质在任意T、p下的焓值：

$$\begin{aligned}H_m(T,p)&=H_m(T^0,p^0)+[H_m(T,p)-H_m(T^0,p^0)]\\&=H_f^0+\Delta H_m\end{aligned} \tag{13-9}$$

式中　H_m——摩尔焓值；

H_f^0——物质的标准生成焓，亦即物质在标准状况下的焓值，对单质，$H_f^0=0$；

ΔH_m——物质由（T^0、p^0）到（T、p）焓值的变化，这是一个物理过程，其计算与基准点的选取无关，计算方法与前面各章相同。

附表10给出了几种理想气体在不同温度下的摩尔焓值，可供查取。

所以，不做有用功的定压过程的反应热

$$Q_{(p)}=H_{Pr}-H_{Re}=\sum_j(n_jH_{m,j})_{Pr}-\sum_i(n_iH_{m,i})_{Re}$$

$$= \sum_j (n_j H^0_{f,j} + n_j \Delta H_{m,j})_{Pr} - \sum_i (n_i H^0_{f,i} + n_i \Delta H_{m,i})_{Re}$$

$$= \Big[\sum_j (n_j H^0_{f,j})_{Pr} - \sum_i (n_i H^0_{f,i})_{Re}\Big] + \Big[\sum_j (n_j \Delta H_{m,j})_{Pr} - \sum_i (n_i \Delta H_{m,i})_{Re}\Big]$$

$$= Q^0_p + \sum_j (n_j \Delta H_{m,j})_{Pr} - \sum_i (n_i \Delta H_{m,i})_{Re} \tag{13-10}$$

依据上式可以计算任意反应物温度、任意生成物温度、任意压力下的定压过程的反应热。若反应物和生成物温度相同，都为 T，则得温度 T 下的定压热效应 Q_p。若过程在标准状况下进行，各物质的 $\Delta H_m=0$，则得标准定压热效应 Q^0_p 为

$$Q^0_p = \sum_j (n_j H^0_{f,j})_{Pr} - \sum_i (n_i H^0_{f,i})_{Re} \tag{13-11}$$

由式（13 - 1），不做有用功的定容过程的反应热

$$Q_{(V)} = U_{Pr} - U_{Re}$$

$$= \sum_j (n_j H_{m,j} - p_j V_j)_{Pr} - \sum_i (n_i H_{m,i} - p_i V_i)_{Re}$$

$$= Q^0_p + \sum_j (n_j \Delta H_{m,j} - p_j V_j)_{Pr} - \sum_i (n_i \Delta H_{m,i} - p_i V_i)_{Re} \tag{13-12}$$

同样可利用标准生成焓计算。

4. 盖斯定律

由式（13 - 4）和式（13 - 5）可知，反应热效应只取决于反应的初、终状态，与反应途径无关。这是将热力学第一定律用于化学反应系统得出的结论。早在热力学第一定律建立之前，盖斯就通过实验得到了这个规律，因此又称作盖斯定律。盖斯定律在化学热力学的发展中起过重要作用。

利用反应热效应的这一特性，可以由已知反应的热效应很方便地计算某些未知反应的热效应。如碳在定压下的不完全燃烧

$$C + \frac{1}{2}O_2 \xlongequal{Q_p} CO \tag{a}$$

这个反应的热效应很难测得，因为碳燃烧的产物不只是 CO，还有 CO_2。可以借助以下两个反应的热效应来计算：

$$CO + \frac{1}{2}O_2 \xlongequal{Q'_p} CO_2 \tag{b}$$

$$C + O_2 \xlongequal{Q''_p} CO_2 \tag{c}$$

可见，反应（a）+反应（b）可以达到与反应（c）相同的效果，是由 C 和 O_2 生成 CO_2 的另一种途径。根据盖斯定律，有

$$Q_p + Q'_p = Q''_p$$

从而可得碳不完全燃烧的热效应 $Q_p = Q''_p - Q'_p$。

5. 基尔霍夫定律

由式（13-10）可知，任意定温—定压反应的定压热效应

$$Q_p = \sum_j (n_j H_{m,j})_{Pr} - \sum_i (n_i H_{m,i})_{Re}$$

对生成物和反应物都为理想气体的系统

$$dQ_p = \sum_j (n_j C_{pm,j} dT)_{Pr} - \sum_i (n_i C_{pm,i} dT)_{Re}$$

从而

$$\frac{dQ_p}{dT}=\sum_j(n_jC_{pm,j})_{Pr}-\sum_i(n_iC_{pm,i})_{Re} \tag{13-13}$$

对理想气体反应系统的定温—定容过程，也可得到类似的公式：

$$\frac{dQ_V}{dT}=\sum_j(n_jC_{Vm,j})_{Pr}-\sum_i(n_iC_{Vm,i})_{Re} \tag{13-14}$$

可见，热效应随温度的变化取决于生成物的总热容和反应物的总热容的差值。这就是基尔霍夫定律的实质内容。

若已知某反应在某温度 T_1 下的热效应 Q_{p1} 或 Q_{V1}，根据基尔霍夫定律可求其在任意温度 T 下的热效应：

$$Q_p=Q_{p1}+\sum_j\left(\int_{T_1}^{T}n_jC_{pm,j}dT\right)_{Pr}-\sum_i\left(\int_{T_1}^{T}n_iC_{pm,i}dT\right)_{Re} \tag{13-15}$$

$$Q_V=Q_{V1}+\sum_j\left(\int_{T_1}^{T}n_jC_{Vm,j}dT\right)_{Pr}-\sum_i\left(\int_{T_1}^{T}n_iC_{Vm,i}dT\right)_{Re} \tag{13-16}$$

显然，式（13 - 10）和式（13 - 12）分别包含了式（13 - 15）和式（13 - 16）。实际上，只要掌握了式（13 - 10）和式（13 - 12），就可以计算和分析有关定容、定压过程化学反应热和化学反应热平衡的各种问题。

【例 13 - 1】 C_2H_4 在氧气中定压完全燃烧时，反应式如下：

$$C_2H_4\,(g)+3O_2\,(g)=2CO_2\,(g)+2H_2O$$

（1）计算此燃烧反应的标准定压热效应（即标准燃烧热）。按生成物中的 H_2O 为液态和气态两种情况计算。

（2）计算 500K 时的定压热效应（即燃烧热）。

（3）如果反应物的温度为 298.15K，生成物的温度为 500K，计算反应热。

解 由式（13 - 10），得反应热

$$Q_{(p)}=Q_p^0+[(2\Delta H_{m,CO_2}+2\Delta H_{m,H_2O})-(\Delta H_{m,C_2H_4}+3\Delta H_{m,O_2})]$$

（1）标准定压热效应

$$Q_p^0=(2H_{f,CO_2}^0+2H_{f,H_2O}^0)-(H_{f,C_2H_4}^0+3H_{f,O_2}^0)$$

查附表 9 得

$$H_{f,CO_2}^0=-393\ 522\text{J/mol}$$
$$H_{f,H_2O}^0\,(l)=-285\ 830\text{J/mol}$$
$$H_{f,H_2O}^0\,(g)=-241\ 826\text{J/mol}$$
$$H_{f,C_2H_4}^0=52\ 467\text{J/mol}$$
$$H_{f,O_2}^0=0$$

代入上式，当燃烧产物中的 H_2O 为液态时，燃烧反应的标准定压热效应

$$\begin{aligned}Q_p^0&=[2\times(-393\ 522)+2\times(-285\ 830)]\text{J/mol}-(52\ 467+3\times0)\text{J/mol}\\&=-1\ 411\ 171\text{J/mol}\end{aligned}$$

燃烧产物中水为气态时的标准定压热效应为

$$\begin{aligned}Q_p^0&=[2\times(-393\ 522)+2\times(-241\ 826)]\text{J/mol}-(52\ 467+3\times0)\text{J/mol}\\&=-1\ 323\ 163\text{J/mol}\end{aligned}$$

二者之差应为 298.15K 时水的汽化潜热：

$$r=[(-1\ 323\ 163)\text{J/mol}-(-1\ 411\ 171)\text{J/mol}]/2=44\ 004\text{J/mol}=2442.5\text{kJ/kg}$$

（2）将反应物和生成物都看作理想气体，则

$$\Delta H_m = H_m\ (500K) - H_m\ (298.15K)$$

查附表 10，并计算得 ΔH_m 之值。

气体种类	H_m（298.15K）(J/mol)	H_m（500K）(J/mol)	ΔH_m (J/mol)
CO_2	9364.0	17 668.9	8304.9
H_2O	9904.0	16 830.2	6926.2
O_2	8683.0	14 767.3	6084.3
C_2H_4	10 511.6	21 188.4	10 676.8

所以 500K 时的定压热效应为

$$\begin{aligned} Q_p &= Q_p^0 + [(2\Delta H_{m,CO_2} + 2\Delta H_{m,H_2O}) - (\Delta H_{m,C_2H_4} + 3\Delta H_{m,O_2})] \\ &= (-1\ 323\ 163)\text{J/mol} + [(2\times 8304.9 + 2\times 6926.2) - (10\ 676.8 + 3\times 6084.3)]\text{J/mol} \\ &= -1\ 321\ 631\text{J/mol} \end{aligned}$$

（3）反应物温度为 298.15K，因此

$$\Delta H_{m,C_2H_4} = 0,\ \Delta H_{m,O_2} = 0$$

生成物温度为 500K，其与标准状况的焓差上表中已经算出：

$$\Delta H_{m,CO_2} = 8304.9\text{J/mol},\ \Delta H_{m,H_2O} = 6926.2\text{J/mol}$$

从而得反应热为

$$\begin{aligned} Q_{(p)} &= Q_p^0 + [(2\Delta H_{m,CO_2} + 2\Delta H_{m,H_2O}) - (\Delta H_{m,C_2H_4} + 3\Delta H_{m,O_2})] \\ &= (-1\ 323\ 163)\text{J/mol} + [(2\times 8304.9 + 2\times 6926.2) - (0 + 3\times 0)]\text{J/mol} \\ &= -1\ 292\ 701\text{J/mol} \end{aligned}$$

13-3 化学反应过程的最大有用功

不同的化学反应过程，其目的不同。有的是为了获得热量（如燃烧反应），有的是为了获得预期的生成物，有的则是为了获得有用功（如燃料电池）。显然，对于旨在获得有用功的化学反应，最大有用功的计算非常重要。即使对不做有用功的化学反应，在分析其能量转换时，也常用到最大有用功。此外，最大有用功还常用于物质化学㶲和物质间化学亲和力（不同物质相互作用发生化学反应的能力）的研究。

1. 化学反应过程的最大有用功

热力学第二定律是计算化学反应最大有用功的依据。由 4-4 节，热力系的熵方程［式(4-10)］为

$$\Delta S = S_f + S_g + \int_{(\tau)} (s_1 \delta m_1 - s_2 \delta m_2)$$

对闭口系，$\int_{(\tau)} (s_1 \delta m_1 - s_2 \delta m_2) = 0$，$\Delta S = S_{Pr} - S_{Re}$，同时考虑到 $S_f = \int \frac{\delta Q}{T}$，$S_g \geqslant 0$，可得

$$S_g = S_{Pr} - S_{Re} - \int \frac{\delta Q}{T} \geqslant 0 \qquad (13-17)$$

对稳定流动开口系，$\Delta S = 0$，$\int_{(\tau)} (s_1 \delta m_1 - s_2 \delta m_2) = S_{Re} - S_{Pr}$，同时考虑到 $S_f = \int \frac{\delta Q}{T}$，$S_g \geqslant 0$，同样得到式(13-17)。

下面从式(13-17)出发,分析定温—定容过程和定温—定压过程的最大有用功。

从热力学第一定律的一般表达式[式(2-4)]可得闭口系在无宏观动能和位能变化时定温—定容过程的能量方程:

$$Q_{(T,V)}=U_{Pr}-U_{Re}+W_{u(T,V)} \tag{a}$$

对定温—定容过程,从式(13-17)可得

$$\int\frac{\delta Q_{(T,V)}}{T}=\frac{Q_{(T,V)}}{T}\leqslant S_{Pr}-S_{Re} \tag{b}$$

将式(a)代入式(b),经整理后得

$$W_{u(T,V)}\leqslant(U_{Re}-TS_{Re})-(U_{Pr}-TS_{Pr})$$

由式(7-11)可知,$U-TS=F$,为自由能(又称亥姆霍兹函数)。从而得

$$W_{u(T,V)}\leqslant F_{Re}-F_{Pr} \tag{13-18}$$

$$W_{u(T,V),\max}=F_{Re}-F_{Pr} \tag{13-19}$$

式(13-19)表明:定温—定容过程的最大有用功等于系统自由能的减少量。

与定温—定容过程相仿,定温—定压过程的能量方程为

$$Q_{(T,p)}=H_{Pr}-H_{Re}+W_{u(T,p)} \tag{c}$$

对定温—定压过程,从式(13-17)可得

$$\int\frac{\delta Q_{(T,p)}}{T}=\frac{Q_{(T,p)}}{T}\leqslant S_{Pr}-S_{Re} \tag{d}$$

将式(c)代入式(d),经整理后得

$$W_{u(T,p)}\leqslant(H_{Re}-TS_{Re})-(H_{Pr}-TS_{Pr})$$

由式(7-12)可知,$H-TS=G$,为自由焓(又称吉布斯函数)。从而得

$$W_{u,(T,p)}\leqslant G_{Re}-G_{Pr} \tag{13-20}$$

$$W_{u(T,p),\max}=G_{Re}-G_{Pr} \tag{13-21}$$

式(13-21)表明:定温—定压过程的最大有用功等于系统自由焓的减少量。

2. 自由焓的计算

求定温—定压过程的最大有用功时需要计算自由焓的变化,在判断化学反应方向、计算平衡特性等(13-4节)时也常用到自由焓差。由于生成物和反应物的组成不同,计算自由焓差时同样要求不同的物质具有相同的基准。对此有两种处理方法。

一种是焓基准—熵基准法。根据自由焓的定义式 $G=H-TS$,化学反应过程自由焓的变化可写为

$$\begin{aligned}G_{Pr}-G_{Re}&=\sum_j(n_jG_{m,j})_{Pr}-\sum_i(n_iG_{m,i})_{Re}\\&=\sum_j[n_j(H_{m,j}-T_jS_{m,j})]_{Pr}-\sum_i[n_i(H_{m,i}-T_iS_{m,i})]_{Re}\\&=\Big[\sum_j(n_jH_{m,j})_{Pr}-\sum_i(n_iH_{m,i})_{Re}\Big]-\Big[\sum_j(n_jT_jS_{m,j})_{Pr}-\sum_i(n_iT_iS_{m,i})_{Re}\Big]\end{aligned} \tag{13-22}$$

可见,只要不同物质具有相同的焓基准和熵基准即可进行计算。13-2已经给出了焓基准和焓的计算方法。熵基准则根据热力学第三定律给出(见13-6):稳定单质和化合物在0K时熵为0,物质在其他状态下的熵称为绝对熵。附表9给出了一些物质在标准

状况下的绝对熵 S_m^0，附表 10 给出了几种物质在 1atm、不同温度下的绝对熵 S_m（T，p^0）。

当物质在标准状况下的绝对熵 S_m^0 已知时，任意 T、p 下的绝对熵可以这样计算：

$$\begin{aligned} S_m(T,p) &= S_m(T^0,p^0) + [S_m(T,p) - S_m(T^0,p^0)] \\ &= S_m^0 + \Delta S_m \end{aligned} \tag{13-23}$$

ΔS_m 表示物质由（T^0、p^0）到（T、p）的熵变。若为理想气体，则

$$S_m(T,p) = S_m^0 + \int_{T^0}^{T} C_{pm} \frac{dT}{T} - R\ln\frac{p}{p^0} \tag{13-24}$$

对于附表 10 中列出的物质，由于 S_m（T，p^0）已知，S_m（T，p）也可这样计算：

$$S_m(T,p) = S_m(T,p^0) + [S_m(T,p) - S_m(T,p^0)] \tag{13-25}$$

若为理想气体，则

$$S_m(T,p) = S_m(T,p^0) - R\ln\frac{p}{p^0} \tag{13-26}$$

另一种方法是自由焓基准—熵基准法。自由焓基准规定：稳定单质在标准状况下的自由焓为 0；稳定单质在标准状况下生成化合物时自由焓的变化为该化合物的标准生成自由焓。显然，化合物在标准状况下的自由焓值等于其标准生成自由焓，它是一定值，与达到这一状态的途径无关。附表 9 给出了一些物质的标准生成自由焓 G_f^0。

当物质的标准生成自由焓 G_f^0 已知时，任意 T、p 下的摩尔自由焓可以这样计算：

$$\begin{aligned} G_m(T,p) &= G_m(T^0,p^0) + [G_m(T,p) - G_m(T^0,p^0)] \\ &= G_f^0 + \Delta G_m \\ &= G_f^0 + [H_m(T,p) - TS_m(T,p)] - [H_m(T^0,p^0) - T^0 S_m(T^0,p^0)] \\ &= G_f^0 + \Delta H_m - [(TS_m - T^0 S_m^0)] \end{aligned}$$

从而

$$\begin{aligned} G_{Pr} - G_{Re} &= \sum_j (n_j G_{m,j})_{Pr} - \sum_i (n_i G_{m,i})_{Re} \\ &= \sum_j [n_j(G_{f,j}^0 + \Delta G_m)]_{Pr} - \sum_i [n_i(G_{f,i}^0 + \Delta G_{m,i})]_{Re} \\ &= \Big[\sum_j (n_j G_{f,j}^0)_{Pr} - \sum_i (n_i G_{f,i}^0)_{Re}\Big] + \Big[\sum_j (n_j \Delta H_{m,j})_{Pr} - \sum_i (n_i \Delta H_{m,i})_{Re}\Big] \\ &\quad - \Big[\sum_j n_j (T_j S_{m,j} - T^0 S_{m,j}^0)_{Pr} - \sum_i n_i (T_i S_{m,i} - T^0 S_{m,i}^0)_{Re}\Big] \end{aligned} \tag{13-27}$$

可见，对不同物质，只要具有相同的自由焓基准和熵基准即可进行计算。

【例 13-2】 燃料电池中所进行的反应可视为定温—定压反应。若反应为

$$CH_4(g) + 2O_2(g) = CO_2(g) + 2H_2O(l)$$

求标准状况下反应的最大有用功。

解 方法一：

反应在标准状况下进行，由式（13-21）和式（13-22），可得

$$\begin{aligned} W_{u(T,p),\max} = &(H_{f,CH_4}^0 + 2H_{f,O_2}^0 - H_{f,CO_2}^0 - 2H_{f,H_2O}^0) \\ &- 298.15(S_{m,CH_4}^0 + 2S_{m,O_2}^0 - S_{m,CO_2}^0 - 2S_{m,H_2O}^0) \end{aligned}$$

查附表 9 得

物质种类	H_f^0 (J/mol)	S_m^0 [J/(mol·K)]	物质种类	H_f^0 (J/mol)	S_m^0 [J/(mol·K)]
CH_4 (g)	−74 873	186.251	CO_2 (g)	−393 522	213.795
O_2 (g)	0	205.147	H_2O (l)	−285 830	69.950

$$W_{u(T,p),\max}=[-74\,873+2\times0-(-393\,522)-2\times(-285\,830)]\text{J/mol}$$
$$-298.15\text{K}\times(186.251+2\times205.147-213.795-2\times69.950)\text{J/(mol}\cdot\text{K)}$$
$$=817\,903\text{J/mol}$$

方法二：

反应在标准状况下进行，由式（13-21）和式（13-27），得

$$W_{u(T,p),\max}=G_{Re}-G_{Pr}=G_{f,CH_4}^0+2G_{f,O_2}^0-G_{f,CO_2}^0-2G_{f,H_2O}^0$$

查附录9得

$$G_{f,CO_2}^0=-394\,389\text{kJ/kmol}$$
$$G_{f,H_2O}^0(\text{l})=-237\,141\text{kJ/kmol}$$
$$G_{f,O_2}^0=0$$
$$G_{f,CH_4}^0=-50\,768\text{kJ/kmol}$$

从而得

$$W_{u(T,p),\max}=[-50\,768+2\times0-(-394\,389)-2\times(-237\,141)]\text{J/mol}=817\,903\text{J/mol}$$

可见，两种方法结果相同。但对本例而言，显然第二种方法更为简便。

13-4 化学反应方向及化学平衡

前面研究的都是理论化学反应，即反应物完全转化为生成物的化学反应，如CO的燃烧反应

$$CO+\frac{1}{2}O_2=CO_2$$

方程中各物质的系数遵守质量守恒原理，称为化学计量系数。这种满足质量平衡又无多余反应物的理论反应方程称为化学计量方程。化学计量方程的一般形式为

$$\sum\gamma_i A_i=0 \tag{13-28}$$

式中 γ_i——组元 i 的化学计量系数，对反应物取负值，对生成物取正值。

因此CO的理论反应也可写为

$$CO_2-CO-\frac{1}{2}O_2=0$$

化学计量方程实际上表示的是反应物和生成物的质量平衡关系。在化学反应中，各物质的量的变化必定满足

$$\frac{dn_1}{\gamma_1}=\frac{dn_2}{\gamma_2}=\frac{dn_3}{\gamma_3}=\cdots \tag{13-29}$$

在实际中，大多数化学反应并不能进行到反应物完全消失，原因在于，在反应物发生正向反应形成生成物的同时，生成物也在进行着逆向反应，形成反应物。当正向反应速度大于逆向反应速度时，宏观上表现为正向反应；反之，则表现为逆向反应。当正向反应和逆向反应速度相等时，达到化学平衡。此时，系统中反应物和生成物共存，并处于

动态平衡。

如 CO 的燃烧反应。若有 1mol CO 和 0.5mol O_2 参加反应，完全燃烧时将生成 1mol CO_2。但由于逆向反应的存在，达到化学平衡时，1mol CO_2 中有 βmol 发生了离解反应，根据质量平衡，离解生成 βmol CO 和 0.5βmol O_2。从而实际反应为

$$CO+\frac{1}{2}O_2 \rightarrow (1-\beta)\ CO_2+\beta CO+\frac{\beta}{2}O_2$$

β 表示达到化学平衡时，单位物量的主要生成物中离解部分所占的比例，称为离解度，其值可根据化学平衡特性确定。

1. 亥姆霍兹函数判据和吉布斯函数判据

热力学第二定律是分析热力过程进行的方向和平衡条件的依据。依据孤立系统熵增原理［式（4-15）］

$$dS_{iso} \geqslant 0$$

即实际过程总是向着使孤立系统熵增大的方向进行，当熵达到极大值时，系统达到平衡状态。因此平衡判据为

$$\left.\begin{aligned} dS&=0 \\ d^2S&<0 \end{aligned}\right\} \tag{13-30}$$

$dS=0$ 表明处于平衡状态的孤立系统的熵不再发生变化；$d^2S<0$ 则表明此时系统的熵为极大值。

熵判据是宏观热力过程的普适判据，当然也适用于化学反应过程。对于化学反应中常见的定温—定容和定温—定压过程，以此为依据可以得出更实用的亥姆霍兹函数判据和吉布斯函数判据。

对不做有用功的定温—定容过程而言，由式（13-18）可得 $F_{Re}-F_{Pr} \geqslant 0$，亦即

$$F_{Pr}-F_{Re} \leqslant 0$$

或

$$dF \leqslant 0 \tag{13-31}$$

意即定温—定容反应总是自发地向着使系统的亥姆霍兹函数（即自由能）减小的方向进行，当亥姆霍兹函数达到极小值时，系统达到平衡状态。因此平衡判据为

$$\left.\begin{aligned} dF&=0 \\ d^2F&>0 \end{aligned}\right\} \tag{13-32}$$

式（13-31）和式（13-32）即为定温—定容过程的亥姆霍兹函数判据（或称自由能判据）。

同理，对不做有用功的定温—定压过程而言，由式（13-20）可得 $G_{Re}-G_{Pr} \geqslant 0$，亦即

$$G_{Pr}-G_{Re} \leqslant 0$$

或

$$dG \leqslant 0 \tag{13-33}$$

意即定温—定压反应总是自发地向着使系统的吉布斯函数（即自由焓）减小的方向进行，当吉布斯函数达到极小值时，系统达到平衡状态。因此平衡判据为

$$\left.\begin{aligned} dG&=0 \\ d^2G&>0 \end{aligned}\right\} \tag{13-34}$$

式（13-33）和式（13-34）即为定温—定压过程的吉布斯函数判据（或称自由焓判据）。

对绝热定容、绝热定压等过程，也可推导出类似的判据。

2. 化学反应过程的一般判据

无论是定温—定容过程的亥姆霍兹函数判据、定温—定压过程的吉布斯函数判据还是其他过程的其他判据，其实质是相同的，都可以归结到一个共同的一般判据——化学势上来。

在推导化学反应的一般判据之前，需先给出化学势的定义。

化学反应系统是多元系统。对具有 r 个组元的多元系，其自由能和自由焓可表示为

$$F=F(T, V, n_1, \cdots, n_i, \cdots, n_r)$$

$$G=G(T, p, n_1, \cdots, n_i, \cdots, n_r)$$

对二式微分，得

$$dF=\left(\frac{\partial F}{\partial T}\right)_{V,n}dT+\left(\frac{\partial F}{\partial V}\right)_{T,n}dV+\sum_{i=1}^{r}\left(\frac{\partial F}{\partial n_i}\right)_{T,V,n_j(j\neq i)}dn_i$$

$$dG=\left(\frac{\partial G}{\partial T}\right)_{p,n}dT+\left(\frac{\partial G}{\partial p}\right)_{T,n}dp+\sum_{i=1}^{r}\left(\frac{\partial G}{\partial n_i}\right)_{T,p,n_j(j\neq i)}dn_i$$

根据式（7 - 21）、式（7 - 23），对定成分的简单可压缩系，有

$$\left(\frac{\partial F}{\partial T}\right)_{V,n}=-S,\quad \left(\frac{\partial F}{\partial V}\right)_{T,n}=-p$$

$$\left(\frac{\partial G}{\partial T}\right)_{p,n}=-S,\quad \left(\frac{\partial G}{\partial p}\right)_{T,n}=V$$

因此

$$dF=-SdT-pdV+\sum_{i=1}^{r}\left(\frac{\partial F}{\partial n_i}\right)_{T,V,n_j(j\neq i)}dn_i \tag{a}$$

$$dG=-SdT+Vdp+\sum_{i=1}^{r}\left(\frac{\partial G}{\partial n_i}\right)_{T,p,n_j(j\neq i)}dn_i \tag{b}$$

由 $G=H-TS$、$F=U-TS$ 和 $H=U+pV$，得

$$G=F+pV$$

微分，得

$$dG=dF+Vdp+pdV \tag{c}$$

将式（a）和式（b）代入式（c），得

$$\left(\frac{\partial F}{\partial n_i}\right)_{T,v,n_j(j\neq i)}=\left(\frac{\partial G}{\partial n_i}\right)_{T,p,n_j(j\neq i)}$$

定义

$$\mu_i=\left(\frac{\partial F}{\partial n_i}\right)_{T,v,n_j(j\neq i)}=\left(\frac{\partial G}{\partial n_i}\right)_{T,p,n_j(j\neq i)} \tag{13 - 35}$$

μ_i 称为组元 i 的化学势，它表示系统广延量随组元 i 物量的变化。从而式（a）、式（b）可表示为

$$dF=-SdT-pdV+\sum_{i=1}^{r}\mu_i dn_i \tag{13 - 36}$$

$$dG=-SdT+Vdp+\sum_{i=1}^{r}\mu_i dn_i \tag{13 - 37}$$

对定温—定容过程，由式（13 - 36）并结合式（13 - 31），有

$$dF=\sum_{i=1}^{r}\mu_i dn_i\leqslant 0$$

对定温—定压过程，由式（13 - 37）并结合式（13 - 33），有

$$dG=\sum_{i=1}^{r}\mu_i dn_i\leqslant 0$$

即对定温—定容和定温—定压过程，都有

$$\sum_{i=1}^{r}\mu_i dn_i\leqslant 0 \tag{13 - 38}$$

对绝热定容、绝热定压等过程也可以得到相同的结果。

式（13 - 38）是对多元系而言的。在化学反应中，由反应物和生成物构成的多元系，各组元摩尔数的变化可通过化学反应方程联系起来。将式（13 - 29）代入式（13 - 38），得化学反应的一般判据：

$$\sum_i \gamma_i\mu_i\leqslant 0 \tag{13 - 39}$$

若用 ξ_i 和 ξ_j 表示反应物和生成物的化学计量系数（它们都为正值），则 $\sum_i(\xi_i\mu_i)_{Re}$ 表示反应物的总的化学势，$\sum_j(\xi_j\mu_j)_{Pr}$ 表示生成物的总的化学势，化学反应的一般判据又可表示为

$$\sum_j(\xi_j\mu_j)_{Pr}\leqslant\sum_i(\xi_i\mu_i)_{Re} \tag{13 - 40}$$

式（13 - 40）表明：

当 $\sum_j(\xi_j\mu_j)_{Pr}<\sum_i(\xi_i\mu_i)_{Re}$ 时，正向反应可以自发进行；

当 $\sum_j(\xi_j\mu_j)_{Pr}>\sum_i(\xi_i\mu_i)_{Re}$ 时，逆向反应可以自发进行；

当 $\sum_j(\xi_j\mu_j)_{Pr}=\sum_i(\xi_i\mu_i)_{Re}$ 时，反应达到平衡。

可见，化学反应总是向着减小反应物和生成物化学势差（即整个反应系统的化学势）的方向进行。正如温差是热量传递的驱动势、压差是容积功量传递的驱动势一样，化学势差是质量传递的驱动势。当温差、压差为零时，系统达到热、力平衡；当化学势差为零时，系统达到化学平衡。

3. 平衡常数

根据化学反应的一般判据，可以推导出在化学反应中有重要意义的平衡常数。

对任意化学反应 $aA+bB=cC+eE$

由式（13 - 39）有 $$-a\mu_A-b\mu_B+c\mu_C+e\mu_E\leqslant 0 \tag{d}$$

根据式（13 - 35），多元系中任一组元的化学势 $\mu_i=\left(\frac{\partial G}{\partial n_i}\right)_{T,p,n_j(j\neq i)}$，将该式用于单元系（纯物质）则得其化学势 $\mu=\left(\frac{\partial G}{\partial n}\right)_{T,p}$。对简单可压缩系统，当 T、p 不变时，纯物质的摩尔自由焓就完全确定了，而其总自由焓等于摩尔自由焓与摩尔数的乘积：$G=G_m n$，所以纯物质的化学势 $\mu=\left[\frac{\partial(G_m n)}{\partial n}\right]_{T,p}=G_m$。对多元的理想气体反应系统，其中任一组元的特性与单独存在时的纯物质相同，所以

$$\begin{aligned}\mu_i &= G_{m,i}(T,p_i) = G_{m,i}(T,p^0) + [G_{m,i}(T,p_i) - G_{m,i}(T,p^0)] \\ &= G_{m,i}(T,p^0) + [H_{m,i}(T,p_i) - H_{m,i}(T,p^0)] - T[S_{m,i}(T,p_i) - S_{m,i}(T,p^0)] \\ &= G_{m,i}(T,p^0) + RT\ln(p_i/p^0)\end{aligned} \tag{13-41}$$

将式（13-41）代入式（d），得

$$-a\left[G_{m,A}(T,p^0) + RT\ln\frac{p_A}{p^0}\right] - b\left[G_{m,B}(T,p^0) + RT\ln\frac{p_B}{p^0}\right]$$

$$+c\left[G_{m,C}(T,p^0) + RT\ln\frac{p_C}{p^0}\right] + e\left[G_{m,E}(T,p^0) + RT\ln\frac{p_E}{p^0}\right] \leqslant 0$$

经整理后得

$$\ln\frac{\left(\frac{p_C}{p^0}\right)^c\left(\frac{p_E}{p^0}\right)^e}{\left(\frac{p_A}{p^0}\right)^a\left(\frac{p_B}{p^0}\right)^b} \leqslant -\frac{\Delta G_{T,p^0}}{RT} \tag{13-42}$$

式中 $\Delta G_{T,p^0}$——反应在 T、p^0 下进行时自由焓的变化。

即 $\Delta G_{T,p^0} = cG_{m,C}(T,p^0) + eG_{m,E}(T,p^0) - aG_{m,A}(T,p^0) - bG_{m,B}(T,p^0)$

显然，对一定的化学反应，$\Delta G_{T,p^0}$ 的值只与温度有关，从而式（13-42）右侧的 $-\frac{\Delta G_{T,p^0}}{RT}$ 也只与温度有关。当温度一定时，$-\frac{\Delta G_{T,p^0}}{RT}$ 为一常数。定义如下：

$$\ln K_p = -\frac{\Delta G_{T,p^0}}{RT} \tag{13-43}$$

式中 K_p——平衡常数，对一定的化学反应，当温度一定时，K_p 为一常数。

因此，式（13-42）又可写为

$$\frac{\left(\frac{p_C}{p^0}\right)^c\left(\frac{p_E}{p^0}\right)^e}{\left(\frac{p_A}{p^0}\right)^a\left(\frac{p_B}{p^0}\right)^b} \leqslant K_p \tag{13-44}$$

该式表明：

当 $\frac{\left(\frac{p_C}{p^0}\right)^c\left(\frac{p_E}{p^0}\right)^e}{\left(\frac{p_A}{p^0}\right)^a\left(\frac{p_B}{p^0}\right)^b} < K_p$ 时，正向反应可以自发进行；

当 $\frac{\left(\frac{p_C}{p^0}\right)^c\left(\frac{p_E}{p^0}\right)^e}{\left(\frac{p_A}{p^0}\right)^a\left(\frac{p_B}{p^0}\right)^b} > K_p$ 时，逆向反应可以自发进行；

当 $\frac{\left(\frac{p_C}{p^0}\right)^c\left(\frac{p_E}{p^0}\right)^e}{\left(\frac{p_A}{p^0}\right)^a\left(\frac{p_B}{p^0}\right)^b} = K_p$ 时，反应达到平衡。

以上是以分压力表示的平衡常数。将 $p_i = x_i p$ 代入 K_p，可得用摩尔分数表示的平衡常数 K_x，即

$$K_x = \frac{x_C^c x_E^e}{x_A^a x_B^b} = K_p \left(\frac{p}{p^0}\right)^{(a+b-c-e)} = K_p \left(\frac{p}{p^0}\right)^{-\Delta n} \tag{13-45}$$

式中　Δn——反应前后气态物质摩尔数的变化。

显然，平衡常数越大，达到化学平衡时生成物的分压力（或浓度）越大，反应进行得越完全。因此，平衡常数的大小反映了反应可能达到的深度。

在推导平衡常数的过程中用到了理想气体的性质，因此上述结果只适用于反应物和生成物都为理想气体的单相化学反应，即平衡常数是化学反应的一般判据在理想气体反应系统中的具体应用。对包含固体或液体的化学反应，可以认为是固体升华或液体蒸发产生的饱和蒸气参与反应，将此饱和蒸气作为理想气体处理，就可以采用平衡常数来进行分析了。附表11列出了一些反应化学平衡常数的对数值（$\ln K_p$）。

平衡常数是分析化学反应方向和平衡特性的重要依据。利用平衡常数，可以预测化学反应进行的方向［见式（13-44）］。依据不同因素对平衡常数的影响，通过调整反应条件，可以控制反应进行的方向和深度。利用平衡常数，还可以计算化学平衡时的物质成分（平衡成分）。

此外，由于平衡常数只与反应物和生成物有关，与中间过程无关，因此可以根据若干个已知的简单反应的平衡常数来计算复杂反应的平衡常数（习题13-3）。

4. 平衡移动原理

处于化学平衡的反应系统，当外部条件（如温度，压力，加入或除去某些物质等）发生变化时，原来的平衡状态遭到破坏，反应将向着建立新的平衡状态的方向移动。列—查德里研究了外部因素对化学平衡影响的各种实例后指出：在化学平衡遭到破坏的系统中，化学反应总是向着削弱外部作用影响的方向移动。这就是平衡移动原理，又称列—查德里原理。

平衡移动原理对化学平衡移动的论述与本节根据热力学第二定律对化学反应方向和平衡进行的讨论是一致的。平衡移动原理是一个定性的原理，不需要进行计算，用它判断平衡移动的方向很方便。

下面利用平衡移动原理分析系统温度和总压对平衡移动的影响。

（1）温度对化学平衡移动的影响。温度对平衡移动方向的影响与反应是吸热还是放热有关。提高温度，会使吸热反应加剧（吸热量增加，以削弱温度升高的影响）；降低温度，会使放热反应加剧（放热量增加，以削弱温度降低的影响）。对理想气体反应体系，由于 $K_p = f(T)$，因此可用 K_p 来表征温度对化学平衡的影响：K_p 增大，则反应正向移动；K_p 减小，则反应逆向移动（参看表13-1）。

表13-1　温度对平衡移动方向的影响

	升高温度	降低温度
吸热反应	有利于正向反应的进行，K_p 增大	有利于逆向反应的进行，K_p 减小
放热反应	有利于逆向反应的进行，K_p 减小	有利于正向反应的进行，K_p 增大

（2）压力对化学平衡移动的影响。压力对化学平衡移动的影响与反应前后气态物质的摩尔数是增加还是减少有关。增加总压，将使反应向着减小容积（即减小气态物质摩尔数）的方向进行，以削弱总压增大的影响；减小总压，则与此相反。对理想气体反应体系，由于$K_x=f(T,p)$，因此当T不变时，可用K_x来表征总压对化学平衡的影响：K_x增大，则反应正向移动；K_x减小，则反应逆向移动（见表13-2）。

表13-2　总压对平衡移动方向的影响

	增大总压	减小总压
气态物质的摩尔数增大的反应	有利于逆向反应的进行，K_x减小	有利于正向反应的进行，K_x增大
气态物质的摩尔数减小的反应	有利于正向反应的进行，K_x增大	有利于逆向反应的进行，K_x减小
气态物质的摩尔数不变的反应	化学平衡不移动，K_x不变	

当反应前后气态物质的摩尔数不变时（如气态化学反应$a\mathrm{A}+b\mathrm{B}=c\mathrm{C}+e\mathrm{E}$，当$-\Delta n=a+b-c-e=0$），则由式（13-45）可得$K_x=K_p=f(T)$，表明平衡与总压无关，改变总压不会影响系统的平衡。

【例13-3】 有水煤气反应

$$CO(g)+H_2O(g)=CO_2(g)+H_2(g)$$

反应物和生成物都作理想气体处理。

（1）计算反应在2000K下的平衡常数（用$\ln K_p$表示）；

（2）若初始反应物为1kmol CO、2kmol H_2O，求在2000K下平衡时各组元的摩尔数和CO_2的离解度。

解　（1）

$$\ln K_p=-\frac{\Delta G_{T,p^0}}{RT}$$

$$\Delta G_{T,p^0}=G_{\mathrm{m},CO_2}(T,p^0)+G_{\mathrm{m},H_2}(T,p^0)-G_{\mathrm{m},CO}(T,p^0)-G_{\mathrm{m},H_2O}(T,p^0)$$

其中

$$G_\mathrm{m}(T,p^0)=H_\mathrm{m}(2000\mathrm{K})-TS_\mathrm{m}(2000\mathrm{K},1\mathrm{atm})=H_\mathrm{f}^0+\Delta H_\mathrm{m}-TS_\mathrm{m}(2000\mathrm{K},1\mathrm{atm})$$

查附表9和附表10，得

气体种类	S_m（2000K，1atm）[J/（mol·K）]	H_m（298.15K）（J/mol）	H_m（2000K）（J/mol）	H_f^0（J/mol）
CO	258.711	8671.0	65 413.9	−110 527
H_2O	264.772	9904.0	82 694.7	−241 826
CO_2	309.301	9364.0	100 811.2	−393 522
H_2	188.416	8467.0	61 416.1	0

$$G_{\mathrm{m},CO}(T,p^0)=-110\,527\mathrm{J/mol}+(65\,413.9-8671.0)\mathrm{J/mol}-2000\mathrm{K}\times258.711\mathrm{J/(mol\cdot K)}$$
$$=-571\,206\mathrm{J/mol}$$

$$G_{\mathrm{m},H_2O}(T,p^0)=-241\,826\mathrm{J/mol}+(82\,694.7-9904.0)\mathrm{J/mol}-2000\mathrm{K}\times264.772\mathrm{J/(mol\cdot K)}$$
$$=-698\,579\mathrm{J/mol}$$

$$G_{\mathrm{m},CO_2}(T,p^0)=-393\,522\mathrm{J/mol}+(100\,811.2-9364.0)\mathrm{J/mol}-2000\mathrm{K}\times309.301\mathrm{J/(mol\cdot K)}$$
$$=-920\,677\mathrm{J/mol}$$

$$G_{\mathrm{m},H_2}(T,p^0)=0+(61\,416.1-8467.0)\mathrm{J/mol}-2000\mathrm{K}\times188.416\mathrm{J/(mol\cdot K)}$$
$$=-323\,883\mathrm{J/mol}$$

从而得

$$\Delta G_{T,p^0}=-920\ 677\text{J/mol}-323\ 883\text{J/mol}-(-571\ 206\text{J/mol})-(-698\ 579\text{J/mol})$$
$$=25\ 225\text{J/mol}$$

$$\ln K_p=-\frac{25\ 225\text{J/mol}}{8.314\ 51\text{J/(mol}\cdot\text{K)}\times 2000\text{K}}=-1.517$$

（2）若初始反应物为 1kmol CO、2kmol H_2O，设平衡时有 $x$kmol CO 发生了反应，则

项　　目	CO	H_2O	CO_2	H_2
初始时各组元物质的量（kmol）	1	2	0	0
平衡时各组元物质的量（kmol）	$1-x$	$2-x$	x	x
平衡时各组元的分压力（p 为系统总压力）	$\frac{1-x}{3}p$	$\frac{2-x}{3}p$	$\frac{x}{3}p$	$\frac{x}{3}p$

由式（13-44），得平衡时

$$\ln K_p=\ln\frac{\frac{p_{CO_2}}{p^0}\frac{p_{H_2}}{p^0}}{\frac{p_{CO}}{p^0}\frac{p_{H_2O}}{p^0}}=\ln\frac{\frac{x}{3}\frac{x}{3}}{\frac{1-x}{3}\frac{2-x}{3}}=-1.517$$

解得 $x=0.44$kmol。从而得平衡时各组元的摩尔数为

$$x_{CO}=1-x=0.56\text{kmol}$$
$$x_{H_2O}=2-x=1.56\text{kmol}$$
$$x_{CO_2}=x=0.44\text{kmol}$$
$$x_{H_2}=x=0.44\text{kmol}$$

CO_2 的离解度　　$\beta=1-x=1-0.44=0.56$

在本例中，反应前后物质的摩尔数不变，所以温度一定时，压力对平衡成分和离解度没有影响。

13-5　热力学第一定律和第二定律在燃烧过程中的应用

1. 燃烧过程的基本概念

（1）燃烧热、标准燃烧热。燃料完全燃烧时的热效应称为燃烧热。标准状况下的燃烧热（即燃烧的标准定压热效应）称为标准燃烧热或标准燃烧焓（因其等于燃烧产物与反应物的焓差），用 ΔH_c^0 表示（角标 c 表示燃烧）。

由于热力学规定，过程吸热时热量为正值，放热时为负值，因此燃烧热都为负值。燃烧热的绝对值即为燃料的发热量，也称热值。标准状况下的热值称为标准热值。

对燃烧产物可能为气态、也可能为液态的燃料，其热值有两个。如碳氢化合物，其燃烧产物中有 H_2O，若 H_2O 为气态，则为低热值；若 H_2O 为液态，则为高热值。高热值大于低热值，因为水蒸气凝结放热，使发热量增加了。

（2）理论空气量、过量空气系数。以甲烷的燃烧反应为例：

$$CH_4+2O_2=CO_2+2H_2O$$

可见，1mol 甲烷完全燃烧理论上需要 2mol 氧气。实际燃烧过程中提供的通常不是纯氧，而是空气。计算时可认为空气由 O_2 和 N_2 组成，摩尔分数分别为 0.21 和 0.79，故空气中相应于 1molO_2 有 0.79/0.21＝3.76molN_2。因此，甲烷完全燃烧理论上需要 2×（1＋3.76）＝

9.52mol 空气，这是理论上保证 1mol 甲烷完全燃烧所需的最小空气量，称为理论空气量。在理论空气量下，CH_4 的燃烧反应方程为

$$CH_4 + 2(O_2 + 3.76N_2) = CO_2 + 2H_2O + 2 \times 3.76N_2$$

在实际燃烧过程中，为了保证燃料充分氧化或调整燃烧产物的温度，常常供入高于理论值的空气量，这就是实际空气量。实际空气量与理论空气量的比值称为过量空气系数。

设过量空气系数为 α，则甲烷的燃烧反应可表示为

$$CH_4 + 2\alpha(O_2 + 3.76N_2) = CO_2 + 2H_2O + (2\alpha - 2)O_2 + 2\alpha \times 3.76N_2$$

2. 热力学第一定律和第二定律在燃烧过程中的应用

燃烧过程是剧烈的化学反应过程，前面关于化学反应的讨论都适用于燃烧过程。下面以最常见的定压燃烧过程为例进行讨论。

(1) 计算燃烧热（或热值）。利用式（13-10）可以计算任意定压燃烧过程与外界交换的热量。若反应物和生成物温度相同，都为 T，所得热量即为温度 T 下的燃烧热。若反应在标准状况下进行，所得热量即为标准燃烧热（见［例 13-1］）。

燃料的热值可按上述方法计算，也可从有关手册中查取。

(2) 计算燃烧产物温度。利用式（13-10）可以计算任意定压燃烧产物的温度。

在燃烧过程中，燃烧热量一部分释放给外界，一部分用于加热燃烧产物。显然，释放给外界的热量越少、燃烧产物的量越少，则燃烧产物的温度越高。对一定量的燃料，燃烧产物的量取决于过量空气系数，$\alpha=1$（即无过量空气）时，燃烧产物最少。

因此，理论空气量下的绝热完全燃烧过程，其燃烧产物的温度最高，称为理论燃烧温度。不完全燃烧、过量空气、对外散热等都会使燃烧产物的温度低于理论燃烧温度。

利用绝热定压过程的能量方程 $H_{Pr}=H_{Re}$［式（13-7）］，结合理论空气量下的燃烧方程式，即可计算理论燃烧温度。计算时，认为反应物在标准状况下进入反应系统（见［例 13-4］）。

(3) 计算燃料量或空气量。在燃烧反应中，燃烧产物的温度往往受到设备所能承受的最高温度的限制，因此常常需要根据所提供的燃料量计算燃烧产物的温度，或根据给定的温度计算所需的燃料量（或空气量）。这时，能量方程同样是计算的主要依据（见［例 13-5］）。

(4) 判断燃烧反应的方向、分析平衡特性。利用 13-4 节的内容同样可以判断燃烧反应进行的可能性、计算燃烧反应的平衡常数和达到平衡时各组元的成分、判断外部作用对反应平衡的影响等。

(5) 计算燃料的化学㶲、分析燃烧过程的可用能损失。第四章关于过程的㶲平衡和可用能损失的讨论完全适用于燃烧过程。

在分析燃烧过程的能量利用时，常常需要计算燃料的化学㶲。燃料的化学㶲表示以环境为基准时燃料的最大做功能力。

系统经过物理过程与环境达到热力平衡所能做出的最大有用功，称为物理㶲。第四章讨论的热量㶲、工质㶲、流动工质的㶲都是物理㶲。物理㶲对应的环境基准只包括环境的温度和压力。

如果系统与环境处于热力平衡，但其组分与环境不同，则系统还具有做功能力。与环境达到热力平衡的系统通过扩散或化学反应过程与环境达到组分平衡所能做出的最大有用功，称为系统的化学㶲。化学㶲对应的环境基准还应包括组分基准，即环境中元素或物质的种类及其

浓度。

这里只讨论碳氢燃料的化学㶲。碳氢燃料的成分是C和H，其燃烧产物是CO_2和H_2O。因此在碳氢燃料的燃烧反应中，氧化剂和燃烧产物都是大气中存在的物质，利用环境大气基准即可计算燃料的化学㶲。通常取标准状况（1atm、25℃）下饱和湿空气的组分为大气基准组分，见表13-3。

表13-3 大气基准组分

组元	N_2	O_2	H_2O	CO_2	其他
摩尔成分 x_i^a	0.7560	0.2034	0.0312	0.0003	0.0091
分压力 p_i^a（atm）	0.7560	0.2034	0.0312	0.0003	0.0091

1atm、25℃的燃料（即物理㶲为0的燃料）和1atm、25℃下的饱和湿空气（即基准组分的空气）进入燃烧空间，在标准状况下进行定温定压燃烧，燃烧产物最终与大气达到完全平衡（包括热、力、化学平衡），这个过程所能做出的最大有用功即为燃料的化学㶲，用$E_{x,fuel}$表示（角标fuel表示燃料）。

在上述燃烧过程中，除O_2外，空气中的其他组元（如N_2、H_2O、CO_2等）都不参与化学反应。反应前，这些不参加反应的物质与基准大气完全平衡，反应过程中，这些物质的参数可能发生变化，但最终又达到与基准大气完全平衡。因此，计算燃料化学㶲时，无需考虑这些物质，仅需考虑燃料、氧及相应的生成物。显然，过量空气对化学㶲的计算也没有影响。

燃料发生燃烧反应并最终与环境达到平衡的整个过程的能量方程为

$$Q_{(T^0,p^0)}=\Delta H+W_{u(T^0,p^0)}$$

在可逆过程中可做出的最大有用功$W_{u(T^0,p^0),max}$即为燃料的化学㶲，因此

$$E_{x,fuel}=W_{u(T^0,p^0),max}=Q_{(T^0,p^0)rev}-\Delta H \tag{a}$$

角标rev表示可逆过程。参加反应的O_2来自基准大气，其温度为T^0，压力为基准大气中O_2的分压力$p_{O_2}^a$（上角标a表示基准大气）。燃烧产物中CO_2、H_2O最终与基准大气达到完全平衡，最终温度也为T^0，压力分别为$p_{CO_2}^a$、$p_{H_2O}^a$，所以对1mol燃料，有

$$Q_{(T^0,p^0)rev}=T^0\Delta S=T^0\left(n_{CO_2}S_{m,CO_2}^a+n_{H_2O}S_{m,H_2O}^a-n_{O_2}S_{m,O_2}^a-S_{m,fuel}^a\right) \tag{b}$$

$$\Delta H=n_{CO_2}H_{m,CO_2}^a+n_{H_2O}H_{m,H_2O}^a-n_{O_2}H_{m,O_2}^a-H_{m,fuel}^0 \tag{c}$$

式中 $S_{m,i}^a$、$H_{m,i}^a$——基准大气中各组元的摩尔熵和摩尔焓。

将式（b）、式（c）代入式（a），并考虑到$G=H-TS$，得

$$E_{x,fuel}=n_{O_2}G_{m,O_2}^a+G_{m,fuel}^0-\left(n_{CO_2}G_{m,CO_2}^a+n_{H_2O}G_{m,H_2O}^a\right) \tag{13-46}$$

式中G_{m,O_2}^a可根据式（13-41）计算

$$G_{m,O_2}^a=G_{m,O_2}(T^0,p_{O_2}^a)=G_{m,O_2}(T^0,p^0)+RT^0\ln\frac{p_{O_2}^a}{p^0}$$

$$=G_{f,O_2}^0+RT^0\ln x_{O_2}^a \tag{13-47}$$

G_{m,CO_2}^a、G_{m,H_2O}^a的计算与此类似。

燃料与环境达到完全平衡是通过燃烧反应和燃烧产物的扩散过程实现的，因此，也可以利用化学反应的最大有用功（反应㶲）和扩散过程的最大有用功（扩散㶲）之和来计算燃料的化学㶲，并得到同样的结果。

【例13-4】 计算碳的理论燃烧温度。

解 碳在理论空气量下完全燃烧的方程式为

$$C+O_2+3.76N_2=CO_2+3.76N_2$$

由绝热定压过程的能量方程 $H_{Pr}=H_{Re}$ [式 (13-7)]，并考虑到反应物处于标准状况，得

$$H^0_{f,C}+H^0_{f,O_2}+3.76H^0_{f,N_2}=(H^0_{f,CO_2}+\Delta H_{m,CO_2})+3.76(H^0_{f,N_2}+\Delta H_{m,N_2})$$

其中

$$H^0_{f,C}=0、H^0_{f,O_2}=0、H^0_{f,N_2}=0$$

由附表9查得

$$H^0_{f,CO_2}=-393\ 522J/mol$$

从而得

$$393\ 522J/mol=\Delta H_{m,CO_2}+3.76\Delta H_{m,N_2}$$

温度的计算需采用试算法。查附表10并计算上式等号右边，得

T (K)	H_{m,CO_2} (J/mol)	H_{m,N_2} (J/mol)	$\Delta H_{m,CO_2}+3.76\Delta H_{m,N_2}$ (J/mol)
298.15	9364.0	8670.0	
2400	125 139.6	79 309.1	381 378.6
2500	131 278.2	82 965.7	401 266.0

通过插值计算得理论燃烧温度 $T=2461K$。

【例13-5】 某燃气轮机装置，以液态 C_8H_{18} 为燃料。空气经压气机压缩后进入燃烧室，温度为500K，燃料在298.15K下进入燃烧室。经过绝热定压燃烧反应，流出燃烧室的燃气温度为1500K。求对应每mol空气的燃料量。(各气态反应物和生成物都可作为理想气体处理)

解 设过量空气系数为 α，则得反应式

$$C_8H_{18}(l)+\frac{25}{2}\alpha O_2+\left(\frac{25}{2}\alpha\times3.76\right)N_2=8CO_2+9H_2O+\frac{25}{2}(\alpha-1)O_2+\left(\frac{25}{2}\alpha\times3.76\right)N_2$$

根据绝热定压过程的能量方程 $H_{Pr}=H_{Re}$，并考虑到 $H_m=H^0_f+\Delta H_m$，可得

$$\left[(H^0_{f,C_8H_{18}}+\Delta H_{m,C_8H_{18}})+\frac{25}{2}\alpha(H^0_{f,O_2}+\Delta H_{m,O_2})+\frac{25}{2}\alpha\times3.76(H^0_{f,N_2}+\Delta H_{m,N_2})\right]_{Re}$$
$$=\left[8(H^0_{f,CO_2}+\Delta H_{m,CO_2})+9(H^0_{f,H_2O}+\Delta H_{m,H_2O})+\frac{25}{2}(\alpha-1)(H^0_{f,O_2}+\Delta H_{m,O_2})+\frac{25}{2}\alpha\times3.76(H^0_{f,N_2}+\Delta H_{m,N_2})\right]_{Pr}$$

查附表9得液态 C_8H_{18} 的标准生成焓 $H^0_{f,C_8H_{18}}=-250\ 105J/mol$

由于燃料在298.15K下进入燃烧室，因此 $\Delta H_{m,C_8H_{18}}=0$

由附表9和附表10查得其他物质的标准生成焓和不同温度下的焓值，并计算得 ΔH_m

J/mol

气体种类	$H_f{}^0$	H_m 298.15K	H_m 500K	H_m 1500K	反应物的 ΔH_m	生成物的 ΔH_m
CO_2	−393 522	9364.0		71 076.3		61 712.3
H_2O	−241 826	9904.0		58 061.6		48 157.6
O_2	0	8683.0	14 767.3	49 277.4	6084.3	40 594.4
N_2	0	8670.0	14 580.2	47 077.1	5910.2	38 407.1

代入上式，有

$$\left[(-250\ 105+0)+\frac{25}{2}\alpha(0+6084.3)+\frac{25}{2}\alpha\times3.76(0+5910.2)\right]J/mol$$

$$=\left[8(-393\,522+61\,712.3)+9(-241\,826+48\,157.6)+\frac{25}{2}(\alpha-1)(0+40\,594.4)\right.$$
$$\left.+\frac{25}{2}\alpha\times3.76(0+38\,407.1)\right]\text{J/mol}$$

解得 $\alpha=2.376$，即1mol燃料需$\frac{25}{2}\times2.376\times$（1+3.76）=141.4mol空气，所以，相应于1mol空气的燃料量为1/141.4=0.007 1mol。

【例13-6】 计算碳的化学㶲。

解 碳的燃烧反应方程 $C+O_2=CO_2$

由式（13-46）有

$$E_{x,C}=G^{a}_{m,O_2}+G^{0}_{m,C}-G^{a}_{m,CO_2}$$

其中

$$G^{0}_{m,C}=G^{0}_{f,C}=0$$

由式（13-47），并查表13-3和附表9，得

$$G^{a}_{m,O_2}=G^{0}_{f,O_2}+RT_0\ln x^{a}_{O_2}=0+8.314\,51\text{J/(mol·K)}\times298.15\text{K}\times\ln0.203\,4$$
$$=-3947.96\text{J/mol}$$
$$G^{a}_{m,CO_2}=G^{0}_{f,CO_2}+RT_0\ln x^{a}_{CO_2}$$
$$=-394\,389\text{J/mol}+8.314\,51\text{J/(mol·K)}\times298.15\text{K}\times\ln0.000\,3$$
$$=-414\,498\text{J/mol}$$

从而得碳的化学㶲

$$E_{x,C}=-3947.96\text{J/mol}+0-(-414\,498)\text{J/mol}=410\,550\text{J/mol}$$

【例13-7】 接[例13-4]。计算碳的燃烧产物达到理论燃烧温度时燃烧过程的可用能损失。设环境温度 $T_0=T^0=298.15\text{K}$，环境压力 $p_0=p^0=1\text{atm}$。

解 理论燃烧过程的方程式为

$$C+O_2+3.76N_2=CO_2+3.76N_2$$

反应前各物质的分压力

$$p'_{O_2}=\frac{1}{4.76}p_0,\quad p'_{N_2}=\frac{3.76}{4.76}p_0$$

反应后各物质的分压力

$$p''_{CO_2}=\frac{1}{4.76}p_0,\quad p''_{N_2}=\frac{3.76}{4.76}p_0$$

[例13-4]已计算出碳的理论燃烧温度

$$T=2461\text{K}$$

由于是绝热燃烧过程，过程的熵增即其熵产，因此

$$E_L=T_0S_g=T_0\Delta S$$
$$=T_0[S_{m,CO_2}(T,p''_{CO_2})+3.76S_{m,N_2}(T,p''_{N_2})-S_{m,O_2}(T^0,p'_{O_2})$$
$$-3.76S_{m,N_2}(T^0,p'_{N_2})-S^0_{m,C}]$$

由式（13-26），得

$$S_{m,CO_2}(T,p''_{CO_2})=S_{m,CO_2}(T,p^0)-R\ln\frac{p''_{CO_2}}{p^0}$$

$$S_{m,N_2}(T,p''_{N_2})=S_{m,N_2}(T,p^0)-R\ln\frac{p''_{N_2}}{p^0}$$

$$S_{m,O_2}(T^0,p'_{O_2})=S_{m,O_2}(T^0,p^0)-R\ln\frac{p'_{O_2}}{p^0}$$

$$S_{m,N_2}\ (T^0,\ p'_{N_2})=S_{m,N_2}\ (T^0,\ p^0)\ -R\ln\frac{p'_{N_2}}{p^0}$$

查附表 9 和附表 10，得各物质的绝对熵 S_m（T，p^0）

J/（mol·K）

温度、压力条件	CO_2	N_2	O_2	C
298.15K，1atm		191.609	205.147	5.74
2461K，1atm	321.916	259.594		

$$S_{m,CO_2}(T,p''_{CO_2})=321.916\text{J/(mol}\cdot\text{K)}-8.314\,51\text{J/(mol}\cdot\text{K)}\ln\frac{1}{4.76}=334.89\text{J/(mol}\cdot\text{K)}$$

$$S_{m,N_2}(T,p''_{N_2})=259.594\text{J/(mol}\cdot\text{K)}-8.314\,51\text{J/(mol}\cdot\text{K)}\ln\frac{3.76}{4.76}=261.55\text{J/(mol}\cdot\text{K)}$$

$$S_{m,O_2}(T^0,p'_{O_2})=205.147\text{J/(mol}\cdot\text{K)}-8.314\,51\text{J/(mol}\cdot\text{K)}\ln\frac{1}{4.76}=218.12\text{J/(mol}\cdot\text{K)}$$

$$S_{m,N_2}(T^0,p'_{N_2})=191.609\text{J/(mol}\cdot\text{K)}-8.314\,51\text{J/(mol}\cdot\text{K)}\ln\frac{3.76}{4.76}=193.57\text{J/(mol}\cdot\text{K)}$$

从而得

$$E_L=298.15\text{K}\times(334.89+3.76\times261.55-218.12-3.76\times193.57-5.74)\text{J/(mol}\cdot\text{K)}$$
$$=109\,312.2\text{J/mol}$$

也可以应用㶲平衡方程来计算可用能损失，但由于计算各物质㶲值时涉及大气基准，因此不如上述方法简便。

13-6 热力学第三定律

热力学第三定律揭示的是温度趋于绝对零度时物质的极限特性。

1906 年，德国化学家能斯特根据低温下化学反应的实验结果，得出一个结论：在可逆定温过程中，当温度趋于绝对零度时，凝聚系的熵趋于不变。即

$$\lim_{T\to0}\ (\Delta S)_T=0 \tag{13-48}$$

这就是能斯特热定律。

能斯特热定律说明，在接近绝对零度时，如果凝聚系进行了可逆定温化学反应，虽然反应前后物质成分发生了变化，但总熵变趋于零。对此唯一的解释就是，不同凝聚物在绝对零度时的熵值相同。为与统计热力学理论相一致，规定纯物质的完整晶体在绝对零度时的熵值为零。这样，不同物质就有了相同的熵的基准点。以此为基准，物质在其他任意状态下的熵值称为绝对熵。

在低温时，由于环境中没有更低温度的冷源使物体降温，唯一可行的降温途径就是绝热过程。显然，可逆绝热过程（定熵过程）降温效果最好。但在绝对零度附近，定熵过程就是定温过程，想通过绝热过程使物体降温是不可能的，因此绝对零度不可能达到，这是热力学第三定律的一种常见的表述方式。

1. $Q_{(p)}$、Q_p、Q_p^0、$Q_{(T,p)}$ 各代表什么？反应热和反应热效应有何区别和联系？

2. 化学热力学为什么规定焓基准、熵基准、自由焓基准？

3. 根据自由焓基准，O_2 在标准状况下的自由焓为 0。根据焓基准和熵基准，标准状况下，$H^0_{m,O_2}=0$，$S^0_{m,O_2}=205.147J/(mol\cdot K)$，从而 $G^0_{m,O_2}=H^0_{m,O_2}-T^0S^0_{m,O_2}=0-298.15K\times 205.147=-61164.6J/mol$。二者是否矛盾？会不会影响计算结果？

4. 化学计量方程的不同书写形式对平衡常数的计算有无影响？如 CO 的燃烧反应，其计量方程可以写作 $2CO+O_2=2CO_2$，也可以写作 $CO+\frac{1}{2}O_2=CO_2$。

5. 氨的合成反应：$N_2(g)+3H_2(g)=2NH_3(g)$，用平衡移动原理判断下列情况下平衡移动的方向：(1) 加入 N_2；(2) 加入 H_2；(3) 提高反应温度；(4) 提高反应总压。

6. 在什么情况下，生成热就是燃烧热？

7. 空气中除氧气外的其他成分的存在是否影响反应的标准定压热效应？是否影响燃烧反应中燃烧产物的温度？是否影响燃料的化学㶲？

习　题

13-1　甲烷 CH_4（气态）在纯氧（气态）中发生燃烧反应，计算其标准定压热效应。燃烧产物中的 H_2O 按液态和气态分别计算。

若反应在 500K 下进行，计算燃烧的定压热效应。

13-2　对燃烧反应 $H_2(g)+\frac{1}{2}O_2(g)=H_2O(g)$，$H_2$、$O_2$、$H_2O$ 都可作为理想气体处理，计算反应的标准定压热效应和 298.15K 下的定容热效应。

13-3　有三个化学反应：

$$CO(g)+H_2O(g)=CO_2(g)+H_2(g)$$

$$H_2O(g)=H_2(g)+\frac{1}{2}O_2(g)$$

$$CO(g)+\frac{1}{2}O_2(g)=CO_2(g)$$

(1) 计算三个反应的标准定压热效应，它们之间有何关系？这关系说明了什么？

(2) 计算三个反应在 2500K 下的平衡常数，它们之间有何关系？这关系说明了什么？

13-4　利用吉布斯函数判据判断反应 $2H_2O(g)=2H_2(g)+O_2(g)$ 在标准状况下能否自发进行。

13-5　1mol CO 和 1mol O_2 进行化学反应，求在 1atm、3000K 下达到化学平衡时 CO_2 的离解度和系统的平衡成分。已知平衡常数 $K_p=3.06$。（化学计量方程为 $CO+\frac{1}{2}O_2=CO_2$）

13-6　1mol C_2H_4 和 3mol O_2 分别以标准状况进入燃烧室进行定压完全燃烧，离开燃烧室的燃气温度为 800K，求燃烧过程的散热量。若散热量不变，进入燃烧室的是含有 3mol O_2 的处于标准状况的空气，则燃气的温度为多少？

13-7　(1) 求 CH_4 的理论燃烧温度。

(2) 若环境温度为 25℃、环境压力为 1atm，求理论燃烧过程的可用能损失。

*第 14 章　能源的合理利用及新能源简介

[本章导读] 能源是人类社会可持续发展的物质基础和基本保障。合理利用现有能源、积极开发和利用新能源是解决中国乃至全世界当前能源问题的根本途径和基本原则。

本章简要介绍能源的分类与合理利用方式，以及新能源开发、利用技术，希望能丰富读者在能源科学与工程方面的知识。

14-1　概　　述

1. 能量与能源

物质和能量是构成客观世界的基础。自然界的一切物质都具有能量，人类的一切活动都与能量紧密相关。广义地讲，能量是产生某种效果（变化）的能力，是一切物质运动、变化和相互作用的动力。迄今为止，已知的能量形式有机械能、热能、电能、辐射能、化学能和核能六种。

（1）机械能是与物质系统（或物体）的宏观机械运动或空间状态有关的一种能量，前者为动能，后者为势能（包括重力势能和弹性势能）。具体讲，动能是由于机械运动而具有的做功能力，重力势能和弹性势能分别为由于高度差异和弹性形变而具有的做功能力。

（2）热能是与物质微观粒子（分子或原子）机械运动和空间状态有关的一种能量，前者为分子动能，后者为分子势能。分子动能和势能的总和称为热能。热能是能量的一种基本形式，所有其他形式的能量都可以完全转换为热能。

（3）电能是与电子的流动和积累有关的一种能量，通常由电池中的化学能转换而来，或通过发电机由机械能转换得到。

（4）辐射能是物体以电磁波形式发射的能量，也称为电磁能。根据电磁波的波长，可将辐射能分为 γ 射线、X 射线、热辐射、微波、毫米波射线、无线电波等。其中，热辐射是由原子振动而产生的电磁能，包括紫外线、可见光和红外线。因它们的辐射强度与物质的温度有关，且能产生热效应，故称为热辐射。太阳能是一种重要的辐射能。

（5）化学能是原子核外进行化学反应时放出的一种物质结构能。物质或物系在化学反应过程中以热能形式释放的热力学能为化学能，通常用燃料的发热量（热值）表示。

（6）核能是原子核内部结构发生变化时放出的一种物质结构能。原子核反应通常有三种形式，即原子核的放射性衰变、重原子核的分裂反应（核裂变）和轻原子核的聚变反应（核聚变）。核裂变和核聚变时释放出的巨大能量，即核能。

能源是指提供能量的物质或物质的运动，前者包括煤炭、石油、天然气等物质，后者包括风能、水能、波浪能等物质的运动。能源可简单理解为提供或含有能量的资源。表 14-1 给出了多种能源及与之对应的主要能量形式。

表 14-1 几种能源及其主要能量形式

能源	主要能量形式	能源	主要能量形式
煤炭、石油、天然气	化学能	核燃料	核能
风能、水能、波浪能	机械能	蒸汽	热能、机械能
太阳能	辐射能	海洋盐分	电能

2. 能源的分类

能源形式多样，因此也有不同的分类方法。

(1) 按能量的来源分类。

1) 地球本身蕴藏的能源，如核能、地热能等。

2) 来自地球外天体的能源，主要是太阳能，以及由太阳辐射能转化而来的煤炭、石油、天然气、生物质等燃料，以及由太阳辐射能引起的水能、风能、波浪能、海洋温差能等。

3) 来自地球与其他天体（主要是月球）相互作用的能源，主要是潮汐能。

(2) 按获得的方法分类。

1) 一次能源，指自然界存在的未经加工、转化的能源，如煤炭、石油、天然气、水能、风能等。

2) 二次能源，指由一次能源直接或间接加工、转换而来的能源，如蒸汽、煤气、电、氢、酒精、焦炭、激光等。

(3) 按能否再生分类。

1) 可再生能源，指不会因自身的转化或人类的利用而日益减少的能源，如水能、风能、潮汐能、太阳能等。

2) 非再生能源，指随自身的转化或人类的利用而日益减少的能源，如煤炭、石油、天然气、核燃料等。

(4) 按对环境的污染情况分类。

1) 清洁能源，指对环境无污染或污染很小的能源，如太阳能、水能、海洋能等。

2) 非清洁能源，指对环境污染较大的能源，如煤炭、石油等。

(5) 按生产技术的水平及被开发利用的程度分类。

1) 常规能源，指技术上比较成熟、能大量生产并被广泛利用的能源，如煤炭、石油、天然气、水能等。

2) 新能源，指开发利用较少、正在研究和开发的能源，如太阳能、地热能、生物质能、潮汐能等。核能通常也被看作新能源（不少学者认为核裂变属于常规能源，而核聚变属于新能源）。

能源还有其他的分类方法，如燃料能源和非燃料能源、商品能源和非商品能源、含能体能源和过程性能源等。

表 14-2 给出了多种能源的分类。

表 14-2　能源的分类

按使用状况分类	按获得的方法分类	
	一次能源	二次能源
常规能源	煤炭（化学能） 油页岩、油砂（化学能） 原油（化学能） 天然气（化学能） 水能（机械能）	煤气、丙烷、液化石油气（化学能） 汽油、柴油、煤油、重油（化学能） 焦炭（化学能） 甲醇、酒精（化学能） 苯胺、火药（化学能） 热水、余热（热能） 蒸汽（热能、机械能） 电（电能）
新能源	太阳能（辐射能） 风能（机械能） 地热能（热能） 潮汐能（机械能） 海流能、波浪能（机械能） 海洋温差能（热能、机械能） 生物质能（化学能） 核燃料（核能）	氢气、沼气（化学能） 生物柴油（化学能） 激光（辐射能）

14-2　能源的合理利用

1. 能量的品位

能量是有品位的。能量的品位取决于其有序性，可以分为高级、中级和低级三类，分别对应完全有序、部分有序和无序。一般认为，机械能、电能、原子能和化学能是高级能，热能和热辐射能（因与温度有关）是中级能。低级能是指在能量的传递和转换等过程中，虽然数量保持不变，但质量（品位）降低，做功能力下降，直至达到与环境状态平衡而失去做功能力，成为废能。

能源也是有品位的。能源的品位可用能级 λ（有效度）表示。对于高级能，$\lambda=1$；对于低级能，$\lambda=0$；对于中级能，$0<\lambda<1$。表 14-3 给出了几种能源的能级。一般认为，能量形式为机械能、电能、原子能和化学能的能源是高品位能源，能量形式为热能和热辐射能的能源是中品位能源。

表 14-3　几种能源的能级

能源	能级
电（电能）	1
风能、水能（机械能）	1
重油（化学能，发热量 41860 kJ/kg）	0.706
焦炉煤气（化学能，发热量 16744 kJ/m^3）	0.701

续表

能源	能级
转炉煤气（化学能，发热量 8372 kJ/m³）	0.664
发生炉煤气（化学能，发热量 6279 kJ/m³）	0.656
高炉煤气（化学能，发热量 3767 kJ/m³）	0.636
烟气（热能，500 ℃）	0.614
热水（热能，100 ℃）	0.201

2. 能量的梯级利用

能量的梯级利用是能源合理利用的基础，其总体原则是“分配得当、各得其所、温度对口、梯级利用”。对于不同品位的能量，主要原则是分配得当、对口供应、各得其所，例如高品位的机械能和电能，适合于直接用来做功，而不是直接加热。热能也是有品位的，热能温度越高，其品位也越高。热能的合理用能原则是温度对口、梯级利用。图 14 - 1 给出了目前热能资源的主要存在形式或利用方式。

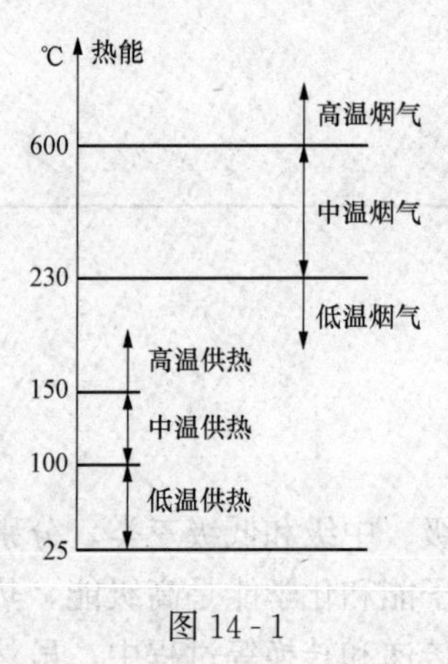

图 14 - 1

目前，化学能和核能主要是通过先转换成高品位的热能，然后加以利用的。煤炭、石油、天然气等燃料的理论燃烧温度可达2000℃以上，实际经各种燃烧设备（转炉、炼炉、窑炉等）转换和利用之后的排气温度也可达 1000℃以上，是较高品位的热能。内燃机和燃气轮机中燃料燃烧后产生的气体不仅有高的温度（可达 2000℃），还有较高的压力，比较适合于做功和发电，而且效率较高（可达 30％～40％）。对于高温的烟气（例如燃煤锅炉烟气），如果压力略大于大气压力或更低时，就不适合于直接做功了。因此，燃煤锅炉的烟气通常用于加热蒸汽，加热后的高温高压蒸汽可以通过蒸汽轮机做功、发电。燃气轮机的排气，温度可达 400～600℃，可以通过余热锅炉生产蒸汽，再通过蒸汽轮机做功、发电。

对于温度为 100～300℃的中低温热能，一个可行的方式是通过有机朗肯循环（organic rankine cycle，ORC）系统进行发电。有机朗肯循环是指通过中低温余热驱动、以低沸点有机物为工质、推动透平机械发电的朗肯循环，与水蒸气朗肯循环的工作原理类似。有机工质经泵加压后进入蒸发器吸收热量，驱动膨胀机做功，再通过发电机输出电能，随后进入冷凝器冷却成液体后再泵入蒸发器，进行下一个循环。

中低温热能还可以通过换热器或其他设备（例如热泵、热管等）用于干燥、供热、制冷等领域。例如热泵系统，可以在电能或热能的驱动下，使热能从低温热源（例如空气、湖水、土壤等）转移到较高温的环境，在实现供热的同时，还可以达到制冷的效果。由于用于供热的能量通常大于用于驱动的能量，热泵系统的供热系数通常大于 1。因此，与电加热、燃用燃料加热和热能直接供热相比，热泵的节能效果很显著。

3. 能源的综合利用

与能量的梯级利用相比，能源的综合利用更是一个合理用能的系统工程，应该基于“总能”的思想实现能源的综合利用。总能的主要思想包括：基于不同用能系统（做功、发电、供热、制冷等）和不同热力循环有机联合的梯级用能思想，在系统的高度上，从总体上安排好功、电、热、冷与工质热力学能等各种能量之间的转换、使用和配合关系，并形成总能系统的集成；总体综合利用好各种能源和各级能量，以取得更有利的总效果，而不是仅仅着眼于提高单一设备或工艺的能源利用率。在我国，现有能源的综合利用重点包括以下一些内容。

（1）燃气-蒸汽联合循环。燃气轮机装置初温高（透平入口工质温度可达 1300℃以上），排气温度也高（达 400～600℃），而蒸汽动力装置中蒸汽初温相对较低（低于 650℃）。可适当降低蒸汽初温以便采用燃气－蒸汽联合循环（见图 14-2），用燃气轮机的高温排气在余热锅炉中产生蒸汽，带动汽轮机做功，可以使整个循环在 1300～25℃的温度范围内工作，热效率显著提高。目前，燃气－蒸汽联合循环的发电效率已经超过 55%，高于燃气轮机和蒸汽轮机单独使用时的发电效率（一般均不超过 45%）。

将煤气化技术与燃气－蒸汽联合循环按优化方式组合就构成了整体煤气化联合循环（integrated gasification combined cycle，IGCC）。此循环中，煤气化用的压缩空气来自燃气轮机装置的压气机，气化用的蒸汽从汽轮机抽汽而来，煤气先经过煤气透平做功，然后作为燃气轮机装置的燃料。此循环很好地体现了能量梯级利用和综合利用的原则，具有优良的热力性能，因此是目前燃煤动力循环研究的热点。

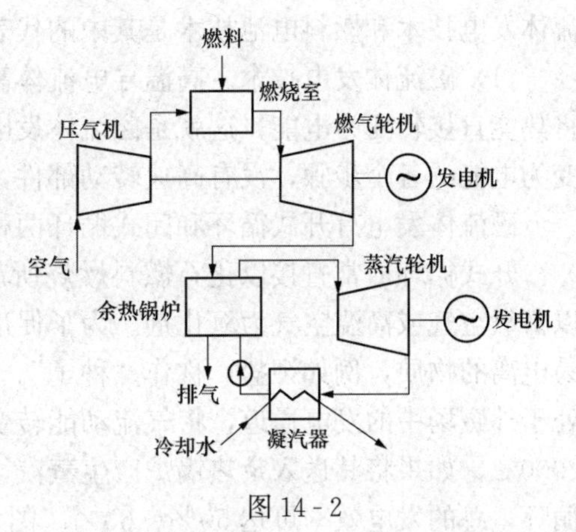

图 14-2

（2）功热并供。功热并供是指热机输出机械功或电能的同时，还生产工艺用热或（和）生活用热，又称为热电联产或热电并供。

功热并供可以采用汽轮机或燃气轮机，也可以采用燃气－蒸汽联合循环系统或有机朗肯循环系统。有机朗肯循环系统主要用于中低温热能驱动的功热并供，由于热源温度较低，有机朗肯循环系统的发电效率较低，提供给用户的热源温度也较低。汽轮机的功热并供系统是目前应用较多的一种形式，但从能的有效利用角度看，系统仅仅利用 600℃以下的中低温区段，显然不合理。燃气轮机具有高温加热和高的热功转换能力的优势，且排气流量大、温度适中（400～600℃），很适合功热并供的场合，并可以采用补燃的方法来调节功热比的变化范围并满足热用户对温度的需求。在多数情况下，燃气－蒸汽联合循环的功热并供系统有更高的热功转换效率，可在更广的范围内抽取合适参数的热量来满足热用户的需求，并具有更经济的优点。

（3）动力－化工多联产。20 世纪 80 年代以来，一些研究者提出将 IGCC 等动力系统与煤基化工生产流程联合的思路，开拓研究动力和煤基化工多联产的总能系统。该系统在完成发电供热等热工功能的同时，还利用化石燃料生产出甲醇、二甲醚、氢气等化工产品。该系统使动力生产用能合理、污染少（甚至零污染），还使化工产品（或清洁能源燃料）的生产过程能耗低、成本低，从而兼顾了动力、化工、环境等的诸方面问题。

现代的多联产/供技术已经发展为能同时提供机械能、电能、蒸汽、热水、冷量、煤气、化工产品等，更好地体现了能量梯级利用和综合利用的原则，收到了很好的节能和环保效果。

（4）多能源互补。多数可再生能源（太阳能、风能、海洋能等）随时间、气候、季节等的变化而变化，具有不连续、不稳定的特点，开拓和发展可再生能源与化石能源的多能源互补利用的能源系统就成了发展应用可再生能源的一个重要课题。

目前，多能源互补系统已经受到了广泛的关注，包括化石能源－太阳能互补能源系统、燃料电池与太阳能联合发电系统、微型燃气轮机与风力发电联合系统、燃气轮机与水电站联合循环动力系统、天然气－核能综合利用系统等。

4. 能量转换新技术

通常的火力发电都要经过燃料的化学能→热能→机械能→电能的转换过程，每一个转换环节都有可用能的损耗，因此目前火力发电效率较低。如何摒除中间转换环节，提高燃料的利用率，一直是能源工作者努力的方向，由此开发了多种由燃料到电能的直接转换技术，磁流体发电技术和燃料电池技术是其中的代表。

（1）磁流体发电技术。高温导电流体高速通过磁场切割磁力线，产生感应电动势，从而将热能直接转变为电能，这就是磁流体发电。磁流体发电在一个简单的流道内完成了热能转变为电能的各个步骤，没有高速转动部件，具有噪声小、体积小、启动快等优点。

磁流体发电有开式循环和闭式循环两种方式。

开式循环通常直接以化石燃料燃烧所产生的高温烟气为工质（温度可达2500℃以上），以富氧空气或高温空气为氧化剂。为了促进烟气电离以提高电导率，需在烟气中加入一定量易电离的物质，例如钾盐，称作“种子”。高温烟气先在喷嘴中膨胀，获得高速，然后进入处于外磁场中的发电通道，将气流动能转变为电能。发电通道排出的烟气温度仍很高，可达2000℃，如果将其送入余热锅炉产生蒸汽，驱动蒸汽轮机发电，就构成了磁流体－蒸汽联合循环，总的发电效率可达50%～60%。图14－3为开式磁流体－蒸汽联合循环的示意图。

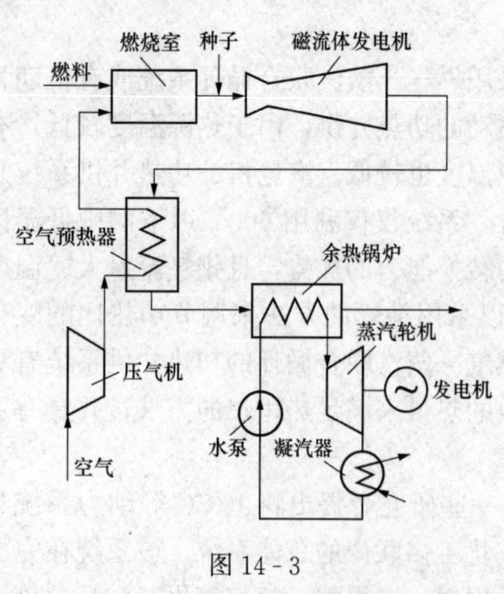

图14－3

目前研究最多的开式循环是燃煤磁流体－蒸汽联合循环。由于加入的“种子”可以与烟气中的硫化合，减少SO_2的生成量，因此可大大减轻燃煤对环境的污染。

闭式循环的工作原理与开式循环的基本相同，不同之处在于开式循环所用的工质最终排入大气，而闭式循环所用的工质在循环中反复使用。闭式循环常用的工质是惰性气体（常以铯盐为“种子”）或液态金属，所需的热能可以来自燃料的燃烧或核反应堆。由于液态金属具有良好的导电性能，因此在较低温度（800～1000℃）就可以很好地工作，这为太阳能、工业余能等的利用提供了一条新的途径。

（2）燃料电池技术。燃料电池是一种化学电池。与传统的化学电池相同，燃料电池也是通过电化学反应将化学能转化为电能，不同之处在于燃料电池可连续不断地供入燃料和氧化剂（氧气或空气），并能连续不断地输出电流。

燃料电池最初只是用于航天领域，近年也开始用于地面，发展非常迅速，品种已由原来的氢氧碱型发展到现在的磷酸盐型、熔融碳酸盐型、高温固态氧化物电解质型、聚合物电解质型等多种类型。

尽管燃料电池多种多样，但工作原理大致相同，都是由阳极、电解质和阴极组成，由外界分别向阳极和阴极供入燃料和氧化剂。燃料在阳极被氧化，释放出电子；电子通过外电路向阴极移动，形成电流；氧化剂在阴极被还原。电解质的作用是运输离子，构成回路。这样，燃料的化学能就直接转变成了电能。燃料电池常用的电解质有酸、碱、熔盐、金属氧化物、离子交换聚合物等。图 14-4 为以磷酸为电解质的磷酸盐燃料电池的原理。

与其他发电方式相比，燃料电池有许多突出的优点：

1）能量转换效率高。燃料电池根据电化学原理工作，其效率不受卡诺循环效率的限制，可以达到很高（理论上可达 85%～90%），且在部分负荷下也基本能维持满负荷时的发电效率。若考虑利用余热，效果更佳。有的燃料电池可以和燃气-蒸汽联合循环结合，构成燃料电池联合循环。若以煤炭气化得到的煤气为燃料则为整体煤气化燃料电池联合循环，预计可得到比整体煤气化联合循环更优越的性能。

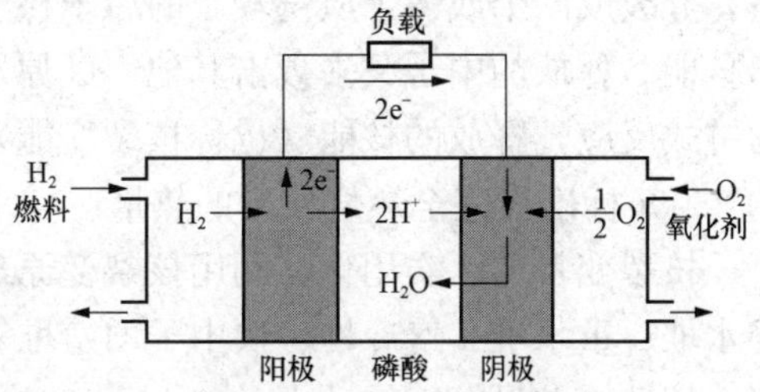

负载　$2e^-$　H_2 燃料　H_2　$2e^-$　$2H^+$　$\frac{1}{2}O_2$　O_2 氧化剂　H_2O　阳极　磷酸　阴极

阳极反应：$H_2 \rightarrow 2H^+ + 2e^-$；

阴极反应：$\frac{1}{2}O_2 + 2H^+ + 2e^- \rightarrow H_2O$

总的化学反应：$H_2 + \frac{1}{2}O_2 \rightarrow H_2O$

图 14-4

2）低污染、无噪声。燃料电池污染物排放极少，是一种清洁的能源，并且没有机械运动部件，所以没有噪声污染。

3）对燃料的适应性强。燃料电池可以使用多种燃料，包括氢气、甲醇、天然气、煤炭等，甚至包括火力发电不宜使用的低质燃料。大多数燃料需经改质处理，形成燃料电池适用的燃料气。燃料电池为化石燃料的高效、清洁利用提供了一条途径。

4）质量和体积小，启动和关闭迅速。

5）用途广。燃料电池既可作为固定电站，也可作为汽车、潜艇等移动装置的电源；可以小到一家一户的供电取暖，也可以大到分布式电站，与外电网并网发电。

14-3　新　能　源

新能源与常规能源在名称和内涵上是相对的。新能源是指技术正在发展成熟、尚未大规模利用的能源，其内涵根据技术水平、时期（时间）和地域（空间）有所变化。根据我国当前能源状况，新能源主要包括核能、太阳能、风能、生物质能、地热能、海洋能、氢能等，有些文献中还包括水能（主要指小型水电站）、天然气水合物（简称可燃冰）等。新能源有两个突出的特点：一是清洁，二是储量巨大或近乎无限。新能源的开发和利用是解决能源与环境问题、保证人类社会可持续发展的根本途径。

1. 核能

原子核结构发生变化时释放的能量，称为原子能或原子核能，简称核能。核能来源于原子核中一种短程作用力的核力。由于核力远大于原子核与外围电子间的作用力，核反应中释放的能量比化学能大几百万倍，具体数值可由爱因斯坦的质能方程确定。

核能的释放有三种方式，即原子核的放射性衰变（核衰变）、重原子核的分裂反应（核裂变）、轻原子核的聚变反应（核聚变）。原子核衰变的半衰期都很长，例如铀的约为 45 亿年，100 万 kg 铀衰变释放的能量一天还不到 1kW·h，利用核衰变释放的能量不现实。因此，核能获得的主要途径是核裂变和核聚变。

（1）核裂变又称核分裂，是指设法将一个重原子核分裂成两个或多个质量较小的轻原子核，同时释放出核能。常用的核裂变燃料是铀的同位素铀 235（^{235}U）、钚的同位素钚 239（^{239}Pu）等重元素物质。图 14-5（a）为铀 235 的核裂变原理示意图。^{235}U 原子核被中子轰击后，分裂成两个或多个质量较小的原子核（也称分裂碎片），并释放 2、3 个中子，同时释放出核能。释放的中子又去轰击其他^{235}U 原子核，再次引起核分裂。这种连续的核裂变反应称为链式反应，释放的核能（也称核裂变能）巨大，例如 1kg^{235}U 全部裂变产生的核能相当于约 2500t 标准煤完全燃烧放出的热量。

核裂变目前已实用化，利用核裂变原理现在已经建成了各种反应堆/动力堆/供暖堆，如轻水堆、重水堆、气冷堆、快中子增殖堆等，用于发电、供热或用作某些大型装置（如核潜艇、核动力航母等）的动力。20 世纪 50 年代，用于生产电力和作为核动力使用时，核能被认为是一种新能源。目前，核裂变技术已经比较成熟，通过核裂变产生的核能（核裂变能）通常也被划入常规能源的范畴。

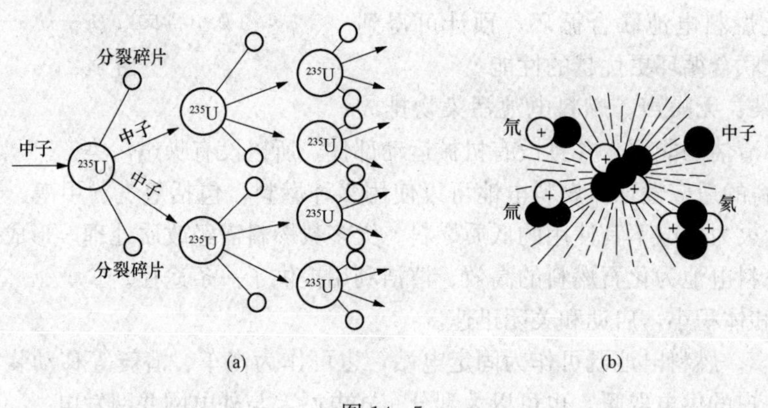

图 14-5

（2）核聚变又称热核反应，是指轻原子核在超高温下克服原子核间斥力、聚合成较重原子核的熔合反应。原子核的静电斥力同其所带电荷的乘积成正比，原子序数越小，质子数就越少，聚合所需的动能也就越低，即温度也越低。因此，只有较轻的原子核（例如氕、氘、氚、氦、锂等）才容易释放出聚变能。最容易实现的核聚变反应是氘和氚的反应，图 14-5（b）为氘（^2_1D）和氚（^3_1T）聚变为氦（^4_2He）的核聚变原理示意，相应的反应式为

$$^2_1D+^3_1T=^4_2He+\text{中子}+\text{聚变能}$$

核聚变的能量巨大，例如 1kg 氘和氚聚变释放的核能相当于 1kg 铀裂变释放核能的 5 倍。另外，氘和氚聚变的产物只是氦和中子，是真正的清洁能源；核聚变的燃料（氘、氚）可以从海水中获得，储量极为丰富，例如每升海水中氘含量可达 0.034g。

氢弹是根据核聚变原理制造的，但因聚变反应的速度难以控制，不能作为能源来利用。另外，核聚变反应在几千万度甚至上亿度的超高温下进行，任何材料制成的器壁都承受不了如此的高温，且反应的初始条件（例如等离子密度、最少约束时间等）非常苛刻。因此，核

聚变能利用的关键在于核聚变的控制技术。目前，可控核聚变的方式主要有磁约束和惯性约束两种。

2. 太阳能

太阳是一个炽热的气态球体，内部持续进行着氢聚合成氦的核聚变反应，核心温度高达 4×10^7K，表面温度也有 6000K。太阳以 3.8×10^{23}kW 的功率向外辐射着能量。

地球是太阳系的一颗行星，虽然只接收到太阳总辐射能量的 22 亿分之一，仍然有 1.73×10^{14}kW 的能量达到地球大气层上边缘，经大气层衰减后，最后约有一半的能量，即 8.5×10^{13}kW 达到地球表面，这个数量相当于目前全世界发电量的几十万倍。

广义来讲，地球上除核能、地热能、潮汐能以外的能量都直接或间接地来自太阳能。地球上的水能、风能、波浪能、海洋温差能、生物质能等都是太阳辐射能的转换形式。煤炭、石油、天然气等化石燃料也是亿万年前太阳能转换的积蓄。本节介绍的狭义的太阳能，仅指可以直接利用的太阳辐射能。

分布广泛、不需运输、取之不竭、用之不尽、清洁、可再生等优点，决定了太阳能发展的必然性和生命力。目前，太阳能利用的基本方式主要包括光热利用、光电利用、光化学利用、光生物利用四种。

(1) 太阳能光热利用。太阳能光热利用是指将太阳能转换为热能而加以利用。收集和吸收太阳辐射能的装置称为太阳能集热器，它是实现太阳能利用的基本装置。目前，太阳能集热器种类繁多、形式多样、名称各异，但总的来说可分为两大类：非聚光式和聚光式。

非聚光式集热器的工作原理基于温室效应。这种集热器结构简单，造价低；但由于太阳能的能量密度低，其工作温度也较低，通常在 200℃以下，属于太阳能的低温热利用。图 14-6 所示为最常见的非聚光式集热器——平板集热器的基本原理。波长较短的太阳光透过透明盖层进入集热器（透明盖层起减小大气对流和辐射损失的作用），吸收表面将太阳辐射能转变为热能，因吸收表面温度较低，其热辐射波长集中在红外长波波段，不易透过透明盖层，从而使集热器起到收集热能的作用；管内被加热的流体将热能带出。

常见的非聚光式集热器还有真空管式和热管式。另外还有一种特殊的集热器——太阳池，它是一个盐水池，盐水的浓度和密度随水深而增大。阳光照射到池底，立即转变为热能；但稳定的盐水层使热对流难以形成，从而池底温度越集越高。太阳池有集热和蓄热的双重功能。某些咸水湖就是天然的太阳池，例如世界上著名的咸水湖——死海，其边上已经建立了许多太阳能热利用装置。

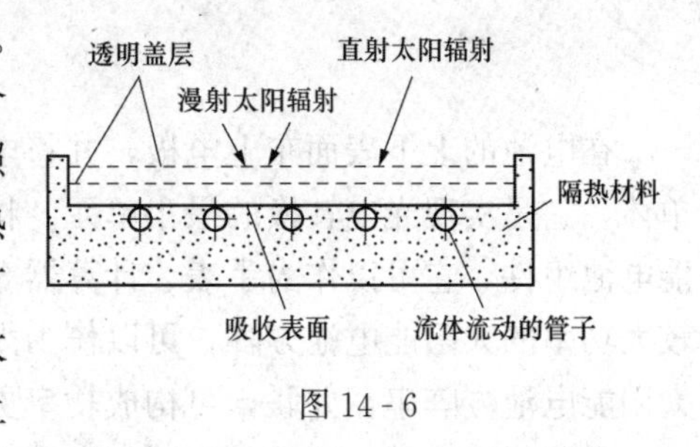

图 14-6

聚光式集热器根据光学系统的聚焦原理而工作，通常需采用太阳能跟踪系统。集热器分为透射式和反射式，是太阳能中、高温热利用的重要部件，其最高集热温度可达到 3000℃以上。

近年来，太阳能的热利用技术发展很快，出现了多种热利用装置，例如太阳能热水器、太阳能温室、太阳房、太阳能干燥、太阳能蒸馏、太阳能制冷、太阳能空调、太阳灶、太阳能冶炼炉、太阳能热发电等。

(2) 太阳能光电利用。太阳能光电利用是通过光伏效应将太阳能直接转变为电能而加以利用。太阳能电池根据半导体的性质工作，是太阳能光电利用的最基本形式。

目前，已知的可以制造太阳能电池的半导体材料有十几种，可制成上百种不同形式的太阳能电池，常见的有硅系列太阳能电池（包括单晶硅、多晶硅和非晶硅）、多元化合物太阳能电池（例如硫化镉太阳能电池、砷化镓太阳能电池、铜铟硒太阳能电池等）。目前已实现工业化生产的主要是硅系列太阳能电池，而其中单晶硅太阳能电池研究最早，技术最成熟。

图 14-7 所示为典型单晶硅太阳能电池的工作原理。通常，硅片的厚度为 0.2～0.4mm，上部掺入微量的磷、砷、锑等五价元素，形成主要以带负电的电子导电的 N 型半导体；下部掺入微量的硼、镓、铝等三价元素，形成主要以带正电的空穴导电的 P 型半导体，见图 14-7（a）。由于电子和空穴的扩散，界面处形成 PN 结，结内有一个由 N 区指向 P 区的内建电场，见图 14-7（b）。当足够强度的阳光照射到半导体表面时，激发产生电子—空穴对。N 区的光生空穴向 PN 结扩散，进入 PN 结后，即被内建电场推向 P 区；P 区的光生电子向 PN 结扩散，然后被内建电场推向 N 区；PN 结处产生的电子和空穴，立即被内建电场分别推向 N 区和 P 区，见图 14-7（c）。这样，N 区就积累了大量带负电的电子，P 区积累了大量带正电的空穴，P 区和 N 区之间产生了光生电动势，光能就直接转变成了电能。

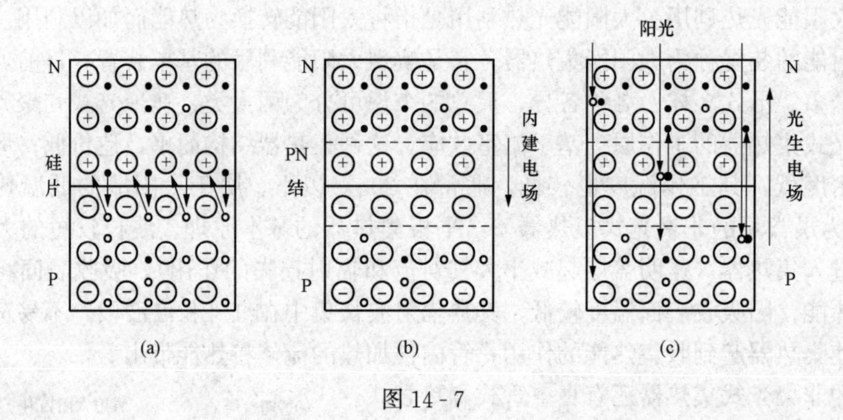

图 14-7

在电池的上下表面布上电极，并将电池用透明的减反射膜覆盖，就得到一个太阳能电池单体，它是实现光电转换的最小单元。将单体太阳能电池串、并联，就得到一定功率的太阳能电池组件，它可以作为手表、计算器等小型电器的电源。把许多组件进行串、并联，得到较大功率的太阳能电池方阵，可以作为太阳能汽车、太阳能电视、光伏水泵等的电源。数个太阳能电池方阵串、并联，可构成功率更大的太阳能光伏工作站。

太阳能电池是一种物理电源，完全不同于通常的化学电池，它不需要消耗燃料，不需要任何电解质，也不向外界排放废物，是一种理想的清洁能源。太阳能电池体积小，质量小，没有运动部件，无噪声，故障率低，使用维修简便，运行安全可靠，且运行费用低。只要有足够的光源，太阳能电池就可运行，而太阳能随处可得，因此太阳能电池的使用不受地域限制。太阳能电池可以根据需要来组合使用，规模可大可小，非常灵活。

在能源短缺或不易架设输电线路的地区，采用太阳能电池是保障电力供给的极好方法。航标灯、铁路信号灯、电视差转站、农田灭虫灯等都可以采用太阳能电池作能源，并可以做到无人值守，稳定供电。光伏电站可以作为边远农村、海岛、沙漠等地区的独立供电站，无需进行大型基础建设，也无需运输燃料，且建设周期短，操作简便。

（3）太阳能光化学利用。太阳能光化学利用是指将太阳能转换为化学能而加以利用，例如太阳能直接分解水制氢，但由于水不吸收可见光，不能直接将水分解，必须借助于光催化剂（例如光敏物质、络合物等）。太阳能化学电池也是太阳能光化学利用的一种方式，例如利用 N 型二氧化钛半导体作阳极、铂作阴极，在太阳光照射下能分解水，产生氢气和氧气，并获得电能。

（4）太阳能光生物利用。太阳能光生物利用是指将太阳能转换为生物质能而加以利用，例如通过植物的光合作用生产速生植物（例如薪炭林）、油料作物、巨型海藻等。

太阳能的能量密度低，并且受昼夜、季节、纬度、海拔等因素影响而具有间断性和不稳定性，给太阳能的利用带来了一定的困难，储能成为太阳能利用的一个关键问题。储存热能和储存电能是太阳能利用的常见储能方式，前者常采用某些储热介质（例如水、卵石、低熔点盐类等），后者常采用蓄电池。

将某些发电方式一起构成互补复合式发电系统也是储能技术的组成部分，例如，将太阳能发电和水力发电组合，用太阳能充足时的多余电力将水提到高处，在太阳能不足时用水力发电来补充。再如，将太阳能发电与氢能发电组合，用多余的太阳能电力电解水制氢或利用光化学制氢，将氢作为储备能源。

3. 风能

风能是流动的空气所具有的动能。地球大气层在吸收太阳辐射后由于太阳辐射及地球表面环境的不均匀性会产生温差，从而导致压差形成空气流动。因此，风能是源于太阳的辐射热，是太阳辐射能的一种转换形式。地球所吸收的太阳能中有 1%～3%转化为风能，即使比例很小，地球上可利用的风能总量仍然比可开发利用的水能总量大很多倍。

风能的大小取决于风速和空气密度，受大气环流、季节、时间、地形、高度、海陆、障碍物等影响。风能具有蕴藏量大、分布广、可再生、无污染等优点；但也有能量密度低、不稳定、地区差异大等局限。

风能的利用方式主要有风帆助航、风力泵水、风力发电、风力制热等，其他利用方式还有通风、空调等。

（1）风帆助航。风帆助航从古至今一直有普遍的应用。随着机动船舶及电子技术的发展，古老的风帆助航在提高航速、精确控制、节约燃油等方面也有了很大的进步，例如，日本已在万吨级货船上采用电脑控制的风帆助航，节油率达 15%。

（2）风力泵水。风力泵水从古至今一直有较为普遍的应用，并已有很大的发展。现代风力泵水机根据实用技术指标可以分为三类：①低扬程、大流量型，机组扬程为 0.5～5m，流量可达 50～100m^3/h，它与螺旋泵或钢管链式水车相匹配，提取河水、湖水或海水等地表水，主要用于农田灌溉、水产养殖、制盐等；②中扬程、大流量型，机组扬程为 10～20m，流量为 15～25m^3/h，一般采用流线型升力桨叶风力机，提取地下水，主要用于农田灌溉、草场灌溉等；③高扬程、小流量型，机组扬程为 10～100m，流量为 0.5～5m^3/h，它与活塞泵相匹配，提取深井地下水，主要用于草原灌溉、人畜饮水等。

（3）风力发电。风力发电是风能利用的主要形式，通常有三种运行方式：①独立运行，通常是一台小型风力发电机向一户或几户提供电力，为保证无风时的用电，通常采用蓄电池蓄能；②结合运行，即风力发电与其他发电方式相结合，向一个单位、村庄或海岛供电，例如风力-柴油互补发电、风力-太阳能互补发电等；③并网运行，通常一处风场安装几十台甚至几百台风力发电机，向大电网输电。其中，并网运行是风力发电的主要发展方向。

（4）风力制热。风力制热是将风能转换成热能，目前主要有三种方式：①风力发电制热，风力机发电后，再通过电阻丝加热将电能转换为热能；②风力压缩制热，风力机带动离心压缩机，使空气绝热压缩从而释放热能；③风力直接制热，风力机直接将风能转换为热能，例如搅拌液体制热、液体挤压制热、固体摩擦制热、涡电流制热等。其中，风力直接制热的制热效率最高，而风力发电制热的制热效率最低（由于风能发电的效率很低）。

风力机是实现风能利用的重要装置，它将空气流动的动能转变为机械有规则转动的动能。古代的风车就是一种原始的风力机。

现代风力机形式多种多样。按结构形式大致可分为水平轴式和垂直轴式，前者的旋转轴与地面平行［见图 14-8（a）］，后者的旋转轴与地面垂直［见图 14-8（b）］。近年来还出现了一些特殊形式的风力机，如扩压式风力机、旋风式风力机等。

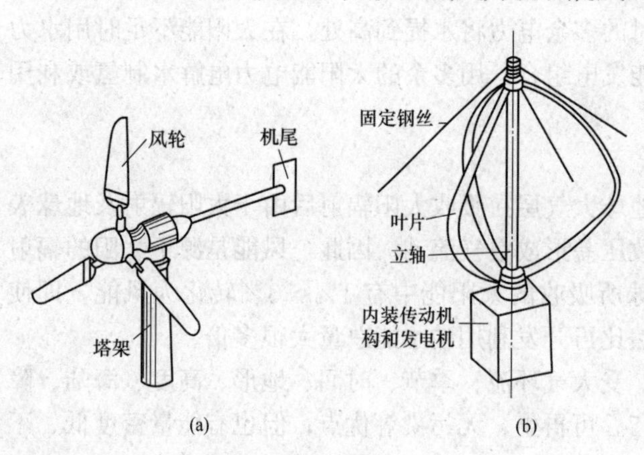

图 14-8

与太阳能相同，风能具有随机性和不稳定性，利用风能必须考虑储能和其他能源的相互配合，才能获得稳定的能源供应。另外，风能的能量密度低，因此风能利用装置体积大、耗材多、投资高。但是作为一种丰富、清洁的可再生能源，风能会是未来社会的重要补充能源。

4. 生物质能

生物质是地球上最广泛存在的物质，包括所有动物、植物和微生物以及由这些有生命物质派生、代谢而形成的有机质（矿物燃料除外），例如农作物及其废弃物、林作物及其废弃物、藻类、菌类、粪便等。因为含有有机质，各种生物质都具有一定的能量，这种以生物质为载体的能量称为生物质能。从根本上讲，各种生物质能都直接或间接地来自太阳能。据估算，地球上每年通过光合作用产生的生物质能含能量达 3×10^{18} kJ，相当于目前世界总能耗的 10 倍以上。

人类使用生物质能的历史可以追溯到史前。直到现在，生物质能仍然是许多发展中国家农村用能的主要来源。目前，被用作能源的生物质能是生物质能总量的极小部分，而且利用效率很低。世界性的能源危机和环境污染使人们对生物质能有了新的认识，现代科技的发展为生物质能的有效利用创造了条件，从而将生物质能提到了新能源领域。

合理有效地利用生物质能，就是要开发高效的生物质能转换技术，将能量密度低的生物质能转变成便于使用的高品位能源。目前，生物质能的转化技术可以概括为物理转化、化学转化、生物转化三大类。

（1）物理转化。生物质的物理转化主要指生物质固化成型技术，是将生物质粉碎到一定粒度，在一定的压力下，挤压成一定形状。固化成型后的生物质有较高的体积密度和能量密度。而当生物质的含油率较高时，例如棉籽、菜籽等，直接挤压或压榨即可获得高品位的生物油。

（2）化学转化。生物质的化学转化主要指热化学转化，除了直接燃烧（此时，生物质能被划入常规能源的范畴）以外，还主要包括热解、气化、液化等。

热解也称热裂解，是指在惰性氛围（例如真空、氮气等）的条件下，生物质被加热到较高温度（通常高于 400℃）时分解成小分子的过程，热解的产物主要是生物油，还有一定量的焦炭和气体。产生的生物油主要含碳氢化合物、醇、酯、醛、酚等，是高品位的液体燃料；产生的气体也称为合成气，主要含一氧化碳、氢气、甲烷等，可以作为气体燃料使用；产生的焦炭通常比原生物质具有更高的热值。

气化是指生物质与气化介质（例如空气、氧气、水蒸气、氢气、二氧化碳等）在高温（通常高于 700℃）时发生化学反应的过程，气化的产物主要是气体，还可能有少量的灰分和一定量的焦油。产生的气体也称合成气或气化气，主要含一氧化碳、氢气、甲烷等。气化合成气与热解合成气的主要区别是，气化合成气通常有较高的产率。整体来讲，气化产生的合成气具有较高的热值，是高品质的气体燃料，可以用作燃烧、发电的燃料，也可以进一步生产液体燃料或化工产品。

液化是指在一定条件（例如高压、催化剂等）下将生物质转化成液体燃料的过程。液体燃料主要含汽油、柴油、液化石油气等液体烃类燃料，有时还含有甲醇、乙醇等醇类燃料。按化学加工过程的技术路线，液化可分为直接液化和间接液化。直接液化通常是将生物质在高压（高达 5MPa）、催化剂（例如 Na_2CO_3 溶液）和一定温度（250～400℃）下与氢气发生反应，直接转化为液体燃料。间接液化是将生物质气化得到的合成气，经分离、调制、催化反应后，得到液体燃料。与热解相比，液化得到的生物油具有更好的物理稳定性和化学稳定性。

（3）生物转化。生物质的生物转化是指采用微生物发酵的方法将生物质转变成气体燃料或液体燃料，主要包括沼气技术和燃料乙醇技术。

生物质在一定温度、湿度、酸碱度和缺氧的条件下，经过厌氧微生物发酵分解和转化后产生沼气。沼气的主要成分是甲烷（体积一般为 60%～70%）和二氧化碳（体积一般为 30%～40%），还有少量的氢气、氮气、一氧化碳、硫化氢、氨等。沼气具有较高的热值，既可以作为生活用气，也可以作为工业燃料。生成沼气所用的原料通常是农作物秸秆、人畜粪便、树叶杂草、有机废水、生活垃圾等，这些生物质如果不加以妥善利用，不仅会造成能源的浪费，还可能导致环境的污染。在农村，沼气工程可以和养殖业、种植业等结合起来，后者为前者提供原料，发酵后的沼渣、沼液又可以为后者提供部分肥料，从而实现生物质的综合利用和能源与环境的良性循环。在城镇，用沼气发酵处理有机废弃物，既保护了环境，又获得了能源。

燃料乙醇的生产工艺依据原料的成分主要可分为两类：一类是富含糖类的生物质经直接发酵转化为燃料乙醇；另一类是含淀粉、纤维素的生物质，先经酶解转化为可发酵糖分，再经发酵转化为燃料乙醇。发酵生产的乙醇可应用于化工、医疗和制酒业，还可以用作能源工业的基础原料。例如，乙醇经进一步脱水后可以和汽油按一定比例混合，从而成为很好的汽车燃料，可以用于汽油发动机汽车、灵活燃料汽车、乙醇发动机汽车等。

现代化的生物质能技术不仅要充分利用现有的各种生物质，还要建立以获取能源为目的的生物质生产基地，例如种植速生的薪炭林、油料作物等能源植物，利用植物的光合作用收集太阳能，以获得能源生产和环境保护的双重效益。

5. 地热能

地热能是地球内部蕴藏的热能。地球本身是一座巨大的天然储热库。据估计，在地壳表层10km的范围内，地热资源就达1.26×10^{24}kJ，相当于4.6×10^{16}t标准煤所蕴藏的能量。

（1）地热资源的分类。

根据存在的形式，地热资源通常分为水热型、地压型、干热岩型、岩浆型四大类。

1）水热型。水热型地热主要包括地热蒸汽和地热水，又可细分为高温（150℃及以上）、中温（90～150℃）和低温（低于90℃）三种形式，是目前开发利用的主要地热资源。

2）地压型。地压型地热是封闭在地层深处沉积岩中的高压热水，压力可达几十兆帕，温度为150～260℃。地压型地热中通常溶有甲烷等碳氢化合物。因此，地压型地热的能量包括热能、势能和化学能，是一种尚待研究和开发的地热资源。

3）干热岩型。干热岩型地热是指地层中不含水或蒸汽的高温岩体，温度一般为150～650℃，其能量需通过人造地热系统来利用。通常，打两口深井至热岩内部，用水压破碎法在岩体内形成洞穴，从一口井注入冷水，通过另一口井将被加热的水取出。干热岩型地热资源不受自然地热田的限制，可以更大范围地开发，因此引起了人们的注意。

4）岩浆型。岩浆型地热是指熔融或半熔融的岩石，温度高达700～1200℃，其利用的技术难度很大。

（2）水热型地热发电的分类。

目前，得到利用的主要是水热型地热能。水热型地热能可以直接利用，例如采暖、空调、工业烘干、农业温室、水产养殖、日常生活、旅游疗养等。水热型地热能还可以用于发电，原理与蒸汽动力发电相同，但是省去了锅炉和燃料。根据蒸汽轮机中蒸汽的来源，地热发电目前主要有地热蒸汽发电、扩容法地热发电、双循环地热发电。

1）地热蒸汽发电。地热蒸汽发电是以净化后的地热蒸汽为工质，直接推动蒸汽轮机做功发电。

2）扩容法地热发电。扩容法地热发电是将地热水通入压力较低的扩容器中，热水迅速气化，体积增大，即扩容，也称闪蒸。根据具体情况可以多次扩容，以获得更多的蒸汽，用于发电。

3）双循环地热发电。双循环地热发电是利用地热水加热某种低沸点工质，产生蒸气，用于发电。双循环地热发电也称双工质地热发电。根据循环方式，双循环地热发电又可以分为朗肯循环发电和卡琳娜（Kalina）循环发电。当地热水腐蚀性强、结垢性强或温度较低时，常采用双循环地热发电。

扩容法地热发电和双循环地热发电是利用低温热能发电的常用方法，也可用于太阳能、海洋温差能、工业余热/废热发电等场合。

近年来还出现了一种地热全流发电系统，即将地热井口的全部流体，包括蒸汽、热水、不凝气体及化学物质等直接送入全流动力机械中膨胀做功、发电，以充分利用地热流体的能量。

地热资源的利用应做到一水多用、逐级开发、综合利用，如先发电，后供暖，然后养鱼、灌溉等。同时，还要考虑环境保护，如回灌地下水防止地面下陷、处理地热流体中的有害物质等。

6. 海洋能

海洋所蕴藏的自然资源极为丰富，有生命的、无生命的，可再生的、不可再生的，固态的、液态的、气态的，等等，可谓种类繁多。属于新能源范畴的海洋能指的仅是海洋中的可再生能源，包括潮汐能、波浪能、海洋温差能、海洋盐差能、海流/潮流能等。除了潮汐能和潮流能源于星球间的引力外，其他海洋能均源于太阳能。

(1) 潮汐能。潮汐能是海水受月球和太阳的引力而发生周期性涨落所具有的能量。潮汐能的利用主要是发电。

潮汐能发电是在潮汐能丰富的海湾入口或河口筑堤构成水库，在堤坝内或堤坝侧安装水能发电机组，利用堤坝两侧潮汐涨落的水位差驱动水轮机组发电。

潮汐能发电不需要燃料供应，没有烟渣排放，也没有水电站的淹没损失，不涉及移民问题。堤坝的修建改变了周围的自然环境，可同时进行围垦种植、水产养殖、旅游、交通等综合开发。但是机组在海水中工作，需要解决防腐、防污（海生物附着）、防淤等问题。目前，潮汐能发电已经实用化。

(2) 波浪能。波浪是由于风和重力作用而形成的海水的起伏运动，它所具有的能包括动能和势能，统称为波浪能。将波浪能转换为电能，可以通过某种装置将波浪能转换为机械能、气压能或液压能，然后通过传动机构、汽轮机、水轮机或油压马达驱动发电机发电。根据能量的中间转换方式，波浪能发电可分为机械式、气动式和液压式三大类。目前，气动式采用的最多。

应用波浪能发电的小型装置已经得到了推广应用，例如航标灯、灯塔等。大型的波浪能发电装置如大型波浪能发电站、波浪能发电船等也已经出现。

(3) 海洋温差能。海洋表层海水的温度高于深层海水的温度，在热带和亚热带海域，这个温差可以达到 20℃。从热力学的角度讲，有温差就可以产生动力，因此海洋温差中蕴含着可用能量，称为海洋温差能或海洋热能。

在海洋表层（高温热源）和深层（低温热源）之间安装热机，可以将温差能转变为机械能，进而通过发电装置转变为电能。所采用的热力循环通常是朗肯循环，利用海水加热低沸点工质或将海水闪蒸产生蒸汽来驱动汽轮机发电，主要有开式循环系统、闭式循环系统和混合循环系统。

(4) 海洋盐差能。不同浓度的溶液之间存在的化学能称为浓度差能。海水含有大量的盐分，不同的海水或海水与河水间的浓度差，形成了海水含盐浓度差能或称盐差能。目前，海洋盐差能的利用还处于初期探索阶段。

(5) 海流能。海流是一种持续性的海水环流，是海洋中的一种自然现象。与河流相同，海流蕴藏着巨大的能量。海流能非常稳定，不会受到洪水的威胁或枯水期的影响，是一种可靠的能源，但其利用难度较大。

7. 氢能

氢是最轻的化学元素，在地球上广泛存在于水、各种碳氢化合物和地壳中，来源广泛、取之不尽。

在常温常压下，氢单质是无色、无味的气体，发热量很高，比化石燃料、化工燃料和生物燃料的都高，是汽油发热量的 3 倍。氢气在空气中的燃烧温度可高达 2000℃，燃烧时无烟无尘，燃烧产物只有水，而水又是制取氢气的主要原料。因此，氢能是人们梦寐以求的能源。

尽管地球上氢元素含量丰富，但氢单质却很少存在，需要人工制取，因此氢能是二次能源。大量而廉价地制取氢是氢能利用的关键。

工业上常用的制氢方法是由化石燃料制氢和电解水制氢。前者制氢效率不高，对环境污染大，还要消耗本已不多的化石燃料资源，因此不能作为未来氢能的来源；后者则需要消耗大量高品位的电能，总的能量利用率很低，因此也是不足取的。当然，如果是作为储能的手段，那么电解水制氢还是可取的。

（1）正在研究中的制氢方法。目前，正在研究的制氢方法有多种，例如分解水制氢法、光化制氢法、热化学制氢法、生物制氢法等。

1）分解水制氢法。分解水制氢法是指把水或蒸汽加热到 3000K 以上，使水分解成氢气和氧气。虽然这种方法的分解效率高，不需要催化剂，但高温的获取及维持，费用昂贵。通常，人们考虑利用太阳能聚焦或核反应的热能作为分解水的热源。

2）光化制氢法。光化制氢法是指在阳光照射和催化剂的作用下，先把水分解为氢离子和氢氧根离子，再生成氢气和氧气。此方法可以克服分解水制氢法温度高的缺点，可以实现大规模的太阳能制氢，关键是寻求光解效率高、性能稳定、价格低廉的光敏催化剂。

3）热化学制氢法。热化学制氢法是通过热化学反应制取氢气，例如生物质热化学制氢，将生物质燃料通过气化或裂解反应后可生成富含氢气的合成气，进一步采用变压吸附或膜分离等技术分离得到纯氢。通常情况下，合成气中还会含有一定量的其他气体（例如一氧化碳、二氧化碳、甲烷等），还有焦油。选择适当的生物质燃料、化学反应方式、运行条件、催化剂等，成为制取高产率、高纯度氢气的关键。

4）生物制氢法。生物制氢法是利用某些生物进行酶催化反应制取氢气的方法，主要分为光合作用微生物制氢和厌氧发酵有机物制氢两类。光合作用微生物制氢是指微生物（例如细菌、藻类等）通过光合作用将水分解产生氢气，由于同时也产生了氧气，酶（例如固氮酶、可逆产氢酶等）的活性会受到抑制。厌氧发酵有机物制氢是在厌氧和酶的作用下，通过微生物（例如细菌）将底物分解，制取氢气。底物可以是甲酸、丙酮酸、各种短链脂肪酸等有机物，也可以是淀粉、纤维素等糖类或硫化物，它们广泛存在于工农业生产的污水和废弃物中。但是，厌氧发酵细菌生物制氢的产率一般比较低。

（2）氢能的利用方式。

制取的氢能，其利用方式很多，主要有三类。

1）作为氢能能源。氢能作为汽车、飞机、舰艇等动力机械的能源，或用于产生热能以取代化石燃料。氢能将来有可能通过管道输送到各家各户，成为主要的二次能源。

2）氢能发电。以氢为燃料组成氢-氧发电机组或氢—氧燃料电池是氢能发电的主要形式。由于燃料电池的基本原理是电解水的逆反应，因此，氢—氧燃料电池比其他形式的燃料电池更有效，也更简单。

3）作为能量载体。太阳能、风能等可再生能源往往连续性差，需要一定的储能装置才能实现连续供能。当电站处于用电低负荷或有多余电力时，储能也是一个重要问题。电能是过程性能源，很难长期储存，而氢能是含能体能源，有良好的输运性和转换性，是极好的储能介质，可作为能量储存和输运的载体。

氢气的储存和运输是氢能利用的另一个重要环节。将氢气加压后储存在特制的钢瓶中或将氢气在低温下液化储存在杜瓦瓶中是目前氢能储存和运输的常用方法。但前者储气量不会很大，且搬运不便；后者耗能巨大，价格昂贵。目前，研究最活跃的储氢技术是金属氢化物储氢。在一定温度下，氢气可以和许多金属或合金（例如铁钛合金、镁合金等）化合形成金属氢化物并放出热量，需要时对金属氢化物加热就可以得到氢气。这种储氢方法为氢能资源的运输以及氢作为移动式机械的能源提供了有利条件。

索 引

（按拼音字母排列）

附　　录

附表 1　　常用气体的某些基本热力性质

气体	摩尔质量 M	气体常数 R_g		密度 ρ_0 （0℃；101325Pa）	比定压热容 c_{p0} （25℃）	比定容热容 c_{V0} （25℃）	热容比 γ_0 （25℃）
	g/mol	$\frac{kJ}{kg \cdot K}$	$\frac{kgf \cdot m}{kg \cdot K}$	kg/m³	kJ/(kg·K)	kJ/(kg·K)	
He	4.003	2.0771	211.80	0.1786	5.196	3.119	1.666
Ar	39.948	0.2081	21.22	1.784	0.5208	0.3127	1.665
H_2	2.016	4.1243	420.55	0.0899	14.03	10.18	1.405
O_2	32.000	0.2598	26.50	1.429	0.917	0.657	1.396
N_2	28.016	0.2968	30.26	1.251	1.039	0.742	1.400
空气	28.965	0.2871	29.27	1.293	1.005	0.718	1.400
CO	28.011	0.2968	30.27	1.250	1.041	0.744	1.399
CO_2	44.011	0.18892	19.26	1.977	0.844	0.655	1.289
H_2O	18.016	0.4615	47.06	0.804	1.863	1.402	1.329
CH_4	16.043	0.5183	52.85	0.717	2.227	1.709	1.303
C_2H_4	28.054	0.2964	30.22	1.261	1.551	1.255	1.236
C_2H_6	30.070	0.2765	28.20	1.357	1.752	1.475	1.188
C_3H_8	44.097	0.18855	19.227	2.005	1.667	1.478	1.128

附表 2　　某些常用气体在理想气体状态下的比定压热容与温度的关系式

$$\{c_{p0}\}_{kJ/(kg\cdot K)} = a_0 + a_1\{T\}_K + a_2\{T\}_K^2 + a_3\{T\}_K^3$$

气体	a_0	$a_1 \times 10^3$	$a_2 \times 10^6$	$a_3 \times 10^9$	适用温度范围 (K)	最大误差 (%)
H_2	14.439	−0.9504	1.9861	−0.4318	273～1800	1.01
O_2	0.8056	0.4341	−0.1810	0.02748	273～1800	1.09
N_2	1.0316	−0.05608	0.2884	−0.1025	273～1800	0.59
空气	0.9705	0.06791	0.1658	−0.06788	273～1800	0.72
CO	1.0053	0.05980	0.1918	−0.07933	273～1800	0.89
CO_2	0.5058	1.3590	−0.7955	0.1697	273～1800	0.65
H_2O	1.7895	0.1068	0.5861	−0.1995	273～1500	0.52
CH_4	1.2398	3.1315	0.7910	−0.6863	273～1500	1.33
C_2H_4	0.14707	5.525	−2.907	0.6053	298～1500	0.30
C_2H_6	0.18005	5.923	−2.307	0.2897	298～1500	0.70
C_3H_6	0.08902	5.561	−2.735	0.5164	298～1500	0.44
C_3H_8	−0.09570	6.946	−3.597	0.7291	298～1500	0.28

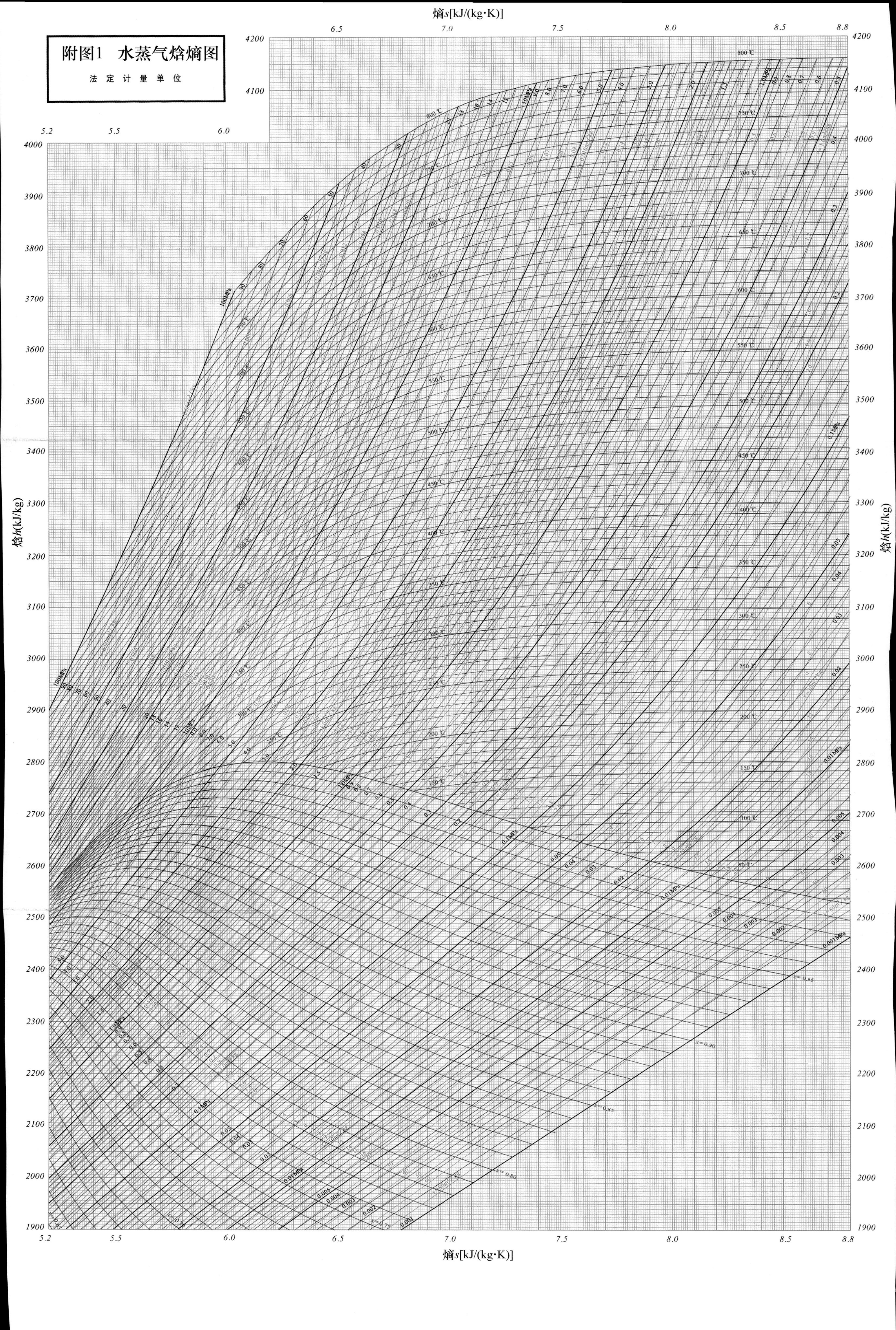

附图1 水蒸气焓熵图

法定计量单位

附表 3　某些常用气体在理想气体状态下的平均比定压热容

$\bar{c}_{p0}|_0^t$/[kJ/(kg·℃)]

温度（℃）	H_2	O_2	N_2	空气	CO	CO_2	H_2O
0	14.195	0.915	1.039	1.004	1.040	0.815	1.859
100	14.353	0.923	1.040	1.006	1.042	0.866	1.873
200	14.421	0.935	1.043	1.012	1.046	0.910	1.894
300	14.446	0.950	1.049	1.019	1.054	0.949	1.919
400	14.447	0.965	1.057	1.028	1.063	0.983	1.948
500	14.509	0.979	1.066	1.039	1.075	1.013	1.978
600	14.542	0.993	1.076	1.050	1.086	1.040	2.009
700	14.587	1.005	1.087	1.061	1.098	1.064	2.042
800	14.641	1.016	1.097	1.071	1.109	1.085	2.075
900	14.706	1.026	1.108	1.081	1.120	1.104	2.110
1000	14.776	1.035	1.118	1.091	1.130	1.122	2.144
1100	14.853	1.043	1.127	1.100	1.140	1.138	2.177
1200	14.934	1.051	1.136	1.108	1.149	1.153	2.211
1300	15.023	1.058	1.145	1.117	1.158	1.166	2.243
1400	15.113	1.065	1.153	1.124	1.166	1.178	2.274
1500	15.202	1.071	1.160	1.131	1.173	1.189	2.305
1600	15.294	1.077	1.167	1.138	1.180	1.200	2.335
1700	15.383	1.083	1.174	1.144	1.187	1.209	2.363
1800	15.472	1.089	1.180	1.150	1.192	1.218	2.391
1900	15.561	1.094	1.186	1.156	1.198	1.226	2.417
2000	15.649	1.099	1.191	1.161	1.203	1.233	2.442
2100	15.736	1.104	1.197	1.166	1.208	1.241	2.466
2200	15.819	1.109	1.201	1.171	1.213	1.247	2.489
2300	15.902	1.114	1.206	1.176	1.218	1.253	2.512
2400	15.983	1.118	1.210	1.180	1.222	1.259	2.533
2500	16.064	1.123	1.214	1.184	1.226	1.264	2.554

附表 4　某些常用气体在理想气体状态下的平均比定容热容

$\bar{c}_{V0}|_0^t$[kJ(kg·℃)]

温度（℃）	H_2	O_2	N_2	空气	CO	CO_2	H_2O
0	10.071	0.655	0.742	0.716	0.743	0.626	1.398
100	10.228	0.663	0.744	0.719	0.745	0.677	1.411
200	10.297	0.675	0.747	0.724	0.749	0.721	1.432
300	10.322	0.690	0.752	0.732	0.757	0.760	1.457
400	10.353	0.705	0.760	0.741	0.767	0.794	1.486
500	10.384	0.719	0.769	0.752	0.777	0.824	1.516
600	10.417	0.733	0.779	0.762	0.789	0.851	1.547
700	10.463	0.745	0.790	0.773	0.801	0.875	1.581
800	10.517	0.756	0.801	0.784	0.812	0.896	1.614
900	10.581	0.766	0.811	0.794	0.823	0.916	1.648
1000	10.652	0.775	0.821	0.804	0.834	0.933	1.682
1100	10.729	0.783	0.830	0.813	0.843	0.950	1.716
1200	10.809	0.791	0.839	0.821	0.857	0.964	1.749
1300	10.899	0.798	0.848	0.829	0.861	0.977	1.781
1400	10.988	0.805	0.856	0.837	0.869	0.989	1.813
1500	11.077	0.811	0.863	0.844	0.876	1.001	1.843
1600	11.169	0.817	0.870	0.851	0.883	1.010	1.873
1700	11.258	0.823	0.877	0.857	0.889	1.020	1.902
1800	11.347	0.829	0.883	0.863	0.896	1.029	1.929
1900	11.437	0.834	0.889	0.869	0.901	1.037	1.955
2000	11.524	0.839	0.894	0.874	0.906	1.045	1.980
2100	11.611	0.844	0.900	0.879	0.911	1.052	2.005
2200	11.694	0.849	0.905	0.884	0.916	1.058	2.028
2300	11.798	0.854	0.909	0.889	0.921	1.064	2.050
2400	11.858	0.858	0.914	0.893	0.925	1.070	2.072
2500	11.939	0.863	0.918	0.897	0.929	1.075	2.093

附表 5　空气在理想气体状态下的热力性质表

T（K）	h(kJ/kg)	p_r	u(kJ/kg)	v_r	s_T^0[kJ/(kg·K)]
200	199.97	0.3363	142.56	1707	1.29559
210	209.97	0.3987	149.69	1512	1.34444
220	219.97	0.4690	156.82	1346	1.39105
230	230.02	0.5477	164.00	1205	1.43557
240	240.02	0.6355	171.13	1084	1.47824
250	250.05	0.7329	178.28	979	1.51917
260	260.09	0.8405	185.45	887.8	1.55848
270	270.11	0.9590	192.60	808.0	1.59634
280	280.13	1.0889	199.75	738.0	1.63279
285	285.14	1.1584	203.33	706.1	1.65055
290	290.16	1.2311	206.91	676.1	1.66802
295	295.17	1.3068	210.49	647.9	1.68515
300	300.19	1.3860	214.07	621.2	1.70203
305	305.22	1.4686	217.67	596.0	1.71865
310	310.24	1.5546	221.25	572.3	1.73498
315	315.27	1.6442	224.85	549.8	1.75106
320	320.29	1.7375	228.43	528.6	1.76690
325	325.31	1.8345	232.02	508.4	1.78249
330	330.34	1.9352	235.61	489.4	1.79783
340	340.42	2.149	242.82	454.1	1.82790
350	350.49	2.379	250.02	422.2	1.85708
360	360.67	2.626	257.24	393.4	1.88543
370	370.67	2.892	264.46	367.2	1.91313
380	380.77	3.176	271.69	343.4	1.94001
390	390.88	3.481	278.93	321.5	1.96633
400	400.98	3.806	286.16	301.6	1.99194
410	411.12	4.153	293.43	283.3	2.01699
420	421.26	4.522	300.69	266.6	2.04142
430	431.43	4.915	307.99	251.1	2.06533
440	441.61	5.332	315.30	236.8	2.08870
450	451.80	5.775	322.62	223.6	2.11161
460	462.02	6.245	329.97	211.4	2.13407
470	472.24	6.742	337.32	200.1	2.15604
480	482.49	7.268	344.70	189.5	2.17760
490	492.74	7.824	352.08	179.7	2.19876
500	503.02	8.411	359.49	170.6	2.21952
510	513.32	9.031	366.92	162.1	2.23993
520	523.63	9.684	374.36	154.1	2.25997
530	533.98	10.37	381.84	146.7	2.27967
540	544.35	11.10	389.34	139.7	2.29906

续表

T (K)	h(kJ/kg)	p_r	u(kJ/kg)	v_r	s_T^0[kJ/(kg·K)]
550	554.74	11.86	396.86	133.1	2.31809
560	565.17	12.66	404.42	127.0	2.33685
570	575.59	13.50	411.97	121.2	2.35531
580	586.04	14.38	419.55	115.7	2.37348
590	596.52	15.31	427.15	110.6	2.39140
600	607.02	16.28	434.78	105.8	2.40902
610	617.53	17.30	442.42	101.2	2.42644
620	628.07	18.36	450.09	96.92	2.44356
630	638.63	19.48	457.78	92.84	2.46048
640	649.22	20.64	465.50	88.99	2.47716
650	659.84	21.86	473.25	85.34	2.49364
660	670.47	23.13	481.01	81.89	2.50985
670	681.14	24.46	488.81	78.61	2.52589
680	691.82	25.85	496.62	75.50	2.54175
690	702.52	27.29	504.45	72.56	2.55731
700	713.27	28.80	512.33	69.76	2.57277
710	724.04	30.38	520.23	67.07	2.58810
720	734.82	32.02	528.14	64.53	2.60319
730	745.62	33.72	536.07	62.13	2.61803
740	756.44	35.50	544.02	59.82	2.63280
750	767.29	37.35	551.99	57.63	2.64737
760	778.18	39.27	560.01	55.54	2.66176
780	800.03	43.35	576.12	51.64	2.69013
800	821.95	47.75	592.30	48.08	2.71787
820	843.98	52.49	608.59	44.84	2.74504
840	866.08	57.60	624.95	41.85	2.77170
860	888.27	63.09	641.40	39.12	2.79783
880	910.56	68.98	657.95	36.61	2.82344
900	932.93	75.29	674.58	34.31	2.84856
920	955.38	82.05	691.28	32.18	2.87324
940	977.92	89.28	708.08	30.22	2.89748
960	1000.55	97.00	725.02	28.40	2.92128
980	1023.25	105.2	741.98	26.73	2.94468
1000	1046.04	114.0	758.94	25.17	2.96770
1020	1068.89	123.4	771.60	23.72	2.99034
1040	1091.85	133.3	793.36	22.39	3.01260
1060	1114.86	143.9	810.62	21.14	3.03449
1080	1137.89	155.2	827.88	19.98	3.05608
1100	1161.07	167.1	845.33	18.896	3.07732
1120	1184.28	179.7	862.79	17.886	3.09825

续表

T (K)	h(kJ/kg)	p_r	u(kJ/kg)	v_r	s_T^0[kJ/(kg·K)]
1140	1207.57	193.1	880.35	16.946	3.11883
1160	1230.92	207.2	897.91	16.064	3.13916
1180	1254.34	222.2	915.57	15.241	3.15916
1200	1277.79	238.0	933.33	14.470	3.17888
1220	1301.31	254.7	951.09	13.747	3.19834
1240	1324.93	272.3	968.95	13.069	3.21751
1260	1348.55	290.8	986.90	12.435	3.23638
1280	1372.24	310.4	1004.76	11.835	3.25510
1300	1395.97	330.9	1022.82	11.275	3.27345
1320	1419.76	352.5	1040.88	10.747	3.29160
1340	1443.60	375.3	1058.94	10.274	3.30959
1360	1467.49	399.1	1077.10	9.780	3.32724
1380	1491.44	424.2	1095.26	9.337	3.34474
1400	1515.42	450.5	1113.52	8.919	3.36200
1420	1539.44	478.0	1131.77	8.526	3.37901
1440	1563.51	506.9	1150.13	8.153	3.39586
1460	1587.63	537.1	1168.49	7.801	3.41247
1480	1611.79	568.8	1186.95	7.468	3.42892
1500	1635.97	601.9	1205.41	7.152	3.44516
1520	1660.23	636.5	1223.87	6.854	3.46120
1540	1684.51	672.8	1242.43	6.569	3.47712
1560	1708.82	710.5	1260.99	6.301	3.49276
1580	1733.17	750.0	1279.65	6.046	3.50829
1600	1757.57	791.2	1298.30	5.804	3.52364
1620	1782.00	834.1	1316.96	5.574	3.53879
1640	1806.46	878.9	1335.72	5.355	3.55381
1660	1830.96	925.6	1354.48	5.147	3.56867
1680	1855.50	974.2	1373.24	4.949	3.58335
1700	1880.1	1025	1392.7	4.761	3.5979
1750	1941.6	1161	1439.8	4.328	3.6336
1800	2003.3	1310	1487.2	3.944	3.6684
1850	2065.3	1475	1534.9	3.601	3.7023
1900	2127.4	1655	1582.6	3.295	3.7354
1950	2189.7	1852	1630.6	3.022	3.7677
2000	2252.1	2068	1678.7	2.776	3.7994
2050	2314.6	2303	1726.8	2.555	3.8303
2100	2377.4	2559	1775.3	2.356	3.8605
2150	2440.3	2837	1823.8	2.175	3.8901
2200	2503.2	3138	1872.4	2.012	3.9191
2250	2566.4	3464	1921.3	1.864	3.9474

附表 6[1]　**饱和水与饱和水蒸气的热力性质表**

(按温度排列)

温度	压力	比体积		焓		汽化潜热	熵	
		液体	蒸汽	液体	蒸汽		液体	蒸汽
t	p	v'	v''	h'	h''	r	s'	s''
℃	MPa	$\frac{m^3}{kg}$	$\frac{m^3}{kg}$	$\frac{kJ}{kg}$	$\frac{kJ}{kg}$	$\frac{kJ}{kg}$	$\frac{kJ}{kg \cdot K}$	$\frac{kJ}{kg \cdot K}$
0	0.0006112	0.00100022	206.154	−0.05	2500.51	2500.6	−0.0002	9.1544
0.01	0.0006117	0.00100021	206.012	0.00	2500.53	2500.5	0.0000	9.1541
1	0.0006571	0.00100018	192.464	4.18	2502.35	2498.2	0.0153	9.1278
2	0.0007059	0.00100013	179.787	8.39	2504.19	2495.8	0.0306	9.1014
3	0.0007580	0.00100009	168.041	12.61	2506.03	2493.4	0.0459	9.0752
4	0.0008135	0.00100008	157.151	16.82	2507.87	2491.1	0.0611	9.0493
5	0.0008725	0.00100008	147.048	21.02	2509.71	2488.7	0.0763	9.0236
6	0.0009352	0.00100010	137.670	25.22	2511.55	2486.3	0.0913	8.9982
7	0.0010019	0.00100014	128.961	29.42	2513.39	2484.0	0.1063	8.9730
8	0.0010728	0.00100019	120.868	33.62	2515.23	2481.6	0.1213	8.9480
9	0.0011480	0.00100026	113.342	37.81	2517.06	2479.3	0.1362	8.9233
10	0.0012279	0.00100034	106.341	42.00	2518.90	2476.9	0.1510	8.8988
11	0.0013126	0.00100043	99.825	46.19	2520.74	2474.5	0.1658	8.8745
12	0.0014025	0.00100054	93.756	50.38	2522.57	2472.2	0.1805	8.8504
13	0.0014977	0.00100066	88.101	54.57	2524.41	2469.8	0.1952	8.8265
14	0.0015985	0.00100080	82.828	58.76	2526.24	2467.5	0.2098	8.8029
15	0.0017053	0.00100094	77.910	62.95	2528.07	2465.1	0.2243	8.7794
16	0.0018183	0.00100110	73.320	67.13	2529.90	2462.8	0.2388	8.7562
17	0.0019377	0.00100127	69.034	71.32	2531.72	2460.4	0.2533	8.7331
18	0.0020640	0.00100145	65.029	75.50	2533.55	2458.1	0.2677	8.7103
19	0.0021975	0.00100165	61.287	79.68	2535.37	2455.7	0.2820	8.6877
20	0.0023385	0.00100185	57.786	83.86	2537.20	2453.3	0.2963	8.6652
22	0.0026444	0.00100229	51.445	92.23	2540.84	2448.6	0.3247	8.6210
24	0.0029846	0.00100276	45.884	100.59	2544.47	2443.9	0.3530	8.5774
26	0.0033625	0.00100328	40.997	108.95	2548.10	2439.2	0.3810	8.5347
28	0.0037814	0.00100383	36.694	117.32	2551.73	2434.4	0.4089	8.4927
30	0.0042451	0.00100442	32.899	125.68	2555.35	2429.7	0.4366	8.4514
35	0.0056263	0.00100605	25.222	146.59	2564.38	2417.8	0.5050	8.3511
40	0.0073811	0.00100789	19.529	167.50	2573.36	2405.9	0.5723	8.2551
45	0.0095897	0.00100993	15.2636	188.42	2582.30	2393.9	0.6386	8.1630
50	0.0123446	0.00101216	12.0365	209.33	2591.19	2381.9	0.7038	8.0745
55	0.015752	0.00101455	9.5723	230.24	2600.02	2369.8	0.7680	7.9896
60	0.019933	0.00101713	7.6740	251.15	2608.79	2357.6	0.8312	7.9080
65	0.025024	0.00101986	6.1992	272.08	2617.48	2345.4	0.8935	7.8295
70	0.031178	0.00102276	5.0443	293.01	2626.10	2333.1	0.9550	7.7540
75	0.038565	0.00102582	4.1330	313.96	2634.63	2320.7	1.0156	7.6812

[1] 该表以及附表 7、附表 8 均摘引自严家騄等著《水和水蒸气热力性质图表》(第四版)，高等教育出版社，2021。

续表

温度	压力	比体积		焓		汽化潜热	熵	
		液体	蒸汽	液体	蒸汽		液体	蒸汽
t	p	v'	v''	h'	h''	r	s'	s''
℃	MPa	$\frac{m^3}{kg}$	$\frac{m^3}{kg}$	$\frac{kJ}{kg}$	$\frac{kJ}{kg}$	$\frac{kJ}{kg}$	$\frac{kJ}{kg\cdot K}$	$\frac{kJ}{kg\cdot K}$
80	0.047376	0.00102903	3.4086	334.93	2643.06	2308.1	1.0753	7.6112
85	0.057818	0.00103240	2.8288	355.92	2651.40	2295.5	1.1343	7.5436
90	0.070121	0.00103593	2.3616	376.94	2659.63	2282.7	1.1926	7.4783
95	0.084533	0.00103961	1.9827	397.98	2667.73	2269.7	1.2501	7.4154
100	0.101325	0.00104344	1.6736	419.06	2675.71	2256.6	1.3069	7.3545
110	0.143243	0.00105156	1.2106	461.33	2691.26	2229.9	1.4186	7.2386
120	0.198483	0.00106031	0.89219	503.76	2706.18	2202.4	1.5277	7.1297
130	0.270018	0.00106968	0.66873	546.38	2720.39	2174.0	1.6346	7.0272
140	0.361190	0.00107972	0.50900	589.21	2733.81	2144.6	1.7393	6.9302
150	0.47571	0.00109046	0.39286	632.28	2746.35	2114.1	1.8420	6.8381
160	0.61766	0.00110193	0.30709	675.62	2757.92	2082.3	1.9429	6.7502
170	0.79147	0.00111420	0.24283	719.25	2768.42	2049.2	2.0420	6.6661
180	1.00193	0.00112732	0.19403	763.22	2777.74	2014.5	2.1396	6.5852
190	1.25417	0.00114136	0.15650	807.56	2785.80	1978.2	2.2358	6.5071
200	1.55366	0.00115641	0.12732	852.34	2792.47	1940.1	2.3307	6.4312
210	1.90617	0.00117258	0.10438	897.62	2797.65	1900.0	2.4245	6.3571
220	2.31783	0.00119000	0.086157	943.46	2801.20	1857.7	2.5175	6.2846
230	2.79505	0.00120882	0.071553	989.95	2803.00	1813.0	2.6096	6.2130
240	3.34459	0.00122922	0.059743	1037.2	2802.88	1765.7	2.7013	6.1422
250	3.97351	0.00125145	0.050112	1085.3	2800.66	1715.4	2.7926	6.0716
260	4.68923	0.00127579	0.042195	1134.3	2796.14	1661.8	2.8837	6.0007
270	5.49956	0.00130262	0.035637	1184.5	2789.05	1604.5	2.9751	5.9292
280	6.41273	0.00133242	0.030165	1236.0	2779.08	1543.1	3.0668	5.8564
290	7.43746	0.00136582	0.025565	1289.1	2765.81	1476.7	3.1594	5.7817
300	8.58308	0.00140369	0.021669	1344.0	2748.71	1404.7	3.2533	5.7042
310	9.8597	0.00144728	0.018343	1401.2	2727.01	1325.9	3.3490	5.6226
320	11.278	0.00149844	0.015479	1461.2	2699.72	1238.5	3.4475	5.5356
330	12.851	0.00156008	0.012987	1524.9	2665.30	1140.4	3.5500	5.4408
340	14.593	0.00163728	0.010790	1593.7	2621.32	1027.6	3.6586	5.3345
350	16.521	0.00174008	0.008812	1670.3	2563.39	893.0	3.7773	5.2104
360	18.657	0.00189423	0.006958	1761.1	2481.68	720.6	3.9155	5.0536
370	21.033	0.00221480	0.004982	1891.7	2338.79	447.1	4.1125	4.8076
371	21.286	0.00227969	0.004735	1911.8	2314.11	402.3	4.1429	4.7674
372	21.542	0.00236530	0.004451	1936.1	2282.99	346.9	4.1796	4.7173
373	21.802	0.00249600	0.004087	1968.8	2237.98	269.2	4.2292	4.6458

临界参数

p_c=22.064MPa　　h_c=2085.9kJ/kg

v_c=0.003106m^3/kg　　s_c=4.4092kJ/(kg·K)

t_c=373.99℃

附表 7　　饱和水与饱和水蒸气的热力性质表（按压力排列）

压力	温度	比体积		焓		汽化潜热	熵	
		液体	蒸汽	液体	蒸汽		液体	蒸汽
p	t	v'	v''	h'	h''	r	s'	s''
MPa	℃	$\frac{m^3}{kg}$	$\frac{m^3}{kg}$	$\frac{kJ}{kg}$	$\frac{kJ}{kg}$	$\frac{kJ}{kg}$	$\frac{kJ}{kg \cdot K}$	$\frac{kJ}{kg \cdot K}$
0.0010	6.9491	0.0010001	129.185	29.21	2513.29	2484.1	0.1056	8.9735
0.0020	17.5403	0.0010014	67.008	73.58	2532.71	2459.1	0.2611	8.7220
0.0030	24.1142	0.0010028	45.666	101.07	2544.68	2443.6	0.3546	8.5758
0.0040	28.9533	0.0010041	34.796	121.30	2553.45	2432.2	0.4221	8.4725
0.0050	32.8793	0.0010053	28.191	137.72	2560.55	2422.8	0.4761	8.3930
0.0060	36.1663	0.0010065	23.738	151.47	2566.48	2415.0	0.5208	8.3283
0.0070	38.9967	0.0010075	20.528	163.31	2571.56	2408.3	0.5589	8.2737
0.0080	41.5075	0.0010085	18.102	173.81	2576.06	2402.3	0.5924	8.2266
0.0090	43.7901	0.0010094	16.204	183.36	2580.15	2396.8	0.6226	8.1854
0.010	45.7988	0.0010103	14.673	191.76	2583.72	2392.0	0.6490	8.1481
0.015	53.9705	0.0010140	10.022	225.93	2598.21	2372.3	0.7548	8.0065
0.020	60.0650	0.0010172	7.6497	251.43	2608.90	2357.5	0.8320	7.9068
0.025	64.9726	0.0010198	6.2047	271.96	2617.43	2345.5	0.8932	7.8298
0.030	69.1041	0.0010222	5.2296	289.26	2624.56	2335.3	0.9440	7.7671
0.040	75.8720	0.0010264	3.9939	317.61	2636.10	2318.5	1.0260	7.6688
0.050	81.3388	0.0010299	3.2409	340.55	2645.31	2304.8	1.0912	7.5928
0.060	85.9496	0.0010331	2.7324	359.91	2652.97	2293.1	1.1454	7.5310
0.070	89.9556	0.0010359	2.3654	376.75	2659.55	2282.8	1.1921	7.4789
0.080	93.5107	0.0010385	2.0876	391.71	2665.33	2273.6	1.2330	7.4339
0.090	96.7121	0.0010409	1.8698	405.20	2670.48	2265.3	1.2696	7.3943
0.10	99.634	0.0010432	1.6943	417.52	2675.14	2257.6	1.3028	7.3589
0.12	104.810	0.0010473	1.4287	439.37	2683.26	2243.9	1.3609	7.2978
0.14	109.318	0.0010510	1.2368	458.44	2690.22	2231.8	1.4110	7.2462
0.16	113.326	0.0010544	1.09159	475.42	2696.29	2220.9	1.4552	7.2016
0.18	116.941	0.0010576	0.97767	490.76	2701.69	2210.9	1.4946	7.1623
0.20	120.240	0.0010605	0.88585	504.78	2706.53	2201.7	1.5303	7.1272
0.25	127.444	0.0010672	0.71879	535.47	2716.83	2181.4	1.6075	7.0528
0.30	133.556	0.0010732	0.60587	561.58	2725.26	2163.7	1.6721	6.9921
0.35	138.891	0.0010786	0.52427	584.45	2732.37	2147.9	1.7278	6.9407
0.40	143.642	0.0010835	0.46246	604.87	2738.49	2133.6	1.7769	6.8961
0.45	147.939	0.0010882	0.41396	623.38	2743.85	2120.5	1.8210	6.8567
0.50	151.867	0.0010925	0.37486	640.35	2748.59	2108.2	1.8610	6.8214
0.60	158.863	0.0011006	0.31563	670.67	2756.66	2086.0	1.9315	6.7600
0.70	164.983	0.0011079	0.27281	697.32	2763.29	2066.0	1.9925	6.7079
0.80	170.444	0.0011148	0.24037	721.20	2768.86	2047.7	2.0464	6.6625
0.90	175.389	0.0011212	0.21491	742.90	2773.59	2030.7	2.0948	6.6222

续表

压力	温度	比体积		焓		汽化潜热	熵	
		液体	蒸汽	液体	蒸汽		液体	蒸汽
p	t	v'	v''	h'	h''	r	s'	s''
MPa	℃	$\frac{m^3}{kg}$	$\frac{m^3}{kg}$	$\frac{kJ}{kg}$	$\frac{kJ}{kg}$	$\frac{kJ}{kg}$	$\frac{kJ}{kg \cdot K}$	$\frac{kJ}{kg \cdot K}$
1.00	179.916	0.0011272	0.19438	762.84	2777.67	2014.8	2.1388	6.5859
1.10	184.100	0.0011330	0.17747	781.35	2781.21	1999.9	2.1792	6.5529
1.20	187.995	0.0011385	0.16328	798.64	2784.29	1985.7	2.2166	6.5225
1.30	191.644	0.0011438	0.15120	814.89	2786.99	1972.1	2.2515	6.4944
1.40	195.078	0.0011489	0.14079	830.24	2789.37	1959.1	2.2841	6.4683
1.50	198.327	0.0011538	0.13172	844.82	2791.46	1946.6	2.3149	6.4437
1.60	201.410	0.0011586	0.12375	858.69	2793.29	1934.6	2.3440	6.4206
1.70	204.346	0.0011633	0.11668	871.96	2794.91	1923.0	2.3716	6.3988
1.80	207.151	0.0011679	0.11037	884.67	2796.33	1911.7	2.3979	6.3781
1.90	209.838	0.0011723	0.104707	896.88	2797.58	1900.7	2.4230	6.3583
2.00	212.417	0.0011767	0.099588	908.64	2798.66	1890.0	2.4471	6.3395
2.20	217.289	0.0011851	0.090700	930.97	2800.41	1869.4	2.4924	6.3041
2.40	221.829	0.0011933	0.083244	951.91	2801.67	1849.8	2.5344	6.2714
2.60	226.085	0.0012013	0.076898	971.67	2802.51	1830.8	2.5736	6.2409
2.80	230.096	0.0012090	0.071427	990.41	2803.01	1812.6	2.6105	6.2123
3.00	233.893	0.0012166	0.066662	1008.2	2803.19	1794.9	2.6454	6.1854
3.50	242.597	0.0012348	0.057054	1049.6	2802.51	1752.9	2.7250	6.1238
4.00	250.394	0.0012524	0.049771	1087.2	2800.53	1713.4	2.7962	6.0688
5.00	263.980	0.0012862	0.039439	1154.2	2793.64	1639.5	2.9201	5.9724
6.00	275.625	0.0013190	0.032440	1213.3	2783.82	1570.5	3.0266	5.8885
7.00	285.869	0.0013515	0.027371	1266.9	2771.72	1504.8	3.1210	5.8129
8.00	295.048	0.0013843	0.023520	1316.5	2757.70	1441.2	3.2066	5.7430
9.00	303.385	0.0014177	0.020485	1363.1	2741.92	1378.9	3.2854	5.6771
10.0	311.037	0.0014522	0.018026	1407.2	2724.46	1317.2	3.3591	5.6139
11.0	318.118	0.0014881	0.015987	1449.6	2705.34	1255.7	3.4287	5.5525
12.0	324.715	0.0015260	0.014263	1490.7	2684.50	1193.8	3.4952	5.4920
13.0	330.894	0.0015662	0.012780	1530.8	2661.80	1131.0	3.5594	5.4318
14.0	336.707	0.0016097	0.011486	1570.4	2637.07	1066.7	3.6220	5.3711
15.0	342.196	0.0016571	0.010340	1609.8	2610.01	1000.2	3.6836	5.3091
16.0	347.396	0.0017099	0.009311	1649.4	2580.21	930.8	3.7451	5.2450
17.0	352.334	0.0017701	0.008373	1690.0	2547.01	857.1	3.8073	5.1776
18.0	357.034	0.0018402	0.007503	1732.0	2509.45	777.4	3.8715	5.1051
19.0	361.514	0.0019258	0.006679	1776.9	2465.87	688.9	3.9395	5.0250
20.0	365.789	0.0020379	0.005870	1827.2	2413.05	585.9	4.0153	4.9322
21.0	369.868	0.0022073	0.005012	1889.2	2341.67	452.4	4.1088	4.8124
22.0	373.752	0.0027040	0.003684	2013.0	2084.02	71.0	4.2969	4.4066

附表 8　　**未饱和水与过热水蒸气热力性质表**[1]

p	0.001MPa			0.003MPa		
	t_s=6.9491℃ v'=0.0010001m³/kg，v''=129.185m³/kg h'=29.21kJ/kg，h''=2513.29kJ/kg s'=0.1056kJ/(kg·K)，s''=8.9735kJ/(kg·K)			t_s=24.1142℃ v'=0.0010028m³/kg，v''=45.666m³/kg h'=101.07kJ/kg，h''=2544.68kJ/kg s'=0.3546kJ/(kg·K)，s''=8.5758kJ/(kg·K)		
t	*v*	*h*	*s*	*v*	*h*	*s*
℃	m³/kg	kJ/kg	kJ/(kg·K)	m³/kg	kJ/kg	kJ/(kg·K)
0	0.0010002	−0.05	−0.0002	0.0010002	−0.05	−0.0002
10	130.598	2519.0	8.9938	0.0010003	42.01	0.1510
20	135.226	2537.7	9.0588	0.0010018	83.86	0.2963
40	144.475	2575.2	9.1823	48.124	2574.6	8.6738
60	153.717	2612.7	9.2984	51.213	2612.3	8.7904
80	162.956	2650.3	9.4080	54.298	2650.0	8.9003
100	172.192	2688.0	9.5120	57.380	2687.8	9.0045
120	181.426	2725.9	9.6109	60.462	2725.7	9.1035
140	190.660	2764.0	9.7054	63.542	2763.8	9.1981
160	199.893	2802.3	9.7959	66.621	2802.1	9.2886
180	209.126	2840.7	9.8827	69.700	2840.6	9.3755
200	218.358	2879.4	9.9662	72.778	2879.3	9.4591
220	227.590	2918.3	10.0468	75.857	2918.2	9.5396
240	236.821	2957.5	10.1246	78.934	2957.4	9.6174
260	246.053	2996.8	10.1998	82.012	2996.8	9.6927
280	255.284	3036.4	10.2727	85.090	3036.4	9.7656
300	264.515	3076.2	10.3434	88.167	3076.2	9.8364
350	287.592	3176.8	10.5117	95.861	3176.8	10.0046
400	310.669	3278.9	10.6692	103.554	3278.8	10.1622
450	333.746	3382.4	10.8176	111.247	3382.4	10.3105
500	356.823	3487.5	10.9581	118.939	3487.5	10.4511
550	379.900	3594.4	11.0921	126.632	3594.4	10.5850
600	402.976	3703.4	11.2206	134.324	3703.4	10.7136

[1] 粗水平线以上为未饱和水，粗水平线以下为过热水蒸气。

续表

p	0.004MPa			0.005MPa		
	t_s=28.9533℃ v'=0.0010041m³/kg，v''=34.796m³/kg h'=121.30kJ/kg，h''=2553.45kJ/kg s'=0.4221kJ/(kg·K)，s''=8.4725kJ/(kg·K)			t_s=32.8793℃ v'=0.0010053m³/kg，v''=28.191m³/kg h'=137.72kJ/kg，h''=2560.55kJ/kg s'=0.4761kJ/(kg·K)，s''=8.3930kJ/(kg·K)		
t	v	h	s	v	h	s
℃	m³/kg	kJ/kg	kJ/(kg·K)	m³/kg	kJ/kg	kJ/(kg·K)
0	0.0010002	−0.05	−0.0002	0.0010002	−0.05	−0.0002
10	0.0010003	42.01	0.1510	0.0010003	42.01	0.1510
20	0.0010018	83.87	0.2963	0.0010018	83.87	0.2963
40	36.080	2574.3	8.5403	28.854	2574.0	8.4366
60	38.400	2612.0	8.6571	30.712	2611.8	8.5537
80	40.716	2649.8	8.7672	32.566	2649.7	8.6639
100	43.029	2687.7	8.8714	34.418	2687.5	8.7682
120	45.341	2725.6	8.9706	36.269	2725.5	8.8674
140	47.652	2763.8	9.0652	38.118	2763.7	8.9620
160	49.962	2802.1	9.1557	39.967	2802.0	9.0526
180	52.272	2840.6	9.2426	41.815	2840.5	9.1396
200	54.581	2879.3	9.3262	43.662	2879.2	9.2232
220	56.890	2918.2	9.4068	45.510	2918.2	9.3038
240	59.199	2957.3	9.4846	47.357	2957.3	9.3816
260	61.507	2996.7	9.5599	49.204	2996.7	9.4569
280	63.816	3036.3	9.6328	51.051	3036.3	9.5298
300	66.124	3076.2	9.7035	52.898	3076.1	9.6005
350	71.894	3176.8	9.8718	57.514	3176.7	9.7688
400	77.664	3278.8	10.0294	62.131	3278.8	9.9264
450	83.434	3382.4	10.1777	66.747	3382.4	10.0747
500	89.204	3487.5	10.3183	71.362	3487.5	10.2153
550	94.973	3594.4	10.4523	75.978	3594.4	10.3493
600	100.743	3703.4	10.5808	80.594	3703.4	10.4778

续表

p	0.006MPa			0.008MPa		
	t_s=36.1663℃ v'=0.0010065m³/kg，v''=23.738m³/kg h'=151.47kJ/kg，h''=2566.48kJ/kg s'=0.5208kJ/(kg·K)，s''=8.3283kJ/(kg·K)			t_s=41.5075℃ v'=0.0010085m³/kg，v''=18.102m³/kg h'=173.81kJ/kg，h''=2576.06kJ/kg s'=0.5924kJ/(kg·K)，s''=8.2266kJ/(kg·K)		
t	v	h	s	v	h	s
℃	m³/kg	kJ/kg	kJ/(kg·K)	m³/kg	kJ/kg	kJ/(kg·K)
0	0.0010002	−0.05	−0.0002	0.0010002	−0.05	−0.0002
10	0.0010003	42.01	0.1510	0.0010003	42.10	0.1510
20	0.0010018	83.87	0.2963	0.0010018	83.87	0.2963
40	24.036	2573.8	8.3517	0.0010079	167.50	0.5723
60	25.587	2611.6	8.4690	19.180	2611.2	8.3353
80	27.133	2649.5	8.5794	20.342	2649.2	8.4459
100	28.678	2687.4	8.6838	21.502	2687.2	8.5505
120	30.220	2725.4	8.7831	22.660	2725.2	8.6499
140	31.762	2763.6	8.8778	23.817	2763.4	8.7447
160	33.303	2801.9	8.9684	24.973	2801.8	8.8354
180	34.843	2840.5	9.0553	26.129	2840.4	8.9224
200	36.384	2879.2	9.1389	27.285	2879.1	9.0060
220	37.923	2918.1	9.2195	28.440	2918.0	9.0866
240	39.463	2957.3	9.2974	29.595	2957.2	9.1645
260	41.002	2996.7	9.3727	30.750	2996.6	9.2398
280	42.541	3036.3	9.4456	31.904	3036.2	9.3128
300	44.080	3076.1	9.5164	33.059	3076.1	9.3835
350	47.928	3176.7	9.6847	35.945	3176.7	9.5518
400	51.775	3278.8	9.8422	38.830	3278.8	9.7094
450	55.622	3382.3	9.9906	41.715	3382.3	9.8578
500	59.468	3487.5	10.1311	44.601	3487.4	9.9983
550	63.315	3594.4	10.2651	47.485	3594.4	10.1323
600	67.161	3703.4	10.3937	50.370	3703.4	10.2609

续表

p	0.01MPa			0.05MPa		
	t_s=45.7988℃ v'=0.0010103m³/kg，v''=14.673m³/kg h'=191.76kJ/kg，h''=2583.72kJ/kg s'=0.6490kJ/(kg·K)，s''=8.1481kJ/(kg·K)			t_s=81.3388℃ v'=0.0010299m³/kg，v''=3.2409m³/kg h'=340.55kJ/kg，h''=2645.31kJ/kg s'=1.0912kJ/(kg·K)，s''=7.5928kJ/(kg·K)		
t	v	h	s	v	h	s
℃	m³/kg	kJ/kg	kJ/(kg·K)	m³/kg	kJ/kg	kJ/(kg·K)
0	0.0010002	−0.04	−0.0002	0.0010002	0.00	−0.0002
10	0.0010003	42.01	0.1510	0.0010003	42.05	0.1510
20	0.0010018	83.87	0.2963	0.0010018	83.91	0.2963
40	0.0010079	167.51	0.5723	0.0010079	167.54	0.5723
60	15.336	2610.8	8.2313	0.0010171	251.18	0.8312
80	16.268	2648.9	8.3422	0.0010290	334.93	1.0753
100	17.196	2686.9	8.4471	3.4188	2682.1	7.6941
120	18.124	2725.1	8.5466	3.6078	2721.2	7.7962
140	19.050	2763.3	8.6414	3.7958	2760.2	7.8928
160	19.976	2801.7	8.7322	3.9830	2799.1	7.9848
180	20.901	2840.2	8.8192	4.1697	2838.1	8.0727
200	21.826	2879.0	8.9029	4.3560	2877.1	8.1571
220	22.750	2918.0	8.9835	4.5420	2916.3	8.2383
240	23.674	2957.1	9.0614	4.7277	2955.7	8.3165
260	24.598	2996.5	9.1367	4.9133	2995.3	8.3922
280	25.522	3036.2	9.2097	5.0987	3035.0	8.4654
300	26.446	3076.0	9.2805	5.2840	3075.0	8.5364
350	28.755	3176.6	9.4488	5.7469	3175.9	8.7051
400	31.063	3278.7	9.6064	6.2094	3278.1	8.8629
450	33.372	3382.3	9.7548	6.6717	3381.8	9.0115
500	35.680	3487.4	9.8953	7.1338	3487.0	9.1521
550	37.988	3594.3	10.0293	7.5958	3594.0	9.2862
600	40.296	3703.4	10.1579	8.0577	3703.1	9.4148

续表

p	0.1MPa			0.2MPa		
	t_s=99.634℃ v'=0.0010432m³/kg，v''=1.6943m³/kg h'=417.52kJ/kg，h''=2675.14kJ/kg s'=1.3028kJ/(kg·K)，s''=7.3589kJ/(kg·K)			t_s=120.240℃ v'=0.0010605m³/kg，v''=0.88585m³/kg h'=504.78kJ/kg，h''=2706.53kJ/kg s''=1.5303kJ/(kg·K)，s''=7.1272kJ/(kg·K)		
t	v	h	s	v	h	s
℃	m³/kg	kJ/kg	kJ/(kg·K)	m³/kg	kJ/kg	kJ/(kg·K)
0	0.0010002	0.05	−0.0002	0.0010001	0.15	−0.0002
10	0.0010003	42.10	0.1510	0.0010002	42.20	0.1510
20	0.0010018	83.96	0.2963	0.0010018	84.05	0.2963
40	0.0010078	167.59	0.5723	0.0010078	167.67	0.5722
60	0.0010171	251.22	0.8312	0.0010170	251.31	0.8311
80	0.0010290	334.97	1.0753	0.0010290	335.05	1.0752
100	1.6961	2675.9	7.3609	0.0010434	419.14	1.3068
120	1.7931	2716.3	7.4665	0.0010603	503.76	1.5277
140	1.8889	2756.2	7.5654	0.93511	2748.0	7.2300
160	1.9838	2795.8	7.6590	0.98407	2789.0	7.3271
180	2.0783	2835.3	7.7482	1.03241	2829.6	7.4187
200	2.1723	2874.8	7.8334	1.08030	2870.0	7.5058
220	2.2659	2914.3	7.9152	1.12787	2910.2	7.5890
240	2.3594	2953.9	7.9940	1.17520	2950.3	7.6688
260	2.4527	2993.7	8.0701	1.22233	2990.5	7.7457
280	2.5458	3033.6	8.1436	1.26931	3030.8	7.8199
300	2.6388	3073.8	8.2148	1.31617	3071.2	7.8917
350	2.8709	3174.9	8.3840	1.43294	3172.9	8.0618
400	3.1027	3277.3	8.5422	1.54932	3275.8	8.2205
450	3.3342	3381.2	8.6909	1.66546	3379.9	8.3697
500	3.5656	3486.5	8.8317	1.78142	3485.4	8.5108
550	3.7968	3593.5	8.9659	1.89726	3592.6	8.6452
600	4.0279	3702.7	9.0946	2.01301	3701.9	8.7740

续表

p	0.3MPa			0.4MPa		
	t_s=133.556℃ v'=0.0010732m³/kg，v''=0.60587m³/kg h'=561.58kJ/kg，h''=2725.26kJ/kg s'=1.6721kJ/(kg·K)，s''=6.9921kJ/(kg·K)			t_s=143.642℃ v'=0.0010836m³/kg，v''=0.46246m³/kg h'=604.87kJ/kg，h''=2738.49kJ/kg s'=1.7769kJ/(kg·K)，s''=6.8961kJ/(kg·K)		
t	v	h	s	v	h	s
℃	m³/kg	kJ/kg	kJ/(kg·K)	m³/kg	kJ/kg	kJ/(kg·K)
0	0.0010001	0.26	−0.0002	0.0010000	0.36	−0.0002
10	0.0010002	42.29	0.1510	0.0010001	42.39	0.1510
20	0.0010017	84.14	0.2963	0.0010017	84.24	0.2962
40	0.0010078	167.76	0.5722	0.0010077	167.85	0.5721
60	0.0010170	251.39	0.8311	0.0010170	251.47	0.8310
80	0.0010289	335.13	1.0752	0.0010289	335.21	1.0751
100	0.0010433	419.21	1.3068	0.0010433	419.29	1.3067
120	0.0010602	503.83	1.5277	0.0010602	503.90	1.5276
140	0.61692	2739.3	7.0264	0.0010797	589.23	1.7393
160	0.65064	2782.0	7.1274	0.48380	2774.8	6.9815
180	0.68368	2823.8	7.2217	0.50924	2817.8	7.0787
200	0.71625	2865.0	7.3107	0.53417	2860.0	7.1698
220	0.74847	2905.9	7.3954	0.55873	2901.7	7.2560
240	0.78043	2946.7	7.4763	0.58302	2943.0	7.3381
260	0.81219	2987.3	7.5540	0.60711	2984.1	7.4167
280	0.84380	3028.0	7.6289	0.63103	3025.1	7.4923
300	0.87528	3068.7	7.7012	0.65483	3066.1	7.5651
350	0.95360	3171.0	7.8723	0.71393	3169.0	7.7372
400	1.03153	3274.2	8.0317	0.77263	3272.6	7.8972
420	1.06262	3315.8	8.0926	0.79603	3314.4	7.9583
440	1.09369	3357.6	8.1520	0.81940	3356.3	8.0179
450	1.10920	3378.6	8.1812	0.83108	3377.3	8.0472
460	1.12472	3399.6	8.2101	0.84274	3398.4	8.0761
480	1.15572	3441.9	8.2670	0.86606	3440.7	8.1331
500	1.18671	3484.3	8.3226	0.88935	3483.3	8.1888
550	1.26409	3591.7	8.4572	0.94750	3590.8	8.3236
600	1.34138	3701.1	8.5862	1.00557	3700.4	8.4528

续表

p	0.5MPa			0.6MPa		
	t_s=151.867℃ v'=0.0010925m³/kg，v''=0.37486m³/kg h'=640.35kJ/kg，h''=2748.59kJ/kg s'=1.8610kJ/(kg·K)，s''=6.8214kJ/(kg·K)			t_s=158.863℃ v'=0.0011006m³/kg，v''=0.31563m³/kg h'=670.67kJ/kg，h''=2756.66kJ/kg s'=1.9315kJ/(kg·K)，s''=6.7600kJ/(kg·K)		
t	v	h	s	v	h	s
℃	m³/kg	kJ/kg	kJ/(kg·K)	m³/kg	kJ/kg	kJ/(kg·K)
0	0.0010000	0.46	−0.0001	0.0009999	0.56	−0.0001
10	0.0010001	42.49	0.1510	0.0010000	42.59	0.1510
20	0.0010016	84.33	0.2962	0.0010016	84.43	0.2962
40	0.0010077	167.94	0.5721	0.0010076	168.03	0.5721
60	0.0010169	251.56	0.8310	0.0010169	251.64	0.8309
80	0.0010288	335.29	1.0750	0.0010288	335.37	1.0750
100	0.0010432	419.36	1.3066	0.0010432	419.44	1.3065
120	0.0010601	503.97	1.5275	0.0010601	504.04	1.5274
140	0.0010796	589.30	1.7392	0.0010796	589.36	1.7391
160	0.38358	2767.2	6.8647	0.31667	2759.3	6.7662
180	0.40450	2811.7	6.9651	0.33461	2805.3	6.8701
200	0.42487	2854.9	7.0585	0.35197	2849.6	6.9657
220	0.44485	2897.3	7.1462	0.36891	2892.9	7.0552
240	0.46455	2939.2	7.2295	0.38556	2935.4	7.1397
260	0.48404	2980.8	7.3091	0.40198	2977.5	7.2202
280	0.50336	3022.2	7.3853	0.41823	3019.3	7.2972
300	0.52255	3063.6	7.4588	0.43436	3061.0	7.3713
350	0.57012	3167.0	7.6319	0.47424	3165.0	7.5453
400	0.61729	3271.1	7.7924	0.51372	3269.5	7.7066
420	0.63608	3312.9	7.8537	0.52944	3311.5	7.7680
440	0.65483	3354.9	7.9135	0.54512	3353.6	7.8280
450	0.66420	3376.0	7.9428	0.55295	3374.7	7.8574
460	0.67356	3397.2	7.9719	0.56077	3395.9	7.8865
480	0.69226	3439.6	8.0289	0.57639	3438.4	7.9437
500	0.71094	3482.2	8.0848	0.59199	3481.1	7.9996
550	0.75755	3589.9	8.2198	0.63091	3589.0	8.1348
600	0.80408	3699.6	8.3491	0.66975	3698.8	8.2643

续表

p	0.7MPa			0.8MPa		
	t_s=164.983℃ v'=0.0011079m³/kg，v''=0.27281m³/kg h'=697.32kJ/kg，h''=2763.29kJ/kg s'=1.9925kJ/(kg·K)，s''=6.7079kJ/(kg·K)			t_s=170.444℃ v'=0.0011148m³/kg，v''=0.24037m³/kg h'=721.20kJ/kg，h''=2768.86kJ/kg s'=2.0464kJ/(kg·K)，s''=6.6625kJ/(kg·K)		
t	v	h	s	v	h	s
℃	m³/kg	kJ/kg	kJ/(kg·K)	m³/kg	kJ/kg	kJ/(kg·K)
0	0.0009999	0.66	−0.0001	0.0009998	0.77	−0.0001
10	0.0010000	42.68	0.1510	0.0010000	42.78	0.1510
20	0.0010015	84.52	0.2962	0.0010015	84.61	0.2961
40	0.0010076	168.12	0.5720	0.0010075	168.21	0.5720
60	0.0010168	251.73	0.8309	0.0010168	251.81	0.8308
80	0.0010287	335.45	1.0749	0.0010287	335.53	1.0748
100	0.0010431	419.51	1.3064	0.0010431	419.59	1.3064
120	0.0010600	504.11	1.5273	0.0010600	504.18	1.5272
140	0.0010795	589.43	1.7390	0.0010794	589.49	1.7389
160	0.0011019	675.67	1.9428	0.0011018	675.72	1.9427
180	0.28464	2798.8	6.7876	0.24711	2792.0	6.7142
200	0.29986	2844.3	6.8858	0.26074	2838.7	6.8151
220	0.31464	2888.3	6.9770	0.27392	2883.7	6.9082
240	0.32911	2931.5	7.0628	0.28677	2927.6	6.9954
260	0.34336	2974.1	7.1443	0.29938	2970.7	7.0778
280	0.35742	3016.3	7.2221	0.31181	3013.4	7.1564
300	0.37135	3058.4	7.2967	0.32410	3055.7	7.2316
350	0.40576	3163.0	7.4718	0.35439	3161.0	7.4078
400	0.43975	3267.9	7.6337	0.38426	3266.3	7.5703
420	0.45327	3310.0	7.6953	0.39613	3308.6	7.6321
440	0.46675	3352.3	7.7554	0.40797	3350.9	7.6924
450	0.47348	3373.4	7.7849	0.41388	3372.1	7.7219
460	0.48020	3394.7	7.8141	0.41978	3393.4	7.7512
480	0.49363	3437.3	7.8714	0.43155	3436.1	7.8086
500	0.50703	3480.0	7.9274	0.44331	3479.0	7.8648
550	0.54046	3588.1	8.0629	0.47262	3587.2	8.0004
600	0.57380	3698.0	8.1925	0.50184	3697.2	8.1302

续表

p	0.9MPa			1MPa		
	t_s=175.389℃ v'=0.0011212m³/kg，v''=0.21491m³/kg h'=742.90kJ/kg，h''=2773.59kJ/kg s'=2.0948kJ/(kg·K)，s''=6.6222kJ/(kg·K)			t_s=179.916℃ v'=0.0011272m³/kg，v''=0.19438m³/kg h'=762.84kJ/kg，h''=2777.67kJ/kg s'=2.1388kJ/(kg·K)，s''=6.5859kJ/(kg·K)		
t	v	h	s	v	h	s
℃	m³/kg	kJ/kg	kJ/(kg·K)	m³/kg	kJ/kg	kJ/(kg·K)
0	0.0009998	0.87	−0.0001	0.0009997	0.97	−0.0001
10	0.0009999	42.88	0.1509	0.0009999	42.98	0.1509
20	0.0010014	84.71	0.2961	0.0010014	84.80	0.2961
40	0.0010075	168.29	0.5720	0.0010074	168.38	0.5719
60	0.0010167	251.89	0.8307	0.0010167	251.98	0.8307
80	0.0010286	335.61	1.0748	0.0010286	335.69	1.0747
100	0.0010430	419.66	1.3063	0.0010430	419.74	1.3062
120	0.0010599	504.25	1.5271	0.0010599	504.32	1.5270
140	0.0010794	589.56	1.7387	0.0010793	589.62	1.7386
160	0.0011017	675.78	1.9425	0.0011017	675.84	1.9424
180	0.21787	2785.1	6.6476	0.19443	2777.9	6.5864
200	0.23029	2833.1	6.7514	0.20590	2827.3	6.6931
220	0.24223	2879.0	6.8465	0.21686	2874.2	6.7903
240	0.25382	2923.6	6.9351	0.22745	2919.6	6.8804
260	0.26516	2967.3	7.0186	0.23779	2963.8	6.9650
280	0.27632	3010.4	7.0979	0.24793	3007.3	7.0451
300	0.28734	3053.1	7.1738	0.25793	3050.4	7.1216
350	0.31443	3159.0	7.3510	0.28247	3157.0	7.2999
400	0.34111	3264.7	7.5142	0.30658	3263.1	7.4638
420	0.35170	3307.1	7.5762	0.31615	3305.6	7.5260
440	0.36225	3349.6	7.6366	0.32568	3348.2	7.5866
450	0.36752	3370.9	7.6662	0.33043	3369.6	7.6163
460	0.37278	3392.2	7.6955	0.33518	3390.9	7.6456
480	0.38327	3434.9	7.7531	0.34465	3433.8	7.7033
500	0.39375	3477.9	7.8094	0.35410	3476.8	7.7597
550	0.41985	3586.3	7.9452	0.37764	3585.4	7.8958
600	0.44587	3696.5	8.0752	0.40109	3695.7	8.0259

续表

p	2MPa			3MPa		
	t_s=212.417℃ v'=0.0011767m^3/kg，v''=0.099588m^3/kg h'=908.64kJ/kg，h''=2798.66kJ/kg s'=2.4471kJ/(kg·K)，s''=6.3395kJ/(kg·K)			t_s=233.893℃ v'=0.0012166m^3/kg，v''=0.066662m^3/kg h'=1008.2kJ/kg，h''=2803.19kJ/kg s'=2.6454kJ/(kg·K)，s''=6.1854kJ/(kg·K)		
t	v	h	s	v	h	s
℃	m^3/kg	kJ/kg	kJ/(kg·K)	m^3/kg	kJ/kg	kJ/(kg·K)
0	0.0009992	1.99	0.0000	0.0009987	3.01	0.0000
10	0.0009994	43.95	0.1508	0.0009989	44.92	0.1507
20	0.0010009	85.74	0.2959	0.0010005	86.68	0.2957
40	0.0010070	169.27	0.5715	0.0010066	170.15	0.5711
60	0.0010162	252.82	0.8302	0.0010158	253.66	0.8296
80	0.0010281	336.48	1.0740	0.0010276	337.28	1.0734
100	0.0010425	420.49	1.3054	0.0010420	421.24	1.3047
120	0.0010593	505.03	1.5261	0.0010587	505.73	1.5252
140	0.0010787	590.27	1.7376	0.0010781	590.92	1.7366
160	0.0011009	676.43	1.9412	0.0011002	677.01	1.9400
180	0.0011265	763.72	2.1382	0.0011256	764.23	2.1369
200	0.0011560	852.52	2.3300	0.0011549	852.93	2.3284
220	0.102116	2820.8	6.3847	0.0011891	943.65	2.5162
240	0.108415	2875.6	6.4936	0.068184	2823.4	6.2250
260	0.114331	2926.7	6.5914	0.072828	2884.4	6.3417
280	0.119985	2975.4	6.6811	0.077101	2940.1	6.4443
300	0.125449	3022.6	6.7648	0.081126	2992.4	6.5371
350	0.138564	3136.2	6.9550	0.090520	3114.4	6.7414
400	0.151190	3246.8	7.1258	0.099352	3230.1	6.9199
420	0.156151	3290.7	7.1900	0.102787	3275.4	6.9864
440	0.161074	3334.5	7.2523	0.106180	3320.5	7.0505
450	0.163523	3356.4	7.2828	0.107864	3343.0	7.0817
460	0.165965	3378.3	7.3129	0.109540	3365.4	7.1125
480	0.170828	3422.1	7.3718	0.112870	3410.1	7.1728
500	0.175666	3465.9	7.4293	0.116174	3454.9	7.2314
550	0.187679	3576.2	7.5675	0.124349	3566.9	7.3718
600	0.199598	3687.8	7.6991	0.132427	3679.9	7.5051

续表

p	4MPa			5MPa		
	t_s=250.394℃ v'=0.0012524m³/kg，v''=0.049771m³/kg h'=1087.2kJ/kg，h''=2800.53kJ/kg s'=2.7962kJ/(kg·K)，s''=6.0688kJ/(kg·K)			t_s=263.980℃ v'=0.0012862m³/kg，v''=0.039439m³/kg h'=1154.2kJ/kg，h''=2793.64kJ/kg s'=2.9201kJ/(kg·K)，s''=5.9724kJ/(kg·K)		
t	v	h	s	v	h	s
℃	m³/kg	kJ/kg	kJ/(kg·K)	m³/kg	kJ/kg	kJ/(kg·K)
0	0.0009982	4.03	0.0001	0.0009977	5.04	0.0002
10	0.0009984	45.89	0.1507	0.0009979	46.87	0.1506
20	0.0010000	87.62	0.2955	0.0009996	88.55	0.2952
40	0.0010061	171.04	0.5708	0.0010057	171.92	0.5704
60	0.0010153	254.50	0.8291	0.0010149	255.34	0.8286
80	0.0010272	338.07	1.0727	0.0010267	338.87	1.0721
100	0.0010415	421.99	1.3039	0.0010410	422.75	1.3031
120	0.0010582	506.44	1.5243	0.0010576	507.14	1.5234
140	0.0010774	591.58	1.7355	0.0010768	592.23	1.7345
160	0.0010995	677.60	1.9389	0.0010988	678.19	1.9377
180	0.0011248	764.74	2.1355	0.0011240	765.25	2.1342
200	0.0011539	853.34	2.3268	0.0011529	853.75	2.3253
220	0.0011879	943.93	2.5144	0.0011867	944.21	2.5125
240	0.0012282	1037.2	2.6998	0.0012266	1037.3	2.6976
260	0.051731	2835.4	6.1347	0.0012751	1134.3	2.8829
280	0.055443	2900.7	6.2550	0.042228	2855.8	6.0864
300	0.058821	2959.5	6.3595	0.045301	2923.3	6.2064
350	0.066436	3091.5	6.5805	0.051932	3067.4	6.4477
400	0.073401	3212.7	6.7677	0.057804	3194.9	6.6446
420	0.076079	3259.7	6.8365	0.060033	3243.6	6.7159
440	0.078713	3306.2	6.9026	0.062216	3291.5	6.7840
450	0.080016	3329.2	6.9347	0.063291	3315.2	6.8170
460	0.081310	3352.2	6.9663	0.064358	3338.8	6.8494
480	0.083877	3398.0	7.0279	0.066469	3385.6	6.9125
500	0.086417	3443.6	7.0877	0.068552	3432.2	6.9735
550	0.092676	3557.5	7.2304	0.073664	3548.0	7.1187
600	0.098836	3671.9	7.3653	0.078675	3663.9	7.2553

续表

p	6MPa			7MPa		
	t_s=275.625℃ v'=0.0013190m³/kg，v''=0.032400m³/kg h'=1213.3kJ/kg，h''=2783.82kJ/kg s'=3.0266kJ/(kg·K)，s''=5.8885kJ/(kg·K)			t_s=285.869℃ v'=0.0013515m³/kg，v''=0.027371m³/kg h'=1266.9kJ/kg，h''=2771.72kJ/kg s'=3.1210kJ/(kg·K)，s''=5.8129kJ/(kg·K)		
t	v	h	s	v	h	s
℃	m³/kg	kJ/kg	kJ/(kg·K)	m³/kg	kJ/kg	kJ/(kg·K)
0	0.0009972	6.05	0.0002	0.0009967	7.07	0.0003
10	0.0009975	47.83	0.1505	0.0009970	48.80	0.1504
20	0.0009991	89.49	0.2950	0.0009986	90.42	0.2948
40	0.0010052	172.81	0.5700	0.0010048	173.69	0.5696
60	0.0010144	256.18	0.8280	0.0010140	257.01	0.8275
80	0.0010262	339.67	1.0714	0.0010258	340.46	1.0708
100	0.0010404	423.50	1.3023	0.0010399	424.25	1.3016
120	0.0010571	507.85	1.5225	0.0010565	508.55	1.5216
140	0.0010762	592.88	1.7335	0.0010756	593.54	1.7325
160	0.0010981	678.78	1.9365	0.0010974	679.37	1.9353
180	0.0011231	765.76	2.1328	0.0011223	766.28	2.1315
200	0.0011519	854.17	2.3237	0.0011510	854.59	2.3222
220	0.0011854	944.50	2.5107	0.0011842	944.79	2.5089
240	0.0012250	1037.5	2.6955	0.0012235	1037.6	2.6933
260	0.0012730	1134.1	2.8802	0.0012710	1134.0	2.8776
280	0.033171	2803.6	5.9243	0.0013307	1235.7	3.0648
300	0.036148	2883.1	6.0656	0.029457	2837.5	5.9291
350	0.042213	3041.9	6.3317	0.035225	3014.8	6.2265
400	0.047382	3176.4	6.5395	0.039917	3157.3	6.4465
450	0.052128	3300.9	6.7179	0.044143	3286.2	6.6314
500	0.056632	3420.6	6.8781	0.048110	3408.9	6.7954
520	0.058388	3467.9	6.9384	0.049649	3457.0	6.8569
540	0.060122	3514.9	6.9970	0.051166	3504.8	6.9164
550	0.060983	3538.4	7.0257	0.051917	3528.7	6.9456
560	0.061839	3561.8	7.0540	0.052664	3552.4	6.9743
580	0.063540	3608.7	7.1096	0.054147	3600.0	7.0306
600	0.065228	3655.7	7.1640	0.055617	3647.5	7.0857

续表

p	8MPa			9MPa		
	t_s=295.048℃ v'=0.0013843m³/kg，v''=0.023520m³/kg h'=1316.5kJ/kg，h''=2757.70kJ/kg s'=3.2066kJ/(kg·K)，s''=5.7430kJ/(kg·K)			t_s=303.385℃ v'=0.0014177m³/kg，v''=0.020485m³/kg h'=1363.1kJ/kg，h''=2741.92kJ/kg s'=3.2854kJ/(kg·K)，s''=5.6771kJ/(kg·K)		
t	v	h	s	v	h	s
℃	m³/kg	kJ/kg	kJ/(kg·K)	m³/kg	kJ/kg	kJ/(kg·K)
0	0.0009962	8.08	0.0003	0.0009957	9.08	0.0004
10	0.0009965	49.77	0.1502	0.0009961	50.74	0.1501
20	0.0009982	91.36	0.2946	0.0009977	92.29	0.2944
40	0.0010044	174.57	0.5692	0.0010039	175.46	0.5688
60	0.0010136	257.85	0.8270	0.0010131	258.69	0.8265
80	0.0010253	341.26	1.0701	0.0010248	342.06	1.0695
100	0.0010395	425.01	1.3008	0.0010390	425.76	1.3000
120	0.0010560	509.26	1.5207	0.0010554	509.97	1.5199
140	0.0010750	594.19	1.7314	0.0010744	594.85	1.7304
160	0.0010967	679.97	1.9342	0.0010960	680.56	1.9330
180	0.0011215	766.80	2.1302	0.0011207	767.32	2.1288
200	0.0011500	855.02	2.3207	0.0011490	855.44	2.3191
220	0.0011830	945.09	2.5071	0.0011819	945.40	2.5053
240	0.0012220	1037.7	2.6912	0.0012205	1037.8	2.6890
260	0.0012689	1133.8	2.8749	0.0012669	1133.7	2.8724
280	0.0013278	1235.1	3.0614	0.0013249	1234.6	3.0581
300	0.024255	2784.5	5.7899	0.0014018	1343.5	3.2514
350	0.029940	2986.1	6.1282	0.025786	2955.3	6.0342
400	0.034302	3137.5	6.3622	0.029921	3117.1	6.2842
450	0.038145	3271.3	6.5540	0.033474	3256.0	6.4835
500	0.041712	3397.0	6.7221	0.036733	3385.0	6.6560
520	0.043089	3446.0	6.7848	0.037984	3435.0	6.7198
540	0.044443	3494.7	6.8453	0.039211	3484.4	6.7814
550	0.045113	3518.8	6.8749	0.039817	3509.0	6.8114
560	0.045778	3543.0	6.9040	0.040419	3533.5	6.8410
580	0.047097	3591.1	6.9611	0.041611	3582.2	6.8988
600	0.048403	3639.2	7.0168	0.042789	3630.8	6.9552

续表

p	10MPa			11MPa		
	t_s=311.037℃ v'=0.0014522m³/kg，v''=0.018026m³/kg h'=1407.2kJ/kg，h''=2724.46kJ/kg s'=3.3591kJ/(kg·K)，s''=5.6139kJ/(kg·K)			t_s=318.118℃ v'=0.0014881m³/kg，v''=0.015987m³/kg h'=1449.6kJ/kg，h''=2705.34kJ/kg s'=3.4287kJ/(kg·K)，s''=5.5525kJ/(kg·K)		
t	v	h	s	v	h	s
℃	m³/kg	kJ/kg	kJ/(kg·K)	m³/kg	kJ/kg	kJ/(kg·K)
0	0.0009952	10.09	0.0004	0.0009947	11.10	0.0005
10	0.0009956	51.70	0.1500	0.0009951	52.66	0.1499
20	0.0009973	93.22	0.2942	0.0009969	94.16	0.2939
40	0.0010035	176.34	0.5684	0.0010031	177.22	0.5680
60	0.0010127	259.53	0.8259	0.0010122	260.37	0.8254
80	0.0010244	342.85	1.0688	0.0010239	343.65	1.0682
100	0.0010385	426.51	1.2993	0.0010380	427.27	1.2985
120	0.0010549	510.68	1.5190	0.0010544	511.39	1.5181
140	0.0010738	595.50	1.7294	0.0010731	596.16	1.7284
160	0.0010953	681.16	1.9319	0.0010946	681.76	1.9307
180	0.0011199	767.84	2.1275	0.0011191	768.37	2.1262
200	0.0011481	855.88	2.3176	0.0011471	856.31	2.3161
220	0.0011807	945.71	2.5036	0.0011795	946.02	2.5018
240	0.0012190	1038.0	2.6870	0.0012175	1038.1	2.6849
260	0.0012650	1133.6	2.8698	0.0012631	1133.6	2.8673
280	0.0013222	1234.2	3.0549	0.0013195	1233.7	3.0517
300	0.0013975	1342.3	3.2469	0.0013932	1341.2	3.2425
350	0.022415	2922.1	5.9423	0.019604	2886.0	5.8507
400	0.026402	3095.8	6.2109	0.023508	3073.7	6.1411
450	0.029735	3240.5	6.4184	0.026672	3224.6	6.3575
500	0.032750	3372.8	6.5954	0.029494	3360.5	6.5393
520	0.033900	3423.8	6.6605	0.030563	3412.6	6.6058
540	0.035027	3474.1	6.7232	0.031607	3463.8	6.6695
550	0.035582	3499.1	6.7537	0.032121	3489.1	6.7005
560	0.036133	3523.9	6.7837	0.032630	3514.3	6.7309
580	0.037222	3573.3	6.8423	0.033635	3564.4	6.7903
600	0.038297	3622.5	6.8992	0.034626	3614.1	6.8480

续表

p	12MPa			13MPa		
	t_s=324.715℃ v'=0.0015260m³/kg，v''=0.014263m³/kg h'=1490.7kJ/kg，h''=2684.50kJ/kg s'=3.4952kJ/(kg·K)，s''=5.4920kJ/(kg·K)			t_s=330.894℃ v'=0.0015662m³/kg，v''=0.012780m³/kg h'=1530.8kJ/kg，h''=2661.80kJ/kg s'=3.5594kJ/(kg·K)，s''=5.4318kJ/(kg·K)		
t	v	h	s	v	h	s
℃	m³/kg	kJ/kg	kJ/(kg·K)	m³/kg	kJ/kg	kJ/(kg·K)
0	0.0009942	12.10	0.0005	0.0009937	13.10	0.0005
10	0.0009947	53.63	0.1498	0.0009942	54.59	0.1497
20	0.0009964	95.09	0.2937	0.0009960	96.02	0.2935
40	0.0010026	178.10	0.5676	0.0010022	178.98	0.5673
60	0.0010118	261.20	0.8249	0.0010114	262.04	0.8244
80	0.0010235	344.45	1.0675	0.0010230	345.24	1.0669
100	0.0010375	428.02	1.2977	0.0010370	428.78	1.2970
120	0.0010538	512.10	1.5172	0.0010533	512.81	1.5163
140	0.0010725	596.82	1.7274	0.0010720	597.48	1.7264
160	0.0010939	682.36	1.9296	0.0010932	682.96	1.9285
180	0.0011183	768.90	2.1249	0.0011175	769.43	2.1236
200	0.0011462	856.75	2.3146	0.0011452	857.19	2.3131
220	0.0011784	946.34	2.5001	0.0011772	946.67	2.4983
240	0.0012161	1038.3	2.6828	0.0012146	1038.5	2.6808
260	0.0012611	1133.5	2.8648	0.0012593	1133.4	2.8623
280	0.0013168	1233.3	3.0485	0.0013142	1232.9	3.0454
300	0.0013892	1340.1	3.2382	0.0013852	1339.1	3.2341
350	0.017202	2846.2	5.7574	0.015103	2801.9	5.6604
400	0.021079	3050.6	6.0736	0.019008	3026.4	6.0080
450	0.024114	3208.2	6.2998	0.021942	3191.4	6.2448
500	0.026782	3348.0	6.4868	0.024485	3335.3	6.4372
520	0.027785	3401.2	6.5547	0.025435	3389.6	6.5066
540	0.028762	3453.3	6.6196	0.026357	3442.8	6.5728
550	0.029242	3479.1	6.6511	0.026809	3469.0	6.6049
560	0.029716	3504.7	6.6820	0.027255	3495.0	6.6363
580	0.030652	3555.5	6.7423	0.028134	3546.5	6.6974
600	0.031573	3605.8	6.8006	0.028996	3597.5	6.7564

续表

p	14MPa			15MPa		
	t_s=336.707℃ v'=0.0016097m^3/kg，v''=0.011486m^3/kg h'=1570.4kJ/kg，h''=2637.07kJ/kg s'=3.6220kJ/(kg·K)，s''=5.3711kJ/(kg·K)			t_s=342.196℃ v'=0.0016571m^3/kg，v''=0.010340m^3/kg h'=1609.8kJ/kg，h''=2610.01kJ/kg s'=3.6836kJ/(kg·K)，s''=5.3091kJ/(kg·K)		
t	v	h	s	v	h	s
℃	m^3/kg	kJ/kg	kJ/(kg·K)	m^3/kg	kJ/kg	kJ/(kg·K)
0	0.0009933	14.10	0.0005	0.0009928	15.10	0.0006
10	0.0009938	55.55	0.1496	0.0009933	56.51	0.1494
20	0.0009955	96.95	0.2932	0.0009951	97.87	0.2930
40	0.0010018	179.86	0.5669	0.0010014	180.74	0.5665
60	0.0010109	262.88	0.8239	0.0010105	263.72	0.8233
80	0.0010226	346.04	1.0663	0.0010221	346.84	1.0656
100	0.0010365	429.53	1.2962	0.0010360	430.29	1.2955
120	0.0010527	513.52	1.5155	0.0010522	514.23	1.5146
140	0.0010714	598.14	1.7254	0.0010708	598.80	1.7244
160	0.0010926	683.56	1.9273	0.0010919	684.16	1.9262
180	0.0011167	769.96	2.1223	0.0011159	770.49	2.1210
200	0.0011443	857.63	2.3116	0.0011434	858.08	2.3102
220	0.0011761	947.00	2.4966	0.0011750	947.33	2.4949
240	0.0012132	1038.6	2.6788	0.0012118	1038.8	2.6767
260	0.0012574	1133.4	2.8599	0.0012556	1133.3	2.8574
280	0.0013117	1232.5	3.0424	0.0013092	1232.1	3.0393
300	0.0013814	1338.2	3.2300	0.0013777	1337.3	3.2260
350	0.013218	2751.2	5.5564	0.011469	2691.2	5.4403
400	0.017218	3001.1	5.9436	0.015652	2974.6	5.8798
450	0.020074	3174.2	6.1919	0.018449	3156.5	6.1408
500	0.022512	3322.3	6.3900	0.020797	3309.0	6.3449
520	0.023418	3377.9	6.4610	0.021665	3365.8	6.4175
540	0.024295	3432.1	6.5285	0.022504	3421.1	6.4863
550	0.024724	3458.7	6.5611	0.022913	3448.3	6.5195
560	0.025147	3485.2	6.5931	0.023317	3475.2	6.5520
580	0.025978	3537.5	6.6551	0.024109	3528.3	6.6150
600	0.026792	3589.1	6.7149	0.024882	3580.7	6.6757

续表

p	16MPa			17MPa		
	t_s=347.396℃ v'=0.0017099m³/kg，v''=0.009311m³/kg h'=1649.4kJ/kg，h''=2580.21kJ/kg s'=3.7451kJ/(kg·K)，s''=5.2450kJ/(kg·K)			t_s=352.334℃ v'=0.0017701m³/kg，v''=0.008373m³/kg h'=1690.0kJ/kg，h''=2547.01kJ/kg s'=3.8073kJ/(kg·K)，s''=5.1776kJ/(kg·K)		
t	v	h	s	v	h	s
℃	m³/kg	kJ/kg	kJ/(kg·K)	m³/kg	kJ/kg	kJ/(kg·K)
0	0.0009923	16.10	0.0006	0.0009918	17.10	0.0006
10	0.0009929	57.47	0.1493	0.0009924	58.42	0.1492
20	0.0009946	98.80	0.2928	0.0009942	99.73	0.2926
40	0.0010009	181.62	0.5661	0.0010005	182.50	0.5657
60	0.0010101	264.55	0.8228	0.0010096	265.39	0.8223
80	0.0010217	347.63	1.0650	0.0010212	348.43	1.0644
100	0.0010355	431.04	1.2947	0.0010351	431.80	1.2940
120	0.0010517	514.94	1.5137	0.0010512	515.65	1.5129
140	0.0010702	599.47	1.7234	0.0010696	600.13	1.7225
160	0.0010912	684.77	1.9251	0.0010906	685.37	1.9239
180	0.0011152	771.03	2.1197	0.0011144	771.57	2.1185
200	0.0011425	858.53	2.3087	0.0011416	585.98	2.3072
220	0.0011739	947.67	2.4932	0.0011728	948.01	2.4915
240	0.0012104	1039.0	2.6748	0.0012091	1039.2	2.6728
260	0.0012538	1133.3	2.8551	0.0012520	1133.3	2.8527
280	0.0013067	1231.8	3.0364	0.0013043	1231.5	3.0334
300	0.0013740	1336.4	3.2221	0.0013705	1335.6	3.2183
350	0.0097553	2615.2	5.3012	0.0017269	1666.0	3.7690
400	0.0142650	2946.7	5.8161	0.0130250	2917.2	5.7520
450	0.0170220	3138.3	6.0912	0.0157585	3119.7	6.0427
500	0.0192937	3295.5	6.3015	0.0179651	3281.7	6.2596
520	0.0201282	3353.6	6.3757	0.0187701	3341.2	6.3356
540	0.0209326	3410.0	6.4459	0.0195441	3398.7	6.4072
550	0.0213251	3437.6	6.4797	0.0199213	3426.8	6.4416
560	0.0217119	3465.0	6.5128	0.0202927	3454.7	6.4752
580	0.0224696	3519.0	6.5768	0.0210198	3509.4	6.5402
600	0.0232088	3572.1	6.6383	0.0217285	3563.3	6.6025

续表

p	18MPa			20MPa		
	t_s=357.034℃ v'=0.0018402m^3/kg，v''=0.007503m^3/kg h'=1732.0kJ/kg，h''=2509.45kJ/kg s'=3.8715kJ/(kg·K)，s''=5.1051kJ/(kg·K)			t_s=365.789℃ v'=0.0020379m^3/kg，v''=0.005870m^3/kg h'=1827.2kJ/kg，h''=2413.05kJ/kg s'=4.0153kJ/(kg·K)，s''=4.9322kJ/(kg·K)		
t	v	h	s	v	h	s
℃	m^3/kg	kJ/kg	kJ/(kg·K)	m^3/kg	kJ/kg	kJ/(kg·K)
0	0.0009913	18.09	0.0006	0.0009904	20.08	0.0006
10	0.0009920	59.38	0.1491	0.0009911	61.29	0.1488
20	0.0009938	100.65	0.2923	0.0009929	102.50	0.2919
40	0.0010001	183.37	0.5653	0.0009992	185.13	0.5645
60	0.0010092	266.23	0.8218	0.0010084	267.90	0.8207
80	0.0010208	349.23	1.0637	0.0010199	350.82	1.0624
100	0.0010346	432.55	1.2932	0.0010336	434.06	1.2917
120	0.0010506	516.36	1.5120	0.0010496	517.79	1.5103
140	0.0010690	600.79	1.7215	0.0010679	602.12	1.7195
160	0.0010899	685.98	1.9228	0.0010886	687.20	1.9206
180	0.0011136	772.11	2.1172	0.0011121	773.19	2.1147
200	0.0011407	859.44	2.3058	0.0011389	860.36	2.3029
220	0.0011717	948.36	2.4899	0.0011695	949.07	2.4865
240	0.0012077	1039.4	2.6708	0.0012051	1039.8	2.6670
260	0.0012503	1133.3	2.8503	0.0012469	1133.4	2.8457
280	0.0013020	1231.2	3.0305	0.0012974	1230.7	3.0249
300	0.0013671	1334.8	3.2145	0.0013605	1333.4	3.2072
350	0.0017028	1658.1	3.7535	0.0016645	1645.3	3.7275
400	0.0119053	2885.9	5.6870	0.0099458	2816.8	5.5520
450	0.0146309	3100.5	5.9953	0.0127013	3060.7	5.9025
500	0.0167825	3267.8	6.2191	0.0147681	3239.3	6.1415
520	0.0175616	3328.6	6.2968	0.0155046	3303.0	6.2229
540	0.0183087	3387.2	6.3698	0.0162067	3364.0	6.2989
550	0.0186721	3415.9	6.4049	0.0165471	3393.7	6.3352
560	0.0190297	3444.2	6.4390	0.0168811	3422.9	6.3705
580	0.0197290	3499.8	6.5050	0.0175328	3480.3	6.4385
600	0.0204099	3554.4	6.5682	0.0181655	3536.3	6.5035

续表

p	25MPa			30MPa		
t	v	h	s	v	h	s
℃	m^3/kg	kJ/kg	kJ/(kg·K)	m^3/kg	kJ/kg	kJ/(kg·K)
0	0.0009880	25.01	0.0006	0.0009857	29.92	0.0005
10	0.0009888	66.04	0.1481	0.0009866	70.77	0.1474
20	0.0009908	107.11	0.2907	0.0009887	111.71	0.2895
40	0.0009972	189.51	0.5626	0.0009951	193.87	0.5606
60	0.0010063	272.08	0.8182	0.0010042	276.25	0.8156
80	0.0010177	354.80	1.0593	0.0010155	358.78	1.0562
100	0.0010313	437.85	1.2880	0.0010290	441.64	1.2844
120	0.0010470	521.36	1.5061	0.0010445	524.95	1.5019
140	0.0010650	605.46	1.7147	0.0010622	608.82	1.7100
160	0.0010854	690.27	1.9152	0.0010822	693.36	1.9098
180	0.0011084	775.94	2.1085	0.0011048	778.72	2.1024
200	0.0011345	862.71	2.2959	0.0011303	865.12	2.2890
220	0.0011643	950.91	2.4785	0.0011593	952.85	2.4706
240	0.0011986	1041.0	2.6575	0.0011925	1042.3	2.6485
260	0.0012387	1133.6	2.8346	0.0012311	1134.1	2.8239
280	0.0012866	1229.6	3.0113	0.0012766	1229.0	2.9985
300	0.0013453	1330.3	3.1901	0.0013317	1327.9	3.1742
350	0.0015981	1623.1	3.6788	0.0015522	1608.0	3.6420
400	0.0060014	2578.0	5.1386	0.0027929	2150.6	4.4721
450	0.0091666	2950.5	5.6754	0.0067363	2822.1	5.4433
500	0.0111229	3164.1	5.9614	0.0086761	3083.3	5.7934
520	0.0117897	3236.1	6.0534	0.0093033	3165.4	5.8982
540	0.0124156	3303.8	6.1377	0.0098825	3240.8	5.9921
550	0.0127161	3336.4	6.1775	0.0101580	3276.6	6.0359
560	0.0130095	3368.2	6.2160	0.0104254	3311.4	6.0780
580	0.0135778	3430.2	6.2895	0.0109397	3378.5	6.1576
600	0.0141249	3490.2	6.3591	0.0114310	3442.9	6.2321

附表 9　一些物质的标准生成焓 H_f^0、标准生成自由焓 G_f^0 和标准状况下的绝对熵 S_m^0

物　质	分子式	摩尔质量 g/mol	H_f^0 J/mol	G_f^0 J/mol	S_m^0 J/（mol·K）
一氧化碳	CO（g）	28.011	−110527	−137163	197.653
二氧化碳	CO_2（g）	44.011	−393522	−394389	213.795
水（气）	H_2O（g）	18.016	−241826	−228582	188.834
水（液）	H_2O（l）	18.016	−285830	−237141	69.950
甲烷	CH_4（g）	16.043	−74873	−50768	186.251
乙炔	C_2H_2（g）	26.038	226731	209200	200.958
乙烯	C_2H_4（g）	28.054	52467	68421	219.330
乙烷	C_2H_6（g）	30.070	−84740	−32885	229.597
丙烯	C_3H_6（g）	42.081	20430	62825	267.066
丙烷	C_3H_8（g）	44.097	−103900	−23393	269.917
丁烷	C_4H_{10}（g）	58.124	−126200	−15970	306647
苯	C_6H_6（g）	78.114	82980	129765	269.562
辛烷（气）	C_8H_{18}（g）	114.232	−208600	16660	466.514
辛烷（液）	C_8H_{18}（l）	114.232	−250105	6741	360.575
氢	H_2（g）	2.016	0	0	130.680
氧	O_2（g）	32.000	0	0	205.147
氮	N_2（g）	28.016	0	0	191.609
碳（石墨）	C（s）	12.011	0	0	5.74

附表 10　一些理想气体的焓 H_m 及 1atm 下的绝对熵 $S_m(T, p^0)$

［H_m 的单位：J/mol，$S_m(T, p^0)$ 的单位：J/(mol·K)］

T	CO		CO_2		H_2		H_2O		N_2		T
K	H_m	$S_m(T,p^0)$	H_m	$S_m(T,p^0)$	H_m	$S_m(T,p^0)$	H_m	$S_m(T,p^0)$	H_m	$S_m(T,p^0)$	K
200	5804.9	185.991	5951.8	199.980	5667.8	119.303	6626.8	175.506	5803.1	179.944	200
298.15	8671.0	197.653	9364.0	213.795	8467.0	130.680	9904.0	188.834	8670.0	191.609	298.15
300	8724.9	197.833	9432.8	214.025	8520.4	130.858	9966.1	189.042	8723.9	191.789	300
400	11646.2	206.236	13366.7	225.314	11424.9	139.212	13357.0	198.792	11640.4	200.179	400
500	14601.4	212.828	17668.9	234.901	14348.6	145.736	16830.2	206.538	14580.2	206.737	500
600	17612.7	218.317	22271.3	243.284	17278.6	151.078	20405.9	213.054	17564.2	212.176	600
700	20692.6	223.063	27120.0	250.754	20215.1	155.604	24096.2	218.741	20606.6	216.865	700
800	23845.9	227.273	32172.6	257.498	23166.4	159.545	27907.2	223.828	23715.2	221.015	800
900	27070.6	231.070	37395.9	263.648	26141.9	163.049	31842.5	228.461	26891.8	224.756	900
1000	30359.8	234.535	42763.1	269.302	29147.3	166.215	35904.6	232.740	30132.2	228.169	1000
1100	33705.1	237.723	48248.2	274.529	32187.4	169.112	40094.1	236.732	33428.8	231.311	1100
1200	37099.6	240.676	53836.7	279.391	35266.4	171.791	44412.4	240.489	36778.0	234.225	1200
1300	40537.1	243.428	59512.8	283.934	38386.7	174.289	48851.4	244.041	40173.0	236.942	1300
1400	44012.0	246.003	65263.1	288.195	41549.8	176.633	53403.6	247.414	43607.8	239.487	1400
1500	47519.3	248.422	71076.3	292.206	44756.1	178.845	58061.6	250.628	47077.1	241.881	1500
1600	51054.8	250.704	76943.0	295.992	48005.7	180.942	62818.1	253.697	50576.6	244.139	1600
1700	54614.9	252.862	82855.4	299.576	51297.9	182.937	67666.1	256.636	54102.5	246.276	1700
1800	58196.5	254.909	88807.3	302.978	54631.5	184.843	72599.1	259.455	57651.4	248.305	1800
1900	61796.9	256.856	94793.9	306.215	58004.8	186.666	77610.7	262.165	61220.9	250.235	1900
2000	65413.9	258.711	100811.2	309.301	61416.1	188.416	82694.7	264.772	64808.5	252.075	2000
2100	69045.8	260.483	106856.4	312.250	64863.3	190.098	87845.6	267.285	68412.5	253.833	2100
2200	72691.0	262.179	112927.3	315.075	68344.2	191.717	93057.9	269.710	72031.5	255.517	2200
2300	76348.3	263.805	119022.2	317.784	71856.8	193.279	98326.7	272.052	75664.0	257.132	2300
2400	80016.7	265.366	125139.6	320.387	75399.0	194.786	103647.3	274.316	79309.1	258.683	2400
2500	83695.4	266.867	131278.2	322.893	78969.1	196.243	109015.5	276.508	82965.7	260.176	2500
2600	87383.4	268.314	137436.6	325.308	82565.7	197.654	114427.7	278.630	86632.9	261.614	2600
2700	91080.2	269.709	143613.0	327.639	86187.7	199.021	119880.3	280.688	90309.8	263.001	2700
2800	94785.0	271.056	149805.2	329.891	89834.8	200.347	125370.6	282.685	93995.3	264.342	2800
2900	98497.0	272.359	156010.3	332.069	93507.0	201.636	130896.2	284.624	97688.2	265.638	2900
3000	102215.2	273.620	162224.3	334.175	97205.4	202.890	136455.2	286.508	101387.1	266.892	3000

续表

T	NO		CH_4		C_2H_2		C_2H_4		O_2		T
K	H_m	$S_m(T,p^0)$	H_m	$S_m(T,p^0)$	H_m	$S_m(T,p^0)$	H_m	$S_m(T,p^0)$	H_m	$S_m(T,p^0)$	K
200	6253.1	198.797	6691.7	172.733	6076.7	185.062	6818.6	204.417	5814.7	193.481	200
298.15	9192.0	210.758	10018.7	186.233	10005.4	200.936	10511.6	219.308	8683.0	205.147	298.15
300	9247.1	210.942	10089.9	186.471	10093.7	201.231	10597.4	219.595	8737.3	205.329	300
400	12234.2	219.534	13888.9	197.367	14843.4	214.853	15406.8	233.362	11708.9	213.872	400
500	15262.9	226.290	18225.3	207.019	20118.2	226.605	21188.4	246.224	14767.3	220.693	500
600	18358.2	231.931	23151.4	215.984	25783.2	236.924	27850.1	258.347	17926.1	226.449	600
700	21528.3	236.817	28659.1	224.463	31759.0	246.130	35281.9	269.789	21181.4	231.466	700
800	24770.9	241.146	34704.6	232.528	38003.7	254.465	43372.8	280.584	24519.3	235.922	800
900	28079.3	245.042	41232.6	240.212	44496.0	262.109	52027.1	290.771	27924.0	239.931	900
1000	31449.2	248.591	48200.7	247.550	51217.3	269.188	61180.4	300.411	31384.4	243.576	1000
1100	34871.9	251.853	55567.3	254.568	58143.2	275.788	70773.3	309.551	34893.5	246.921	1100
1200	38339.5	254.870	63290.1	261.285	65261.1	281.980	80761.2	318.239	38441.1	250.007	1200
1300	41845.3	257.676	71325.4	267.716	72552.1	287.815	91092.2	326.506	42022.9	252.874	1300
1400	45383.8	260.298	79634.7	273.872	79999.2	293.333	101721.0	334.382	45635.9	255.551	1400
1500	48950.2	262.759	88183.9	279.770	87587.2	298.568	112608.4	341.893	49277.4	258.064	1500
1600	52540.4	265.076	96943.5	285.422	95302.5	303.547	123720.8	349.064	52945.4	260.431	1600
1700	56151.1	267.265	105887.7	290.844	103133.1	308.294	135029.5	355.919	56638.3	262.670	1700
1800	59779.5	269.339	114994.3	296.049	111068.3	312.829	146510.3	362.481	60335.1	264.794	1800
1900	63423.4	271.309	124244.4	301.050	119098.8	317.171	158142.9	368.770	64094.9	266.816	1900
2000	67081.0	273.185	133621.7	305.860	127216.2	321.334	169910.5	374.805	67857.5	268.746	2000
2100	70750.9	274.975	143112.5	310.490	135413.3	325.334	181799.2	380.606	71642.6	270.593	2100
2200	74432.0	276.688	152705.1	314.952	143683.8	329.181	193797.1	386.187	75450.0	272.364	2200
2300	78123.4	278.329	162389.7	319.257	152022.0	332.887	205894.6	391.564	79279.7	274.066	2300
2400	81824.5	279.904	172157.5	323.414	160422.9	336.463	218082.9	396.752	83131.9	275.706	2400
2500	85534.6	281.418	182001.0	327.432	168882.0	339.916	230354.4	401.761	87006.2	277.287	2500
2600	89253.1	282.877	191913.1	331.320	177395.1	343.254	242701.4	406.603	90902.6	278.815	2600
2700	92979.3	284.283	201886.9	335.084	185958.3	346.486	255115.9	411.289	94820.6	280.294	2700
2800	96712.4	285.641	211915.6	338.731	194567.7	349.617	267589.1	415.825	98759.4	281.726	2800
2900	100451.2	286.953	221991.7	342.267	203219.6	352.653	280110.9	420.219	102717.9	283.115	2900
3000	104194.5	288.222	232106.8	345.696	211909.8	355.599	292669.1	424.476	106694.5	284.464	3000

附表 11 化学平衡常数的自然对数值（$\ln K_p$）

T K	$H_2=2H$	$O_2=2O$	$N_2=2N$	$H_2O=H_2+\frac{1}{2}O_2$	$H_2O=\frac{1}{2}H_2+OH$	$CO_2=CO+\frac{1}{2}O_2$	$\frac{1}{2}N_2+\frac{1}{2}O_2=NO$
298	−164.005	−186.975	−367.480	−92.208	−106.208	−103.762	−35.052
500	−92.827	−105.630	−213.372	−52.691	−60.281	−57.616	−20.295
1000	−39.803	−45.150	−99.127	−23.163	−26.034	−23.529	−9.388
1200	−30.874	−35.005	−80.011	−18.182	−20.283	−17.871	−7.569
1400	−24.463	−27.742	−66.329	−14.609	−16.099	−13.842	−6.270
1600	−19.637	−22.285	−56.055	−11.921	−13.066	−10.830	−5.294
1800	−15.866	−18.030	−48.051	−9.826	−10.657	−8.497	−4.536
2000	−12.840	−14.622	−41.645	−8.145	−8.728	−6.635	−3.931
2200	−10.353	−11.827	−36.391	−6.768	−7.148	−5.120	−3.433
2400	−8.276	−9.497	−32.011	−5.619	−5.832	−3.860	−3.019
2600	−6.517	−7.521	−28.304	−4.648	−4.719	−2.801	−2.671
2800	−5.002	−5.826	−25.117	−3.812	−3.763	−1.894	−2.372
3000	−3.685	−4.357	−22.359	−3.086	−2.937	−1.111	−2.114
3200	−2.534	−3.072	−19.937	−2.451	−2.212	−0.429	−1.888
3400	−1.516	−1.935	−17.800	−1.891	−1.576	0.169	−1.690
3600	−0.609	−0.926	−15.898	−1.392	−1.088	0.701	−1.513
3800	0.202	−0.019	−14.199	−0.945	−0.501	1.176	−1.356
4000	0.934	0.796	−12.660	−0.542	−0.044	1.599	−1.216
4500	2.486	2.513	−9.414	0.312	0.920	2.490	−0.921
5000	3.725	3.895	−6.807	0.996	1.689	3.197	−0.686

附表 12 压力单位的换算关系

单位	帕斯卡 Pa	巴 bar	标准大气压 atm	工程大气压 at $\left(\frac{千克力}{厘米}, \frac{kgf}{cm^2}\right)$	毫米汞柱 mmHg（托，Torr）	毫米水柱 mmH_2O	$\frac{磅力}{英寸^2}$，$\frac{lbf}{in^2}$
Pa	1	1×10^{-5}	9.86923×10^{-6}	1.01972×10^{-5}	7.50062×10^{-3}	1.01972×10^{-1}	1.45038×10^{-4}
bar	1×10^{5}	1	9.86923×10^{-1}	1.01972	7.50062×10^{2}	1.01972×10^{4}	1.45038×10^{1}
atm	1.01325×10^{5}	1.01325	1	1.03323	760	1.03323×10^{4}	14.6960
at $\left(\frac{kgf}{cm^2}\right)$	9.80665×10^{4}	9.80665×10^{-1}	9.67841×10^{-1}	1	735.559	1×10^{4}	14.2233
mmHg（0℃）	133.3224	133.3224×10^{-5}	1.31579×10^{-3}	1.35951×10^{-3}	1	13.5951	1.93368×10^{-2}
mmH_2O（4℃）	9.80665	9.80665×10^{-5}	9.67841×10^{-5}	1×10^{-4}	735.559×10^{-4}	1	14.2233×10^{-4}
$\frac{lbf}{in^2}$	6.89476×10^{3}	6.89476×10^{-2}	6.80460×10^{-2}	7.03070×10^{-2}	51.7149	7.03070×10^{2}	1

附表 13　**能量（功、热量、能量）单位的换算关系**

单位	千焦耳 kJ	千瓦小时 kW·h	千　卡 kcal	马力小时 PS·h	千克力米 kgf·m	英热单位 Btu	英尺磅力 ft·lbf
kJ	1	2.77778×10^{-4}	2.38846×10^{-1}	3.776726×10^{-4}	1.01972×10^{2}	9.47817×10^{-1}	7.37562×10^{2}
kW·h	3600	1	859.845	1.359621	3.67098×10^{5}	3412.14	2.65522×10^{6}
kcal	4.1868	1.163×10^{-3}	1	1.58124×10^{-3}	426.936	3.96832	3088.03
PS·h	2.647796×10^{3}	735.499×10^{-3}	632.415	1	270000	2509.63	1952913
kgf·m	9.80665×10^{-3}	2.724069×10^{-6}	2.34228×10^{-3}	3.703704×10^{-6}	1	9.29487×10^{-3}	7.23301
Btu	1.05506	2.93071×10^{-4}	2.51996×10^{-1}	3.98466×10^{-4}	1.075862×10^{2}	1	778.169
ft·lbf	1.35582×10^{-3}	3.76616×10^{-7}	3.23832×10^{-4}	5.12056×10^{-7}	1.38255×10^{-1}	1.28507×10^{-3}	1

附表 14　**功率单位的换算关系**

单位	千瓦 kW	$\frac{千克力·米}{秒}$ $\frac{kgf·m}{s}$	马力 PS	$\frac{千卡}{小时}$ $\frac{kcal}{h}$	$\frac{英热单位}{小时}$ $\frac{Btu}{h}$	$\frac{英尺·磅力}{秒}$ $\frac{ft·lbf}{s}$
kW	1	1.01972×10^{2}	1.35962	859.854	3.41214×10^{3}	7.37562×10^{2}
$\frac{kgf·m}{s}$	9.80665×10^{-3}	1	1.33333×10^{-2}	8.43220	33.4617	7.23301
PS	735.499×10^{-3}	75	1	632.415	2509.63	542.476
$\frac{kcal}{h}$	1.163×10^{-3}	1.18593×10^{-1}	1.58124×10^{-3}	1	3.96832	0.857783
$\frac{Btu}{h}$	2.93071×10^{-4}	2.98849×10^{-2}	3.98466×10^{-4}	0.251996	1	0.216158
$\frac{ft·lbf}{s}$	1.35582×10^{-3}	1.38255×10^{-1}	1.84340×10^{-3}	1.16580	4.62625	1

不同单位的通用气体常数：R =8.31451J/(mol·K)
=0.847844kgf·m/(mol·K)
=1.98588cal/(mol·K)
=82.0578atm·cm^3/(mol·K)

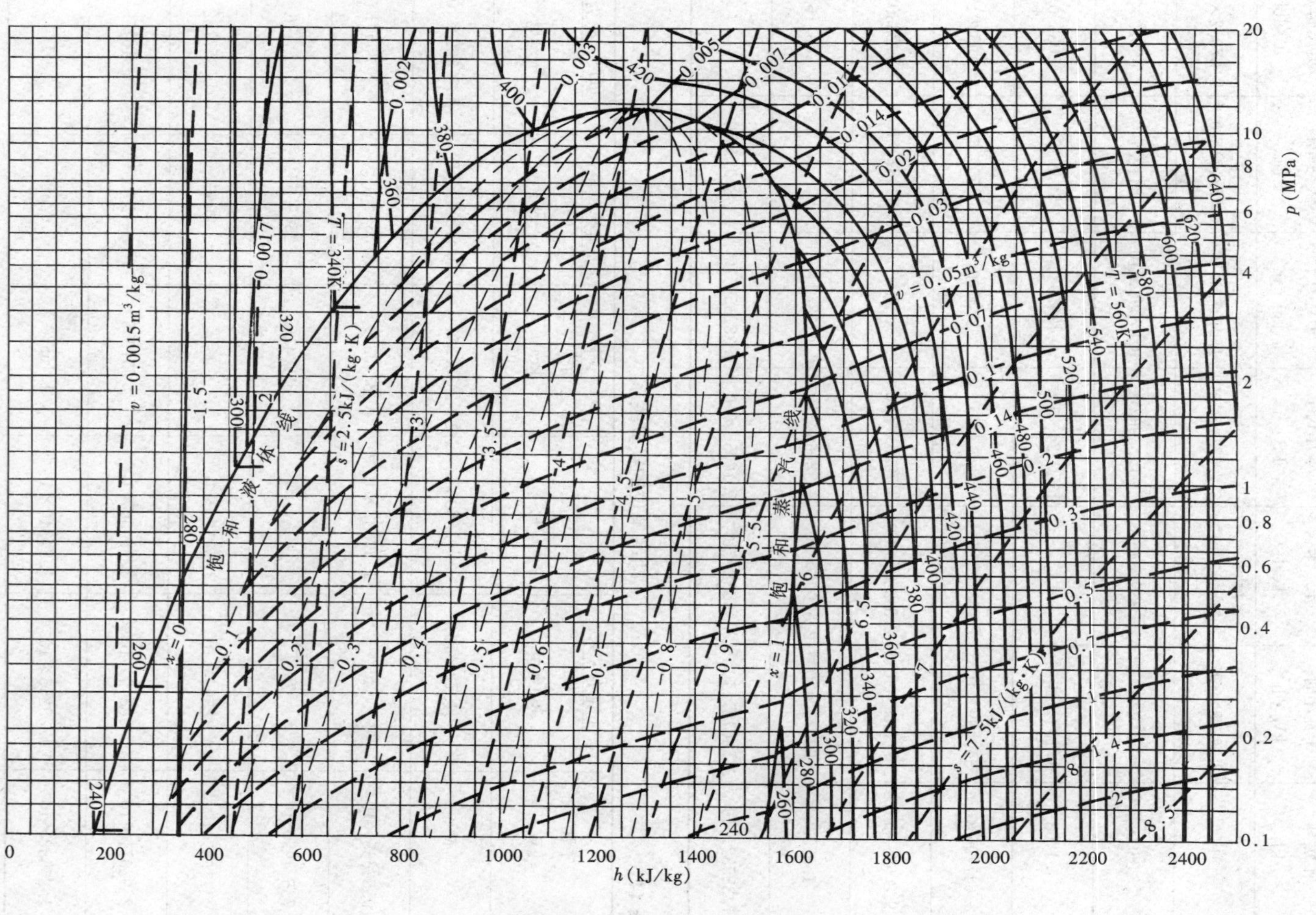

附图 2 氨（NH_3）的压焓图

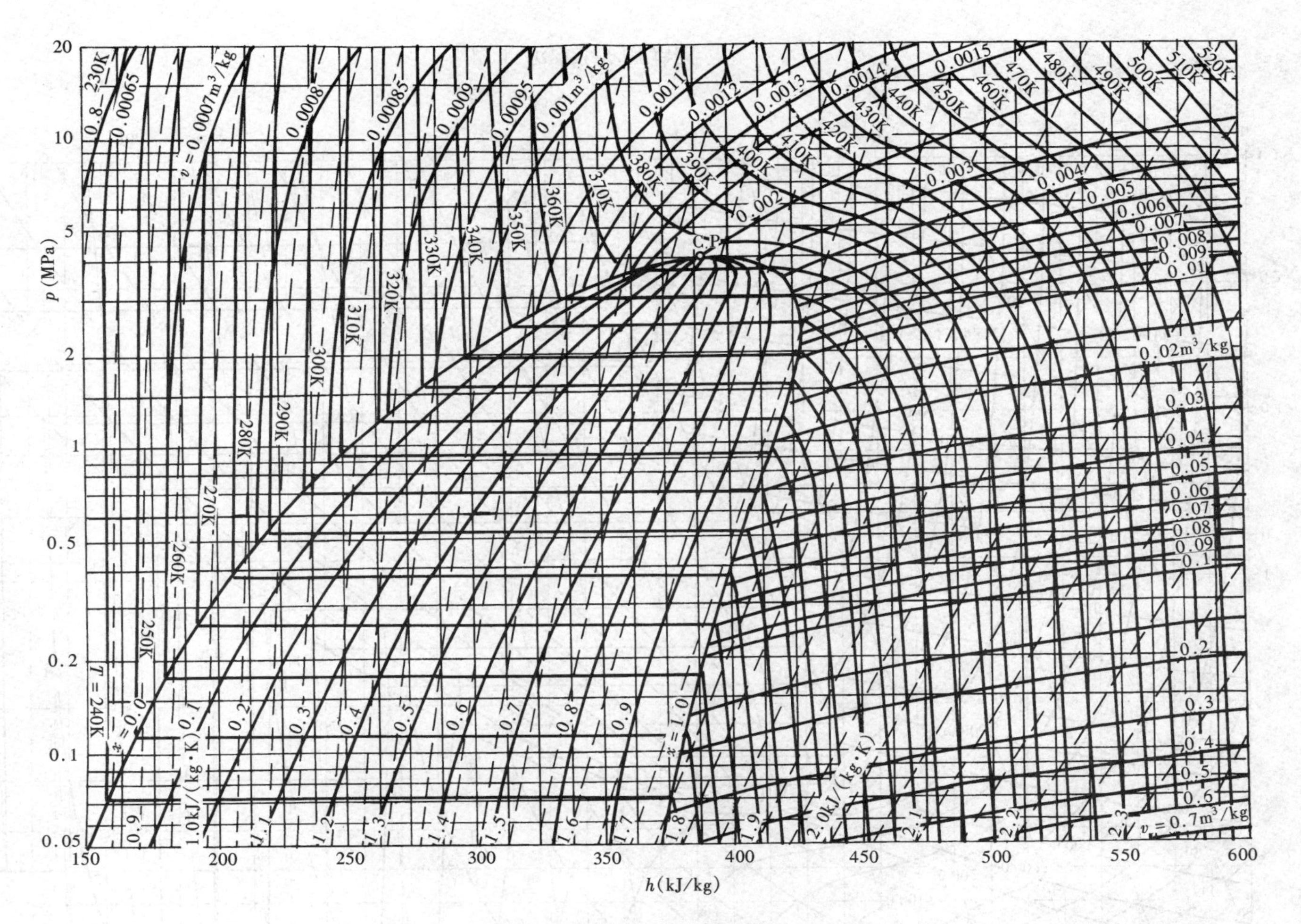

附图 3 R134a 的压焓图

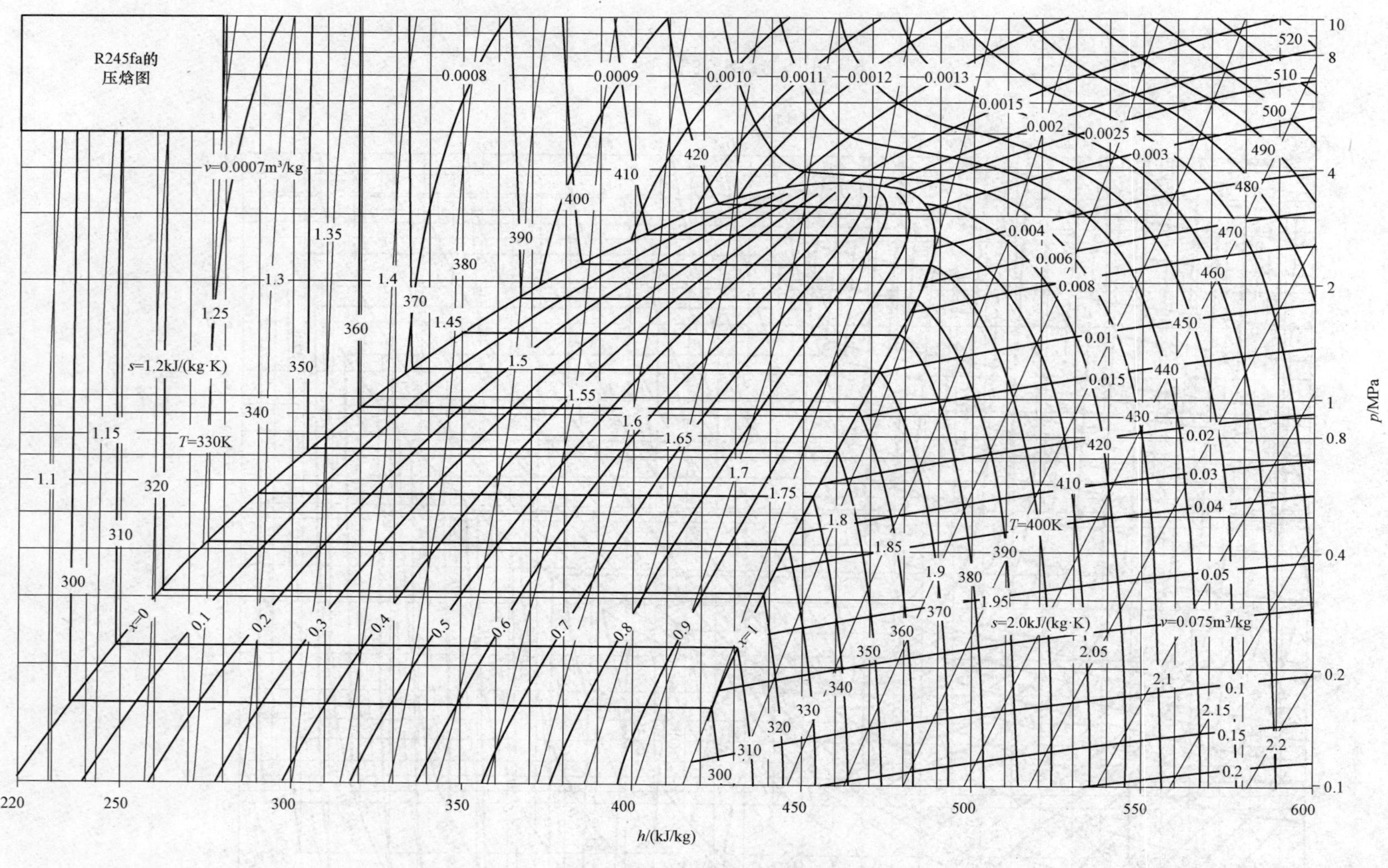

附图 4 R245fa 的压焓图

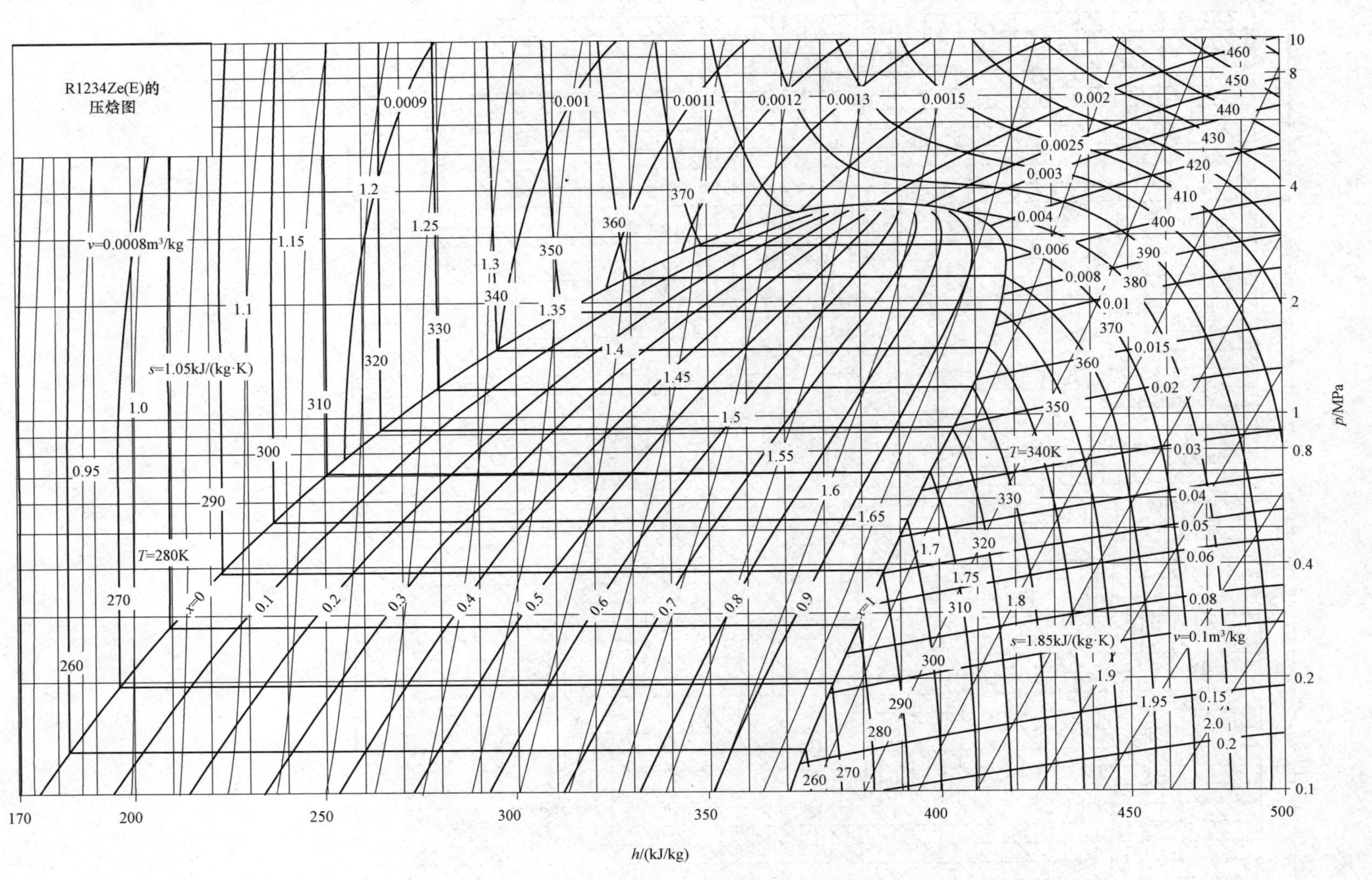

附图 5　R1234Ze(E)的压焓图

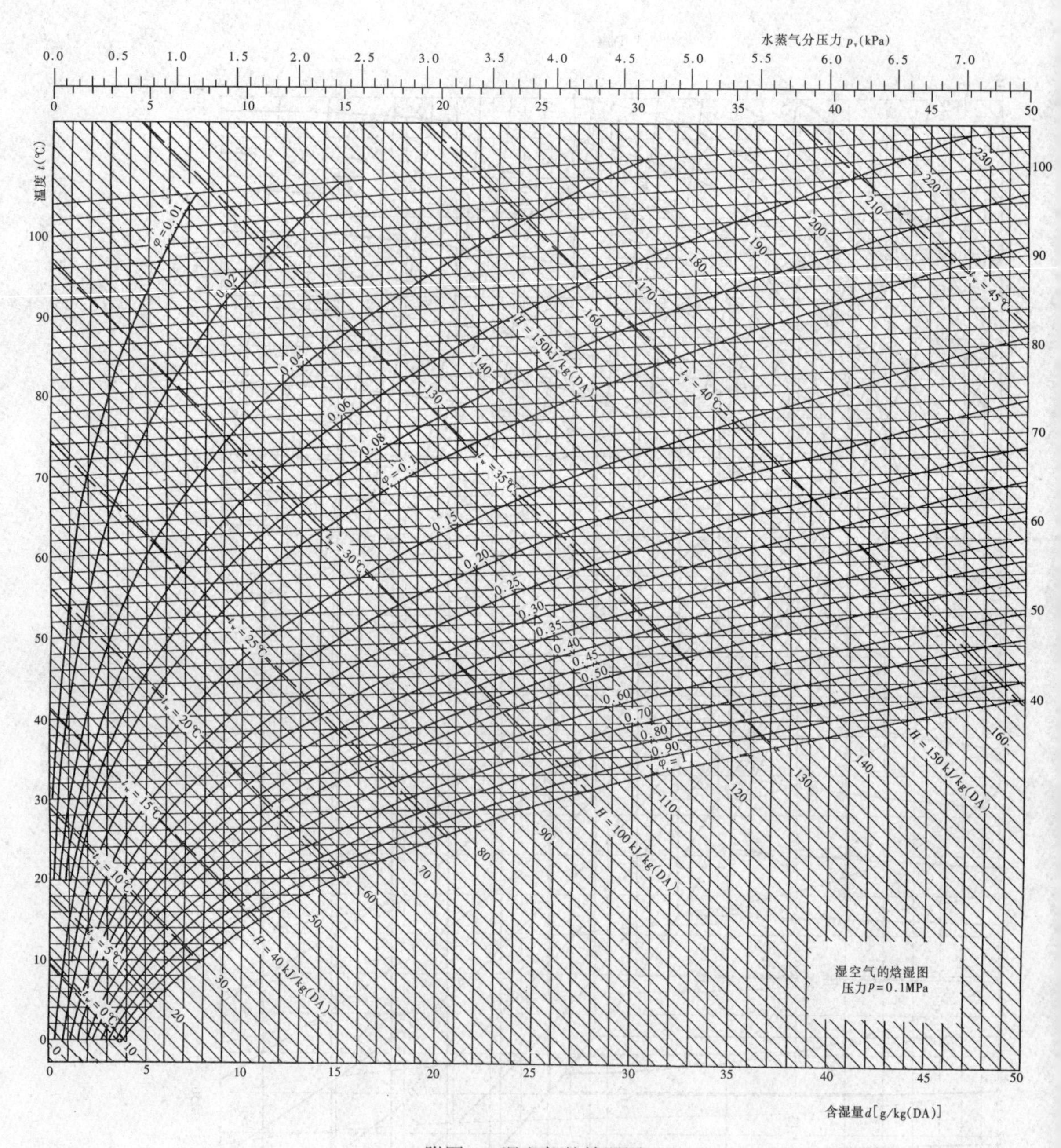
水蒸气分压力 p_v(kPa)
温度 t(℃)
含湿量d[g/kg(DA)]
$\varphi=0.01$
$\varphi=0.1$
$\varphi_s=1$
$H=150$kJ/kg(DA)
$H=100$ kJ/kg(DA)
$H=40$ kJ/kg(DA)
$t_w=45$℃
$t_w=40$℃
$t_w=35$℃
$t_w=30$℃
$t_w=25$℃
$t_w=20$℃
$t_w=15$℃
$t_w=10$℃
$t_w=5$℃
$t_w=0$℃
湿空气的焓湿图
压力$p=0.1$MPa

附图 6　湿空气的焓湿图

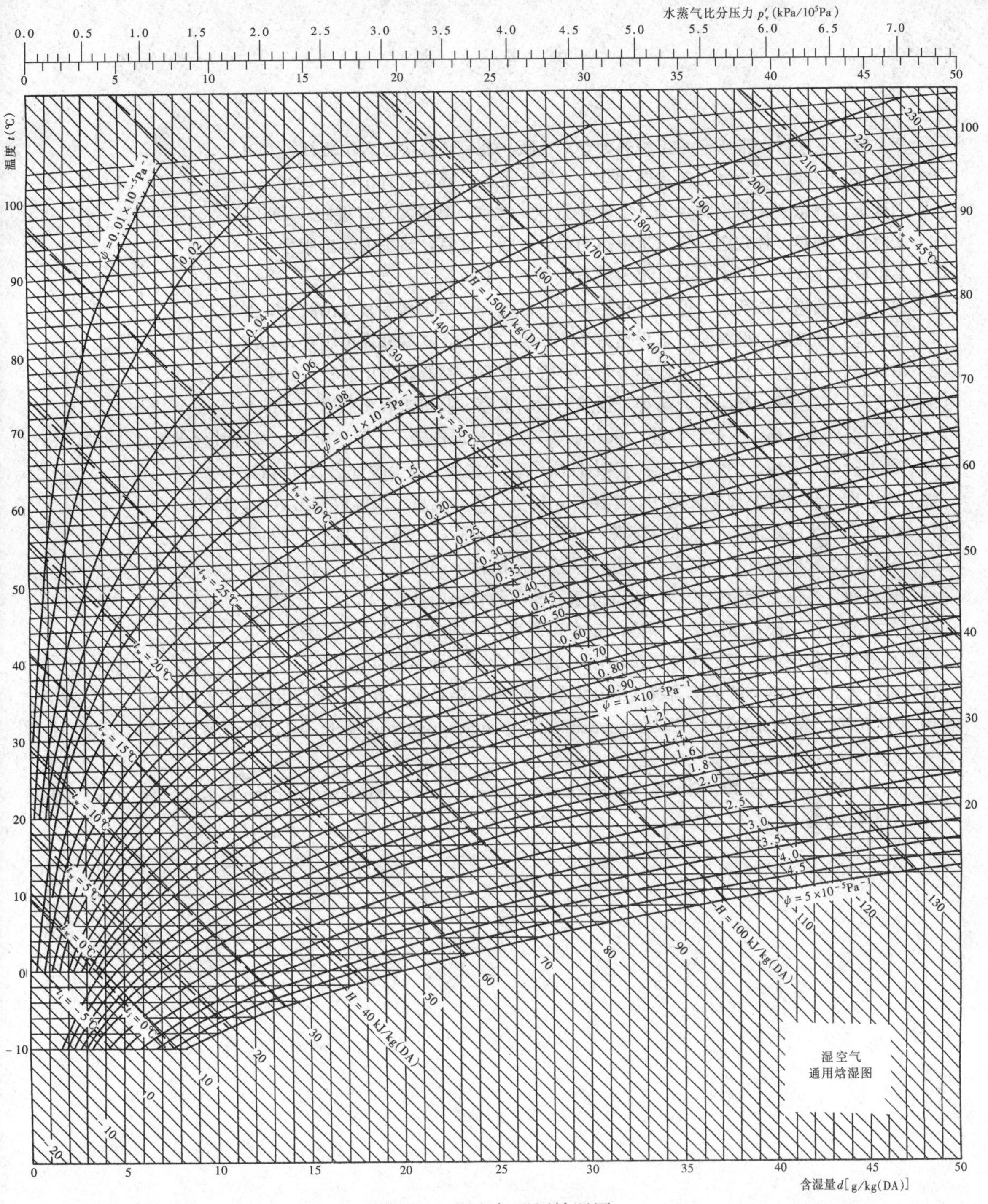

附图 7　湿空气通用焓湿图

参 考 文 献

[1] 严家騄，王永青，张亚宁．工程热力学．6 版．北京：高等教育出版社，2021.
[2] 童钧耕，王丽伟，叶强．工程热力学．6 版．北京：高等教育出版社，2022.
[3] 刘桂玉，刘志刚，阴建民，等．工程热力学．北京：高等教育出版社，1998.
[4] 朱明善，刘颖，林兆庄，等．工程热力学．2 版．北京：清华大学出版社，2011.
[5] 蔡祖恢．工程热力学．北京：高等教育出版社，1994.
[6] 曾丹苓，敖越，张新铭，等．工程热力学．3 版．北京：高等教育出版社，2002.
[7] 庞麓鸣，汪孟乐，冯海仙．工程热力学．2 版．北京：高等教育出版社，1986.
[8] 华自强，张忠进，高青．工程热力学．4 版．北京：高等教育出版社，2009.
[9] 苏长荪，谭连成，刘桂玉．高等工程热力学．北京：高等教育出版社，1987.
[10] 严家騄，余晓福，王永青，等．水和水蒸气热力性质图表．4 版．北京：高等教育出版社，2021.
[11] 严家騄，尚德敏．湿空气烃燃气热力性质图表．北京：高等教育出版社，1989.
[12] 谢锐生．热力学原理．关德相，李荫亭，杨岑，译．北京：人民教育出版社，1980.
[13] 胡成春．生存之源——探求新能源．北京：金盾出版社，科学出版社，1998.
[14] 马经国．新能源技术．南京：江苏科学技术出版社，1993.
[15] 黄素逸，高伟．能源概论．2 版．北京：高等教育出版社，2013.
[16] 黄素逸，杜一庆，明廷臻．新能源技术．北京：中国电力出版社，2011.
[17] 车得福，刘艳华．烟气热能梯级利用．北京：化学工业出版社，2006.
[18] 金红光，林汝谋．能的综合梯级利用与燃气轮机总能系统．北京：科学出版社，2008.
[19] ÇENGEL Y，BOLES M. Thermodynamics：an engineering approach. 4th. New York：McGraw - Hill Companies，Inc.，2002.
[20] MORAN M J，HOWARD S N．Fundamentals of engineering thermodynamics. 4th. New York：John Wiley & Sons．Inc.，2000.